21世纪高等学校电子信息工程规划教材

自动控制元件（第二版）

Components in Automatic Control Systems, Second Edition

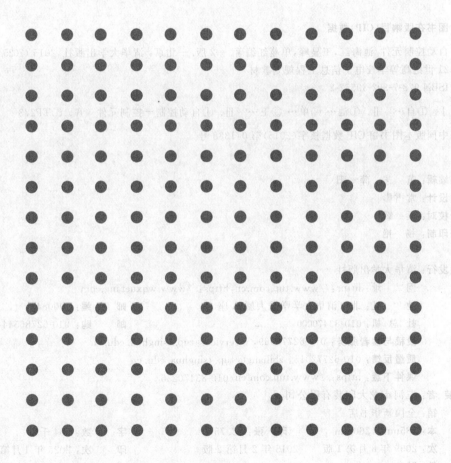

池海红 单蔓红 王显峰 编著

清华大学出版社
北京

内容简介

本书主要介绍自动控制系统中常用电磁元件的结构、工作原理、工作特性、元件的数学建模以及国内外相关的技术应用。

本书主要内容分为四篇。第一篇(包含第1、第2章)为基于稳恒磁场的元件，主要介绍直流伺服电动机、直流测速发电机；第二篇(包含第3、第4章)为基于脉振磁场的元件，主要介绍旋转变压器、自整角机；第三篇(包含第5～第7章)为基于旋转磁场的元件，主要介绍步进电动机、交流伺服电动机、无刷直流电动机。第四篇为新型元件(包含第8、第9章)，介绍直线电动机和超声波电动机。书中还提供了大量思考题及习题供课后复习。

本书为配合教育部卓越工程师计划，可作为自动化、测控技术与仪器、探测制导与控制、生物医学与工程等专业的专业基础课；也可作为电气工程、机器人自动化、计算机视觉、电子医疗设备等领域科技人员的参考书。

图书在版编目(CIP)数据

自动控制元件/池海红，王显峰，单蔓红编著. —2版. —北京：清华大学出版社，2015 (2025.1重印)
21世纪高等学校电子信息工程规划教材
ISBN 978-7-302-39552-2

Ⅰ. ①自… Ⅱ. ①池… ②单… ③王… Ⅲ. ①自动控制－控制元件 Ⅳ. ①TP273

中国版本图书馆CIP数据核字(2015)第041388号

责任编辑：黄 芝 薛 阳
封面设计：常雪影
责任校对：梁 毅
责任印制：杨 艳

出版发行：清华大学出版社
网 址：https://www.tup.com.cn，https://www.wqxuetang.com
地 址：北京清华大学学研大厦A座 邮 编：100084
社 总 机：010-83470000 邮 购：010-62786544
投稿与读者服务：010-62776969，c-service@tup.tsinghua.edu.cn
质量反馈：010-62772015，zhiliang@tup.tsinghua.edu.cn
课件下载：https://www.tup.com.cn，010-83470236
印 装 者：三河市龙大印装有限公司
经 销：全国新华书店
开 本：185mm×260mm 印 张：22.75 字 数：564千字
版 次：2009年8月第1版 2015年2月第2版 印 次：2025年1月第9次印刷
印 数：5861～6060
定 价：69.80元

产品编号：053455-02

出版说明

随着我国高等教育规模的扩大和产业结构调整的进一步完善，社会对高层次应用型人才的需求将更加迫切。各地高校紧密结合地方经济建设发展需要，科学运用市场调节机制，合理调整和配置教育资源，在改革和改造传统学科专业的基础上，加强工程型和应用型学科专业建设，积极设置主要面向地方支柱产业、高新技术产业、服务业的工程型和应用型学科专业，积极为地方经济建设输送各类应用型人才。各高校加大了使用信息科学等现代科学技术提升、改造传统学科专业的力度，从而实现传统学科专业向工程型和应用型学科专业的发展与转变。在发挥传统学科专业师资力量强、办学经验丰富、教学资源充裕等优势的同时，不断更新其教学内容、改革课程体系，使工程型和应用型学科专业教育与经济建设相适应。

为了配合高校工程型和应用型学科专业的建设和发展，急需出版一批内容新、体系新、方法新、手段新的高水平电子信息类专业课程教材。目前，工程型和应用型学科专业电子信息类专业课程教材的建设工作仍滞后于教学改革的实践，如现有的电子信息类专业教材中有不少内容陈旧(依然用传统专业电子信息教材代替工程型和应用型学科专业教材)，重理论、轻实践，不能满足新的教学计划、课程设置的需要；一些课程的教材可供选择的品种太少；一些基础课的教材虽然品种较多，但低水平重复严重；有些教材内容庞杂，书越编越厚；专业课教材、教学辅助教材及教学参考书短缺，等等，都不利于学生能力的提高和素质的培养。为此，在教育部相关教学指导委员会专家的指导和建议下，清华大学出版社组织出版本系列教材，以满足工程型和应用型电子信息类专业课程教学的需要。本系列教材在规划过程中体现了如下一些基本原则和特点：

(1) 系列教材主要是电子信息学科基础课程教材，面向工程技术应用的培养。本系列教材在内容上坚持基本理论适度，反映基本理论和原理的综合应用，强调工程实践和应用环节。电子信息学科历经了一个多世纪的发展，已经形成了一个完整、科学的理论体系，这些理论是这一领域技术发展的强大源泉，基于理论的技术创新、开发与应用显得更为重要。

(2) 系列教材体现了电子信息学科使用新的分析方法和手段解决工程实际问题。利用计算机强大功能和仿真设计软件，使电子信息领域中大量复杂的理论计算、变换分析等变得快速简单。教材充分体现了利用计算机解决理论分析与解算实际工程电路的途径与方法。

(3) 系列教材体现了新技术、新器件的开发应用实践。电子信息产业中仪器、设备、产品都已使用高集成化的模块，且不仅仅由硬件来实现，而是大量使用软件和硬件相结合的方法，使产品性价比很高。如何使学生掌握这些先进的技术、创造性地开发应用新技术是本系列教材的一个重要特点。

(4) 以学生知识、能力、素质协调发展为宗旨，系列教材编写内容充分注意了学生创新能力和实践能力的培养，加强了实验实践环节，各门课程均配有独立的实验课程和课程设计。

(5) 21世纪是信息时代,学生获取知识可以是多种媒体形式和多种渠道的,而不再局限于课堂上,因而传授知识不再以教师为中心,以教材为唯一依托,而应该多为学生提供各类学习资料(如网络教材,CAI课件,学习指导书等)。应创造一种新的学习环境(如讨论,自学,设计制作竞赛等),让学生成为学习主体。该系列教材以计算机、网络和实验室为载体,配有多种辅助学习资料,可提高学生学习兴趣。

繁荣教材出版事业,提高教材质量的关键是教师。建立一支高水平的以老带新的教材编写队伍才能保证教材的编写质量和建设力度,希望有志于教材建设的教师能够加入到我们的编写队伍中来。

21世纪高等学校电子信息工程规划教材编委会

联系人:魏江江 weijj@tup.tsinghua.edu.cn

前言(第二版)

2009年出版本书第一版到如今已经过去5年。由于科学技术的不断发展,新型元件不断涌现,在现代工业中,其应用也日趋广泛。控制元件已不再由单纯的交直流电直接供电,而是由电力电子驱动器驱动。因此教材进行周期性的修订是十分必要的。编者从事"自动控制元件"课程教学多年,根据一些院校在使用过程中的建议以及在教学过程中学生的反馈,对于书中每一章的内容进行了有针对性的修改。书中按照元件的工作原理分为四大部分,共9章。第一部分为基于稳恒磁场的元件(第1、第2章)、第二部分为基于脉振磁场的元件(第3、第4章)、第三部分为基于旋转磁场的元件(第5～7章),第四部分为新型元件(第8、第9章)。在每一章中增加了元件结构图、应用实例及每种元件的控制模型,为今后系统地学习自动控制理论打好基础。

由于本教材主要用于教学之中,因而在每一章中增加了思考题,力求使读者通过习题和思考题加深对教材中基本概念和原理的理解和掌握。每一章的实例来自于实际的工业应用,可使读者了解元件在行业中使用的情况。本书的第1、第2、第4章由单蔓红编写,第3、第6、第7、第9章由池海红编写,第5、第8章及各章节中元件建模及应用部分由王显峰编写,全书由池海红统稿。

感谢我的同事们在本书编写期间富有建设性的讨论,感谢清华大学出版社编审人员对于教材出版的大力支持,同时真诚感谢中国电力出版社允许使用本书第一版的内容。对于书中列出的参考文献的作者表示诚挚谢意。哈尔滨工业大学郑萍教授和哈尔滨工程大学赵文常教授详细审阅了本书全部底稿,并提出了宝贵意见,在此表示感谢。

限于作者的知识水平以及编写经验不足,书中难免还存在一些缺点和错误,恳请广大读者批评指正,意见和建议请至:chi_h_h@sina.com。如果对我们制作的与本教材配套的多媒体获奖课件感兴趣,也请来信咨询。对于未经许可而部分或全部抄袭本书中内容的行为我们保留追究的权利。

在教学中经常听到的反应是学习这门课太难了,尽管这是一本技术类的书籍,在这里还是要说一句感性的话——希望大家能像一个科学家而不是像技术员那样思考问题,只有站得高,才能看得远。让我们以此共勉。

池海红

2014.6 于哈尔滨工程大学

前　言

本教材是根据哈尔滨工程大学新版“自动控制元件”课程的教学大纲要求，在原教材(叶瑰昀 2002 版、赵文常 1993 版)的基础上重新编写而成的，主要供自动化、测控技术与仪器、探测制导与控制技术等专业的师生作为教材使用，也可为从事自动控制专业的工程技术人员提供参考。

本书的编写结合了编者多年的教学经验，详细分析了自动控制系统中常用的以电磁理论为基础的元件的基本结构、工作原理、静态特性和动态特性，以及选择和使用方法，并且介绍了一些常用的新型元件，从而扩大教材的信息量，使教材具有知识面宽等特点。

由于本教材主要用于教学之中，因而在每一章中均配有适当的习题和思考题，力求使读者通过解答这些习题加深对教材中基本概念和原理的理解和掌握。

本书由哈尔滨工程大学池海红和单蔓红主编，书中第 1、第 2、第 5 章由单蔓红编写，第 4、第 6、第 7 章由池海红编写；第 3 章及第 6 章部分章节由刘涛编写，由池海红统稿。哈尔滨工程大学赵文常教授和哈尔滨工业大学尚静教授详细审阅了本书全部底稿，并提出了宝贵意见，在此表示感谢。

在编写过程中，得到哈尔滨工程大学自动化学院领导的大力支持和帮助，在此致以诚挚的谢意。

本教材在编写过程中，参阅了大量相关中外文献，并引用了许多参考文献中的有关内容，对此编者表示感谢。

限于作者的知识水平以及编写经验不足，书中难免还存在一些缺点和错误，恳请广大读者批评指正，意见和建议请至：chi_h_h@sina.com.

编　者

2009.6 于哈尔滨工程大学

目录

第四篇 新型元件

绪　论

0.1　控制元件在自动控制系统中的作用

0.1.1　自动控制的应用及定义

在过去的一百多年里，工业生产的需求促使自动控制理论不断发展；而随着工艺水平和材料性能的提高，不断涌现的高性能元器件使复杂的自动控制系统成为可能。在发展起来的自动控制理论的指导下，这些控制系统又解决了大量的生产实践问题，如今高速度、高精度、高可靠性的自动控制系统成功地应用在工业生产、农业、交通、航海、航空、航天及国防等领域中。

(1) 在航空航天领域，由于自动控制的发展，我国在 20 世纪 80 年代初便成功地向太平洋发射了洲际弹道导弹，目前实现了神舟飞船的载人航行；美国核动力驱动的好奇号(Curiosity)探测器登陆火星，探索火星上的生命元素，图 0-1 所示为其登陆过程。

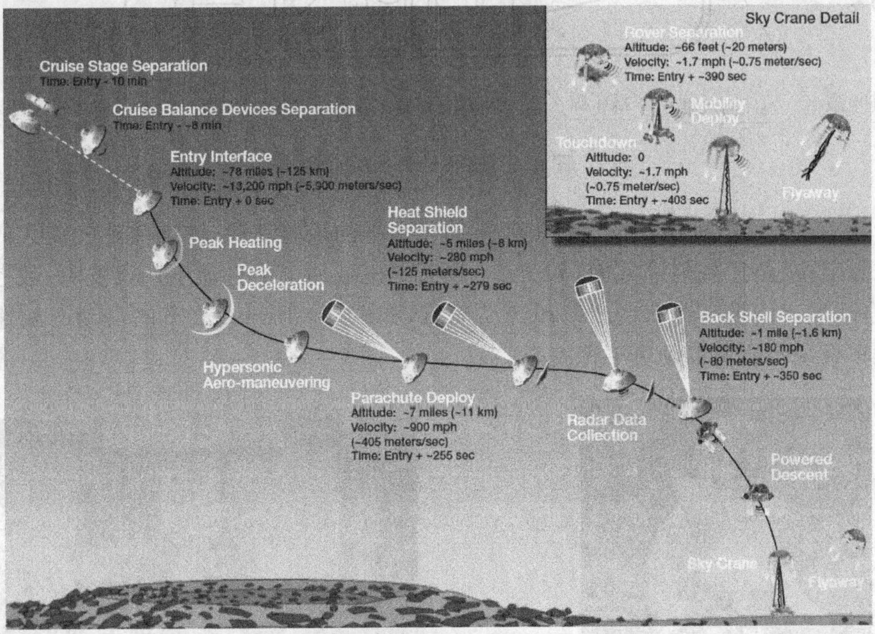

图 0-1　好奇号入降着陆全过程(来自果壳网、NASA 官网)

(2) 在航海领域，舰船的自动操舵、自动定位、自动避航系统能保证船舶按规定的航向航行，并提高船舶航行安全。中国载人深潜器“蛟龙”号 7000m 级海试最大下潜深度达 7062m，可以完成自动航行和悬停定位，如图 0-2 所示。

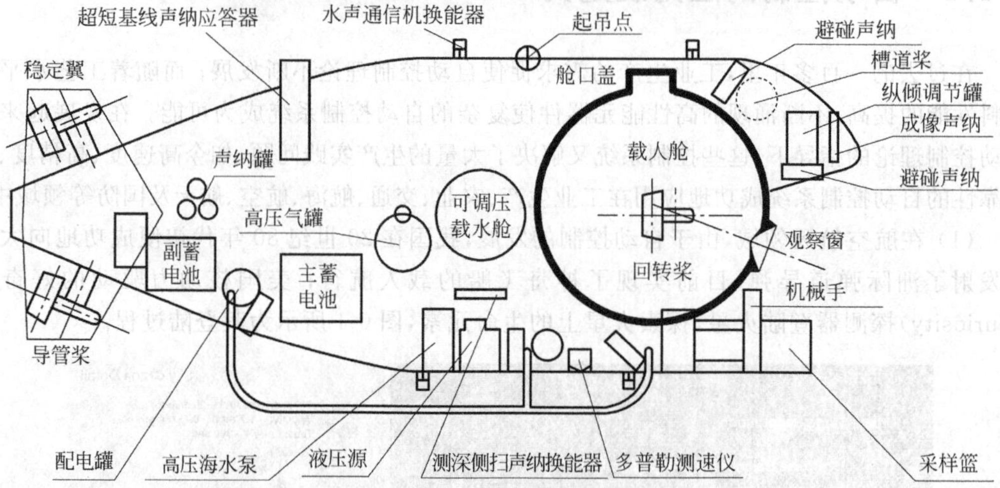

图 0-2 蛟龙号载人潜水器

(3) 在工业领域,机器人技术是工业自动化水平的最高表现,体现在对机器人的位姿控制、导航与定位、路径规划等方面,如图 0-3 所示;机械加工中自动生产线技术、数控机床对零件的自动加工能提高劳动生产率和产品质量,如图 0-4 所示;汽车的自动巡航速度控制系统、刹车系统等能使驾驶更平稳安全。

图 0-3 ASIMO 类人机器人(Honda Co.,Ltd.)

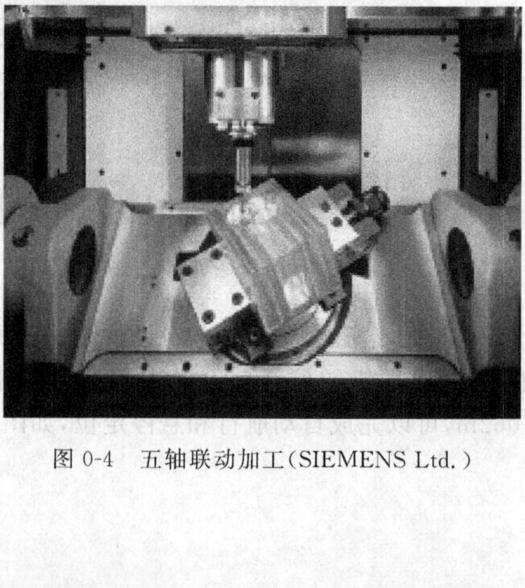

图 0-4 五轴联动加工(SIEMENS Ltd.)

(4) 在民用领域,建筑中的供热及空调系统自动调节建筑物中的温度和湿度;家用电器中的自动调节装置使操作更简便。

自动控制系统,顾名思义是指在无人直接参与的条件下,通过控制器使被控对象或过程自动地按照预定要求运行的系统,任何自动控制系统都是由一些元件或装置按照一定的组成原则相互连接组成的。目前绝大多数自动控制系统采用计算机或微处理器作为控制器。

0.1.2 自动控制元件在控制系统中的作用

前已述及,自动控制系统特别是计算机控制系统已成为现代科学技术、军事工程和现代工业等领域不可缺少的部分。下面结合具体实例说明控制元件在自动控制系统中的作用。

(1) 防空火控系统(Anti-defense Fire Control System)。

现代武器借助于自动控制技术正朝着威力大、速度快、准确度高等方向发展。舰炮防空火控系统是由雷达、火控计算机和火炮随动系统组成的现代武器系统,如图 0-5 所示。它可以有效地击中目标。该系统包括:

警戒雷达——远距离发现目标,将其粗略的方位、高度、距离等参数发送给火控雷达;

火控雷达——近距离精确地测得目标位置的雷达,它能发现并测得目标的方位角、高低角和距离,并锁定目标,并将这些参数发送给火控计算机;

火控计算机——它接收火炮雷达传来的信号,迅速而准确地计算出目标的未来点位置(方位角、高低角和距离),并将这些参数发送给火炮随动系统。

火炮随动系统——根据火控计算机传输来的目标位置信号,火炮随动系统将炮身转向目标的未来点方向,发射炮弹(导弹),击毁目标。

上述 4 部分组成的防空火控系统的每一部分都是一个精密的控制系统,本书仅就火炮方位随动系统略述(见图 0-6)。

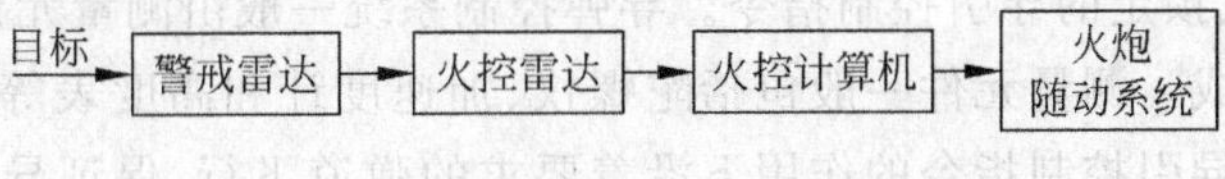

图 0-5 防空天线-火炮控制系统方框图

若目标出现,火控系统计算出目标未来位置点的轴角主令数字信号;旋转变压器作为一种火炮炮身现在位置的轴角测量元件,测得的轴角模拟负反馈信号需经 SDC 轴角—数字模块的转换,形成数字量。位置控制器接收指令信号和反馈回来的炮身轴角信号,并进行比较,其差值信号经过 PWM 驱动电路功率放大,作为控制电压加到直流电动机电枢绕组两端,电动机将向消除偏差电压的方向旋转,经过减速装置拖动炮身,朝目标方位转动,使炮身方位对准目标,从而使方位角偏差为零。如果结构类似的高低角随动系统也将炮身高低角置于适应位置,火炮便可以进入射击状态。

在系统中,还有一台直流测速发电机与直流伺服电动机同轴相连,它将把电动机的速度信号变换成电压信号,再负反馈到速度控制器的输入端。炮身巨大的惯性会引起振动,这个负反馈的作用将增大阻尼,使控制系统的品质得到改善,起到校正作用。

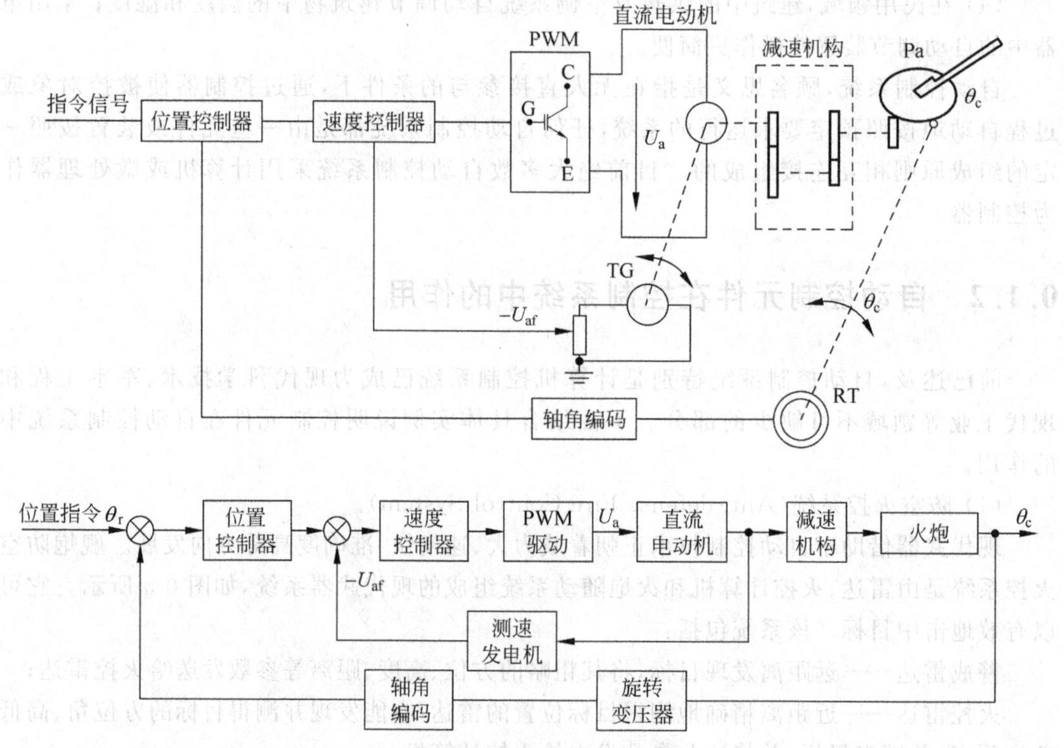

图 0-6　火炮随动系统(方位角)原理及其方框图

PWM—IGBT 驱动器；M—直流伺服电动机；Pa—火炮；RT—旋转变压器；TG—测速发电机

(2) 导弹制导系统(Missile Guide System)。

导弹制导系统是以导弹为控制对象的闭环系统，它主要由导引系统、控制系统和弹体组成(见图 0-7)。

导引系统一般由测量装置、导引指令装置组成，其功能是测量导弹相对理想弹道或目标的运动偏差，以形成预定的导引控制指令。导弹控制系统一般由测量元件(敏感元件)、计算机和执行机构等组成。测量元件一般包括陀螺仪、加速度计和高度表等。控制系统的主要功能是保证导弹在导引控制指令的作用下沿着要求的弹道飞行，保证导弹的姿态稳定及不受各种干扰的影响。

(3) 数控机床(Computer Numerical Control Machine)。

数控机床是装备制造业的加工母机，一般由数控系统(CNC)、包含永磁交流伺服电动机和检测反馈装置的伺服系统、机床本体(包括主传动系统、强电控制柜)和各类辅助装置组成(见图 0-8)。

数控系统(CNC)是机床实现自动加工的核心，主要由操作系统、主控制系统、可编程控制器(PLC)、各类输入输出接口等组成。其控制方式又可分为数据运算处理控制和时序逻辑控制两大类。其中主控制器内的插补运算模块就是根据所读入的零件程序，通过译码、编译等信息处理后，进行相应的刀具轨迹插补运算，并通过与各坐标伺服系统的位置、速度反馈信号比较，从而控制机床各个坐标轴的位移。而时序逻辑控制通常由可编程控制器完成，它根据机床加工过程中的各个动作要求进行协调，按各检测信号进行逻辑判别，从而控制机

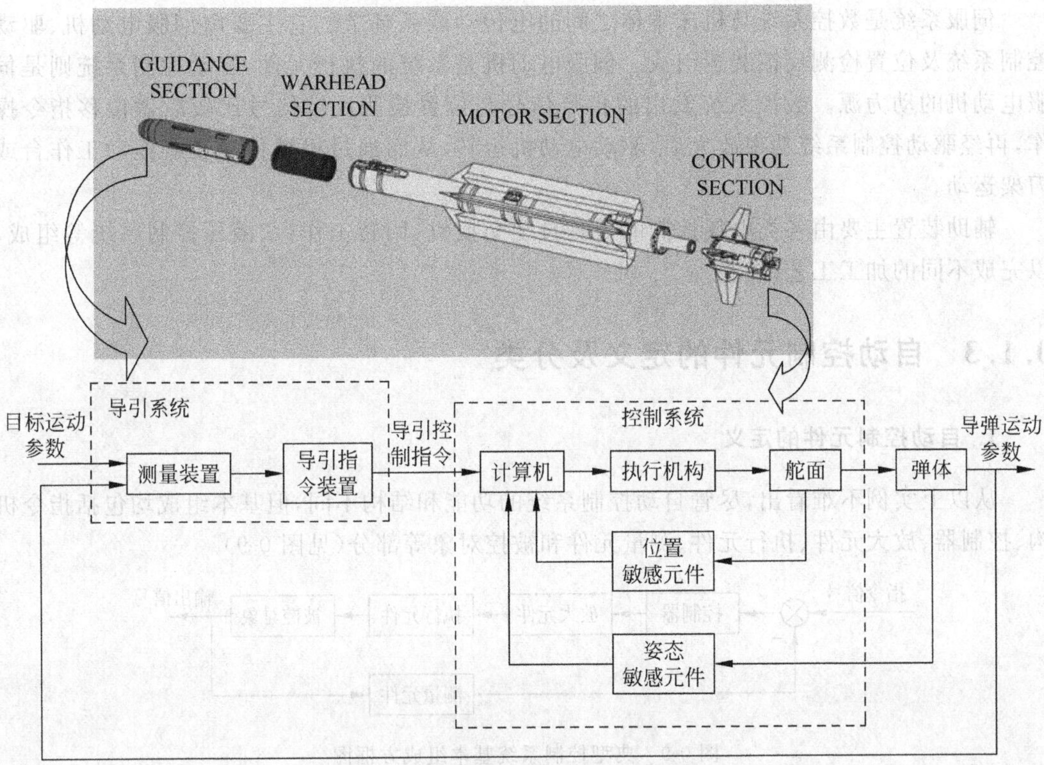

图 0-7 导弹制导系统基本组成方框图

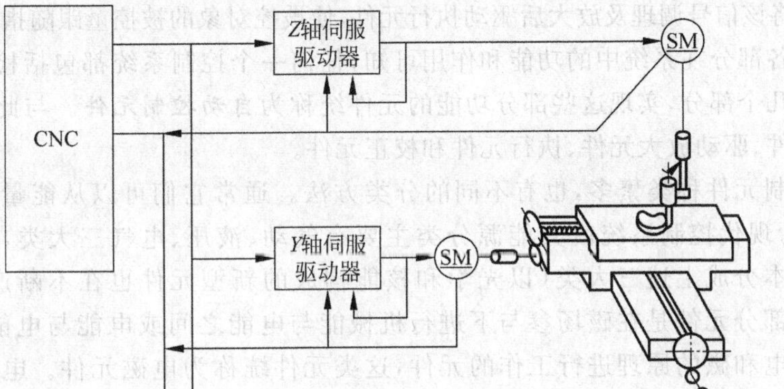

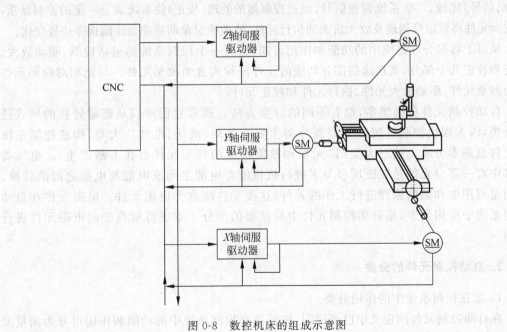

图 0-8 数控机床的组成示意图

床各个部件有条不紊地按序工作。

伺服系统是数控系统与机床本体之间的电传动联系环节。它主要由伺服电动机、驱动控制系统及位置检测反馈装置组成。伺服电动机是系统的执行元件,驱动控制系统则是伺服电动机的动力源。数控系统发出的指令信号与位置检测反馈信号比较后做位移指令操作,再经驱动控制系统功率放大后,驱动电动机运转,从而通过机械传动装置拖动工作台或刀架运动。

辅助装置主要由各类电气控制的刀具自动交换机、回转工作台、液压控制系统等组成,以完成不同的加工工艺。

0.1.3 自动控制元件的定义及分类

1. 自动控制元件的定义

从以上实例不难看出,尽管自动控制系统的功能和结构不同,但基本组成均包括指令机构、控制器、放大元件、执行元件、测量元件和被控对象等部分(见图 0-9)。

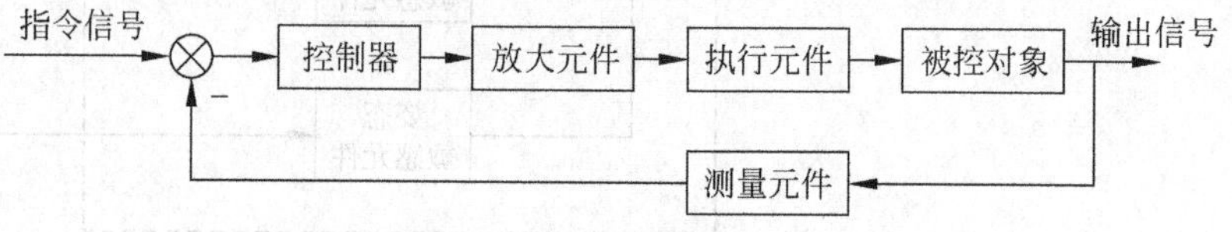

图 0-9 典型控制系统基本组成方框图

自动控制系统各部分的功能是:指令机构发出的指令信号与测量元件检测的被控量(输出信号)比较,产生系统偏差信号,经过控制器的处理(校正)使系统满足一定的控制品质,由放大元件将该信号调理及放大后驱动执行元件,使被控对象的被控量跟随指令信号变化。

从以上各部分在系统中的功能和作用可知,任何一个控制系统都包括检测、驱动放大、执行和校正几个部分,实现这些部分功能的元件统称为**自动控制元件**。与此相对应的元件称为测量元件、驱动放大元件、执行元件和校正元件。

自动控制元件种类繁多,也有不同的分类方法。通常它们可以从能量转换的形式进行分类,因为现代控制系统就其能源分类主要有气动、液压、电气三大类,构成控制系统的元件也基本分成上述三大类(以光学和核能构成的新型元件也在不断产生)。电气类元件中有一部分元件是在磁场参与下进行机械能与电能之间或电能与电能之间的转换。它们是利用电和磁的原理进行工作的元件,这类元件统称为电磁元件。电磁元件在自动控制系统中应用最多,是自动控制元件中最重要的部分。本书将对典型的电磁元件进行介绍。

2. 自动控制元件的分类

1) 按在控制系统中的作用分类

在自动控制元件的定义中已经说明,按元件在控制系统中的功能和作用可分为测量元件、放大元件、执行元件和校正元件。

(1) 测量元件:测量实际输出信号,提供反馈信号,若是非电量(如机械角等),通常还

用它来转换成容易处理和使用的电量,如自整角机、旋转变压器等;

(2) 放大元件:由于指令信号比较微弱,不足以带动执行元件去执行命令驱动被控量,因此需要放大元件将指令信号进行功率放大,如有必要时还将信号进行变换;

(3) 执行元件:根据指令信号带动负载产生动作,完成控制任务,如伺服电动机;

(4) 校正元件:改善系统的动态及静态品质,如测速发电机。

2) 按电流分类

(1) 直流元件:如直流电动机、直流无刷电机等;

(2) 交流元件:如自整角机、交流伺服电机等;

(3) 脉冲元件:如步进电机等。

3) 按特性分类

信号元件类:凡是将运动物体的速度或位置(角位移、直线位移)等物理信号转换成电信号的都属于信号元件类,如测速发电机、自整角机、旋转变压器等;

功率(或机械能)元件类:凡是将电信号转换为电功率的或将电能转换为机械能的都属于功率(或机械能)元件类,如伺服电动机、步进电动机等。

随着电力电子技术、微电子技术、计算机技术的发展和新材料的不断开发和应用,使自动控制元件未来向机电一体化、高性能化、小型化和微型化、大功率和非电磁化的方向发展。

可见,控制元件是系统重要的组成部分,为了设计一套性能优良的自动控制系统,必须认真掌握测量(敏感)元件、放大元件、执行元件、校正元件以及控制对象的运动规律。

0.2　本书的主要内容及编排

现代自动控制元件在不断推陈出新,全面介绍自动控制元件是本教材不能胜任的。本书关注于在自动控制系统(主要是机械伺服系统)中进行信号传递和转换,实现检测、驱动放大、执行和校正功能的电磁元件,它们性能的好坏直接影响整个控制系统的工作性能。由于放大元件在相应的模拟电子线路和数字电子线路课程中涉及,在本书中不再讲述。

控制元件的教学可采用两种程序,一种是按元件在控制系统中的功能分类,即测量元件、放大元件、执行元件……分章讲述;另一种是按控制元件的工作原理,即对电磁控制元件来说,是以直流恒定磁场、交流脉振磁场和交流旋转磁场……分类讲述。教学实践的结果表明:作为专业基础课的"自动控制元件"还是采用后者为好。这是因为它符合理论上的循序渐进,并有承前启后的连续性。而前者在讲述过程中由于应用原理的交叉,使得在原理准备上让人感觉具有跳跃性。本教材将主要以电磁控制元件构成的原理分类,按章依次讲述。将对在稳恒磁场作用下的元件(包括各种直流伺服电动机,直流测速发电机)、在交流脉振磁场作用下的元件(自整角机、旋转变压器)和在旋转磁场作用下的元件(包括步进电动机、交流伺服电动机、无刷直流电动机)的基本原理、简单结构、工作特性以及典型应用等予以介绍,并增加新型元件,以使学生尽量接触更多的控制元件,及时了解科技发展的趋势。

0.3 自动控制元件的理论基础

为了学好本门课程,读者需要熟悉电路和电磁基本定理,并掌握电机运行基本原理。为了承上启下,达到温故而知新的目的,将对铁磁物质的基本特性、磁路的基本物理量进行介绍。

0.3.1 基本物理量

1. 磁化强度及磁化率

当外磁场作用于磁介质时,介质的内部会被磁化,会出现许多微小的磁偶极子。在真空中每单位外磁场对一个磁偶极子产生的最大力矩为磁偶极矩 j_m,定义一个磁偶极子的磁矩为 $m=j_m/\mu_0$,μ_0 为真空磁导率;每单位材料体积内磁矩的矢量和为磁化强度 M。磁化强度描述磁介质被磁化的程度,其国际单位(SI)为 A/m。

磁化率 χ 反映物质磁化的难易程度,在国际单位制中是一个无量纲的纯数。磁化率与磁化强度的关系为

$$M = \chi H \tag{0-1}$$

2. 磁导率 μ

磁导率 μ 是磁滞回线上任一点所对应的 B 与 H 的比值,是用于衡量物质导磁能力的物理量,与材料及器件工作状态密切相关。非磁性物质的磁导率 μ 与真空的磁导率 μ_0 相差很小,工程上通常认为二者相同。

$\mu_r=1+\chi$ 是表征磁介质性质的相对磁导率,它是一个纯数,各种磁介质的相对磁导率 μ_r 可用实验测定。为了处理问题的方便,可以令

$$\mu = \mu_0\mu_r \tag{0-2}$$

在真空情况下,磁化强度 $M=0$,磁化率 $\chi_m=0$,故得真空中的相对磁导率 $\mu_r=1$。磁导率的单位是 H/m,真空的磁导率 $\mu_0=4\pi\times10^{-7}$(H/m)。

根据磁化率的正负,可以将物质的磁性划分如下。

(1) 顺磁性:若 χ 为正值,则 $\mu_r=1+\chi>1$,物质的磁性是顺磁性。顺磁性物质在外磁场消失后由于热运动的作用物质内的磁场就消失了。

(2) 铁磁性:χ 为正值,由于铁最广为人知,故名之。但与顺磁性不同的是,铁磁性物质在外部磁场的作用下得而磁化后,即使外部磁场消失,依然能保持其磁化的状态而具有磁性。

(3) 抗磁性:若 χ 为负值,则 $\mu_r=1+\chi<1$,物质的磁性是抗磁性,例如惰性气体元素和抗腐蚀金属元素(金、银、铜等)都具有显著的抗磁性。

对于顺磁性或抗磁性物质,通常 χ 的绝对值都很小,为 $10^{-6}\sim10^{-5}$,大多时候可以忽略为 0。

3. 磁感应强度 B

磁场是由电流或永磁体产生的，前者需要不断提供能量以维持电流流动，后者只需一次充磁可维持永磁体周围的磁场基本不变。就其本质来说，一切磁现象都来源于电荷的运动。磁感应强度 $\boldsymbol{B}$ 是表征磁场强度强弱及方向的一个物理量，或称磁通密度(磁密)，其国际单位是 T。

磁力线的方向与电流方向满足右手螺旋定则。磁力线上任意点的切线方向就是该点磁感应强度 $\boldsymbol{B}$ 的方向。

4. 磁场强度 H

磁场强度是用来表示磁场中各点磁力大小和方向的一个物理量，与磁感应强度不同，它的大小与磁场中磁介质的性质无关，仅与产生磁场的电流大小和载流导体的形状有关。

在真空中，磁场强度与磁感应强度之间的数值关系为

$$B = \mu_0 H$$

在磁性材料中，

$$B = \mu_0 (H + M) \tag{0-3}$$

磁场强度 H 的单位是 A/m。

5. 磁通量 Φ

通过某一截面 S 的磁力线的总数称为磁通量 Φ，简称磁通，其定义为

$$\Phi = \int_S \boldsymbol{B} \cdot \mathrm{d}\boldsymbol{S} \tag{0-4}$$

磁通的单位为 Wb。

0.3.2 铁磁性材料的主要特性

根据矫顽力的大小划分，铁磁性材料主要分为永(硬)磁材料和软磁材料。

1. 软磁材料

是指矫顽力小、容易磁化和退磁、高磁导率的磁性材料，硅钢、铁、铁镍合金、非晶态合金、软磁铁氧体等属于软磁材料。硅钢片是一种合金，广泛用于电力电子行业，如应用于变压器和电磁铁的铁芯，可以提高变压器的效率，降低损耗。

2. 永(硬)磁材料

是指矫顽力大，不容易磁化也不容易退磁的材料。随着稀土永磁材料性能的不断提高和完善，特别是钕铁硼永磁材料的高剩磁密度、高矫顽力、高磁能积的优异磁性能，以及电力电子器件的发展，使永磁电机进入了快速发展的阶段，永磁式直流伺服电机、永磁式直流测速发电机、永磁式和混合式步进电动机、永磁无刷直流电动机和永磁交流伺服电动机均属于永磁电机范畴。因此有必要了解永磁材料的特性。

1) 磁滞回线

永磁物质经充磁及退磁、反向充磁、再退磁周期性变化时,所获得的关于磁感应强度相对于磁场强度变化的闭合曲线称为磁滞曲线,如图 0-10 所示。在反复的磁化过程中,B 的变化落后于 H,这种现象称为磁滞现象。H_s 所对应的 B 值称为饱和磁感应强度。

2) 退磁曲线

永磁材料磁滞回线的第二象限部分称为退磁曲线。退磁曲线上磁场强度 H 减为零时对应的磁感应强度(磁通密度)称为剩磁,用 B_r 表示。退磁曲线上与磁感应强度 B 为零时对应的磁场强度称为磁通密度矫顽力,简称矫顽力,符号为 H_c。

3) 磁能积

永磁体工作在什么状态除与它内部特性有关外,还与外部条件有关。例如永磁同步伺服电动机,永磁转子外磁路为气隙和定子电枢。电机空载时,永磁体提供的磁动势要平衡气隙磁压降和定子磁压降,磁路的外特性可以用图 0-11 中曲线 2 的负载线表示。所以去磁曲线和负载线的交点 a 是电机空载时的工作点。如果永磁电机负载运行,则永磁体会受到电枢反应去磁,若负载线变为曲线 3,磁工作点会进一步降低到交点 b 点。如果去磁曲线是线性的,当去磁磁场消除后磁工作点将循着去磁曲线回复到与负载线 2 的交点。若去磁曲线是非线性的,那么去磁磁场消除后磁工作点不能循去磁曲线返回,而是将以回复直线 bd 回复到 c 点。

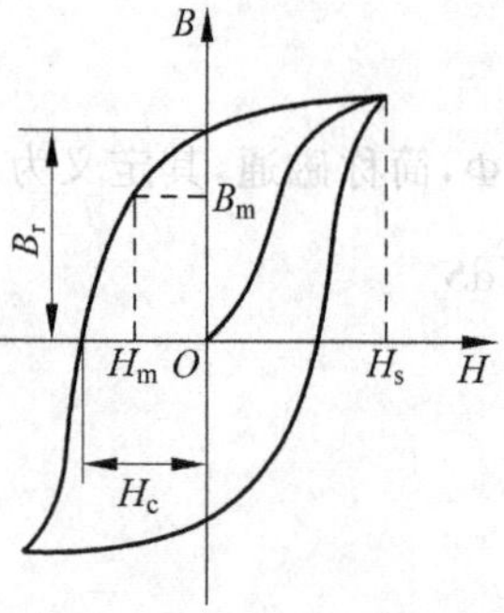

图 0-10 磁滞回线

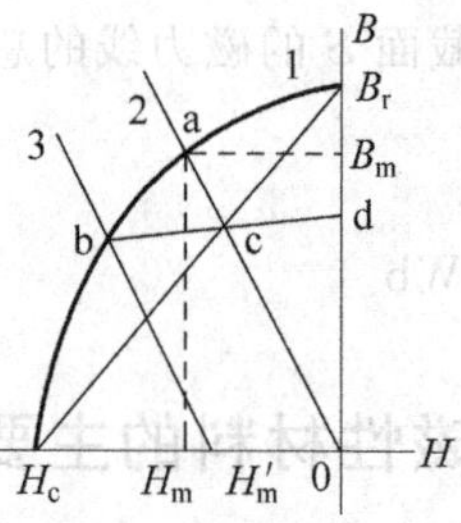

图 0-11 永磁材料工作点

磁场能量密度为 $BH/2$,因此退磁曲线上任一点的磁通密度和与磁场强度的乘积可反映磁场能量密度。把工作点参数之积 $B_m H_m$ 称为磁能积(BH)。不同工作点的磁能积是不等的。为提高永磁体利用率,需要知道其产生最大磁能积时的工作点。对于退磁曲线为直线的永磁体,在($B_r/2$,$H_c/2$)处磁能积最大,即有 $(BH)_{max}=\frac{1}{4}B_r H_c$。

0.3.3 磁路及其基本定律

在电工技术中,利用磁性物质的高导磁性,制成一定形状的导磁的路径,可以认为磁通将主要集中在这个路径内闭合,这个路径是磁通的主要路径。而周围空间磁通很少,它们在铁芯外通过空气隙闭合,这是磁通的次要路径。这两种路径即凡是磁通通过的路径统称为**磁路**。通过主要路径的磁通称为主磁通,用 Φ 或 Φ_δ 表示。通过次要路径的磁通称为漏磁通,用

Φ_σ 表示。图 0-12 给出了三种典型电磁元件的磁系统。图 0-12(a)为电磁铁，图 0-12(b)为直流电机，图 0-12(c)为变压器。它们的磁路一般都包括一定形状的铁磁材料和气隙两部分。把这种主要由铁磁材料和线圈以及气隙等组成的整体称为磁系统。

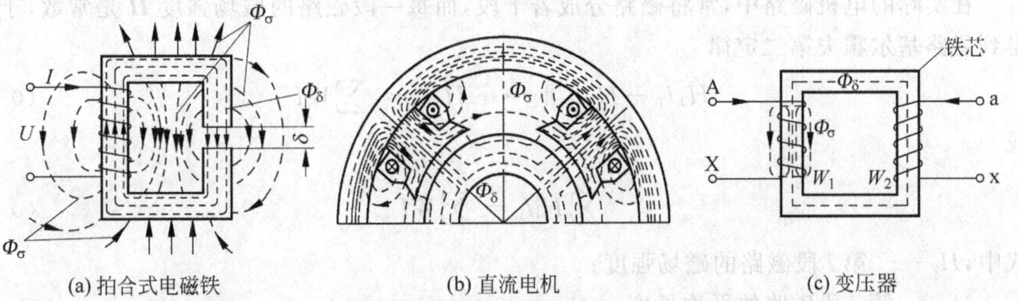

(a) 拍合式电磁铁　　(b) 直流电机　　(c) 变压器

图 0-12　典型元件的磁系统

磁路的基本定律与磁场的基本定律相对应，磁路的基本定律都可以直接从磁场的基本定律转化而得到。

1. 基尔霍夫第一定律

磁通连续性定律是磁场的一个基本性质，即在磁场中任何闭合面上的磁通代数和恒等于零，或者说进入闭合面的磁通等于离开闭合面的磁通，其表达式为

$$\oint_s \boldsymbol{B}\cdot \mathrm{d}\boldsymbol{S} = 0 \quad 或 \quad \sum \Phi = 0$$

上式规定，进入闭合面的磁通取负号，离开闭合面的磁通取正号，对于图 0-13 中的封闭曲面 A 处，则有

$$-\Phi_1 + \Phi_2 + \Phi_3 = 0$$

而这里的封闭曲面 A 就是一段有分支磁路，如果把分支处看成磁路的一个节点，则汇聚在该节点上磁通的代数和必恒等于零。推广到一般情况，即磁场的磁通连续定律可相应为磁路基尔霍夫第一定律，则汇聚在任意节点上磁通的代数和等于零，即

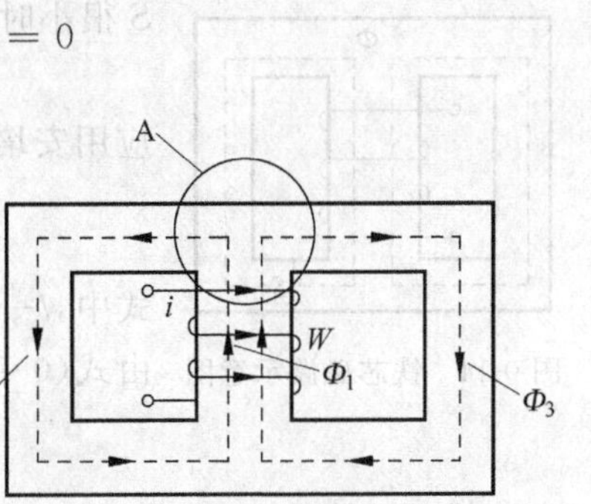

图 0-13　磁通连续定律应用

$$\sum \Phi_i = 0$$

式中，i 为支路数。

2. 基尔霍夫第二定律

安培环路定律表明磁场强度 $\boldsymbol{H}$ 与励磁电流 I 之间的关系，其表达式为

$$\oint_l \boldsymbol{H}\cdot \mathrm{d}\boldsymbol{l} = \sum I \tag{0-5}$$

当线圈有 W 匝时，则式(0-5)变为

$$\oint \boldsymbol{H}\cdot \mathrm{d}\boldsymbol{l} = \sum WI \tag{0-6}$$

就是说磁场强度 $\boldsymbol{H}$ 沿某一闭合路径 $\boldsymbol{l}$ 的线积分，等于路径 $\boldsymbol{l}$ 所包围的电流 I 的代数和。当电流的参考方向与闭合路径规定的方向符合右手螺旋定则时，电流 I 取正号，反之取负号。

在实际的电机磁路中，常将磁路分成若干段，而每一段磁路的磁场强度 $\boldsymbol{H}$ 是常数，于是得到磁路基尔霍夫第二定律

$$H_1l_1 + H_2l_2 + \cdots + H_nl_n = \sum WI \tag{0-7}$$

或

$$\sum_{i=1}^{n} H_il_i = \sum WI \tag{0-8}$$

式中，H_i—— 第 i 段磁路的磁场强度；

l_i——第 i 段磁路的平均长度；

H_il_i——第 i 段磁路的磁压降；

I——每一导体中的电流。

即闭合磁路中，各段磁压降的代数和 $\sum Hl$ 等于闭合磁路中磁(动)势的代数和 $\sum WI$。

3. 磁路欧姆定律

磁路欧姆定律是由磁通连续性定律和安培环路定律推导出来的。

图 0-14 为铁芯磁路示意图，不计漏磁通，设磁路内为铁磁材料，横截面均为 S，当截面 S 很小时，可认为截面上 B 值处处相同，磁导率为 μ，则有

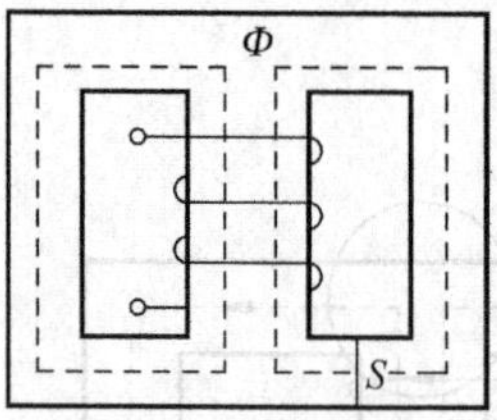

图 0-14　铁芯磁路示意图

$$\Phi = B \cdot S \quad 和 \quad B = \mu \cdot H \tag{0-9}$$

应用安培环路定律，得到

$$\oint_l \boldsymbol{H} \cdot \mathrm{d}\boldsymbol{l} = H \cdot l = WI \tag{0-10}$$

式中，l——磁路平均长度。

由式(0-9)和式(0-10)得到

$$\Phi = \mu H \cdot S = \frac{WI}{\dfrac{l}{\mu S}}$$

上式与电路欧姆定律 $I=E/R=E/(l/\gamma S)$ 相似，定义磁动势 $F_m=WI$，磁阻 $R_m=l/\mu S$，则有

$$\Phi = \frac{F_m}{R_m} \tag{0-11}$$

称为磁路的欧姆定律。

若令磁导 G_m 为 $G_m=1/R_m$，则式(0-11)变为

$$\Phi = G_mF_m \tag{0-12}$$

应当指出的是，在铁磁物质中 μ 不是常数，它随 H 的大小而变化，所以磁阻是非线性的，因此以上公式只适用于对磁路作定性分析。

如果磁路是由不同截面的几段组成的，根据式(0-8)和式(0-11)则可得到

$$\sum_{i=1}^{n} H_il_i = \sum_{i=1}^{n} \Phi_iR_i = \sum_{i=1}^{n} \Phi_i/G_i = \sum WI \tag{0-13}$$

由上述内容可知，磁路计算中所用到的概念和定律在形式上与电路非常相似，表 0-1 列

出了电路与磁路的对应关系。

表 0-1　电路与磁路对应表

电　路	磁　路
电动势 E/V	磁动势 $F(F=WI)$/安匝
电流 I/A	磁通 Φ/Wb
电阻 $R(R=\rho l/S)/\Omega$	磁阻 $R_m\left(R_m=\dfrac{l}{\mu S}\right)/(1/\mathrm{H})$
电导 $G(G=1/R)/(1/\Omega)$	磁导 $\Lambda_m(\Lambda_m=1/R_m)/\mathrm{H}$
欧姆定律 $U=IR$	磁路欧姆定律 $F_m=\Phi R_m$
基尔霍夫第一定律 $\sum I=0$	磁路基尔霍夫第一定律 $\sum \Phi=0$
基尔霍夫第二定律 $\sum E=\sum IR$	磁路基尔霍夫第二定律 $\sum Hl=\sum WI$

但需指出，磁路和电路的相似性是表面现象，两者本质上是不同的。例如直流电路开路时会有电势，不会有电流；可是磁路中只要有磁势，就必有相伴的磁通，因为电流和磁场是永远不能分割开的。又例如电流通过电阻要发热消耗能量，但直流磁通通过磁阻时并不消耗能量。

4. 电磁感应定律

通过一个线圈的磁通量 Φ 与线圈匝数 W 的乘积一般称为磁链，记为 Ψ，即 $\Psi=W\Phi$。若磁通（或磁链）通过了线圈所包围的面，就说磁通（或磁链）和线圈交链（或称匝链）。

如果一个线圈位于磁场中，就会有许多磁力线穿过该线圈而与它交链。如果各部分磁通各自交链该线圈的不同匝数，则该线圈的总磁链数为

$$\Psi=\sum W_i\Phi_i \tag{0-14}$$

式中，Φ_i——某一部分磁通；

W_i——Φ_i 所交链的匝数。

如果电势、电流取相同的正方向，并且它们与磁通的正方向之间符合右手螺旋定则，则电磁感应定律可写成

$$e=-\frac{\mathrm{d}\Psi}{\mathrm{d}t} \tag{0-15}$$

若所有磁通 Φ 都交链线圈的全部匝数 W，式(0-15)便成为

$$e=-\frac{\mathrm{d}\Psi}{\mathrm{d}t}=-W\frac{\mathrm{d}\Phi}{\mathrm{d}t} \tag{0-16}$$

线圈中的磁通变化可能有两种不同的方式：①磁通本身就是由交流电流产生的，也就是说空间中任意点的磁通本身随时间变化；②空间中各点的磁通本身虽不变化，但线圈处于不同位置时，通过它的磁通可能不同，由于线圈和磁场间有相对运动，线圈中的磁通在变化。一般说来，磁链可以看成是时间和位移的函数，即 $\Psi=\Psi(t,x)$，所以有

$$\mathrm{d}\Psi=\frac{\partial\Psi}{\partial t}\mathrm{d}t+\frac{\partial\Psi}{\partial x}\mathrm{d}x$$

故有

$$e=-\frac{\mathrm{d}\Psi}{\mathrm{d}t}=-\frac{\partial \Psi}{\partial t}-\frac{\partial \Psi}{\partial x}\frac{\mathrm{d}x}{\mathrm{d}t}=-\frac{\partial \Psi}{\partial t}-v\frac{\partial \Psi}{\partial x}=e_{\mathrm{T}}+e_{\mathrm{R}} \tag{0-17}$$

式中 $v=\mathrm{d}x/\mathrm{d}t$ 为导体(线圈)与磁场间的相对速度。由此可见感应电动势 e 分为两部分，$e_{\mathrm{T}}=-\frac{\partial \Psi}{\partial t}$称为变压器电势；$e_{\mathrm{R}}=-v\frac{\partial \Psi}{\partial x}$称为旋转电势或速度电势。

变压器为一特殊例子，它的线圈静止不动，靠磁通本身的交变而产生感应电动势，速度电势为零，线圈中的感应电动势仅有变压器电势 e_{T}。注意到变化的磁通是由电流的变化激励而成的，这又包含两种可能：一是线圈本身电流的变化，由此在自身线圈上产生的感应电动势，称为“自感电势”；另一种是由其他线圈上的电流变化而在这个线圈上引起的感应电动势，称为“互感电势”。直流电机为另一特例，在直流电机中间任一点的磁通对时间为恒定不变，变压器电势为零，线圈中的电势为速度电势 e_{R}。

一根长为 l 的导线在磁场中以速度 v 切割磁力线，如图 0-15 所示，当 B、l、v 互相垂直时有感应电动势

$$e=Blv \tag{0-18}$$

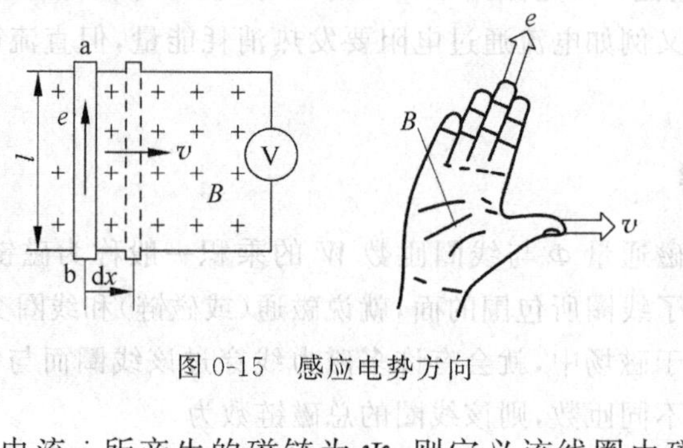

图 0-15　感应电势方向

若一个线圈本身的电流 i 所产生的磁链为 Ψ，则定义该线圈由磁链 Ψ 所引起的电感 L 为

$$L=\frac{\Psi}{i} \tag{0-19}$$

若线圈是空心线圈，周围没有铁磁材料，则 L 是常数，与电流无关，这时称这个线圈的电感是线性电感，这时感应电动势为

$$e=-\frac{\mathrm{d}\Psi}{\mathrm{d}t}=-L\frac{\mathrm{d}i}{\mathrm{d}t} \tag{0-20}$$

若线圈周围有铁磁材料，则 L 就不是常数，它的大小随电流而变化，称为非线性电感。但是，若磁通的回路上有空气隙，空气隙的磁阻远大于其他磁路段的磁阻，这时由磁链 Ψ 所引起的电感仍可看成线性电感，式(0-20)仍然适用。

5. 电磁力与电磁转矩

磁场中的载流导体所受的电磁力 F_{e} 为

$$F_{\mathrm{e}}=BlI \tag{0-21}$$

式中 l 为导线长度，I 为导线中的电流，B、I、l 三者互相垂直。若这导线在电机的转子上，导体至旋转轴的距离为 r，则电磁转矩 T_{em} 为

$$T_{em} = BlIr \tag{0-22}$$

转矩也可由功率关系算得

$$T_{em} = \frac{P}{\Omega} \tag{0-23}$$

式中　P——电机转轴上的机械功率(W)；

Ω——转轴的角速度(rad/s)。

思考题

0-1　为什么永磁材料的相对磁导率等于1？

0-2　为什么使用电磁铁的电磁元件都要有铁芯呢？

0-3　铁芯线圈中的自感 L 和空气中的是否一样呢？与哪些因素有关？

0-4　在交变磁场中，铁芯中的磁滞损耗和涡流损耗的产生与哪些因素有关？

参考文献

[1]　http://www.nasa.gov/mission_pages/msl/index.html.

[2]　http://mars.jpl.nasa.gov/msl/.

[3]　刘峰，崔维成，李向阳. 中国首台深海载人潜水器——蛟龙号[J]. 中国科学：地球科学，2010 (12)：1617-1620.

[4]　吴桂秀. 磁矩和磁偶极矩[J]. 大学物理，1991 (10)：25.

[5]　GB/T13560—2009　烧结钕铁硼永磁材料. 中华人民共和国国家标准，2009.

[6]　GB/T21219—2007　磁性材料分类. 中华人民共和国国家标准，2008.

[7]　唐任远. 特种电机原理及应用. 北京：机械工业出版社，2010.

[8]　R Krishman. Permanent Magnet synchronous and brushless DC motor Drives. Abingclon：Taylor & Francis，2010.

[9]　刘迪吉. 航空电机. 北京：航空工业出版社，1992.

[10]　南京航空学院陀螺电气元件编写组. 陀螺电气元件. 北京：国防工业出版社，1981.

[11]　(日)雨宫好文，松井信行. 控制用电机入门. 北京：科学出版社，2000.

第一篇　基于稳恒磁场的元件

第1章 直流伺服电动机
(Direct Current Servo Motor)

1.1 概述

1.1.1 直流伺服电动机的发展历程

1820年,奥斯特(H. C. Oersted)发现了电流的磁效应,1832年,法拉第(M. Faraday)发现电磁感应现象,这就为电动机的发明提供了理论依据。根据电与磁相互转换产生机械运动的原理,1834年,俄国的雅可比(B. C. Якоби)试制出了由电磁铁构成的第一台实用直流电动机,马达(motor,电动机)一词由此得名。到19世纪末,各种电磁定律及电动机装置相继诞生,确立了电机的工业应用。

世界上最早的电机原型是永磁电机,只是当时永磁材料性能不良,而被电磁式电机占了主流。铝镍钴永磁体的问世使永磁电机开始发展,但由于其价格比较高,所以铝镍钴永磁电动机应用面并不广。自从廉价铁氧体的出现才使永磁电动机的应用量大幅度增加,应用面从玩具电机、音像电机、汽车微电机到工业用的小功率驱动和伺服驱动等。铁氧体由于其磁性较差,不适合高性能电机的需要,因而20世纪60年代出现了稀土钐钴永磁体,其最大磁能积远超过铝镍钴和铁氧体。钐钴永磁体的出现使高性能伺服电动机得到实现,但由于钐钴永磁体价格过高,限制了其应用。20世纪80年代出现钕铁硼永磁材料,除了工作温度和磁温度系数不及钐钴永磁体外,其他性能都超过了钐钴永磁体。

20世纪60~70年代是直流伺服电动机全盛发展的时代,发展出如永磁直流伺服电动机、电磁直流伺服电动机、直流力矩电动机、低惯量直流伺服电动机、无刷直流电动机等品种。进入20世纪90年代以来,随着稀土永磁材料性能的不断提高和完善,以及电力电子器件和计算机控制技术的快速发展,直流伺服电动机在工业、农业、航空航天、日用电器等方面得到了广泛的应用。目前直流伺服电动机正向大功率化(超高速、高转矩),高功能化(高温、高真空等)和微型化方向发展。今后,随着新的永磁材料的继续出现、永磁材料性能的进一步提高和电子器件性能的不断完善,永磁直流伺服电动机的理论研究和产品开发将会得到进一步的发展。

1.1.2 直流伺服电动机的概念

"伺服"一词系英语Servo的音译。在机电一体化技术产生之前,电动机仅是作为把电能转换成机械能的装置,只要能高效地产生旋转力就足够了。但是,现在只能旋转的电机不能满足要求,电机如不能快速加速、减速、反转及准确停止,就不能使一些机构(机器人、数控机床、飞行器)准确灵敏地工作。这里强调的是一种信号的传递,而不再强调电机的能量问题。因此人们把"伺服"这个社会学中的名词引申到技术领域的机械运动控制中,表示运动机械必须按照控制指令准确无误地实现运动,把用于这种用途的电机称为"伺服电机"。

一般来说,伺服系统是指以被驱动机械物体的位置、方位、姿态为被控制量,使之能随指令值的任意变化进行跟踪的控制系统。

1.1.3 直流伺服电动机的作用

直流伺服电动机作为直流电动机的一个分支,在自动控制系统中是执行系统控制信号命令的元件,被称为执行元件,如图 1-1 所示。直流伺服电动机的原理与直流电动机基本相同。

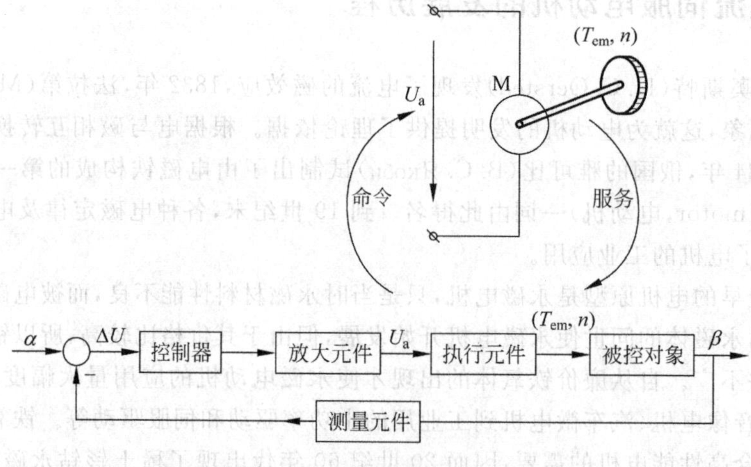

图 1-1 直流伺服电动机在控制系统中的位置

直流伺服电动机具有良好的调速特性、较大的起动转矩以及快速响应等优点,尽管由于结构复杂、成本较高的缺点使得它在工业应用中失去了主导地位,但它在国民经济中仍占有一席之地。特别是由于大功率晶体管元件及其整流放大电路构成的驱动器性能的提高,高性能磁性材料的不断问世,以及新型结构的设计,使得直流伺服电动机控制性能更加完善。

直流伺服电动机执行命令的动作是使负载(或者说使控制系统的"被控对象")进入新的运行状态(随动系统)或保持原来的运行状态(恒值控制系统),因而,可以视其为控制对象"服务"的。这样,根据直流伺服电动机在自动控制系统中的作用和特点,对直流伺服电动机的性能提出以下要求:

1. 可靠性好

电动机的转速由加在电机上的电压来控制,该电压称为控制电压信号。控制电压信号存在时,电动机在转向和转速上应能做出正确的响应;控制电压信号消失时,电动机应能可靠地停转。

2. 响应快

电动机转速的高低和方向随控制电压信号的改变而快速变化,响应灵敏,起动转矩大。

即伺服电动机的机电时间常数要小，要有较大的堵转转矩和较小的转动惯量。

3. 线性度好

伺服电动机的机械特性是指控制电压一定时，转速随转矩的变化关系；控制特性是指电动机转矩一定时，转速随控制电压的变化关系。机械特性和控制特性的线性度好有利于提高自动控制系统的动态性能。

4. 调速范围宽

伺服电动机的转速随控制电压的改变能在宽广的范围内连续调节。

此外，还有一些其他的要求，如希望控制功率小、空载起动电压低(从静止到连续转动的最小电压)；一些特殊场合还要求重量轻、体积小等。

1.1.4　直流伺服电动机的分类及特点

直流伺服电动机在性能方面的独到之处是调速范围宽、线性特性好、起动转矩大和响应快速。按直流伺服电动机的结构可分为普通型、力矩型和低惯量型等几类。

1. 普通型直流伺服电动机

普通型直流伺服电动机(Conventional Slotted)的结构和普通直流电动机的结构基本相同，也是由定子、转子两大部分组成。一般分为永磁式和电磁式两种。

(1) 定子(Stator)。

永磁式直流电动机的定子上装置了由永久磁钢做成的磁极，目前我国生产的 SY 系列直流伺服电动机就属于这种结构，在中小容量的直流电机中永磁式使用较多；电磁式直流伺服电动机的定子通常由硅钢片冲制叠压而成，磁极和磁轭整体相连，在磁极铁芯上套有励磁绕组，目前我国生产的 SZ 系列直流伺服电动机就属于这种结构。在大中型直流电机中电磁式使用较多。

(2) 转子(Rotor)。

这两种直流伺服电动机的转子铁芯均由硅钢片冲制而成，在转子冲片的外圆周上开有均匀分布的齿槽，和普通直流电机转子冲片相同。在转子槽中放置电枢绕组，并经换向器、电刷引出。

2. 直流力矩电动机

直流力矩电动机(DC Torque Motor)是一种永磁式低速直流伺服电动机。它的工作原理和普通型直流伺服电动机毫无区别，但它们的外形却完全两样。为了使力矩电动机在一定的电枢体积和电枢电压下能产生较大的转矩和较低的转速，通常做成扁平式结构，电枢长度与直径之比一般仅为 0.2 左右，并选用较多的极对数。

3. 低惯量型直流伺服电动机

由于普通型直流伺服电动机的转子带有铁芯，并且在铁芯上有齿有槽，因而产生齿槽效应,影响了性能和电机的使用寿命,使之在应用上受到一定的限制。低惯量型直流伺服电动机(Low Inertia Type)是在普通型直流伺服电动机的基础上发展起来的,主要形式有:空心杯电枢直流伺服电动机、盘形电枢直流伺服电动机和无槽电枢直流伺服电动机。

(1) 空心杯电枢永磁式直流伺服电动机(Moving Coil Type)。

图 1-2 为空心杯电枢直流伺服电动机结构简图。它有两个同轴的定子(外定子和内定子):一个定子由永久磁钢做成,另一个定子由软磁材料(作为磁路的一部分)做成。空心杯电枢采用印制绕组先绕成单个成型线圈,然后将它们沿圆周的轴向排列成空心杯形,再用环氧树脂热固成型。空心杯电枢直接装在电机轴上,在内、外定子之间的气隙中旋转。电枢绕组接到换向器上,由电刷引出。目前我国生产这种电机的型号为 SYK。

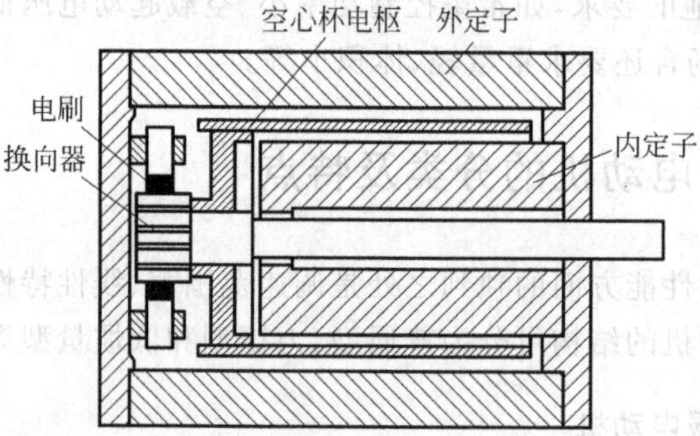

图 1-2　空心杯电枢直流伺服电动机结构简图

空心杯电枢直流伺服电动机具有低惯量、灵敏度高、损耗小(效率高)、力矩波动小(低速运转平稳、噪声很小)、换向性能好(寿命长)等特点。但这种形式的直流伺服电动机制造成本较高,大多用于高精度的自动控制系统及测量装置等设备中。

(2) 盘形电枢直流伺服电动机(Disc Type)。

图 1-3 为盘形电枢直流伺服电动机的基本结构。它的定子是由永久磁钢和前后磁轭组成的,磁钢可在圆盘的一侧放置,也可在两侧同时放置。盘形电枢的直径远大于长度,电枢有效导体沿径向排列,可分为印制绕组和绕线式绕组两种形式。定子、转子之间的气隙为轴向平面气隙,主磁通沿轴向通过气隙。这种形式的直流伺服电动机不单独设置换向器,而是利用靠近转轴的电枢端部兼作换向器,但导体表面需要另镀一层耐磨材料,以延长使用寿命。目前我国生产这种电机的型号为 SXP。

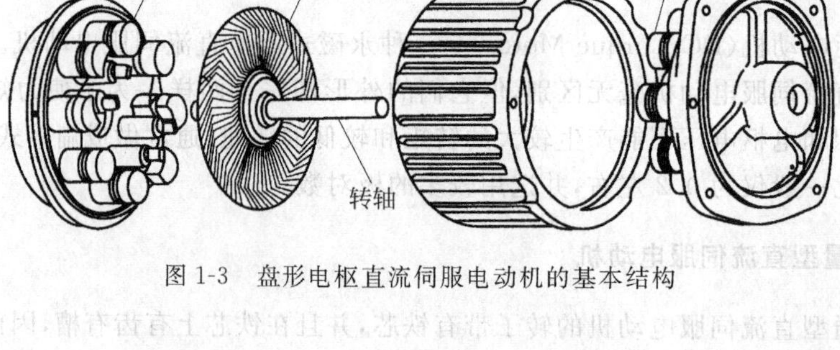

图 1-3　盘形电枢直流伺服电动机的基本结构

盘形电枢直流伺服电动机具有电机结构简单(制造成本低)、起动转矩大、力矩波动很小(低速运转平稳)、调速范围广而平滑、换向性能好(寿命长)、电枢转动惯量小(响应速度快)等特点,适用于低速、起动和反转频繁、要求薄形安装尺寸的系统中。目前它的输出功率一般在几瓦到几千瓦之间,其中功率较大的电机主要用于数控机床、工业机器人、雷达天线驱动和其他伺服系统。

(3) 无槽电枢直流伺服电动机(Slotless-armature)。

图1-4为无槽电枢直流伺服电动机的结构示意图。它的电枢铁芯上并不开槽,电枢绕组直接排列在铁芯表面,再用环氧树脂把它与电枢铁芯固化成一个整体,其气隙尺寸较大。定子磁极可以用永久磁钢做成,也可采用电磁式结构。这种电机的转动惯量和电枢绕组的电感比空心杯电机和盘形电机要大些,因而动态性能不如它们。目前我国生产这种电机的型号为SWC。

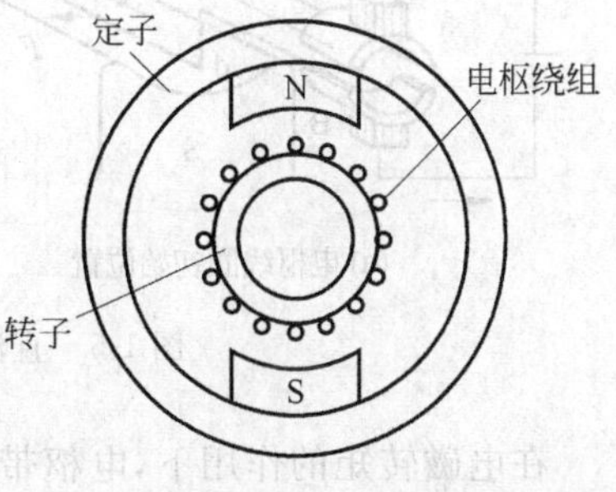

图1-4 无槽电枢直流伺服电动机的结构示意图

由于上述直流伺服电动机存在电刷和换向器,形成的滑动机械接触严重地影响了电机的精度、性能和可靠性,所产生的火花会引起无线电干扰,缩短了电机的寿命,换向器电刷装置又使直流电动机的结构复杂、噪音大、维护困难,这是使它在工业应用上逐渐减少的原因。

1.2 直流电动机基本原理和结构

1.2.1 直流电动机基本原理

图1-5是直流电机的工作原理图。图中N和S是一对固定不动的磁极,用来产生所需磁场。在N和S之间,有一个可以旋转的圆柱形铁芯,称为电枢铁芯。电枢铁芯与磁极之间的间隙称为空气隙。电枢铁芯上绕有工作绕组,又称电枢绕组。电枢绕组中流过的电流称为电枢电流。图中只画出代表电枢绕组的一个线圈。该线圈的两端分别与两片换向片相连接并一起转动。换向片上各压着一个固定不动的电刷。

若将电枢绕组通过电刷连接到电源上,而电枢转轴与机械负载相连。这时电流从电源正极流出,经电刷A流入电枢绕组,然后经电刷B流回电源负极。

在如图1-5(a)所示的位置时,线圈ab边处在N极下,cd边处在S极下,电枢绕组中的电流沿a→b→c→d的方向流动。电枢电流与磁场相互作用,产生电磁力F,其方向用左手定则来确定。因此,ab边和cd边所受到的电磁力形成电磁转矩拖动负载逆时针旋转。当电枢绕组转到如图1-5(b)所示的位置时,ab边处在S极下,cd边处在N极下,因而线圈中的电流此时变成沿d→c→b→a的方向流动,ab边和cd边所受到的电磁力形成电磁转矩仍然拖动负载逆时针旋转。

由此可见,在直流电机中,为了产生方向始终如一的电磁转矩,必须把外部电路中的直流电变成电枢绕组内部的交流电,这一过程称为电流的换向。直流电机的换向是通过电刷和换向片来实现的。互相绝缘的换向片组合成一个整体,称为换向器。

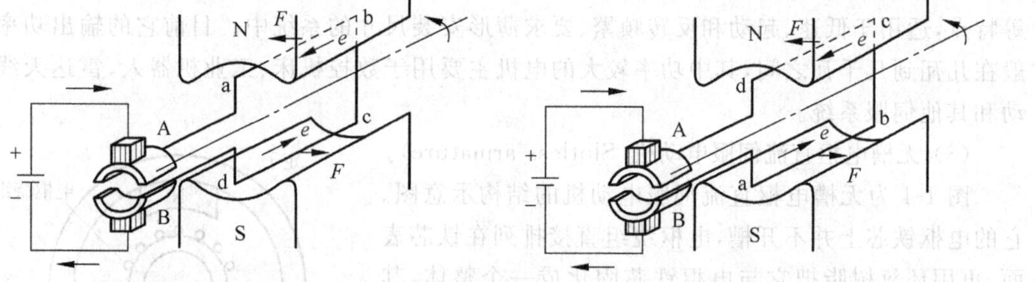

(a) 电枢线圈初始位置　　(b) 电枢线圈转过180°

图 1-5　直流电机的工作原理图(电动机运行状态)

在电磁转矩的作用下，电枢带动轴上的机械负载沿着电磁转矩相同的方向旋转，电机向负载输出机械功率。与此同时，由于电枢绕组旋转，线圈 ab 边和 cd 边切割磁场而产生旋转电势 e。根据右手定则，可确定电动势的方向与电枢电流方向相反，故称为反电势。电源只有克服这一反电势，才能向电枢绕组输送电流。因此，电机在向负载输出机械功率的同时，源源不断地从直流电源输入电功率。在这种情况下，电枢起着将电能转换成机械能的作用，电机作电动机运行。

反过来，如图 1-6 所示，将电刷两端接到电气负载上，电枢由原动机带动，以恒定转速按逆时针方向旋转。此时线圈 ab 边和 cd 边将切割磁力线而产生感应电动势 e，感应电动势在电枢绕组线圈和负载所构成的闭合回路中产生电流，且电流方向和电动势方向相同。在如图 1-6(a)所示的位置时，电流在电机内部沿 d→c→b→a 方向流动，在电机外部沿电刷 A→负载→电刷 B 方向流动。当电枢转到如图 1-6(b)所示的位置时，电流在电机内部沿 a→b→c→d 方向流动，而由于换向器的作用，电流在电机外部的流动方向并未改变，仍然沿电刷 A→负载→电刷 B 方向流动。在这种情况下，直流电机便成了一个直流电源，电刷 A 为电源的正极，电刷 B 为电源的负极，电机向负载输出电功率。与此同时，电枢电流与磁场相互作用亦产生电磁转矩，该电磁转矩与旋转方向相反，被称做阻转矩。原动机只有克服这一电磁转矩，才能带动电枢旋转。因此，电机向负载输出电功率的同时，源源不断地从原动机输入机械功率。在这种情况下，电枢起着将机械功率转换成电功率的作用，电机作为发电机运行。

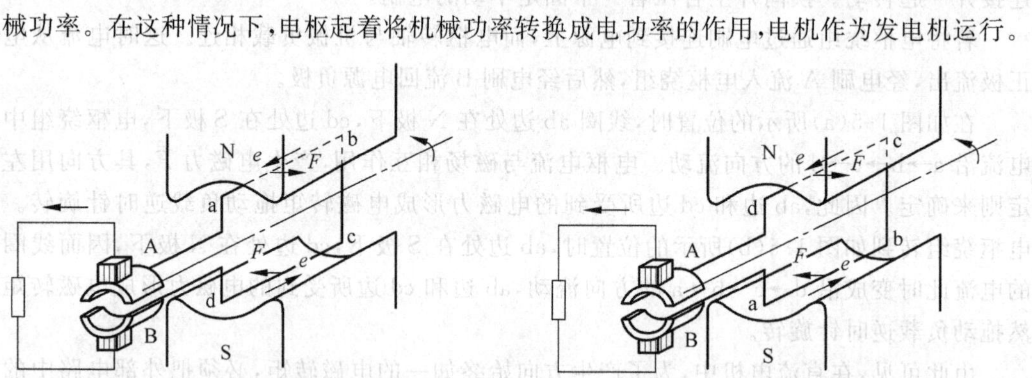

(a) 电枢线圈初始位置　　(b) 电枢线圈转过180°

图 1-6　直流电机工作原理图(发电机运行状态)

图 1-7 为对应图 1-6 一对磁极下的磁密分布和一个元件旋转一周在电刷 AB 端所产生的感应电动势。

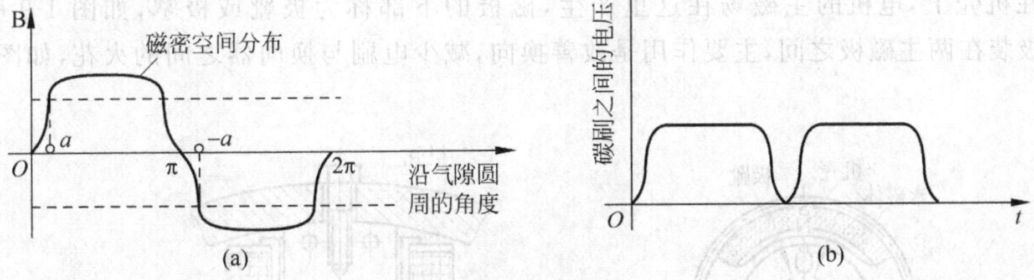

图 1-7　磁密空间分布

直流电机在一定条件下，既可以作为电动机运行，又可以作为发电机运行，这一特性称为电机的**可逆性原理**。

1.2.2　直流电机的结构

由直流电机工作原理分析可知，要实现机电能量的变换，电机的磁极和电枢绕组之间必须有相对运动，所以直流电机是由固定不动的（定子）和旋转的（转子）两大部分组成的。定子、转子之间的间隙叫空气隙。直流电机中，一般将磁极放在定子上，电枢绕组放在转子上。图 1-8 为直流电机结构简图。

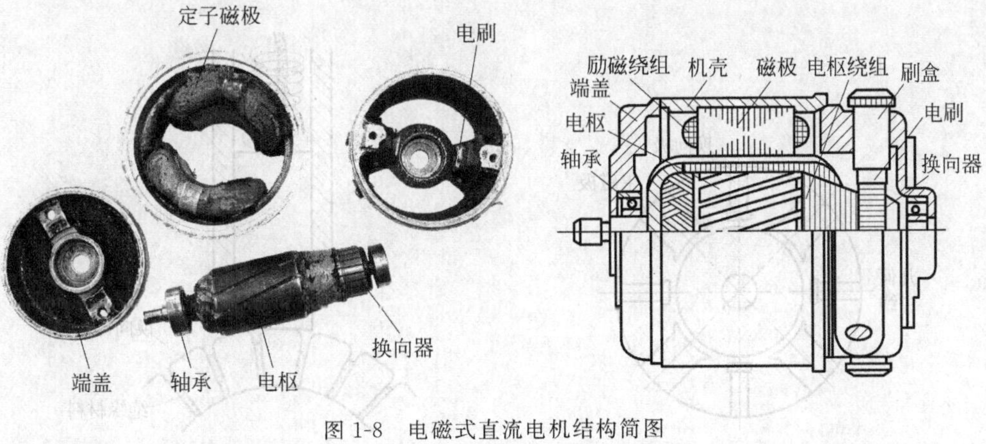

图 1-8　电磁式直流电机结构简图

1. 定子

直流电机的定子的主要作用是产生磁场并作为电机的机械支撑，它由机壳、磁极和电刷装置等组成。

1）机壳

机壳又称磁轭。它既是电机磁路的一部分，又是电机的机械支撑，用来固定磁极和端盖。

2）磁极

大中型直流电机的磁极包括主磁极和换向极，小型电机由于受空间所限，不便加装换向极。主磁极由永磁体(永磁式电机)或铁芯和励磁绕组(电磁式电机)组成。磁极用螺钉固定在机壳上，电机的主磁场在这里产生，磁极的下部称为极靴或极掌，如图 1-9 所示。换向极装在两主磁极之间，主要作用是改善换向，减少电刷与换向器之间的火花，如图 1-10 所示。

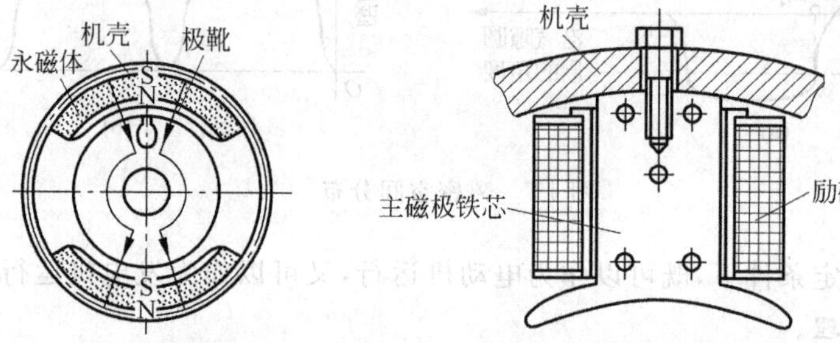

图 1-9　主磁极

3）端盖

用来安放轴承和电刷装置，并作为转子的机械支撑。

4）电刷装置

它是由电刷盒和电刷组成。电刷放在电刷盒中，用弹簧将它压紧在换向器上，并形成良好的滑动接触。电刷盒固定在端盖上，如图 1-11 所示。

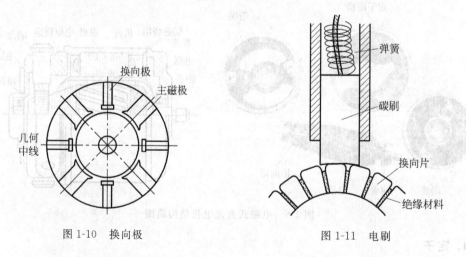

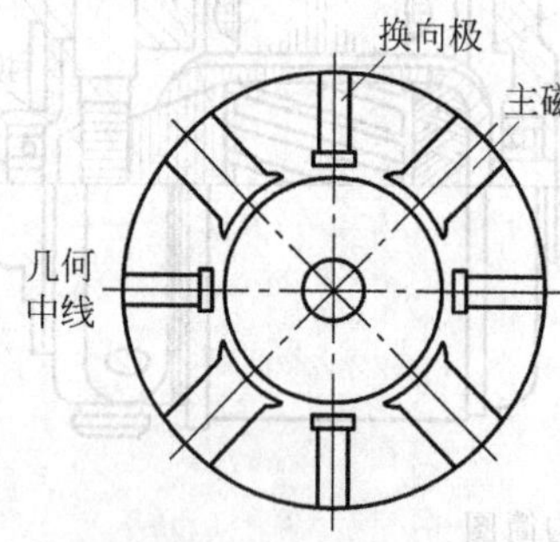

图 1-10　换向极

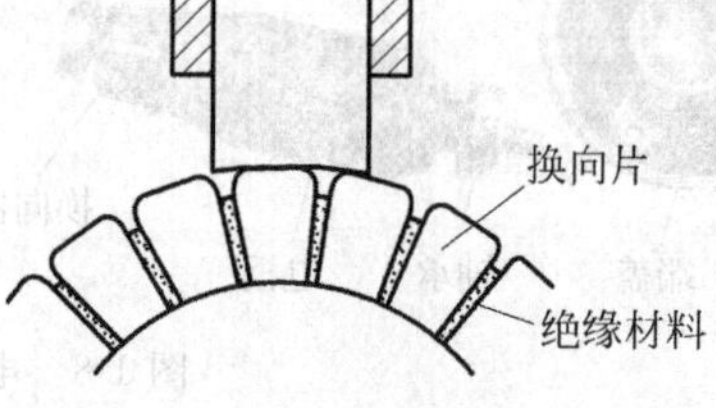

图 1-11　电刷

2. 转子

直流电机的转子又称**电枢**，如图 1-12 所示。其主要作用是通过嵌放在其上的电枢绕组，产生感应电动势和电磁转矩，实现机电能量的转换。它是由电枢铁芯、电枢绕组、换向器和转轴组成的。

1）电枢铁芯

它的作用是作为主磁通磁路的一部分和嵌放电枢绕组。为了减少铁损，通常用 0.35mm 或 0.5mm 的硅钢片的冲片叠压而成，固定在转子的转轴上，如图 1-13 所示。

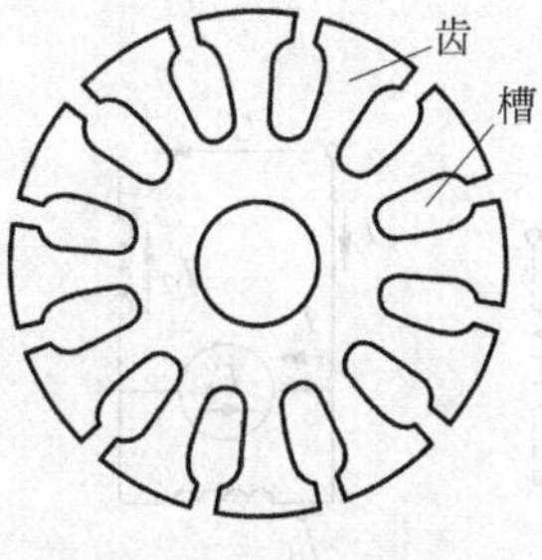

图 1-12　电枢铁芯冲片

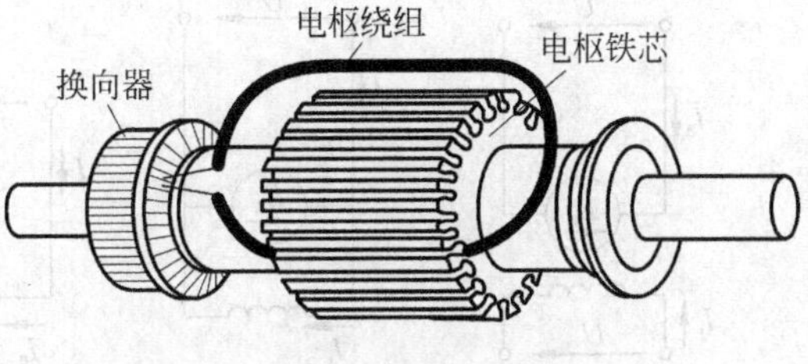

图 1-13　直流电机转子

2）电枢绕组

它是由许多按一定规律连接的线圈（称为绕组元件）组成的，按要求嵌放在电枢铁芯槽中，是机电能量变换的"枢纽"。绕组元件用带绝缘的铜线绕成，它的两端（引出线）按一定规律焊接到换向片上组成一个整体，如图 1-13 所示。

3）换向器

在直流电动机中，它将电刷上的直流电流转换为绕组内的交流电流；在直流发电机中，它将绕组内的交流电势转换为电刷上的直流电势。它是由许多换向片组成的，换向片之间用云母绝缘。每个绕组元件的两端分别接在两个换向片上。换向器结构如图 1-14 所示。

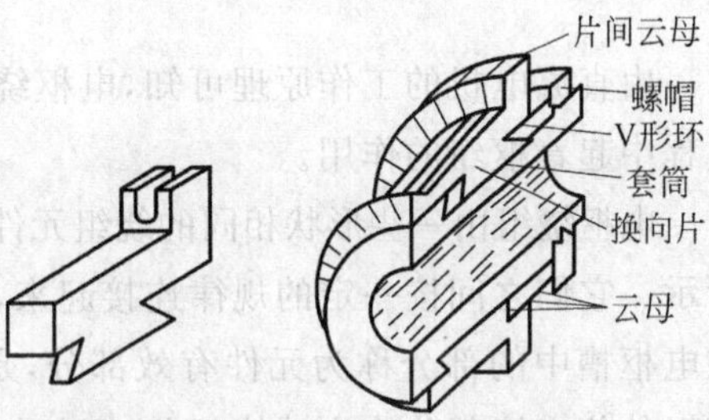

(a) 换向片　(b) 换向器

图 1-14　换向器结构

1.2.3　直流电机的励磁方式

根据励磁方式的不同，直流电机有以下几种类型。

1. 他励式直流电机

对于电磁式直流电机，他励式的励磁绕组与电枢绕组无连接关系，励磁电流由其他直流电源单独供给。如图 1-15(a)所示。一般用符号 M 表示直流电动机，G 表示直流发电机。永磁式直流电机属于他励式电机。

2. 并励式直流电机

励磁绕组与电枢绕组并联，即励磁绕组上所加电压就是电枢电路两端的电压，如图 1-15(b)所示。

3. 串励式直流电机

励磁绕组与电枢绕组串联，即励磁电流就是电枢电流，如图 1-15(c)所示。

4. 复励式直流电机

励磁绕组由两个绕组组成，一个绕组与电枢电路并联(称为并励绕组)，另一个绕组与电枢电路串联(称为串励绕组)，如图 1-15(d)所示。

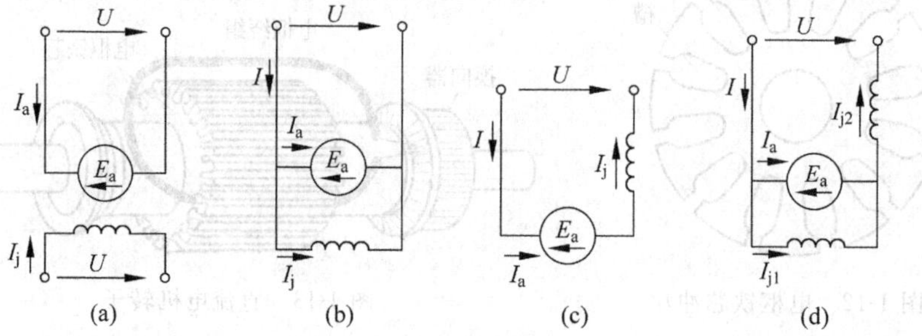

图 1-15 直流电机的励磁方式

1.2.4 直流电机的电枢绕组

由直流电机的工作原理可知，电枢绕组在产生感应电动势、电磁转矩、实现能量转换的过程中起着枢纽的作用。

电枢绕组由一些形状相同的绕组元件构成。绕组元件可以是单匝或多匝线圈，如图 1-16 所示。它们之间按一定的规律连接起来，且元件的两端分别连接到两个换向片上。元件放在电枢槽中的部分称为元件有效部分，是用来产生电动势和电磁转矩的有效导体；在电枢槽以外的连接部分称为端接部分，它与气隙磁场不发生直接作用。一般直流电机为双层绕组，元件的一个边放在某一槽的上层，称上层边，它的第二个边则放在另一槽的下层，称下层边。因此每个槽里就要放两个元件边，如图 1-17 所示。

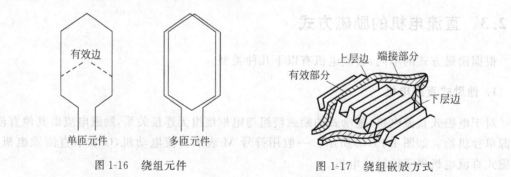

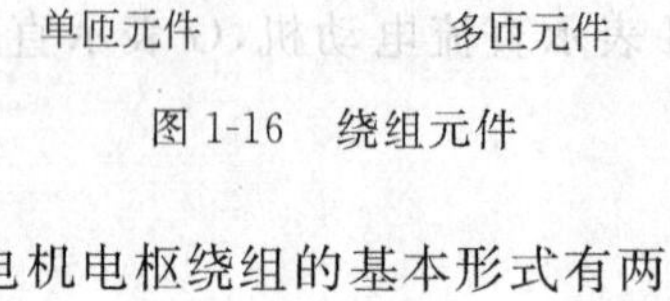

图 1-16 绕组元件

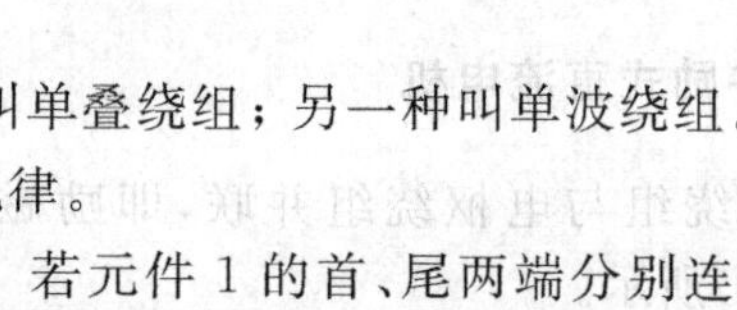

图 1-17 绕组嵌放方式

直流电机电枢绕组的基本形式有两种：一种叫单叠绕组；另一种叫单波绕组。

下面以单叠绕组为例，说明电枢绕组的连接规律。

绕组元件与换向片的连接如图 1-18(a)所示。若元件 1 的首、尾两端分别连接到换向片 1、2 上，则元件 2 的首、尾两端则分别连接到换向片 2、3 上。以此类推，因此每个换向片上都接有一个上层边和一个下层边，即连接两个元件边。因此电枢槽数 Z、元件数 S 和换向片数 K 是相等的，即 $Z=S=K$。

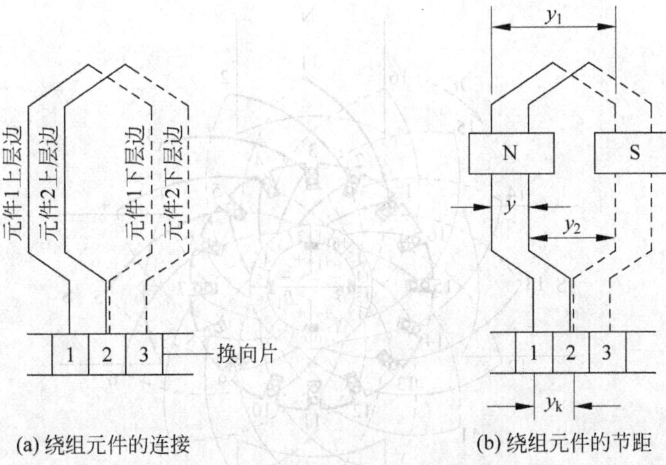

图 1-18　绕组元件的连接和节距

为了使元件的电势最大，元件两个边的位置最好相差一个磁极的距离。一个磁极的距离称为极距 τ。如图 1-18(b)所示，

第一节距 y_1：绕组元件两个边之间的跨距。用所跨槽数来计算，即 $y_1=Z/2p$。

第二节距 y_2：一个元件的下层边和与其相连元件的上层边之间的跨距，$y_2=y_1-y$。

合成节距 y：两个相互连接的元件的对应边之间的跨距，$y=1$。

换向器节距 y_k：每一个元件的两端在换向器上的跨距。用换向片数来表示，$y_k=1$。

下面通过一个例子，分析单叠绕组连接的特点和支路组成的情况。

一台直流电机的绕组数据为：磁极对数 $p=2$，电枢槽数 $Z=16$，元件数 S 和换向片数 K 均等于槽数 Z，即 $S=K=16$。那么 $y_1=4$，$y_k=y=1$，$y_2=3$。元件 1 连接元件 2(通过换向片 2)再连接元件 3→4→5→6→⋯，直到元件 16 再与元件 1 串联起来形成一个闭合的回路。电枢绕组的展开图(对应某一时刻)如图 1-19 所示。

如果电机在旋转中处于图 1-19 对应的时刻，即元件 1 正好处于两个磁极的几何中性线(相邻磁极之间的几何对称处)上，电刷处在两个换向片之中，则此时元件 1 中将不产生感应电动势(因为此时元件 1 中 $B=0$)，不产生短路电流，称为短路元件。与此同时 5、9 和 13 三个元件均与元件 1 的情况完全相同，如图 1-20(a)所示。这样每个支路中只有三个元件产生感应电动势。由于气隙中各点处磁密不同，所以支路(直流电机)的感应电动势是脉动的。支路元件越多，脉动量越小。

如果换向器和电枢绕组向左运动到图 1-20(b)对应的时刻，此时表示电机在旋转中 4 个电刷的位置分别与换向片 2、6、10、14 相连的时刻。这时 16 个元件分别组成 4 个并联支路。每个支路中有 4 个元件产生感应电动势。由电刷分别输出正、负极间的电动势以及电流。

通常绕组连接后形成的支路对数用 a 表示，在单叠绕组中 $a=p$。

应该指出的是元件通过电刷短路后，其中电流的方向要改变，因此这时的电机绕组处于换向阶段。换向不良会使电机产生火花，使工作条件恶化，这是直流电机中的一个突出的问题。

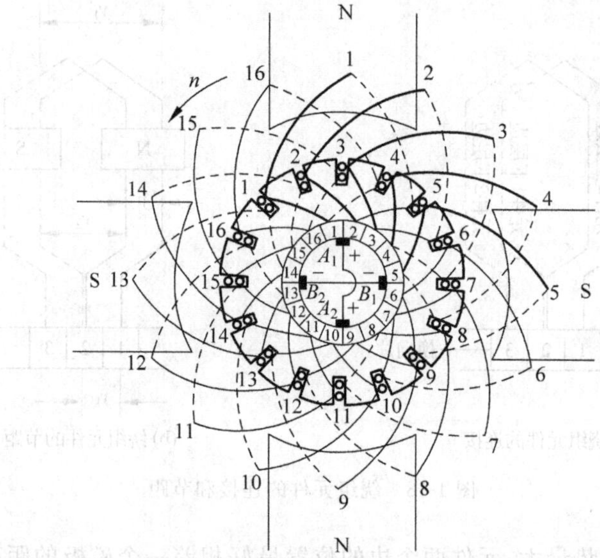

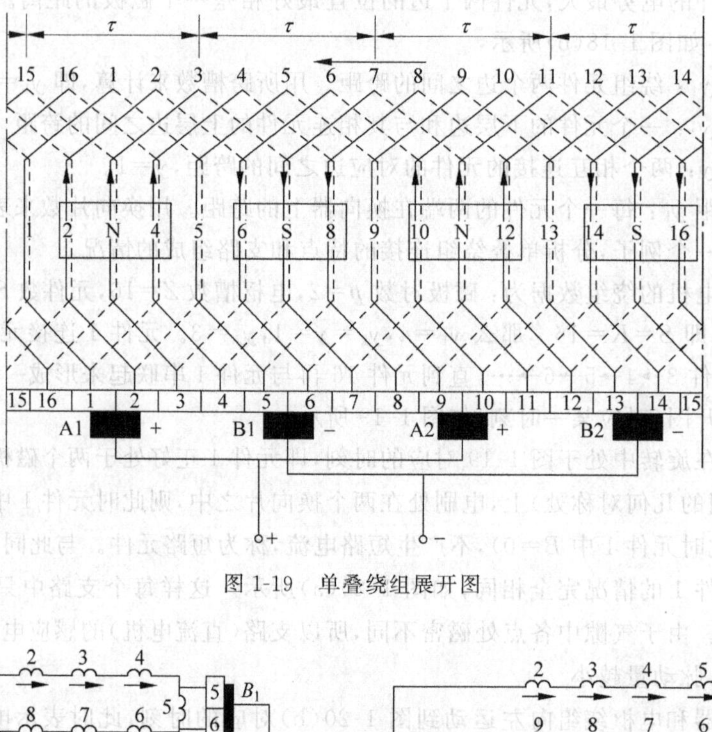

图 1-19　单叠绕组展开图

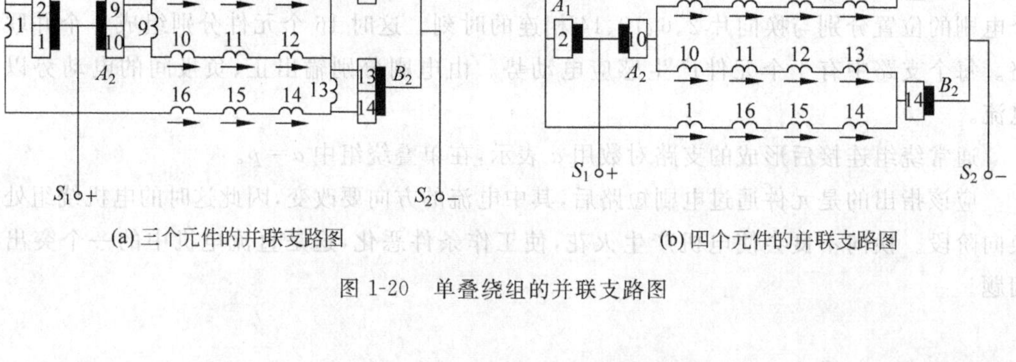

(a) 三个元件的并联支路图　　(b) 四个元件的并联支路图

图 1-20　单叠绕组的并联支路图

1.2.5 直流电机的磁场

由直流电机的磁极所产生的磁场叫做磁极磁场，有时亦称为主磁场。磁极磁场在气隙中的分布如图1-21(a)所示。磁极磁场的物理中性面(气隙磁密为零处)与几何中性面(相邻磁极之间的几何对称面)重合。当电枢绕组中有电流通过时，这个电流亦建立一个磁场，称为电枢磁场，它在气隙中的分布如图1-21(b)所示。

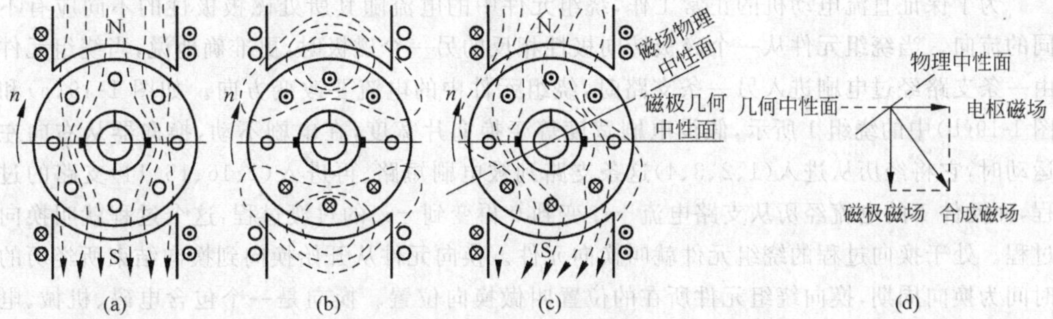

图1-21　直流电机的磁场

为分析问题方便，把电刷直接放到几何中性面上(实际电机中电刷放在磁极轴线下的换向片上)，表示与电刷直接接触的元件处于短路状态。当电刷位于几何中性面上时，对于两极直流电机，电枢磁场的轴线与磁极主磁场的轴线(磁极的中心线)相垂直。对于 $2p$ 极(即 p 对极)的直流电机，两个磁场的轴线的夹角是 $90°/p$。一般定义电机中的电角度为

$$电角度＝极对数\times机械角度$$

机械角度一般指空间的几何角度。因此直流电机电枢磁场轴线与磁极主磁场轴线的夹角为90°电角度。尽管电机在运行中电枢转子在不断地转动，但是定子、转子两套磁极系统极数相等，并没有做相对运动。这一点是直流电动机产生稳定转矩的基础。实际上，不但在直流电机中，而且在以后要讲到的异步电机中，电机的定子、转子磁场轴线在电机运行中都保持相对静止，所以这是电机基本原理之一，称为定子、转子磁势相对静止原理。

因为直流电机电枢线圈处于气隙中，所以产生电磁力和电磁转矩的磁通应是气隙中的磁通。气隙磁场是由磁极磁场和电枢磁场共同组成的，称为合成磁场。而气隙合成磁场与磁极磁场是有差别的。由于电枢磁场的存在，使气隙磁场发生变化，即气隙中的合成磁场与磁极磁场的大小、方向都不同，这一现象叫电枢反应。磁极磁场与电枢磁场形成合成磁场的情况如图1-21(c)所示。由图可知，在N极的左半个极下，电枢磁场与磁极磁场同向，合成磁场增强。而在N极的右半个极下，电枢磁场与磁极磁场反向，合成磁场减弱。由于电枢反应，气隙磁场发生扭斜，气隙合成磁场的物理中性面将逆着电动机旋转的方向转过一个角度，如图1-21(d)所示。物理中性面与几何中性面不再重合，这是电枢反应的第一个影响。

如前所述，在每个磁极下，有半个极下的气隙磁通增加，另半个极下气隙磁通减少。如果电机的磁路不饱和，半个极下增加的磁通等于另半个极下减少的磁通，整个极下的气隙磁通将基本保持不变。但是实际电机在空载时磁路就比较饱和，加上电枢磁通以后，磁通增加的半个极，磁路将更加饱和，磁阻变大；而磁通减少的另半个极，磁路变成不饱和。半个极

下磁通的增加值,将小于另半个极下磁通的减少值,总的气隙磁通将有所减小,这就是电枢磁场的去磁作用,且电枢电流越大,电枢反应就越严重,去磁作用也就越明显,这是电枢反应的第二个影响。其中去磁作用一般影响不大,而磁场畸变产生的换向火花,将对电机运行产生较大影响。

1.2.6 换向过程

为了保证直流电动机的正常工作,绕组元件中的电流随其所处磁极极性的不同应有不同的流向。当绕组元件从一个磁极转向极性相反的另一个磁极时,更准确地说,当绕组元件由一条支路经过电刷进入另一条支路时,绕组元件中的电流要改变方向。如图 1-19(a)和图 1-19(b)中的绕组 1 所示,假设电刷宽度等于换向片宽度,在电刷不动,换向器从右向左运动时,它将经历从进入(1、2、3、4)这条支路到被电刷短路、再进入(1、16、15、14)支路的过程,而元件 1 的电流经历从支路电流 $+i_a$ 变到 0 再变到 $-i_a$ 的过渡过程,这个过程就叫换向过程。处于换向过程的绕组元件就叫换向元件。换向元件从开始换向到换向结束所经历的时间为换向周期,换向绕组元件所在的位置叫做换向位置。换向是一个包含电磁、机械、电化学的复杂过程。换向不良将在电刷下产生火花,引起过热、灼痕,从而影响电机的正常工作,甚至损坏电机。换向火花还将产生高频电磁波,干扰附近的电子设备。转速和电枢电流越大,换向火花越大,因此直流电机的转速及电枢电流的最大值都要受换向条件的限制。

下面分析换向火花产生的电磁方面的原因。在换向时,换向元件中产生两个电动势,一个是由于换向元件中电流的迅速变化($+i_a \to 0 \to -i_a$),而在其中产生的自感电动势 e_L,其方向与换向前该元件中的电流方向一致;另一个是由于电枢反应使气隙合成磁场扭斜后,位于磁极几何中性面上的换向元件切割合成磁场的磁力线,而在其中产生感应电动势 e_a,也就是几何中性面上的换向元件切割电枢电流的磁通而产生的感应电势,根据右手定则可知其方向与 e_L 方向相同。因此换向元件中的总电势 $e_s = e_L + e_a$。由于换向元件被电刷短路,感应电势 e_s 就在换向元件中产生了附加电流 i_k。当换向结束,换向片离开电刷,短接回路断开的瞬间,电流发生突变,由 i_k 变为 $+i_a$ 或 $-i_a$。由于绕组电感的作用,产生很大的感应电势,使电刷与换向片间产生火花。电枢电流越大,电机转速越高,换向元件中的感应电势 e_s 和附加电流 i_k 就越大,换向火花也就越强烈。

直流电动机在正常运行时允许有轻微的火花,但不允许有强烈的火花。实际工作中减小和消除换向火花的方法有三个。第一个方法是移动电刷法,将直流电动机的电刷从磁极几何中心线开始,逆着电枢旋转方向移动电刷,使换向火花最小为止,移动的角度大于物理中性面的偏移角。第二个方法是在几何中性面处设置附加的换向磁极,它的励磁绕组与电枢绕组串联,换向极的磁场方向必须与电枢磁场的方向相反,如图 1-22 所示。换向极的磁场不但要抵消主磁极几何中性面附近的电枢磁场(使 $e_a = 0$),同时还要在换向元件中产生一个与自感电势 e_L 大小相等方向相反的电动势。这个方法在大中型电机中广泛采用。第三个方法是选用

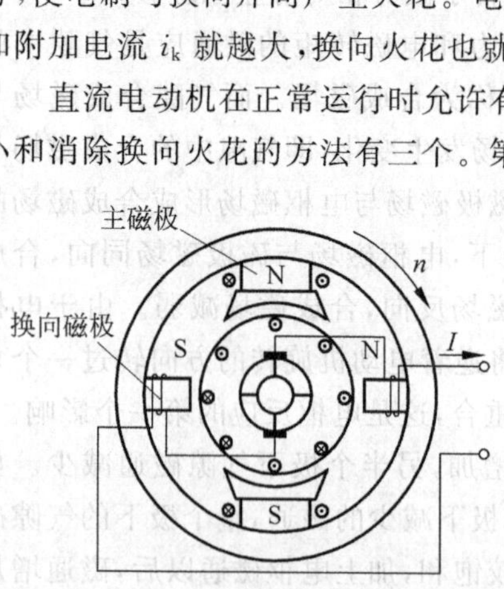

图 1-22 电磁式直流电机中的换向磁极

合适的电刷。实践表明，选用合适的电刷可以改善换向。直流微电机一般不采用换向磁极和移刷装置的方法，为减小换向不利因素的影响，应特别注意设计及选用合适的电刷。

换向时会产生火花，除了上述电磁方面的原因外，还有机械和化学方面的原因。例如电刷与换向片接触不良、换向器表面不光滑、换向片表面的氧化亚铜薄膜被破坏、空气中有潮气或盐雾等。因此，保持工作环境的清洁，并对换向装置经常维护是十分重要的。

1.2.7　直流电机的电磁转矩和感应电动势

在求解电磁转矩和感应电势时所面临的难题是由于磁阻不同，电机中气隙磁密是不均匀的，导致每个元件产生的转矩和感应电势是不同的。电机的电磁转矩是指电枢中所有切割磁力线的有效导体产生的转矩之和，为此采用以下方法求解。

1. 电磁转矩

根据电机工作原理可知，通电的电枢导体在主磁场的气隙中将受到电磁力的作用。由电磁力定律可得到图 1-23 中 A 点的导体所受电磁力，即

$$f_x = WB_x l i_a$$

式中，B_x——为 A 点处气隙磁密；

l——电枢有效长度；

i_a——导体中的电流；

W——导体匝数。

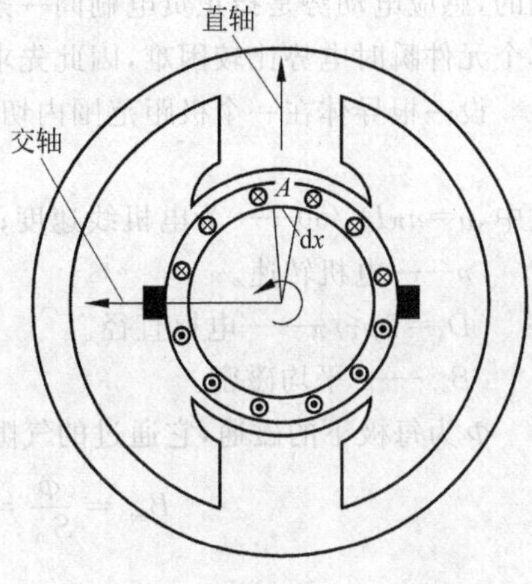

图 1-23　电磁转矩的计算

设电枢直径为 D_a，则电磁力 f_x 产生的电磁转矩为

$$T_x = f_x \cdot \frac{D_a}{2} = WB_x l i_a \frac{D_a}{2}$$

若元件数为 S，则电枢表面 dx 段共有元件边数$\frac{2S}{\pi D_a}dx$，dx 段电流产生的电磁转矩为

$$dT_e = T_x \frac{2S dx}{\pi D_a} = \frac{2SW}{\pi D_a} \frac{D_a}{2} i_a B_x l dx \tag{1-1}$$

设绕组的全部有效导体数为 $N=2SW$，电枢总电流为 $I_a=2ai_a$，a 为支路对数，则式(1-1)可写为

$$dT_e = \frac{N}{4\pi a} I_a B_x l dx$$

则一个极距内导体电流产生的电磁转矩为

$$T_e = \int_0^\tau \frac{N}{4\pi a} I_a B_x l dx = \frac{N I_a}{4\pi a} \int_0^\tau B_x l dx \tag{1-2}$$

式中$\int_0^\tau B_x l dx = \Phi$ 为每极下的有效磁通，由于每个极下导体电流所产生的电磁转矩是相同的，所以直流电机的电磁转矩为

$$T_{em} = 2p \frac{N}{4\pi a} \Phi I_a = \frac{pN}{2\pi a} \Phi I_a = C_m \Phi I_a \tag{1-3}$$

式中，T_{em}——电磁转矩(N·m)；

C_m——电机转矩常数，$C_m=pN/2\pi a$；

Φ——主磁场每极下磁通(Wb)；

I_a——电枢电流(A)。

有时也简化为

$$T_{em} = K_t I_a$$

式中，$K_t=C_m\Phi$——转矩系数。

2. 感应电动势

同样，转子在气隙磁场中转动，电枢导体将切割励磁磁场的气隙磁通，并在其中产生感应电动势。由于气隙各点处磁密不同，处于不同位置的转子导体所产生的感应电动势是不同的，感应电动势是指正负电刷间一条支路中所串联的元件感应电动势之和。由于直接求单个元件瞬时电势比较困难，因此先求解平均感应电动势。

设一根导体在一个极距范围内切割气隙磁密的平均感应电动势为

$$e_{av} = B_{av} l v$$

式中，$v=n\pi D_a/60$——为电机线速度；

n——电机转速。

$D_a=2p\tau/\pi$——电枢直径。

B_{av}——平均磁密。

Φ 为每极下的磁通，它通过的气隙面积为 $S_{av}=\pi D_a l/2p=\tau l$，则

$$B_{av} = \frac{\Phi}{S_{av}} = \frac{2p\Phi}{\pi D_a l}$$

$$\therefore \quad e_{av} = B_{av} l v = \frac{2p\Phi}{\pi D_a l} \cdot l \cdot \frac{\pi D_a n}{60} = \frac{p}{30}\Phi n$$

考虑一条支路中串联有 $N/2a$ 个导体，则电枢电势应为

$$E_a = \frac{N}{2a} e_{av} = \frac{pN}{60a}\Phi n$$

即

$$E_a = C_e \Phi n \tag{1-4}$$

式中，E_a——感应电动势(V)；

C_e——电机的电势常数，$C_e=pN/60a$；

n——电机的转速(r/min)。

也常写成

$$E_a = K_e n$$

式中，$K_e=C_e\Phi$——电势系数。

3. C_e 与 C_m 的关系

$$\because \quad C_e=pN/60a \quad C_m=pN/2\pi a$$

$$\therefore \quad pN=60aC_e=2\pi aC_m$$

则

$$C_e = 0.105C_m \tag{1-5}$$

1.2.8　静态四大关系式

正常运行着的直流电机，在控制电压(U_a)和负载转矩(T_L)不变的情况下，将进入一种平衡状态，也就是稳定工作状态。这种平衡状态将包括两种平衡：一是机械系统中的转矩平衡；二是电磁系统中的电势平衡。

1. 直流电动机的电动势平衡方程和转矩平衡方程

当直流电机作为电动机运行时，是把电能转换为机械能，其电枢电动势 E_a 与电枢电流 I_a 方向相反，而其电磁转矩 T_{em} 的方向与转速方向相同，如图 1-24 所示。

根据基尔霍夫第二定律，可得到

$$U_a = E_a + I_aR_a \tag{1-6}$$

式中，R_a——电枢回路总电阻，它包括控制绕组电阻、电刷与换向器的接触电阻及电刷电阻。

根据牛顿力学定律，有

$$T_{em} = T_0 + T_L = T_c \tag{1-7}$$

式中，T_0——电动机的空载阻转矩；

T_L——电动机的负载转矩；

T_c——总阻转矩。

2. 直流发电机的电动势平衡方程和转矩平衡方程

当直流电机作为发电机运行时，是把机械能转换为电能，其电枢电动势 E_a 与电枢电流 I_a 方向相同，而其电磁转矩 T_{em} 的方向与原动机的转矩 T_1(即转速方向)相反，如图 1-25 所示。

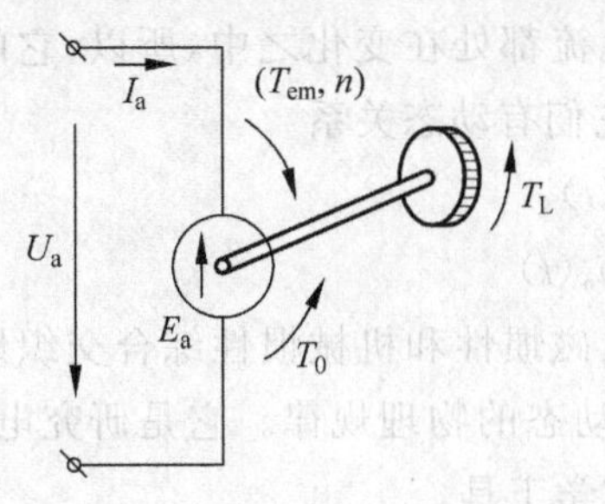

图 1-24　直流电动机静态参量关系图

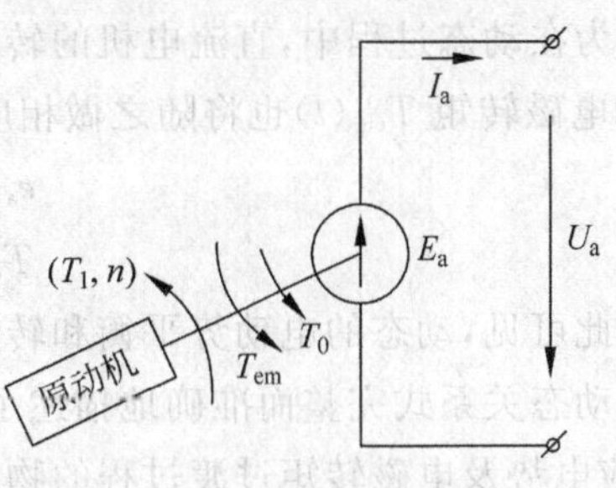

图 1-25　直流发电机静态参量关系图

则有

$$E_a = U_a + I_aR_a \tag{1-8}$$

$$T_1 = T_0 + T_{em} \tag{1-9}$$

式中，T_1——原动机的输出转矩。

1.2.9　动态四大关系式

在动态情况下，因为直流电机的电枢绕组具有电感(L_a)，它将产生阻碍电枢电流增长的感应反电势($L_a di_a/dt$),这就是所谓的电磁惯性;再者,由牛顿力学可知,旋转物体具有转动惯量(J),它将阻碍转速的变化,这就是所谓的机械惯性。由于两个惯性的存在,使得直流电机从一个状态变化到另一个状态要有一个过程。描述这个过程的物理规律就是动态特性,而研究动态特性的基础是直流电机的动态四大关系式。

1. 直流电动机的动态关系式

对于直流电动机,有

$$U_a = e_a(t) + R_a i_a(t) + L_a \frac{di_a(t)}{dt} \tag{1-10}$$

$$T_{em}(t) = T_0 + T_L + J\frac{d\Omega(t)}{dt} \tag{1-11}$$

式中,用小写字母表示的$e_a(t)$、$i_a(t)$、…均代表相应的动态参量。

L_a——电枢绕组电感(H);

$T_{em}(t)$——动态电磁转矩;

$\Omega(t)$——电机角速度(rad/s);

J——电动机转子及负载等总转动惯量(kg·m²)。

2. 直流发电机的动态关系式

对于直流发电机,有

$$e_a(t) = u_a + R_a i_a(t) + L_a \frac{di_{af}(t)}{dt} \tag{1-12}$$

$$T_1 = T_0 + T_{em}(t) + J\frac{d\Omega(t)}{dt} \tag{1-13}$$

因为在动态过程中,直流电机的转速和电枢电流都处在变化之中,所以,它的切割电势$e_a(t)$和电磁转矩$T_{em}(t)$也将随之做相应的变化,它们有动态关系

$$e_a(t) = K_e n(t) \tag{1-14}$$

$$T_{em}(t) = K_t i_a(t) \tag{1-15}$$

由此可见,动态的电动势平衡和转矩平衡是电磁惯性和机械惯性综合交织影响的物理过程。动态关系式完整而准确地描述了直流电机动态的物理规律。它是研究电机转速、电流、感应电势及电磁转矩过渡过程的物理基础和数学工具。

总之,描述静态特性的静态方程都是代数方程;描述动态特性的动态方程都是微分方程。掌握电机的这两种方程是十分重要的。

1.3 直流伺服电动机的静态特性

所谓静态,对于直流伺服电动机而言,就是当控制电压(U_a)和负载转矩(T_L)均不变的情况下,伺服电动机运行在一定转速(n)时所对应的稳定工作状态,简称稳态。控制电压U_a、电磁转矩T_{em}(或T_c)和转速n是表示相应静态(或稳态)的基本参量。静态特性就是研

究元件处于稳定状态时，各状态参量之间关系的物理规律。

$$\left.\begin{aligned} U_a &= E_a + I_a R_a \\ T_{em} &= T_0 + T_L = T_c \\ E_a &= C_e \Phi n = K_e n \\ T_{em} &= C_m \Phi I_a = K_t I_a \end{aligned}\right\} \tag{1-16}$$

式(1-16)就是直流伺服电动机的静态四大关系式，它们描述了电动机稳态运行的物理规律。值得注意的是，静态四大方程式是在图 1-24 中规定了直流伺服电动机各状态参量正方向的条件下建立的。这些规定常称做直流电动机惯例。

1.3.1　直流伺服电动机的能量关系

1. 磁能

在直流电机的电枢绕组中流过电流时，绕组所匝链的磁链包括两部分：绕组电感所产生的磁链 Ψ_L 和绕组所交链的励磁磁链 Ψ_j：

$$\Psi = \Psi_L + \Psi_j = Li + \Psi_j \tag{1-17}$$

如果是永磁材料构成的磁路，磁链 Ψ 和电流 i 的关系是线性的，因此自感磁能为

$$W_L = \int \Psi_L(i)\,di = \int Li\,di = \frac{1}{2}Li^2 \tag{1-18}$$

当电机转子转动时电枢绕组所匝链的磁链发生变化，在电枢绕组中产生感应电动势，

$$e = -\frac{d\Psi}{dt} = -\frac{d\Psi_L}{dt} - \frac{d\Psi_j}{dt} = e_L + e_a$$

因此感应电动势包括两部分：自感电动势 e_L 和旋转电势 e_a。

2. 功率关系

对于直流伺服电动机，输入的电功率 $P_1 = U_a I_a$，有一部分消耗在电枢电阻 R_a 上，这部分电功率称为铜(损)耗 p_{Cu}；消耗在电刷与换向器接触电阻上的电功率称为电刷接触损耗 p_b。去掉这两项损耗后就是电磁功率 P_{em}；P_{em} 再去掉铁损耗 p_{Fe}(磁滞损耗和涡流损耗之和)、机械损耗 p_{mec} 和附加损耗 p_Δ 后，就是电动机输出的机械功率 P_2。铁损耗 p_{Fe}、机械损耗 p_{mec} 和附加损耗 p_Δ 基本不变，与电机的空载损耗 p_0 基本一致；电机空载运行时，输入功率全部转化为空载损耗；如图 1-26 所示。

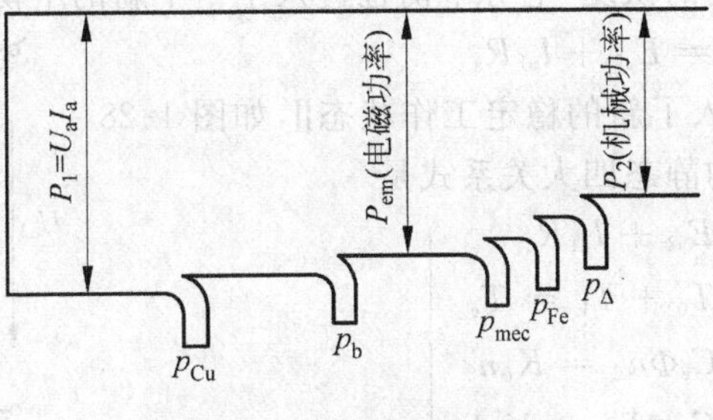

图 1-26　直流电动机功率图

直流电动机中功率平衡关系为

$$U_a I_a = E_a I_a + I_a^2 R_a + \Delta U_b I_a$$

$$P_1 = P_{em} + p_{Cu} + p_b \tag{1-19}$$

$$P_{em} = T_{em}\Omega = (T_2 + T_0)\Omega = P_2 + p_0 = P_2 + p_{Fe} + p_{mec} + p_{\Delta} \tag{1-20}$$

1.3.2 直流伺服电动机的静态关系式

作为控制系统执行元件的直流伺服电动机，最需要知道的就是描述它的运行状态的特性，以及这些运行状态变化的物理过程。如果直流伺服电动机在一定的控制电压 U_{a1} 和确定的负载转矩 T_L 的条件下，已经稳定地运行，如图 1-27 所示。于是，状态(Ⅰ)可以用静态四大关系式表示为

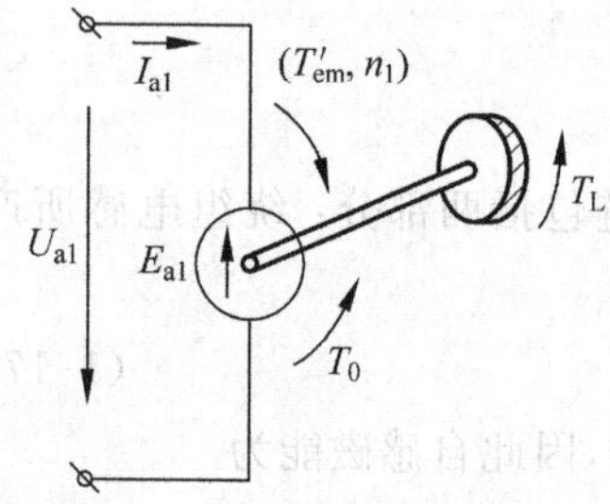

图 1-27 "状态Ⅰ"的静态关系图

$$\left.\begin{aligned} U_{a1} &= E_{a1} + I_{a1}R_a \\ T'_{em} &= T_0 + T_L \\ E_{a1} &= C_e\Phi n_1 = K_e n_1 \\ T'_{em} &= C_m\Phi I_{a1} = K_t I_{a1} \end{aligned}\right\}$$

现在，把控制电压升高到 U_{a2}，而负载转矩 T_L 不变。于是，伺服电动机在 U_{a2} 的作用下，将进入一个新的稳定工作状态(Ⅱ)。当然，由于电磁惯性及机械惯性的存在，电动机不能瞬间进入状态Ⅱ。那么，变化到状态Ⅱ的物理过程是怎样的呢？首先，控制电压瞬间从 U_{a1} 升高至 U_{a2}，由于机械惯性的缘故，伺服电动机的转速 n_1 不能立即改变，所以，反电势 $E_{a1}(=C_e\Phi n_1)$ 也将不变。根据电压平衡方程式，此刻有

$$U_{a2} > E_{a1} + I_{a1}R_a$$

显然，控制电流 I_{a1} 将增大，电磁转矩 T'_{em} 也将随之增大。而负载转矩 T_L 是不变的，所以，电磁转矩将大于负载总阻转矩 $T_c(=T_0+T_L)$，伺服电动机必然加速，即转速 n_1 升高，反电势 E_{a1} 也必定随之升高。根据电势平衡原理，已增大了的控制电流将要下降，增大了的电磁转矩也同时随之减小，这个变化的最终结果是使伺服电动机恢复原来的机械平衡，即

$$T'_{em} = T_0 + T_L = T_c$$

因为总阻转矩并未改变，T'_{em} 也将不变，所以，I_{a1} 也不变。这时，伺服电动机转速将达到一个新的稳定值 n_2。与转速对应的反电势将是

$$E_{a2} = C_e\Phi n_2 = K_e n_2$$

随着伺服电动机转矩平衡的恢复，电势平衡也进入了一个新的平衡，即

$$U_{a2} = E_{a2} + I_{a1}R_a$$

也就是说，伺服电动机进入了新的稳定工作状态Ⅱ，如图 1-28 所示。这个状态所对应的静态四大关系式是

$$\left.\begin{aligned} U_{a2} &= E_{a2} + I_{a1}R_a \\ T'_{em} &= T_0 + T_L = T_c \\ E_{a2} &= C_e\Phi n_2 = K_e n_2 \\ T'_{em} &= C_m\Phi I_{a1} = K_t I_{a1} \end{aligned}\right\}$$

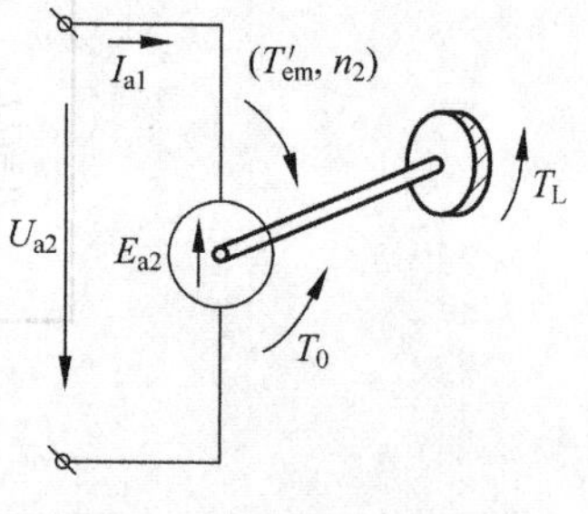

图 1-28 "状态Ⅱ"参量关系图

从上面的分析可以清楚地看到，静态四大关系式全面地

综合了伺服电动机内部的电磁过程，完整地描述了外部的运行规律，准确地表达了伺服电动机稳定工作状态的特点，是直流伺服电动机物理规律的最佳概括。

为了更直接地讨论直流伺服电动机的静态参量 U_a、T_{em}（或 T_c）和 n 的稳态关系，可将式(1-16)所表示的静态四大关系式进行简单的变换，得到

$$n=\frac{U_a}{C_e\Phi}-\frac{T_{em}R_a}{C_eC_m\Phi^2} \tag{1-21}$$

或

$$n=\frac{U_a}{K_e}-\frac{T_{em}R_a}{K_eK_t}$$

因为转矩平衡时，有 $T_{em}=T_c$，所以

$$n=\frac{U_a}{C_e\Phi}-\frac{T_cR_a}{C_eC_m\Phi^2} \tag{1-22}$$

或

$$n=\frac{U_a}{K_e}-\frac{T_cR_a}{K_eK_t}$$

上述两个关系式是描述直流伺服电动机静态特性的重要方程式。下面将以这两个关系式为依据，研究直流伺服电动机的机械特性和控制特性(调节特性)。

1.3.3　电枢控制时的机械特性

机械特性是指控制电压 U_a 恒定不变时，伺服电动机的稳态转速随电磁转矩(或负载转矩)的改变而变化的规律，即 $U_a=\text{const}$ 时，$n=f(T_{em})$的关系。对于电磁式直流电机来说，此刻励磁电压 U_j 也是不变的。式(1-21)就是机械特性的数学描述。从式中可知，C_e、C_m 和 R_a 都是电动机结构参量，且都是常量。当忽略了电枢反应，认为 $\Phi=\text{const}$ 时，式(1-21)可改写成

$$n=n_0-k_fT_{em} \tag{1-23}$$

式中，

$$n_0=\frac{U_a}{C_e\Phi} \tag{1-24}$$

$$k_f=\frac{R_a}{C_eC_m\Phi^2}=\frac{R_a}{K_eK_t} \tag{1-25}$$

显然，式(1-23)是 T_{em}、n 的直线方程，即代表了 $T_{em}-n$ 直角坐标系中的一条直线，如图 1-29 所示。这条直线就是机械特性的几何描述，它的物理意义和特点是：

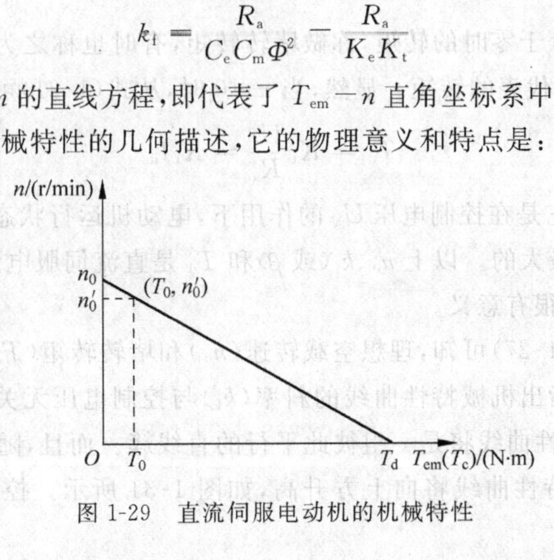

图 1-29　直流伺服电动机的机械特性

1. 理想空载转速 n_0

它是机械特性曲线与 n 坐标轴的交点，代表 $T_c=0$ 时的伺服电动机转速。由于电动机本身存在着摩擦阻转矩 T_0，即使在空载的情况下它也不能达到这个转速，因而称其为理想空载转速。注意，实际测得的最高转速，只能是额定电压下阻转矩 T_0 对应的转速(n_0')，它略低于理想空载转速，而理想空载转速只能用计算方法求得。

2. 斜率和硬度

k_f 是机械特性曲线的斜率，它前面的负号表示特性曲线是一条下倾的直线。它的物理意义是伺服电动机的转速将随着负载转矩的增大(或减小)而降低(或升高)。也就是增大单位负载转矩时，转速下降的数值大小。工程上，常常把斜率的倒数

$$\beta=\frac{1}{k_f} \tag{1-26}$$

称做硬度。硬度大，表明电动机的转速受负载转矩变化的影响(Δn_2)小，如图 1-30 中的曲线②所示，特性曲线下倾较慢。反之，硬度小(曲线③)则所受影响(Δn_3)大，特性曲线下倾较快。它代表了电动机引起单位转速的变化所需要的电磁(负载)转矩的大小。作为自动控制系统的执行元件，希望伺服电动机的硬度大些。

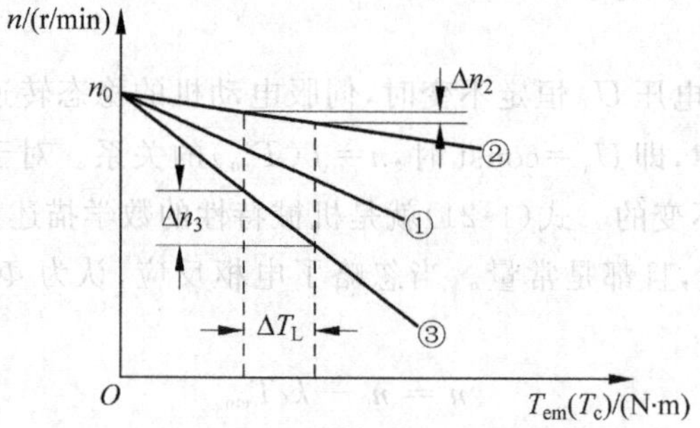

图 1-30 不同硬度的机械特性

3. 堵转转矩 T_d

它是电动机转速等于零时的转矩，称做堵转转矩，有时也称之为起动转矩，它是机械特性曲线与 T_{em} 轴交点所代表的转矩。显然，当 $n=0$ 时，从式(1-21)可得

$$T_d=K_t\frac{U_a}{R_a}=K_tI_d \tag{1-27}$$

I_d 被称做堵转电流。它是在控制电压 U_a 的作用下，电动机运行状态中的最大电流。当然，对应的电磁转矩也是最大的。以上 n_0、k_f(或 β)和 T_d 是直流伺服电动机的三个重要特征参量，对研究电动机特性很有意义。

从式(1-24)和式(1-27)可知，理想空载转速(n_0)和堵转转矩(T_d)均与控制电压(U_a)成正比。而式(1-25)则指出机械特性曲线的斜率(k_f)与控制电压无关。因此，随着控制电压的变化，对应的机械特性曲线将是一组彼此平行的直线簇。而且，随控制电压的升高，n_0 和 T_d 将成比例地增加，特性曲线将向上方升高，如图 1-31 所示。控制电压的关系是 $U_{a1}>$

$U_{a2}>U_{a3}$。显然，相应有 $n_{01}>n_{02}>n_{03}$；$T_{d1}>T_{d2}>T_{d3}$。

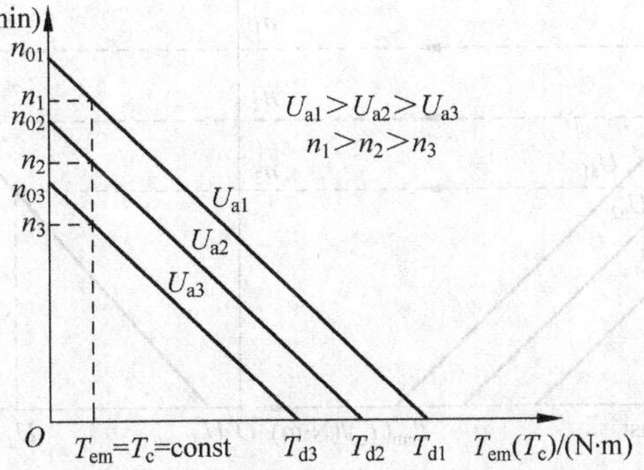

图 1-31　不同控制电压时的机械特性

在控制系统中，直流伺服电动机的控制电压来自前面的驱动放大电路，驱动放大电路的输出阻抗（即驱动放大内阻 R_i）将成为电枢回路的一部分，如图 1-32(a)所示。它起着与电枢电阻相同的作用，于是，式(1-25)可写成 $k_f=(R_a+R_i)/C_eC_m\Phi^2$。很明显，由于放大器内阻的作用将使电动机机械特性的斜率变大，即使得硬度变软，如图 1-32(b)所示。对于控制系统来说，希望这种影响越小越好。否则，将使伺服电动机的工作特性变坏，这就要求在设计驱动电路时注意这一问题。

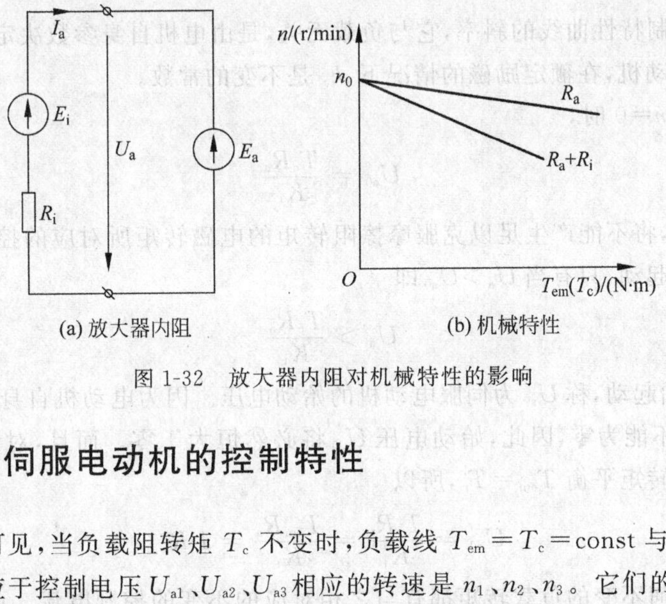

图 1-32　放大器内阻对机械特性的影响

1.3.4　直流伺服电动机的控制特性

从图 1-31 可见，当负载阻转矩 T_c 不变时，负载线 $T_{em}=T_c=\text{const}$ 与机械特性曲线簇有一组交点，对应于控制电压 U_{a1}、U_{a2}、U_{a3} 相应的转速是 n_1、n_2、n_3。它们的物理意义是：直流伺服电动机在负载阻转矩一定的条件下，稳态转速随控制电压的改变而变化，这个变化规律叫做控制特性。控制特性可由机械特性曲线簇作图而得，如图 1-33 所示。

图 1-33(b)是恒定负载条件下控制特性的几何表示，而式(1-21)

$$n=\frac{U_a}{K_e}-\frac{T_cR_a}{K_eK_t}$$

是控制特性的数学描述。显然，当 T_c 为常量时，

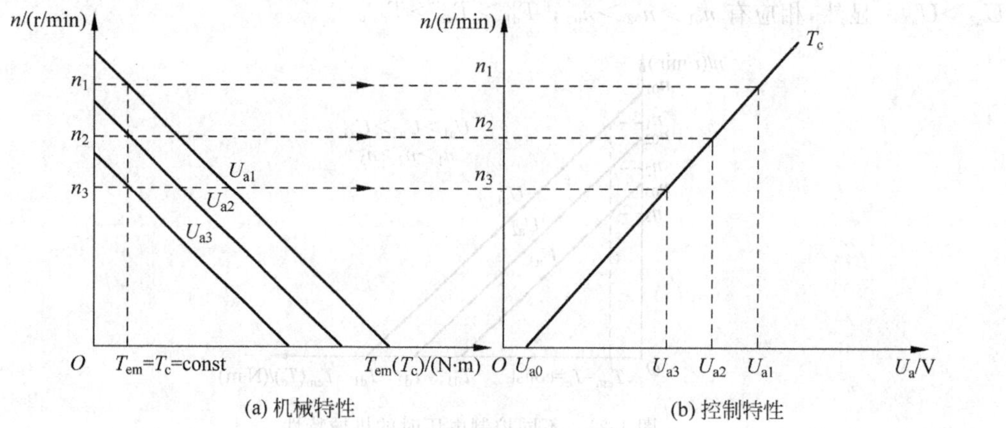

图 1-33 用作图法求控制特性

$$n_b = \frac{T_c R_a}{K_e K_t} = \text{const}$$

记 $k_c = 1/K_e$,式(1-21)可写成

$$n = k_c U_a - n_b \tag{1-28}$$

它是一个直线方程,恰是图 1-33(b)中控制特性曲线的解析描述。而且,只有当 $T_c = 0$ 时,$n_b = 0$。控制特性具有以下特点:

(1) k_c 是控制特性曲线的斜率,它与负载无关,是由电机自身参数决定的常量。对于确定的直流伺服电动机,在额定励磁的情况下,k_c 是不变的常数。

(2) 当转速 $n = 0$ 时,

$$U_{a0} = \frac{T_c R_a}{K_t}$$

而且,$U_a < U_{a0}$ 时,将不能产生足以克服摩擦阻转矩的电磁转矩所对应的控制电流,因此,伺服电动机将不能起动,只有当 $U_a > U_{a0}$ 即

$$U_a > \frac{T_c R_a}{K_t}$$

时,电动机才开始起动,称 U_{a0} 为伺服电动机的始动电压。因为电动机自身摩擦阻转矩(T_0)的存在,T_c 永远不能为零,因此,始动电压 U_{a0} 将必然恒大于零。而且,对于 $U_a \geqslant U_{a0}$ 时,任何稳定状态都有转矩平衡 $T_{em} = T_c$,所以

$$U_{a0} = \frac{T_c R_a}{K_t} = \frac{T_{em} R_a}{K_t} = I_a R_a \tag{1-29}$$

这意味着对应任何不变的负载转矩都有与之相对应的不变的控制电流。可见,改变控制电压 U_a,电枢绕组内的压降将恒定不变,即

$$I_a R_a = U_{a0} = \text{const}$$

于是,电压平衡方程式可写成

$$U_a = E_a + U_{a0}$$

即

$$U_a - U_{a0} = E_a = C_e \Phi n \tag{1-30}$$

可见，当控制电压 U_a 大于始动电压之后，控制电压的增大部分（$\Delta U_a = U_a - U_{a0}$）将全部用于改变伺服电动机的转速。而始动电压 U_{a0} 产生控制电流 I_a，由 I_a 产生的电磁转矩与负载阻转矩相平衡。显然，负载转矩的大小决定了控制电流的大小。

对应不同的负载转矩，始动电压 U_{a0} 也将不同。而且，负载转矩越大，始动电压越高。由于斜率 k_c 是不随负载转矩变化的常量，所以，不同负载转矩情况下的控制特性将是一组彼此平行的直线簇。而且，随负载转矩增大，控制特性曲线将向右平移，如图 1-34 所示，其中，$T_{c3} > T_{c2} > T_{c1}$。

由上述分析可知，负载转矩的大小决定了控制电流的大小。负载转矩的改变，无疑将使控制电流发生相应的变化。对于变化的负载转矩，式(1-29)所描述的规律将不存在，即 U_{a0} 不再是常量。进而，式(1-30)的关系也将不存在。例如：以空气摩擦为主所造成的阻转矩是随速度改变而成二次函数的规律变化，如图 1-35 所示。于是，在这类系统中，控制电压增大，电动机转速将随之升高，而阻转矩也随之增大。显然，提高了的控制电压，将不再全部用于改变伺服电动机的转速，必将分出一部分产生控制电流，增大电磁转矩，以平衡随速度升高而变大了的负载转矩。显然，控制特性已不再是线性的。为了求取以空气为阻转矩的伺服电动机控制特性，可将其负载线按同样比例尺画在相应的电动机机械特性曲线簇的坐标系中，如图 1-36(a)所示。将它们的交点参量(U_a, n)描绘在以 $U_a - n$ 为坐标的新坐标系中。这条非线性的控制特性曲线就体现了这种变化的特点，如图 1-36(b)所示。

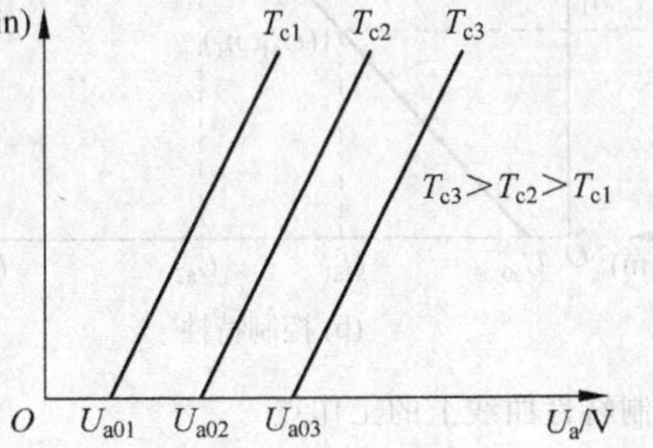

图 1-34　直流伺服电动机控制特性曲线簇

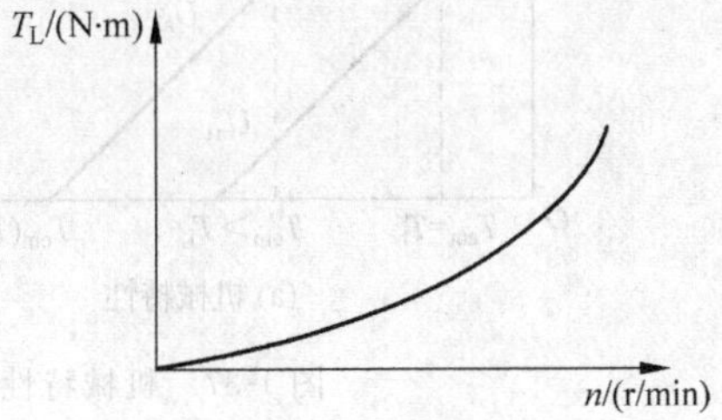

图 1-35　空气阻转矩的速度曲线

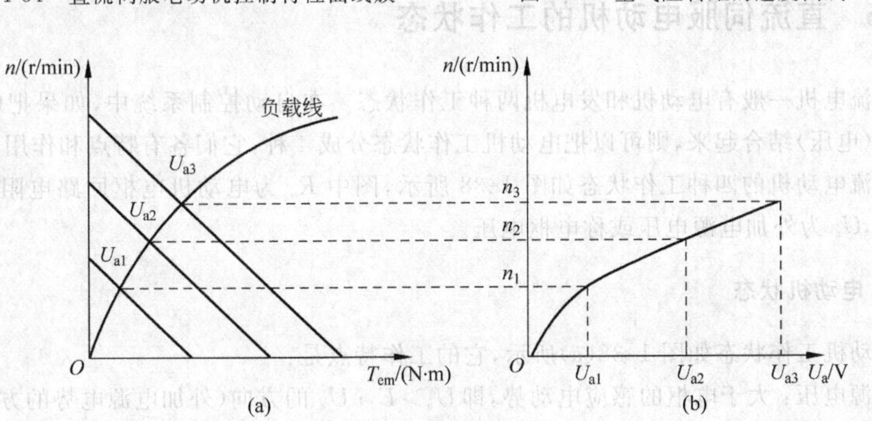

图 1-36　可变负载的控制特性求取

从上述分析可知,只要知道了负载特性的规律——负载线,即可利用将要使用的伺服电动机的机械特性求取控制特性,如图 1-36 所示。

1.3.5 机械特性曲线上的工作点和负载线

直流伺服电动机的每一个稳定工作状态都可以用机械特性曲线或控制特性曲线上的一个点来描述,并且与相应的静态四大关系式对应。电动机工作状态的变化过程,也可以用机械特性曲线清晰地加以说明。图 1-37(a)显示了在恒转矩负载(T_L)的情况下,控制电压从 U_{a1} 变化到 U_{a2} 时,伺服电动机工作状态的变化过程。显然,变化的路径是从原稳定工作点 $1(T_{em},n_1)$,经过渡状态工作点 $2'(T'_{em},n_1)$,继而沿着控制电压 U_{a2} 对应的机械特性曲线上升,最终稳定于新工作点 $2(T_{em},n_2)$。工作点 1 至点 $2'$ 的变化表明了机械惯性的存在,即速度没有突变。电磁转矩则由于控制电压升高、控制电流变大而增大到 T'_{em}。于是,有 $T'_{em}-T_L=J\mathrm{d}\Omega/\mathrm{d}t$,伺服电动机将有克服惯性转矩加速的过程,工作点"$2'$"至点"2"的状态变化,即是该过程的描述。

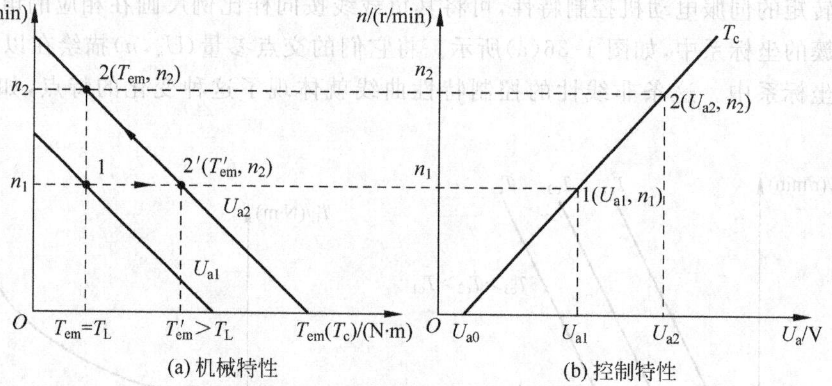

图 1-37 机械特性和控制特性曲线上的工作点

1.3.6 直流伺服电动机的工作状态

直流电机一般有电动机和发电机两种工作状态。在自动控制系统中,如果把电机和外加电源(电压)结合起来,则可以把电动机工作状态分成 4 种,它们各有特点和作用。

直流电动机的四种工作状态如图 1-38 所示,图中 R_a 为电动机电枢回路电阻,R_i 为电源内阻,U_a 为外加电源电压或称电枢电压。

1. 电动机状态

电动机工作状态如图 1-38(a)所示,它的工作特点是:

电源电压:大于电枢的感应电动势,即 $U_a>E_a$;U_a 的方向(外加电源电势的方向)与 E_a 相反。

电流:方向与电枢感应电动势 E_a 相反,数值小于堵转电流。

电磁转矩:方向与转速 n 相同,数值小于堵转转矩。

能量关系：电能转化为机械能。

转速：低于空载转速。

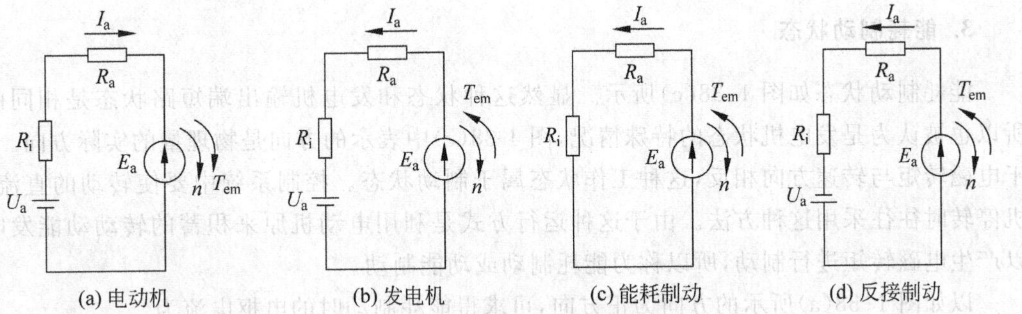

图 1-38　电动机的 4 种工作状态

以如图 1-38(a)所示的方向为正方向，在电磁转矩 T_{em}——转速 n 的坐标平面上，对应于电动机工作状态的机械特性曲线位于第一或第三象限，如图 1-39 所示。

2. 发电机状态

当直流伺服电动机处在某一稳定工作状态后，瞬间有 $U_a < E_a$，则电动机处在发电机工作状态，如图 1-38(b)所示，图中标识的是物理量的真实方向。发电机工作状态的工作特点是：

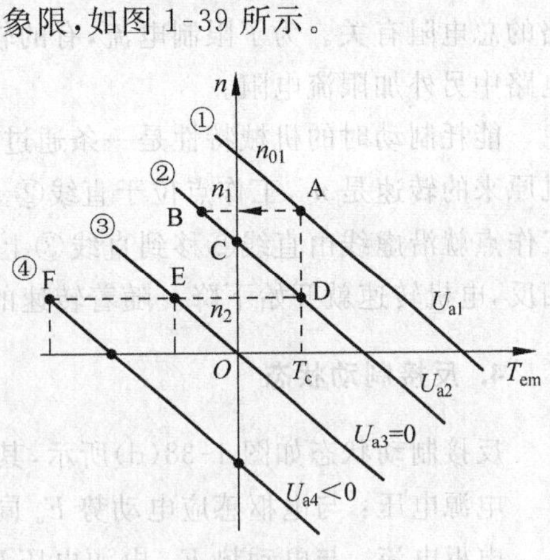

图 1-39　直流电动机机械特性

电源电压：小于电枢中的感应电动势，即 $U_a < E_a$，U_a 的方向仍与 E_a 相反。

电流：方向与感应电动势 E_a 方向相同，这正是直流发电机的特点。

电磁转矩：方向与电机转速 n 相反，电磁转矩起制动作用，这也是发电机的特点。

能量关系：机械能转化为电能。

转速：高于理想空载转速。这是发电机状态与其他状态的不同之处。

当电枢电压突然下降，或电机轴上出现了与转动方向相同的外力矩，使转速高于空载转速时，就是发电机状态。

图 1-39 中，电机原来稳定运行于 A 点，转速为 n_1。若电机需减速到 n_2，则电压需由 U_{a1} 降到 U_{a2}，工作点由 A 变为 B。工作点由 B 变为 C 的过程就属于发电机状态。若外力矩使电机转速高于理想空载转速，如电力机车下坡时，就是发电机状态。发电机状态时电磁转矩是制动转矩，加快了减速过程，提高了系统的快速性。

在发电机状态，一部分动能转化为电能并回送到电网或功率放大电路中，这种现象称为能量回馈，发电机状态又称回馈制动。为了使电机能工作在发电机状态，要求功率放大电路能给回馈电流提供通路，允许电流 I_a 与电源电压 U_a 方向相反，接受反馈回来的电功率。

以如图 1-38(a)所示方向为正方向，机械特性的代数表达式为

$$n = \frac{U_a}{C_e\Phi} - \frac{R_a + R_i}{C_e C_m \Phi^2} T_{em} = n_0 - \frac{R_a + R_i}{C_e C_m \Phi^2} T_{em} \tag{1-31}$$

式中，n_0 是理想空载转速。在图 1-39 的机械特性曲线中，当 $U_a>0$ 时的第二象限是发电机状态；当 $U_a<0$ 时的第四象限是发电机状态。

3. 能耗制动状态

能耗制动状态如图 1-38(c)所示。显然这种状态和发电机输出端短路状态是相同的，所以也被认为是发电机状态的特殊情况，图 1-38(c)中表示的方向是物理量的实际方向。由于电磁转矩与转速方向相反，这种工作状态属于制动状态。控制系统中要使转动的直流电机停转时往往采用这种方法。由于这种运行方式是利用电动机原来积蓄的转动动能发电，以产生电磁转矩进行制动，所以称为能耗制动或动能制动。

以如图 1-38(a)所示的方向为正方向，可求得能耗制动时的电枢电流为

$$I_a=-\frac{E_a}{R_a+R_i}=-\frac{C_e\Phi}{R_a+R_i}n$$

式中负号表示实际电流的方向与正方向相反。能耗制动时的电流大小与转速和电枢回路的总电阻有关。为了限制电流，有的较大容量的调速系统(R_a 较小)在能耗制动时还要在电路中另外加限流电阻。

能耗制动时的机械特性是一条通过坐标原点的直线，如图 1-39 中的直线③所示。若电机原来的转速是 n_2，工作点位于直线②上的 D 点。能耗制动时，一开始由于转速不能突变，工作点就沿虚线由直线②移到直线③上，保持转速为 n_2。然后由于电磁转矩为负，与转速相反，电机转速就开始下降。随着转速的降低，电磁转矩也在减小，直到等于零为止。

4. 反接制动状态

反接制动状态如图 1-38(d)所示，其工作特点是：

电源电压：与电枢感应电动势 E_a 同向，使电流朝同一方向流动。

电枢电流：与电动势 E_a、电源电压 U_a 同方向，故电流值为

$$I_a=\frac{U_a+E_a}{R_a+R_i}$$

所以反接制动状态，在相同的电源电压时，电枢电流要大于堵转电流，往往比对应的电动机状态大得多。为了限制电流，一些系统在反接制动状态时要在电路中加入限流电阻或采取其他限流措施。

电磁转矩：与转速方向相反，起制动作用，数值大于堵转转矩。由于电枢电流大，制动的电磁转矩大，所以制动效果比发电机状态或能耗制动状态更明显。

能量关系：一方面电机将本身的机械能变为电能(转速降低、动能减少)，另一方面电源也输出电能到电机，而这些电能全消耗在电枢回路的电阻上。即电机既消耗电能，又消耗机械能，这些能量全部变成电机的损耗，其中主要是电机铜耗。

反接制动状态在位置随动系统中是经常出现的，因此在设计和选择功率放大电路时，放大电路输出电流的能力应按最危险的反接制动状态来考虑。

在图 1-39 中，直线①、②在第四象限的部分，直线④在第二象限的部分，都代表反接制动状态。

了解电动机的工作状态，对深入理解其动态特性以及设计和选择功率放大器是必要的。

例　　题

已知一台直流伺服电动机在电枢电压为 110V 时，空载电流 $I_{a1}=0.055\text{A}$，空载转速 $n'_{01}=4500\text{r/min}$，$R_a=80\Omega$。求：电枢电压为 70V 时，

(1) 理想空载转速是多大？堵转转矩是多少？

(2) 当电动机上的总阻转矩 $T_c=T_0+T_L$ 由 $0.03\text{N}\cdot\text{m}$ 增大到 $0.04\text{N}\cdot\text{m}$ 时，转速为多少？

解：(1)由已知条件，$U_a=K_e n'_{01}+I_{a1}R_a \Rightarrow K_e=\dfrac{110-0.055\times80}{4500}=0.023(\text{V/r}\cdot\text{min}^{-1})$

理想空载转速 $n_0=\dfrac{U_a}{K_e}=\dfrac{70}{0.023}=3043(\text{r/min})$；

堵转时 $n=0$，堵转转矩 $T_d=K_t I_d=9.55K_e\times\dfrac{70}{80}=0.192(\text{N}\cdot\text{m})$

(2) 稳定时 $T_{em}=K_t I_a=T_c$，$\therefore I_a=\dfrac{0.04}{9.55K_e}=0.182(\text{A})$，

$$n=\frac{70-0.182\times80}{0.023}=2410(\text{r/min})$$

1.4　直流伺服电动机的动态特性

直流伺服电动机的动态特性一般是指当改变控制电压时，电动机从原稳态到新稳态的变化过程，也就是它的状态参量：速度、感应电动势、电流和电磁转矩等随时间变化的规律。前面已经指出，研究动态特性的规律是利用相应元件的动态方程——微分方程来实现的。因此，首先讨论动态特性的一般方法，基本步骤如下：

(1) 找出元件运行在过渡过程中所遵循的物理规律。这些规律都是用动态方程组来描述的。

(2) 根据动态方程组，消去中间变量，求取要研究的输出量和输入量关系的微分方程，并将其标准化。

(3) 按照初始条件解微分方程，求得相应输出量的时间函数。

(4) 分析上述时间函数所描述的状态参量过渡过程的特点，并画出过渡过程曲线。

以上所述 4 大步骤对讨论其他控制元件的动态特性也基本适用。

1.4.1　阶跃控制电压作用下直流伺服电动机的过渡过程

当改变直流伺服电动机的控制电压 U_a 时，电动机的状态参量将发生变化，经过一段时间，最终稳定在新的工作状态。这些变化的状态参量有转速(n)、电流(i_a)、感应电动势(e_a)和电磁转矩(T_{em})等。从式(1-14)和式(1-15)可以看出，$e_a(t)$和 $n(t)$、$T_{em}(t)$和 $i_a(t)$仅分别相差一个常数 K_e 和 K_t。显然，$e_a(t)$和 $n(t)$、$T_{em}(t)$和 $i_a(t)$的过渡过程曲线将是相似的。

所以下面只讨论转速和电流的过渡过程就足够了。

1. 转速的过渡过程

描述直流伺服电动机状态变化物理规律的动态方程组为

$$\begin{cases} U_a = e_a(t) + R_a i_a(t) + L_a \mathrm{d}i_a(t)/\mathrm{d}t \\ T_{em}(t) = T_c + J\mathrm{d}\Omega(t)/\mathrm{d}t \\ e_a(t) = K_e n(t) \\ T_{em}(t) = K_t i_a(t) \end{cases}$$

经过简单的变换,得

$$i_a(t) = \frac{T_c}{K_t} + \frac{2\pi J}{60K_t}\frac{\mathrm{d}n(t)}{\mathrm{d}t}$$

$$\frac{\mathrm{d}i_a(t)}{\mathrm{d}t} = \frac{2\pi J}{60K_t}\frac{\mathrm{d}^2 n(t)}{\mathrm{d}t^2}$$

将 $i_a(t)$、$\frac{\mathrm{d}i_a(t)}{\mathrm{d}t}$、$e_a(t)$代入电压平衡方程式,消去中间变量,并整理

$$\frac{2\pi J L_a}{60K_t K_e}\frac{\mathrm{d}^2 n(t)}{\mathrm{d}t^2} + \frac{2\pi J R_a}{60K_t K_e}\frac{\mathrm{d}n(t)}{\mathrm{d}t} + n(t) = \frac{U_a}{K_e} - \frac{R_a T_c}{K_t K_e} \tag{1-32}$$

式中,$\tau_e = \frac{L_a}{R_a}$ ——电磁时间常数; (1-33)

$\tau_m = \frac{2\pi J R_a}{60K_t K_e}$ ——机械时间常数。 (1-34)

为了简化问题,假设是理想空载,即 $T_c=0$,式(1-32)则可变成

$$\tau_m \tau_e \frac{\mathrm{d}^2 n(t)}{\mathrm{d}t^2} + \tau_m \frac{\mathrm{d}n(t)}{\mathrm{d}t} + n(t) = \frac{U_a}{K_e} \tag{1-35}$$

显然,式(1-35)的特征方程是

$$\tau_m \tau_e p^2 + \tau_m p + 1 = 0 \tag{1-36}$$

于是,解得特征方程的根是

$$p_{1,2} = -\frac{1}{2\tau_e}\left[1 \mp \sqrt{1 - \frac{4\tau_e}{\tau_m}}\right] \tag{1-37}$$

在 $4\tau_e < \tau_m$ 的情况下,转速的解为

$$n(t) = n_0 + A_1 \mathrm{e}^{p_1 t} + A_2 \mathrm{e}^{p_2 t} \tag{1-38}$$

式中,$n_0 = U_a/K_e$ 是控制电压为 U_a 时的理想空载转速。为了确定解中的积分常数 A_1 和 A_2,必须知道初始条件。由于电动机的机械惯性和电磁惯性,当 $t=0$ 时,

$$n(0) = 0$$

$$i_a(0) = 0$$

由式(1-14)和式(1-15)可知,

$$e_a(0) = 0$$

$$T_{em}(0) = 0$$

又因为 $T_c=0$,根据式(1-11)则有

$$\frac{\mathrm{d}n(0)}{\mathrm{d}t} = 0$$

将上述初始条件代入式(1-38),可得方程组

$$\begin{cases} A_1 + A_2 + n_0 = 0 \\ A_1 p_1 + A_2 p_2 = 0 \end{cases}$$

解方程组,得

$$\begin{cases} A_1 = \dfrac{p_2}{p_1 - p_2} n_0 \\ A_2 = \dfrac{-p_1}{p_1 - p_2} n_0 \end{cases}$$

将 A_1、A_2 值代入式(1-38),经简单整理,可得直流伺服电动机转速的过渡过程,即

$$n(t) = n_0 + \frac{n_0}{2\sqrt{1-\dfrac{4\tau_e}{\tau_m}}}\left[\left(1-\sqrt{1-\frac{4\tau_e}{\tau_m}}\right)e^{p_2 t} - \left(1+\sqrt{1-\frac{4\tau_e}{\tau_m}}\right)e^{p_1 t}\right] \tag{1-39}$$

2. 控制电流的过渡过程

为了求取当 $T_c = 0$ 时,加阶跃控制电压 U_a 控制电流的过渡过程,可将式(1-35)微分,得

$$\tau_m \tau_e \frac{d^3 n(t)}{dt^3} + \tau_m \frac{d^2 n(t)}{dt^2} + \frac{dn(t)}{dt} = 0$$

将 $\dfrac{dn(t)}{dt} = \dfrac{60K_t}{2\pi J} i_a(t)$ 代入上式,则得

$$\tau_m \tau_e \frac{d^2 i_a(t)}{dt^2} + \tau_m \frac{di_a(t)}{dt} + i_a(t) = 0 \tag{1-40}$$

根据初始条件,同样可解得控制电流的时间函数

$$i_a(t) = \frac{U_a/R_a}{\sqrt{1-\dfrac{4\tau_e}{\tau_m}}}\left(e^{p_1 t} - e^{p_2 t}\right) \tag{1-41}$$

这里应注意一点,从动态电压平衡方程式得到的初始条件是 $di_a(t)/dt|_{t=0} = U_a/L_a$。

1.4.2 过渡过程的讨论

1. 新稳态参量

在控制电压 U_a 的作用下,过渡过程结束的含义是直流伺服电动机进入了新的平衡状态,即

$$\frac{dn(t)}{dt} = 0; \quad \frac{d^2 n(t)}{dt^2} = 0$$

$$\frac{di_a(t)}{dt} = 0; \quad \frac{d^2 i_a(t)}{dt^2} = 0$$

于是,从式(1-35)、式(1-40)和式(1-32)可得相应的稳态参量表达式

$$\left.\begin{aligned} n(\infty) &= U_a/K_e = n_0 \\ i_a(\infty) &= 0 \end{aligned}\right\} \quad T_c = 0 \tag{1-42}$$

$$\left.\begin{aligned} n'(\infty) &= U_a/K_e - k_f T_c \\ i'_a(\infty) &= T_c/K_t = I_a \end{aligned}\right\} T_c = \text{const} \tag{1-43}$$

显然,新稳态参量的大小由控制电压 U_a 和负载 T_c 的大小所决定,它完全遵循静态特性所描述的规律。可见,静态是动态的一种特殊状态,即系统各状态参量变化率为零的状态。

2. 过渡过程曲线

过渡过程曲线的规律完全取决于特征方程根的形式,这也正是特征方程式名字的由来。因此,分析特征方程根的形式就成为讨论过渡过程曲线的出发点。

(1) 若 $4\tau_e < \tau_m$,从式(1-37)可知,p_1 和 p_2 均为负实根。这是当电枢电阻(R_a)大、电动机转动惯量(J)也大,而电枢电感(L_a)比较小的情况下出现的。因而,电气阻尼较小,机械阻尼则比较大。直流伺服电动机将具有惯性元件的特点,是非周期性的过渡过程,如图 1-40 所示。显然,在理想空载的条件下,新稳态的控制电流将趋于零,而转速则最终趋于理想空载转速,见式(1-42)。实际上,由于摩擦阻转矩的存在,电流并不是零,转速也低于理想空载转速。

(2) 若 $4\tau_e > \tau_m$,特征根 p_1 和 p_2 是一对共轭复根,过渡过程将出现振荡现象。但由于 p_1 和 p_2 具有负的实部,所以是衰减振荡。这是由于电枢回路电阻(R_a)和转子转动惯量(J)均较小,而电枢电感(L_a)相对显得大些。过渡过程曲线如图 1-41 所示。

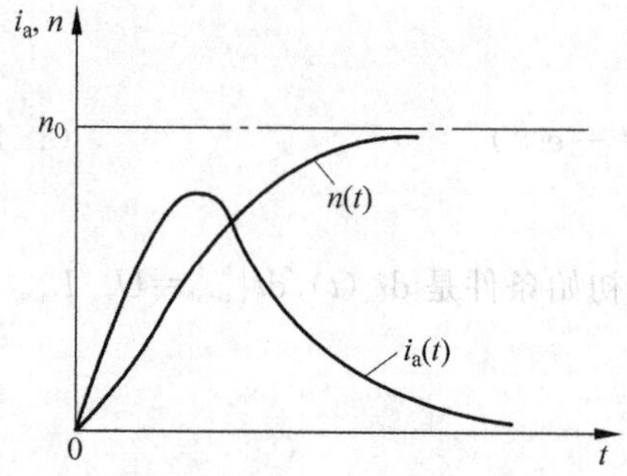

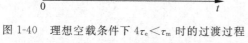

图 1-40 理想空载条件下 $4\tau_e < \tau_m$ 时的过渡过程

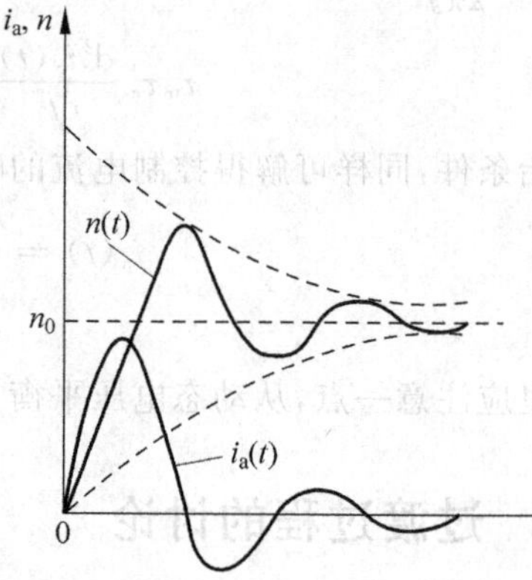

图 1-41 理想空载条件下 $4\tau_e > \tau_m$ 时的过渡过程

(3) 若 $\tau_e \ll \tau_m$,τ_e 可忽略。这是由于电枢电感(L_a)很小,即认为 $L_a = 0$。显然,式(1-35)可变成

$$\tau_m \frac{\mathrm{d}n(t)}{\mathrm{d}t} + n(t) = \frac{U_a}{K_e} \tag{1-44}$$

或

$$\tau_m \frac{\mathrm{d}n(t)}{\mathrm{d}t} + n(t) = n_0$$

而式(1-40)则变为

$$\tau_m \frac{\mathrm{d}i_a(t)}{\mathrm{d}t} + i_a(t) = 0 \tag{1-45}$$

注意，由于认为 $L_a=0$，则动态四大关系式的电压平衡变成

$$U_a = e_a(t) + R_a i_a(t)$$

初始条件为 $n(0)=0, e_a(0)=0$，而 $i_a(0)=U_a/R_a$。

于是，可解得

$$n(t) = n_0(1-e^{-\frac{t}{\tau_m}}) \tag{1-46}$$

$$i_a(t) = \frac{U_a}{R_a}e^{\frac{t}{\tau_m}} \tag{1-47}$$

式(1-46)和式(1-47)分别描述了一个单调上升曲线(转速)和一个单调下降曲线(电流)。过渡过程曲线的变化率分别是

$$\frac{dn(t)}{dt} = \frac{n_0}{\tau_m}e^{-\frac{t}{\tau_m}} \tag{1-48}$$

$$\frac{di_a(t)}{dt} = \frac{I_a}{\tau_m}e^{-\frac{t}{\tau_m}} \tag{1-49}$$

从式(1-48)可见，当转速能保持初始的变化率 n_0/τ_m 不变时，则经过 $t=\tau_m$ 时间，过渡过程将进行完毕，即达到转速 n_0。实际上，$dn(t)/dt$ 随时间按指数规律下降的，所以，当 $t=\tau_m$ 时，转速仅能达到 n_0 的 0.632 倍。于是，定义电动机在空载并具有额定励磁的情况下，如果加上阶跃的额定控制电压，转速从零升到稳态转速的 63.2%所需的时间为其机械时间常数(τ_m)。当时间经过了 $3\tau_m$ 时，转速已达 $0.95n_0$，如图 1-42 所示，则可认为过渡过程基本结束，所以称 $t=3\tau_m$ 为过渡过程时间(t_s)。过渡过程时间的定义具有相对性，视对元件要求的稳态精度而定。上面的 $t_s=3\tau_m$ 就是保持相对稳态误差在 5%以内的情况。如果提出更高的稳态精度要求，例如保持在 2%以内，则过渡过程时间将增长为 $t_s=4\tau_m$。

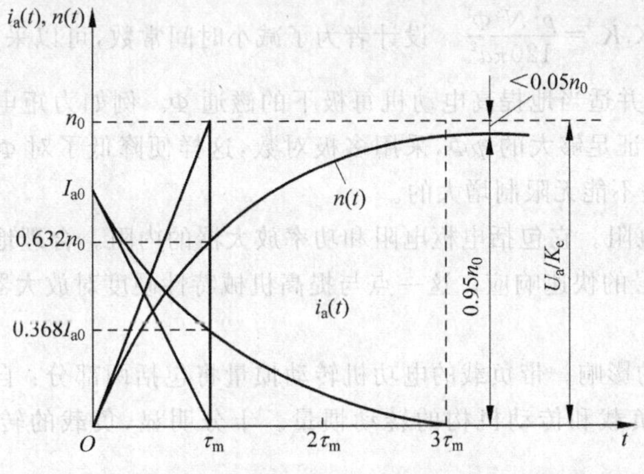

图 1-42　理想空载且 $\tau_e \ll \tau_m$ 时的过渡过程曲线

同理，经过 $t=\tau_m$ 的时间，控制电流已降低了初始值的 0.632 倍(即为 $0.368I_{a0}$)，如图 1-42 所示。

还需说明一点，前面已经指出伺服电动机的过渡过程是电磁惯性和机械惯性交织影响的综合过程。因此，外加了阶跃额定控制电压的伺服电动机，当转速从零升到 n_0 的 63.2%时，所需的时间实际上并不等于机械常数(τ_m)，而是要略大于 τ_m。电机过渡过程的时间常数应由电机的电磁时间常数(τ_e)和机械常数(τ_m)共同确定，称之为机电时间常数，用 τ_{me} 表

示。通常,电枢控制时直流伺服电磁时间常数(τ_e)远小于机械时间常数(τ_m),故机电时间常数(τ_{me})和 τ_m 很接近,可以用 τ_m 代替。因此也常把 τ_m 称做**机电时间常数**。伺服电动机过渡过程的快速性主要取决于机电时间常数(τ_m)。

(4) Laplace 变换。在自动控制理论中,分析和计算所用的电动机数学模型是 Laplace 变换形式,并定义在初始条件为零时,线性系统中输出量的拉氏变换与输入量的拉氏变换之比为系统(或元件)的传递函数。因此在此给出在阶跃电压作用下直流伺服电动机动态响应的 Laplace 变换形式。

在理想空载时,零初始条件下式(1-35)的拉氏变换为

$$n(s)(\tau_m\tau_e s^2+\tau_m s+1)=\frac{U_a(s)}{K_e}$$

以电压 U_a 作为电机的输入,转速 n 作为电机的输出,则直流伺服电动机的传递函数为

$$G_M(s)=\frac{n(s)}{U_a(s)}=\frac{1/K_e}{\tau_m\tau_e s^2+\tau_m s+1} \tag{1-50}$$

当 $\tau_e \ll \tau_m$ 时,式(1-50)可简化为

$$G_M(s)=\frac{n(s)}{U_a(s)}=\frac{1/K_e}{\tau_m s+1} \tag{1-51}$$

3. 动态参数和静态参数的关系

从式(1-34)可知,表征动态特性的重要参数——机电时间常数 $\tau_m=\dfrac{2\pi JR_a}{60K_tK_e}$ 与电机的结构参数、控制回路电阻以及电机和它所拖动负载的总转动惯量有关。

(1) 结构参数 $K_tK_e=\dfrac{p^2N^2\Phi^2}{120\pi a^2}$。设计者为了减小时间常数,可以采用合理的绕组形式,选择恰当的极对数,并适当地提高电动机每极下的磁通 Φ。例如力矩电动机就是根据永久磁铁的特点,为了保证足够大的 $p\Phi$,采用多极对数,这样便降低了对 Φ 的要求。由于磁路存在饱和,磁通 Φ 是不能无限制增大的。

(2) 控制回路电阻。它包括电枢电阻和功率放大器的内阻。合理地减小放大器内阻将有利于电动机对信号的快速响应。这一点与提高机械特性硬度对放大器内阻的要求具有一致性。

(3) 转动惯量的影响。带负载的电功机转动惯量将包括两部分:自身的转动惯量和折合到电动机轴上的负载和传动机构的转动惯量。十分明显,负载的转动惯量将增大时间常数。

(4) 机械特性硬度的影响。经过简单变换,有

$$\tau_m=\frac{2\pi J\dfrac{U_a}{K_e}}{60\dfrac{U_a}{R_a}K_t}=0.105\,\frac{Jn_0}{T_d} \tag{1-52}$$

可见机械特性斜率$\left(\dfrac{n_0}{T_d}\right)$大,硬度小,$\tau_m$ 将变大。反之,斜率小,硬度大,机电时间常数将变小。

如果用 $n_0=\frac{60}{2\pi}\Omega_0$ 代入式(1-52)，则

$$\tau_m=\frac{J\Omega_0}{T_d}\quad 或\quad \tau_m=\frac{J}{T_d/\Omega_0} \tag{1-53}$$

称 $T_d/\Omega_0=D$ 为电动机的阻尼系数。增大伺服电动机的阻尼系数 D 将使过渡过程加快。阻尼系数和机械特性硬度具有同样的物理实质。

(5) 电动机的力矩惯量比。式(1-53)可改写成

$$\tau_m=\frac{\Omega_0}{T_d/J}$$

称 T_d/J 为伺服电动机的力矩惯量比。提高力矩惯量比将使过渡过程加快。负载和减速装置的惯量都将使电动机的力矩惯量比减小，因而增大了时间常数。力矩惯量比的实质是当电动机的总惯量为 J 时，在起动转矩 T_d 的作用下，它可能产生的最大角加速度($\dot{\Omega}$)。

时间常数、阻尼系数和力矩惯量比等参数都是伺服电动机重要的动态性能参数。一般，机电时间常数小于 0.03s，有的伺服电动机只有几毫秒(ms)。

1.5　直流伺服电动机的选择

各类电动机的技术数据是国家制定的产品性能和质量的标准(简称国标 GB)。它是厂家生产产品所必须遵循的法规，也是用户选择使用各种元件的技术依据，可以说是厂家和用户的技术纽带。熟悉它们，在设计控制系统时合理地选择使用控制电机是十分重要的。

1.5.1　直流伺服电动机的额定值

直流伺服电动机的额定值就是厂家按照国家标准对其在正常运行时有关电量和机械量所作的规定技术数据。符合额定值所规定之电量和机械量的运行，称为额定工作情况，简称额定工况。每台直流伺服电动机的机壳上都装有铭牌，其上标有主要的额定数据。它们有

1. 额定功率 P_N

额定功率是指直流伺服电动机在额定工况运行时，其轴端输出的机械功率。它等于额定电压与额定电流之积，再乘以电动机的效率，单位是瓦(W)。

2. 额定电压 U_N

额定电压是指额定工况运行时，在直流伺服电动机的励磁绕组(电磁式)和控制绕组上所加的电压值。单位是伏(V)。在控制系统运行中，励磁电压应加额定值，而控制绕组的电压则在随信号电压的改变而变化着，额定值乃是控制电压的上限。

3. 额定电流 I_N

额定电流是指伺服电动机在额定电压下，负载达到额定功率时的励磁电流(电磁式)和

控制(电枢)电流。同样,在控制系统运行时,励磁电流应加恒定的额定值,而控制电流则是变化着的,单位是安(A)。

4. 额定转速 n_N

额定转速指直流伺服电动机在额定工况运行时,每分钟的转数,单位是 r/min。

5. 额定转矩 T_{2N}

额定转矩是指伺服电动机在额定工况时轴端的输出转矩,单位是 N·m。它是选用伺服电动机时的重要性能指标数据。但一般铭牌上并不给出。可以利用额定功率和额定转速经计算得到。因为伺服电动机的输出机械功率等于它的输出转矩 T_2 乘上旋转的角速度 Ω,即

$$P_2 = T_2\Omega \tag{1-54}$$

所以,输出转矩

$$T_2 = \frac{P_2}{\Omega} \tag{1-55}$$

式中,P_2——轴端输出机械功率(W);

T_2——输出转矩(N·m);

Ω——电机的旋转角速度(rad/s)。

实用中,铭牌上给出的转速数据单位是 r/min,于是,式(1-55)可改写为

$$T_2 = \frac{60}{2\pi} \cdot \frac{P_2}{n} = 9.55\frac{P_2}{n} \tag{1-56}$$

显然,额定转矩为

$$T_{2N} = 9.55\frac{P_{2N}}{n_N} \tag{1-57}$$

式中,T_{2N}——额定输出转矩(N·m);

P_{2N}/P_N——额定功率(W)。

1.5.2 直流伺服电动机型号

型号本身不仅具有自己的明确含义,而且还对应着某类电机中所具有的一组特定额定值数据。因此,它是选择控制电机的工具。根据《GB/T 10405—2009 控制电机型号命名方法》中规定,各类控制电机的产品型号都具有下列组成形式,并按顺序排列:

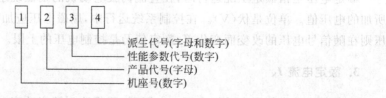

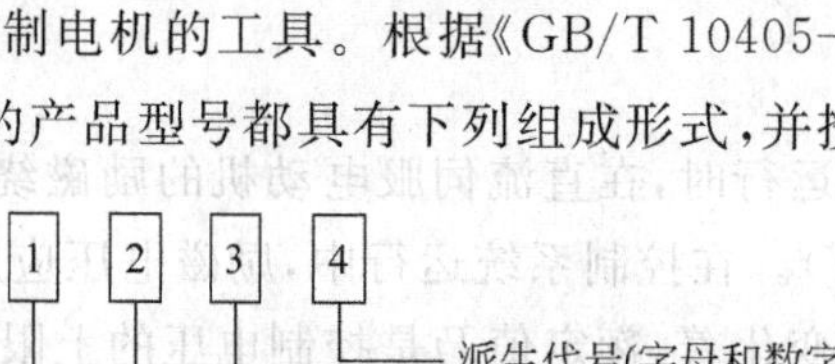

直流电动机的型号举例说明如下：

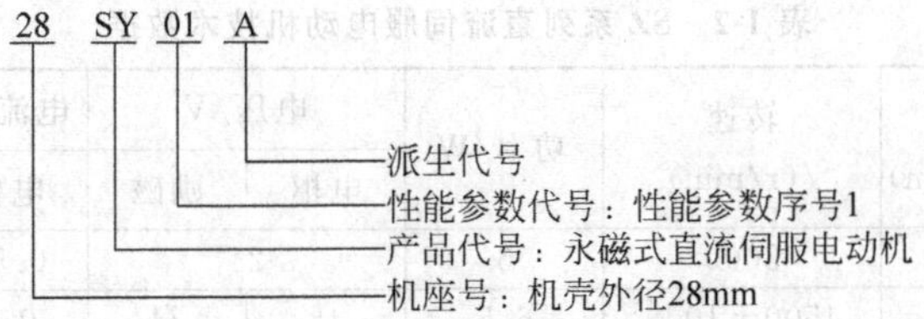

1. 机座号

机座号 55、70、90、110、130 表示其对应机座外径为 55mm、70mm、90mm、110mm、130mm。

2. 产品代号

字母 S 表示伺服电动机；字母 Z 表示直流电磁式 ；字母 Y 表示直流永磁式。即字母 SZ 表示电磁式直流伺服电动机；字母 SY 表示永磁式直流伺服电机。

3. 性能参数代号

由两位或多位阿拉伯数字组成，顺序或直观地表示电机的性能参数。直流伺服电动机的性能参数代号由 3～4 位数字组成。前两位表示电源电压，后两位表示性能参数代号，由 01～99 给出，在同一机座号中 01～49 表示短铁芯产品，51～99 表示长铁芯产品。

4. 派生代号

派生代号包括性能派生和结构派生，性能派生由 01～99 给出，结构派生用一个大写汉语拼音字母顺序表示。

(1) 励磁方式用字母表示，C 为串励式，F 为复励式，不注明者，即为他励式（或并励式）。

(2) 安装形式用字母表示，A1 表示底脚安装，A3 表示法兰安装，A5 表示外圆安装。

(3) 特殊环境代号见表 1-1，如同时适用于一个以上的特殊环境时，按表中顺序排列。

表 1-1　电机的特殊环境代号

序　号	特殊环境	代　号
1	"高"原用	G
2	"船"(海)用	H
3	"户"外用	W
4	化工防"腐"用	F
5	"热"带用	T
6	"湿热"带用	TH
7	"干热"带用	TA

下面列举部分型号直流伺服电动机技术数据作为参考,见表1-2、表1-3。

表1-2 SZ系列直流伺服电动机技术数据

型号	转矩/(mN·m)	转速/(r/min)	功率/W	电压/V		电流/A(不大于)		质量/kg
				电枢	励磁	电枢	励磁	
36SZ01	16.66	3000	5	24		0.55	0.32	0.29
36SZ08	13.72	4500±10%	6.5	48	24	0.3	0.32	0.29
36SZ58C	14.7	7000	11	27		1.6		0.32
45SZ05	28.42	6000	18	24		1.6	0.33	0.45
45SZ09C	21.56	≥6000	—	6		5.5		0.45
45SZ61C	22.54	3000±500	7	110		0.23	—	0.53
55SZ09	42.14	8000~10 000	40	110		0.66	0.09	0.75
70SZ06/H1	107.8	6000	68	27		4.4	0.44	1.5
90SZ02M	323.4	1500	50	220		0.33	0.11	2.8
110SZ12	637	3000	200	160	190	2.0	0.15	5.8
130SZ08M/H1	1592.5	1500	250	180		1.8	0.3	14.5

表1-3 SY系列直流永磁式伺服电动机技术数据

型号	电压/V	电流/A(不大于)	转矩/(mN·m)	转速/(r/min)	功率/W	允许顺逆转差/(r/min)	质量/g
20SY01	9	0.5	1.96	6000	1.2	300	60
20SY05H1	5	0.48	1.96	3000	0.6	300	60
24SY002	28	0.4	5.73	5500		<600	90
28SYWT	27	0.35	2.15	9000±200	2	400	140
28SY12H	18	0.7	5.88	9000	5.5	400	115
36SY01	12	0.85	11.76	3000	3.7	200	280
36SY55D	27	0.85	19.61	6000	12	300	310
45SY01	12	1.6	29.41	3000	9	200	490
SY161R	110	0.08	4.90	4000±8%		单向	700
90SY01	24	7.0	2450	450	110	40	5000
100SY	30	4.0	1450	400	60	40	4000

1.5.3 直流伺服电动机的选择

1. 功率选择

直流伺服电动机在控制系统中是作为执行元件使用的。由于它的转速很高,一般都在1500~8000r/min的范围内,甚至高达10 000r/min。而被其拖动的负载——控制对象则是低速的,即每分钟几十转、几转,甚至更低。因此,伺服电动机与负载是通过减速装置连接起来的。这样,人们在设计控制系统时,常常要把选择伺服电动机和减速装置放在一起进行。而且,这项选择工作不是一次能完成的,往往需要反复几次才能达到满意的结果。

在系统的过渡过程中，伺服电动机以一定的加速度拖动负载克服阻转矩向新的平衡状态运动。因此，负载所需的最大转矩、最大角速度和最大角加速度就是选择伺服电动机的依据。

根据伺服电动机的动态转矩平衡方程式，即

$$T_{em}(t)=T_0+T_L+J\frac{d\Omega(t)}{dt}$$

可得输出的动态转矩

$$T_{2d}(t)=T_{em}(t)-T_0=T_L+J\frac{d\Omega(t)}{dt} \tag{1-58}$$

式中，$T_{2d}(t)$——过渡过程中的动态输出转矩。

动态过程中的最大转矩可写成

$$T_{2dmax}(t)=T_L+J\left(\frac{d\Omega}{dt}\right)_{max} \tag{1-59}$$

式中，T_{2dmax}——动态最大输出转矩；

$\left(\frac{d\Omega}{dt}\right)_{max}$——最大角加速度。

相应的最大输出功率为

$$P_{2dmax}=\frac{2\pi}{60}\left[T_L+J\left(\frac{d\Omega}{dt}\right)_{max}\right]n_{max} \tag{1-60}$$

式中，n_{max}——最大转速。

以上讨论的是直流伺服电动机与负载直接耦合的情况，如图 1-43(a)所示。

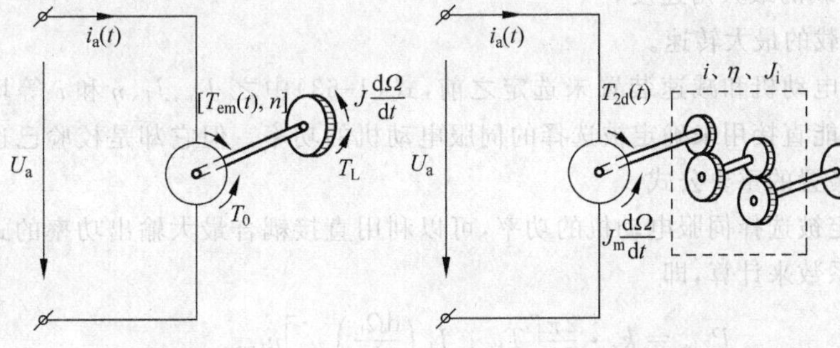

(a) 直接驱动负载　　(b) 间接(经减速装置)驱动负载

图 1-43　直流伺服电动机与负载连接

当伺服电动机通过减速装置向负载输出转矩时，如图 1-43(b)所示，式(1-59)可改写为

$$T^i_{2dmax}=\frac{T_L}{i\eta}+\left(J_m+J_i+\frac{J_L}{i^2}\right)\cdot i\left(\frac{d\Omega_L}{dt}\right)_{max} \tag{1-61}$$

式中，T^i_{2dmax}——有减速装置时的电动机最大输出转矩；

i——减速装置的减速比；

η——减速装置的效率；

J_m——伺服电动机本身的转动惯量；

J_i——减速装置的等效转动惯量；

J_L——负载的转动惯量；

Ω_L——负载的旋转角速度；

$\left(\frac{d\Omega_L}{dt}\right)_{max}$——负载旋转的最大角加速度。

这里需要指明的是，直流伺服电动机的额定功率是额定工况下的轴端输出机械功率，即稳态输出功率。它是伺服电动机产生的电磁转矩减去自身阻转矩(即空载阻转矩 T_0)之后的净输出转矩所对应的功率。这样，在式(1-61)中就无须再考虑电动机自身的空载阻转矩了。但是，由于伺服电动机在拖动负载加速过程中其本身也随之加速。因此，伺服电动机必须另外提供本身加速所需的惯性矩 $i \cdot J_m \cdot (d\Omega_L/dt)_{max}$。从式(1-61)可知伺服电动机所需的最大加速转矩是

$$\Delta T_{2dmax}^{i} = \left(J_m + J_i + \frac{J_L}{i^2}\right) \cdot i\left(\frac{d\Omega_L}{dt}\right)_{max} \tag{1-62}$$

可见，由于折合到电动机轴上的负载转动惯量被减小到 $1/i^2$ 倍，已经相当小了，伺服电动机输出的加速功率所对应之加速转矩主要是用于加速电动机本身和减速装置。特别是当减速比(i)较大时，更是如此。这正是促使工程师们发明和设计直驱低速力矩电动机的原因之一。

根据式(1-60)和式(1-61)，可得动态过程中所需的最大输出功率为

$$\begin{aligned} P_{2dmax} &= \left[\frac{T_L}{i\eta} + \left(J_m + J_i + \frac{J_L}{i^2}\right) \cdot i\left(\frac{d\Omega_L}{dt}\right)_{max}\right]\Omega_{Lmax} \cdot i \\ &= \frac{2\pi}{60}\left[\frac{T_L}{i\eta} + \left(J_m + J_i + \frac{J_L}{i^2}\right) \cdot i\left(\frac{d\Omega_L}{dt}\right)_{max}\right]n_{Lmax} \cdot i \end{aligned} \tag{1-63}$$

式中，Ω_{Lmax}——负载的最大角速度；

n_{Lmax}——负载的最大转速。

显然，在伺服电动机和减速装置未选定之前，式(1-63)中之 J_m、J_i、η 和 i 等均是未知数。因此，该式不能直接用来确定被选择的伺服电动机的功率。但它却是校验已选定的伺服电动机和减速装置的重要公式。

为了初步确定被选择伺服电动机的功率，可以利用直接耦合最大输出功率的式(1-60)乘上一定的经验系数来计算，即

$$P_{2dx} = k_x \cdot \frac{2\pi}{60}\left[T_L + J_L\left(\frac{d\Omega_L}{dt}\right)_{max}\right]n_{Lmax} \tag{1-64}$$

式中，P_{2dx}——初选伺服电动机输出功率；

k_x——经验系数，一般为1.2～1.5；小功率随动系统可增加到2～2.5。

根据计算所得功率 P_{2dx}，可从产品目录中初选一台合适的直流伺服电动机，再以式

$$i \leqslant \frac{n_N}{n_{Lmax}} \quad 或 \quad i \leqslant \frac{\frac{1}{2}n_0'}{n_{Lmax}} \tag{1-65}$$

初选减速装置的减速比(i)，式中

n_N——被选直流伺服电动机的额定转速；

n_0'——被选直流伺服电动机的空载转速。

减速装置一般选用直齿轮，其效率 η=0.9～0.94。而其等效转动惯量(J_i)一般可取负载折合转动惯量的0.1～0.15倍。于是，可将减速装置等效转动惯量和负载的折合转动惯

量结合并写成

$$J_{iL} = m\frac{J_L}{\eta i^2} \tag{1-66}$$

式中，m=1.1～1.5——减速装置等效转动惯量和负载折合转动惯量的结合系数。

伺服电动机的转动惯量（J_m）可按初选伺服电动机产品目录提供的飞轮矩 GD^2 计算而得，即

$$J_m = \frac{GD^2}{4g} \tag{1-67}$$

这样，根据以上初选伺服电动机和减速装置的参数，利用校验式(1-63)进行核算。如果满足要求，伺服电动机的选择工作就算结束。否则，重新进行，直到满足要求为止。

2. 直流伺服电动机额定电压和额定转速的选择

1）电压的选择

伺服电动机额定电压的选择主要是与整个系统的电源相配合。一般，厂家生产有 220V 和 110V 的直流伺服电动机。近年来，为了与低压输出的功率放大器相配合，也设计了额定电压为 24V 和 12V 等的低压伺服电动机。

2）额定转速

同样额定功率的伺服电动机，额定转速高尺寸小、重量轻，成本就自然降低；转速低则反之。而控制对象的工作转速大部分是较低的。高速伺服电动机势必要加重减速机构的负担，再加上减速机构间隙所造成的不可克服的弊病等，都促使人们设计发明了低速力矩电动机。由此可见，为了提高精度，使系统的结构简单，尽量选用额定转速与控制对象转速接近的伺服电动机。但是，伺服电动机额定转速的选择尚与控制系统其他因素有关，读者可参考有关控制系统设计方面的书籍。

1.6　直流力矩电动机

1.6.1　概述

直流力矩电动机（DC Torque Motor）是一种可直接与负载耦合的低速直流伺服电动机。它在工作原理上同普通直流伺服电动机毫无区别。它的特有性能——低速和大力矩是由于它的特殊结构设计而产生的。制造这种无须减速机构就能实现直接驱动的力矩电动机的设想是在 20 世纪 50 年代初期提出来的。但直到 20 世纪 50 年代后期，随着空间技术的发展方才引起人们的重视。然后，在 20 世纪 60 年代初期便以惊人的速度发展起来。我国也于 1965 年研制出第一台直流力矩电动机样机。此后，陆续为航天、航海、通信（雷达天线）等部门提供了产品。能平稳地运行于相当地球的自转转速（$15°/h$），甚至更低的转速。力矩电动机作为位置伺服系统和速度伺服系统中的执行元件，在航天、航空、航海以及各种高精度测量仪器中获得了广泛的应用。近年来，在工业控制系统中也开始显示出其优越性。

它的主要优点有：

1. 在负载轴上有高的力矩-惯量比(T_p/J_{pL})

如图 1-44 所示,为了使负载得到所需的同样的电磁转矩和转速,图中给出了普通高速直流伺服电动机和力矩电动机两种驱动方案。

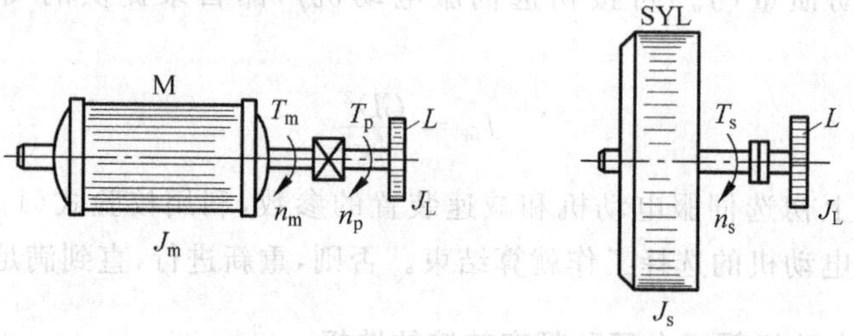

图 1-44 力矩-惯量比的折算

当两个电动机有相等的转动惯量,即 $J_m=J_s$,且 T_p 和 J_{pL} 代表折算到负载轴上的转矩和转动惯量时,可将两种驱动方案折算到负载轴上的力矩-惯量比分述如下:

首先,由于力矩电动机与负载直接刚性连接,所以

$$\frac{T_p}{J_{pLs}}=\frac{T_s}{J_s} \tag{1-68}$$

式中,T_s——力矩电动机的电磁转矩;

J_{pLs}——力矩电动机的折算转动惯量。

而普通高速直流伺服电动机则因为经过减速机构(i)与负载轴连接,于是有

$$J_{pLd}=i^2J_m,\quad T_p=iT_m$$

则

$$\frac{T_p}{J_{pLd}}=\frac{iT_m}{i^2J_m}=\frac{T_m}{iJ_m} \tag{1-69}$$

式中,T_m——普通直流伺服电动机的电磁转矩;

J_{pLd}——普通直流伺服电动机的折算转动惯量。

比较式(1-68)和式(1-69),尽管普通直流伺服电动机经过减速装置转矩被放大 i 倍,但它的转动惯量则被放大了 i^2 倍(上面忽略了减速器的转动惯量)。这样,普通高速电动机折算到负载轴上的力矩-惯量比被缩小了 i 倍。通常,普通电动机的转动惯量(J_m)和减速装置的转动惯量(J_i)折算到负载轴上都大于负载的转动惯量,甚至最大时能大于 10 倍,即 $i^2(J_m+J_i)>10J_L$。而力矩电动机无论是从理论分析上,还是从大量的实践中都表明,电动机转动惯量比负载的转动惯量小。由于理论加速度 $d\Omega/dt=T_p/J_{pL}$,因而,力矩-惯量比直接反映了电功机的加速能力。前面已经明确,两种方案对负载提供同样的电磁转矩,即 T_p——折算转矩,而 $J_m=J_s$,则

$$\frac{T_p}{J_{pLs}}=\frac{T_s}{J_s}>\frac{T_p}{J_{pLd}}=\frac{T_m}{iJ_m}$$

对力矩电动机而言,输出转矩主要用来推动负载加速;而普通高速直流伺服电动机的输出转矩则大部分用于加速电动机本身和减速装置,见式(1-62)。显然,由于直接耦合的

力矩电动机在负载轴上有高的力矩-惯量比，加速负载的能力就大了。

2. 快的响应速度

由于具有大力矩-惯量比的直流力矩电动机能产生较大的理论加速度，与和它的惯量相差甚少的普通伺服电动机相比，机械时间常数 τ_m 较小，一般约为十几毫秒到几十毫秒。再加上力矩电动机设计成多磁极对数(p)，电枢铁芯磁密较高，使电枢电感小到可忽略的程度，以致电磁时间常数较小，一般为几毫秒，甚至小于1ms。因而，随着电枢电流的增大，电磁转矩增长得很快。在足够的输出力矩条件下，可使系统伺服刚度更好。图 1-45 给出了减速比对最大加速度的影响关系。在一个给定负载的情况下，电机折算到负载轴上的力矩-惯量比越大，则空载获得的理论加速度就越大。图中曲线②、③、④为某台电动机当负载转动惯量每增加约一个数量级时，加速度下降的情况。而减速比又成平方倍(i^2)地增大着折算到负载轴上的转动惯量。随减速比的增大，最大理论加速度将急剧地下降。图中粗实线①为一台电动机的特性曲线，清楚地体现了这一规律。直接耦合的力矩电动机则无须减速机构，因此，力矩-惯量比相对地变大了。显然，理论加速度也变大了。电动机在过渡过程中的快速性将很好。

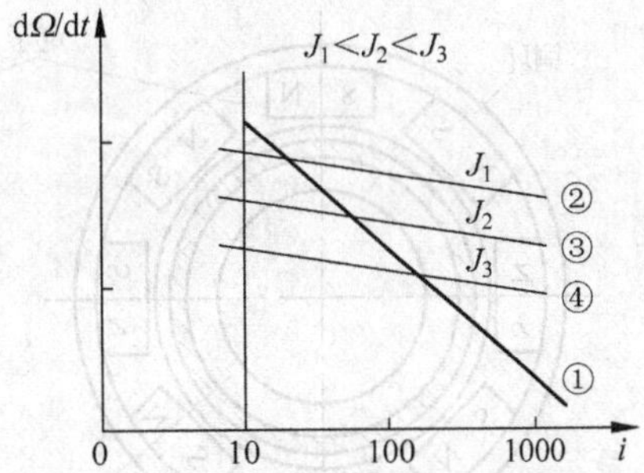

图 1-45　减速比对最大加速度的影响

3. 耦合刚度高

由于力矩电动机与负载直接连接，中间没有齿轮装置，使之具有高的机械耦合刚度，因而消除了齿隙和弹性变形带来的误差，提高了系统的位置和速度精度；也提高了整个传动装置的自然共振频率。从而，使它远远地避开了系统所能达到的频率上限，这样就给系统得到满意的动态和静态性能创造了条件。总之，力矩电动机可使系统有很高的伺服刚度，因而获得了较宽的频率带宽(可做到 50Hz 左右)以及很高的速度和位置分辨率。

4. 线性度高

力矩电动机电磁转矩的增大正比于控制电流，与速度和角位置无关。同时，由于省去了减速机构，消除了齿隙造成的“死区”特性，也使摩擦力减小了。再加上选用的永磁材料具有回复线较平的磁滞回线，并设计得使磁路高饱和。这些都使力矩电动机的转矩-电流特性具有很高的线性度。

总之，采用力矩电动机作为执行元件的直驱伺服系统，由于免去了复杂且精度要求苛刻的齿轮装置，除了上述的几大特点之外，还有运行可靠、维护简便、振动小、机械噪声小、结构紧凑等优点。这些都为系统的快速动作、精度提高、平稳地运行等提供了保证。

1.6.2　直流力矩电动机的结构特点和运行性能

1. 结构特点

直流力矩电动机一般做成永磁多极式，有分装式和组装式两种。组装式与一般电机结构基本相同,机壳和轴由制造厂在出厂时装配成型,如图1-46所示。分装式的结构包括定子、转子和刷架三大部件。机壳和转轴由用户根据安装方式自行选配,这样便于系统设计者把电动机和测速机及其他部件组合成一个紧凑的整体,减小系统的体积和重量。定子制成带槽的圆环,槽中嵌放永磁体组成的环形桥式磁路。为了固定磁极,在其外圈处又热套上一个厚约2mm的铜环。转子通常用导磁钢片冲制叠装而成。转子槽中嵌装电枢绕组,采用单波绕组,使并联支路对数 $a=1$(与电机极数无关),使绕组中电流最大,电刷数量少。为了减小轴向尺寸,常把槽楔和换向片做成一体。紫铜棒的一端做成略长于电枢铁芯的半圆形,插入槽内兼作槽楔(槽楔部分包有绝缘);紫铜棒的另一端做成梯形,排列成环形换向器。转子的全部结构用高温环氧树脂浇铸成整体。

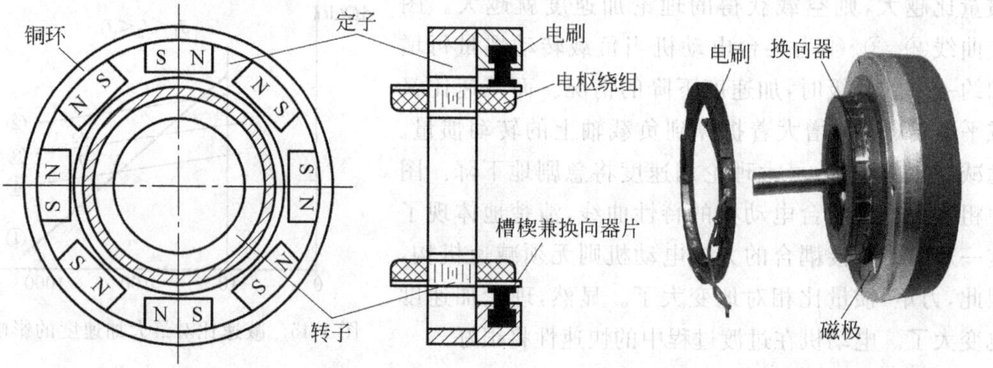

(a) 分装式　　(b) 组装式

图1-46　直流力矩电动机示意图

直流力矩电动机的外形与普通直流伺服电动机不同。通常直流力矩电动机做成扁平状,直径为电枢铁芯长度的2～10倍,并选用较多极数。

2. 低速和大转矩的获得

前面已经提及,低速和大转矩是直流力矩电动机的主要特点。普通直流伺服电动机,在不改变额定控制电压的情况下,如果要使其达到低速大转矩,只有加大负载,于是,电动机转速将降低甚至堵转,转矩将会很大。但由于普通直流伺服电动机的电势系数(K_e)很小,此刻额定控制电压几乎全部加到电阻较小的电枢绕组上,将产生过大电流,造成发热,严重时会烧毁电机。那么,如何得到低速、大转矩且能正常运行的电动机特性呢?为此,我们作如下分析。

因为

$$n=\frac{E_a}{C_e\Phi}$$

而

$$C_e=\frac{pN}{60a}$$

则

$$n=\frac{60aE_a}{pN\Phi} \tag{1-70}$$

显然，若保持反电势(E_a)恒定不变，而让转速(n)降下来，可采取减少电机绕组的支路对数(a)或增加极对数(p)和导体数(N)以及增大励磁磁通(Φ)等方法。同时，在低速下必须具有大转矩输出，因此，需要将力矩电动机的机械特性设计得比较硬。利用机械特性并经过变换可写成

$$n=\frac{60paq\Phi U_a-120\pi a\rho k'lT_{em}}{p^2\Phi^2 Nq} \tag{1-71}$$

式中，l——电枢长度；

q——导体截面积；

ρ——导体的电阻率；

$k'l$——导体在槽中的对应长度。

将式(1-71)对 T_{em} 求导，得

$$\frac{dn}{dT_{em}}=-\frac{120\pi k'l\rho}{p^2\Phi^2 Nq}a$$

当转子铁芯厚度一定时，上式中

$$K_L=120\pi k'l\rho=\text{const}$$

则

$$\frac{dn}{dT_{em}}=-K_L\frac{a}{p^2\Phi^2 Nq} \tag{1-72}$$

式(1-72)表示了机械特性的斜率。它的数值越小，将意味着机械特性越硬，即随着单位转矩的降低，转速相应减小的速度要慢。可见，减小 a，增大 $p^2\Phi^2 Nq$，可得到提高电机机械特性硬度的效果。

当然，在获得低速大转矩的同时，仍需要保证电机绕组不致过热而烧毁。同时要考虑提高电动机的电势系数(K_e)，即在低速时能得到较大的反电势(E_a)，以限制电流增大。但是，由于电动机的输出转矩正比于控制电流，为了得到足够大的输出转矩，又需要得到电动机温升所允许的较大电流。显然，这是矛盾的。尤其是力矩电动机工作在低速时，基本处于堵转状态运行。因此，更为重要的是需得到尽可能大的转矩系数(K_t)。这意味着在一定的控制电流(I_a)下、能得到尽可能大的电磁转矩(T_{em})。然而，从下面二式可见两者并非矛盾，即

$$K_e=\frac{pN\Phi}{60a} \tag{1-73}$$

$$K_t=\frac{pN\Phi}{2\pi a} \tag{1-74}$$

综合分析式(1-72)、式(1-73)和式(1-74)，为了获得低转速(甚至堵转)、大转矩而不致过热烧毁电机，可以采取措施的共同点之一是要求绕组支路对数(a)要少，这就是力矩电动机通常都采用 $a=1$ 的单波绕组的道理。共同点之二是都要求 $pN\Phi$ 大。尤其在要求机械特性比较硬的情况下，$p\Phi$ 增大的效果更为显著，见式(1-72)。但由于电动机主要尺寸，如直径(D)，厚度(L)等确定以后，$p\Phi$ 的乘积基本上是常数。因此，力矩电动机通常多采用较多的导体数(N)，所增的导体数相当于代替了普通直流伺服电动机采用的齿轮减速机构的减速比。在一定意义上说，即电的“减速”代替了机械减速的作用。然而必须指出，当电枢铁芯截面积一定时，则槽面积将有最大极限值。当导体数(N)增加时，导线截面积(q)必须相应地减小，从电流密度和机械特性等考虑则是不希望的。为此，工程师们在设计时，采取了

增大电动机直径(D)的办法。这样，既可以在保持相应的导体截面积的条件下嵌入槽中更多的导体，又能增多极对数，还可带来其他性能上的好处。

3. 运行性能分析

直流力矩电动机具有转速低、力矩大的特点，因此在电压、电流基本相同时，力矩电动机相应有较大的 K_e 和 K_t、机械特性硬。

1) 电枢直径对空载转速的影响

当导体在磁场中运动切割磁力线时，一根导体所产生的感应电动势为

$$e = vBl \tag{1-75}$$

式中，v——运动速度。

所以

$$e = \frac{2\pi}{60} \cdot n \cdot \frac{D_a}{2} Bl = Bl \frac{\pi D_a}{60} n \tag{1-76}$$

N 个导体串联后总的感应电动势为

$$E_a = NBl \frac{\pi D_a}{60} n \tag{1-77}$$

在理想空载条件下，外加电压 U_a 应与 E_a 相平衡。设 n_0 为理想空载转速，则

$$U_a = NBl \frac{\pi D_a}{60} n_0$$

故

$$n_0 = \frac{60}{\pi} \cdot \frac{U_a}{NBlD_a} \tag{1-78}$$

由此可见，在电枢电压、磁通密度以及电枢体积都相同的条件下，空载转速与电枢直径成反比。这也是直流力矩电动机做成扁平状的理由。

2) 力矩波动

力矩波动是指输出转矩的峰值与平均值之差。力矩波动的大小是表征力矩电动机性能优劣的一个重要性能指标，也是影响普通直流电动机用于直接驱动系统低速平稳运行的重要因素之一。下面讨论由于换向器和电枢齿槽引起的力矩波动及解决办法。

(1) 换向引起的力矩波动

在理想情况下，换向发生在零磁密处，所以换向元件中电流的切换和变换不会引起力矩的波动。但实际上，由于电枢反应使气隙的磁密分布发生畸变以及绕组采用短距等原因，使换向不是在零磁密处发生的。又因为电机的元件数和换向片数不可能无限多，总是有限的，所以支路元件数和支路电势也是波动的。电势的波动会导致电流的波动。元件换向片数越多，电势波动越小。此外，还由于换向器表面不平，使电刷与换向器之间的滑动摩擦力矩也有波动。所以这些都会使直流电动机的输出转矩发生波动。

为了减小因换向所引起的力矩波动，直流力矩电动机选用盘状结构，更便于在电枢铁芯上冲制较多的槽数，相应地使元件数和换向片数增多；同时适当减小电刷的宽度，相应地使换向区变小。直流力矩电动机通常采用多极结构，电枢绕组都采用单波绕组。这一方面可以消除多极磁场不对称性对电枢绕组电势带来的影响，保证支路电势相互平衡；另一方面又可以使电枢绕组每支路的元件数增多，使电机的转速降低，并能获得较大的转矩灵敏度。

此外，单波绕组还可以减少电刷对数，使摩擦力矩有所降低，也有利于解决因摩擦而带来的力矩波动。

(2) 因电枢齿槽引起的力矩波动

因电枢存在齿槽，也会引起磁场的纵向和横向脉冲，并使直流电机力矩波动。为了减小因齿槽引起的力矩波动，可以尽量增多电枢的槽数，适当加大电机的气隙，采用磁性槽楔、斜槽以及磁极桥等，使电枢的槽数与电机的极对数之间无公约数，可以削弱电枢转动对电机磁场的波动，从而减小力矩波动。一般选电枢的槽数为奇数，而极对数为偶数。

3) 转矩-电流的线性度

为了使直流力矩电动机的转矩正比于输入电流，而与电机的转速、转角无关，除了上述相应措施外，还应尽量减小电枢反应的去磁作用。通常，直流力矩电动机的磁路设计成高饱和状态，此时磁阻大，电枢电流产生的磁通小。选用磁导率小，磁阻大，回复线较平的永磁材料做磁极，而且选取较大的气隙，这样，就可以使电枢反应的影响显著减小。

4) 电磁时间常数

采用直流力矩电动机直接驱动的伺服系统动态响应速度快，因此，机电时间常数将显著减小。此时电磁时间常数的影响相对增大，有时已不能忽略。由 $\tau_e = L_a/R_a$ 可知，电枢绕组电感的大小直接影响 τ_e 的大小。电枢电感又取决于电枢绕组的磁链，而磁链又可分为电枢反应磁链和漏磁链两部分。可以证明，极对数越多，电枢反应磁链就越小，与它对应的电感也越小，所以采用较多的极对数就可以减小电磁时间常数。此外，适当地加大电机的气隙，也有利于减小电枢反应磁链，使电磁时间常数减小。提高电枢铁芯的饱和程度，可以使漏磁回路磁阻增加，减小漏磁链，也使电机的电机时间常数降低。

5) 极限值与注意事项

直流力矩电动机的技术参数包括峰值堵转和连续堵转两种参数。峰值堵转电流 I_p、峰值堵转转矩 T_p、峰值堵转电压 U_p 和峰值堵转功率均为表示直流力矩电动机的极限工作状态。峰值堵转电流是指电机的最大电枢电流，是最关键的指标，其他三项极限值均与峰值堵转电流相对应。一般来说电机在短时间内电流允许超过连续堵转电流，但对于铝镍钴磁钢电机，不得超过峰值堵转电流，否则磁钢会去磁，使转矩灵敏度下降。对于稀土磁钢电机，超过峰值电流时不会产生去磁，因此允许短时过电流。但是电流不能超过电动机热容量所允许的极限。

对于铝镍钴磁钢电机，如果转子要从定子中取出，定子一定要用磁短路保磁，否则会使磁钢去磁。

1.6.3　直流力矩电动机的额定指标及其选择

1. 额定技术指标

由于力矩电动机与普通直流伺服电动机额定值不同，所以，在此阐述如下：

1) 连续堵转转矩

它是电动机处于长时间堵转，且稳定温升不超过允许值时所能输出的最大堵转转矩。这时对应的电枢电流为连续堵转电流。例如，SYL-1.5 即表示连续堵转转矩为 0.147N·m，从产品目录可查到对应的连续堵转电流是0.9A。

2）峰值堵转转矩

它是受磁极之磁钢的去磁条件所限制的力矩电动机的最大堵转转矩。大家知道，直流电机的电枢反应将产生去磁作用。产生堵转转矩时所对应的电枢电流过大，将使磁极的永久磁铁工作点超出磁滞回线回复线平滑区，造成不可恢复性去磁。因此，使用中规定不得超过峰值堵转转矩所对应的峰值堵转电流。否则，磁极磁钢要重新充磁方能使用。

3）最大空载转速

它是当电动机没有任何负载并加上额定控制电压时所能达到的最高转速。对于具有固定磁场的力矩电动机，其空载转速从正方向的最大值到反方向的最大值都与控制电压成正比。

2. 力矩电动机的选择

力矩电动机的选择与普通直流伺服电动机选择不同。一般力矩电动机给出的主要指标为连续堵转转矩、电流和电压以及空载转速。前三项均为堵转状态下的指标，后一项是指额定电压情况下，无负载($T_L=0$)时的电机转速(n_0)。通常根据要求，首先满足负载最高转速小于n_0的条件，拟选一台力矩电动机；接着用其给定指标n_0和T_d画出如图1-47所示的机械特性曲线；然后，以所需的最大负载转矩(例如580mN·m)在特性曲线上找到相应的工作点C，并得到相应的转速约为180r/min。再与所需的运行速度范围(例如，50～100r/min)比较，看其是否满足。若初步满足要求，再看看运行在所需转速范围内的转矩裕度怎样。一般，为了使系统能得到好的静态指标，选取转矩裕度为负载转矩的2～3倍。在此例中，当负载运行于50r/min时，电动机工作在A点，对应的电磁转矩约为1568mN·m，转矩裕度约为2.7倍，同样道理可得转速100r/min对应的电磁转矩约为1176mN·m，转矩裕度为2倍。显然，选择SYL-20型力矩电动机可以满足要求。

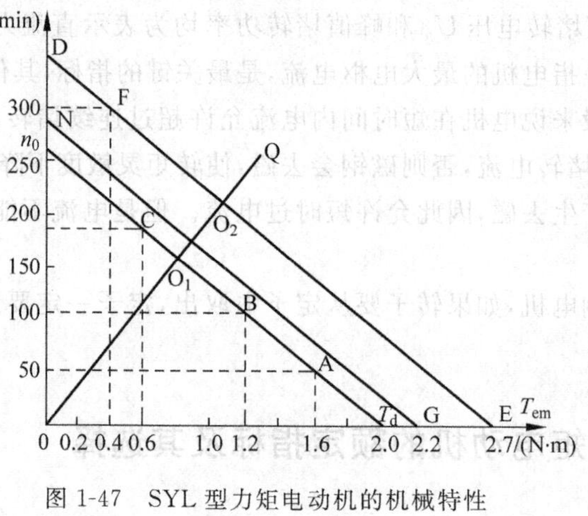

图1-47　SYL型力矩电动机的机械特性

1）关于超速运行

当某控制对象的负载力矩为196mN·m，而转速运行范围为1～300r/min时，从SYL-20型的特性曲线可知，空载转速$n_0=260$r/min，因此，它将不能满足高速要求。当然，可另选一台n_0较高的电机，例如SYL-15，其$n_0=349$r/min。但当已备有或仅能得到SYL-20型电动机时，则可采用适当提高控制电压的方法以满足实用要求。此刻，在图1-47中的横坐标上，取 2 倍左右的转矩裕度点（392mN·m），向上引 n 轴平行线，并从所需最大转速点（300r/min）引横坐标平行线，两线相交于 F 点。过 F 点引 n_0-T_d 平行线 DE。这条直线就是超速运行的机械特性曲线。接着是确定需要提高控制电压的数值。从原点 O 作 DE 的垂线 OQ，分别交 n_0-T_d 和 DE 于 O_1 和 O_2 两点，则 OO_1 长度可表示 SYL-20 型电机的最大控制电压（24V），按比例可确定出 OO_1 段对应的电压值。OO_2 则为超速运行机械特性曲线对应的控制电压，此例约为 32V。一般超速增量不得超过 n_0 的 20%。

SYL 系列和 LYX 型直流力矩电动机技术指标分别如表 1-4 和表 1-5 所示。

表 1-4　SYL 系列直流力矩电动机技术指标

型号	连续堵转转矩/(N·m)	连续堵转电流/A	连续堵转电压/V(≈)	空载转速/(r/min)(≈)	连续堵转功率/W	外形尺寸/mm						质量/kg	
						总长		外径		轴径	内孔	组装	分装
						组装	分装	组装	分装				
SYL-0.5	0.049%～5%	0.65	20	1300	15	70		56		5		0.35	
SYL-1.5	0.147%～5%	0.9	20	800	20	80		76		7		0.6	
SYL-2.5	0.245%～5%	1.6	20	700	34	80		85		7		0.85	
SYL-5	0.49%～5%	1.8	20	500	38	88		85		7		1.1	
SYL-10	0.98%～5%	2.32	23.5	510	54.5		25		130		56		0.72
SYL-15	1.47%～5%	2.45	23	349	56.4		29		130		56		0.97
SYL-20	1.96%～5%	2.43	24	260	58.4		33		130		56		1.24
SYL-30	2.94%～5%	2.8	28	230	80		40		130		56		1.73
SYL-50	4.91%～5%	2.8	30	140	90		42		170		60		2.5
SYL-100	9.81%～5%	3	36	80	108								5.2
SYL-200	19.62%～5%	5	30	50	150		52		300		165		8.4
SYL-400	39.24%～5%	10	30	50	300								17

表 1-5　LYX 型直流力矩电动机技术指标

型号	峰值堵转				最大空转转速/(r/min)	连续堵转			
	转矩/(N·m)	电流/A	电压/V	功率/W		转矩/(N·m)	电流/A	电压/V	功率/W
45LYX01	0.22	7.7	12	92.4	3300	0.064	2.26	3.53	7.8
45LYX02	0.22	3.4	27	91.8	3300	0.064	1.00	7.94	7.94
55LYX01	0.42	8.9	12	106.8	2000	0.14	2.97	4	11.9
55LYX02	0.42	4.2	27	113.4	2000	0.14	1.4	9	12.6
70LYX01	1.2	5.8	27	156.6	1100	0.455	2.2	10.2	22.4
70LYX02	1.2	3.1	48	148.8	1100	0.455	1.18	18.2	21.5
90LYX01	2	6.1	27	164.7	640	0.83	2.54	11.25	28.6
90LYX02	2	3.42	48	164.2	640	0.83	1.43	20	28.6
110LYX01	3.3	8.8	27	237.6	540	1.32	3.5	10.8	37.8
110LYX02	3.3	4.3	48	206.4	540	1.32	1.79	20	35.8
130LYX01	5.5	10	27	270	450	2.3	4.17	11.25	46.9
130LYX02	5.5	5.85	48	280.8	450	2.3	2.44	20	48.8
160LYX01	11.8	10.2	27	275.4	190	5.9	5.1	13.5	68.8
160LYX02	11.8	5.9	48	283.2	190	5.9	2.95	24	70.8

续表

型号	峰值堵转				最大空转转速/(r/min)	连续堵转			
	转矩/(N·m)	电流/A	电压/V	功率/W		转矩/(N·m)	电流/A	电压/V	功率/W
200LYX01	19	7.2	48	345.6	155	9.5	3.65	24	87.8
200LYX02	19	5.45	60	327	155	9.5	2.72	30	81.6
250LYX01	30	9.3	48	464.4	120	15	4.4	22.7	99.88
250LYX02	30	7.1	60	426	120	15	3.55	30	106.5

2) 关于过载运行

同上述的特定情况,但要求堵转转矩为2156mN·m,此时,在系统输出功率足够的情况下,同样可提高控制电压,使其运行于新的机械特性曲线NG上。并用超速运行时使用的方法,求得相应的控制电压(约27V)。由于力矩电动机在设计时考虑了约2倍的过载裕度,因此,一般在使用时,要求不得超过原有连续堵转转矩的50%。如在此情况下要求连续堵转,则需考虑适当增加散热条件,以免过热影响电机特性。

1.7 直流伺服电动机的应用实例——运动目标检测与跟踪系统

1.7.1 利用自动控制元件构建控制系统的基本思想

自动控制元件是构建自动控制系统的基本要素,可分为执行元件、测量元件、放大元件等。在分析和研究各种控制元件输入输出特性的基础上,利用其构建自动控制系统以完成某一控制任务,是学习自动控制元件这门课程的主要任务之一。利用自动控制元件构建自动控制系统的基本思想如下:

(1) 观察并分析仅利用执行元件构建开环系统,是否能够控制任务达到所要求的精度。若不满足,则要考虑引入反馈及校正环节构建闭环系统。

(2) 若选择闭环控制方式,则需确定系统的被控输出量,并利用测量元件对被控量取反馈,以构成闭环系统。

(3) 分析闭环系统组成和工作原理,利用机理分析法和实验法建立系统的数学模型。

(4) 利用自动控制理论的分析方法,对系统的模型进行分析。

(5) 在对模型分析的基础上,设计系统校正环节,以满足控制任务所要求的精度。

该基本思路阐述了为完成某种控制任务,而进行控制系统分析与设计时,应遵从的一种基本步骤。本书在后续各章节列举控制元件应用实例时,均采用该基本思路对系统进行阐述。

1.7.2 系统的组成及工作原理

随着计算机控制技术的发展和数字视频硬件性能的提高,运动目标检测与跟踪技术成为了计算机视觉和图像处理域中的一个非常活跃的分支。在军事上,可用于对空监视中的多目标跟踪、机载或弹载前视图像的目标检测、导弹动态测量等方面;在工业上,可用于工业机器人控制、自主运载器导航等方面；在商业上，可用于机场、银行及超市的安全监控等方面。运动目标检测与跟踪系统可在不需要人为干预的情况下，通过摄像机拍摄的图像序列对预定运动目标进行自动识别和定位，并控制摄像机做三维运动，从而始终保持预定运动目标在摄像机视野中心附近。

运动目标检测与跟踪系统主要由检测装置（摄像机）、控制装置（控制器）、电机驱动器、直流电机、机械装置（二维云台）等组成，如图 1-48 所示。摄像机作为检测装置，获取运动目标的视频图像；控制器进行运动目标分析与定位，从而产生控制信号；电机驱动器作为功率放大元件，将控制器产生的控制信号进行功率放大，以驱动直流力矩电机转动；直流力矩电机作为执行元件，带动机械装置转动；机械装置将电机的运动转化为摄像机的水平和垂直运动。

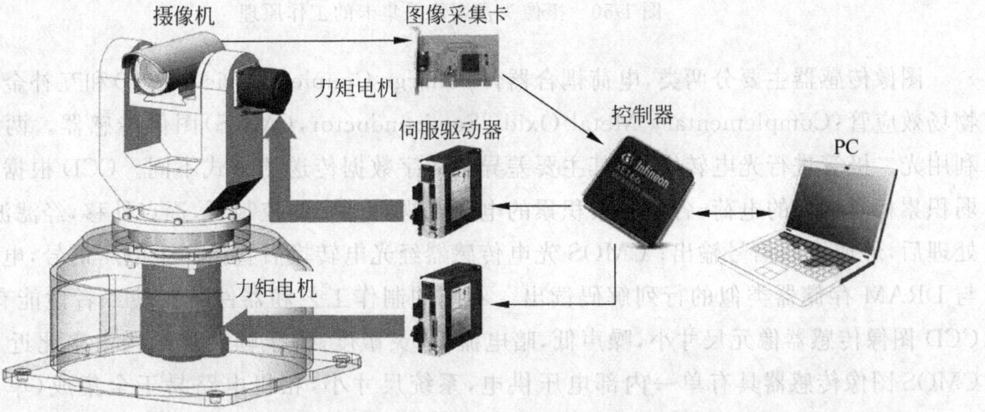

图 1-48 运动目标检测与跟踪系统

系统的工作原理如图 1-49 所示，图中实线代表电气连接，虚线代表机械连接。摄像机安装在二维云台上，系统首先通过摄像机和图像采集卡获取运动目标的视频图像；并将视频图像送给运动目标分析、跟踪控制器进行分析处理，从中提取出目标物体特征并建立运动目标的模板图像；然后在后续图像中寻找运动目标并进行定位，并计算目标图像的几何信息得到位置偏差；控制器根据位置偏差向电机驱动器发出控制指令，驱动直流力矩电机转动。直流力矩电机带动云台做方位和俯仰运动，使被跟踪目标始终处在摄像机的视野中心。

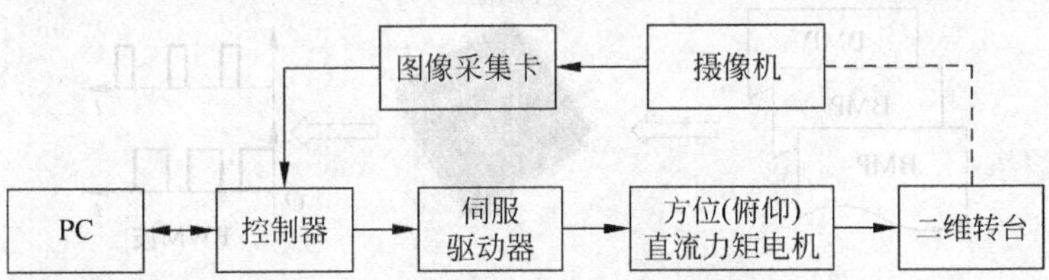

图 1-49 运动目标检测与跟踪系统工作原理

1.7.3 各元件的工作原理

1. 摄像机及图像采集卡

摄像机是获取图像的核心器件，其作用是检测运动目标或者环境的图像信息，图像采集卡将检测图像信息以数字信号形式传递给控制器。在本系统中，其作为检测装置，用以获取运动目标的视频图像，如图 1-50 所示。

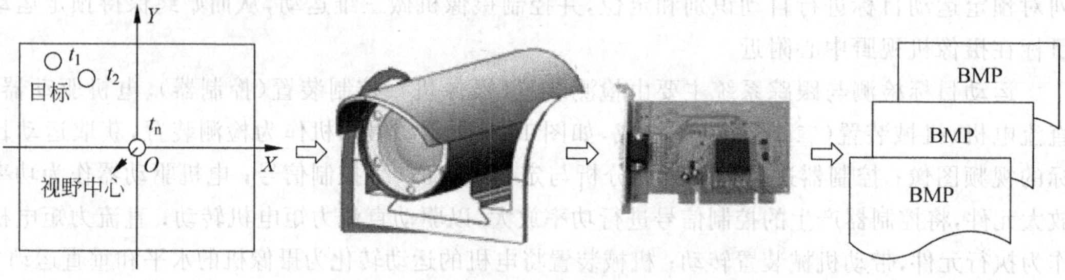

图 1-50　摄像头及图像采集卡的工作原理

图像传感器主要分两类，电荷耦合器件(Charge-Coupled Device，CCD)和互补金属氧化物场效应管(Complementary Metal Oxide Semiconductor，CMOS)图像传感器。两者都是利用光二极管进行光电转换，而其主要差异是数字数据传送的方式不同。CCD 根据光的强弱积累相应比例的电荷，各个像素积累的电荷在视频时序的控制下，逐点外移，经滤波、放大处理后，形成视频信号输出；CMOS 光电传感器经光电转换后直接产生电压信号，电压通过与 DRAM 存储器类似的行列解码读出。不同的制作工艺和器件结构使二者性能有差别。CCD 图像传感器像元尺寸小，噪声低，暗电流低，灵敏度高，全帧转移结构占空比近 100%，CMOS 图像传感器具有单一内部电压供电，系统尺寸小，相机电路易于全集成(单芯片相机)，低成本等特点。

2. 运动目标分析、跟踪控制器

本系统中，控制器的主要任务是进行运动目标分析与定位，从而控制电机转动，如图 1-51 所示。首先对图像信息进行处理，如灰度化，滤掉图像中的噪声干扰和环境干扰，并经过图像处理后得到运动目标的详细位置信息，便可以通过目标图像的几何信息得到目标与图像中心点的位置偏差，并进一步将位置偏差信号转换为伺服控制信号。

图 1-51　控制器的工作原理

伺服控制信号是位置偏差经过位置调节器，产生相应的控制量，并转换成脉宽调制(PWM)信号，PWM 波的占空比大小反映了位置偏差的大小，利用此信号控制直流力矩电机的正反转，从而实现对运动目标的跟踪。位置调节可采用分段 PID 调节：大误差段采用 Bang-bang 控制，中误差段采用 PD 控制，小误差段采用 PID 控制。

控制器采用英飞凌公司 XE164FN 单片机，利用其捕捉比较单元产生 PWM 信号，同时为防止一对 PWM 中的两路同时导通而击穿功率器件，每对 PWM 信号设置了死区。上述 PWM 信号经光耦隔离后送给伺服驱动器，分别加至 H 桥式电路的上下桥臂，以控制桥臂的通断。

3. 伺服驱动器

直流电机一般采用脉宽调制信号来控制转速，脉宽调制信号由控制器产生，由于控制器和直流电机的工作电压不同，控制器所产生的信号并不足以直接驱动电机，必须在两者中间加上电机驱动电路(伺服驱动器)。电机驱动电路应能根据控制器给出的电机控制信号，驱动半导体功率器件的开通和关断，实现电机正反转。设计驱动电路时可用分立的 MOSFET 搭建桥式电路，亦可选用桥式电路集成芯片。

桥式电机驱动电路(H 桥)一般由 4 个 MOSFET 管组成，分成两组：V1、V4 为一组，V2、V3 为另一组，如图 1-52 所示。同一组的 MOSFET 同步导通或关断，不同组的 MOSFET 导通与关断则恰好相反。在每个 PWM 周期里，当控制信号 U_{i1} 高电平时，V1、V4 导通，此时 U_{i2} 为低电平，因此 V2、V3 截至，电枢绕组承受从 A 到 B 的正向电压；当控制信号 U_{i1} 低电平时，V1、V4 截至，此时 U_{i2} 为高电平，V2、V3 导通，电枢绕组承受从 B 到 A 的反向电压，这就是所谓的双极性。

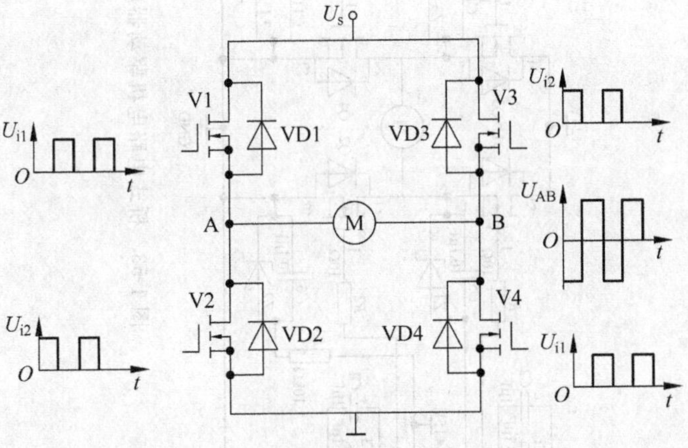

图 1-52　电机驱动器的工作原理

由于在一个 PWM 周期里电枢电压经历了正反两次变化，因此其平均电枢电压 U_a 的计算公式如下：

$$U_a = \left[\frac{t}{T} - \frac{T-t}{T}\right]U_s = \left(\frac{2t}{T} - 1\right)U_s = (2a-1)U_s \tag{1-79}$$

由式可见，双极性可逆 PWM 驱动时，电枢绕组所受的平均电压取决于占空比 a 的大小。当 $a=0$ 时，$U_a=-U_s$，电动机反转，且转速最大；当 $a=1$ 时，$U_a=U_s$，电动机正转，转速最大；当 $a=1/2$ 时，$U_a=0$，电动机不转。虽然此时电动机不转，但电枢绕组中仍然有交变电流通过，使电动机产生高频振荡，这种振荡有利于克服电动机负载的静摩擦，提高动态性能。

本伺服驱动电路采用由 4 个 IPB60R190C6 构成了桥式逆变电路，利用 2ED020I06-FI 作为 POWER MOSFET 的驱动芯片，其输入信号为单片机产生的 PWM 信号，该信号控制 IPB60R190C6 导通与关断，从而可在其输出端产生双极性的方波信号，如图 1-53 所示。

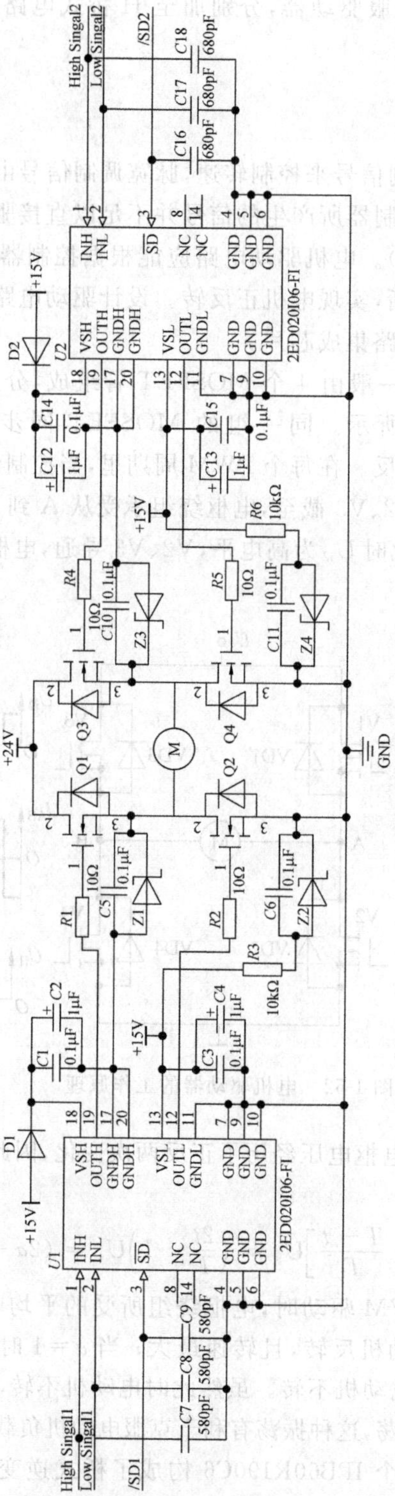

图 1-53 桥式电路电机驱动器电路图

4. 直流电机

本系统的电机采用的是直流力矩电机，输入输出特性如图1-54所示，在电动机选型的时候仅需要在同类产品中考虑以下问题：

(1) 电动机的功率。水平回转时电动机的负载是摩擦阻力矩和启动云台时的惯性力矩，因此，负载较大，应采用大功率电机。俯仰方位电动机的负载是摄像机，采用滚动轴承，所以摩擦阻力矩并不大，因而电动机功率要求不需很大。

(2) 电动机的转速。根据云台运行的要求，电动机的转速范围要比较大，高速较高，低速必须很低，功率越大转速越低。

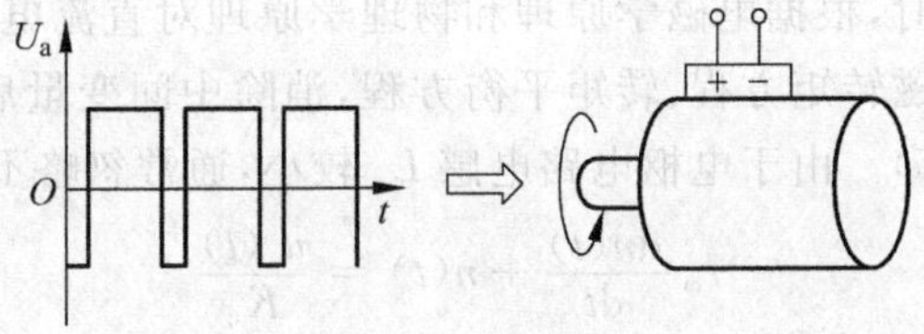

图1-54 电机输入输出特性示意图

考虑成本和易得性，本系统俯仰方位电机选用的北微微电机厂生产的70LYX01稀土永磁直流力矩电动机，水平方位电机采用的是SYL-20直流力矩电动机，性能指标如表1-6和表1-7所示。

表1-6 70LYX01直流力矩电机技术指标

型号	连续堵转转矩/(N·m)	连续堵转电流/A	连续堵转电压/V	空载转速/(r/min)	连续堵转控制功率/W	转矩波动系数/%	重量/kg
70LYX01	0.5	2.2	10.2	1100	16.5	7	0.75

表1-7 SYL-20直流力矩电机技术指标

型号	连续堵转转矩/(N·m)	连续堵转电流/A	连续堵转电压/V	空载转速/(r/min)	连续堵转控制功率/W	转矩波动系数/%	重量/kg
SYL-20	1.96	2.43	约24	约260	58.4	7	1.24

1.7.4 系统中各元件的控制数学模型

经典控制理论是基于数学模型对控制系统进行分析，因此，建立较为准确和适当的数学模型是对控制系统分析与设计的前提。建立系统的数学模型的方法有两大类：机理分析法和实验法。机理分析的建模方法是通过对系统内在机理的分析，运用物理、化学定律，推导出描述系统的数学关系式(机理模型)。采用机理分析建模必须清楚地了解系统的内部结构与联系。当对系统内部结构不够明晰或内部结构较为复杂时，很难采用机理分析法建立模型，因此此方法适用于简单、典型的系统。实验法也叫辨识法，其是利用系统的输入、输出的实验数据或者正常运行数据，构建数学模型的实验建模方法。辨识得到的模型只反映系统输入输出的特性，不能反映系统的内部结构，难以描述系统的本质。通常在对系统内部结构不明晰的情况下采用这种建模方法。

一般情况下,对系统不是一点都不了解,只是不能准确地描述系统的定量关系,但了解系统的一些特性,如系统的类型、阶次等。因此,最为有效和实用的建模方法是尽量利用对系统的认知,由机理分析提出模型的结构,然后利用实验法估计出模型的参数。

为了与后续课程自动控制理论衔接,本部分所建立的数学模型均以传递函数的形式给出。

1. 直流力矩电动机的数学模型建立

1) 直流力矩电动机的机理模型

采用电枢电压控制时,根据电磁学原理和物理学原理对直流电机可列写出电压平衡方程、感应电动势方程、电磁转矩方程、转矩平衡方程,消除中间变量后,可得直流电机的输入输出微分方程为式(1-35)。由于电枢电路电感 L_a 较小,通常忽略不计。此时,式可化为

$$\tau_m \frac{dn(t)}{dt} + n(t) = \frac{u_a(t)}{K_e}$$

进行拉普拉斯变换,即可得到直流电机的传递函数为

$$G_M(s) = \frac{n(s)}{U_a(s)} = \frac{K_m}{\tau_m s + 1}$$

式中 $K_m = 1/K_e$。

2) 直流力矩电动机的实验法建模

(1) 电机时间常数 τ_m。

在阶跃响应曲线测定以后,为了设计、整定和分析改进控制系统,需要求得被测系统的动态特性参数,把阶跃响应曲线转化成微分方程或传递函数。在工程上常采用一些近似的方法来计算所测响应曲线的传递函数。

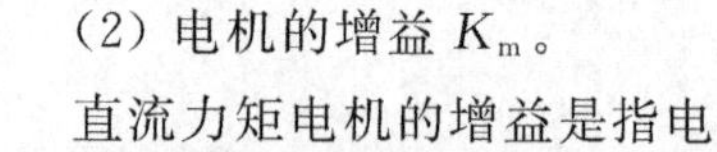

图 1-55 惯性环节的阶跃响应曲线

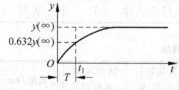

由于响应曲线的切线不易准确作出,可由阶跃响应曲线求时间常数 τ_m。其方法是:从响应曲线上取 $y(t_1) = 0.632y(\infty)$,则 $\tau_m = t_1$,如图 1-55 所示。

求出时间常数 T 后,取 $t_2 = 2T, t_3 = T/2$ 的值 $y(2T) = 0.87y(\infty), y(T/2) = 0.39y(\infty)$ 进行校验。

(2) 电机的增益 K_m。

直流力矩电机的增益是指电机的输出转速与输入电压的稳态值之比。

2. 电机驱动器的模型建立

1) 电机驱动器的机理模型

由电机驱动器的工作原理可知,其输入信号为 PWM 波,在该信号的作用下 4 个 MOSFET 管分成两组,一组导通,一组关断。MOSFET 管的导通和关断时间均为纳秒级,远远小于电机的时间常数,可忽略不计。因此,电机驱动器只是将其输入信号的功率进行放大,即对 PWM 波进行比例放大。因此电机驱动器的机理模型为比例环节,记为 K_P。

2) 电机驱动器的实验法建模

给电机驱动器加入幅值适当的阶跃信号,测量其输出信号。其输出信号是幅值变化的

阶跃信号，K_P 可由电机驱动器输出与输入幅值之比得到。

3. 位置调节器

位置调节器(APR)一般设计成 PID 形式，其作用是使位置给定与位置反馈的偏差向最小变化。

4. 系统的传递函数

由以上对系统的各个元件的工作原理和输入输出特性的分析，可得以下系统的传递函数方框图如图 1-56 所示。

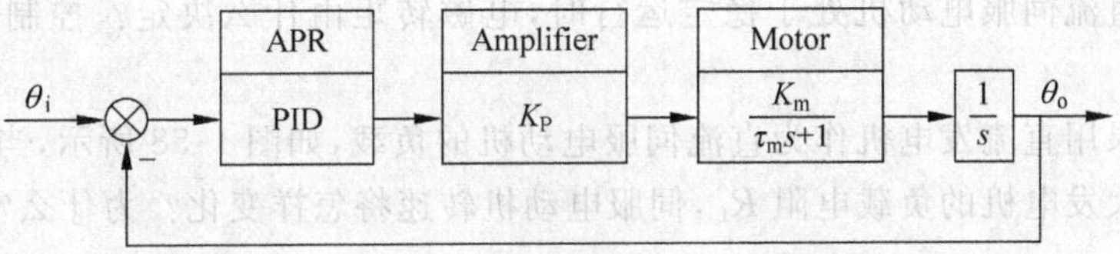

图 1-56　控制装置(方位/俯仰)的传递函数方框图

根据以上方法和步骤即可得到系统固有部分的传递函数，进而可采用适当的控制算法，以实现既定的控制任务。

思考题

1-1　为什么电机转子一般为斜槽？

1-2　在四驱车电动玩具中，使用电池作为动力源，电机是如图 1-57 所示的形式，试分析它的工作原理。

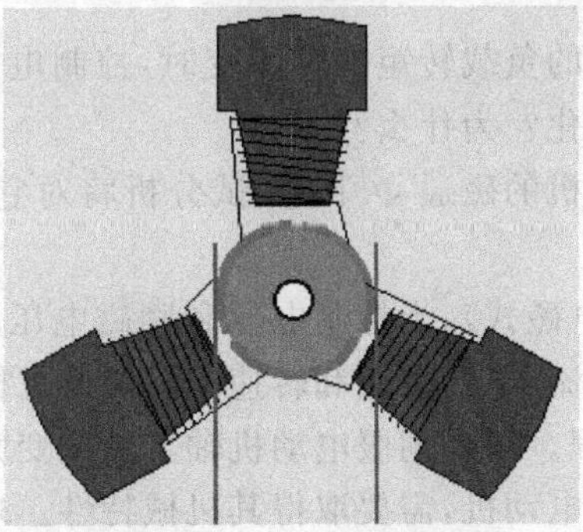

图 1-57　电机

1-3　分析 p 对极的直流电机感应电势用电角度和机械角度表示时有什么不同？

1-4　试判断下列情况下，电刷两端的电压是直流还是交流。

(1) 磁极固定，电刷与电枢同时旋转；

(2) 电枢、换向器不转，电刷与磁极同时旋转。

1-5 当负载阻转矩 T_c 不为 0 时,直流伺服电动机在起动时转速和电流的动态响应会如何变化?

1-6 尝试推导以电枢电流为输入,转速为输出的直流伺服电动机的传递函数。

1-7 在全国或省级大学生电子大赛中,经常会有控制小车到指定位置的题目。如果采用由直流伺服电动机驱动小车,该如何选择电机?

习题

1-1 当直流伺服电动机处于稳定运行时,电磁转矩由什么决定? 控制电流由什么决定? 为什么?

1-2 如果用直流发电机作为直流伺服电动机的负载,如图 1-58 所示,当其他条件不变时,减小或增大发电机的负载电阻 R_L,伺服电动机转速将怎样变化? 为什么?

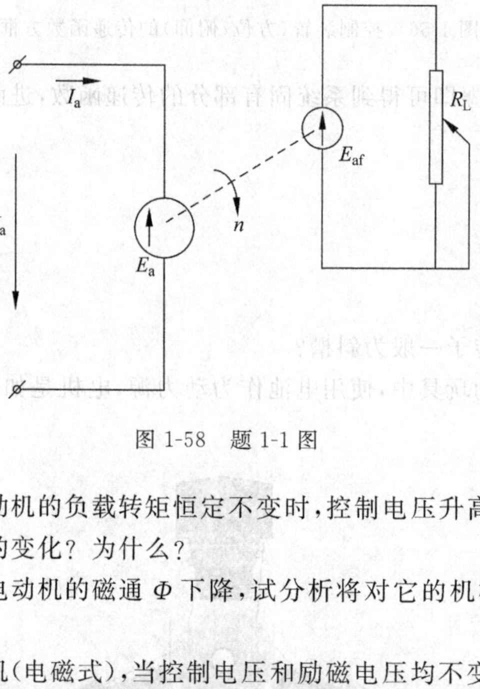

图 1-58 题 1-1 图

1-3 当直流伺服电动机的负载转矩恒定不变时,控制电压升高将使稳态的电磁转矩、控制电流、转速发生怎样的变化? 为什么?

1-4 如果直流伺服电动机的磁通 Φ 下降,试分析将对它的机械特性和控制特性发生什么影响。

1-5 直流伺服电动机(电磁式),当控制电压和励磁电压均不变时,如果电动机轴上负载减小,试问稳定后的控制电流、电磁转矩和转速都将发生怎样的变化? 并用机械特性分析从原稳态到新稳态的变化过程。如果伺服电动机轴上负载变大又将怎样?

1-6 欲使用某直流伺服电动机,需要取得其机械特性。现测得控制电压 $U_a=100V$ 时的两组数据,即

$U_a=100V$

转速/(r/min)	控制电流/A	备 注
4500	0.05	空载
3000	0.2	负载

试画出相应的机械特性。

1-7　由两台完全相同的直流电机组成电动机-发电机组。它们的激磁电压均为 110V，电枢绕组电阻为 75Ω。当发电机空载时，电动机电枢加 110V 电压，电枢电流为 0.12A，机组的转速为 4500r/min。试求

(1) 发电机空载时的输出电压？

(2) 电动机电枢仍为 110V 电压，发电机接 1kΩ 负载时，机组的转速是多少？

1-8　已知直流伺服电动机 $U_a=5V$ 时的机械特性如图 1-59 所示，恒负载为 T_L，试画出对应恒负载 T_L 的控制特性曲线。

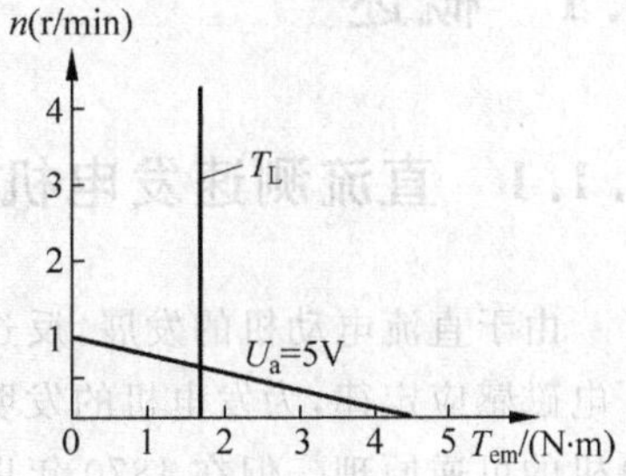

图 1-59　题 1-8 图

1-9　如果有两台型号相同的直流伺服电动机，如何用实验方法测得它们的机电时间常数 τ_m？

1-10　在直流电动机控制绕组上分别加给 50V 和 110V 的阶跃电压，测得电机的机电时间常数 τ_m 是否相同？为什么？

1-11　如果已知题 1-6 使用的直流伺服电动机转动惯量为 36.2×10^{-4} mN·m·s^2，且额定控制电压为 110V，试求其机电时间常数。

1-12　一台直流伺服电动机在自动控制系统中作为执行元件。该机与所驱动的机械负载直接耦合，旋转部分总转动惯量为 0.196mN·m·s^2，当转速为 1000r/min 时，电动机的反电势 $E_a=50V$，负载阻转矩为 10mN·m，且负载阻转矩与转速成正比。电枢回路电阻为 1.5Ω，电感为 0.08H。试求伺服电动机转速的标准微分方程。

1-13　求出题 1-12 中伺服电动机稳态运行时控制特性表达式，以及电枢电流和电磁转矩随控制电压改变而变化的表达式。

参考文献

[1] GB/T10401—2008. 永磁式直流力矩电动机通用技术条件. 中华人民共和国国家标准，2008.

[2] 顾绳谷. 电机及拖动基础. 第四版. 北京：机械工业出版社，2010.

[3] 梅晓榕，等. 自动控制元件及线路. 哈尔滨：哈尔滨工业大学出版社，2005.

[4] A E Fitzgerald, Charles Kingsley Jr, Stephen Umans. Electric Machinery. 6th Edition. New York: McGraw-Hill Higher Education, 2003.

[5] 中国电器工业协会微电机分会等. 微特电机手册. 福州：福建科学技术出版社，2007.

[6] Bernd Jahne. Computer Vision and Applications. New York: Academic Press, 2000.

[7] 熊平. CCD 与 CMOS 图像传感器特点比较. 半导体光电，2004 (01)：1-4.

[8] 陈伯时. 电力拖动自动控制系统(第三版). 北京：机械工业出版社，1999.

[9] 陈益，邹卫军，赵高鹏. 基于 DSP 和 ARM 的光电跟踪系统伺服控制器设计及实现. 计算机工程与设计，2009 (1)：19-21.

[10] 谢玉春，苏健勇，杨贵杰，李铁才. 基于 XE164 的无传感器 PMSM 驱动控制系统设计. 微特电机，2011 (10)：61-64.

第2章 直流测速发电机
（DC Tachogenerator）

2.1 概述

2.1.1 直流测速发电机的发展历程

由于直流电动机的发展，反过来又对直流发电机提出了新的需求。1831年法拉第发现了电磁感应定律，为发电机的发明提供了理论基础；1833年，楞次（H. F. Lenz）已经证明了电机的可逆原理。但在1870年以前，直流发电机和电动机一直被看作两种不同的电机各自独立发展着。对于直流电动机，当时是从电磁铁之间的相互吸引和排斥作为制造电动机的指导思想。由于电动机采用蓄电池作为电源，因此要使电动机在工业中得到应用，必须建立较大的廉价直流电源。同时，由于永磁发电机已能为当时的电解工业提供电，电解工业反过来对发电机进一步提出了新的需求。正是在电力工业与电解工业的双重推动作用之下，使发电机本身又迈向了新的里程。1832年，法国人毕克西（A. H. Pixii）发明了手摇式直流发电机，其原理是通过转动永磁体使磁通发生变化而在线圈中产生感应电动势，并把这种电动势以直流电压形式输出。要提高发电机的功率，其重要途径之一，是为发电机安装更加强大的磁铁。可是，永磁体本身所产生的磁力有限。这时，人们便寻找新的更强大的磁铁。1854年，丹麦电学工程师乔尔塞（S. Hjorth）为在发电机中引入电磁铁进行了最初的尝试。他除了在发电机中装有永磁铁外，另外加装了电磁铁，从而试制成功了一种永磁铁和电磁铁混合激磁的混激式发电机。乔尔塞的这种混激式发电机，后来成为自激式发电机的先驱。乔尔塞的混激式发电机发明之后，1857年，英国电学家惠斯通（S. C. Wheatstone）试制成功了一种自激式发电机。这种自激式发电机的激磁机构完全采用电磁铁，而且磁铁所需的电力则由一个伏打（Volta）电池组组成的独立电源来提供。这种自激式发电机的功率，当然要比永磁式发电机和混激式发电机的功率大得多。

在惠斯通的自激式发电机问世十年之后，一种真正的自激式发电机——自馈式发电机相继在德国和英国发明。1867年，德国电学工程师西门子（E. Siemens）试制出第一台自馈式发电机。1869年，比利时的格拉姆（Z. T. Gramme）制成了环形电枢，发明了环形电枢发电机。格拉姆在发电机上提出环形电枢结构以后，人们对发电机和电动机中的这两种结构进行了对比，最后终于使电机的可逆原理为大家所接受，此后发电机和电动机的发展合二为一。

在20世纪40年代前后，由于自动控制系统的发展和军事装备的需要，先后形成伺服电动机、测速发电机等门类的基本系列。直流测速发电机是直流发电机的一个分支，从本质上讲它就是一台微型的直流发电机。直流测速发电机在自动控制系统中是一种把机械转速变换成电压信号的测量元件，广泛用于各种速度或位置控制系统，以调节电动机转速或通过反馈来提高系统稳定性和精度；测速发电机也可在解算装置中作为微分、积分元件，也可作为加速或延迟信号用或用来测量各种运动机械在摆动或转动以及直线运动时的速度。为了提高测速发电机的精确度和可靠性，目前，直流测速发电机出现了无刷结构的霍尔效应直流测速发电机。

2.1.2 直流测速发电机的分类及特点

同普通直流发电机工作原理一样，如果直流测速发电机各种物理量的惯例如图 2-1 所示，它的稳定工作状态也将完全遵循直流发电机的静态四大关系式，即

$$U_{af} = E_{af} - I_{af}R_a \tag{2-1}$$

$$T_1 = T_0 + T_{em} \tag{2-2}$$

$$E_{af} = C_e\Phi n = K_e n \tag{2-3}$$

$$T_{em} = C_m\Phi I_{af} = K_t I_{af} \tag{2-4}$$

式中，U_{af}——测速发电机负载时的输出电压(V)；

E_{af}——测速发电机的感应电势(V)；

I_{af}——电枢回路(或负载)电流(A)；

T_1——测速发电机所受外力矩(N・m)；

n——在 T_1 作用下测速发电机的稳态转速(r/min)。

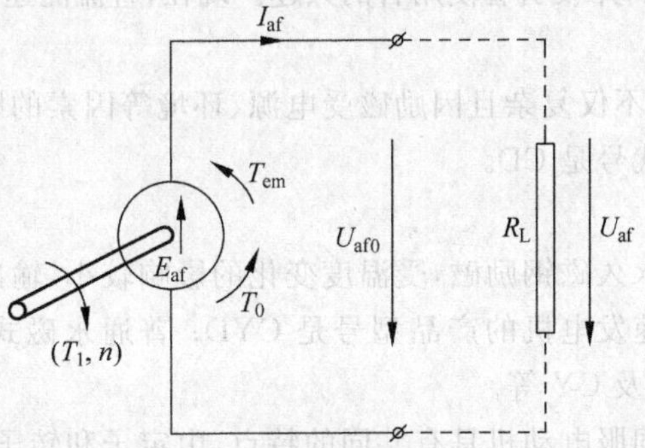

图 2-1　直流测速发电机惯例

在此，需要指明的一点是，由负载电流产生的电磁转矩 T_{emf} 是测速发电机的制动转矩，即阻转矩。它的大小将影响系统的动态品质。

当测速发电机空载时，$I_{af}=0$，于是静态四大关系式将写成以下形式：

$$\left.\begin{aligned} U_{af0} &= E_{af} \\ T_1 &= T_0 \\ T_{em} &= 0 \\ E_{af} &= C_e\Phi n = K_e n \end{aligned}\right\} \tag{2-5}$$

显然

$$U_{af0} = E_{af} = K_e n \tag{2-6}$$

或

$$U_{\mathrm{af0}} = K'_{\mathrm{e}}\Omega = K'_{\mathrm{e}}\frac{\mathrm{d}\theta}{\mathrm{d}t} \tag{2-7}$$

式中,U_{af0}——测速发电机空载时的输出电压(V);

θ——测速发电机的转子转角(rad)。

$$K'_{\mathrm{e}} = \frac{60}{2\pi}K_{\mathrm{e}} = 9.55K_{\mathrm{e}}$$

式(2-6)指出,当测速发电机空载,且电势常数 $K_{\mathrm{e}}=\mathrm{const}$ 时,其输出电压将与转速 n 成严格的线性关系。而式(2-7)则表明,输出电压正比于转子转角对时间的微分。可见,直流测速发电机除了在控制系统中作为测速元件之外,还可当作解算装置中的微分元件和积分元件。它是控制系统中一个重要的测量转换元件。

控制系统对直流测速发电机的主要技术性能要求是:

(1) 输出电压要与转速成线性关系,且具有对称性,并能保持稳定;

(2) 输出特性的灵敏度高;

(3) 输出电压的纹波小,即要求在一定的转速下输出电压稳定,波动小;

(4) 电机的转动惯量要小,以保证响应速度快。

此外,还要求高频干扰小,噪音小,工作可靠,以及结构简单,体积小和重量轻等。

为了保证实现上述要求,给控制系统提供高性能的测量和校正元件,人们正在努力研制新型测速发电机。随着高性能永磁材料的发展及其加工、稳定处理等工艺日臻成熟,永磁式直流测速发电机系列迅速增加,并吸引着使用者的兴趣。现在,直流测速发电机的基本分类如下。

(1) 电磁式励磁类。

电磁式采用他励式,不仅复杂且因励磁受电源、环境等因素的影响,输出电压变化较大,用得不多。目前的产品代号是 CD。

(2) 永磁式励磁类。

永磁式采用高性能永久磁钢励磁,受温度变化的影响较小,输出变化小,斜率高,线性误差小。高灵敏度低速测速发电机的产品型号是 CYD;普通永磁式直流测速发电机的产品型号是 CYT、CFY、ZYS 及 CY 等。

它们的结构与直流伺服电动机具有共同的特点,由定子和转子组成。定子为电磁式的,有励磁绕组,通电形成励磁磁场;永磁式的嵌有永久磁钢,由它们建立磁场。转子上有电枢绕组,输入输出信号(能量)的形式在这里实现转换,是名副其实的"枢纽"。

目前,国内外正在生产、试制和研究的直流测速发电机类型还有永磁式无槽电枢、杯形电枢、印刷绕组电枢测速发电机,无刷直流测速发电机等。它们各自都为直流测速发电机提供了低惯量、纹波电压小、线性度好,高频干扰小、结构紧凑等新性能,是测速发电机发展的方向。

2.2 直流测速发电机的特性

在这一节里,将要讨论的直流测速发电机的特性包括两方面内容,即静态特性和动态特性。

2.2.1 静态特性

作为测量元件的直流测速发电机的静态特性就是它的输出特性，即输出电压与稳态转速的关系。从图 2-2 分析可知

$$I_{af}=\frac{U_{af}}{R_L} \tag{2-8}$$

式中，R_L——测速发电机的负载电阻(Ω)。

将 I_{af} 和式(2-3)一起代入电压平衡方程式(2-1)，可得

$$U_{af}=K_e n-\frac{U_{af}}{R_L}R_a$$

经整理，变成

$$U_{af}=\frac{K_e}{1+\dfrac{R_a}{R_L}}\cdot n=k_{ef}n \tag{2-9}$$

式中，

$$k_{ef}=\frac{K_e}{1+\dfrac{R_a}{R_L}}$$

式(2-9)就是负载时测速发电机的输出特性。k_{ef} 称做输出特性的斜率，在控制系统中又常称其为灵敏度。可见，当 $k_{ef}=\text{const}$，即 Φ、R_a 和 R_L 保持恒定不变时，输出电压 U_{af} 与转速 n 将具有严格的线性关系，并且输出电压的极性变化将能反映出测速发电机转动方向的改变。另外，从式(2-9)还可看出，负载电阻从大到小改变时，将使输出特性的斜率变小，但仍不失线性关系的特点，如图 2-3 中的实线所示。显然，当测速发电机空载(即 $R_L\to\infty$)时，$k_{ef}=K_e$，输出特性将有最大的斜率。

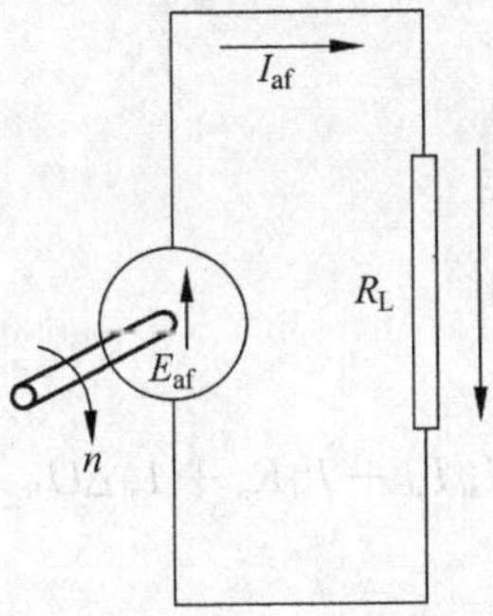

图 2-2 输出特性分析

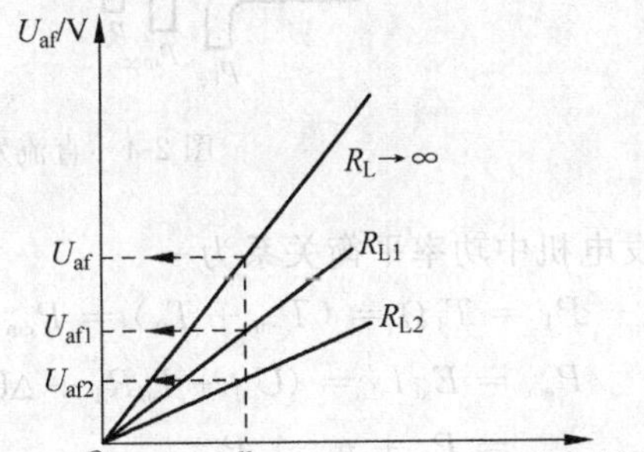

图 2-3 输出特性曲线

2.2.2 动态特性

测速发电机的动态四大关系式是：

$$e_{af}(t)=R_a i_{af}(t)+L_a\frac{di_{af}(t)}{dt}+u_a(t) \tag{2-10}$$

$$T_1 = T_0 + T_{\text{dem}}(t) + J_{\text{af}}\frac{\text{d}\Omega}{\text{d}t} \tag{2-11}$$

$$e_{\text{af}}(t) = C_e\Phi n(t) = K_e n(t) \tag{2-12}$$

$$T_{\text{dem}}(t) = C_m\Phi i_{\text{af}}(t) = K_t i_{\text{af}}(t) \tag{2-13}$$

当测速发电机处于空载状态,即 $i_{\text{af}}(t)=0$ 时,从上组方程可得

$$u_{\text{af}}(t) = e_{\text{af}}(t) = C_e\Phi n(t) = \frac{60}{2\pi}C_e\Phi\Omega(t) = K'_e\Omega(t) \tag{2-14}$$

显然,该式与静态特性方程式(2-9)类似。动态方程和静态方程没有区别的元件称为比例元件。空载时的直流测速发电机是一个理想的比例元件。

在自动控制系统中,直流测速发电机的作用是测量伺服电动机的转速,在有电阻负载的情况下,其特性就是静态特性方程式(2-9)。由于测速发电机的惯量非常小,因此认为它的动态特性与静态特性一致。

2.2.3 能量关系

对于直流测速发电机,如图 2-4 所示,输入的机械功率为 $P_1 = T_1\Omega$,去掉铁损耗 p_{Fe}、机械损耗 p_{mec} 和附加损耗 p_Δ 后就是电磁功率 P_{em};P_{em} 有一部分消耗在电枢电阻 R_a 上,这部分电功率称为铜(损)耗 p_{Cu};消耗在电刷与换向器接触电阻上的电功率称为电刷接触损耗 p_b,剩下的就是输出的电功率 P_2。

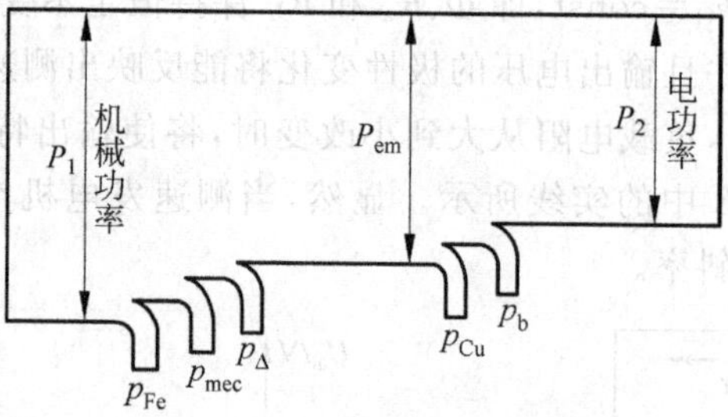

图 2-4 直流发电机功率图

直流发电机中功率平衡关系为

$$P_1 = T_1\Omega = (T_{\text{em}} + T_0) = P_{\text{em}} + p_0 \tag{2-15}$$

$$\begin{aligned} P_{\text{em}} &= E_{\text{af}}I_{\text{af}} = (U_{\text{af}} + I_{\text{af}}R_a + \Delta U_b)I_{\text{af}} = U_{\text{af}}I_{\text{af}} + I_{\text{af}}^2R_a + I_{\text{af}}\Delta U_b \\ &= P_2 + p_{\text{Cu}} + P_b \end{aligned} \tag{2-16}$$

2.3 输出特性的误差分析

式(2-9)所描述的线性直流测速发电机输出特性是控制系统所希望的理想情况。然而,由于种种原因,运行中的测速发电机励磁磁通 Φ、电枢回路电阻 R_a 和负载电阻 R_L 等不能保持恒定不变,这将引起输出特性产生非线性误差。因为这些误差有时还相当可观,所以务必注意,否则,测速发电机将无法工作。因此,下面就简述这些误差及其产生的原因。

2.3.1 电枢反应

与直流电动机中发生的情况相同,当有负载电流通过直流发电机电枢绕组时,同样会产生电枢磁场和电枢反应。电枢反应对气隙合成磁场有两个影响:第一,电枢反应使气隙合成磁场的物理中性面顺着直流发电机的旋转方向转过一个角度;而在直流电动机中,是逆着旋转方向转过一个角度。第二,由于在电机设计时使电机磁路接近饱和,因此电枢磁场将使合成磁场减小,即电枢反应对磁极磁场有去磁效应,这和直流电动机中发生的情况完全相同。而且电枢电流越大电枢反应得影响越大,气隙合成磁通被削弱得越多。根据式(2-9),气隙合成磁通的减小将使输出电压 U_{af} 下降,并破坏了输出电压和转速之间的线性关系。

下面详细分析因电枢反应的去磁效应所引起的误差。考虑电枢反应时的气隙合成磁通 Φ 可表示为

$$\Phi = \Phi_0 - \Phi_s \tag{2-17}$$

式中,Φ_0——空载时的磁通,即磁极产生的每极磁通;

Φ_s——电枢反应的去磁磁通。

负载时的感应电势为

$$E_{af} = C_e n\Phi = C_e n(\Phi_0 - \Phi_s) \tag{2-18}$$

若负载时电枢反应的去磁磁通 Φ_s 与电枢电流 I_{af} 成正比,即

$$\Phi_s = k_i I_{af} = k_i \frac{U'_{af}}{R_L} \tag{2-19}$$

式中,k_i——比例系数。于是,式(2-18)变成

$$E_{af} = C_e\Phi_0 n - C_e n k_i \frac{U'_{af}}{R_L}$$

将其代入式(2-1),经整理,可得

$$U'_{af} = \frac{k'_{ef} n}{1 + k_s \dfrac{n}{R_L}} \tag{2-20}$$

式中,U'_{af}——考虑电枢反应的输出电压。

$$k'_{ef} = \frac{C_e\Phi_0}{1 + \dfrac{R_a}{R_L}} \tag{2-21}$$

$$k_s = \frac{k_i k'_{ef}}{\Phi_0} \tag{2-22}$$

式(2-20)即是考虑电枢反应的去磁作用时的输出特性方程式。可以看出,输出电压 U'_{af} 已不再与转速 n 成线性关系了。因式(2-20)中的分母上有 $k_s n/R_L$ 项,致使输出特性曲线向下弯曲,由式(2-9)可知,不考虑电枢反应时的输出电压 U_{af} 为

$$U_{af} = \frac{C_e\Phi_0}{1 + \dfrac{R_a}{R_L}} \cdot n = k'_{ef} n \tag{2-23}$$

在 Φ_0 和 R_L 不变时,电压 U_{af} 与转速 n 成线性关系。若把此时的电压 U_{af} 作为理想输出电压,当考虑电枢反应去磁作用而引起的误差时,输出特性曲线的相对误差为

$$\Delta U_{af}=\frac{U_{af}-U'_{af}}{U_{af}}=\frac{k'_{ef}n-\dfrac{k'_{ef}n}{1+k_s\dfrac{n}{R_L}}}{k'_{ef}n}=\frac{1}{1+\dfrac{R_L}{k_s n}} \tag{2-24}$$

显然,转速升高或负载电阻变小,都将使输出电压的线性误差增大,输出的电压减小,并使斜率变小,致使输出特性曲线高速段出现向下弯曲的现象。而且负载电流越大,这种弯曲越严重。

在直流测速发电机的技术条件中都注明了最高转速和最小负载电阻值。使用时转速不得超过最高转速,负载电阻不得小于规定的电阻值,以保证非线性误差不超过允许的数值。在设计测速机时选取较小的负荷,并适当增大电机的气隙,可以减小电枢反应对输出的不利影响。

2.3.2 温度

电磁式直流测速发电机在长时间运行中,将因电流通过励磁绕组而发热。其绕组电阻值将随自身温度及电机周围的环境温度的升高而相应增大,并且相当可观。例如铜绕组,每当温度升高 25℃时,电阻值就随之增大 10%。无论是电枢绕组电阻的变化,还是励磁绕组电阻的变化,都会引起输出电压的改变。从输出特性方程式(2-9)可以看出,R_a 增加,U_{af} 下降。相对而言,对输出电压影响最大的还是电磁式直流测速发电机励磁绕组电阻的变化。对于永磁式测速发电机,由于不存在励磁绕组,所以温度变化对磁通影响较小,这是永磁式测速发电机的一个优点。例如,当温度上升 10℃时,永磁磁通下降 0.2%～0.3%;而电磁式的磁通(在磁路低饱和时)下降 4.45%。可见,励磁绕组发热影响之严重,这是必须加以认真注意的。但钕铁硼的矫顽力和剩磁的温度系数大,为−0.5%/℃和 0.12%/℃左右,即电机温度升高时磁体的剩磁和矫顽力下降严重,所以,钕铁硼永磁电机工作温度局限于 150℃以下。

因此,为了减小温度变化所引起的误差,常常采用以下措施:①在励磁回路中串入一只阻值比励磁绕组电阻大几倍的附加电阻,以实现稳流作用。附加电阻采用温度系数较低的康铜或锰铜丝绕制。如果由负温度系数的材料绕制,则补偿效果更好。显然,附加电阻要消耗功率,增大了损耗,这是这种方法的缺点。②在设计电机时,可以使电机磁路工作在比较饱和的状态。这样,即使励磁电流变动较大,电机的气隙磁通却变化不大,如图 2-5 所示,$\Delta\Phi'<\Delta\Phi''$。③尽量采用磁稳定性高的永磁式直流测速发电机,既省去了励磁电路,使结构简单,又使得磁场稳定。自从高性能永磁合金问世以来,永磁式直流测速发电机的推广使用已成

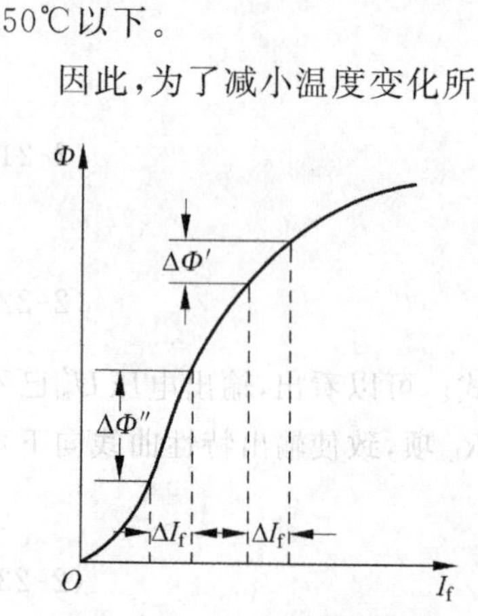

图 2-5 磁路饱和对输出特性的影响

趋势，但目前成本仍显稍高。

2.3.3　电刷与换向器的接触电阻

电刷与换向器之间的滑动接触使其间存在的接触电阻是非线性的，并且不稳定。当电机转速较低，电机电流较小时，接触电阻较大，这时测速发电机的输出电压则变得很小，甚至无输出。而当转速较高，电枢电流较大时，接触电阻压降才能被认为是常数。这个接触压降在低转速的范围内使输出特性斜率急剧下降。如果电刷与换向器的接触压降为 ΔU_b，则输出电压为

$$U''_{af}=E_{af}-I_{af}R'_a-\Delta U_b=K_e n-\frac{U''_{af}}{R_L}R'_a-\Delta U_b$$

式中，R'_a——去掉接触电阻后的电枢电阻。

经变换得

$$U''_{af}=\frac{K_e}{1+\frac{R'_a}{R_L}}\cdot n-\frac{\Delta U_b}{1+\frac{R'_a}{R_L}}=k_{ef}n-\frac{k_{ef}}{K_e}\Delta U_b \tag{2-25}$$

显然，电刷和换向器的接触压降将使输出特性曲线向下平移，

$$\Delta U_{af}=U_{af}-U''_{af}=\frac{\Delta U_b}{1+\frac{R'_a}{R_L}} \tag{2-26}$$

如图 2-6(a)所示，即由理想情况下的输出特性曲线①移至曲线②的位置。显然，当测速发电机转速 $n<n_{bl}$时，输出电压将很小，甚至等于零，这就是所谓的无信号。这种有转速输入信号而输出电压几乎等于零的范围叫做输出特性的不灵敏区($\pm n_{bl}$)。从式(2-26)及图 2-6(a)看出，当负载电阻变大时，误差 ΔU_{af}将变大，同时不灵敏区 n_{bl}也将变大。这与为减小电枢反应而限制最小电阻的措施是矛盾的。

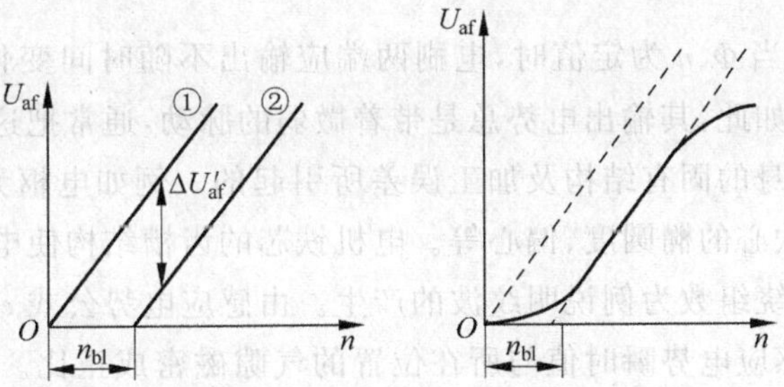

图 2-6　接触电阻对输出特性的影响

同时考虑电枢反应和电刷与换向器接触压降影响后，直流测速发电机的输出特性将如图 2-6(b)的实线所示，可认为该曲线是直流测速机的实际输出特性曲线。

为了降低电刷与换向器之间的接触压降，缩小不灵敏区，一般采用接触压降小的特殊电刷，如铜-石墨电刷。高精度的直流测速发电机可采用铜电刷，并在与换向器接触的表面上镀有银层，有的甚至镀上金层。这样不灵敏区将变得很小，以致可以忽略。

2.3.4 延迟换向

同直流电动机一样,在直流测速发电机的换向元件(绕组)中存在两个电动势 e_L 和 e_a。e_L 是自感电势,它的方向是力图反对换向元件的电流改变方向,所以 e_L 的方向应与换向前的电流方向相同,如图 2-7 所示。e_a 是换向元件切割电枢电流磁通所产生的感应电势,由右手定则可知其方向与 e_L 相同。换向元件中的总电势 $e_s=e_L+e_a$ 的方向与换向前的电流方向相同,是阻止和延缓元件换向的,所以把这一作用叫做延迟换向。换向元件被电刷短路,于是感应电势 e_s 在换向元件中产生附加电流 i_k,其方向与 e_s、e_L 的方向一致,使电流变化要慢得多。

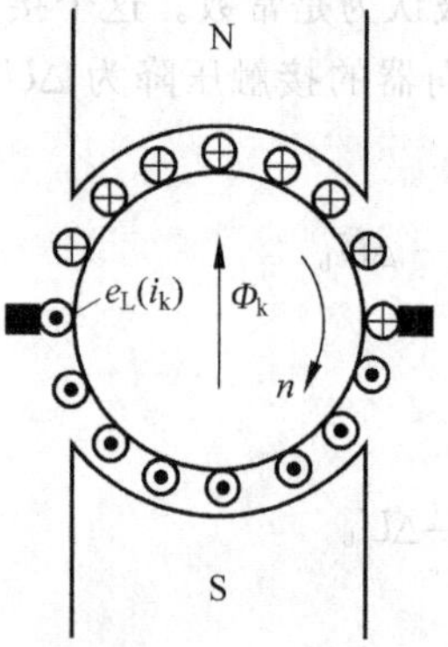

图 2-7 换向元件中的电势方向

不考虑误差时,直流测速机的输出电压与转速成正比,因此当负载电阻一定时,它的电枢电流及其绕组元件中的电流也与转速成正比。另外,电机转速越高,其换向周期越短,换向周期与转速成反比。而 e_L 与换向元件电流的变化量成正比,与换向周期成反比,因此 e_L 正比于转速的平方。因为 $e_a=B_a l v$,换向元件线速度 v 与转速成正比,可见 e_a 也同样正比于转速的平方。它们往往是输出特性曲线高速部分产生弯曲现象的主要原因。

为了改善线性度,对于小容量的测速机一般是采用限制转速的措施来削弱延迟换向去磁作用,这一点与限制电枢反应去磁作用的措施是一致的。

2.3.5 纹波

根据 $E_a=C_e\Phi n$,当 Φ、n 为定值时,电刷两端应输出不随时间变化的稳定的直流电势。然而实际的电机并非如此,其输出电势总是带着微弱的脉动,通常把这种脉动称为纹波。纹波主要是由于电机本身的固有结构及加工误差所引起的。例如电枢元件数有限,电枢铁芯有齿有槽,以及电枢铁心的椭圆度、偏心等。电机铁芯的齿槽结构使电枢感应电势瞬时值产生波动。下面以电枢绕组数为例说明纹波的产生。由感应电势公式 $e=Blv$ 可知,当转速不变时,单个绕组中的感应电势瞬时值与所在位置的气隙磁密成正比。一般直流测速发电机气隙磁密沿圆周的分布波形近似于梯形。所以单个绕组在一对极的磁场中旋转一周产生的电势也是近似梯形的交变电势,经换向器整流后输出脉动电势如图 2-8(a)所示。多个绕组的合成电势只能使这种脉动现象减小但决不能消除,如图 2-8(b)所示。可以推理,绕组元件数越多(或换向片数越多),则电势脉动的频率越高,幅值越小。

纹波现象的轻重程度用纹波系数来衡量。电机在一定转速下,输出电压的最大值与最小值之差对其和之比即为纹波系数。

测量永磁式低速直流测速发电机的纹波系数时,电机接最小负载电阻,55～130 机座号电机在最大工作转速的 1%(取整)运转,160～320 机座号电机在最大工作转速的 10%(取

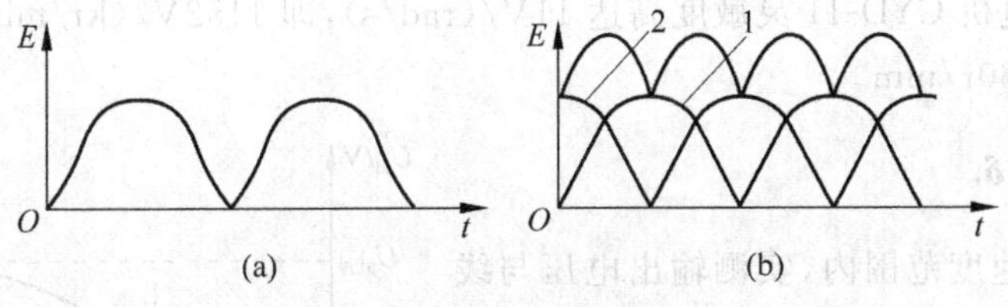

图 2-8　电机输出的电势波形

整)运转,用函数记录仪记录输出电压纹波。在波形图上测出输出电压的最大值$U_{\max}$和输出电压最小值$U_{\min}$,然后按下式计算纹波系数K_u。

$$K_u = \frac{U_{\max} - U_{\min}}{U_{\max} + U_{\min}} \times 100\%$$

一般的调速系统对纹波要求并不显得多么重要,但是,用于阻尼作用和高精度速度、加速度反馈系统中的直流测速发电机,对纹波的要求就很严格了,而在高精度的解算装置中则完全是不允许的。因此,近年来生产厂家和工程师们在结构上都采取措施减小纹波的幅值,CYD 型永磁式低速直流测速发电机的纹波系数已小于 1%,而高水平的测速发电机纹波系数则降低到 0.1%以下。

2.3.6　火花和电磁干扰

由于高速旋转时电刷跳动以及被电刷短路的换向线圈中短路附加电流的存在,换向器和电刷间经常发生电火花,使输出电压上有高频尖脉冲,并带来无线电频率的噪音和干扰。为了减轻和消除输出电压上的高频毛刺,一般都要在直流测速发电机的输出端接上低通滤波电路,如图 2-9 所示。

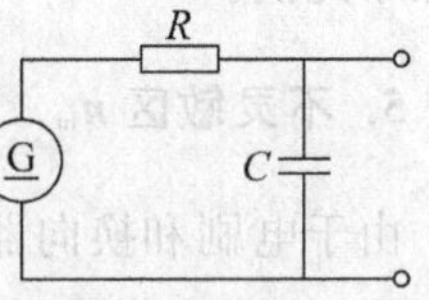

图 2-9　直流测速发电机的低通滤波电路

2.4　直流测速发电机的选择

作为测量元件的直流测速发电机在控制系统中获得了广泛的应用,随着控制系统精度的提高,对其各种性能指标提出了严格的要求。掌握各种性能指标的含义并善于利用它选择元件是十分重要的。

2.4.1　技术性能指标

直流测速发电机的主要性能指标有:

1. 灵敏度

即输出(特性)斜率,它是在额定的励磁条件下,单位转速(kr/min)所产生的输出电压。这是选择测速发电机时的重要性能指标。一般直流测速发电机空载时可达 10～20V/(kr/min),

高灵敏度测速发电机CYD-11灵敏度高达11V/(rad/s),即1152V/(kr/min)。但请注意,其最高转速仅仅是30r/min。

2. 线性误差 δ_x

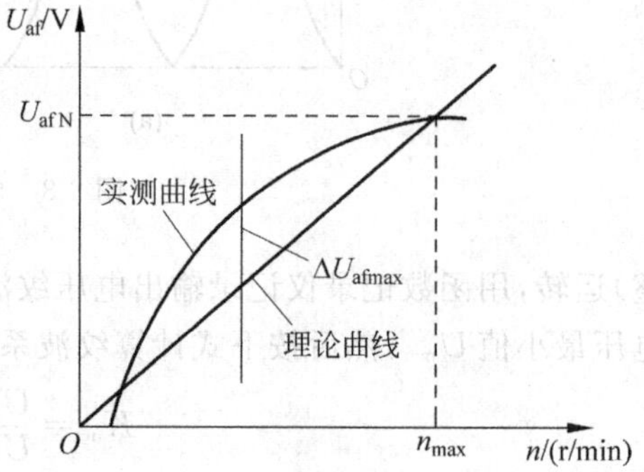

图 2-10 输出特性误差分析

它是在工作速度范围内,实测输出电压与线性输出电压的最大差值对最大线性转速 n_{max} 时的输出电压之比(如图2-10所示),即

$$\delta_x = \frac{\Delta U_{afmax}}{U_{afN}} \times 100\%$$

一般,δ_x 为1%~2%,较精密的系统要求 δ_x 为0.25%~0.1%。

3. 最大线性工作转速 n_{max}

它是在允许线性误差范围内的转子最高转速,即直流测速发电机的额定转速。

4. 负载电阻 R_L

保证输出电压在线性误差范围内的最小负载电阻。必须注意,在使用中,负载电阻值不得低于此值。

5. 不灵敏区 n_{bl}

由于电刷和换向器之间的接触压降 ΔU_b 而导致测速发电机输出特性斜率显著下降(几乎为零)的转速范围,如图2-6所示。

6. 输出电压的不对称度 k_{ab}

在相同转速下,测速发电机正反两方向旋转时,输出电压绝对值之差 ΔU_2 与两者平均值 U_{afv} 之比,即

$$k_{ab} = \frac{\Delta U_2}{U_{afv}} \times 100\%$$

一般,不对称度为0.35%~2%。

7. 纹波系数 k_u

测速发电机在一定的转速下,输出电压中交变分量的有效值与输出电压直流分量之比。目前可达到小于1%。高精度速度伺服系统对 k_u 的要求是尽量小。

2.4.2 技术数据

为了使大家对各种类型的测速发电机技术数据有一个感性的认识,并对前述技术性能给以定量概念,以利于以后选择测速发电机时使用,下面选列一些型号的技术数据供参考,见表2-1~表2-3。表2-1中的ZCF系列为企业标准,国家新标准为CD。

表 2-1 ZCF 系列直流测速发电机技术数据

型号		励磁		电枢电压/V	负载电阻/Ω	转速/(r/min)	输出电压不对称度/%(不大于)	输出电压线性误差/%	质量/kg(不大于)
新	旧	电流/A	电压/V						
ZCF121	ZCF5	0.09	—	50±2.5	2000	3000	1	±1	±0.44
ZCF121A	ZCF5A	0.09	—	50±2.5	2000	3000	1	±1	±0.44
ZCF221	CZF16J	0.3	—	51±2.5	2000	2400	1	±1	±0.9
ZCF222	S221F	0.06	—	74±3.7	2500	3500	2	±3	±0.9
ZCF321	—	—	110	100^{+10}_{-5}	1000	1500	3	±3	1.7

表 2-2 CYD 永磁式低速直流测速发电机技术数据(1)

型 号	输出斜率/(V/(kr/min))	线性误差/%	最大工作转速/(r/min)	纹波系数/%	输出电压不对称度/%	最小负载电阻/kΩ
130CYD-27	≥0.283	1	100	1	1	12
130CYD-60	≥0.623	1	100	1	1	50
130CYD-602	0.628	1	100	1	1	50
130CYD-110	1.15	1	30	1	1	200

表 2-3 CYD 永磁式低速直流测速发电机技术数据(2)

型 号	输出斜率		线性误差/%	最大工作转速/(r/min)	纹波系数/%	最大转速时的电压/V	输出电压不对称度/%	最小负载电阻/kΩ
	V/(rad/s)	V/(r/min)						
55CYD-0.025		0.02	1	2000	4	50	1	3
550CYD-0.05		0.05	1	1000	4	50	1	13
70CYD-1	1		1	400	1	41	1	23
130CYD-11	11		1	30	1	35	1	170
160CYD-10	10		1	60	1	62	1	35

以上介绍的是一些主要性能指标参数,这是选择测速发电机的依据,应当十分注意这些指标的规定条件。例如在产品目录上常常并不给出测速发电机的灵敏度,但可以通过计算求得,如 ZCF121,可以查得它的电枢电压(输出电压)为 50V,相应的转速是 3000r/min,它们的比值为 16.7V/(kr/min),此值即是 ZCF121 在额定工况下的理论(设计)灵敏度。所谓额定工况就是指额定励磁电压(或电流)、额定负载电阻等综合运行条件。

CYD 型永磁式低速直流测速发电机则给出了灵敏度,而未给最大输出电压,但读者利用表中数据是不难求得的。

2.4.3 直流测速发电机的选择

选择直流测速发电机,首先是根据它在控制系统中的功能确定对它的基本技术要求。

当作为高精度速度伺服系统中的测量元件时,既要注意考虑线性度和纹波电压,又要注意考虑灵敏度;而作为解算元件时,则重点考虑纹波电压和线性度,灵敏度则可作第二位要求;当作为阻尼元件使用时,则应着重考虑灵敏度,而线性度和纹波电压则次之。

在一个速度伺服系统的设计中,第一步就要选择测速发电机。首先是确定灵敏度范围。灵敏度低限由误差信号的最小值和系统要求的控制精度确定。例如,由于种种原因,系统的电噪声可能高达0.2mV。为使该噪声不影响系统性能,选用误差信号电压最低值为1mV(0.001V)。系统的调节精度要求是0.0005rad/s。这样,灵敏度的低限就是误差信号电压最低值除以最低允许误差0.0005rad/s,即

$$K_{\mathrm{emin}}=\frac{0.001}{0.0005}=2.0(\mathrm{V/(rad/s)})$$

每个测速发电机都有不允许超过的额定输出电压,以免降低性能。因此,测速发电机不允许使用在超过产生额定输出电压的转速轴上。这一因素决定了灵敏度的上限,它由额定输出电压除以负载轴最大转速而得。一般选择的测速发电机灵敏度可以是上述的上下限之间的适当值。例如系统负载轴最高转速是2rad/s(19r/min),按伺服系统提供的尺寸和形状要求,考虑选用永磁式低速直流测速发电机130CYD-11型。它的最大额定输出电压为35V。因此,灵敏度的上限将是

$$K_{\mathrm{emax}}=\frac{35}{2}=17.5(\mathrm{V/(rad/s)})$$

而测速发电机130CYD-11型的灵敏度为 $K_{\mathrm{af}}=11\mathrm{V/(rad/s)}$,于是得到

$$K_{\mathrm{emin}}<K_{\mathrm{af}}<K_{\mathrm{emax}}$$

显然,选择130CYD-11型测速发电机是合适的。在测速发电机产品目录的技术数据中,常常给出了该机工作的最高转速($n_{\max}$)。如果 $n_{\max}$ 大于负载轴最高转速,这个测速发电机的灵敏度将一定小于灵敏度的上限。从测速发电机线性度的观点看来,通常希望负载轴的转速为测速发电机额定转速的1/2～2/3为宜。

纹波系数和纹波频率是另一个要考虑的指标。如果输出电压纹波系数接近或超过速度调节裕度,反馈电压的变化被伺服系统变成"控制信号",将造成系统与之成正比的速度波动,甚至振荡。遇到超标的情况,可选另一种纹波电压较低的测速发电机。但如果纹波频率足够高,远离系统的工作频率,可以将其忽略。因为纹波频率较高,伺服系统将不予响应。

2.5 直流测速发电机的应用

在2.4节提及,直流测速发电机在系统中作为校正元件产生电压信号以提高系统的稳定性和精度,因此要求其输出斜率大,而对其线性度等精度的要求是次要的;在解算装置中作为微分或积分解算元件,对其线性度等精度的要求高;此外它还用作测速元件。

总之,由于直流测速发电机的输出斜率大,没有相位误差,故尽管有电刷和换向器造成可靠性较差的缺点,但仍在控制系统中尤其是在低速测量的装置中得到较为广泛的使用。

2.5.1 恒速控制中的应用

作为测量元件的直流测速发电机 TG 在如图 2-11 所示的系统中可实现恒速控制。直流伺服电动机 M 在放大器 A 输出的控制电压 U_a 作用下拖动负载 L 旋转。与之同轴的测速发电机 TG 将产生输出电压 U_{af}，它被负反馈至放大器输入端，再与给定电压 U_0 比较后送入放大器。给定电压是直流电源提供的。调整给定电压可使负载旋转于希望的转速上。

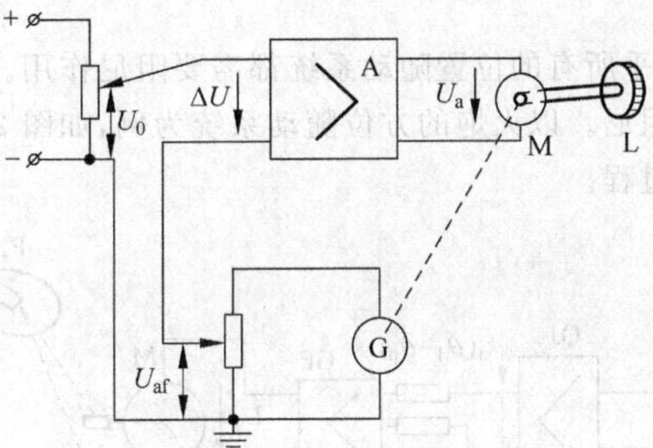

图 2-11 恒速控制系统

例如，当控制电压为 U_{a1} 时，负载为 T'_c，对应的恒定转速为 n_1，图 2-12(a)示出了相应的直流伺服电动机的工作点 1($T'_{em}=T'_c, n_1$)。对应的测速发电机反馈电压是 U_{af1}，如图 2-12(b)所示。当某种偶然因素使负载 L 的阻力矩增大($T''_c>T'_c$)时，直流伺服电动机转速将下降($n'_2<n_1$)，对应的是图 2-12(a)中的工作点 2′，负载 L 的转速也必然随之降下来。同轴的测速发电机反馈电压也将随之减小($U'_{af2}<U_{af1}$)，见图 2-12(b)中的工作点 2′。于是，恒定不变的给定电压 U_0 与 U'_{af2} 的差值(ΔU)将变大。无疑，放大器输出的控制电压 U_a 也将增大($U'_{a2}>U_{a1}$)，直流伺服电动机必然产生一个更大的电磁转矩($T'''_{em}>T''_c$)，使负载转速开始升高，如图 2-12(a)中 U'_{a2} 所对应的机械特性曲线所示。随转速的升高，测速发电机反馈电压将开始增大，控制电压最终稳定为 U''_{a2}，使电动机产生相应于 T''_c 的电磁转矩(T''_{em})，系统进入了新平衡，稳定于工作点 2，转速为 n_2，略低于 n_1。这样，就完成了近于恒速的调节(T''_{em}, n_2)。

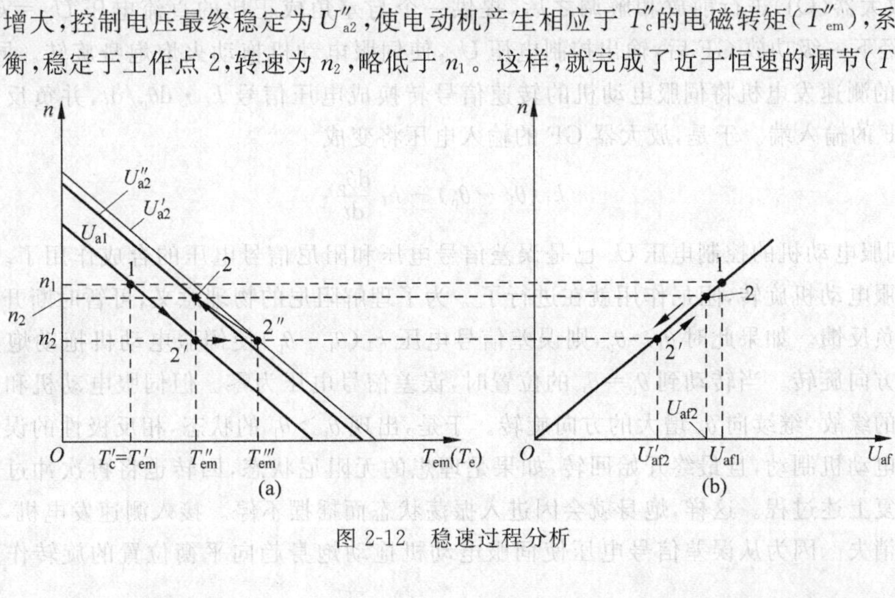

图 2-12 稳速过程分析

但是,从图 2-12(a)可以看出,新的稳态转速略低于转速 n_1,即 $n_2<n_1$。然而,整个系统只有利用这个速度差($\Delta n=n_1-n_2$)来换取控制电压的升高,以增大电磁转矩平衡那个已变大了的负载转矩。因此,该转速差就成为不可消除的静态偏差。这种恒速控制系统是一个典型的有差系统。这样,用图 2-12 中电动机机械特性曲线和测速发电机输出特性曲线就简明而形象地描述了这个调节过程。这是一种用静态特性曲线近似描述动态过程的尝试。

2.5.2　作为系统的校正元件

由于惯性的存在,几乎所有的位置随动系统都需要阻尼作用。直流测速发电机可以作为校正元件增加系统的阻尼。以火炮的方位随动系统为例,如图 2-13 所示,简要地说明一下这种阻尼作用的物理过程。

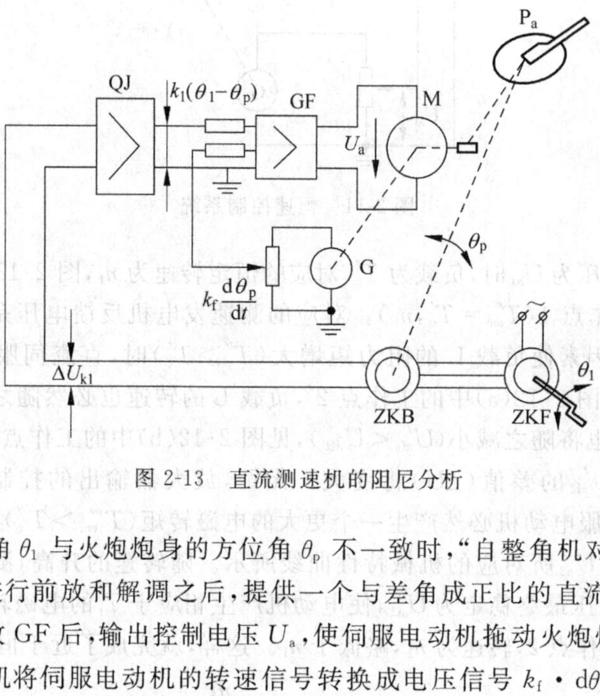

图 2-13　直流测速机的阻尼分析

当目标的方位角 θ_1 与火炮炮身的方位角 θ_p 不一致时,“自整角机对”将有电压 ΔU_k 输出,经放大器(QJ)进行前放和解调之后,提供一个与差角成正比的直流电压 $U_{qj}=k_1(\theta_1-\theta_p)$,再经下一级功放 GF 后,输出控制电压 U_a,使伺服电动机拖动火炮炮身旋转。同时,与之同轴的测速发电机将伺服电动机的转速信号转换成电压信号 $k_f\cdot d\theta_p/dt$,并负反馈至放大器 GF 的输入端。于是,放大器 GF 的输入电压将变成

$$k_1(\theta_1-\theta_p)-k_f\frac{d\theta_p}{dt} \tag{2-27}$$

这样,伺服电动机的控制电压 U_a 已是误差信号电压和阻尼信号电压的合成作用了。显然,只要伺服电动机旋转,阻尼作用就在进行了。为了理解阻尼的物理意义,可暂时断开测速发电机的负反馈。如果此时 $\theta_1>\theta_p$,则误差信号电压 $k_1(\theta_1-\theta_p)$使伺服电动机拖动炮身向 θ_p 增大的方向旋转。当转动到 $\theta_p=\theta_1$ 的位置时,误差信号电压为零。但伺服电动机和炮身将因惯性的缘故,继续向 θ_p 增大的方向旋转。于是,出现 $\theta_p>\theta_1$ 的状态,相反极性的误差电压使伺服电动机制动,且最终开始回转,如果是理想的无阻尼状态,回转也将再次冲过平衡位置而重复上述过程。这样,炮身就会因进入振荡状态而摇摆不停。接入测速发电机,将使这种现象消失。因为从误差信号电压使伺服电动机拖动炮身趋向平衡位置的旋转作用一开

始，阻尼电压 $k_f \cdot d\theta_p/dt$ 就产生了，而且在逐渐增大，$U_{qj}=k_1(\theta_1-\theta_p)$则在逐渐减小。并且，当 $k_1(\theta_1-\theta_p)-k_f \cdot d\theta_p/dt=0$（也就是 $k_f d\theta_p/dt>k_1(\theta_1-\theta_p)$）之后，火炮尚未到达平衡位置之前，就使直流伺服电动机进入制动状态了。适当地调节阻尼电压的大小，可使系统又快又稳地进入新的平衡状态，改善系统的动态品质。

2.5.3 作为微分或积分解算元件

图 2-14 是恒速控制系统。若欲实现输入量对时间的积分，可将调速系统中的负载机械换成一个累加转角的计数器，即组成了一个对输入电压 $u_1(t)$实现积分的系统。

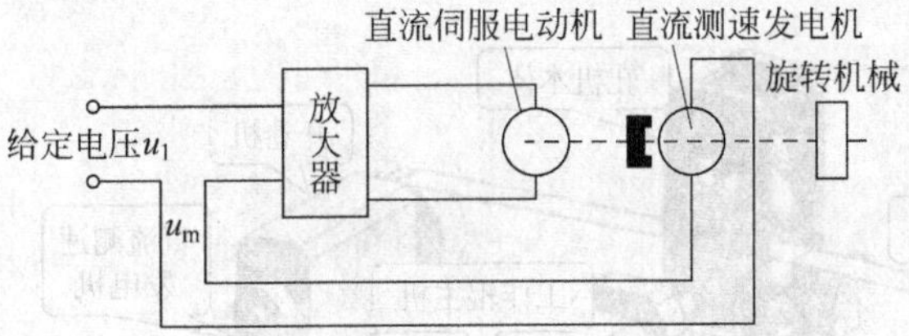

图 2-14　恒速控制系统原理图

当输入电压为 $u_1(t)$时，加到放大器上的电压为$[u_1(t)-u_m]$，而加到直流伺服电动机电枢的电压为

$$u_a = C[u_1(t) - u_m]$$

式中，C——放大器的放大倍数；

u_m——测速发电机的输出电压。

而

$$u_m = Kn = K'\frac{d\theta}{dt}$$

式中，θ——电动机输出轴的转角。

当放大器的放大倍数很大时，放大器的输入电压可近似地认为等于零，即

$$u_1 - u_m = 0 \quad 或 \quad u_1(t) = u_m = K'\frac{d\theta}{dt}$$

于是可得到

$$\theta = \frac{1}{K'}\int u_1(t)dt$$

可见输出轴转角是输入量对时间的积分，从轴上累加转角的计数器，就可测得输入变量对时间的积分。

2.6 直流测速发电机的应用实例——冷轧机控制系统

钢铁的生产水平是衡量一个国家工业、农业、国防和科学技术现代化水平的重要标志。在钢材的生产总量中，90%以上的钢必须经过轧制成材。为了提高产品的产量和质量，满足生产工艺的要求，在冷连轧机上采用一系列自动控制系统，如速度自动控制、厚度自动控制、

板形自动控制、张力自动控制系统等,从而实现了整个轧制过程的全面自动化,保证了钢材机生产的高效率、高产量、高质量和低消耗。在这些控制系统中测速发电机作为测量角速度和线速度的自动控制元件,是不可或缺的。

2.6.1 系统组成、工作原理、技术指标

1. 系统组成及工作原理

冷轧机的设备一般由轧机本体、开卷机、主机、卷取机(可逆轧机不分开卷和卷取)等部分组成,如图 2-15 所示。冷轧机广泛用于轧制普碳、优特中碳钢、铝、铜、锌等金属带材。

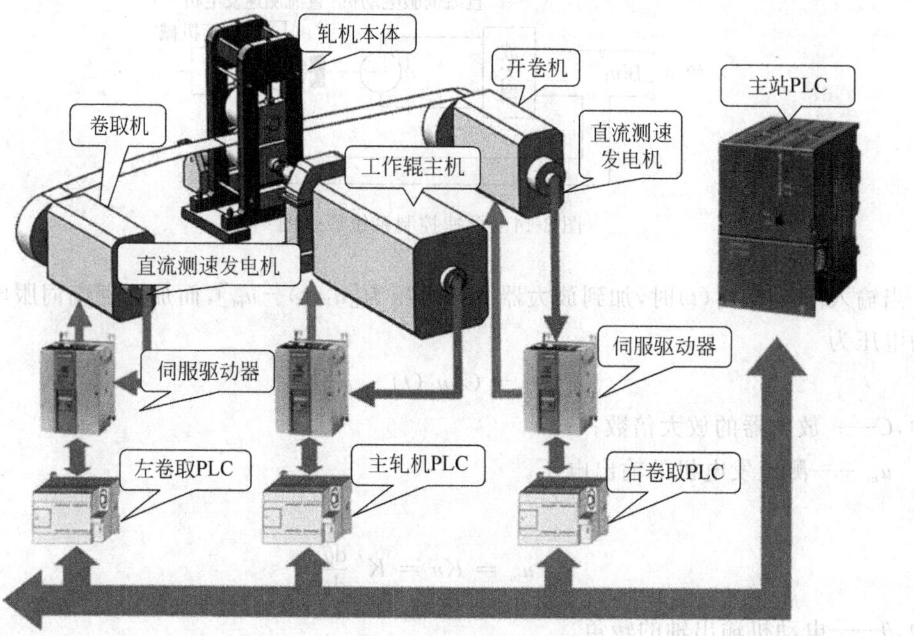

图 2-15 冷轧机系统

针对冷轧机的机械组成及工艺特点,冷轧机的控制系统可采用直流电动机作为执行元件,直流测速发电机作为测速元件。直流电机伺服驱动器选用德国西门子公司的 6RA70 系列全数字直流控制装置,控制器选用 SIMATIC S7-300 和 S7-200 系列 PLC,并构成 Profibus 现场总线系统,采用一个主站(S7-300)带 4 个从站(S7-200)的方式,4 个从站 PLC 分别控制开卷机、主机、卷取机以及压下电机(未画出)。

开卷机用于将轧制的卷材进行开卷,输送到主机进行轧制,并在轧制中产生带材后张力,轧机本体是整台轧机的主体部分,卷材由开卷机经入口夹送偏导辊、张紧装置输送到主机进行轧制; 位于轧机出口的 X 射线测厚仪,可测量出口带材的厚度,反馈给厚控 PLC 进行压下控制; 轧机的主传动系统,采用大功率的直流电机驱动及联合齿轮减速箱、万向联轴器传动,驱动轧辊转动; 圆盘剪切边机可在线剪切带材的边部,使成品卷材边部整齐; 导向装置可将轧出的带材导入卷取机,卷取机可将轧制完的带材进行卷取,并在轧制中产生前张力,使轧制完的带材卷紧、卷齐。

2. 主要技术指标

(1) 来料宽度：300～520mm；

(2) 来料最大厚度：5mm；成品最小厚度：0.2mm；

(3) 最大张力：100 000kg；最大轧制速度：240m/min；

(4) 最大卷径：1400mm；最小卷径：500mm；

(5) 最大轧制力：400 000kg。

2.6.2 主轧机调速控制系统

主轧机 PLC 作为主机调速系统的控制器，通过 Profibus 总线与主站 PLC 通信，接收其发出的指令信号，从而向 6RA70 全数字整流器发出速度给定信号 U_n^*，通过整流器驱动直流电动机(执行元件)以给定转速转动，带动扎辊转动(被控对象)。直流测速发电机与直流电动机同轴连接，测量直流电动机的输出转速(被控量)，并反馈给全数字整流器中的速度调节器构成速度闭环，控制系统框图如图 2-16 所示。整流器内部利用电流互感器测量电枢电流，并反馈给电流调节器构成电流反馈。

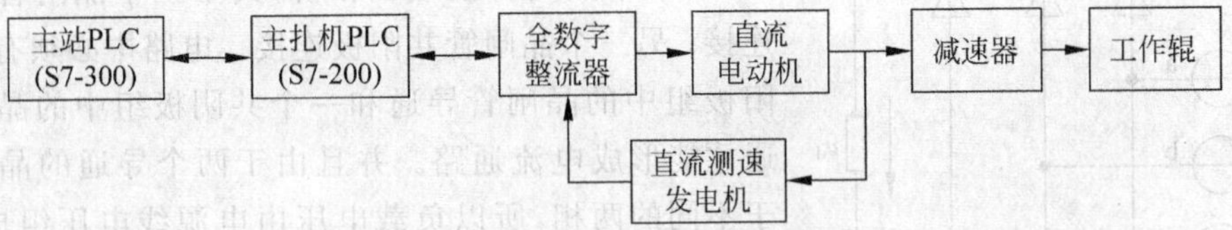

图 2-16　冷轧机主机调速控制系统框图

主机调速系统采用双闭环直流调速系统，闭环控制系统对于前向通道上的扰动能有效地加以抑制。在转速、电流双闭环调速系统中，即要控制转速，实现转速无静差调节，又要控制电流使系统在充分利用电动机过载能力的条件下获得最佳过渡过程，其关键是处理好转速控制和电流控制之间的关系，将两者分开设计。用转速调节器 ASR 调节转速，用电流调节器 ACR 调节电流，两者之间进行串级调节，如图 2-17 所示，即以控制器速度给定信号 U_n^* 与速度反馈信号 U_n 之差 ΔU_n 作为速度调节器的速度给定信号，以 ASR 的输出电压

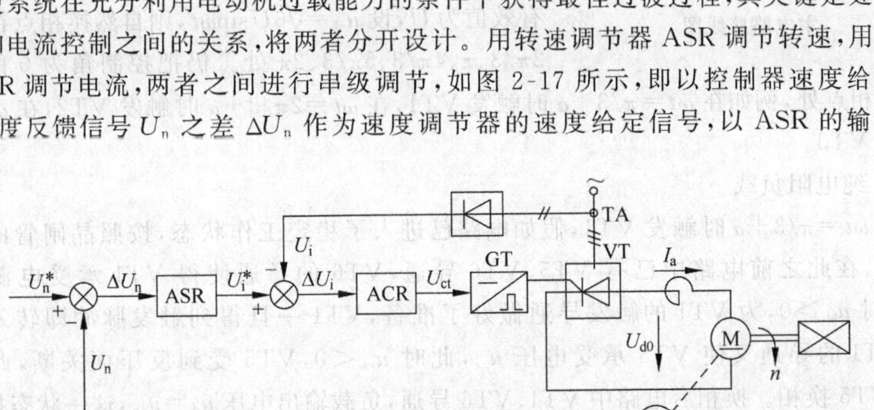

图 2-17　双闭环调速系统原理图

ASR—转速调节器；ACR—电流调节器；TG—直流测速发电机；TA—电流互感器；VT—晶闸管三相整流装置；GT—触发电路；U_n^*—转速给定电压；U_n—转速反馈电压；U_i—电流反馈电压

U_i^* 与电流反馈信号 U_i 之差 ΔU_i 作为电流调节器的电流给定信号。再用 ACR 的输出电压 U_{ct} 作为晶闸管触发电路 GT 的移相控制电压。从闭环反馈的结构看,速度环在外称外环,电流环在里面称为内环。

2.6.3 主轧机调速系统各元件工作原理

1. 晶闸管触发和整流装置

西门子公司的 6RA70 为三相交流电源直接供电的全数字直流调速装置,采用西门子公司自身开发的 80C166 单片机作为控制器,所有的参数设置、逻辑运算、系统控制、故障诊断、监视报警等都由微处理器来完成,并具有控制调节器参数自优化功能。外部信号的连接通过接插端子排实现。电枢和励磁回路的功率部分为电绝缘晶闸管模块,电枢回路为两组三相桥式电路,可四象限工作,励磁回路采用单相半控桥电路。电枢和励磁的供电频率可以不相同(在 45～65Hz 范围之内),甚至工作在扩大的频率范围 23～110Hz。功率单元的冷却系统通过温度传感器来监控。

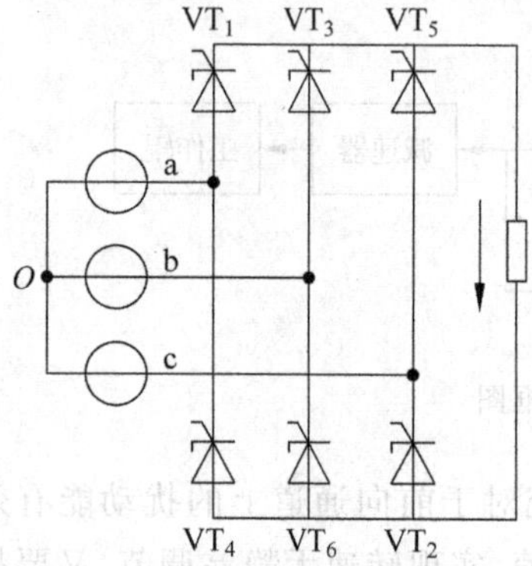

图 2-18 三相桥式全控整流电路主电路接线图

三相桥式全控整流电路主电路接线图如图 2-18 所示,共 6 个晶闸管接成三相桥,其中三个晶闸管共阴极连接;另三个晶闸管共阳极连接。电路中必须有一个共阳极组中的晶闸管导通和一个共阴极组中的晶闸管导通才能形成电流通路。并且由于两个导通的晶闸管属于不同的两相,所以负载电压由电源线电压组成,在分析电路的工作过程时,也应该以线电压作为背景。晶闸管的触发导通顺序是 VT1、VT6→VT1、VT2→VT2、VT3→VT3、VT4→VT4、VT5→VT5、VT6。桥式电路也存在着“自然换相点”,为线电压的交点,如果相电压有效值为 U,设 $u_{ab}=\sqrt{6}U\sin\omega t$,则自然换相点在 0、$\pi/3$、$2\pi/3$、$\pi$、$4\pi/3$、$5\pi/3$、$2\pi$ 处。仍把控制角为 0 的点设在自然换相点处,例如在 $\omega t=\pi/3+\alpha$ 时触发 VT1,在 $\omega t=2\pi/3+\alpha$ 时触发 VT2,在 $\omega t=\pi+\alpha$ 时触发 VT3。

1) 纯电阻负载

在 $\omega t=\pi/3+\alpha$ 时触发 VT1,假如电路已进入了稳定工作状态,按照晶闸管的触发导通顺序,在此之前电路中已有 VT5、VT6 导通,VT6 的导通使得 VT1 承受电源线电压 u_{ab},此时 $u_{ab}>0$,为 VT1 的触发导通做好了准备,VT1 一旦得到触发脉冲即转入导通状态。VT1 的导通又使 VT5 承受电压 u_{ca},此时 $u_{ca}<0$,VT5 受到反压而关断,此过程为 VT1、VT5 换相。换相后电路中 VT1、VT6 导通,负载输出电压 $u_d=u_{ab}$,这一状态持续 $\pi/3$,在 $\omega t=2\pi/3+\alpha$ 时触发 VT2,VT6 的导通使 VT2 承受电压 u_{cb},在 $\omega t=2\pi/3$ 后 $u_{cb}>0$,VT2 一旦得到触发脉冲则可以导通,VT2 导通使 VT6 因承受电压 $u_{cb}<0$ 而关断,此后电路中 VT1、VT2 导通,负载输出电压 $u_d=u_{ac}$,再经过 $\pi/3$,到 $\omega t=\pi+\alpha$ 时触发 VT3,VT3 和 VT1 换相,电路中 VT3、VT2 导通,负载电压变成 u_{bc}。每间隔 $\pi/3$ 电路换相一次,一个电源周期

中共换相 6 次，晶闸管的导通编号为 1-6、1-2、3-2、3-4、5-4、5-6、1-6。负载电压为 u_{ab}、u_{ac}、u_{bc}、u_{ba}、u_{ca}、u_{cb}。负载电压波形如图 2-19 所示。

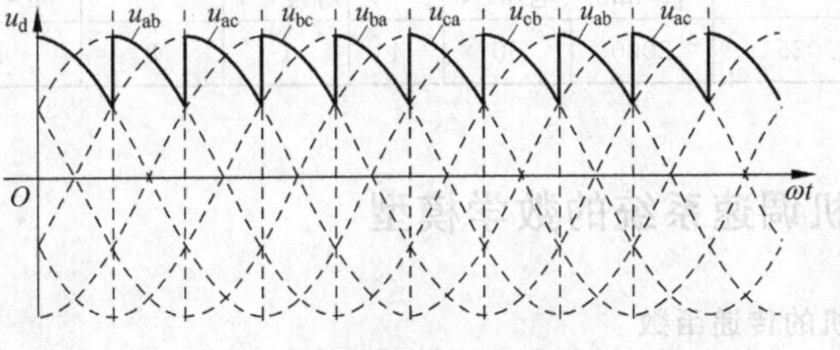

图 2-19　电阻性负载电压波形

2）电感性负载

电感的影响主要表现在两个方面：一是在电源电压过零变负时，电感的感应电动势使晶闸管继续导通；其二是使负载电流波动减小。下面分析电感性负载在 $\alpha > \pi/3$ 时电路的工作情况。在 $\omega t = \pi/3 + \alpha$ 时向 VT1 发触发脉冲，VT1、VT6 导通，$u_d = u_{ab}$。到 $\omega t = \pi$ 时，电源电压 u_{ab} 过零变负，由于控制角较大，此时发向 VT2 的触发脉冲尚未到来，在电感电动势的作用下，VT1、VT6 继续导通，$u_d = u_{ab} < 0$。到 $\omega t = 2\pi/3 + \alpha$ 时触发 VT2，VT2 和 VT6 换相，此后电路中 VT1、VT2 导通，$u_d = u_{ac}$。然后每隔 $\pi/3$ 按顺序向一个晶闸管发脉冲一次，电路中出现一次换相，负载电压也随之改变一次。电路中任何瞬间总有两个晶闸管同时导通，负载电压波形连续，每个晶闸管在电源的一个周期中导通 $2\pi/3$，负载电压波形如图 2-20 所示。

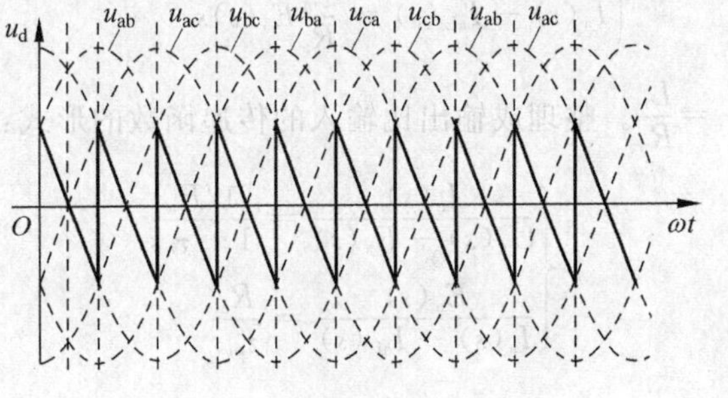

图 2-20　电感性负载电压波形

2. 直流电动机

根据系统性能指标的要求选取直流电动机的参数如下：

(1) 主机电机 $P = 759\text{kW}$，$U = 660\text{V}$，$I = 1250\text{A}$，$n = 355/1050\text{rpm}$，$I_j = 12.1\text{A}$；

(2) 卷取电机 $P = 166\text{kW}$，$U = 400\text{V}$，$I = 468\text{A}$，$n = 540/1600\text{rpm}$，$I_j = 12.9\text{A}/4.6\text{A}$；

(3) 开卷电机 $P = 225\text{kW}$，$U = 400\text{V}$，$I = 468\text{A}$，$n = 540/1600\text{rpm}$，$I_j = 12.9\text{A}/4.6\text{A}$。

3. 直流测速发电机

根据直流电动机的额定转速选取测速发电机的参数如下：

型　　号	输出斜率 /(V/rad·s^{-1})	最大工作转速 /(r/min)	最大转速时的电压/V	纹波系数	输出电压不对称度/%	最小负载电阻/kΩ	电枢转动惯量 /(g·cm·s^2)	激磁静摩擦力矩/(N·m)
55CYD-0.025	0.025	2000	50	4	1	3	4.41	0.0294

2.6.4 主轧机调速系统的数学模型

1. 直流电动机的传递函数

为推导出直流电动机的数学模型,进行以下假定:

(1) 励磁为额定,且保持不变。$E_a=K_e n, T_{em}=K_t I_a$;

(2) 电动机本身的运动阻力,都归并到 T_L 中去,$T_L=K_t I_{aL}$;

(3) 主电路电流连续。

在此假定条件下,直流电动机的电压平衡方程和转矩平衡方程为

$$\begin{cases} U_a = R_a i_a + L_a \dfrac{di_a}{dt} + e_a \\ T_{em} - T_L = \dfrac{GD^2}{375} \cdot \dfrac{dn}{dt} \end{cases}$$

对上式整理并进行拉式变换得

$$\begin{cases} U_a(s) - E_a(s) = I_a(s) R_a (1 + \tau_e s) \\ I_a(s) - I_{aL}(s) = \dfrac{\tau_m}{R_a} E_a(s) s \end{cases}$$

其中,$\tau_m = \dfrac{GD^2 R_a}{375 K_e K_t}$,$\tau_e = \dfrac{L_a}{R_a}$。整理成输出比输入的传递函数的形式:

$$\begin{cases} \dfrac{I_a(s)}{U_a(s) - E_a(s)} = \dfrac{1/R_a}{1 + \tau_e s} \\ \dfrac{E_a(s)}{I_a(s) - I_{aL}(s)} = \dfrac{R_a}{\tau_m s} \end{cases}$$

2. 晶闸管触发和整流装置的传递函数

把触发电路 GT 和可控整流桥 VT 合并,当作一个环节来看待输入量 U_{ct} 输出量 U_d,其是一个放大系数为 K_s 的纯滞后的放大环节,滞后是由装置的失控时间引起的。触发装置两个触发脉冲的间隔时间是 $1/(mf)$s,m 为脉波数,f 为电源频率。设滞后的时间是 T_s,则 T_s 是一个 $0\sim1/(mf)$ 的随机值,取统计平均值,有

$$T_s = \frac{1}{2mf}(\mathrm{s})$$

晶闸管触发和整流装置滞后时间关系如表 2-4 所示。

整个装置的传递函数为

$$W(s) = \frac{U_a(s)}{U_{ct}(s)} = K_s e^{-T_s s}$$

可近似为一个一阶惯性环节，即

$$W(s)=\frac{U_a(s)}{U_{ct}(s)}=\frac{K_s}{1+T_s s}$$

表 2-4　晶闸管触发和整流装置滞后时间

电路形式	单相半波	单相桥式	三相半波	三相桥式
一周内脉波数 m	1	2	3	6
延时时间 T_s/ms	10	5	3.33	1.67

3. ASR、ACR 的传递函数

为了获得良好的静态、动态性能，转速和电流两个调节器常采用的是 PI 调节器。$W_{ASR}(s)$、$W_{ACR}(s)$分别表示 ASR、ACR 的传递函数有

$$W_{ASR}(s)=K_{Pn}+\frac{1}{T_n S}$$

$$W_{ACR}(s)=K_{Pi}+\frac{1}{T_i S}$$

4. 整个系统的传递函数

整个系统的传递函数如图 2-21 所示。

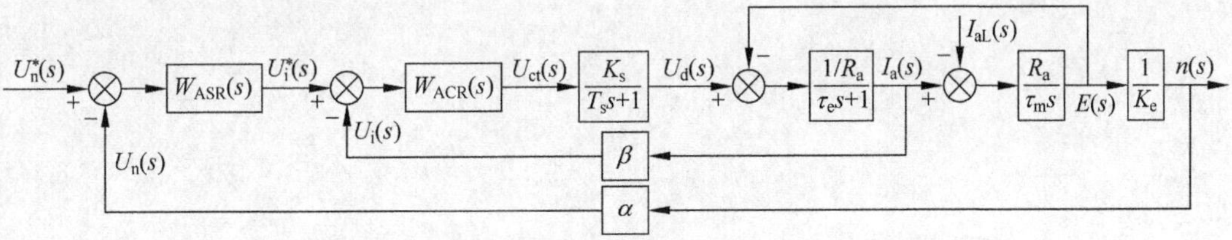

图 2-21　整个系统的传递函数

思考题和习题

2-1　何谓直流测速发电机的输出特性？试分析产生误差的原因。

2-2　什么是线性误差？直流测速发电机的线性误差对控制系统有何影响啊？

2-3　直流测速发电机为什么有最高限速和最小负载电阻的额定指标规定？

2-4　如果一台直流测速发电机的接线端已无法辨认是激磁绕组，还是电枢绕组，用简单的电阻判断法又不可靠，试问还可用什么方法？并说明其道理。

2-5　试分析如图 2-22 所示的雷达天线恒速控制系统，当风阻变小时，工作状态的变化过程。

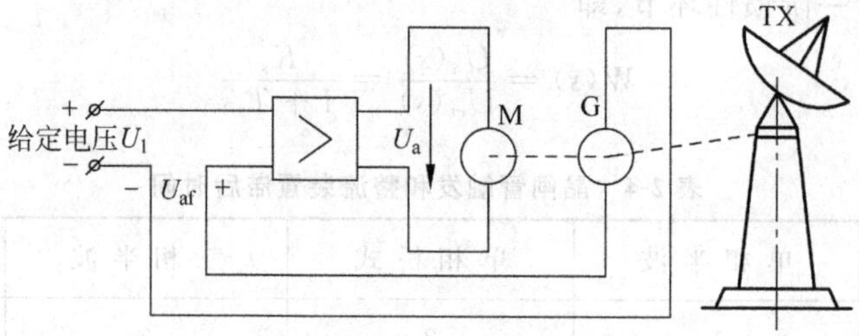

图 2-22　雷达天线控制系统

参考文献

[1]　GB/T 4997—2008　永磁式直流力矩电动机通用技术条件. 中华人民共和国国家标准, 2008.

[2]　戴庆忠. 电机史话(四). 东方电机, 1999 (1): 61-85.

[3]　程明. 微特电机及系统. 北京: 中国电力出版社, 2008.

[4]　陈伯时. 电力拖动自动控制系统. 北京: 机械工业出版社, 1999.

[5]　王兆安. 电力电子技术(第 4 版). 北京: 机械工业出版社, 2000.

[6]　西门子电气传动有限公司. SIMOREGDC Master6RA70 系列使用说明书(版本 11). 2006.

[7]　中国电器工业协会微电机分会等. 微特电机手册. 福州: 福建科学技术出版社, 2007.

[8]　赵文常. 自动控制元件. 哈尔滨: 哈尔滨工程大学出版社, 1993.

第二篇　基于脉振磁场的元件

第3章 旋转变压器（Resolver）

3.1 概述

3.1.1 旋转变压器的发展历程

20世纪40年代以后，由于工业自动化、科学技术和军事装备的发展需要，逐步形成了自整角机、旋转变压器，交、直流伺服电动机，交直流测速发电机等控制电机基本系列。早期的旋转变压器用于计算解算装置中，作为模拟计算机中的主要组成部分之一。其输出是随转子转角做某种函数变化的电气信号，通常是正弦、余弦、线性等。这些函数是最常见的，也是容易实现的。在对绕组做专门设计时，也可产生某些特殊函数的电气输出，但这样的函数只用于特殊场合。

20世纪60年代以后，旋转变压器逐渐用于伺服系统，作为角度信号的产生和检测元件。1966年，西方国家已形成统一机座号，军用控制电机都采用同一标准。我国于20世纪50年代引进前苏联的技术开始仿制，20世纪60年代中期开始自行设计，20世纪80年代至今由于引进国外先进技术和设备，产品质量向国际标准靠拢。

由于三相三线的自整角机，早于四线的两相旋转变压器应用于系统中，所以作为角度信号传输的旋转变压器，有时被称做四线自整角机。由于电子技术、航天等科学技术的发展和自动控制系统的不断完善，数字式计算机早已代替了模拟式计算机。旋转变压器主要用于角度位置伺服控制系统中。由于两相的旋转变压器比自整角机更容易提高精度，所以旋转变压器应用更广泛。特别是在高精度的双通道系统中，广泛应用多极电气元件，原来采用的是多极自整角机，现在基本上都是采用多极旋转变压器。

旋转变压器是一种输出电压与角位移成连续函数关系的感应式微电机。说它是微电机，原因在于它的结构与绕线式异步电动机相似，由定子和转子两大部分组成，每一大部分又有自己的电磁部分和机械部分。但是，从物理本质上看，旋转变压器也可以看成一种可以转动的变压器，旋转变压器也因此得名。这种变压器的一次绕组放置在定子上，而二次绕组放置在转子上，一、二次绕组之间的电磁耦合程度与转子的转角有关，因而，当它的一次绕组外施单相交流电压励磁时，二次绕组输出电压的幅值将与转子的转角有关。

旋转变压器可以单机运行，也可以成对或三机组合使用。在随动系统中，它是一种精密测位用的机电元件，以便于进行角度的测量及传输；在解算装置中，它还可以作为解算元件，主要用于坐标变换，三角函数运算等；此外，还可以作为移相器和角度——数字转换装置。目前在自动化系统中，常用数字计算机进行控制，由于旋转变压器输出为模拟信号，它的信号传输给计算机进行数字控制要实现模数转换，计算机信号送到输出设备中又要将数字信号转换成角位移或线位移,即实现数模转换。随着单片机和 DSP 功能的不断完善,出现了轴角转换器 RDC,克服了旋转变压器输出信号不能数字化的瓶颈,使旋转变压器成为极端温度、高振动和肮脏环境等不利操作条件下反馈方案的首选。美国丹纳赫集团(Danaher Motion)、德国 LTN、日本多摩川公司在旋转变压器及信号接口电路研究方面处于领先地位。

3.1.2 旋转变压器的分类

旋转变压器有多种分类方法。若按有无电刷和滑环之间的滑动接触来分,可分为接触式和无接触式两种;若按电机的极对数多少来分,又可分为单对极和多对极两种,如无特别说明时,均指接触式单对极旋转变压器。若按它的用途来分,可分为计算用旋转变压器和数据传输用旋转变压器两种,其中数据传输用旋转变压器,根据它们在系统中的具体用途,又可分为旋变发送机、旋变差动发送机和旋变变压器。若按输出电压与转子转角间的函数关系来分,可分为以下 4 种:

(1) 正余弦旋转变压器(Sine-cosine Resolver)。

当它的一次绕组外施单相交流电压励磁时,其二次两个绕组的输出电压分别与转子的转角呈正弦和余弦函数关系。

(2) 线性旋转变压器(Linear Resolver)。

在一定工作转角范围内,输出电压与转子转角是线性函数关系的一种旋转变压器。这种旋转变压器通常就是一台具有最佳变比的正余弦旋转变压器。为了使输出电压与转子转角呈线性关系,可以通过对这种正余弦旋转变压器的定、转子绕组采用不同的连接方式来实现。

(3) 比例式旋转变压器(Proportional Resolver)。

除了在结构上增加了一个带有调整和锁紧转子位置的装置之外,其他都与正余弦旋转变压器相同。它在系统中作为调整电压的比例元件,相当于可调变比的旋转变压器。

(4) 特殊旋转变压器(Special Function Resolver)。

在一定转角范围内,输出电压与转角呈某一给定函数关系(如正割函数、倒函数、弹道、圆函数以及对数函数等)的旋转变压器。它的工作原理和结构与正余弦旋转变压器基本相同。

无接触式旋转变压器,有一种是将转子两相绕组的引出线做成弹性卷带状,这种转子只能在一定的转角范围内转动,称为有限转角的无接触式旋转变压器;另一种是将转子两相绕组中的一相短接,而另一相则通过环形变压器从定子边引出。这种无接触式旋转变压器的转子转角不受限制,因此,称为无限转角的无接触式旋转变压器。

无接触式旋转变压器由于没有电刷和滑环之间的滑动接触,所以,工作更为可靠、寿命长。但其结构复杂,电气性能指标较差。随着航空技术的高速发展,角度编码技术的广泛使用,出现了磁阻式多极旋转变压器,它是基于磁阻变化原理的一种无接触式多极角度传感元件,由于没有电刷滑环接触,所以可以提高系统的可靠性和抗冲击振动能力,适应恶劣的工作环境,并能连续高速、长寿命地运行。

3.2 变压器工作原理

变压器并不是控制元件，但是变压器的工作原理和旋转变压器、自整角机、交流伺服电动机这些重要的控制元件的工作原理有很多相似的地方。甚至可以说，采用交流作为电源的控制元件的运行是基于变压器的工作原理，它们的分析方法也和变压器有相似之处。所以，在这一节中，介绍变压器的工作原理，为以后的学习做理论准备。

3.2.1 变压器结构及种类

变压器是一种静止的电器，和电机一样，以电磁定律作为理论基础。它是由铁芯和绕在铁芯上的两个或两个以上的绕组构成的，并通过交变磁场联系着，用于把某一等级的电压和电流信号变换成另一种等级的电压和电流信号，有时也用于阻抗匹配。

绕组和铁芯是变压器最基本的部件，称为电磁部分。

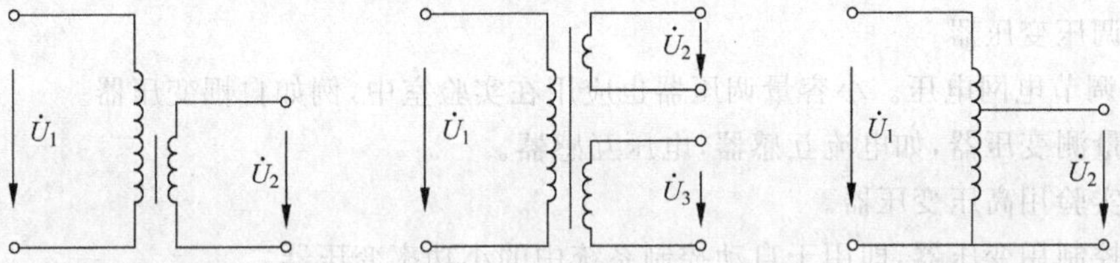

(a) 双绕组变压器　(b) 三绕组变压器　(c) 自耦变压器

图 3-1 变压器绕组分类示意图

变压器的绕组是变压器主要的电路部分，它是由绝缘铜导线绕制而成的。绕组由一次和二次绕组组成。一次绕组接入输入电压(励磁电压)，二次绕组接负载。一次绕组只有一个，而二次绕组有一个或多个或与一次绕组有共同部分。一次、二次绕组各有一个的绕组叫双绕组变压器，这是最常见的，也是本节重点分析的变压器，如图 3-1(a)所示；二次侧有两个绕组的变压器叫三绕组变压器，如图 3-1(b)所示。若一次、二次绕组只有一套，二次绕组是从此绕组中的某一位置引出的就叫自耦变压器，如图 3-1(c)所示。而一次、二次绕组一般都是绕成筒状，再经绝缘处理成为固体后套装在同一铁芯柱上，如图 3-2 所示，图中，两个铁芯柱上的一次、二次绕组可分别进行串联或并联成为单独的一套一次、二次绕组。

铁芯是变压器的磁场部分，一般由具有一定规格的硅钢片叠制而成，以减少交变磁通引起的铁芯损耗。变压器铁芯本身由铁芯柱和铁轭两部分组成。被绕组包围着的部分称为铁芯，而铁轭则作为构成闭合磁路用。

按照硅钢片的形状可将铁芯分为 C 型和 E 型，相应的变压器可分为 C 型变压器和 E 型变压器，如图 3-3 及图 3-4 所示。

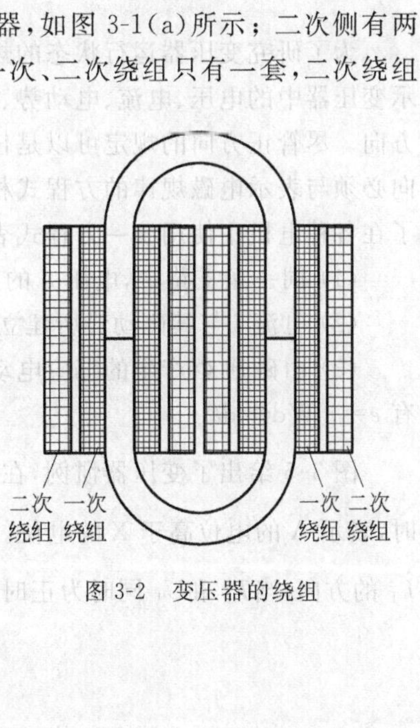

图 3-2 变压器的绕组

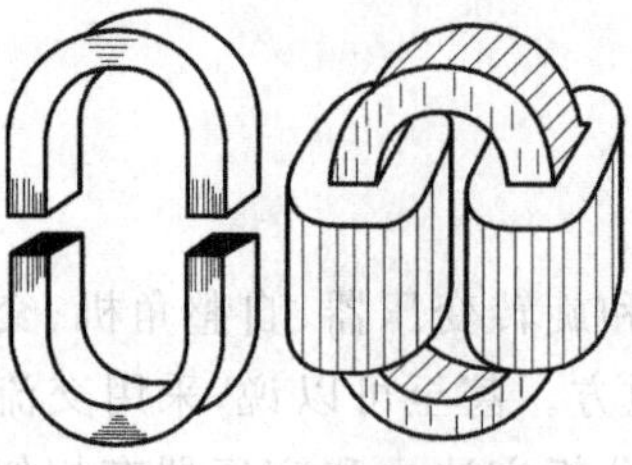

(a) C型铁芯 (b) 环形变压器

图 3-3 环形变压器结构示意图

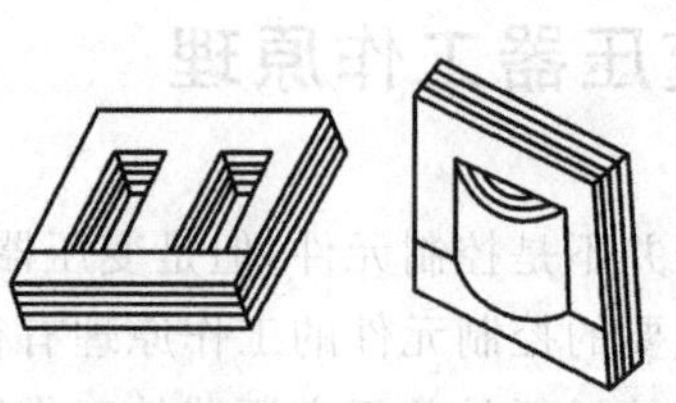

(a) E型铁芯 (b) E型变压器

图 3-4 E 型铁芯变压器结构示意图

变压器还可以根据用途进行分类：

(1) 电力变压器。

用在输电和配电系统中，容量从几十千伏安到十多万千伏安不等，电压等级从几百伏到 500kV。

(2) 供特殊电源用的变压器。

例如电炉变压器，各种电焊变压器(交流弧焊机)。

(3) 调压变压器。

用来调节电网电压。小容量调压器也应用在实验室中，例如自耦变压器。

(4) 量测变压器，如电流互感器，电压互感器。

(5) 实验用高压变压器。

(6) 控制用变压器，即用于自动控制系统中的小功率变压器。

3.2.2 变压器的运行

变压器的运行状态主要有两种，即空载运行和负载运行。

1. 变压器惯例

为了研究变压器运行状态的规律，在列写方程时有统一的符号和形式，首先要正确地表示变压器中的电压、电流、电动势、磁通等物理量之间的相位关系，因此，必须规定它们的正方向。尽管正方向的规定可以是任意的，但由于电磁现象是有规律的，所以，选定的箭头方向必须与表示电磁规律的方程式相配合。只有这样，才能正确地描述真实的规律。因此，为了在各种电机中使用统一方程式表示同一电磁现象，就采用了电工惯例来规定其正方向：

(1) 同一条支路中，电压 u 的正方向与电流 i 的正方向一致；

(2) 电流 i 与其磁动势所建立的磁通 Φ 两者的正方向符合右手螺旋法则；

(3) 由磁通 Φ 产生的感应电动势 e，其正方向与产生该磁通的电流 i 的正方向一致，则有 $e=-W\mathrm{d}\Phi/\mathrm{d}t$。

图 3-5 给出了变压器惯例，在一次侧绕组 AX 中，第一步是规定 $\dot{U}_1$ 正方向，当 $\dot{U}_1$ 为正时，表示 A 的电位高于 X 的电位。今后，将用 $\dot{U}_1$ 的正方向标识端电压的压降。第二步规定 $\dot{I}_1$ 的方向，当 $\dot{I}_1$ 和 $\dot{U}_1$ 同时为正时，表示电流从高位点 A 流入变压器，这个惯例叫做“电动

机惯例”。尽管 A 和 X 交替地成为高电位点，但是$\dot{U}_1$ 和$\dot{I}_1$ 同时为正和同时为负时，功率都是自电源流入变压器。第三步规定 $\dot{\Phi}$ 的方向，它根据右手定则和电流的正方向确定，即正电流产生正磁通，此时，要注意绕组的绕法，图 3-5 中磁通 $\dot{\Phi}$ 的正方向是顺时针方向。最后确定$\dot{E}_1$ 的正方向，规定$\dot{E}_1$ 正方向与$\dot{I}_1$ 相同。

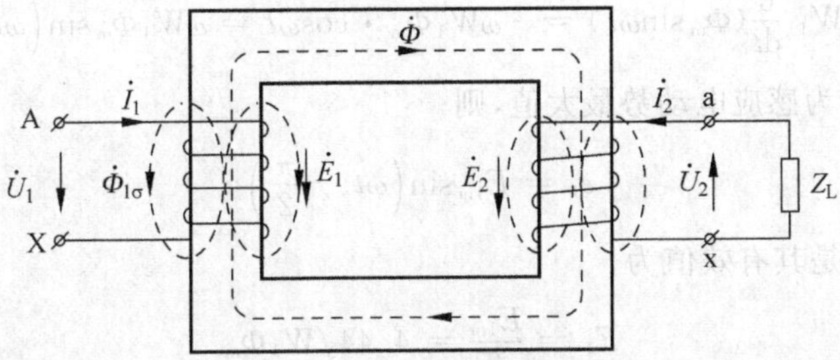

图 3-5　变压器惯例

在二次侧绕组 ax 中，$\dot{I}_2$ 的正方向与 $\dot{\Phi}$ 的方向仍符合右手螺旋定则；第二步规定$\dot{E}_2$ 的方向，按照正电势产生正电流的原则，$\dot{E}_2$ 的方向和$\dot{I}_2$ 一致。第三步规定$\dot{U}_2$ 的方向。因为在二次侧采用“发电机惯例”，即$\dot{U}_2$ 和$\dot{I}_2$ 同时为正（或负）时，功率自变压器输出，这就要求电流自变压器流出，显然，$\dot{U}_2$ 的正方向是从 x 至 a。

请读者注意，“惯例”只是一种研究问题的习惯方法，它不同于规律，不是不可变的。“惯例”应该便于说明现象，上述“惯例”是现代电工学、电机学及其他电学分支都普遍遵守并应用的方法，必须理解它，并能熟练地使用它。

2. 变压器的空载运行

变压器一次绕组接上规定的交流电压$\dot{U}_1$，而二次绕组开路时的运行方式称为变压器的空载运行状态。一次侧电流用$\dot{I}_0$ 表示，二次侧电流$\dot{I}_2=0$。图 3-6 表示变压器空载运行时的物理模型图。空载时，一次绕组加有交流电压$\dot{U}_1$，将流过空载电流$\dot{I}_0$，并建立起空载磁动势 $W_1\dot{I}_0$，在该磁动势的作用下产生交变磁通，其中大部分交变磁通在铁芯中通过，同时与一次、二次绕组匝链，称为主磁通，用 Φ 表示；少量磁通仅与一次绕组匝链而通过空气形成闭路，这部分磁通称为漏磁通，用 $\Phi_{1\sigma}$表示。

交变的磁通 Φ 和 $\Phi_{1\sigma}$将在其匝链的绕组中产生感应电动势。主磁通 Φ 在一次、二次绕组中产生的感应电动势为

$$e_1=-\frac{d\Psi_1}{dt}=-W_1\frac{d\Phi}{dt} \tag{3-1}$$

$$e_2=-\frac{d\Psi_2}{dt}=-W_2\frac{d\Phi}{dt} \tag{3-2}$$

而漏磁通 $\Phi_{1\sigma}$只在一次绕组中产生感应电动势。

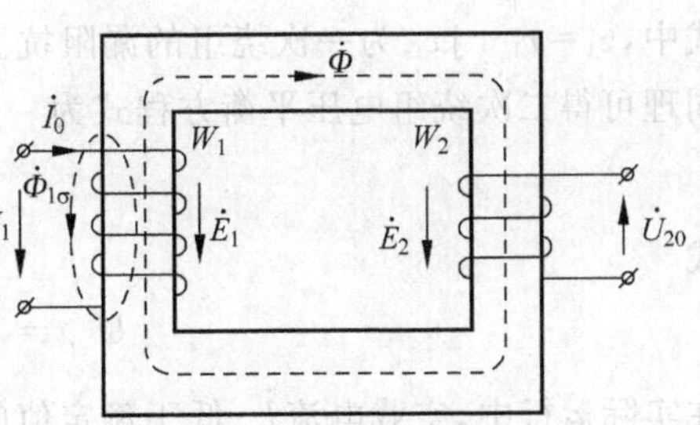

图 3-6　变压器的空载运行

$$e_{1\sigma} = -W_1 \frac{d\Phi_{1\sigma}}{dt} \tag{3-3}$$

设

$$\Phi = \Phi_m \cdot \sin\omega t$$

则

$$e_1 = -W_1 \frac{d}{dt}(\Phi_m \sin\omega t) = -\omega W_1 \Phi_m \cdot \cos\omega t = \omega W_1 \Phi_m \sin\left(\omega t - \frac{\pi}{2}\right)$$

若令 $E_{1m} = \omega W_1 \Phi_m$ 为感应电动势最大值,则

$$e_1 = E_{1m} \sin\left(\omega t - \frac{\pi}{2}\right) \tag{3-4}$$

考虑到 $\omega = 2\pi f$,于是其有效值为

$$E_1 = \frac{E_{1m}}{\sqrt{2}} = 4.44 f W_1 \Phi_m \tag{3-5}$$

式中,f——电源频率;

W_1——一次绕组的匝数;

Φ_m——主磁通的最大值。

同理可得

$$E_2 = 4.44 f W_2 \Phi_m \tag{3-6}$$

式中,W_2——二次绕组的匝数。

由于漏磁通所对应的磁势大部分消耗在空气磁阻上,则对应的漏电感相当于线性的,于是

$$\dot{E}_{1\sigma} = -j\dot{I}_0 \omega L_{1\sigma} = -j\dot{I}_0 x_{1\sigma} \tag{3-7}$$

式中,$L_{1\sigma} = \frac{W_1 \Phi_{1\sigma m}}{\sqrt{2} I_0}$——漏磁通的电感系数。

$x_{1\sigma} = \omega L_{1\sigma}$——对应于漏磁通的一次绕组漏电抗,是一个常数。

在图 3-6 中,考虑一次绕组本身的电阻压降、漏感抗压降及感应电动势 $\dot{E}_1$,应用基尔霍夫第二定律,可列出一次侧的电压平衡方程式:

$$\dot{U}_1 = -\dot{E}_1 - \dot{E}_{1\sigma} + \dot{I}_0 r_1 \tag{3-8}$$

利用式(3-7),并整理得

$$\dot{U}_1 = -\dot{E}_1 + \dot{I}_0 (r_1 + jx_{1\sigma}) = -\dot{E}_1 + \dot{I}_0 z_1 \tag{3-9}$$

式中,$z_1 = r_1 + jx_{1\sigma}$ 为一次绕组的漏阻抗。

同理可得二次绕组电压平衡方程式为

$$\dot{U}_{20} = \dot{E}_2$$

或

$$U_{20} = E_2 = 4.44 f W_2 \Phi_m \tag{3-10}$$

在实际运行中,空载电流 $\dot{I}_0$ 低于额定值的 1/10,所以,它所产生的压降相对于 $\dot{E}_1$ 来说也很小,可忽略,则

$$\left.\begin{aligned}\dot{U}_1 &\approx -\dot{E}_1 \\ U_1 &\approx E_1 = 4.44fW_1\Phi_m\end{aligned}\right\} \tag{3-11}$$

则

$$\frac{U_1}{U_2} \approx \frac{E_1}{E_2} = \frac{W_1}{W_2} = k \tag{3-12}$$

式中,k 被称为变压器的变比,它等于匝数比,是变压器的重要参数。可以看出,由于一次、二次绕组的匝数不同,变压器起到了变电压的作用。在设计时,选择适当的一次、二次绕组匝数比,就可以把一次侧的电压变成所需要的二次测电压。

3. 变压器的负载运行

当变压器的二次绕组接上负载 z_L 时,如图3-5所示,变压器就变成了负载运行。

在负载运行的二次侧回路中,由于电动势$\dot{E}_2$ 的作用,将有电流$\dot{I}_2$ 流过,于是产生了二次侧磁动势 $W_2\dot{I}_2$。根据楞次定律,$W_2\dot{I}_2$ 的方向与一次绕组的磁动势方向相反。因此,主磁通 Φ 将有减小的趋势,于是,$-\dot{E}_1$ 也将相应地有减小的趋势,这将引起一次绕组中电流的增大(因为$\dot{I}_1=(\dot{U}_1-(-\dot{E}_1))/z_1$)。所以,在负载运行时,一次绕组的磁动势将随负载电流的增大而自动地增加,以保证 Φ_m 不变。电流增大直至感应电动势$\dot{E}_1$ 与电源电压$\dot{U}_1$ 之间再次恢复平衡为止。正是由于电源电压$\dot{U}_1$ 恒定不变,主磁通 Φ_m 才能保证恒定不变(实际上,由于一次电流$\dot{I}_1$ 的增大,使$\dot{E}_1$ 略有减小,因此,Φ_m 也略减小)。

根据上面的分析,负载时,作用在主磁路上的磁动势有两个,即一次绕组磁动势 $W_1\dot{I}_1$ 和二次绕组磁动势 $W_2\dot{I}_2$。铁芯内主磁通 Φ 是由上述两个磁动势的合成磁动势所产生的。这样,将有磁动势平衡方程

$$W_1\dot{I}_1 + W_2\dot{I}_2 = W_1\dot{I}_0 \tag{3-13}$$

式中,$W_1\dot{I}_1$——负载情况下一次绕组产生的磁动势;

$W_2\dot{I}_2$——负载情况下二次绕组产生的磁动势;

$W_1\dot{I}_0$——空载时一次绕组产生的磁动势。

将式(3-13)移项后,整理得

$$\dot{I}_1 = \dot{I}_0 + \left(-\frac{W_2}{W_1}\dot{I}_2\right)$$

或

$$\dot{I}_1 = \dot{I}_0 + \left(-\frac{1}{k}\dot{I}_2\right) = \dot{I}_0 + \dot{I}_L \tag{3-14}$$

式中,$\dot{I}_L = -\frac{1}{k}\dot{I}_2$ 为负载分量。

从上式可以看出,负载时,一次侧电流有两个分量:其中一个分量为$\dot{I}_0$,像空载一样,它用于产生主磁通 Φ;另一个分量$\dot{I}_L = -\frac{1}{k}\dot{I}_2$,用于产生抵消二次绕组磁动势作用。

根据基尔霍夫定律,负载时变压器一次、二次绕组的电压平衡方程为

$$\dot{U}_1 = -\dot{E}_1 + \dot{I}_1(r_1 + jx_{1\sigma}) = -\dot{E}_1 + \dot{I}_1 z_1$$
$$\dot{U}_2 = \dot{E}_2 - \dot{I}_2 r_2 - j\dot{I}_2 x_{2\sigma} = \dot{E}_2 - \dot{I}_2 z_2 \tag{3-15}$$

式中,z_1,z_2——一次、二次绕组的漏阻抗;

r_1,r_2——一次、二次绕组的电阻;

$x_{1\sigma}$,$x_{2\sigma}$——一次、二次绕组的漏电抗。

4. 变压器的等值电路及相量图

当需要计算变压器特性及分析与变压器有关的问题时,变压器等值电路及相量图是一种有力的工具,它们会给计算和分析带来很大的方便。

(1) 变压器空载时的等值电路及相量图

变压器空载时,空载电流$\dot{I}_0$产生空载励磁磁动势$\dot{F}_0$,$\dot{F}_0$建立主磁通Φ,而交变的磁通Φ将在一次绕组产生感应电动势$\dot{E}_1$。$\dot{I}_0$中单独产生磁通的电流为磁化电流$\dot{I}_\mu$,$\dot{I}_\mu$与电势$\dot{E}_1$之间的夹角是90°,也即$\dot{I}_\mu$是一个纯粹的无功分量。但在铁芯中的交变磁通一定会产生铁耗,为了供给铁耗,空载电流$\dot{I}_0$还要增加一部分有功分量$\dot{I}_{Fe}$。以$\dot{\Phi}$为基准相量,建立空载相量图如图3-7所示。产生主磁通$\dot{\Phi}$所需要的励磁电流$\dot{I}_0$与电源电压$\dot{U}_1$之间的夹角为φ_0,称做空载功率因数角。

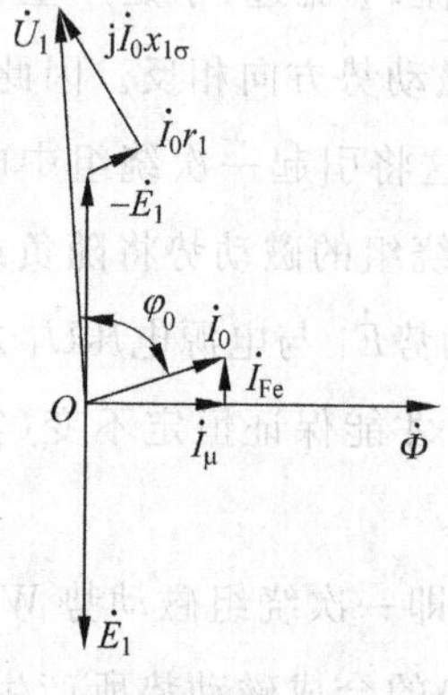

图 3-7 考虑铁耗影响的变压器空载相量图

在研究变压器特性时,常把感应电动势$\dot{E}_1$的作用视为一个等值阻抗对应的压降,并把这个等值阻抗称做励磁阻抗,用z_m来表示。将$-\dot{E}_1$沿$\dot{I}_0$方向分解为$\dot{I}_0 r_m$和$j\dot{I}_0 x_m$两个相量之和,即

$$-\dot{E}_1 = \dot{I}_0 r_m + j\dot{I}_0 x_m = \dot{I}_0 z_m \tag{3-16}$$

式中,r_m——变压器的励磁电阻;

x_m——变压器的励磁电抗;

z_m——变压器的等值励磁阻抗。

必须指出,r_m、x_m不是常数,它们将随$\dot{I}_0$改变而变化。这是由于铁芯存在饱和现象的缘故,它们将随饱和程度的加深而减小。不过在实际运行中,电源电压的变化范围不大,这样,铁芯中主磁通的变化也不大,因此,励磁阻抗z_m的值也将基本不变,则有

$$\dot{U}_1 = \dot{I}_0 z_1 + \dot{I}_0 z_m \tag{3-17}$$

这样,空载运行的变压器就可视为两个阻抗组成的串联电路。于是,就把一个磁场的问题简化成一个电路的问题,称这个电路为变压器空载运行的等值电路,如图3-8所示。

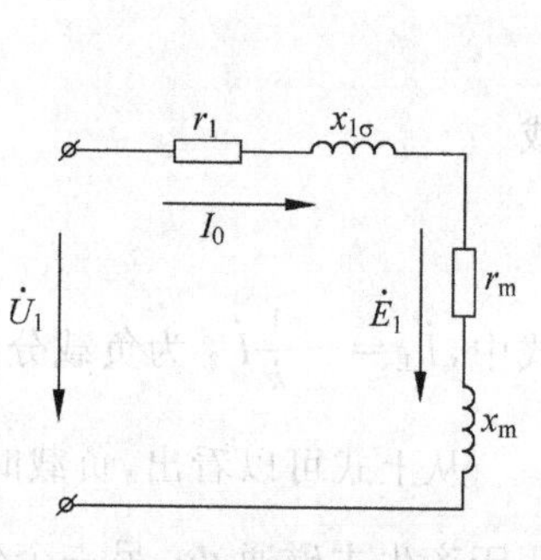

图 3-8 变压器空载运行时的等值电路

(2) 变压器负载运行时的等值电路及相量图

变压器负载运行时的电压平衡方程式为

$$\begin{aligned}\dot{U}_1 &= -\dot{E}_1 + \dot{I}_1(r_1 + \mathrm{j}x_{1\sigma}) = -\dot{E}_1 + \dot{I}_1 z_1 \\ \dot{U}_2 &= \dot{E}_2 - \dot{I}_2 r_2 - \mathrm{j}\,\dot{I}_2 x_{2\sigma}\end{aligned} \tag{3-18}$$

对应的电路图如图 3-9 所示。

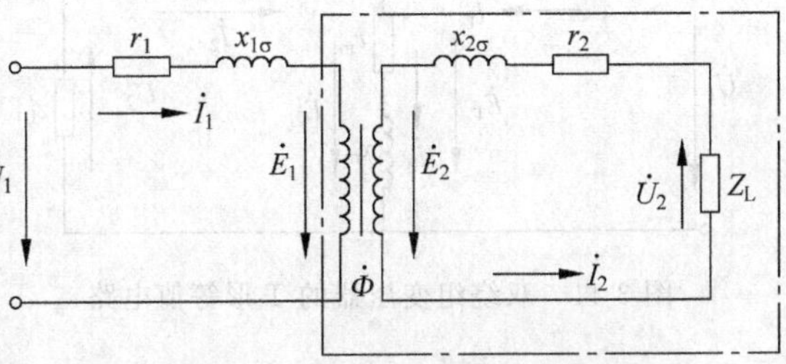

图 3-9　变压器一次、二次侧的电路图

图中方框部分是一个二端网络，其入端阻抗就是它的等值阻抗。所以只要求得$-\dot{E}_1/\dot{I}_1$的比值就可以得出方框部分的等值电路。

根据式(3-14)知$\dot{I}_1=\dot{I}_0-\dot{I}_2/k$；而$\dot{I}_0=-\dot{E}_1/z_m$，$\dot{I}_2=\dot{E}_2/(r_2+\mathrm{j}x_{2\sigma}+z_L)$，则

$$\dot{I}_1 = -\frac{\dot{E}_1}{z_m} - \frac{1}{k}\frac{\dot{E}_2}{r_2+\mathrm{j}x_{2\sigma}+z_L}$$

考虑到$\dot{E}_2=\dot{E}_1/k$，代入上式得

$$\dot{I}_1 = -\dot{E}_1\left[\frac{1}{z_m}+\frac{1}{k^2}\frac{1}{(r_2+\mathrm{j}x_{2\sigma}+z_L)}\right]$$

可见，

$$\frac{-\dot{E}_1}{\dot{I}_1} = \frac{1}{\dfrac{1}{z_m}+\dfrac{1}{k^2}\dfrac{1}{(r_2+\mathrm{j}x_{2\sigma}+z_L)}} \tag{3-19}$$

由阻抗并联公式$\frac{1}{z}=\frac{1}{z_1}+\frac{1}{z_2}$，可得

$$z = \frac{1}{\dfrac{1}{z_1}+\dfrac{1}{z_2}}$$

因此，式(3-19)表示图 3-9 方框内的等效电路是由阻抗 z_m 和 $k^2(r_2+\mathrm{j}x_{2\sigma}+z_L)$的两条支路并联而成的，其对应等效电路如图 3-10 所示。

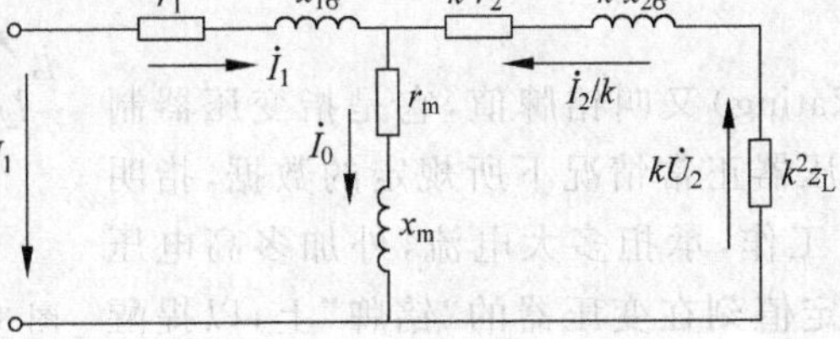

图 3-10　变压器的等值电路

由于图 3-10 中的二次侧各物理量性质没有改变,只是大小改变了,为方便起见,令$r_2'=k^2r_2$,$x_{2\sigma}'=k^2x_{2\sigma}$,$z_L'=k^2z_L$,$\dot{I}_2'=\dot{I}_2/k$,$\dot{E}_2'=\dot{E}_2k$,$\dot{U}_2'=\dot{U}_2k$。把 r_2'、$x_{2\sigma}'$、z_L'、$\dot{I}_2'$、$\dot{E}_2'$、$\dot{U}_2'$ 分别叫做二次侧电阻、电抗、负载阻抗、电流、电势、电压的归算值。代入这些归算值,就得到变压器的 T 形等效电路,如图 3-11 所示。这是一个很常用又很重要的双绕组变压器的等值电路。

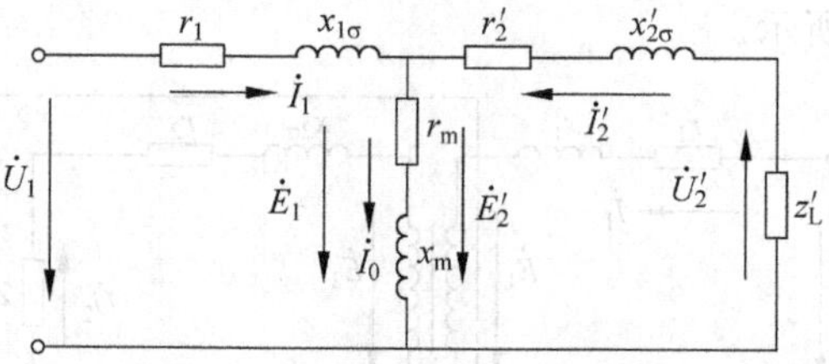

图 3-11 双绕组变压器的 T 形等值电路

但有时利用图 3-11 的等值电路进行计算显得比较麻烦。所以为了简便计算,可忽略励磁电流 $\dot{I}_0$ 在一次侧阻抗上的压降 $\dot{I}_0z_1$,把励磁支路移到输入端,就得到了 D 形近似等值电路,如图 3-12 所示。又因为变压器在满载或满载附近运行时,$\dot{I}_0$ 所占的比例很小,还可将 $\dot{I}_0$ 忽略不计,则得到简化的等值电路如图 3-13 所示。

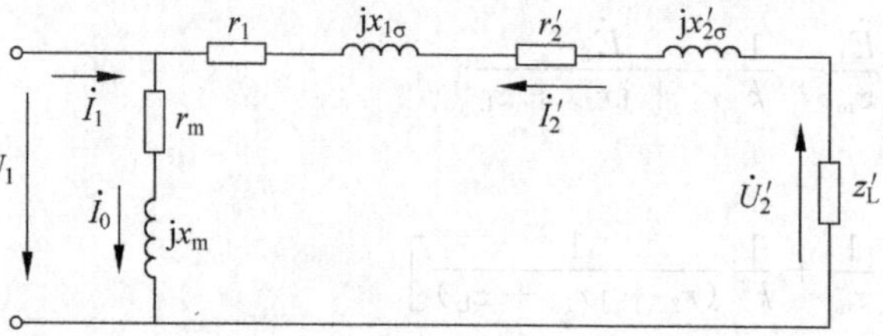

图 3-12 变压器的近似等值电路

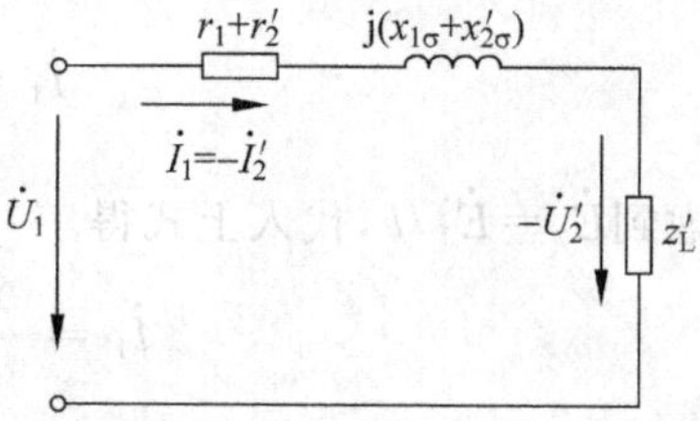

图 3-13 变压器的简化等值电路

变压器中各物理量之间的关系可以通过相量图来表示,它是建立在折算后的等值电路图 3-11 所对应的方程式基础上的,即

$$\left.\begin{aligned}\dot{U}_1&=-\dot{E}_1+\dot{I}_1(r_1+jx_{1\sigma})\\ \dot{I}_1&=\dot{I}_0+(-\dot{I}_2')\\ \dot{U}_2'&=\dot{E}_2'-\dot{I}_2'(r_2'+jx_{2\sigma}')\end{aligned}\right\}\tag{3-20}$$

由此可绘制出感性负载时的相量图如图 3-14 所示。

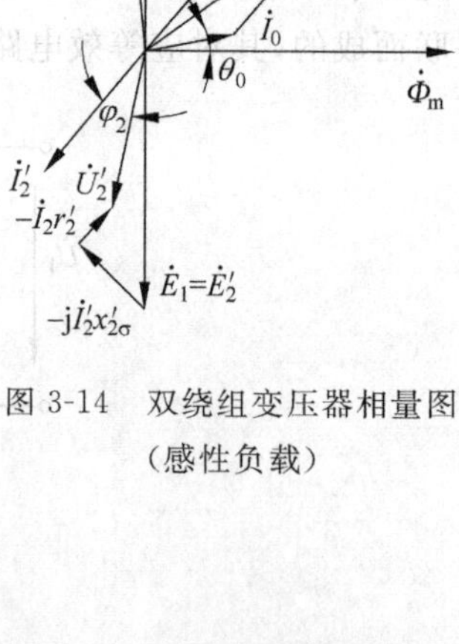

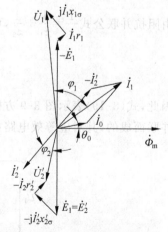

图 3-14 双绕组变压器相量图(感性负载)

3.2.3 变压器的额定值

变压器的额定值(Rating)又叫铭牌值,它是指变压器制造厂在设计制造时给变压器正常情况下所规定的数据,指明该变压器在什么条件下工作,承担多大电流,外加多高电压等。制造者都把这些额定值刻在变压器的"铭牌"上,以提醒用户注意,要正确使用。变压器的主要额定值如下:

① 额定电压 U_{1N} 和 U_{2N}，单位为 V。U_{1N} 是指变压器正常运行时一次侧接到电源的额定电压值；“U_{2N}”是指一次绕组接 U_{1N} 时二次绕组开路时的电压。使用时注意，一次侧电压不要超过 U_{1N}（一般规定允许变化范围±5%），否则由于铁芯饱和将使励磁电流过大而加速负载后的绝缘老化。

② 额定电流 I_{1N} 和 I_{2N}，单位为 A。它是变压器正常运行时所能承受的电流，同时还要标出这个电流值所能维持的规定运行方式（长时连续或短时或间歇断续工作），使用时要注意电流不要超过额定值。

③ 额定容量 S_N，单位为 V·A。“S_N”是变压器的视在功率。由于变压器的效率很高，通常把变压器的一、二次绕组的额定容量设计得相同，也就是下式：

$$S_{1N} = U_{1N} I_{1N} = U_{2N} I_{2N} = S_{2N}$$

④ 额定频率 f_N，单位为 Hz。使用变压器时，除了电源电压要符合设计的额定电压以外，其频率也要符合设计值。否则，也有可能损坏变压器。例如某台铭牌上为 220V、50Hz 的变压器，若接在 220V、25Hz 电源上，则磁通 Φ_m 将要增加 1 倍，因为磁路过度饱和，励磁电流必然剧增，变压器将很快烧毁。

此外，铭牌上还记载着型号、相数、阻抗电压，甚至有时还有接线图、重量等。变压器型号中其他各量所表示的含义，请参考相关的技术手册。

3.3　正余弦旋转变压器的结构和工作原理

3.3.1　旋转变压器的结构

接触式旋转变压器的结构如图 3-15 所示，和绕线式异步电机相似，由定子和转子两个部分组成。定子、转子铁芯是采用高导磁率的铁镍软磁合金片或高硅钢片经冲制、绝缘处理后叠装而成的。定子铁芯内圆和转子铁芯外圆上均布有齿槽（该齿槽在图 3-15(b)中没有全画出），槽中各放置两相轴线在空间相互垂直的绕组。为了获得良好的电气对称性和高精度，旋转变压器一般都设计成两极隐极式，绕组采用高精度的正弦绕组。定子两相绕组匝数、形式完全相同，绕组的端点直接引至接线板上。转子的两相绕组匝数、形式也完全相同，

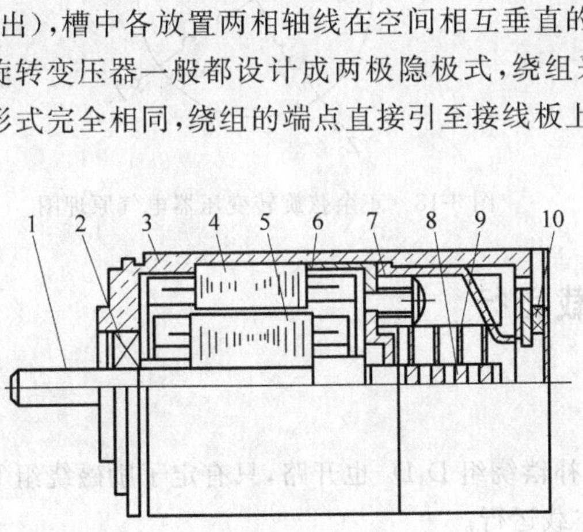

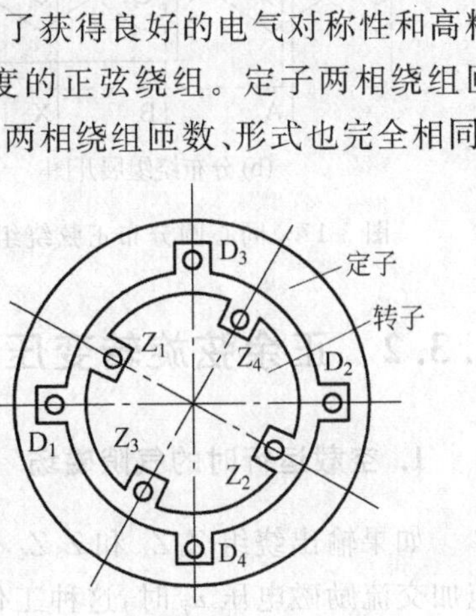

图 3-15　旋转变压器的结构示意图

1—转轴；2—轴承；3—机壳；4—定子；5—转子；6—波纹垫圈；7—挡圈；8—滑环；9—电刷；10—接线柱

绕组的端点通过滑环经电刷引出。图 3-16 为正余弦旋转变压器实物图。

图 3-16 旋转变压器的定子和转子实物图

旋转变压器可以看作一次(这里是在定子上)与二次(在转子上)绕组之间的电磁耦合程度随转子转角改变而改变的变压器。正弦、余弦旋转变压器则能满足输出电压与转子转角保持正弦、余弦函数关系。旋转变压器中常用的绕组有两种形式,即双层短距分布绕组和同心式正弦绕组。同心式正余弦旋转变压器的定子绕组连接图如图 3-17 所示,电气原理图如图 3-18 所示,定子的两相绕组用 D_1D_2 和 D_3D_4 表示。转子的两相绕组用 Z_1Z_2 和 Z_3Z_4 表示。图中线圈都画在其轴线方向上,圆圈部分代表转子。

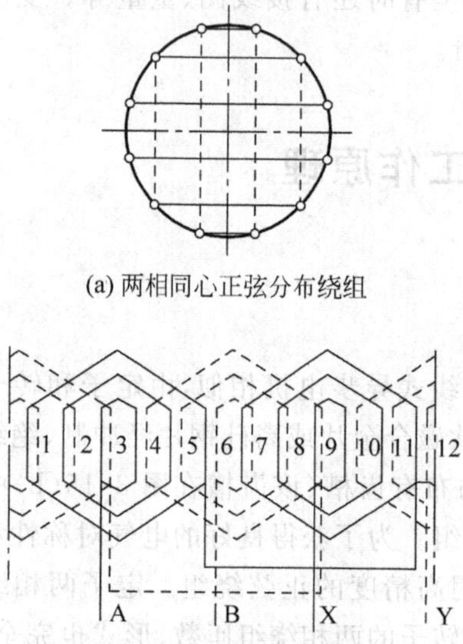

(a) 两相同心正弦分布绕组

(b) 分布绕组展开图

图 3-17 同心圆分布正弦绕组(两相)

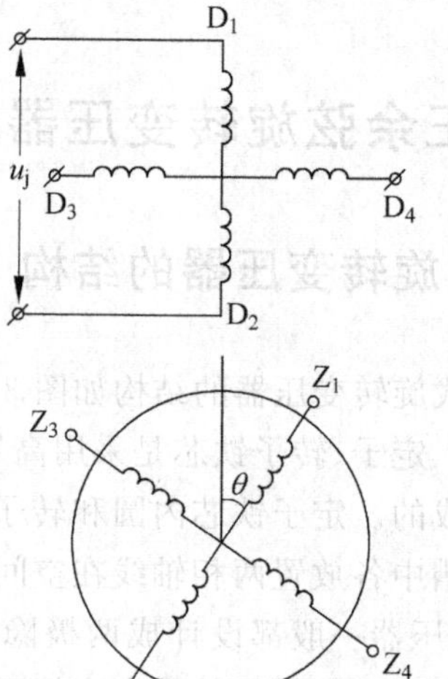

图 3-18 正余弦旋转变压器电气原理图

3.3.2 正余弦旋转变压器的空载运行

1. 空载运行时的气隙磁场

如果输出绕组 Z_1Z_2 和 Z_3Z_4 开路,定子补偿绕组 D_3D_4 也开路,只有定子励磁绕组 D_1D_2 施加交流励磁电压 u_j 时,这种工作状态为空载运行。

和普通变压器的情况一样,励磁电流 i_j 流过励磁绕组之后,产生励磁磁势,并建立起沿励磁绕组轴线方向(此轴线定义为直轴,用 d 表示;与直轴正交的轴定义为交轴,用 q 表示)的励磁磁通 Φ_j。由于其他三个绕组都开路,因此,电机气隙中只有励磁磁通 Φ_j,如图 3-19 所示。

为了分析方便，图中定子上只画出了一个分布的励磁绕组；转子上只画出了一个集中的输出绕组（实际上输出绕组也为分布绕组）。设某瞬间励磁电流 i_j 达到最大值 I_{jm}，方向如图 3-19 所示，由右手定则可确定励磁磁通 Φ_j 的方向。假定电机气隙是均匀的，励磁磁通 Φ_j 在气隙中按余弦规律分布。这种所谓的余弦规律是指：在励磁绕组轴线上气隙磁密为最大值 B_{jm}，而与励磁轴线正交的交轴上气隙磁密为零，在角 θ 处气隙磁密为 $B_j=B_{jm}\cos\theta$。为了用图形清楚地表示出气隙磁密的分布，把图 3-19 在 $\theta=\pi$ 处切开并展成如图 3-20 所示的磁密分布图。该图表示在 $i_j=I_{jm}$ 这一瞬间，气隙磁密沿定子内圆周和转子外圆周所环绕的空间的分布规律。可以看出，气隙磁密的分布对称于磁场轴线（即磁密分布曲线的幅值位置），而磁场轴线与励磁绕组的轴线重合。这种分布规律虽然是在 $i_j=I_{jm}$ 这一特定瞬间得到的，但它并不因观察时刻的不同而变化。

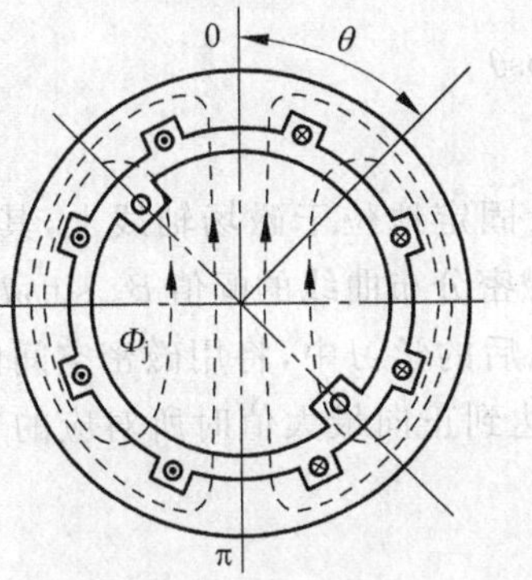

图 3-19　励磁磁密的分布

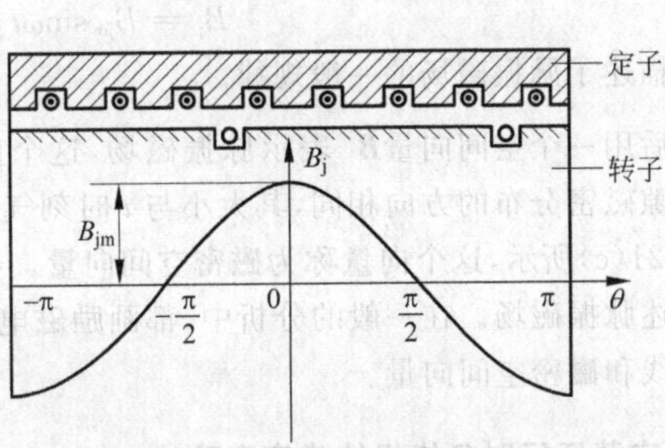

图 3-20　励磁磁密分布展开图

实际上，励磁电流是随时间做正弦交变的，而气隙磁密与励磁电流的瞬时值成正比，因此，气隙中各点的磁密也必定随时间做正弦变化。当励磁绕组通入如图 3-21(a)所示的正弦电流时，在 t_1、t_2、t_3、t_4、t_5 这 5 个时刻来观察气隙磁密的分布，可得到如图 3-21(b)所示的 5 个不同时刻的气隙磁密 B_{jt1}、B_{jt2}、B_{jt3}、B_{jt4} 和 B_{jt5} 的空间分布曲线。

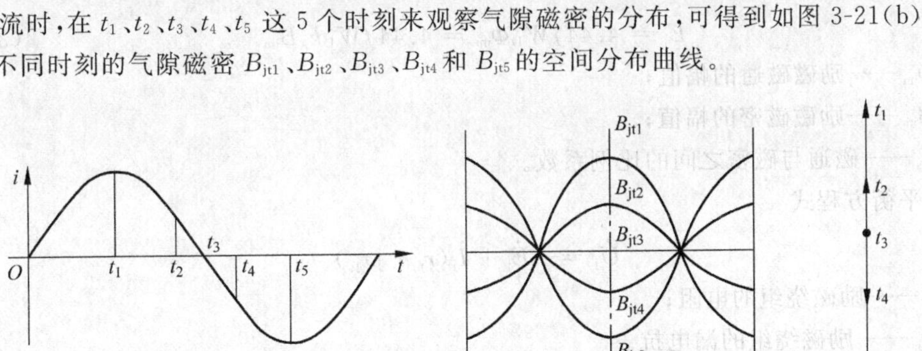

(a) 励磁电流曲线　(b) 气隙磁密分布曲线　(c) 磁密空间向量 $\boldsymbol{B}_j$

图 3-21　脉振磁场的分析

由图 3-21 可以看出，$t=t_1$ 时，$\omega t=90°$，此时 $i_j=I_{jm}$，励磁安匝达到最大，t_1 时刻的磁密分布曲线的幅值也最大；当 $t=t_2$ 时，$\omega t=150°$，此时 $i_j=\frac{1}{2}I_{jm}$，励磁安匝较 t_1 时减少一半，因而 t_2 时刻的磁密分布曲线的幅值也减少一半，且气隙各点磁密也均减半；当 $t=t_3$ 时，

$\omega t=180°$，此时 $i_j=0$，所以各点磁密均为零；当 $t=t_4$ 时，$\omega t=210°$，此时 $i_j=-\frac{1}{2}I_{jm}$，励磁安匝与 t_2 时相同，但方向相反，所以此时气隙各点磁密分布曲线与 t_2 时大小相等，相位相反，以此类推，其他时刻，可做类似分析。

由此可见，空载时旋转变压器励磁磁场是一个磁场轴线在空间固定不动，磁密分布曲线幅值随时间做正弦交变的磁场。把这种磁场称做**脉振磁场**，其特点是

(1) 对某一瞬间(例如 t_1)而言，气隙各点磁密沿定子内圆周成余弦发布，即

$$B_j = B_{jm}\sin\omega t_1\cos\theta$$

(2) 对气隙中的某一点(例如 θ_1)而言，该点的磁密随时间按正弦规律变化，即

$$B_j = B_{jm}\sin\omega t\cdot\cos\theta_1$$

总之，

$$B_j = B_{jm}\sin\omega t\cdot\cos\theta \tag{3-21}$$

概括地描述了脉振磁场的一般规律。

以后用一个空间向量 $\dot{\boldsymbol{B}}_j$ 表示脉振磁场，这个向量固定地位于磁场轴线上，其方向和 t 时刻气隙磁密分布的方向相同，其大小与 t 时刻气隙磁密分布曲线的幅值 $B_{jm}\sin\omega t$ 成比例，如图 3-21(c)所示，这个向量称为磁密空间向量。在以后的学习中，将用磁密空间向量来形象地描述脉振磁场。在一般的分析中，都画励磁电流达到正向最大值时所对应的气隙磁密分布曲线和磁密空间向量。

2. 空载运行时各绕组的感应电动势

1) 励磁绕组 D_1D_2 中的感应电动势

根据变压器的基本理论，在励磁绕组 D_1D_2 中，由交变磁通 Φ_j 产生的感应电动势的有效值 E_j 可表示为

$$E_j = 4.44fW_D\Phi_{jm} = 4.44fW_Dk_sB_{jm} \tag{3-22}$$

式中，Φ_{jm}——励磁磁通的幅值；

B_{jm}——励磁磁密的幅值；

k_s——磁通与磁密之间的比例系数。

由电压平衡方程式

$$\dot{U}_j = -\dot{E}_j + \dot{I}_j(r_j + jx_{j\sigma})$$

式中，r_j——励磁绕组的电阻；

$x_{j\sigma}$——励磁绕组的漏电抗。

若忽略励磁绕组的漏抗压降，则有

$$\dot{U}_j \approx -\dot{E}_j \tag{3-23}$$

2) 定子绕组 D_3D_4 中的感应电动势

由于 D_3D_4 绕组轴线与 D_1D_2 绕组轴线垂直，因此，励磁磁通 Φ_j 与 D_3D_4 绕组并不匝链，Φ_j 将不在 D_3D_4 绕组中感应电势。

3) 转子 Z_1Z_2 绕组中的感应电动势

由于 Z_1Z_2 绕组轴线与励磁绕组轴线(即脉振磁场轴线)的夹角为 θ，因此，Φ_j 并不完全

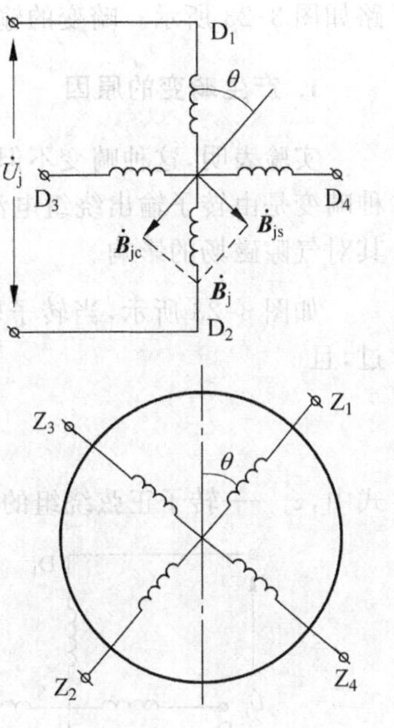

图 3-22　$\dot{B}_j$ 的分解

与 Z_1Z_2 绕组相匝链。可以把磁密空间向量$\dot{B}_j$ 沿 Z_1Z_2 轴线和 Z_3Z_4 轴线分解成两个分量$\dot{B}_{jc}$和$\dot{B}_{js}$，如图 3-22 所示。

$$\dot{B}_{jc}=\dot{B}_j\cos\theta$$

$$\dot{B}_{js}=\dot{B}_j\sin\theta$$

或

$$\Phi_{jcm}=k_sB_{jcm}=k_sB_{jm}\cdot\cos\theta$$

$$\Phi_{jsm}=k_sB_{jsm}=k_sB_{jm}\cdot\sin\theta$$

式中，Φ_{jcm}——与磁密$\dot{B}_{jc}$所对应的磁通 $\dot{\Phi}_{jc}$的幅值；

Φ_{jsm}——与磁密$\dot{B}_{js}$所对应的磁通 $\dot{\Phi}_{js}$的幅值；

由于磁通 Φ_{jc}与 Z_1Z_2 绕组完全匝链，故在 Z_1Z_2 绕组中产生感应电势的有效值 E_c 为

$$E_c=4.44fW_z\Phi_{jcm}=E_2\cos\theta \tag{3-24}$$

式中，E_2——转子绕组轴线与定子激磁绕组轴线重合时绕组中的感应电动势。

在旋转变压器中，定义变比 k_u 为在规定的励磁一方的励磁绕组上加上额定频率的额定电压时，与励磁绕组轴线一致的处于零位的非励磁一方绕组的开路输出电压与励磁电压的比值，因此

$$k_u=\frac{E_2}{U_j}\approx\frac{W_z}{W_D} \tag{3-25}$$

式(3-24)可改写成

$$E_c=E_j\frac{W_z}{W_D}\cos\theta\approx k_uU_j\cos\theta \tag{3-26}$$

可见，空载且$\dot{U}_j$ 保持不变时，转子输出绕组 Z_1Z_2 的输出电压与转子转角呈余弦函数关系。因此，称 Z_1Z_2 绕组为余弦输出绕组。

4) 转子绕组 Z_3Z_4 中感应电势

由于磁通 Φ_{js}与绕组 Z_3Z_4 完全匝链，故在 Z_3Z_4 绕组中产生感应电势的有效值 E_s 为

$$E_s=4.44fW_z\Phi_{jsm}\approx k_uU_j\sin\theta \tag{3-27}$$

可见，在空载且$\dot{U}_j$恒定不变的条件下，转子绕组 Z_3Z_4 上的输出电压与转子转角呈正弦函数关系。因此，称 Z_3Z_4 绕组为正弦输出绕组。

3.3.3　正余弦旋转变压器的负载运行

通过上面分析，可以知道空载时旋转变压器的输出电压与转子转角 θ 之间可以精确地呈正弦或余弦函数关系。但是，实际使用时总是要接上一定的负载，或是放大器；或是另一个旋转变压器等。实验结果发现，带上负载的旋转变压器，其输出电压不再与转子转角呈正弦或余弦函数关系，出现了一定的偏差，并且还发现，负载电流越大，这种偏差也越大。一般把这种输出特性偏离理想正、余弦规律的现象称做特性的**畸变**。正弦输出绕组接负载后线

路如图 3-23 所示。畸变的输出特性曲线如图 3-24 所示。

1. 产生畸变的原因

实验表明,这种畸变不但与转子转角有关,而且随着负载电流增大而严重,可以断定这种畸变是由转子输出绕组电流引起的。因此,必须分析电流流过转子绕组时产生的磁场及其对气隙磁场的影响。

如图 3-23 所示,当转子输出绕组 Z_3Z_4 接上负载 z_{Ls} 时,在绕组 Z_3Z_4 中将有电流 $\dot{I}_s$ 流过,且

$$\dot{I}_s = \frac{\dot{E}_s}{z_{Ls} + z_s}$$

式中,z_s——转子正弦绕组的漏阻抗。

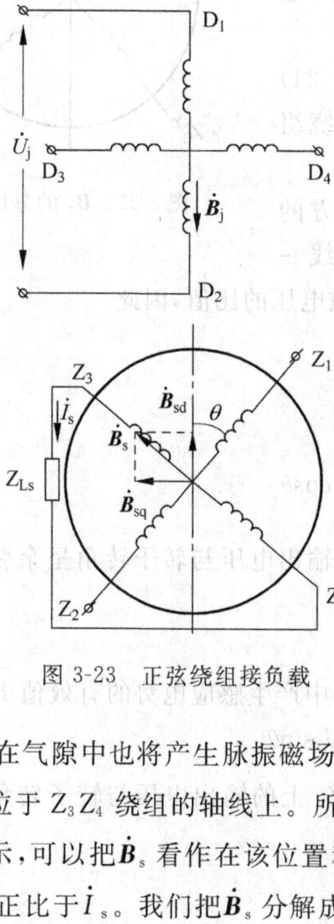

图 3-23　正弦绕组接负载

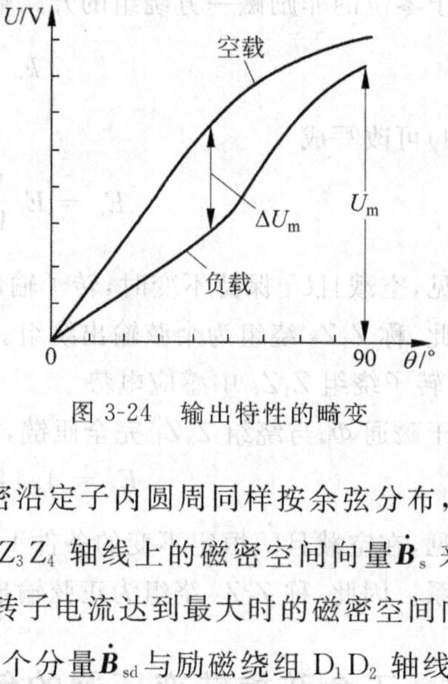

图 3-24　输出特性的畸变

$\dot{I}_s$ 在气隙中也将产生脉振磁场,该磁场的磁密沿定子内圆周同样按余弦分布,其曲线的幅值位于 Z_3Z_4 绕组的轴线上。所以,可用位于 Z_3Z_4 轴线上的磁密空间向量 $\dot{\boldsymbol{B}}_s$ 来表示,如前所示,可以把 $\dot{\boldsymbol{B}}_s$ 看作在该位置和该负载下的转子电流达到最大时的磁密空间向量,并认为 $\dot{\boldsymbol{B}}_s$ 正比于 $\dot{I}_s$。我们把 $\dot{\boldsymbol{B}}_s$ 分解成两个分量:一个分量 $\dot{\boldsymbol{B}}_{sd}$ 与励磁绕组 D_1D_2 轴线一致称为直轴分量,由图 3-23 可知

$$\dot{\boldsymbol{B}}_{sd} = \dot{\boldsymbol{B}}_s \sin\theta$$

另一个分量 $\dot{\boldsymbol{B}}_{sq}$ 与励磁绕组 D_1D_2 轴线正交,称为交轴分量

$$\dot{\boldsymbol{B}}_{sq} = \dot{\boldsymbol{B}}_s \cos\theta$$

由图 3-23 可知,$\dot{\boldsymbol{B}}_{sd}$ 所对应的直轴磁通 $\dot{\Phi}_{sd}$ 对励磁磁通 $\dot{\Phi}_j$ 起去磁作用。由变压器原理可知,当变压器二次侧接上负载并通过电流时,为了维持磁动势平衡,一次侧电流将自动增加一个

负载分量，以便使主磁通及感应电势基本不变。但由于一次侧电流的增加会引起一次侧漏阻抗压降的增加，因此，实际上感应电势和主磁通略有减小。在旋转变压器中，二次侧电流所产生的直轴磁通对一次侧电势$\dot{E}_j$及主磁通$\dot{\Phi}_j$的影响也基本如此。所不同的是，在旋转变压器中，由于二次侧电流及其所产生的直轴磁通不仅与负载有关，而且还与转子转角θ有关。因此，旋转变压器中直轴磁通对$\dot{E}_j$的影响也是随转角θ的改变而变化的。但是，由于直轴磁通对$\dot{E}_j$的影响很小，所以，直轴磁通对输出电压畸变的影响也很小。引起输出电压畸变的主要原因是二次侧电流所产生的交轴磁通分量$\dot{\boldsymbol{B}}_{sq}$所对应的磁通$\dot{\Phi}_{sq}$，其幅值为

$$\Phi_{sqm}=k_s B_{smq}=k_s B_{sm}\cdot\cos\theta$$

交轴磁通Φ_{sq}是怎样引起输出特性畸变的呢？交轴磁通Φ_{sq}和输出绕组Z_3Z_4的夹角为θ，故与Z_3Z_4绕组匝链的磁通Φ'_{sq}的幅值为

$$\Phi'_{sqm}=\Phi_{sqm}\cdot\cos\theta=k_s B_{sm}\cdot\cos^2\theta$$

磁通Φ'_{sq}在Z_3Z_4绕组中将产生感应电动势

$$E'_{sq}=4.44fW_z\Phi'_{sqm}=4.44fW_z k_s B_{sm}\cdot\cos^2\theta \tag{3-28}$$

可见，旋转变压器正弦输出绕组接上负载后，除由直轴磁通在Z_3Z_4绕组中产生电动势$E_s=k_uU_j\sin\theta$以外，还附加了电势$E'_{sq}=4.44fW_zk_sB_{sm}\cdot\cos^2\theta$，这样，$E'_{sq}$就破坏了输出电压随转角$\theta$做正弦函数变化的关系，造成了输出特性的畸变(图 3-24)。由于$E'_{sq}\propto B_{sm}$，而$B_{sm}\propto I_{sm}$，所以，负载电流越大，输出特性的畸变也越大。

可见，交轴磁通是旋转变压器负载后输出特性曲线畸变的主要原因。为了改善系统性能应该消除交轴磁通的影响。消除输出特性畸变的方法也称为补偿。

2. 消除畸变的方法

1) 二次侧补偿的正余弦旋转变压器

二次侧补偿的正余弦旋转变压器实质上是二次侧对称的正余弦旋转变压器，其电气原理图如图 3-25 所示，其励磁绕组D_1D_2加交流励磁电压$\dot{U}_j$，D_3D_4绕组开路，转子Z_1Z_2输出绕组接阻抗z_{Lc}，应使阻抗等于负载阻抗z_{Ls}，以便得到全面补偿。

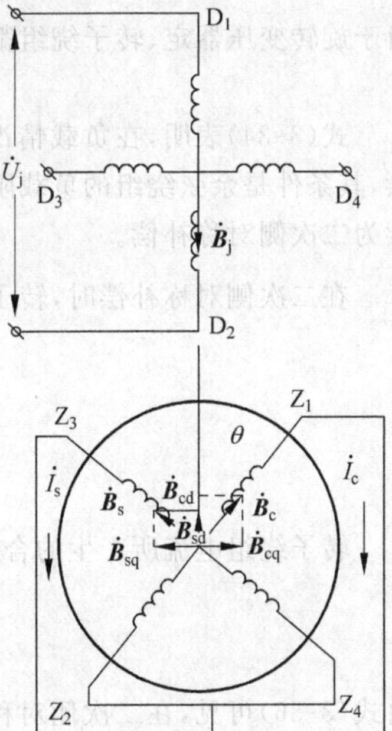

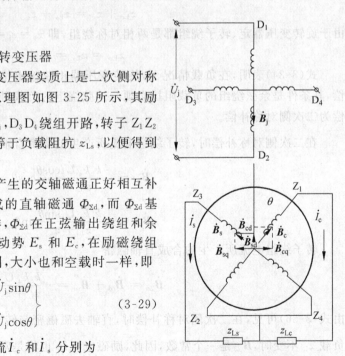

图 3-25　二次侧补偿的正余弦旋转变压器

假设转子两相绕组电流所产生的交轴磁通正好相互补偿。这样，电机气隙中只有合成的直轴磁通$\Phi_{\Sigma d}$，而$\Phi_{\Sigma d}$基本与空载时的励磁磁通Φ_j一样，$\Phi_{\Sigma d}$在正弦输出绕组和余弦输出绕组中分别产生感应电动势E_s和E_c，在励磁绕组中产生E_j，它们的时间相位相同，大小也和空载时一样，即

$$\left.\begin{aligned}\dot{E}_s&=-k_u\dot{U}_j\sin\theta\\ \dot{E}_c&=-k_u\dot{U}_j\cos\theta\end{aligned}\right\} \tag{3-29}$$

这时转子绕组中的负载电流$\dot{I}_c$和$\dot{I}_s$分别为

$$\dot{I}_c=\frac{\dot{E}_c}{z_{Lc}+z_c}=-\frac{k_u\dot{U}_j\cos\theta}{z_{Lc}+z_c}$$

$$\dot{I}_s = \frac{\dot{E}_s}{z_{Ls} + z_s} = -\frac{k_u \dot{U}_j \sin\theta}{z_{Ls} + z_s} \tag{3-30}$$

在余弦绕组中,由负载电流$\dot{I}_c$产生的磁密是$\dot{\boldsymbol{B}}_c$,它的交轴分量$\dot{\boldsymbol{B}}_{cq}$为

$$\dot{\boldsymbol{B}}_{cq} = \dot{\boldsymbol{B}}_c \sin\theta = k_c \dot{I}_c \sin\theta$$

式中 k_c——$\dot{\boldsymbol{B}}_c$ 和$\dot{I}_c$之间的比例系数。

将式(3-30)代入有

$$\dot{\boldsymbol{B}}_{cq} = -\frac{k_c k_u \dot{U}_j \cos\theta}{z_{Lc} + z_c} \sin\theta \tag{3-31}$$

在正弦绕组中,由负载电流$\dot{I}_s$产生的磁密为$\dot{\boldsymbol{B}}_s$,它的交轴磁密$\dot{\boldsymbol{B}}_{sq}$为

$$\dot{\boldsymbol{B}}_{sq} = \dot{\boldsymbol{B}}_s \cos\theta = k_c \dot{I}_s \cos\theta \tag{3-32}$$

将式(3-30)代入,有

$$\dot{\boldsymbol{B}}_{sq} = -\frac{k_c k_u \dot{U}_j \sin\theta}{z_{Ls} + z_s} \cos\theta \tag{3-33}$$

假定交轴磁通已经完全补偿,并据如图 3-25 所示的磁密空间向量的正方向,应有$\dot{\boldsymbol{B}}_{cq} = \dot{\boldsymbol{B}}_{sq}$,即

$$-\frac{k_c k_u \dot{U}_j \cos\theta}{z_{Lc} + z_c} \sin\theta = -\frac{k_c k_u \dot{U}_j \sin\theta}{z_{Ls} + z_s} \cos\theta$$

由此可得

$$z_{Lc} + z_c = z_{Ls} + z_s$$

由于旋转变压器定、转子绕组都是两相对称绕组,即 $z_c = z_s = z_z$,故

$$z_{Lc} = z_{Ls} = z_L \tag{3-34}$$

式(3-34)表明,在负载情况下,旋转变压器正弦输出特性可通过余弦绕组实现完全补偿,其条件是余弦绕组的负载阻抗必须与正弦绕组的负载阻抗相等。因此,常常又称这种补偿为二次侧对称补偿。

在二次侧对称补偿时,转子绕组电流所产生的磁密直轴分量$\dot{\boldsymbol{B}}_{cd}$和$\dot{\boldsymbol{B}}_{sd}$分别为

$$\dot{\boldsymbol{B}}_{cd} = -\frac{k_c k_u \dot{U}_j \cos\theta}{z_L + z_z} \cos\theta$$

$$\dot{\boldsymbol{B}}_{sd} = -\frac{k_c k_u \dot{U}_j \sin\theta}{z_L + z_z} \sin\theta \tag{3-35}$$

转子绕组电流所产生的合成直轴磁密

$$\dot{\boldsymbol{B}}_{\Sigma d} = \dot{\boldsymbol{B}}_{cd} + \dot{\boldsymbol{B}}_{sd} = -\frac{k_c k_u \dot{U}_j}{z_L + z_z} \tag{3-36}$$

由式(3-36)可见,在二次侧对称补偿时,直轴去磁磁密与转子转角 θ 无关,当电源电压$\dot{U}_j$ 和负载 z_L 不变时,$\dot{\boldsymbol{B}}_{\Sigma d}$是一个常数,因此,励磁电流$\dot{I}_j$ 也将是常数,与转子转角 θ 无关。

由以上分析可以得出结论:

(1) 在旋转变压器二次侧接入对称负载时,二次侧电流产生磁通的交轴分量正好得到

完全补偿。

(2) 二次侧电流产生的合成磁通始终在直轴去磁方向上(与 Φ_j 方向相反),在电源电压及负载不变的情况下,二次侧电流产生的合成磁通是与 θ 角无关的常量。

(3) 二次侧补偿时,旋转变压器的励磁电流、输入功率和输入阻抗均不随转角的改变而变化。

以上的结论也同样适用于一般电动机。

在二次侧补偿时,要求两个输出绕组的负载必须完全相同,若其中一个负载阻抗有变化,则要求另一个负载阻抗也同样地变化,这在实际使用中往往不易达到。对于变动的负载阻抗,二次侧补偿不易实现时,可采用一次侧补偿的方法。

2) 一次侧补偿的正余弦旋转变压器

用一次侧补偿的方法也可以消除交轴磁通的影响。接线如图 3-26 所示,此时定子 D_1D_2 励磁绕组接通交流电压$\dot{U}_j$,定子交轴绕组 D_3D_4 接阻抗 z_q;转子 Z_3Z_4 绕组接负载 z_{Ls},而 Z_1Z_2 绕组开路。

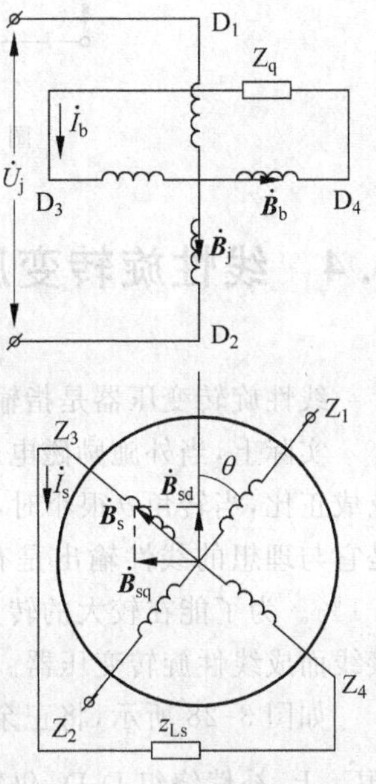

图 3-26　一次侧补偿的正余弦旋转变压器

正弦输出绕组中负载电流 $\dot{I}_s$ 所产生的磁密 $\dot{\boldsymbol{B}}_s$ 可以分解为 $\dot{\boldsymbol{B}}_{sd}$ 和 $\dot{\boldsymbol{B}}_{sq}$。因磁密的直轴分量与励磁磁密 $\dot{\boldsymbol{B}}_j$ 方向相反,起去磁作用,它将由励磁绕组中的电流的改变而予以补偿。而交轴磁密方向和定子补偿绕组 D_3D_4 的轴线一致,并在 D_3D_4 绕组中产生感应电势 $\dot{E}_b$,又因在补偿绕组中接入了阻抗 z_q,便有电流 $\dot{I}_b$ 通过,因而,产生交轴方向的磁密 $\dot{\boldsymbol{B}}_b$,其方向与 $\dot{\boldsymbol{B}}_{sq}$ 的方向相反,对 $\dot{\boldsymbol{B}}_{sq}$ 起去磁作用。通常阻抗 z_q 很小,使补偿绕组近于短路状态,因此,产生的去磁作用很强,致使合成的交轴磁通 $\Phi_{\Sigma q}$ 趋于零。

可以证明,当定子两相绕组的参数相同,阻抗 z_q 与交流励磁电源内阻抗 z_j 相等时,则转子输出绕组电流产生的交轴磁通对输出电压的影响就能得到完全补偿,从而消除了输出电压的畸变。由于一次侧补偿条件为 $z_q = z_j$,故称这种补偿为一次侧补偿。因为一般电源内阻抗 z_j 很小,所以实际应用中经常把交轴绕组直接短接,同样可以达到补偿的目的。

3) 一次、二次侧补偿的正余弦旋转变压器

一次、二次侧补偿的正余弦旋转变压器如图 3-27 所示,此时,4 个绕组全部用上,转子两个绕组接有外阻抗 z_{Ls} 和 z_{Lc},允许 z_{Ls} 有所改变。

与单独二次侧和单独一次侧补偿的两种方式比较,采用一次、二次侧都补偿的方法,对消除输出特性的畸变效果更好。这是因为,单独二次侧补偿所用阻抗 z_{Lc} 与旋转变压器所带的负载阻抗 z_{Ls} 的值必须相等。对于变动的负载阻抗来说,这样不能实现完全补偿。而单独一次侧补偿时,交轴绕组短路,此时负载阻抗改变将不影响补偿程度,而与负载阻抗值的改变无关,所以一次侧补偿显得容易实现。但同时采用一次、二次侧补偿,对于减小误差,提高系统性能,将是更有利的。

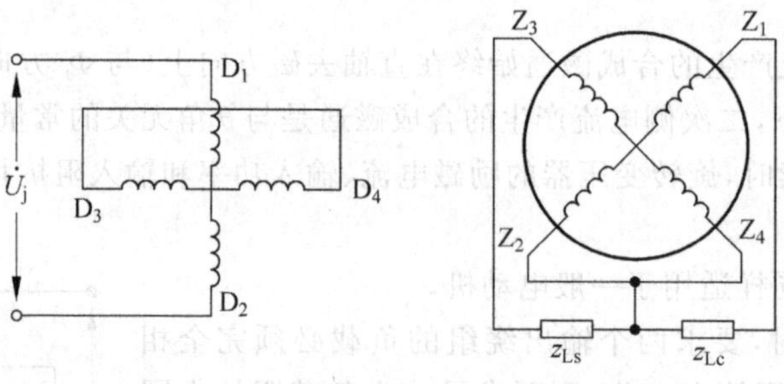

图 3-27 一次、二次侧补偿的正余弦旋转变压器

3.4 线性旋转变压器

线性旋转变压器是指输出电压的大小与转子转角 θ 成正比的旋转变压器。

实际上,当外施励磁电压不变时,正余弦旋转变压器的输出电压与转子转角的正弦或余弦成正比,当转角 θ 很小时,$\sin\theta\approx\theta$,则正余弦旋转变压器的输出电压与转角 θ 成正比。但是它与理想的线性输出是有偏差的。当 $|\theta|\leqslant 14°$ 时,偏差为 1%;当 $|\theta|\leqslant 4.5°$ 时,偏差为 0.1%。为了能在较大的转角范围内得到线性度较高的输出,必须将正余弦旋转变压器改变接线而成线性旋转变压器。

如图 3-28 所示,将正余弦旋转变压器的励磁绕组 D_1D_2 与余弦绕组串联后接到交流电源 $\dot{U}_j$ 上,补偿绕组 D_3D_4 仍短接,起补偿作用,正弦绕组 Z_3Z_4 接负载 z_{Ls}。

3.4.1 空载时线性旋转变压器的输出电压表达式

当如图 3-28 所示的线性旋转变压器 Z_3Z_4 绕组开路时,将励磁绕组和余弦绕组串联后接到交流电源 $\dot{U}_j$ 上,将有电流流过这两个绕组,分别产生 $\dot{\boldsymbol{B}}_j$ 和 $\dot{\boldsymbol{B}}_c$,磁密 $\dot{\boldsymbol{B}}_j$ 为直轴磁密,而 $\dot{\boldsymbol{B}}_c$ 可分解为直轴分量 $\dot{\boldsymbol{B}}_{cd}$ 和交轴分量 $\dot{\boldsymbol{B}}_{cq}$。因补偿绕组短接作为一次补偿,可以认为交轴分量磁密 $\dot{\boldsymbol{B}}_{cq}$ 得到完全补偿,所以,气隙中不存在交轴磁场。这时在旋转变压器中只有合成的直轴磁通 $\Phi_{\Sigma d}$,它只是 $\dot{\boldsymbol{B}}_j$ 和 $\dot{\boldsymbol{B}}_{cd}$ 合成的直轴磁场产生的。直轴磁通 $\Phi_{\Sigma d}$ 分别与励磁绕组,正、余弦输出绕组相匝链,并在它们中分别产生感应电势 $\dot{E}_j$、$\dot{E}_c$ 和 $\dot{E}_s$。这些电势在时间上同相位,分别为

$$\left.\begin{aligned} E_j &= 4.44fW_D\Phi_{\Sigma d} \\ E_c &= 4.44fW_Z\Phi_{\Sigma d}\cdot\cos\theta \\ E_s &= 4.44fW_Z\Phi_{\Sigma d}\cdot\sin\theta \end{aligned}\right\} \tag{3-37}$$

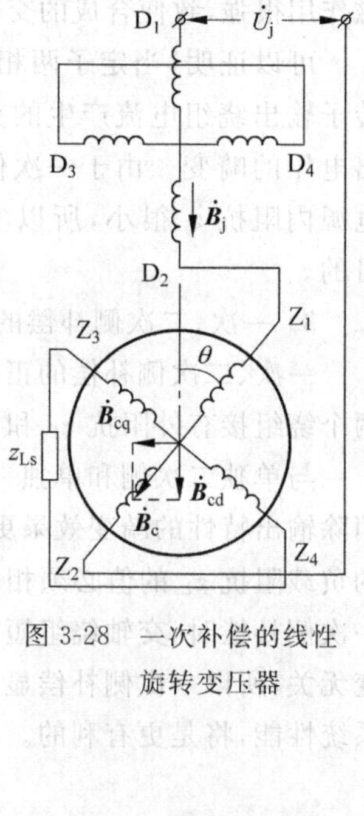

图 3-28 一次补偿的线性旋转变压器

若忽略绕组中的阻抗压降，则

$$U_j = E_j + E_c = 4.44fW_D\Phi_{\Sigma d} + 4.44fW_Z \cdot \cos\theta = 4.44fW_D\Phi_{\Sigma d}(1 + k_u\cos\theta)$$

式中，$k_u = W_Z/W_D$，于是得

$$\Phi_{\Sigma d} = \frac{U_j}{4.44fW_D(1 + k_u\cos\theta)} \tag{3-38}$$

将式(3-38)代入式(3-37)得

$$U_{sco} = E_s = \frac{k_u U_j \sin\theta}{1 + k_u\cos\theta} \tag{3-39}$$

经数学推导证明，当 $k_u = 0.52$，$\theta = \pm 60°$时，输出电压与转子转角成线性关系，并且和理想直线相比较，误差不超过0.1%。但式(3-39)是在忽略了绕组阻抗压降后得出的，所以，结果是近似的。在实际的线性旋转变压器中，为了获得最佳的线性特性，在电源内阻很小时，其变比 k_u 一般取0.56～0.57。

所以，一台变比为0.56～0.57的正余弦旋转变压器，若按图3-28接线，就可以作为线性旋转变压器使用。

3.4.2 负载时的线性旋转变压器

当如图3-28所示的正余弦旋转变压器 Z_3Z_4 绕组接负载 z_{Ls}后，因采用一次侧对称负载，其负载电流 $\dot{I}_s$ 所产生的磁密交轴分量 $\dot{\boldsymbol{B}}_{sq}$ 也可以得到完全补偿，因此，在气隙中仍然只有直轴磁通 $\Phi_{\Sigma d}$。不过，此时 $\Phi_{\Sigma d}$ 是由 $\dot{\boldsymbol{B}}_j$、$\dot{\boldsymbol{B}}_{cd}$ 和 $\dot{\boldsymbol{B}}_{sd}$ 合成的直轴磁密。而式(3-37)～式(3-39)均没有变化。因此，在忽略绕组阻抗条件下，负载时输出电压 U_{sc} 仍和空载时 U_{sco} 一样。

线性旋转变压器的输出电压 U_{sc} 与转子转角 θ 的关系曲线如图3-29所示，当转子转角 θ 在 $\pm 60°$ 范围变化时，输出电压 U_{sc} 与转子转角 θ 的关系可以足够精确地符合线性关系。

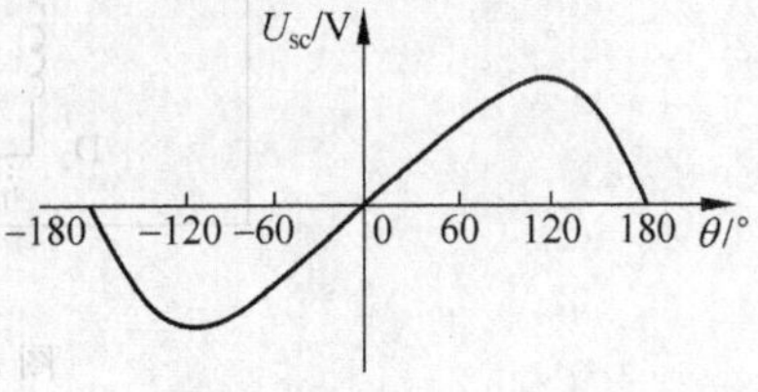

图3-29 线性旋转变压器的输出特性

3.5 旋转变压器的应用

旋转变压器广泛应用于解算装置和高精度随动系统以及系统的装置电压调节和阻抗匹配等。在解算装置中主要用来求解矢量或进行坐标变换、求反三角函数、进行加减乘除及函数的运算等；在模拟式随动系统中进行角差测量或角度数据传输；比例式旋转变压器则是匹配自动控制系统中阻抗和调节电压。无刷旋转变压器承受高、低温，抗冲击和振动的能力要大大强于光电编码器，所以在军事领域中，永磁交流伺服电动机的位置与速度传感元件多选用无刷旋转变压器。常用的激磁频率为400Hz，500Hz，1000Hz和5000Hz。下面举几个典型例子。

3.5.1 旋转变压器测量角差

用一对相同的正余弦旋转变压器,按如图 3-30 所示的方式接线即两机定子绕组对应连接。第一台旋转变压器的转轴与发送轴相连,其转子绕组 Z_1Z_2 接励磁电源,Z_3Z_4 绕组短接作一次侧补偿。第二台旋转变压器的转轴与接收轴相连,从其转子绕组 $Z_3'Z_4'$ 上输出电压。通常把与发送轴相连的旋转变压器叫做旋变发送机,把与接收轴相连的旋转变压器叫做旋变变压器。

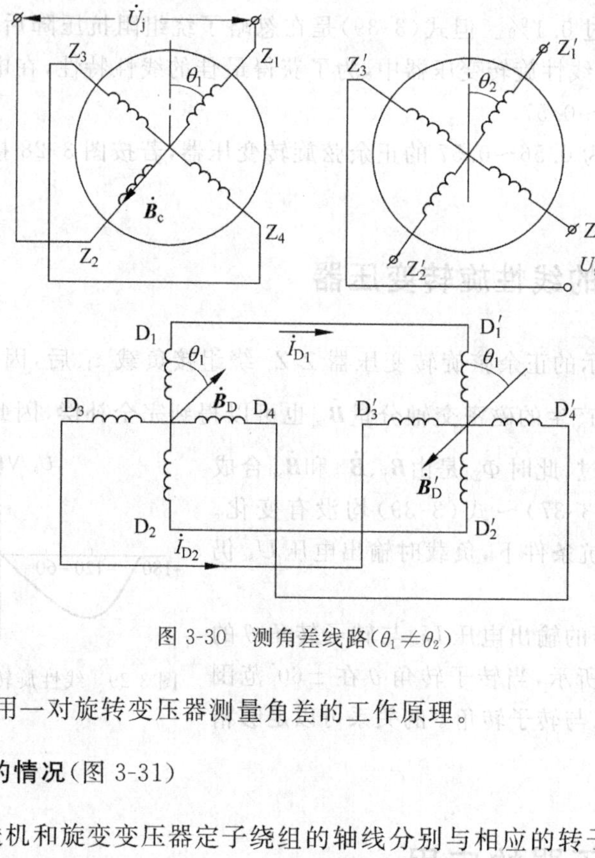

图 3-30 测角差线路($\theta_1 \neq \theta_2$)

下面就来分析用一对旋转变压器测量角差的工作原理。

1. $\theta_1=\theta_2=0°$的情况(图 3-31)

此时,旋变发送机和旋变变压器定子绕组的轴线分别与相应的转子轴线重合。当旋变发送机转子绕组 Z_1Z_2 接交流电源 $\dot{U}_j$ 后产生沿 Z_1Z_2 绕组轴线的磁通。在 $\theta=0°$ 的情况下,定子绕组只有 D_1D_2 产生感应电势。由于 D_1D_2 绕组已和 $D_1'D_2'$ 绕组相连组成闭合回路,故有电流 $\dot{I}_D$ 流过该闭合回路,并产生沿这两个绕组轴线方向的磁通。由于 $\dot{I}_D$ 在这两个绕组中流动的方向相反(设从 D_1 端流出,则从 D_1' 端流入),因而磁通方向也相反,如图 3-31 所示。由于 $\theta_2=0°$,即输出绕组 $Z_3'Z_4'$ 与定子绕组 $D_1'D_2'$ 轴线互相垂直,所以,当 $Z_3'Z_4'$ 绕组匝链的磁通为零时,感应电动势也为零,故 $Z_3'Z_4'$ 绕组输出电压为零。

2. $\theta_1 \neq \theta_2$(图 3-30)

这时,定子绕组 D_1D_2 和 D_3D_4 均有感应电动势,由于 D_1D_2 和 $D_1'D_2'$ 相连,D_3D_4 和 $D_3'D_4'$ 相

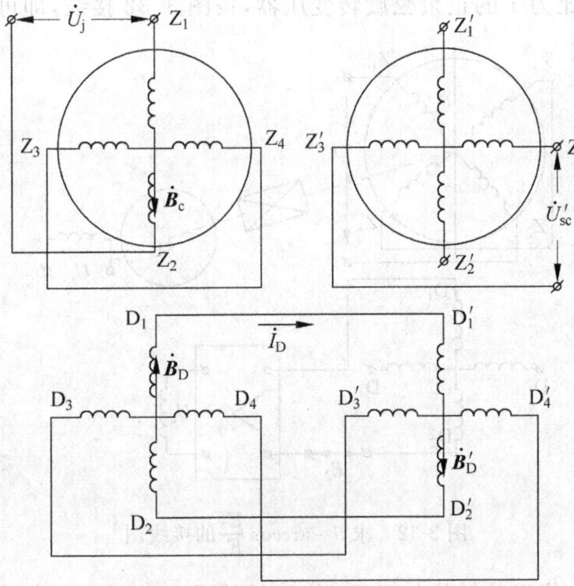

图 3-31　测角差线路($\theta_1=\theta_2=0°$)

连，于是，在定子两个闭合回路中将有电流通过。由于旋转变压器定、转子绕组都是两相对称绕组，因而，对旋变发送机来说，其二次侧接有对称负载，相当于二次侧完全补偿，则定子两闭合回路中电流$\dot{I}_{D_1}$和$\dot{I}_{D_2}$产生的合成磁密将沿着励磁绕组 Z_1Z_2 的轴线方向，而且数值不变，同 $\theta_1=0°$时一样。所以，发送机转子转动 θ_1 角的结果是使定子绕组产生的磁密也相应跟随转过 θ_1 角，但大小基本不变。由于旋变变压器定子绕组中的电流与旋变发送机定子绕组中的电流大小相等而方向相反，则旋变变压器定子电流产生的合成磁密必定与旋变发送机定子电流的合成磁密大小相等，方向相反。当然，这里所指的"方向相反"，是指"相对于对接绕组的基准相轴线"而言，并不是相对于空间。这里的基准相轴线即 D_1D_2 和 $D_1'D_2'$对接相绕组的轴线。因此，旋变变压器定子绕组电流产生的合成磁密也将随发送机转子转角改变而变化。如果旋变变压器转子所处的位置角度 $\theta_1\neq\theta_2$，则由图 3-30 可知，旋变变压器定子绕组电流产生的合成磁密$\dot{\boldsymbol{B}}_D'$与其转子输出绕组 $Z_3'Z_4'$轴线夹角为 $90°-(\theta_1-\theta_2)$。因此，当忽略绕组阻抗时，其输出电压 U_{sc}'为

$$U_{sc}'=E_s'=E_{\max}\cos[90°-(\theta_1-\theta_2)]=E_{\max}\sin(\theta_1-\theta_2)=E_{\max}\sin\delta \tag{3-40}$$

式中，$\delta=\theta_1-\theta_2$——发送轴与接收轴转角差；

$E_{\max}$——角差 $\delta=90°$时，输出绕组中的感应电势的有效值。

当 δ 很小时，$U_{sc}'\approx E_{\max}\cdot\delta$。由此可见，利用如图 3-30 所示的一对旋转变压器，可以测量两个转轴之间的转角差，测量精度可达 $3'\sim5'$。

3.5.2　用旋转变压器求反三角函数

已知 E_1、E_2，求角 θ，使 $\cos\theta=E_2/E_1$，即

$$\theta=\arccos\frac{E_2}{E_1}$$

可以采用一台变比为 1 的正余弦旋转变压器,按图 3-32 接线,即可完成这一运算。

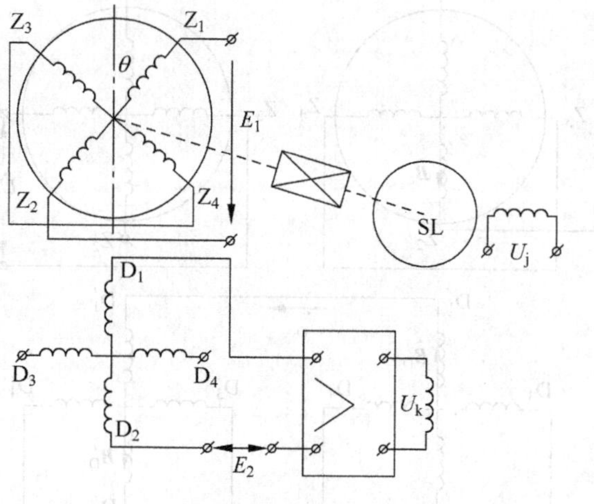

图 3-32 求 $\theta=\arccos\dfrac{E_2}{E_1}$ 的接线图

如果初始时,Z_1Z_2 绕组的轴线与 D_1D_2 绕组轴线重合,电压 E_1 加在 Z_1Z_2 绕组上,D_1D_2 绕组和电压 E_2 串联后加于放大器上,并注意使 D_1D_2 绕组电动势相位与 E_2 的相位相反。放大器输出给交流伺服电动机的控制绕组,伺服电动机通过减速器与旋转变压器转子机械耦合。若忽略绕组 Z_1Z_2 的漏阻抗,则绕组 D_1D_2 中的感应电动势为 E_1,放大器的输出电压 $E_1-E_2>0$,伺服电动机转动,并带动旋转变压器转子转过 θ 角。此时,D_1D_2 绕组中的感应电动势为 $E_1\cos\theta$,因此,放大器的输入电动势为 $E_1\cos\theta-E_2$。当 $E_1\cos\theta-E_2=0$ 时,电动机就停止转动。于是

$$\frac{E_2}{E_1}=\cos\theta$$

即

$$\theta=\arccos\frac{E_2}{E_1}$$

这正是所要求的角度值。

3.5.3 比例式旋转变压器

比例式旋转变压器的用途是匹配阻抗和调节电压。若在正余弦旋转变压器的定子绕组 D_1D_2 端施以励磁电压 $\dot{U}_j$,转子 Z_3Z_4 从基准零位逆时针旋转 θ 角,则转子绕组 Z_3Z_4 端的输出电压为

$$U_s=k_u\cdot U_j\cos\theta$$

此时,定子绕组 D_3D_4 短接进行一次侧补偿,转子 Z_1Z_2 绕组开路,则

$$\frac{U_s}{U_j}=k_u\cdot\cos\theta \tag{3-41}$$

上式中的转子转角 θ 在 0°～360°变化,也就是 $\cos\theta$ 在 +1.0～−1.0 变动。因变比 k_u 为常数,故比值 U_s/U_j 将在 $\pm k_u$ 的范围内变化。如果调节转子转角 θ 到某定值,则可得到唯一的比值 U_s/U_j。这就是比例式旋转变压器的工作原理。在自动控制系统中,若前级装

置的输出电压与后级装置需要的输入电压不匹配，可以在中间放置一比例式旋转变压器，将前级装置的输出电压加在该旋转变压器的输入端，调整比例式旋转变压器的转子转角到适当值，即可得到输出后级装置所需要的输入信号电压。

3.6　旋转变压器的选用

要正确使用旋转变压器，除了要了解其输出电压与转子转角的各种函数关系之外，还要了解其误差特性，以及这些误差随使用条件（如温度、频率、电压等）的变化情况，以便根据不同的用途和要求合理选用适当精度的旋转变压器。

3.6.1　旋转变压器型号

旋转变压器的型号仍然遵循国家标准对于控制电机的型号命名方法（参见第 1 章直流伺服电动机 1.5.2 节）。型号举例如下：

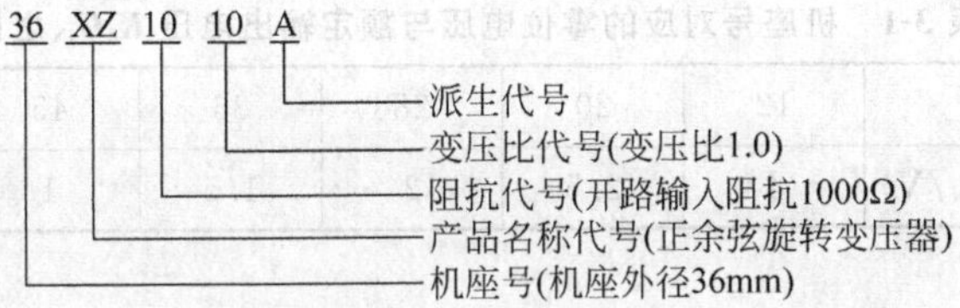

3.6.2　旋转变压器的误差特性

旋转变压器的误差主要有：正余弦函数误差、线性误差、电气误差、零位误差和相位移误差等。

1. 正余弦函数误差

正余弦函数误差是指正余弦旋转变压器的一次侧一相绕组以额定频率的额定电压励磁，另一相绕组短接，在不同转角时，二次侧两输出绕组电压与理论正余弦函数之差对最大理论输出电压之比。

图 3-33 曲线 1 表示正弦函数曲线，曲线 2 表示旋转变压器的正弦绕组实际输出曲线，两者之差在 θ_0 处最大，差值为 $\Delta U_{\max}$，故函数误差为

$$\frac{\Delta U_{\max}}{U_{\max}}\times 100\%$$

目前，我国精密旋转变压器产品的函数误差为 0.02%～0.05%。

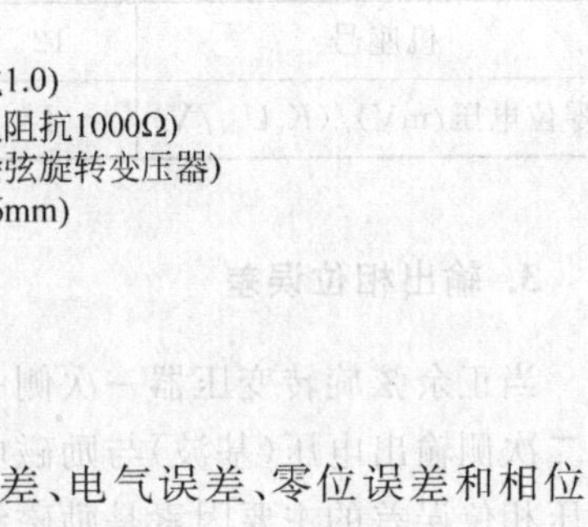

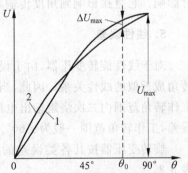

图 3-33　旋转变压器的函数误差

2. 零位电压和零位误差

正余弦旋转变压器的一次侧一相绕组以额定频率、

额定电压励磁,另一相绕组短接,二次侧正弦输出绕组在转角为0°和180°时,输出电压应为零,称0°和180°为正弦绕组的零位。余弦输出绕组在转角为90°和270°时,输出电压应为零,称90°和270°为余弦绕组的零位。但是,由于制造工艺和材料缺陷,实际的旋转变压器找不到一个角度使其输出电压为零,而只能找到一个角度使输出电压最小。这个最小的电压值称为**零位电压**或剩余电压。这时,转子的角位置为旋转变压器的实际电气零位。这些零位的角度值不一定正好是0°、180°、90°和270°,而是有一定的误差,例如可能是0°5′、180°3′、89°56′、270°5′。这些误差(+5′、+3′、−4′、+5′)中最大正负偏差的绝对值之和叫做旋转变压器的零位误差。零位误差表征了定子与转子两相绕组磁轴的正交性,因此,有时又叫正交误差。零位误差的大小将直接影响到解算装置和角度传输系统的精度。

零位电压由两部分组成:一部分是与励磁电源频率相同,但相位却相差90°电角度的基波正交分量;另一部分是频率为励磁电源频率奇数倍的高次谐波分量。零位电压过高,将引起输出外接的放大器饱和。因而,旋转变压器的最大零位电压与额定输出电压 $K_u U_{jN}$ (U_{jN}为额定励磁电压)之比不得超过表3-1中的规定值。

表3-1 机座号对应的零位电压与额定输出电压 $K_u U_{jN}$ 之比

机座号	12	20	28	36	45	55	70
(零位电压/mV)/($K_u U_{jN}$/V)	4	2.5	2	1.5	1	1	1.5

3. 输出相位误差

当正余弦旋转变压器一次侧一相绕组以额定频率、额定电压励磁,另一相绕组短接时,其二次侧输出电压(基波)与励磁电压(基波)之间的相位差,称为输出相位误差。引起输出电压相位误差的主要因素是励磁绕组的电阻和铁芯的铁损耗。

4. 电气误差

正余弦旋转变压器一次侧一相绕组以额定频率、额定电压励磁,另一相绕组短接时,其二次侧两个绕组输出电压之比所对应的正切(或余切)的角度值与实际转角之差称为电气误差,以角分表示。电气误差包括了函数误差、零位误差、变比误差及阻抗不对称等因素的综合影响。它直接影响到角度传输系统的精度。

5. 线性误差

对于线性旋转变压器,由于设计原理所限,只能在一定的转角范围内,输出电压与转子转角成近似的线性关系。因此,当线性旋转变压器一次侧以额定频率、额定电压励磁时,在工作转角范围内二次绕组输出电压与理想直线的偏差对理论最大输出电压之比,称为线性误差,工作转角范围一般为±60°。

旋转变压器按其各类误差的大小,分为4个精度等级。各级精度的各类误差范围见表3-2。

不同类型的旋转变压器,对误差特性的要求也不同。例如对角度传输用的旋转变压器,主要要求电气误差要小；对计算用的旋转变压器，主要要求函数误差和零位误差要小；对线性旋转变压器，主要要求线性误差要小等。但这些误差特性之间不是孤立的，而是有联系的，因此，在设计时考虑的出发点及采取的措施并不完全相同。

表 3-2 旋转变压器精度等级

精度等级	0	1	2	3
函数误差/%	±0.05	±0.1	±0.2	±0.3
零位误差/′	±3	±8	±16	±22
电气误差/′	±3	±8	±12	±18
线性误差/%	±0.05	±0.1	±0.2	±0.3

3.6.3 使用条件对误差特性的影响

旋转变压器的工作环境(温度、气压等)一般是不断变化的。此外，旋转变压器在系统中工作时，其励磁电压和频率也不一定是恒值，这对其误差特性会带来一些影响。

1. 励磁电压的影响

励磁电压的变化主要影响零位电压、变比和相位移。

(1) 零位电压随励磁电压的升高而增大。

(2) 励磁电压在额定值以下范围内变化时，变比基本不变。当励磁电压超过额定值很多时，由于阻抗压降增大，变比将略有下降。

(3) 当励磁电压低于额定值时，其相位移的值将变大。随着励磁电压的升高呈下降的趋势，在较大的励磁电压范围内，相位移基本上保持不变，如图 3-34 所示。

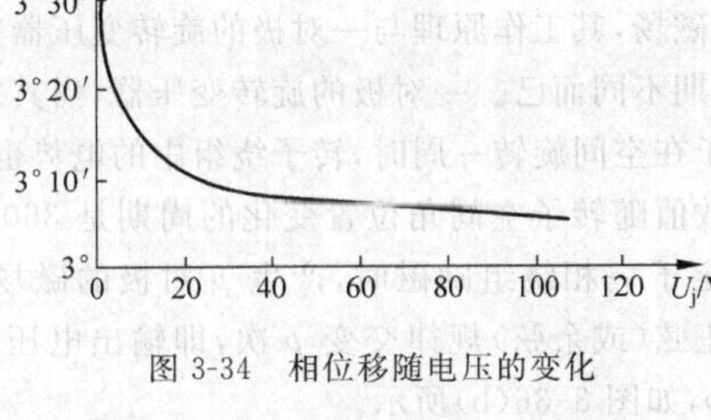

图 3-34 相位移随电压的变化

旋转变压器的励磁电压一般不要高于额定值，励磁电压过高，将引起磁路饱和，使旋转变压器的性能变坏。

2. 励磁频率的影响

除特殊设计的旋转变压器能工作在很宽的频率范围内而保持变比基本不变之外，频率的变化将会影响一般旋转变压器的变比和相位移。

在额定频率附近，零位电压与频率无关，函数误差也不变。

值得注意的是，当励磁电压不变时，励磁电源频率不能低于额定值很多，因为 $U_j = 4.44fW\Phi_m$，显然，当频率下降很多而 U_j 不变时，Φ_m 将上升很多，致使电机磁路饱和，励磁电流增加很多，造成电机烧毁。

3. 温度变化对旋转变压器性能的影响

温度变化将影响变比和相位移，这主要是因为输入绕组的直流电阻受温度的影响变化较大(约为 0.4%/℃)。

3.7 多极旋转变压器及其在随动系统中的应用

3.7.1 双通道测角线路

在 3.6 节已经谈到，用一对旋转变压器测量角差可以获得较高的精度，例如几个角分。但对于更高精度的同步随动系统，用上述一对旋转变压器组成的测角线路就不能满足要求了。这是由旋转变压器的制造精度决定的。例如，即使零级精度的正余弦旋转变压器，当旋变变压器输出电压为最小时，也可能有 3′的零位误差(见表 3-2)。这样，发送轴与接收轴就可能有 3′的误差。为了进一步提高精度，人们最初使用了带有机械变速的双通道测角线路，如图 3-35 所示。这种机械变速的双通道测角系统虽然提高了测量精度，但其精度仍然不超过 2′～3′。因为这种机械变速式的双通道测角系统的精度受到减速齿轮制造误差的限制，目前，齿轮的制造误差最小可达 2′～3′。为了满足更高精度的角随动系统的需要，发展了新型的旋转变压器——多极旋转变压器。利用它可以不用减速齿轮而构成电气变速的双通道测角线路，使测量精度大为提高，最高可达 3″～7″。

顾名思义，多极旋转变压器就是当其定子与转子一相绕组加上交流励磁电压时，沿定子内圆周产生多对极的脉振磁场，其工作原理与一对极的旋转变压器完全相同，只是输出电压的有效值随转子变化的周期不同而已。一对极的旋转变压器，当其定子一相绕组励磁时，产生的是一对极的磁场，转子在空间旋转一周时，转子绕组中的电势也按正弦(或余弦)规律交变一次，即输出电压的有效值随转子空间角位置变化的周期是 360°，如图 3-36(a)所示。p 对极的旋转变压器，当其定子一相绕组励磁时，产生 p 对极的磁场，转子在空间旋转一周时，转子绕组中的电势按正弦(或余弦)规律交变 p 次，即输出电压的有效值随转子空间角位置变化的周期是 $360°/p$，如图 3-36(b)所示。

正(余)弦函数的变化周期是 360°电角度，在写正(余)弦函数表达式时，是用电角度表示的，由图 3-36 可知，一对极旋转变压器的电角度与空间角度相等，而 p 对极旋转变压器的电角度为空间角的 p 倍，因此有

$$U_{s(1)} = U_{m(1)} \sin\theta \tag{3-42}$$

$$U_{s(p)} = U_{m(p)} \sin p\theta \tag{3-43}$$

式中，$U_{m(1)}$——一对极旋转变压器最大输出电压的有效值；

$U_{m(p)}$——p 对极旋转变压器最大输出电压的有效值；

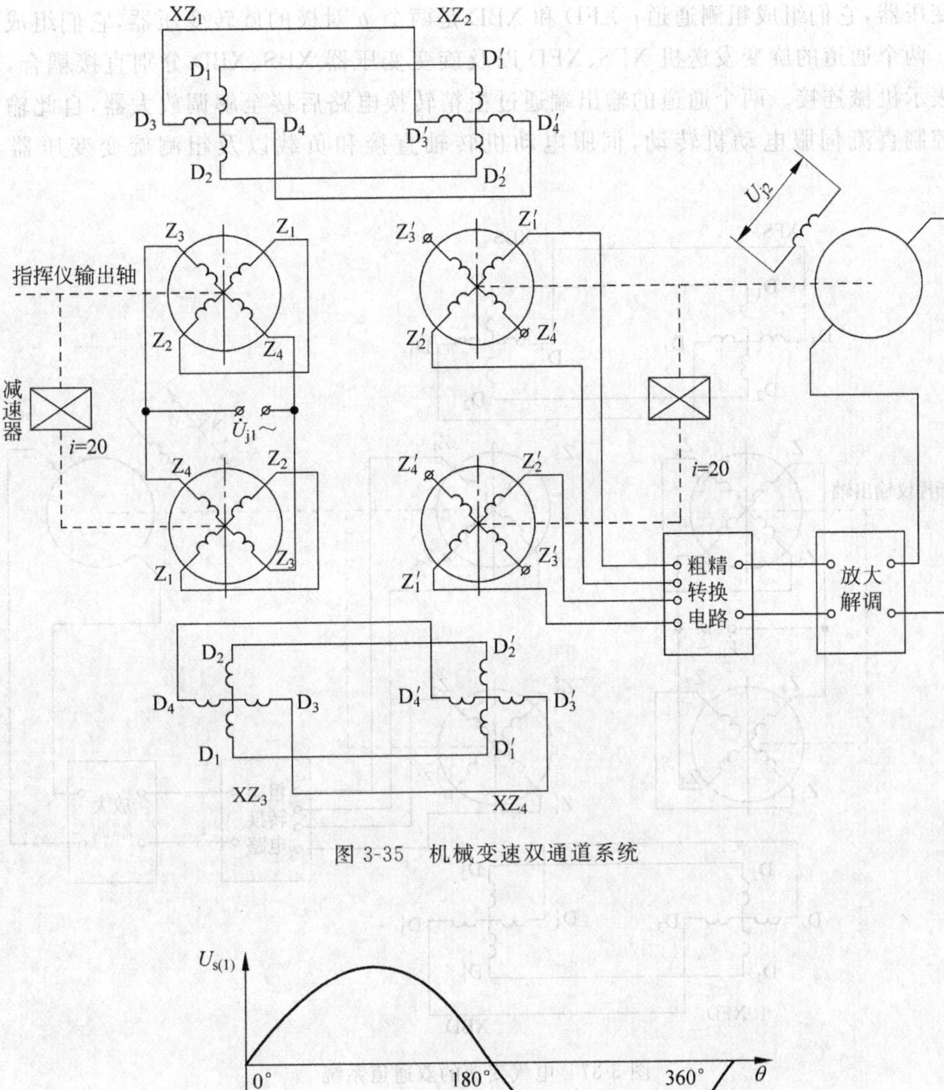

图 3-35　机械变速双通道系统

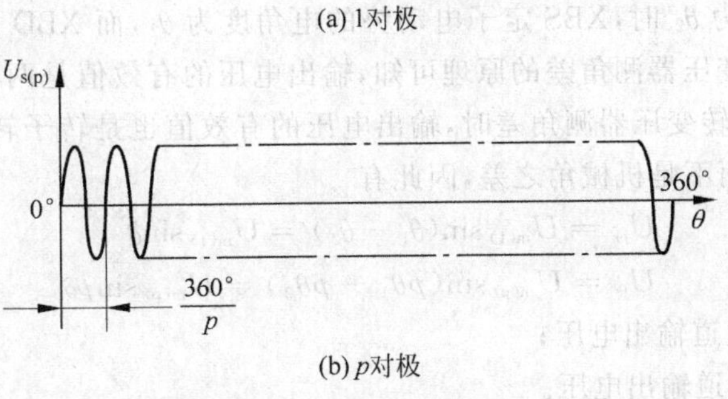

(a) 1对极

(b) p对极

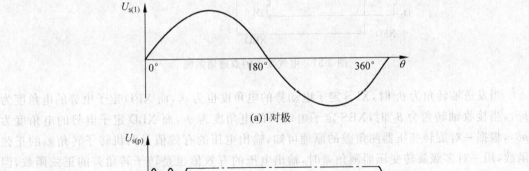

图 3-36　旋转变压器输出电压与转子空间转角的关系

电气变速的双通道同步传输系统如图 3-37 所示。图中 XFS 和 XBS 是两个一对极的旋转变压器,它们组成粗测通道;XFD 和 XBD 是两个 p 对极的旋转变压器,它们组成精测通道。两个通道的旋变发送机 XFS、XFD 以及旋变变压器 XBS、XBD 分别直接耦合,图中虚线表示机械连接。两个通道的输出端通过粗精转换电路后接至解调放大器,自此输出的电压控制直流伺服电动机转动,伺服电动机转轴直接和负载以及粗测旋变变压器 XBS 耦合。

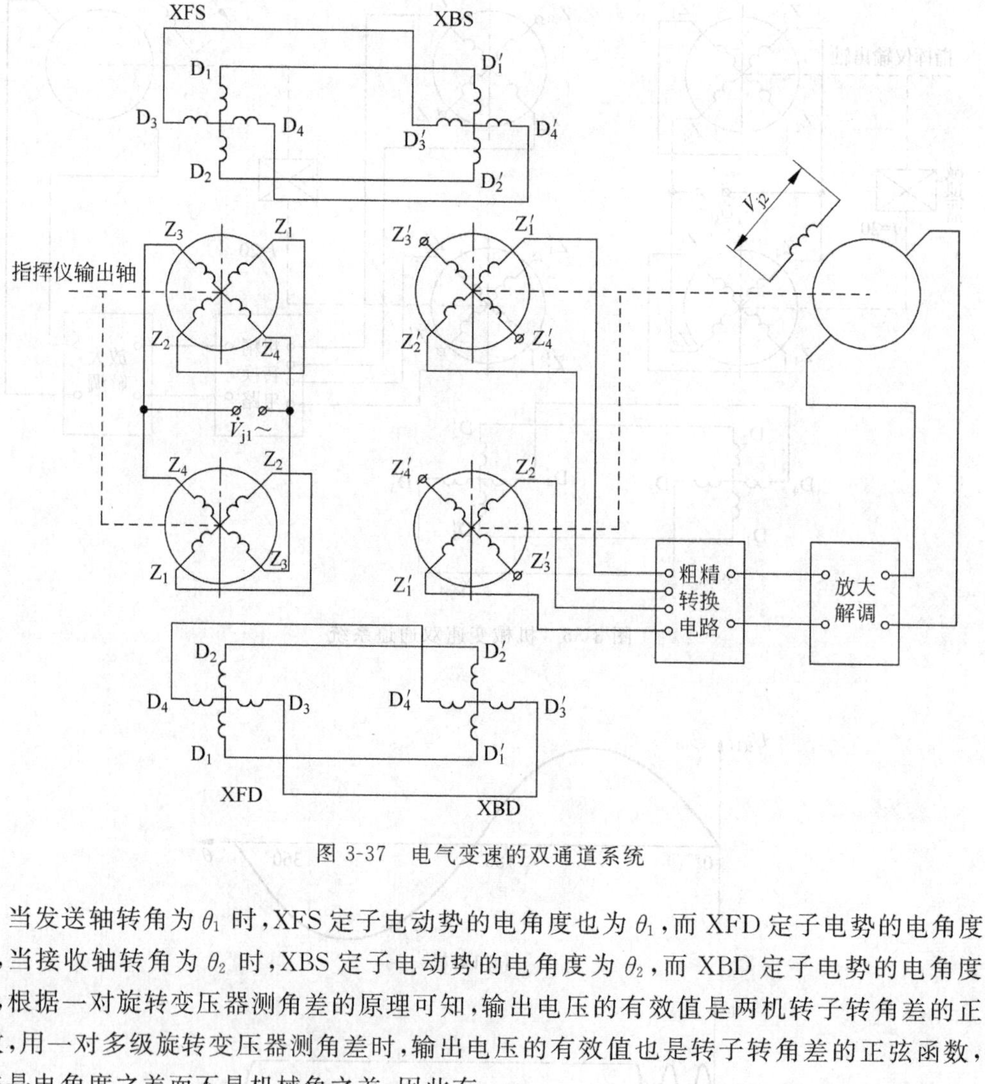

图 3-37 电气变速的双通道系统

当发送轴转角为 θ_1 时,XFS 定子电动势的电角度也为 θ_1,而 XFD 定子电势的电角度为 $p\theta_1$,当接收轴转角为 θ_2 时,XBS 定子电动势的电角度为 θ_2,而 XBD 定子电势的电角度为 $p\theta_2$,根据一对旋转变压器测角差的原理可知,输出电压的有效值是两机转子转角差的正弦函数,用一对多级旋转变压器测角差时,输出电压的有效值也是转子转角差的正弦函数,但角差是电角度之差而不是机械角之差,因此有

$$U_{cs} = U_{m(1)}\sin(\theta_1 - \theta_2) = U_{m(1)}\sin\delta$$

$$U_{js} = U_{m(p)}\sin(p\theta_1 - p\theta_2) = U_{m(p)}\sin p\delta$$

式中,U_{cs}——粗测通道输出电压;

U_{js}——精测通道输出电压。

图 3-38 曲线 1 和曲线 2 分别为失调角 δ 较小时 U_{cs} 和 U_{js} 的波形。假定在差角 δ_0 时,两极旋转变压器的输出电压 U_0,经解调放大后刚好不能驱动直流伺服电动机转动,于是,造成

系统有误差 δ_0。但如果改用多级旋转变压器，当差角为 δ_0 时，其电气差角被放大了 p 倍，所以，应有较大的输出 $U_{js}=U_{m(p)}\sin p\delta$（见图中 A 点）。显然，经解调放大后能驱动直流伺服电动机继续转动，直到 $U_{js}=U_0$ 时（见图中 B 点），伺服电动机才停转。此时，系统的误差为 δ_0'。由图可以看出，δ_0' 比 δ_0 小得多，因而，系统的精度大大提高了。一般来说，多级旋转变压器的极对数越多，系统的精度就越高。

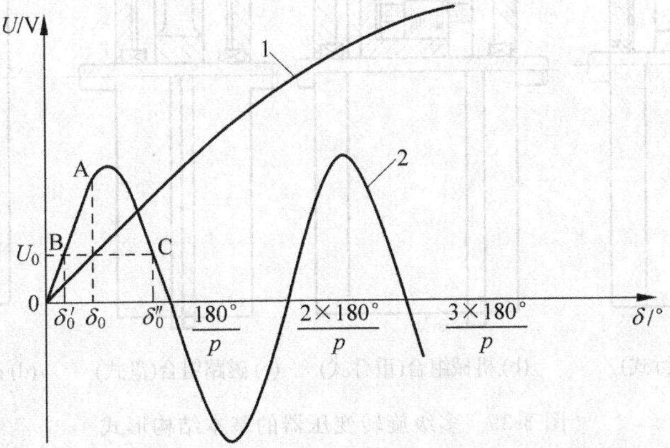

图 3-38　粗精通道输出电压与转角差的关系曲线

那么，为什么需要粗、精两条通道呢，只用精测通道行不行呢？不行。因为精测通道的高精度并不是在任何情况下都能保证的。下面就来分析这个问题。

假设直流伺服电动机的死区电压为零，即说明只要 XBD 有输出电压，就可以使伺服电动机转动。这里再强调指出，若测角线路输出正电压，伺服电动机就带着负载及旋变变压器朝消除角差方向（设为正方向）旋转；反之，若输出负电压，伺服电动机就将向相反的方向（设为负方向）旋转。由图 3-36 可知，当角差为 $k\cdot180°/p(k=1,2,3,\cdots)$ 时，XBD 输出都是零，伺服电动机都不能转动，但这些都不是发送轴与接收轴的协调位置，称为虚假协调位置。由此可知，若只有精测通道，当角差大于 $180°/p$ 以后，系统就会在虚假协调位置上稳定。实际上是丧失了协调能力，也就谈不上精度了。

假设 U_0 经解调放大后正好是伺服电动机的死区电压，由图 3-36 可知，只要角差 $\delta>\delta''$，精测通道测量精度就会低于粗测通道了。因此，为了保证精度，必然将粗、精两条通道配合使用，即在大失调角时，由粗测通道的输出来控制执行电机，当执行电机将负载及接收机带入小失调角范围后，再由精测通道输出来控制执行电机。这两种输出电压的转换任务由粗精转换电路来完成。关于粗精转换电路，可参阅有关书籍。

3.7.2　多级旋转变压器的结构

多级旋转变压器除了在角度数据传输的同步系统中得到广泛的应用之外，还可以用于解算装置和模数转换装置中。用于伺服系统的多级旋转变压器，一般是 30、40、50、60、72 极；用于解算装置和模数转换装置中的多级旋转变压器，一般是 16、32、64、128 极。

多级旋转变压器有粗机、精机分装式的结构和粗机、精机结合在一起的组合结构。多级旋转变压器的几种基本结构如图 3-39 所示。

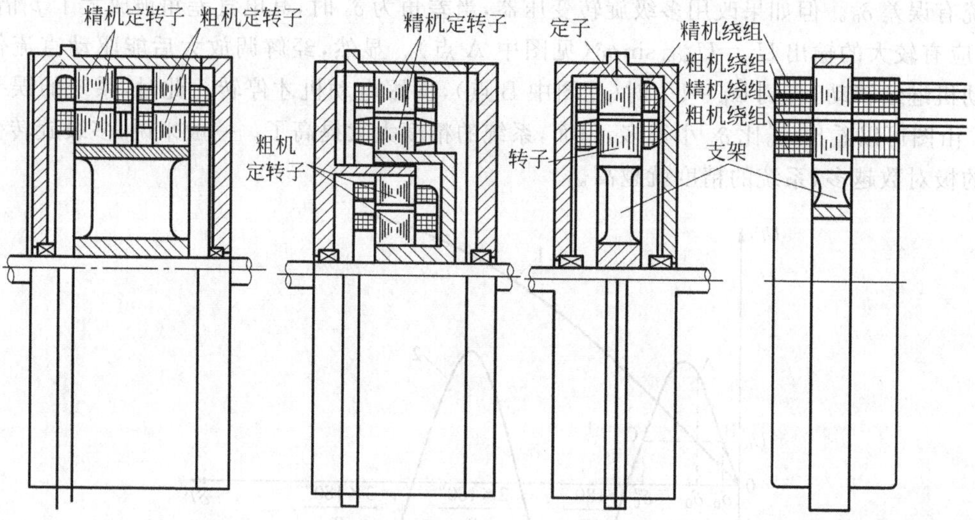

(a) 机械组合(平行式) (b) 机械组合(重叠式) (c) 磁路组合(盘式) (d) 磁路组合(环式)

图 3-39 多级旋转变压器的基本结构形式

3.8 磁阻式旋转变压器

随着航空技术的高速发展,角度编码技术的广泛使用,需要结构简单,可靠性好,精度高,体积小的角度传感元件。磁阻式多极旋转变压器(Variable Reluctance Resolver)是一种无接触式的多极角度传感元件,由于没有电刷滑环接触,所以可以提高系统的可靠性和抗冲击振动能力,适应恶劣的工作环境,并能连续高速、长寿命地运行。

磁阻式旋转变压器的励磁绕组和输出绕组放在同一套定子槽内,固定不动。但励磁绕组和输出绕组的形式不一样。两相绕组的输出信号,仍然应该是随转角作正弦变化、彼此相差 90°电角度的电信号。转子磁极形状作特殊设计,使得气隙磁场近似于正弦形。转子形状的设计也必须满足所要求的极数。转子的形状决定了极对数和气隙磁场的形状。磁阻式旋转变压器一般都做成分装式,不组合在一起,以分装形式提供给用户,由用户自己组装配合。

传统磁阻式旋变的结构同传统电机一样,由定转子组成,定子铁芯,转子铁芯分别是由带有一定槽数的电工矽钢片叠成。定子铁芯上有大、小齿,小齿均匀分布在大齿(即极靴)的齿端,输入、输出、补偿绕组全部嵌放定子铁芯的大槽中,转子铁芯上没有绕组,如图 3-40 所示。

图 3-41 为简单的磁阻式多极旋转变压器工作原理图,定子齿数为 5,转子齿数为 4,定子槽内安置了一个逐槽反向串接的输入绕组 1-1 和两个间隔绕成反向串接的输出绕组 2-2 和 3-3。当输入绕组用交流正弦电压激磁时,两个输出绕组中分别感应两个电动势,其幅值主要决定于定转子齿间气隙磁导的大小,即随气隙磁导的变化而变化。转子转过一个齿距,气隙磁导变化一周期,则输出电压幅值就变化一周期。转子转过一周,输出电压幅值变化的周

期数等于转子齿数，因此转子齿数就相当于磁阻式多极旋转变压器的极对数，从而获得多极的效果。

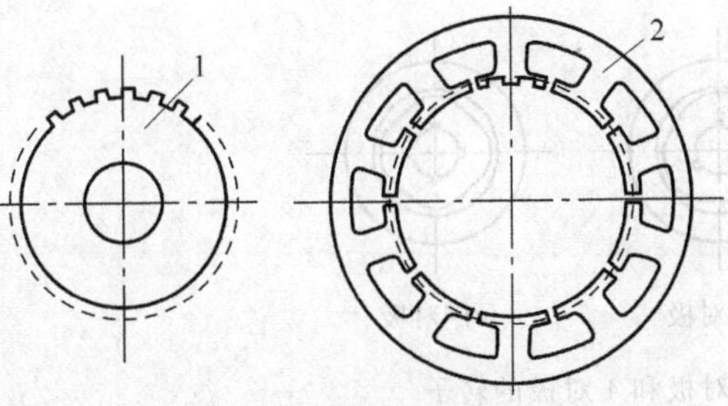

图 3-40　定转子冲片

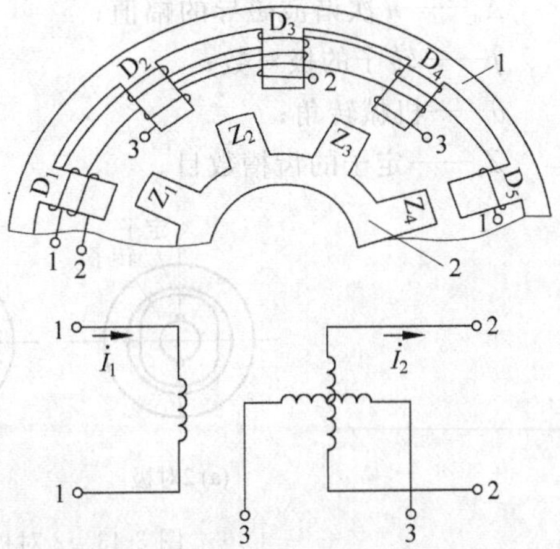

图 3-41　磁阻式多极旋转变压器原理图

然而由于其定子采用大小齿凸极结构，增大了磁阻式旋转变压器的体积，而且还存在误差较大，绕组形式过于复杂等问题；另外，传统的磁阻式旋转变压器为了达到一定的精度，一般所取的极数较多，而电机系统却要求作为转子位置传感器的旋转变压器具有与电机本体相同的极对数，以方便进行矢量变换。这样，传统的磁阻式旋转变压器的使用就受到了限制。

新型的磁阻式旋转变压器如图 3-42 所示。这种新型的磁阻式旋转变压器不同于传统的磁阻式旋转变压器，其凸极式结构的转子上不再开有齿槽；其定子上也不再开有大小两类齿槽，取而代之的是普通齿槽结构。这样，大大简化了磁阻式旋转变压器的结构，非常有利于产品的加工和小型化，而且在理论上其精度有很大的提高空间。输出电压幅值随转角变化的波形，主要取决于气隙磁导变化的波形。图 3-43 为不同级对数的转子形式。

图 3-42　新型磁阻式多极旋转变压器结构图

由于绕组是同心地绕在定子的大齿上的，因此感应电动势的情况和对应的一个大齿下的磁导变化有关。每个大齿下气隙磁导 Λ_m 为转子电气角度的周期函数，适当选取坐标轴，可以将 Λ_m 表示为偶函数。Λ_m 用傅里叶级数表示为

$$\Lambda_{mi} = \Lambda_{m0} + \sum_{n=1}^{\infty} \Lambda_{mn} \cos\left[np\theta + (i-1)\frac{2\pi p}{Z_s} \right] \tag{3-44}$$

式中,i——定子的齿槽编号;

Λ_0——平均磁导;

Λ_n——n 次谐波磁导的幅值;

p——转子的极对数;

θ——机械转角;

Z_s——定子的齿槽数目。

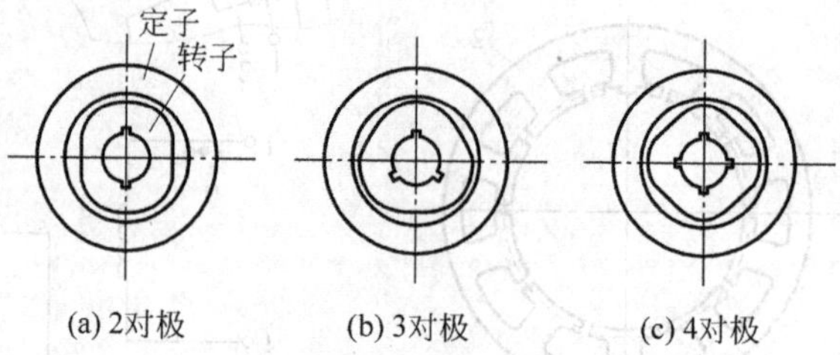

图 3-43 2 对极、3 对极和 4 对极的转子

另外,由式(3-44)可求得定子上所有齿槽的总磁导,因此有

$$\sum_{1}^{Z_s}(-1)^{i+1}\Lambda_{mi}=Z_s\Lambda_{m0}+\sum_{n=1}^{\infty}\sum_{1}^{Z_s}\Lambda_{mn}\cos\left[np\theta+(i-1)\frac{2n\pi p}{Z_s}\right] \tag{3-45}$$

经过分析可以发现,式(3-45)中的谐波分量很小,基波分量为 0,所以总磁导为一恒定值。又因为输入电抗和励磁电流保持不变,所以总磁动势也不变,这样定子上所有齿槽的总磁通也就保持不变,那么定子上每个齿槽的励磁磁通为

$$\Phi_i=\Phi_0+\sum_{n=1}^{\infty}\Phi_n\cos\left[np\theta+(i-1)\frac{2\pi p}{Z_s}\right] \tag{3-46}$$

式(3-46)中,Φ_0 为磁通的恒定分量,Φ_n 为 n 次谐波磁通的幅值。

若将转子的形状按照正余弦性质进行设计,并根据式(3-44),那么气隙磁导就可以表示为

$$G_{mi}=G_0+G_1\cos\left[p\theta+(i-1)\frac{2\pi p}{Z_s}\right] \tag{3-47}$$

然后,将式(3-47)代入式(3-46)中,那么就有

$$\Phi_i=\Phi_0+\Phi_1\cos\left[p\theta+(i-1)\frac{2\pi p}{Z_s}\right] \tag{3-48}$$

另外,正余弦输出绕组匝链的磁链表达式为

$$\begin{cases}\Psi_{\cos}=\sum\limits_{i=2,4,6,\cdots}W_2(-1)^{\left(\frac{i-1}{2}\right)}\Phi_i\\ \Psi_{\sin}=\sum\limits_{i=1,3,5,\cdots}W_2(-1)^{\left(\frac{i-1}{2}\right)}\Phi_i\end{cases} \tag{3-49}$$

将式(3-48)代入式(3-49)中,便可以得到

$$\begin{cases}\Psi_{\cos}=W_2\Phi_1\cos(p\theta)\\ \Psi_{\sin}=W_2\Phi_1\sin(p\theta)\end{cases} \tag{3-50}$$

从而,输出绕组上的感应电动势为

$$
\begin{cases}
e_{\cos} = -\dfrac{\mathrm{d}\Psi_{\cos}}{\mathrm{d}t} = -W_2\dfrac{\mathrm{d}\Phi_1}{\mathrm{d}t}\cos(p\theta) = Ke_1\cos(p\theta) \\
e_{\sin} = -\dfrac{\mathrm{d}\Psi_{\sin}}{\mathrm{d}t} = -W_2\dfrac{\mathrm{d}\Phi_1}{\mathrm{d}t}\sin(p\theta) = Ke_1\sin(p\theta)
\end{cases}
\tag{3-51}
$$

由此可见，输出绕组输出的信号电动势与转子转角保持了一种正余弦函数关系。

3.9　感应同步器(Inductosyn)

1957 年美国的 R. W. 特利普等在美国取得感应同步器的专利，原名是位置测量变压器，感应同步器是它的商品名称。它是一种高精度的微电机，有直线式和圆盘式两类，分别用作检测直线位移和转角。就其工作原理来说，感应同步器类似多级旋转变压器。因此，也在本章中讲述。感应同步器的极(导片)对数可多达几百，甚至几千，所以，与旋转变压器相比测量精度可大大提高，直线式感应同步器的精度可达 1μm，圆盘式可达 0.5 角秒。初期用于雷达天线的定位和自动跟踪、导弹的导向等。在机械制造中，感应同步器常用于数字控制机床、加工中心等的闭环伺服系统中和坐标测量机、镗床等的测量数字显示系统中。它对环境条件要求较低，能在有少量粉尘、有雾的环境下正常工作。

3.9.1　直线式感应同步器的结构和工作原理

1. 直线式感应同步器的结构

直线式感应同步器由定尺和滑尺两部分组成，如图 3-44 和图 3-45 所示。

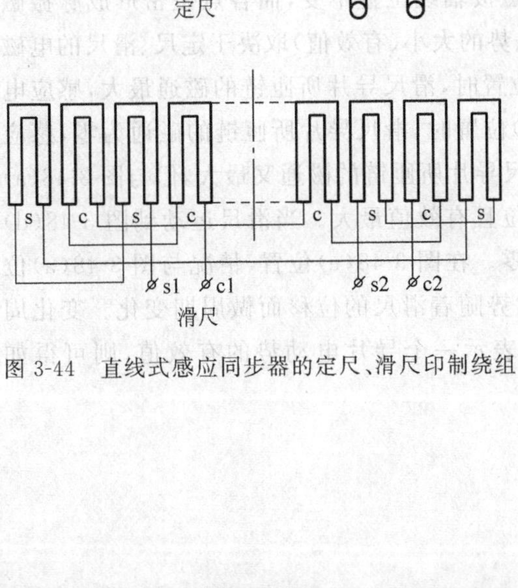

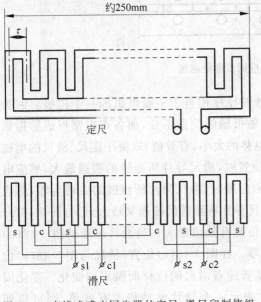

图 3-44　直线式感应同步器的定尺、滑尺印制绕组

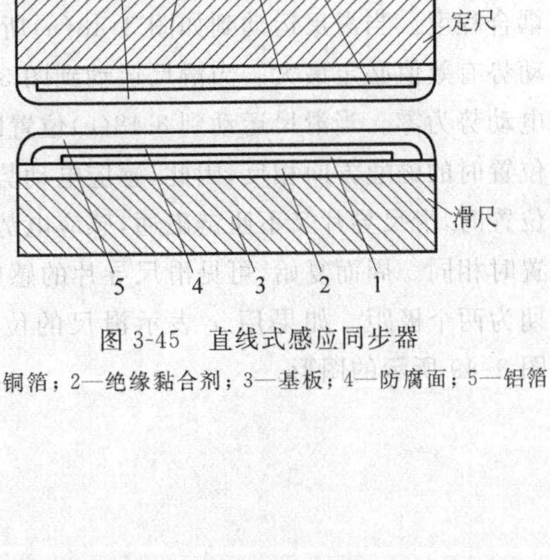

图 3-45　直线式感应同步器

1—铜箔；2—绝缘黏合剂；3—基板；4—防腐面；5—铝箔

定尺和滑尺均由金属基板上以绝缘层相互隔开的印制绕组构成，有时在滑尺绕组上还黏合一层铝箔以防止静电感应。在定尺表面喷涂一层耐冷却液的绝缘漆以保护尺面。使用时，一般将定尺安装在机床的固定部分，滑尺安装在机床的运动部分，定、滑尺之间有 0.25mm 的气隙。为了保证感应同步器正常工作，防止杂物进入气隙，通常加有保护罩，如图 3-46 所示。

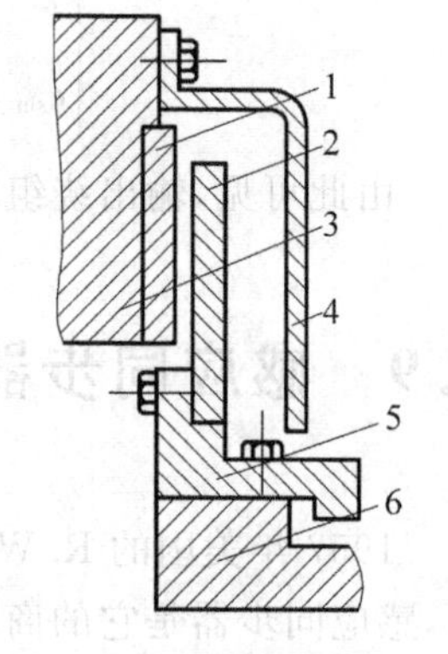

图 3-46 直线式感应同步器在机床上的安装简图

1—定尺；2—滑尺；3—机床固定部分；4—保护罩；5—连接部分；6—机床运动部分

直线式感应同步器定尺绕组为单相均匀连续绕组。它是由许多具有一定宽度的导片串联组成的。两相邻导片中心距为极距 τ。标准型直线感应同步器的极距 $\tau=1\text{mm}$，定尺总长度约为 250mm，宽约 40mm。滑尺上有许多绕组，彼此相间的 s 绕组和 c 绕组各自串联起来组成对应的正弦绕组和余弦绕组，它们在空间相隔 $\tau/2$(即 90°电角度)。

2. 直线式感应同步器的工作原理

感应同步器由 1～10kHz 的几伏至几十伏的正弦交流电压激磁，输出一般为励磁电压的十分之一或几百分之一。设在定尺绕组上加励磁电压 U_j，如果在垂直于定尺、滑尺导片方向作一剖面，则可得图 3-47(为简单起见，只取 6 根导片)。图中小圆圈表示导片，"·"表示电流方向离开纸面向外，"×"表示电流方向进入纸面向内。按右手螺旋定则做出每根导片通电时所产生的磁力线。

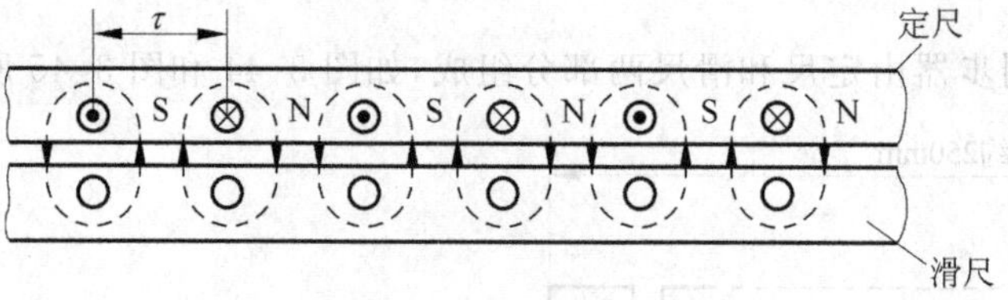

图 3-47 直线式感应同步器的磁场

由图 3-47 可见，6 根导片产生 6 个磁极，每根导片相当于一般电机的一个磁极。因为励磁电压是正弦交变的，所以这个磁场是一个磁极轴线位置不变，而各点磁密形成脉振磁场。它在滑尺导片上产生变压器电动势，这个电势的大小(有效值)取决于定尺、滑尺的电磁耦合程度。当滑尺运动到如图 3-48(a)所示的位置时，滑尺导片所匝链的磁通最大，感应电动势有效值必定最大。当滑尺运动到图 3-48(b)位置时，滑尺导片所匝链的磁通为零，感应电动势为零。当滑尺运动到 3-48(c)位置时，滑尺导片所匝链的磁通又最大，但与图 3-48(a)位置时的磁通方向相反，因此，感应电动势反相位且有效值最大。当滑尺运动到图 3-48(d)位置时，滑尺导片又不匝链磁通，感应电势又为零。在图 3-48(e)位置，情况与图 3-48(a)位置时相同。周而复始，可见滑尺导片的感应电动势随着滑尺的位移而做周期变化。变化周期为两个极距。如果用 x 表示滑尺的位移，E 表示一个导片电动势的有效值，则可得如图 3-49 所示的图形。

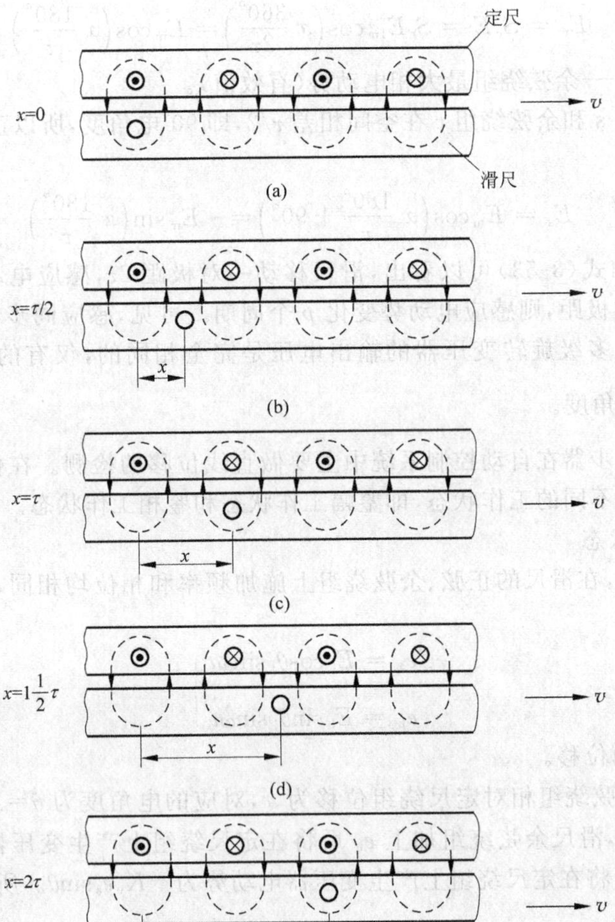

图 3-48　滑尺相对位置改变时滑尺导片所匝链磁通的变化

当然，以上粗略的分析，只能说明电动势大小随滑尺位移做周期性的变化。它之所以能按正弦(或余弦)函数规律变化主要是依靠严密的设计和加工得到的，这里不作分析。

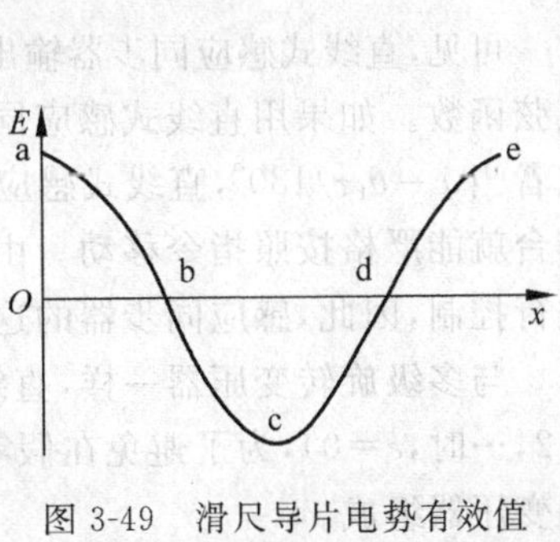

图 3-49　滑尺导片电势有效值

如何用三角函数表示这个电动势呢？只要找出对应位移 x 的电角度就可以了。一对极的电角度为 360°，即 2τ。故对应位移 x 的电角度 $\theta = x\cdot\frac{360^\circ}{2\tau}$。这样，一个导片的感应电势有效值为

$$E = E_{1m}\cos\theta = E_{1m}\cos\left(x\cdot\frac{360^\circ}{2\tau}\right)$$

式中，E_{1m}——一个导片的最大感应电势(有效值)。

因为滑尺上的余弦绕组是由许多导片串联起来的，如果导片数为 S_c，则余弦绕组总电势为

$$E_c = S_c E = S_c E_{1m} \cos\left(x \frac{360^\circ}{2\tau}\right) = E_m \cos\left(x \frac{180^\circ}{\tau}\right) \tag{3-52}$$

式中，$E_m = S_c E_{1m}$——余弦绕组最大相电动势(有效值)。

由于正弦绕组 s 和余弦绕组 c 在空间相差 $\tau/2$，即 90°电角度，所以正弦绕组的感应电动势可以写成

$$E_s = E_m \cos\left(x \frac{180^\circ}{\tau} + 90^\circ\right) = -E_m \sin\left(x \frac{180^\circ}{\tau}\right) \tag{3-53}$$

由式(3-52)和式(3-53)可以看出，滑尺移动一对极距 2τ，感应电动势变化一个周期。如果滑尺移动 p 对极距，则感应电动势变化 p 个周期。可见，感应同步器滑尺上的正、余弦绕组的输出电压和多级旋转变压器的输出电压是完全相同的，仅有的区别是前者用 $x \cdot \frac{180^\circ}{\tau}$ 表示相应的电角度。

直线式感应同步器在自动控制系统中主要做直线位移的检测。在使用中，根据励磁情况的不同又有两种不同的工作状态，即鉴幅工作状态和鉴相工作状态。

1）鉴幅工作状态

在此种状态时，在滑尺的正弦、余弦绕组上施加频率和相位均相同，但幅值不同的正弦交变电压 e_a 和 e_b

$$\left.\begin{aligned} e_a &= E_0 \cos\theta_1 \sin\omega t \\ e_b &= E_0 \sin\theta_1 \sin\omega t \end{aligned}\right\} \tag{3-54}$$

式中，θ_1——指令角位移。

仍假定滑尺余弦绕组相对定尺绕组位移为 x，对应的电角度为 $\theta = x \cdot 180^\circ/\tau$。根据变压器基本原理可知，滑尺余弦绕组加上 e_b 后将在定尺绕组上产生变压器电动势 $K_u e_b \cos\theta$。正弦绕组加上 e_a 后将在定尺绕组上产生变压器电动势为 $-K_u e_a \sin\theta$。所以定尺绕组中总的感应电动势为

$$\begin{aligned} e &= k_u e_b \cos\theta - k_u e_a \sin\theta \\ &= k_u E_0 (\sin\theta_1 \cos\theta - \cos\theta_1 \sin\theta) \sin\omega t \\ &= k_u E_0 \sin(\theta_1 - \theta) \sin\omega t \end{aligned} \tag{3-55}$$

可见，直线式感应同步器输出电压的幅值正比于指令位移角和滑尺位移角之差$(\theta_1 - \theta)$的正弦函数。如果用直线式感应同步器的输出电压去控制电动机的转动，那么，只有当 $\theta_1 = \theta$ 或者当 $x = \theta_1 \tau/180^\circ$，直线式感应同步器的输出电压为零时，电动机方能停转。这样一来，工作台就能严格按照指令移动。由于这种系统使用鉴别感应同步器输出电压幅值是否为 0 来进行控制，因此，感应同步器的这种工作状态叫做鉴幅工作状态，或称鉴零工作状态。

与多级旋转变压器一样，直线式感应同步器输出电压由许多个零位$(\theta_1 - \theta = 2k\pi, k = 0, 1, 2, \cdots$时，$e = 0)$，为了避免在假零位上协调，必须采用双通道系统。粗测通道可以由两极旋转变压器组成。

2）鉴相工作状态

在此种状态时，滑尺的正弦、余弦绕组上施加幅值、频率都相同、但相位差 90°的电压 e_a 和 e_b。

$$\left.\begin{aligned} e_a &= E_0 \cos\omega t \\ e_b &= E_0 \sin\omega t \end{aligned}\right\} \tag{3-56}$$

定尺绕组的感应电动势为

$$e = k_u e_b \cos\theta - k_u e_a \sin\theta = k_u E_0(\sin\omega t\cos\theta - \cos\omega t\sin\theta)$$
$$= k_u E_0 \sin(\omega t - \theta) \tag{3-57}$$

式中，θ——对应滑尺位移 x 的电角度，即 $\theta = x \cdot 180°/\tau$。

由式(3-57)可以看出，直线式感应同步器把滑尺的直线位移变换成输出电压的时间相位移，只要鉴别输出电压时间相位移，就可以知道滑尺的位移。所以直线式感应同步器这种工作状态叫做鉴相工作状态。

3.9.2 圆盘式感应同步器的结构和工作原理

1. 圆盘式感应同步器的结构

圆盘式感应同步器由定子和转子两大部分组成，如图 3-50 所示。它的定子和转子都是由金属或玻璃等刚度大的材料做成的圆形基板。在基板上粘有铜箔制成的印刷电路，转子为单相绕组，由许多辐射状的导片串联而成，定子绕组分若干组，相邻两组相差 90°电角度，它们分别为正弦绕组和余弦绕组，所有正、余弦绕组各自串联连接。

2. 圆盘式感应同步器的工作原理

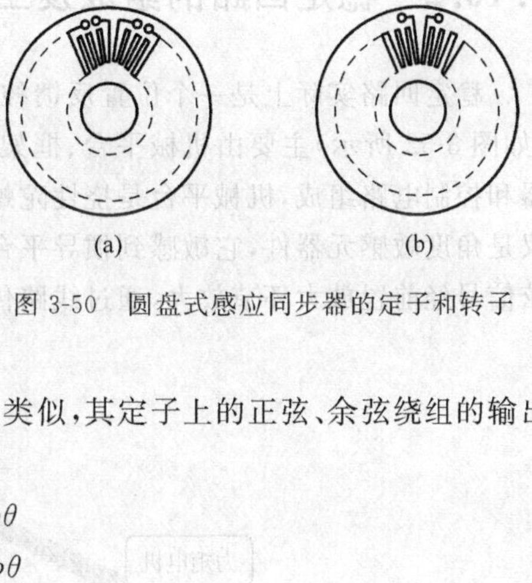

图 3-50　圆盘式感应同步器的定子和转子

圆盘式感应同步器的工作原理与直线式感应同步器、多级旋转变压器都是相类似的。当转子单相绕组加励磁电压时，它的每一根导片便形成一个磁极，极对数 p 等于 1/2 导片数，并且经过设计计算，使得气隙磁密沿圆周方向做正弦分布。

若定子上的余弦绕组和转子励磁绕组轴线的夹角为 θ，相应的电角度为 $p\theta$，和多极旋转变压器相类似，其定子上的正弦、余弦绕组的输出电压应该是这个电角度的正弦、余弦函数，即

$$E_s = E_m \sin p\theta$$
$$E_c = E_m \cos p\theta$$

式中，E_m——最大感应电势的有效值。

可见，转子旋转一周，正弦、余弦绕组的感应电势变化 p 个周期。圆盘式感应同步器可以与两极旋转变压器和多级旋转变压器组成双通道或三通道系统。同样，它也有鉴幅、鉴相两种工作状态。

3.10 旋转变压器应用实例——平台式惯导系统稳定回路

3.10.1 惯导系统的组成及工作原理

平台式惯导系统采用了两个二自由度液浮位置陀螺仪及三环框架构成稳定平台，平台

通过稳定回路跟踪陀螺仪主轴，系统通过修正回路使陀螺仪进动，这两条回路的共同作用使平台稳定并跟踪地理坐标系，通过旋转变压器输出惯导系统载体相对人工地理坐标系的姿态。平台上安装有两个动量矩水平放置的陀螺仪，利用伺服回路保持相互垂直。每个二自由度陀螺仪都有两个稳定轴，这样两个陀螺仪便有 4 个稳定轴，北向陀螺仪的方位轴锁定跟踪东向陀螺仪方位轴，这样便有了三个可以构成三维地理坐标系的稳定轴。其中东向陀螺仪敏感平台绕方位轴和外环轴的旋转角度，北向陀螺仪敏感平台绕内环轴的旋转角度。

当平台受到外界干扰绕外环轴进动某一角度时，东向陀螺仪将敏感此旋转角度，将绕其输出轴进动，从而输出角度信号。此角度信号经前置放大器、坐标变换器及平台纵摇稳定控制回路后，驱动纵摇力矩电机，使其产生力矩使平台绕外环轴旋转相反的角度，直到平台恢复原来的位置。同理，当外界干扰使平台绕方位轴或内环轴转动时，东向陀螺仪敏感此角度经前置放大器、方位稳定回路后控制方位力矩电机使平台保持方位角度，北向陀螺仪敏感此角度，再经前置放大器、坐标变换器及横摇稳定回路后控制横摇力矩电机使平台保持水平角度。

3.10.2 稳定回路的组成及工作原理

稳定回路实际上是一个位置反馈控制系统，其结构如图 3-51 所示，惯导平台稳定回路(如图 3-52 所示)主要由机械平台、框架、安装在惯导平台上的陀螺仪、力矩电机、旋转变压器和控制电路组成，机械平台是挠性陀螺仪的运载体，框架为陀螺仪提供转动自由度，陀螺仪是角度敏感元器件，它敏感到惯导平台与陀螺仪主轴之间的角度差，输出正弦信号，该正弦信号经前置放大环节放大，通过线路传输给主控电路板，在主控电路板上进行相敏解调，

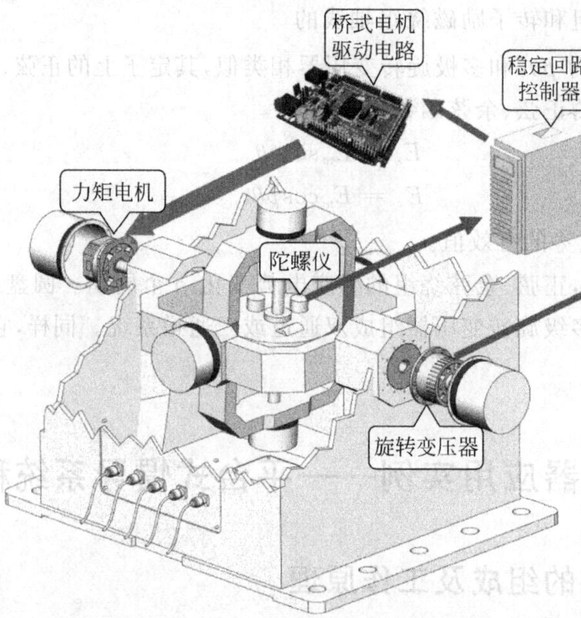

图 3-51 平台式惯导系统

低通滤波、校正、直流放大、PWM 调制，再经桥式功率放大后驱动力矩电机，使各环架转动相应的角度，补偿陀螺敏感到的角度差，旋转变压器作为平台的姿态角测量元件。同时，当载体运动时，由于各轴承的摩擦及静不平衡性等干扰作用，将引起平台相对陀螺主轴的转动。此时，稳定回路应尽量减小各干扰力矩对台体的影响。由此可见，稳定回路有两个作用，一是跟踪，二是稳定。旋转变压器输出的角位移信号，通过旋转变压器数字转换器(RDC)并进行微分变换可获得角速度信号，送给速度调节器构成速度反馈，使得稳定回路由单闭环系统变为双闭环系统，提高了系统的动态和稳态性能。

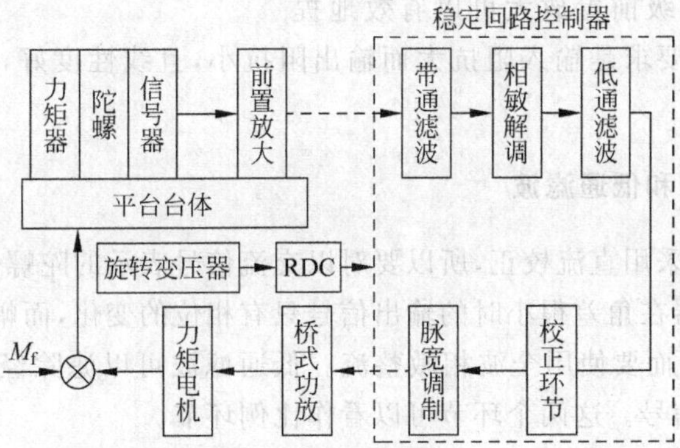

图 3-52　稳定回路结构框图

3.10.3　元件的工作原理

1. 陀螺仪

陀螺仪是平台式惯性导航系统中最为重要的元件之一，也是稳定回路中的重要环节。在稳定回路中使用陀螺仪主要利用了它的定轴性和进动性，作为系统的角度敏感元件，同时也起到给定平台跟踪角度的作用。

陀螺本体主要由信号器、电机、浮筒、力矩器、支承结构、信号传输结构和浮液等组成，如图 3-53 所示。力矩器是用来对陀螺转子施加控制力矩并使转子起动或保持稳定方位的，一般采用永磁式力矩器。信号器本质为一个信号调制器，以一定频率的正弦信号为载波，并且载波信号的幅值被陀螺偏角信号调制，如图 3-54 所示该载波信号的包络线即为实际的陀螺信号，需通过相敏解调电路解调还原，此正弦信号的幅度与陀螺仪敏感到的角度差成比例，

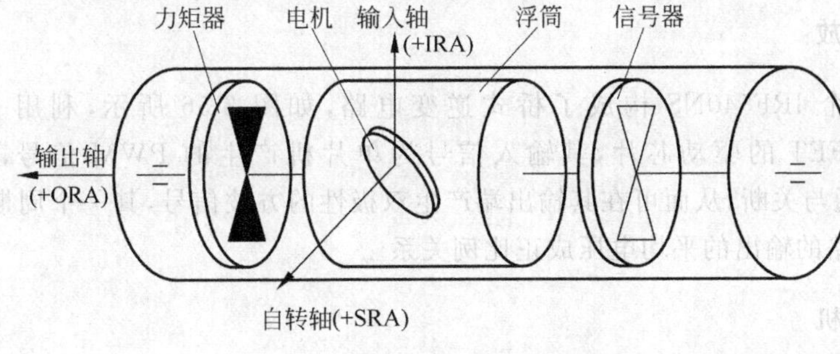

图 3-53　陀螺本体的组成结构示意图

信号器输出的信号表达式为

$$u = K_u \sin\theta \sin\omega t$$

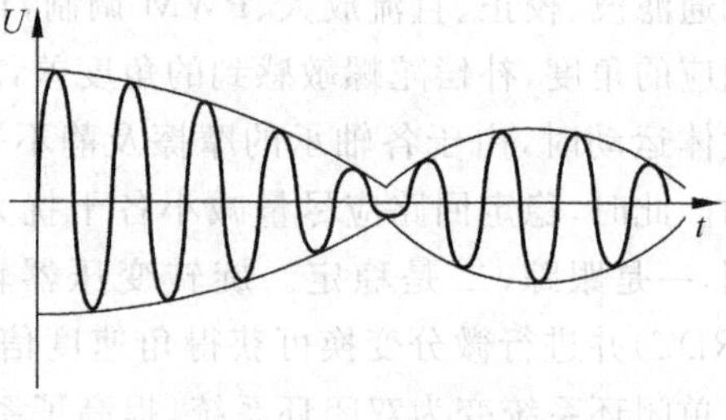

图 3-54 陀螺仪输出波形

2. 前置放大

陀螺信号器的输出通常都很小,而稳定回路电路板离陀螺仪有一段距离,角差信号在经导线传输时不可避免地会夹杂一些干扰信号,在紧靠陀螺仪的位置安装一级前置放大可以有效地提高信噪比。这一级的要求是输入阻抗大而输出阻抗小,且线性度好,前置放大可看作比例环节。

3. 全波相敏解调和低通滤波

稳定回路中一般采用直流校正,所以要对以交流信号表示的陀螺仪角差信号进行解调,而且,由于陀螺信号器在角差很小时的输出信号只有相位的变化,而幅度的变化几乎看不出来,如图 3-55 所示,因而要使用全波相敏整流。低通滤波可以滤除经相敏解调后信号中的纹波,使之变成直流信号。这两个环节可以看作比例环节。

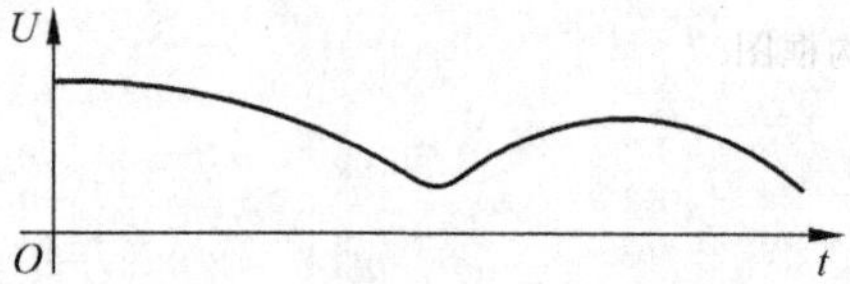

图 3-55 相敏解调电路输出波形

4. PWM 功率转换电路

在稳定回路中使用 T 型双极性 PWM 电路产生信号控制力矩电机,可以将回路的主要干扰源(轴间摩擦力矩)变成比静摩擦小很多的滑动摩擦力矩,有效提高系统的动态性能度。一般 PWM 电路由恒频率波形发生器、脉冲宽度调制电路、脉冲分配电路、开关电路组成,恒频率波形发生器产生一定频率的三角波,由电压比较器将其和需要调制的控制信号相比较变成占空比可调的矩形波,再经脉冲分配电路控制功率级开关管,使功率电压加在力矩电机上。此环节可看作比例环节。

5. 校正网络

如果不加校正,系统是不稳定的。校正网络的主要用于改善系统的稳定性和动态跟踪性能,这是自动控制理论的研究重点。

6. 桥式功放

采用由 4 个 IRF540NS 构成了桥式逆变电路,如图 3-56 所示,利用 IR2110 作为 POWER MOSFET 的驱动芯片,其输入信号为单片机产生的 PWM 信号,该信号控制 IRF540NS 导通与关断,从而可在其输出端产生双极性的方波信号,其一个周期内的平均电压与 PWM 电路的输出的平均电压成正比例关系。

7. 力矩电机

力矩电机是稳定回路的执行元件。稳定平台一般都采用直流力矩电机,它能产生一个

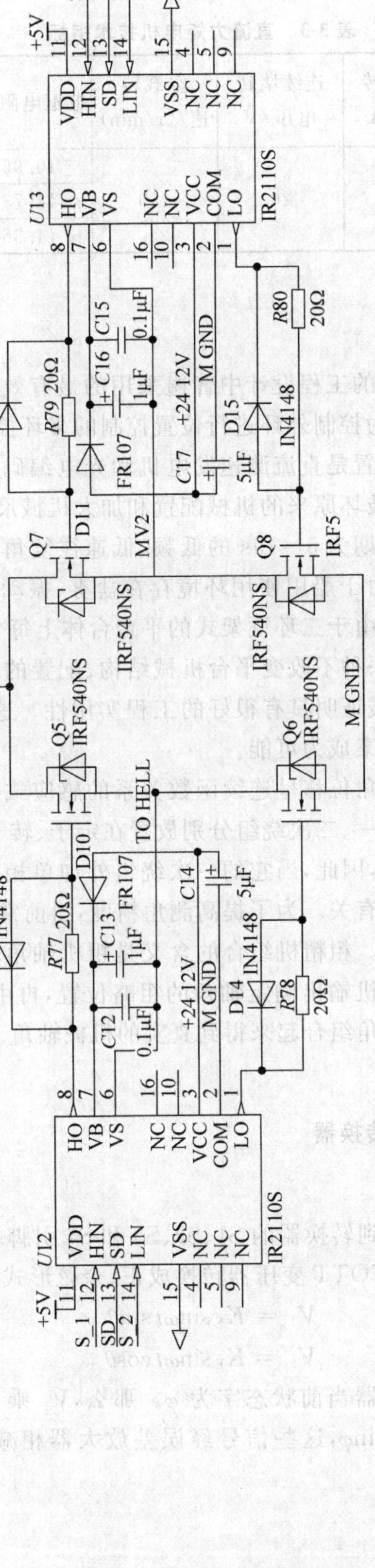

图 3-56　桥式电路电机驱动器电路图

与功率放大器输出电流成比例的力矩,这种力矩电机的优点是配置的同心度好、长度短、转动平稳、体积小、干扰力矩小且能量消耗低,其技术指标见表 3-3。力矩电机的转子和各环转轴固连,稳定回路通过控制力矩电机转子的转角来控制平台位置。

表 3-3 直流力矩电机技术指标

	连续堵转转矩/(N·m)	连续堵转电流/A	连续堵转电压/V	空载转速/(r/min)	电枢电阻/Ω	电枢电感/mH	最大静摩擦力矩/(N·m)
横摇电机	0.5	1.5	26	450	10.96	14.8	0.1
纵摇电机					14.73		0.56
航向电机					14.36		0.72

8. 旋转变压器

在直流力矩电机伺服回路的工程设计中普遍采用的最有效的控制方案,就是以速度环作为控制内环,加上位置环作为控制外环进行位置控制的多环控制方案。

但目前使用较多的测速装置是直流测速发电机和光电编码器,如果将上述任何一种测速装置装入平台台体,首先会破坏原来的机械配置和加大机械尺寸;其次,稳定回路三环框架隔离的载体角运动是一个周期为 5~15s 的低频、低速往复角运动,这种情况下直流测速发电机是无法使用的;再者,由于船用使用环境存在盐雾、振动等恶劣条件,实践证明光电编码器也同样不能正常使用。由于三环框架式的平台台体上每个轴上都安装了精密测角元件——多级旋转变压器,这是一种不改变平台机械结构、配置的测速方法,即采用角位置微分获得角速度的测速方法,实践证明具有很好的工程实用性。这样就使得在惯导系统的稳定回路实现中采用多环控制方案成为可能。

旋转变压器是输出电压与角位移呈连续函数关系的感应式微电机,本质上是一种可以转动的变压器。这种变压器的一、二次绕组分别放置在定子、转子上,一、二次绕组之间的电磁耦合程度与转子的转角有关,因此,当它的一次绕组外加单相交流电压激磁时,二次绕组输出电压的幅值将与转子转角有关。为了提高测角精度,目前常用电气变速传动的粗、精机组合(多极旋转变压器)的方法。粗精机组合的含义是粗机轴角转过 1 圈时,精机轴角则转过 n 圈(这里 n 取 36),即由粗机输出确定轴角的粗略位置,再由精机输出得到轴角的精确位置。因此,需将粗机、精机轴角组合起来得到真实的机械轴角。这里采用了软件进行姿态角粗机、精机轴角组合的方法。

9. RDC-旋转变压器数字转换器

1) 轴角转换模块

旋转变压器的输出应连接到转换器的 S1、S2、S3 和 S4 引脚端,如图 3-57 所示。旋转变压器信号经转换器内部微型 SCOTT 变压器转换成正、余弦形式,即:

$$V_1 = K_E \sin\omega t \sin\theta$$

$$V_2 = K_E \sin\omega t \cos\theta$$

转换过程:假定可逆计数器当前状态字为 φ。那么,V_1 乘以 $\cos\varphi$、V_2 乘以 $\sin\varphi$ 得到 $K_E \sin\omega t \sin\theta\cos\varphi$、$K_E \sin\omega t \cos\theta\sin\varphi$,这些信号经误差放大器相减得到 $K_E \sin\omega t (\sin\theta\cos\varphi -$

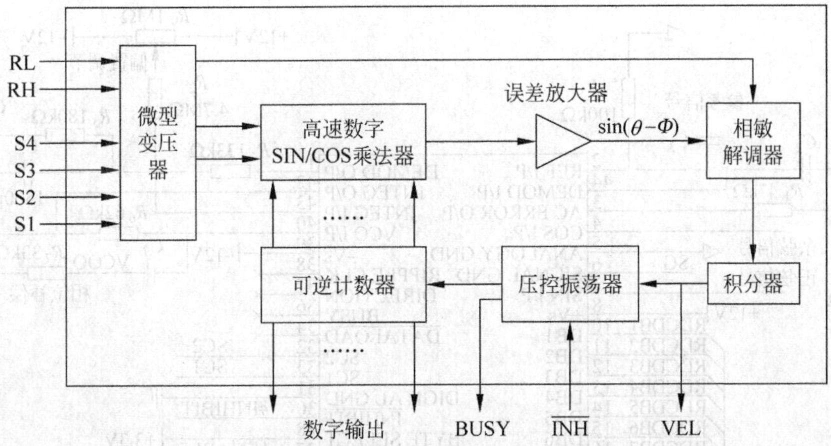

图 3-57 转换模块原理图

$\cos\theta\sin\varphi$)，即 $K_E\sin\omega t\ \sin(\theta-\varphi)$ 经相敏解调器、积分器、压控振荡器和可逆计数器等形成一个闭环回路系统使 $\sin(\theta-\varphi)$ 趋近于零。当这一过程完成时，可逆计数器此时的状态字 φ 在转换器的额定精度范围内就等于旋转变压器的轴角。

RDC1702/ 1700/ 1704 系列是中船重工 709 研究所生产的旋转变压器数字转换器，内置微型变压器进行电气隔离，接口更安全，可输出与输入角速度成正比的直流电压，分辨率分别为 10 位、12 位或 14 位，接口简单。此模块是旋转变压器作为角度传感器与微处理机互连的理想接口器件，能将旋转变压器产生的模拟角度信号转换成二进制角码。

2) 轴角转换芯片

AD2S83 芯片是 AD 公司生产的跟踪式旋转变压器-数字转换器，其典型电路如图 3-58 所示。设计数器当前的数字角为 φ，经过数字正余弦乘法器后，可以得到角位置信号的调制输出为

$$e_A = k_u u_{fm} \sin\omega t \sin\theta\cos\varphi$$

$$e_B = k_u u_{fm} \sin\omega t \cos\theta\sin\varphi$$

调制信号经 R-2R 比较网络，可以得到电压误差信号为

$$\Delta u = e_A - e_B = k_u u_{fm} \sin\omega t \sin(\theta-\varphi)$$

调制误差信号 Δu 高频滤波后经过相敏检波器产生一个正比于 $\delta(\delta=\theta-\varphi)$ 的直流误差信号，通过积分器的积分效应得到一个输出电压，该信号控制压控振荡器发出计数脉冲，使可逆计数器进行计数，计数方向是由 VCO 的电流方向来决定的，计数脉冲频率由电流大小决定，最终使可逆计数器的数字角 φ 快速跟踪上转子角位置 θ 使其相等。积分器可以有效地防止转换器"闪烁"，只有当 δ 大于或等于 1LSB 时，计数器的值才会得到更新。具有以下特点：

(1) 允许用户自己选择适合的分辨率(10 位、12 位、14 位或 16 位)。

(2) 通过三态输出引脚输出并行的二进制码来表征位置信息，因而很容易与单片机或 DSP 等控制芯片接口。

(3) 采用比率跟踪转换方式，使之能连续输出位置数据而没有转换延迟并具有较强的抗干扰能力和远距离传输能力。

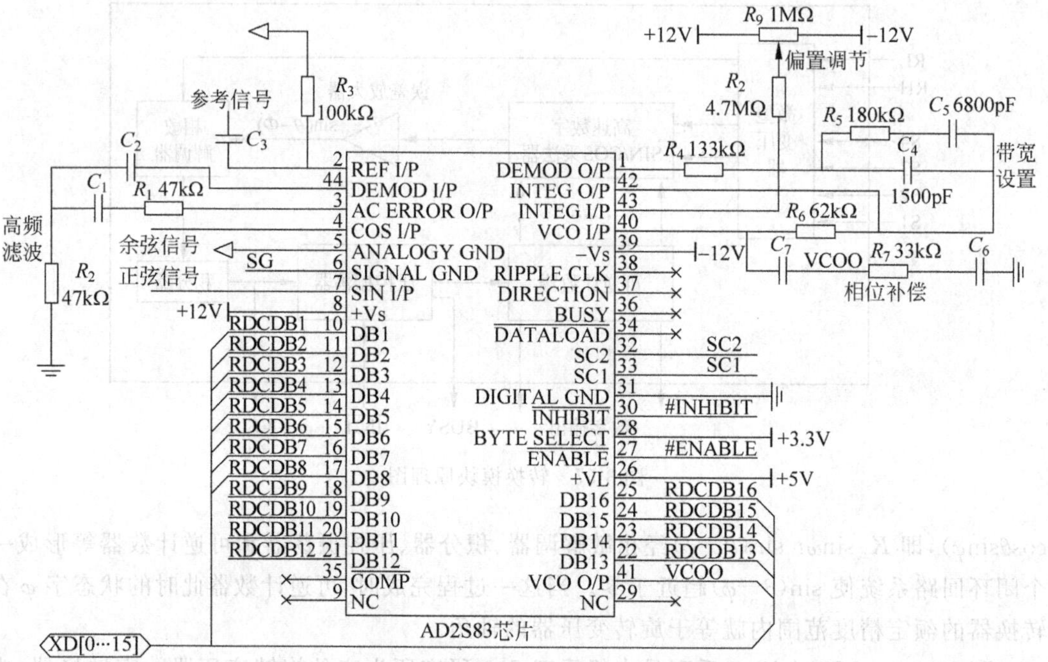

图 3-58 AD2S83 典型电路

(4) 用户可通过外围阻容元件的选择,改变转换的动态性能,如带宽、最大跟踪速率等。

(5) 具有很高的最大跟踪速度,10 位分辨率时的最大跟踪速度为 1040r/s。

(6) 能提供高精度的速度信号输出。AD2S83 能提供与转速成正比的模拟信号,其典型的线性度达到±1%,回差小于±0.3%,可代替测速发电机的功能。

3.10.4 系统各元件的控制数学模型

直流力矩电动机的动态四大关系式为

$$U_a = e_a(t) + R_a i_a(t) + L_a \frac{di_a(t)}{dt}$$

$$T_{em}(t) = T_C + J \frac{dn(t)}{dt}$$

$$e_a(t) = C_e \Phi n(t)$$

$$T_{em}(t) = C_m \Phi i_a(t)$$

由拉氏变换可得

$$U_a(s) = E_a(s) + R_a I_a(s) + L_a s I_a(s)$$

$$T_{em}(s) = T_C \frac{1}{s} + Jsn(s)$$

$$E_a(s) = C_e \Phi n(s)$$

$$T_{em}(s) = C_m \Phi I_a(s)$$

从而可得稳定回路控制系统的传递函数方框图如图 3-59 所示。

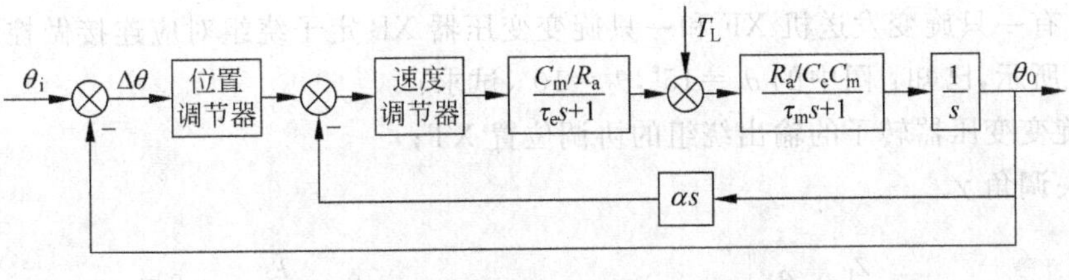

图 3-59　稳定回路控制系统的传递函数方框图

思考题

3-1　旋转变压器励磁电压和输出电压的电压频率是否相同？

3-2　为什么双通道测角系统的精度比单通道高？只用精测通道能否保证测量的精度？为什么？

3-3　磁阻式旋转变压器是否能够成对使用测量角差？

3-4　脉振磁场有何特点？如何表示？

3-5　负载时，正余弦旋转变压器输出特性产生畸变的原因是什么？如何消除畸变？

3-6　比例式旋转变压器的工作原理是什么？

习题

3-1　证明：二次侧补偿的正余弦旋转变压器的输入阻抗和转角 θ 无关。

3-2　线性旋转变压器是如何从正余弦旋转变压器演变过来的？线性旋转变压器的转子绕组输出电压与转子转角 θ 的关系式是什么？当误差小于 0.1%时，转角 θ 的角度范围是多少？

3-3　用正余弦旋转变压器可以构成直角坐标系旋转 θ 角的变换，接线如图 3-60、图 3-61 所示，试分析其工作原理。

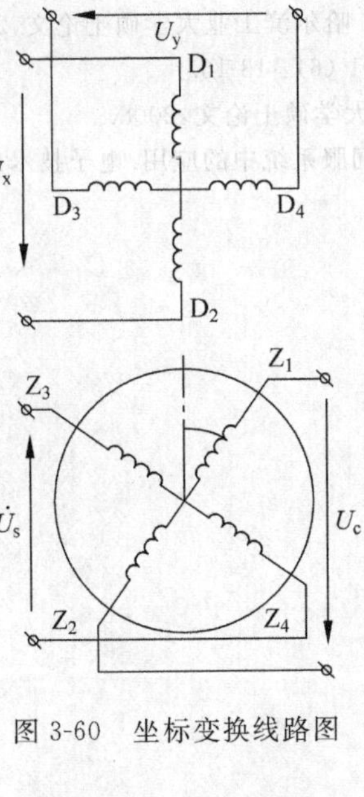

图 3-60　坐标变换线路图

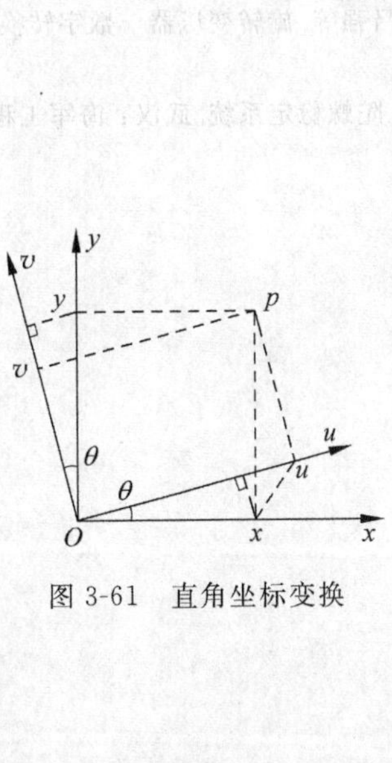

图 3-61　直角坐标变换

3-4　有一只旋变发送机 XF 和一只旋变变压器 XB 定子绕组对应连接做控制式运行，如图 3-62 所示，已知：图中的 $\theta_1=15^\circ$，$\theta_2=10^\circ$，试求：

(1) 旋变变压器转子的输出绕组的协调位置 XT；

(2) 失调角 γ。

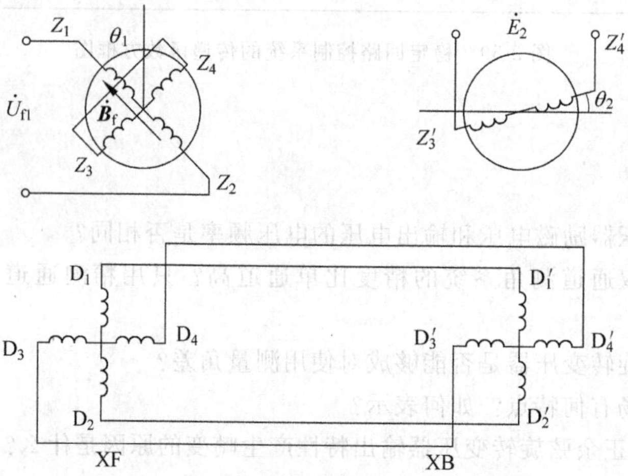

图　3-62

参考文献

[1] (英)L G 阿肯逊.若干旋转伺服元件的过去、现在和近期展望.微特电机,1974 (3):36-40.

[2] 强曼君.磁阻式多极旋转变压器.微特电机,1979 (2):20-44.

[3] GB/T10241—2007.旋转变压器通用技术条件.中华人民共和国国家标准,2007.

[4] 刘春和.旋转变压器的新型绕组.微特电机,1998 (1):19-21.

[5] 黄卫权.舰船用平台式惯导系统测控技术研究.哈尔滨:哈尔滨工程大学博士论文,2006.

[6] 邢敬娓.新型磁阻式旋转变压器相关问题研究.哈尔滨:哈尔滨工业大学硕士论文,2007.

[7] 周燕.三种轴角/数字转换电路介绍.舰船电子工程,2001 (6):13-16.

[8] 王文中.旋转变压器及其 R2D 电路的研究.杭州:浙江大学硕士论文,2008.

[9] 李年裕,吕强等.旋转变压器一数字转换器 AD2S83 在伺服系统中的应用.电子技术应用,2000 (02):66-68.

[10] 雷渊超.陀螺稳定系统.武汉:海军工程学院,1963.

第4章 自整角机

(Synchro)

4.1 概述

早在19世纪80年代,俄国及其他国家的学者创造出许多军事用同步联络系统,并把自整角机用于这些系统中。第二次世界大战后,随着军事工程技术的不断发展,自整角机广泛地用于舰船和飞机的自动导航、火炮控制等各方面。1949年,美国国防部军械局颁布第一个自整角机技术条件。到了20世纪60年代,随着电子技术、计算机、航空航天等科学技术的发展和自动控制系统的不断完善,以及新型材料的研制和发展,在普通自整角机的基础上又衍生出一系列产品,如多极自整角机、无接触自整角机、多相自整角机以及霍尔效应的自整角机。

自整角机是一种感应式同步微型电机,按使用要求不同可分为力矩式自整角机和控制式自整角机两大类,广泛应用于显示装置和随动系统中。在模拟式控制系统中,使机械上互不相连的两根或多根轴能自动保持相同的转角变化,呈同步旋转,通常是两台或多台组合使用。

4.1.1 力矩式自整角机

力矩式自整角机主要用于同步指示系统,可以作为两地或更多地点之间的"机械连接"使用,通常适用于不宜采用纯机械连接的场合,以便实现远距离同步传递轴的转角,即将机械角度变换为力矩输出,但自整角机本身没有力矩放大能力,要带动接收机轴上的机械负载,必须由发送机一方的驱动装置供给转矩,接收误差稍大,负载能力较差,只能带动很轻的负载(如指针,刻度盘等),其静态误差范围为$0.5^{\circ}\sim2^{\circ}$。因此,力矩式自整角机只适用于轻负载转矩及精度要求不高的开环控制的伺服系统中。如舰船上的分罗经把罗经指示的航向角远距离传递到其他部位;远距离指示液面高度、阀门的开度、电梯和矿井提升机的位置等。

力矩式自整角机按其用途可分为4种:

(1) 力矩式发送机(国内代号ZLF,国际代号TX)(Torque Transmitter)。

它的功能是发送指令转角,并将该转角转变为电信号输出。

(2) 力矩式接收机(国内代号ZLJ,国际代号TR)(Torque Receiver)。

它被用来接收发送机输出的电信号,产生与失调角(发送机和接收机转子之间的角度差)相应的转矩,使其转子自动转到与发送机转子相对应的位置。

(3) 力矩式差动发送机(国内代号ZCF,国际代号TDX)。

它在传递两个(或数个)转角之和或差的系统中使用,串接于发送机和接收机之间,将发送机的转角及自身转角之和或差变成电信号输出给接收机。

(4) 力矩式差动接收机(国内代号 ZCJ,国际代号 TDR)。

它串接于两台发送机之间,接收它们输出的电信号,使其转角为两台发送机转角之和或差。

具有差动式自整角机的力矩式指示系统,可以用来加减角度数据。

4.1.2 控制式自整角机

控制式自整角机主要在随动系统中作为角度和位置的检测元件。其接收机转轴不直接带动负载,而是当发送机和接收机转子之间存在角度差(即失调角)时,接收机将有与此失调角呈正弦函数规律的电压输出,并将此电压加给伺服放大器,放大后的电压用于控制伺服电动机,并驱动负载,同时也带动接收机向减小失调角的方向转动,直到发送机与接收机协调时,接收机的输出电压为零,伺服电动机才停止转动。接收机工作在变压器状态,通常称其为**自整角变压器**。控制式自整角机精密程度较高,误差范围仅有 3′~14′。因此,经常用于精密的闭环控制伺服系统之中。

控制式自整角机按其用途可分为三种:

(1) 控制式发送机(国内代号 ZKF,国际代号 CX)(Control Transmitter)。

其功能是发送指令转角,并把该转角转换为电信号输出。

(2) 控制式自整角变压器(国内代号 ZKB,国际代号 CT)(Control Transformer)。

其功能是接收发送机发出的电信号,并使之变成与失调角呈正弦函数规律的电压输出。

(3) 控制式差动发送机(国内代号 ZKC,国际代号 CDX)。

它串接于控制式自整角发送机与控制式自整角变压器之间,将发送机转子转角与其自身转子转角的和或差变换成电信号送入自整角变压器。

4.1.3 自整角机的结构

自整角机按其装配方式可分为整体式结构和分装式结构。整体式自整角机的定、转子都装在一个机壳里,构成一个整体,其基本结构图如图 4-1 所示。

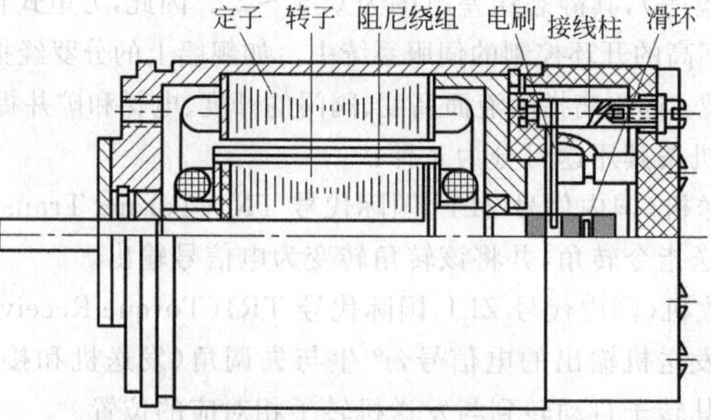

图 4-1 整体式自整角机的结构

分装式自整角机的定子和转子不安装在同一机壳内，而是可分的，转子不带轴，由用户自配。转子的外径及内孔较大，厚度较薄，因此，成圆盘形，又称盘式自整角机，如图 4-2 所示。

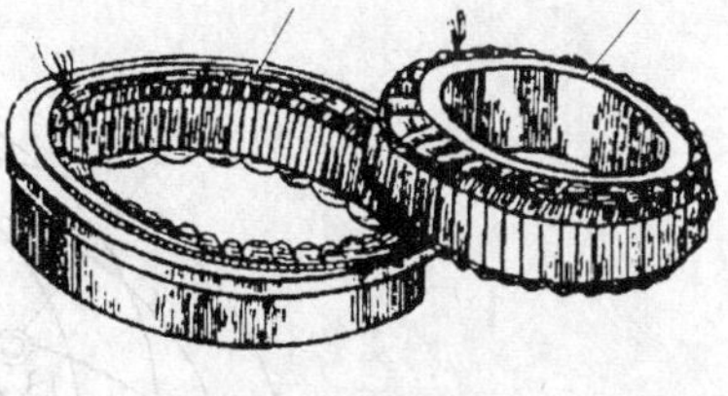

图 4-2　分装式自整角机的定子和转子

自整角机按其结构的不同，又可分为接触式和无接触式两大类。

无接触式自整角机没有电刷与滑环的滑动接触。因此，具有可靠性强，寿命长，不产生无线电干扰等优点。其缺点是结构复杂，电气性能较差。接触式自整角机的结构比较简单，性能较好，所以，应用较为广泛。

4.2　力矩式自整角机

4.2.1　力矩式自整角机的结构

单相整体接触式自整角机的结构可分成定子和转子两大部分。定子包括定子铁芯、绕组、电刷和机壳等，转子包括转子铁芯、绕组、转轴和滑环等，如图 4-3 所示。定子、转子之间有很小的工作气隙。

图 4-3　隐极接触式自整角机的定子和转子

力矩式自整角发送机和接收机的结构基本相同。它们的定子一般是由隐极铁芯及三相对称绕组所组成的；转子一般则由凸极铁芯及单相集中绕组所组成。定子、转子铁芯都是由高导磁率、低损耗的硅钢片冲制成型，经片间绝缘处理后叠装而成。定子、转子冲片如图 4-4(a)所示。定子三相绕组为短距分布绕组，星型连接。转子的单相集中绕组作为励磁

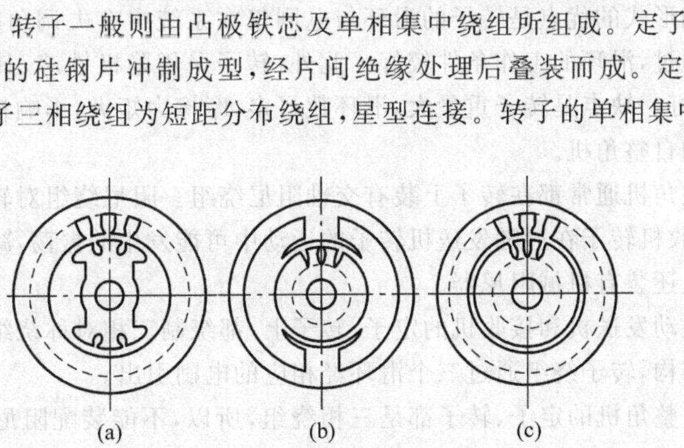

图 4-4　力矩式自整角机铁芯结构形式

绕组,由两个滑环经相应的电刷引出。我国现在生产的 ZLF 和 ZLJ 系列大多数采用这种结构。自整角机的定子铁芯嵌放三相星型整步绕组,因此定子槽数应为 3 的倍数。18 槽 2 极的定子绕组接线图如图 4-5 所示。D_1、D_2、D_3 三相整步绕组轴线依次互差 120°空间几何角度,即互差 6 个槽,首端分别为第 1、第 7、第 13 号槽开始下线。

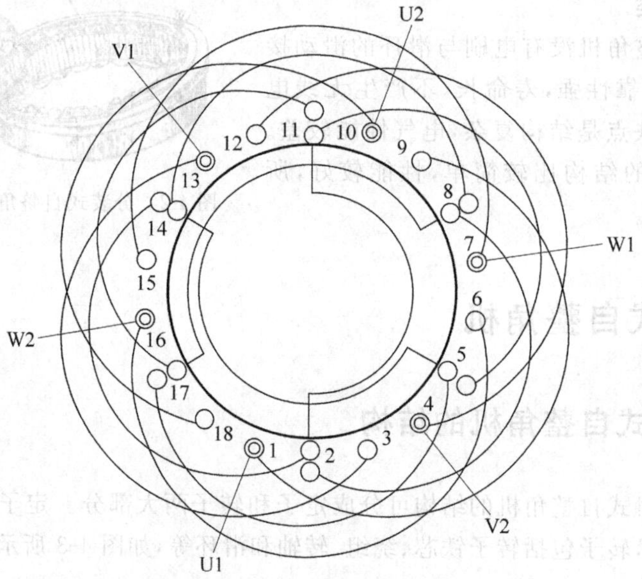

图 4-5 18 槽 2 极单双层混合式绕组

还有一种如图 4-4(b)所示的结构,定子包括有凸极铁芯和作为励磁绕组的单相集中绕组;转子包括隐极铁芯及接成星形的三相对称绕组,由三个滑环经相应的电刷引出。我国仿制的产品 DI、SS 系列都采用这种结构。

第一种结构形式的优点是:转子重量轻,滑环数少,因此,摩擦力矩小,精度高。其缺点是转子的单相励磁绕组长期经电刷、滑环通过励磁电流,尤其是在发送机和接收机处于协调位置而停转时,长期通过电刷和滑环的固定接触点的电流使触点发热,容易烧坏滑环。因此,这种结构适用于容量较小的自整角机。

第二种结构形式的优点是转子的滑环与电刷仅在系统中有失调角时,即在自整角机转动时才有电流通过,滑环的工作条件较好。此外,转子采用隐极铁芯,其上嵌有三相对称绕组,平衡条件较好。缺点是转子重量大,滑环数目多,摩擦力矩大,影响精度。这种结构大都用于容量较大的自整角机。

力矩式自整角机通常都在转子上装有交轴阻尼绕组。阻尼绕组对转子的运动起阻尼作用,可以消除接收机转子在追随发送机转子的运动中可能发生的振荡,减少阻尼时间。有的接收机在转轴上还装有机械阻尼器。

在力矩式差动发送机和接收机的定子、转子上,都绕制三相对称绕组,因此,只能采用如图 4-4(c)所示结构,转子绕组通过三个滑环经相应的电刷引出。

由于差动自整角机的定子、转子都是三相绕组,所以,不能装配阻尼绕组。为了保证力矩式差动接收机对阻尼时间的要求,在它的转轴上装设机械阻尼器。

4.2.2 力矩式自整角机的工作原理

力矩式自整角机主要用于角度位置的指示系统，所以，也称为指示式自整角机。最简单的指示系统由两台自整角机组成，其原理接线如图 4-6 所示。

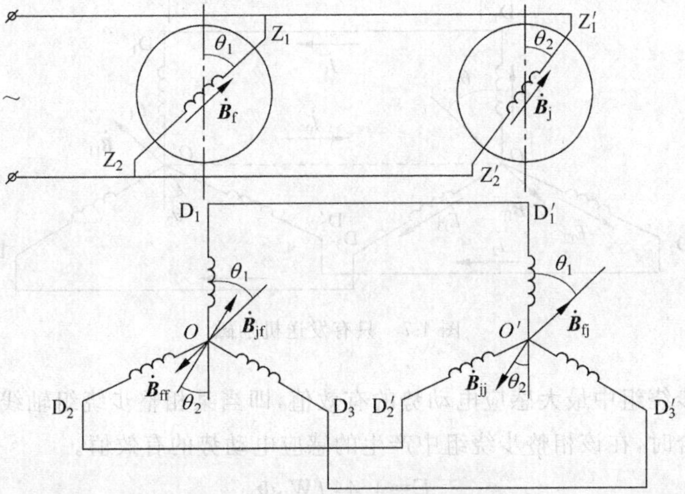

图 4-6 一对力矩式自整角机

1. 一对力矩式自整角机系统

如图 4-6 所示，将两机励磁绕组接到同一交流的励磁电源，它们的定子三相绕组(整步绕组)对应连接。为了分析方便，假定这一对自整角机的结构参数完全相同，设电机气隙中的励磁磁场的磁密沿定子内圆周按余弦规律分布，并忽略磁饱和的影响。

在分析时，通常以 D_1 相整步绕组轴线与励磁绕组轴线之间的夹角作为转子的位置角。把这两轴线重合的位置叫做基准零位。因此，也称 D_1 相为基准相，规定顺时针方向的转角为正。两机转子转角之差 $\delta=\Delta\theta=\theta_1-\theta_2$ 称为**失调角**。

1) 发送机单独励磁

在发送机励磁绕组两端加上交流励磁电压时，绕组中将有电流流过。交变的励磁电流在电机的工作气隙中建立起脉振磁场。即磁密沿定子内圆周(工作气隙)成余(正)弦分布，且磁密幅值处于励磁绕组的轴线上，同时，气隙中任一点的磁密则随时间做正弦变化。用磁密空间向量 $\dot{\boldsymbol{B}}_{\mathrm{f}}$ 来描述发送机励磁磁场。假设某瞬间 $\dot{\boldsymbol{B}}_{\mathrm{f}}$ 的方向如图 4-7 所示。发送机的励磁磁场与其定子三相整步绕组具有不同的耦合程度。因此，三相整步绕组中感应电势的大小将取决于各相绕组的轴线与励磁绕组轴线之间的相对位置。

$$\left.\begin{aligned} E_{f1} &= E\cdot\cos\theta_1 \\ E_{f2} &= E\cdot\cos(\theta_1+120^\circ) \\ E_{f3} &= E\cdot\cos(\theta_1+240^\circ) \end{aligned}\right\} \tag{4-1}$$

式中，E_{f1}、E_{f2}、E_{f3}——发送机 D_1、D_2、D_3 各相整步绕组中感应电动势的有效值；

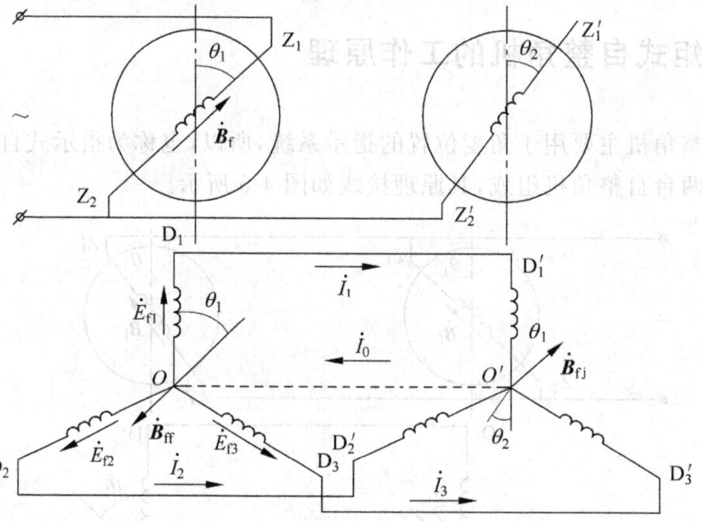

图 4-7 只有发送机励磁

E——整步绕组中最大感应电动势的有效值,即当某相整步绕组轴线与励磁绕组轴线重合时,在该相整步绕组中产生的感应电动势的有效值。

$$E=4.44fW_D\Phi_m$$

f——电源频率;

W_D——某相整步绕组的有效匝数;

Φ_m——励磁磁通的幅值。

根据变压器基本理论,E_{f1}、E_{f2}、E_{f3}的相位落后于励磁磁通 Φ_m 相位 90°,因此,感应电动势 E_{f1}、E_{f2}、E_{f3} 具有相同的相位,并设 φ_e 为它们的初相角,则

$$\left.\begin{aligned}\dot{E}_{f1}&=E\cdot\cos\theta_1 e^{j\varphi_e}\\ \dot{E}_{f2}&=E\cdot\cos(\theta_1+120^\circ)e^{j\varphi_e}\\ \dot{E}_{f3}&=E\cdot\cos(\theta_1+240^\circ)e^{j\varphi_e}\end{aligned}\right\}\tag{4-2}$$

由于发送机和接收机整步绕组对应连接,所以,这些电动势必定在整步绕组中产生电流。为了分析方便,先假定两机整步绕组星型中点有导线连接,如图 4-7 中的 OO' 虚线,并设各电动势、电流的参考方向如图 4-7 所示,则两机整步绕组各相回路电势平衡式为

$$\left.\begin{aligned}\dot{E}_{f1}&=\dot{I}_1(z_f+z_j+z_l)+\dot{I}_0 z_0\\ \dot{E}_{f2}&=\dot{I}_2(z_f+z_j+z_l)+\dot{I}_0 z_0\\ \dot{E}_{f3}&=\dot{I}_3(z_f+z_j+z_l)+\dot{I}_0 z_0\end{aligned}\right\}\tag{4-3}$$

式中,z_f——发送机一相整步绕组的阻抗;

z_j——接收机一相整步绕组的阻抗;

z_l——一相连接线阻抗;

z_0——OO'连接线阻抗。

把式(4-2)代入式(4-3),并记 $z=z_f+z_j+z_l=|z|e^{j\phi_z}$,则有

$$\left.\begin{aligned}\dot{I}_1 z+\dot{I}_0 z_0 &= E\cos\theta_1 e^{j\varphi_e}\\ \dot{I}_2 z+\dot{I}_0 z_0 &= E\cos(\theta_1+120°)e^{j\varphi_e}\\ \dot{I}_3 z+\dot{I}_0 z_0 &= E\cos(\theta_1+240°)e^{j\varphi_e}\end{aligned}\right\}\tag{4-4}$$

把上面三个方程式的两边分别相加,并注意到 $\dot{I}_1+\dot{I}_2+\dot{I}_3=\dot{I}_0$,则有

$$\dot{I}_0=\frac{E}{z+3z_0}[\cos\theta_1+\cos(\theta_1+120°)+\cos(\theta_1+240°)]e^{j\varphi_e}$$

因为　$\cos\theta_1+\cos(\theta_1+120°)+\cos(\theta_1+240°)\equiv 0$

所以　$\dot{I}_0=0$

可见,对称条件下的“自整角机对”的中线里没有电流通过,这就是自整角机在成对使用时无须连接中线的道理。

将 $\dot{I}_0=0$ 代入式(4-4),并整理可得

$$\left.\begin{aligned}\dot{I}_1 &= I\cos\theta_1 e^{j\varphi_i}\\ \dot{I}_2 &= I\cos(\theta_1+120°)e^{j\varphi_i}\\ \dot{I}_3 &= I\cos(\theta_1+240°)e^{j\varphi_i}\end{aligned}\right\}\tag{4-5}$$

式中,$I=\dfrac{E}{|z|}$——相电流的最大有效值;

$\varphi_i=\varphi_e-\varphi_z$——相电流的初相角。

可见,整步绕组各相电流的时间相位相同。式(4-5)有效值形式为

$$\left.\begin{aligned}I_1 &= I\cos\theta_1\\ I_2 &= I\cos(\theta_1+120°)\\ I_3 &= I\cos(\theta_1+240°)\end{aligned}\right\}\tag{4-6}$$

在感应电动势 E_{f1}、E_{f2}、E_{f3} 的作用下,各相电流将流过相应的整步绕组,并将沿各相绕组的轴线方向建立起脉振磁场。显然,在发送机和接收机整步绕组的对接相绕组中,电流大小相等,方向相反。因此,对接相的脉振磁场磁密向量也必将幅值相等,方向相反。那么,发送机和接收机整步绕组的合成磁场磁密空间向量方向又将如何呢?

设发送机转子相对 D_1 相夹角为 θ_1,定子三相绕组的脉振磁场分别用 $\dot{B}_1$、$\dot{B}_2$、$\dot{B}_3$ 表示,如图 4-8 所示。将励磁绕组轴线作为 d 轴,q 轴与其正交。分别把磁密矢量 $\dot{B}_1$、$\dot{B}_2$、$\dot{B}_3$ 沿着 d 轴、q 轴进行分解。

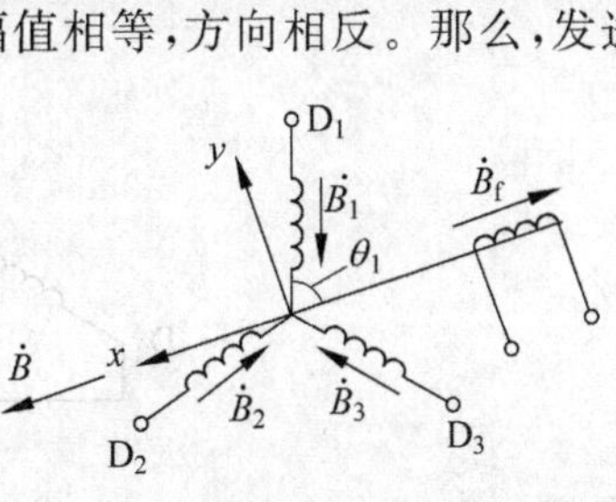

图 4-8　定子磁场的分解

d 轴方向的合成磁场为

$$\begin{aligned}B_d &= B_{1d}+B_{2d}+B_{3d}\\ &= B_1\cos\theta_1+B_2\cos(\theta_1+120°)+B_3\cos(\theta_1+240°)\\ &= B_m[\cos^2\theta_1+\cos^2(\theta_1+120°)+\cos^2(\theta_1+240°)]\sin\omega t\end{aligned}$$

则
$$B_d=\frac{3}{2}B_m\sin\omega t$$

q 轴方向的合成磁场为

$$\begin{aligned}B_q&=B_{1q}+B_{2q}+B_{3q}\\&=-B_1\sin\theta_1-B_2\sin(\theta_1+120°)-B_3\sin(\theta_1+240°)\\&=-B_m[\sin\theta_1\cos\theta_1+\sin(\theta_1+120°)\cos(\theta_1+120°)\\&\quad+\sin(\theta_1+240°)\cos(\theta_1+240°)]\sin\omega t\end{aligned}$$

∴
$$B_q=0$$

因此,定子三相合成磁场为

$$B=B_d+B_q=B_d=\frac{3}{2}B_m\sin\omega t$$

在第 3 章讨论旋转变压器二次侧补偿时,曾得出一个重要结论:一次侧由单相交流电源励磁,二次侧为多相对称绕组,并接入对称负载阻抗时,由二次侧多相对称绕组中的电流所产生的合成磁场为直轴(励磁轴线)方向的脉振磁场,并且当励磁电压恒定、负载阻抗恒定时,合成磁通的幅值为常数,即不随转子转角而变化。具有对称特点的"自整角机对"完全符合上述结论的条件。上面也证明了这一点。因此,当只有发送机励磁时,可用与励磁磁密 $\dot{\boldsymbol{B}}_f$ 方向相反的磁密空间向量 $\dot{\boldsymbol{B}}_{ff}$ 来代表发送机定子的合成磁场,如图 4-7 所示;另外,用与磁密空间向量 $\dot{\boldsymbol{B}}_{ff}$ 方向相反的磁密空间向量 $\dot{\boldsymbol{B}}_{fj}$ 来表示接收机定子合成磁场,显然,在校准共同基准零位条件下,磁密向量 $\dot{\boldsymbol{B}}_{fj}$ 将与发送机励磁磁密向量 $\dot{\boldsymbol{B}}_f$ 的方向相同,如图 4-7 所示。

同理,可以分析只有接收机励磁绕组加交流电压时,接收机整步绕组中的感应电动势、电流及两机定子的合成磁场如图 4-9 所示。

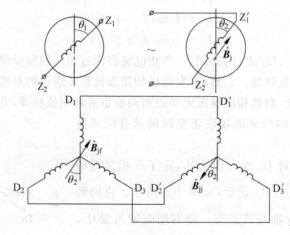

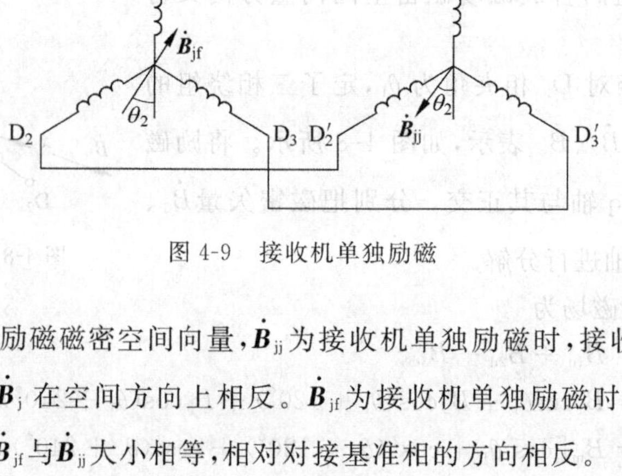

图 4-9 接收机单独励磁

图中 $\dot{\boldsymbol{B}}_j$ 为接收机励磁磁密空间向量,$\dot{\boldsymbol{B}}_{jj}$ 为接收机单独励磁时,接收机定子合成磁场的磁密空间向量。$\dot{\boldsymbol{B}}_{jj}$ 与 $\dot{\boldsymbol{B}}_j$ 在空间方向上相反。$\dot{\boldsymbol{B}}_{jf}$ 为接收机单独励磁时,发送机定子合成磁场的磁密空间向量。$\dot{\boldsymbol{B}}_{jf}$ 与 $\dot{\boldsymbol{B}}_{jj}$ 大小相等,相对对接基准相的方向相反。

2）发送机和接收机同时励磁

当 $\theta_1=\theta_2$ 时，磁密空间向量分布情况如图 4-10 所示。在发送机中，$\dot{\boldsymbol{B}}_{\mathrm{ff}}$ 和 $\dot{\boldsymbol{B}}_{\mathrm{jf}}$ 均在励磁轴线上，且大小相等，方向相反，因此，相互抵消，定子合成磁密为零。同理，接收机中定子合成磁密也为零。这样，在两机的气隙中，只有励磁磁密存在，并在整步绕组对接中产生大小相等，相位相反的感应电动势，因此，相电流为零，发送机和接收机都不能产生转矩，两机处于协调状态。

当 $\theta_1\neq\theta_2$ 时，由图 4-6 可知，两机定子合成磁密都不为零。于是，定子合成磁场与转子励磁磁场相互作用，产生电磁转矩，使两机转子转至 $\theta_2=\theta_1$ 的协调位置。协调后，两机定子合成磁密又为零，电磁转矩也为零。两机处于协调状态。

3）力矩式自整角机的整步转矩、失调角和协调位置

力矩式自整角机的接收机转子在失调时能产生转矩 T 来促成转子和发送机转子协调，这个转矩是由电磁作用产生的，称为整步转矩。

如图 4-11 所示，接收机定子的磁密空间向量 $\dot{\boldsymbol{B}}_{\mathrm{jj}}$（即 $180^\circ+\theta_2$）和 $\dot{\boldsymbol{B}}_{\mathrm{fj}}$（即 θ_1）不在同一轴线上，发送机建立的磁密空间向量 $\dot{\boldsymbol{B}}_{\mathrm{fj}}$ 与接收机励磁磁密空间向量 $\dot{\boldsymbol{B}}_{\mathrm{j}}$ 有偏差角 $\Delta\theta=\theta_1-\theta_2$。将 $\dot{\boldsymbol{B}}_{\mathrm{fj}}$ 沿 $Z_1'Z_2'$ 轴线方向进行分解，其交轴分量为

$$\dot{\boldsymbol{B}}_{\mathrm{fjq}}=\dot{\boldsymbol{B}}_{\mathrm{fj}}\cdot\sin\Delta\theta \tag{4-7}$$

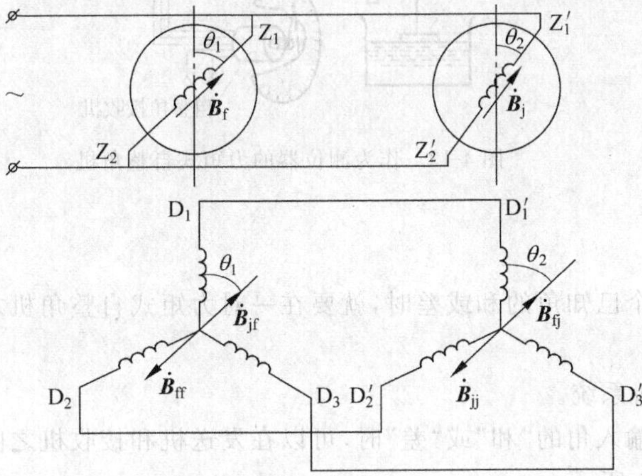

图 4-10　$\theta_1=\theta_2$ 的情况

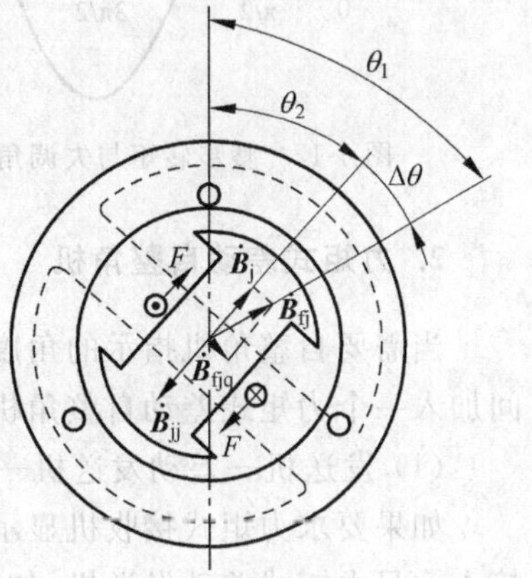

图 4-11　整步转矩分析

该交轴分量将与其正交的励磁磁场相互作用，对接收机转子产生电磁转矩。根据左手定则判断，接收机转子将顺时针转过 $\Delta\theta$ 角，使励磁磁密空间向量 $\dot{\boldsymbol{B}}_{\mathrm{j}}$ 最终转至同发送机励磁磁密空间向量 $\dot{\boldsymbol{B}}_{\mathrm{f}}$（即 $\dot{\boldsymbol{B}}_{\mathrm{fj}}$）一致的方向上。

由于磁密 $\dot{\boldsymbol{B}}_{\mathrm{fjq}}=\dot{\boldsymbol{B}}_{\mathrm{fj}}\cdot\sin\Delta\theta$ 起了关键作用，故整步转矩与 $\sin\Delta\theta$ 成正比，即

$$T=KB_{\mathrm{fj}}\cdot\sin\Delta\theta \tag{4-8}$$

因为 $\Delta\theta=0^\circ$ 时，$T=0$，所以接收机的转子受到的转矩为零时，称自整角发送机与接收机处于协调位置；当 $\Delta\theta\neq0^\circ$ 时，$T\neq0$，称自整角发送机和接收机失调，$\Delta\theta$ 角就称为失调角。

图 4-12 为整步转矩与失调角的关系图。

当失调角很小时，可以证明，转矩与产生它的磁场成正比，再考虑数学上 $\sin\Delta\theta=\Delta\theta$，则认为

$$T = KB_{\mathrm{fj}} \cdot \sin\Delta\theta \approx KB_{\mathrm{fj}}\Delta\theta \tag{4-9}$$

当失调角 $\Delta\theta=1^\circ$时(0.017 453rad)时，力矩式自整角机所具有的整步转矩称为比整步转矩。用 T_θ 表示，即 $T_\theta=KB_{\mathrm{fj}}\cdot\sin1^\circ=0.017\,453KB_{\mathrm{fj}}$。

4) 力矩式自整角机的应用

力矩式自整角机广泛用作测位器。下面以测水塔水位的力矩式自整角机为例说明其应用。图 4-13 为测量水塔内水位高低的测位器示意图。图中浮子随着水面升降而上下移动，并通过绳子、滑轮和平衡锤使自整角发送机转子旋转。由力矩式自整角机的工作原理可知，由于发送机和接收机的转子是同步旋转的，所以接收机转子上所固定的指针能准确地指向刻度盘所对应的角度——发送机转子所旋转的角度。若将角位移换算成线位移，就可方便地测出水面的高度，实现远距离测量的目的。这种测位器不仅可以测量水面或液面的位置，也可以用来测量阀门的位置、电梯和矿井提升机的位置、变压器分接开关位置等。

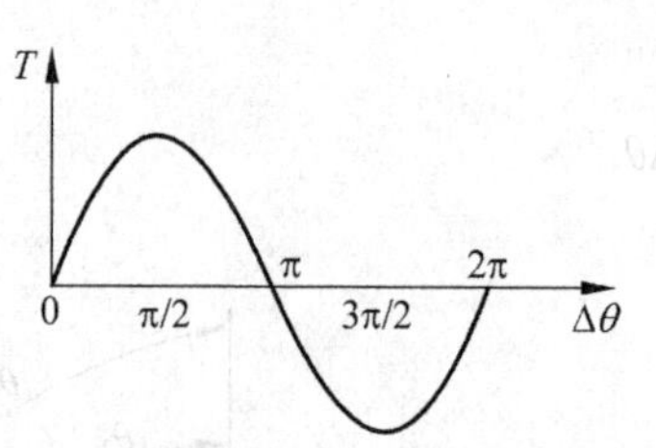

图 4-12 整步转矩与失调角的关系

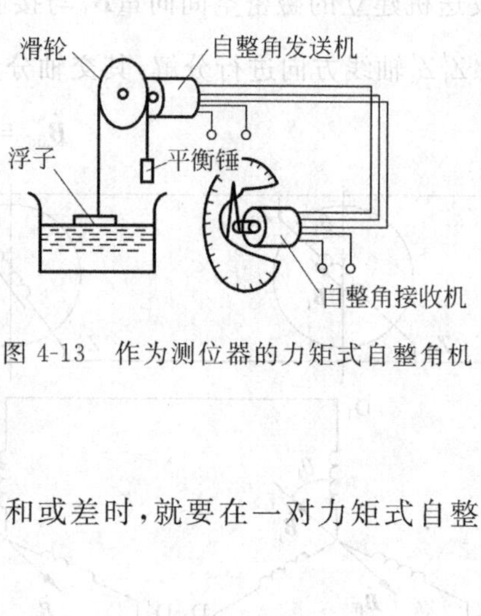

图 4-13 作为测位器的力矩式自整角机

2. 力矩式差动自整角机

当需要自整角机指示的角度为两个已知角的和或差时，就要在一对力矩式自整角机之间加入一个力矩式差动自整角机。

(1) 发送机—差动发送机—接收机系统。

如果要求力矩式接收机显示两个输入角的“和”或“差”时，可以在发送机和接收机之间接入一只力矩式差动发送机，如图 4-14 所示。

力矩式发送机 ZLF 的励磁绕组和接收机 ZLJ 的励磁绕组接到同一个交流电源上，它们的整步绕组分别和差动发送机 ZCF 的定子、转子三相绕组对应连接。

若 ZLF 转子从基准零位顺时针转 θ_1，ZCF 转子从基准零位顺时针转 θ_2，则此刻磁密空间向量的分布如图 4-14 所示。发送机 ZLF 的励磁磁密空间向量$\dot{\boldsymbol{B}}_{\mathrm{f}}$ 有偏转角 θ_1，显然，由发送机 ZLF 励磁所引起的差动式自整角发送机的定子磁密空间向量$\dot{\boldsymbol{B}}_{\mathrm{fc}}$相对对接基准相的偏角也为 θ_1，即与 ZLF 的励磁磁密空间向量$\dot{\boldsymbol{B}}_{\mathrm{f}}$ 有相同的方向。而$\dot{\boldsymbol{B}}_{\mathrm{fc}}$作为差动式自整角发送机的励磁磁密，在其转子中引起相应磁密空间向量$\dot{\boldsymbol{B}}_{\mathrm{fc'}}$ 的方向(相对 C_1'轴线)是 $180^\circ-(\theta_1-\theta_2)$，这是因为差动式发送机已转过了发送角 θ_2。由于 ZCF 转子绕组和 ZLJ 整步绕组

对应连接构成了闭合回路，与$\dot{\boldsymbol{B}}_{fc'}$对应的磁密$\dot{\boldsymbol{B}}_{fj}$必定在ZLJ定子内圆周空间建立起来，向量$\dot{\boldsymbol{B}}_{fj}$相对对接基准相的角度是$\Delta\theta=\theta_1-\theta_2$，于是，接收机励磁磁密空间向量$\dot{\boldsymbol{B}}_j$将跟踪$\dot{\boldsymbol{B}}_{fj}$转过$\Delta\theta$角，进入新的协调位置，实现了两角差的传递。读者可试分析两角和的传递过程。

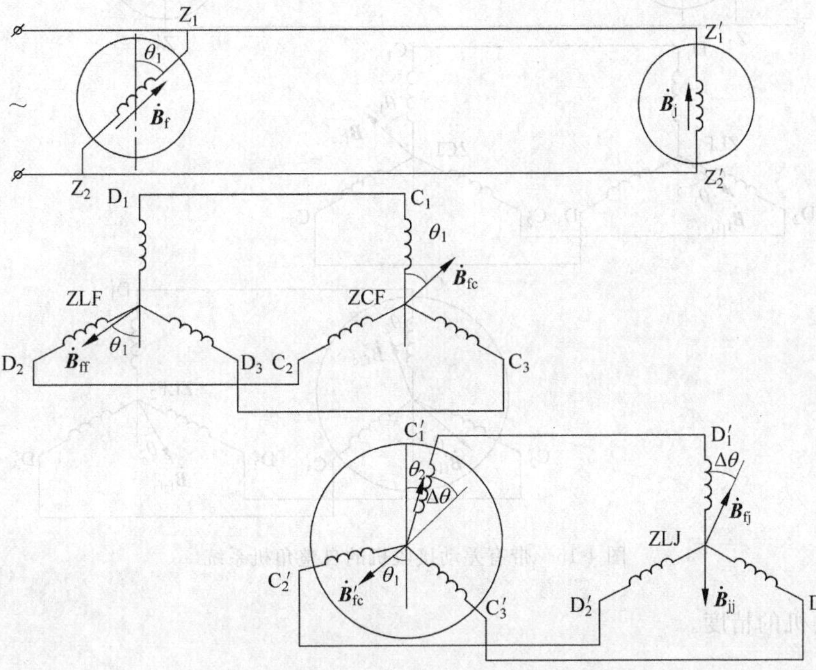

图4-14　带有差动发送机的力矩式自整角机系统

(2) 发送机—差动接收机—发送机系统。

也可以在两台力矩式发送机之间接入一台力矩式差动接收机，以显示两发动机的转角差或和，接线如图4-15所示，其工作原理读者可仿照上述方法自行分析。

4.2.3　力矩式自整角机的主要技术指标

1. 静态误差 $\Delta\boldsymbol{\theta}_s$

发送机处于停转或转速很低时的工作状态称为静态。静态协调时，接收机相对于发送机的失调角称为静态误差，用角分(或度)表示。力矩式自整角机按其静态误差大小可分为三个精度等级，见表4-2。

2. 比整步转矩 $\boldsymbol{T}_\theta$

比整步转矩又称为比转矩，它是指力矩式自整角机系统中，接收机与发送机的失调角为1°时，接收机轴上的输出转矩，单位是N·m/°。比转矩也是静整步转矩T与失调角$\Delta\theta$的关系曲线在$\Delta\theta=0°$处的切线斜率。比转矩是力矩式自整角机的一个重要性能指标，发送机和接收机对这一指标都有要求。在接收机中，比转矩与摩擦转矩的大小决定静态误差，也就

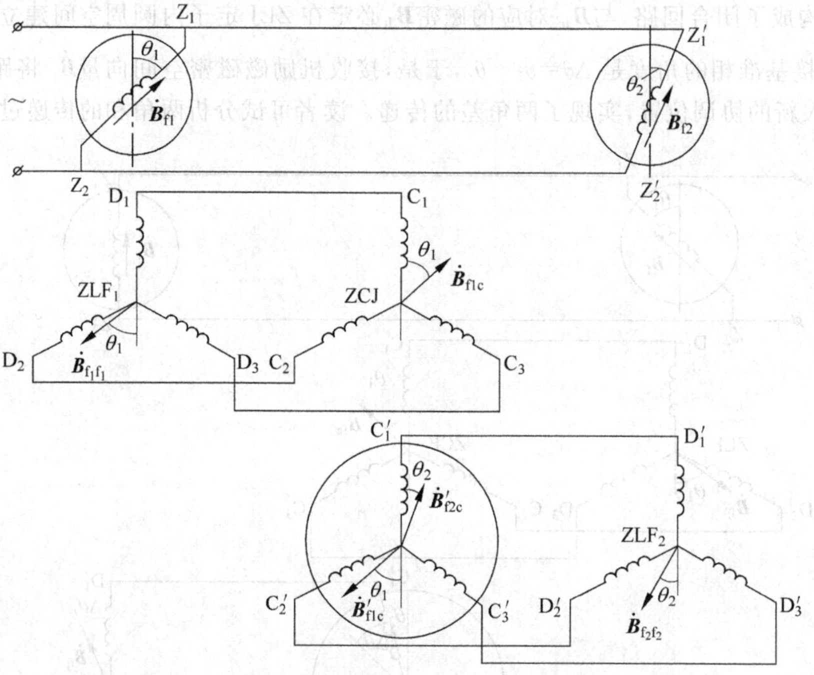

图 4-15 带有差动接收机的自整角机系统

决定了接收机的精度。

3. 阻尼时间 t_z

阻尼时间 t_z 是指力矩式接收机与相同电磁性能指标的标准发送机同步连接后,失调角为177°±2°时,力矩式接收机由失调位置进入离协调位置±0.5°范围,并且不再超过这个范围时所需要的时间。这项指标仅对力矩式接收机有要求,阻尼时间越短,接收机的跟踪性能越好。为此,在力矩式接收机上,都装有阻尼绕组,即电气阻尼,也有在接收机轴上装机械阻尼器的。

4. 零位误差 $\Delta\theta_0$

力矩式自整角发送机励磁后,从基准零位开始,转子转过60°角,在理论上整步绕组中有两根对称轴线间的电势为零,此位置称做理论电气零位。由于设计或工艺等因素的影响,实际电气零位与理论电气零位有差异,此差值即为零位误差,以角分表示。力矩式发送机的精度等级是由零位误差来确定的。

4.3 力矩式自整角机的故障分析

4.3.1 发送机或接收机的励磁绕组断路

假定两机在故障前都处于协调位置,即接收机和发送机转子偏角位置一致,并且定子对

接基准相 D_1 和 D_1' 轴线均处于空间铅垂方向上。

若接收机励磁断路，如图 4-16 所示，显然，此时只有发送机励磁。

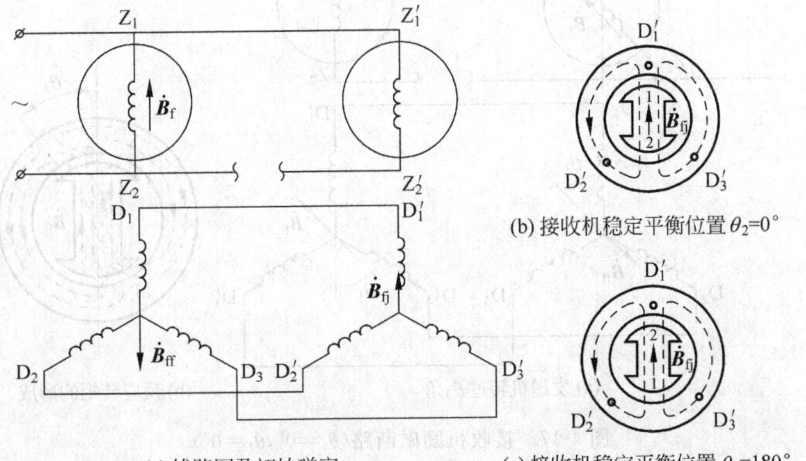

图 4-16　接收机励磁断路（$\theta_2=\theta_1=0°$）

由力矩式自整角机的工作原理可知，在发送机中，定子整步绕组合成磁场磁密空间向量 $\dot{\boldsymbol{B}}_{ff}$ 与发送机励磁磁场磁密空间向量 $\dot{\boldsymbol{B}}_f$ 的空间方向相反；在接收机中，定子整步绕组合成磁场磁密空间向量 $\dot{\boldsymbol{B}}_{fj}$ 与发送机定子磁密空间向量 $\dot{\boldsymbol{B}}_{ff}$ 相对对接基准方向相反，亦即与发送机励磁磁密向量 $\dot{\boldsymbol{B}}_f$ 方向相同。若故障前，两机转子都在零位，如图 4-16(a)所示，在接收机中，$\dot{\boldsymbol{B}}_{fj}$ 方向与接收机转子的直轴方向重合，当接收机励磁断路，转子就成了没有励磁的导磁体，此时的转子极轴因位于磁导最大的方向上而不受任何转矩的作用，接收机转子仍处于零位，并且是它的一个稳定平衡位置，如图 4-16(b)所示。如果发送机转子固定不动，而人为地将接收机转子转过 180°，此刻接收机转子的直轴仍然与 $\dot{\boldsymbol{B}}_{fj}$ 的方向重合，接收机转子还是不受任何转矩作用，所以，180°处也是接收机转子的一个稳定平衡位置，如图 4-16(c)所示。可见，在此故障中，对应于发送机转子的一个位置，接收机转子有两个稳定平衡位置，这两个稳定平衡位置相差 180°。

下面再来分析当发送机转子偏转一个角度时，接收机转子是否也能跟着偏转。如果发送机转子从零位顺时针偏转 θ_1 角，如图 4-17(a)所示。显然，$\dot{\boldsymbol{B}}_{fj}$ 与接收机转子直轴不再重合。由于沿直轴方向的磁导最大，沿交轴方向磁导最小，而磁通又最容易沿磁导大的路径通过，因此，$\dot{\boldsymbol{B}}_{fj}$ 磁通的大部分还是从转子直轴通过，这就使得磁通的路径变弯并拉长，如图 4-17(b)所示。又由于磁通具有力图使自己的路径变得最短的性质，因此，此刻的接收机转子将由于受到一个反应转矩（或磁阻转矩）的作用而发生偏转，当其转至 $\theta_2=\theta_1$ 处时，反应转矩将等于零，转子就稳定在 $\theta_2=\theta_1$ 这个位置上。当然，$\theta_2=\theta_1+180°$ 也是接收机转子的另一个稳定平衡位置。可见，在反应转矩作用下，凸极式的接收机转子可以与发送机转子同步偏转，但反应转矩比正常时的整步转矩要小得多，一般反应转矩约为正常整步转矩的十分之一。显然，接收机在此类故障中跟踪发送机转角的跟踪误差将变大。

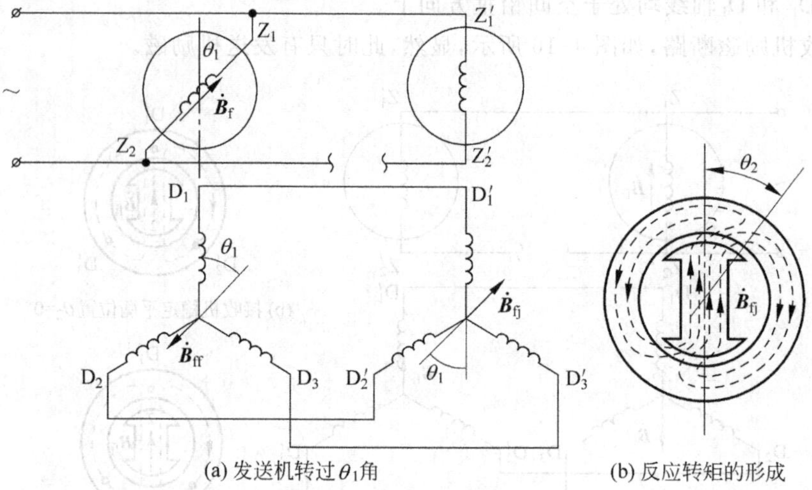

图 4-17　接收机励磁断路($\theta_1 \neq 0°, \theta_2 = 0°$)

综上所述，接收机励磁断路的故障现象如下：

(1) 对于发送机转子的每个位置，接收机转子有两个稳定平衡位置与之相对应，且它们彼此相差 180°。

(2) 当发送机旋转时，接收机可以随之同步旋转，但由于转矩要比正常时小很多，转角跟踪误差较大。

读者可以用以上方法，自行分析发送机励磁断路的故障现象。

4.3.2　励磁绕组错接

若接收机励磁绕组错接，即把发送机和接收机励磁绕组异名连接，并接至交流电源上，如图 4-18(a)所示。这样，接收机励磁磁密向量$\dot{B}_j$相对发送机励磁磁密向量$\dot{B}_f$而言，方向改变了 180°，此时，两机定子的合成磁密将不为零，而是最大，如图 4-18(a)所示。接收机定子合成磁密与其转子励磁磁密方向相反，此刻整步转矩虽然为零，但是，接收机转子处于不稳定平衡位置，如图 4-18(b)所示。稍有扰动，转子就将偏转，且必定偏转 180°，并最终转至其稳定平衡位置上，如图 4-18(c)所示。这完全是一个正常的力矩式自整角机系统，接收机可以跟踪发送机正常转动，只不过将恒保持 180°的偏差角。

可见，接收机励磁绕组错接的故障现象是：

(1) 对于发送机转子的每一个位置，接收机转子均存在 180°的偏差角。

(2) 接收机能跟踪发送机正常转动。

4.3.3　整步绕组错接

正常工作的自整角机对，其发送机和接收机的整步绕组应该对应相接。如果接错，自整角机就会处于不正常工作状态。两机整步绕组的三个对应端可能有以下几种错接组合：

(1) $D_1 - D_2'$，$D_2 - D_1'$，$D_3 - D_3'$；

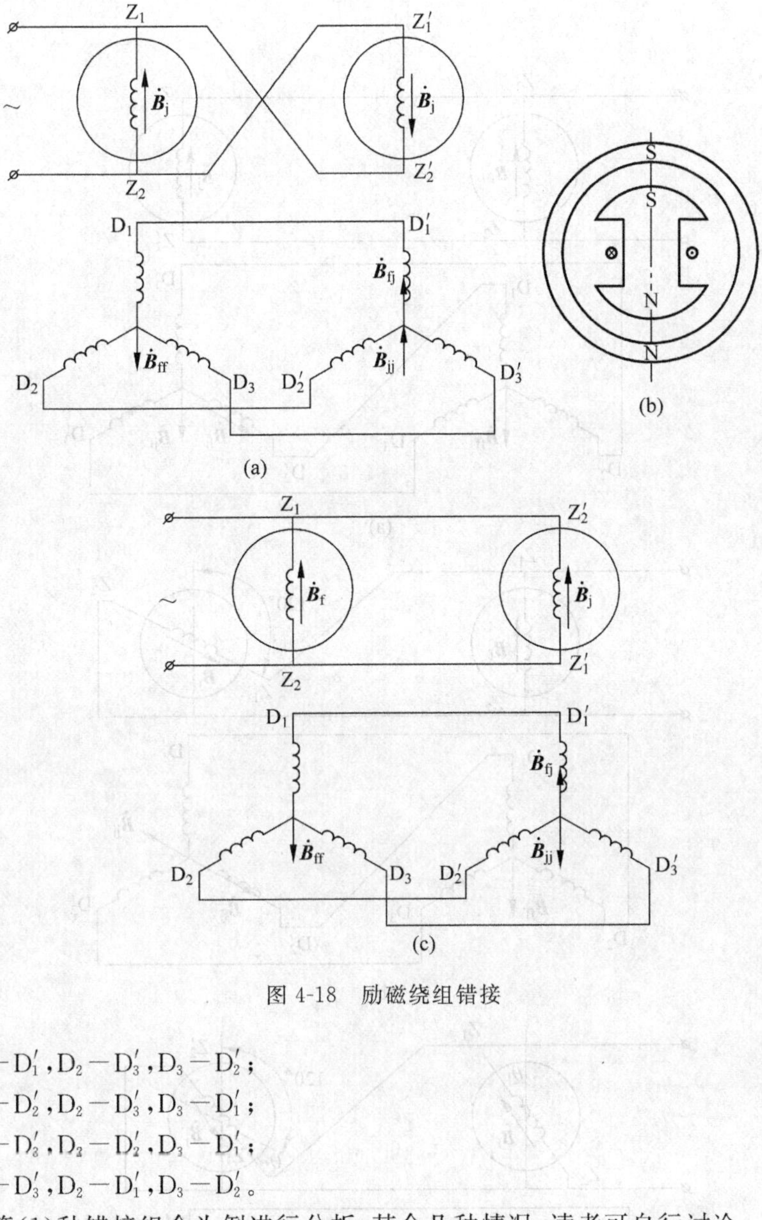

图 4-18 励磁绕组错接

(2) D_1-D_1',D_2-D_3',D_3-D_2';

(3) D_1-D_2',D_2-D_3',D_3-D_1';

(4) D_1-D_3',D_2-D_2',D_3-D_1';

(5) D_1-D_3',D_2-D_1',D_3-D_2'。

下面以第(1)种错接组合为例进行分析,其余几种情况,读者可自行讨论。

如图 4-19 所示,两机整步绕组 1,2 两相错接。显然,由于发送机绕组基准相 D_1 与接收机整步绕组 D_2' 相连接,接收机基准相绕组 D_1' 与发送机整步绕组 D_2 相连接,使得它们的对接基准相轴线初始位置不再重合,而且两机整步绕组的相序相反。如果此刻对处在如图 4-19(a)所示位置的两机通电励磁,在它们各自的定子内圆周空间将建立起合成磁场,其合成磁场分别为$\dot{\boldsymbol{B}}_{\mathrm{ff}}$和$\dot{\boldsymbol{B}}_{\mathrm{jf}}$、$\dot{\boldsymbol{B}}_{\mathrm{fj}}$和$\dot{\boldsymbol{B}}_{\mathrm{jj}}$。从图 4-19(a)可见,合成磁密$\dot{\boldsymbol{B}}_{\mathrm{ff}}$和$\dot{\boldsymbol{B}}_{\mathrm{jf}}$、$\dot{\boldsymbol{B}}_{\mathrm{fj}}$和$\dot{\boldsymbol{B}}_{\mathrm{jj}}$都不在同一个轴线上。在接收机中,合成磁密$\dot{\boldsymbol{B}}_{\mathrm{fj}}$的交轴分量与励磁磁密$\dot{\boldsymbol{B}}_{\mathrm{j}}$相互作用,将使接收机转子受电磁转矩驱动,最终转至$\dot{\boldsymbol{B}}_{\mathrm{j}}$与$\dot{\boldsymbol{B}}_{\mathrm{fj}}$方向一致的位置上。这就是接收机的初始稳定平衡位置,见图 4-19(b)。显然,接收机相对发送机已有了 120°的初始偏角。若发送机转子顺时

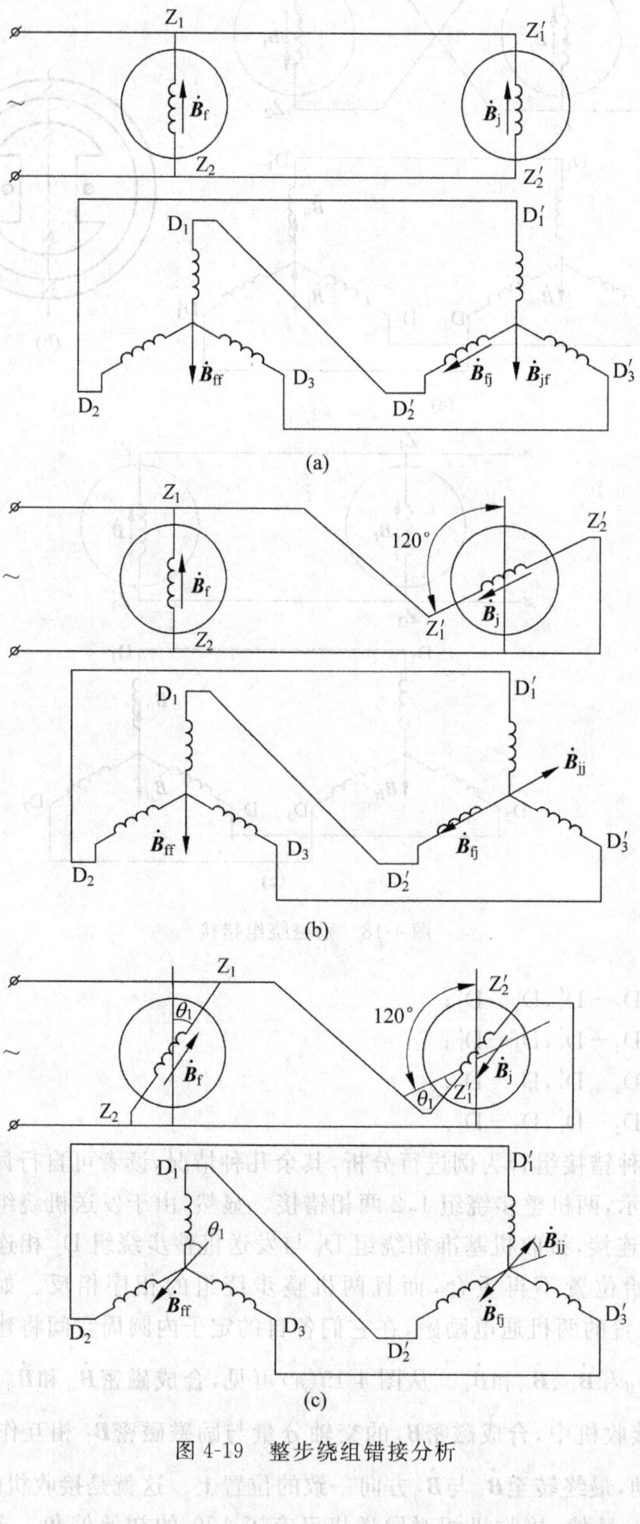

图 4-19 整步绕组错接分析

针转过 θ_1 角，则其励磁磁密空间向量 $\dot{\boldsymbol{B}}_f$ 也必定顺时针转过 θ_1 角。然而，由于错接造成的发送机和接收机整步绕组彼此相序变反，如图 4-19(a)所示，发送机整步绕组的相序是 $D_1-D_2-D_3$，而接收机整步绕组的相序是 $D_2'-D_1'-D_3'$。前者逆时针方向，后者顺时针方向。因此，接收机中的定子合成磁密 $\dot{\boldsymbol{B}}_{fj}$ 将逆时针转过 θ_1 角，见图 4-19(c)。于是，励磁磁密向量 $\dot{\boldsymbol{B}}_j$ 也将逆时针转过 θ_1 角，这样才进入新的稳定平衡状态。

可见，两机整步绕组 1、2 两相错接的故障现象是：

(1) 接收机相对发送机稳定位置有初始偏差角 120°；

(2) 接收机能跟踪发送机转动，其转速相同，但转向相反。

4.3.4 整步绕组一相断路

在图 4-20 中，在整步绕组一相断路的情况下，其余两相绕组相互串联，可以用一个绕组等效代替这两个绕组，这样，实际上变成了单相角传递系统。

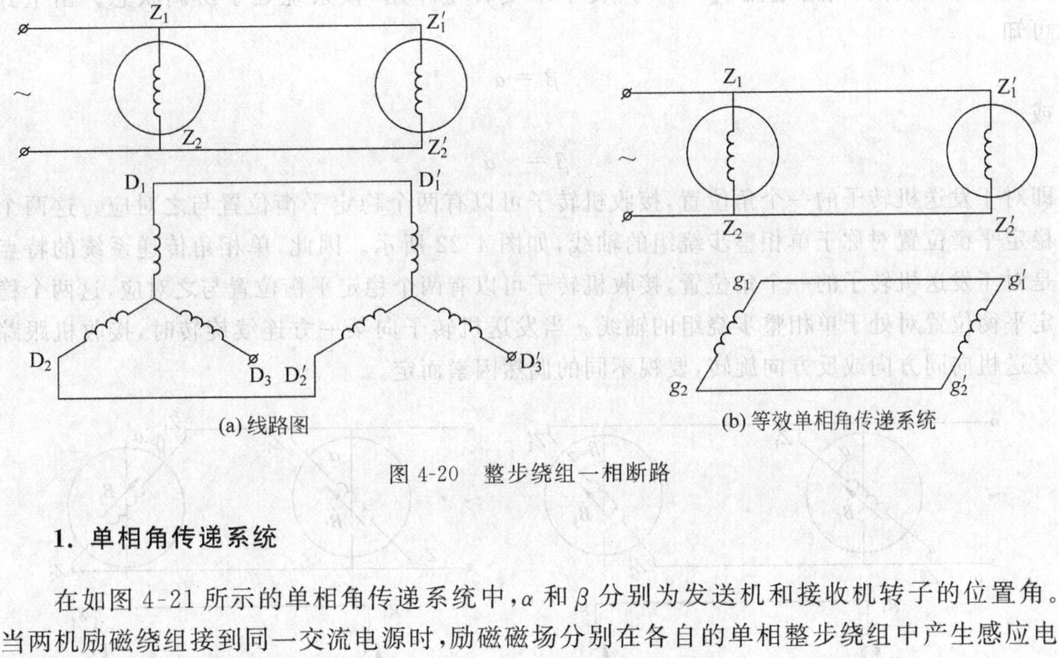

(a) 线路图 (b) 等效单相角传递系统

图 4-20 整步绕组一相断路

1. 单相角传递系统

在如图 4-21 所示的单相角传递系统中，α 和 β 分别为发送机和接收机转子的位置角。当两机励磁绕组接到同一交流电源时，励磁磁场分别在各自的单相整步绕组中产生感应电势 $\dot{E}_f$ 和 $\dot{E}_j$，有效值分别为

$$E_f = E\cos\alpha$$

$$E_j = E\cos\beta$$

式中，$E=4.44fW_g\Phi_m$——单相整步绕组中最大感应电势的有效值；

W_g——单相整步绕组的有效匝数。

如果两机结构参数相同，则两机的励磁磁通的幅值和相位都相同。因此，$\dot{E}_f$ 和 $\dot{E}_j$ 的时间相位也相同。整步绕组回路中的电流为

$$I_g = \frac{E_f - E_j}{2z_g} = \frac{E}{2z_g}(\cos\alpha - \cos\beta) = -I\sin\frac{\alpha+\beta}{2}\sin\frac{\alpha-\beta}{2}$$

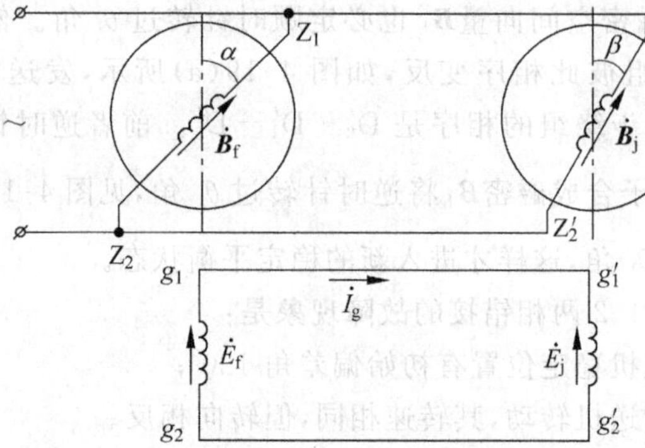

图 4-21 单相角传递系统

式中，$I_g=\dfrac{E}{z_g}$——回路电流最大有效值；

z_g——单相整步绕组阻抗的模。

显然，只有在回路电流 $I_g=0$ 时，转子不受转矩作用，该系统处于协调状态。由上式可知

$$\beta=\alpha$$

或

$$\beta=-\alpha$$

即对于发送机转子的一个角位置，接收机转子可以有两个稳定平衡位置与之对应。这两个稳定平衡位置对称于单相整步绕组的轴线，如图 4-22 所示。因此，单相角传递系统的特点是对于发送机转子的一个角位置，接收机转子可以有两个稳定平衡位置与之对应，这两个稳定平衡位置对处于单相整步绕组的轴线。当发送机转子向某一方连续旋转时，接收机跟踪发送机向同方向或反方向旋转，要视不同的偶然因素而定。

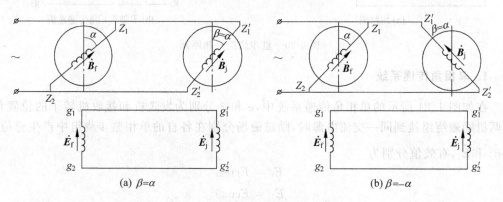

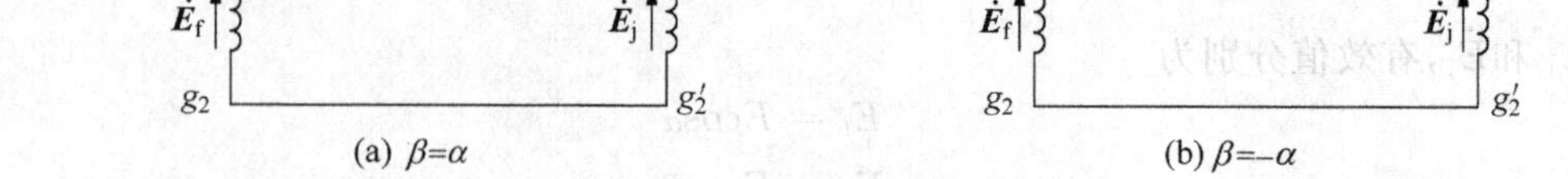

图 4-22 接收机两个稳定平衡位置

既然整步绕组一相断路后，其余两相绕组可用一个等效绕组代替，系统则变为单相角传递系统。因而，这种故障现象也就与上述单相角传递系统的特点相同。即对于发送机转子的一个角位置，接收机转子可以有两个稳定平衡位置与之对应，这两个稳定平衡位置对称于等效绕组的轴线，接收机跟踪发送机的转向也将是随机的。

2. 等效绕组的确定

下面谈谈等效绕组的确定。所谓"等效"是指"磁场等效"，也就是在串联的两个绕组中有电流通过时，将沿这两个绕组轴线产生脉振磁场，两个脉振磁场的合成磁场就是等效绕组要产生的磁场，其轴线即为等效绕组的轴线。

根据上述原则，来确定 D_2D_3 两相绕组串联时的等效绕组。如图 4-23 所示，若电流从 D_3 流进，从 D_2 流出，根据右手定则，可确定出两个绕组的磁场方向。由于 D_2D_3 的电流和匝数相同，因而，磁密空间向量 $\dot{\boldsymbol{B}}_{D_3}$ 和 $\dot{\boldsymbol{B}}_{D_2}$ 的长度相等。由向量合成的三角形法则可知，合成磁场轴线与 D_1 相绕组轴线正交，即等效绕组轴线与断开相轴线垂直。

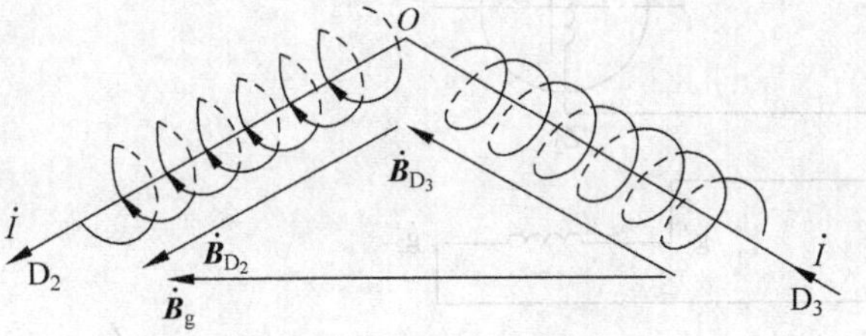

图 4-23　等效绕组轴线的确定

3. 故障分析

下面就可以指出断开 D_1 相时的故障现象，如图 4-24 所示。D_1 相断开之前，两机在零位稳定，D_1 相断开后，D_2、D_3(D_2'、D_3')两相绕组的等效绕组轴线与 D_1(D_1')相轴线垂直，两机转子励磁绕组轴线与等效绕组轴线垂直，即相当于图 4-21 中的 $\alpha=\beta=90°$，因此，接收机与发送机仍然处于稳定状态，而且，接收机还有一个稳定平衡位置，即 $\beta=-90°$，也就是发送机转子固定不动，将接收机转子转 180°，接收机仍然处于稳定平衡位置。如图 4-25 所示。当发送机缓慢连续旋转时，接收机的跟踪方向具有随机性。

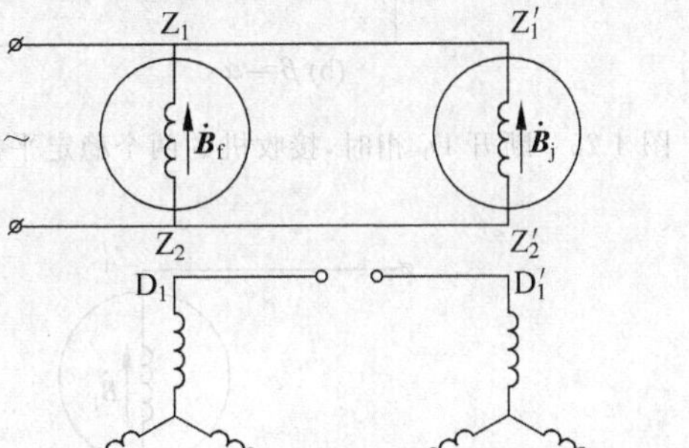

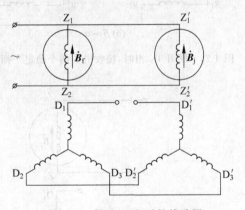

图 4-24　断开 D_1 相时的线路图

可见，D_1 相断路时的故障现象是：

(1) 对于发送机转子的某一位置 θ_1，接收机转子有两个平衡位置 $\theta_2=\pm\theta_1$ 与之相对应。

(2) 当发送机转子缓慢连续旋转时，接收机能跟随其同步转动，但是跟踪方向具有随机性。

4.3.5　整步绕组两相短路

整步绕组两相短路后，如图 4-26 所示，短路相相当于并联，再与未短路的一相串联，形成一个单相角传递系统，其等效的单相整步绕组轴线，显然应和未短路相的轴线一致。单相角传递的特点是接收机有两个对称于等效绕组轴线的稳定平衡位置且接收机跟踪发送机的转向有随机性。但由于该故障有两相绕组短路的特点,当短接回路中合成电势不为零时,将有短路电流流过,该短路电流习惯上又叫做环流。环流与励磁磁通作用将产生电磁转矩——环流力矩。由于环流一般较大,因此,环流力矩也要大于单相角传递的整步力矩,因此故障中的接收机转子只能稳定在使环流为零的位置上,由图 4-27 可知,接收机转子励磁绕组轴线与单相等效绕组轴线(即未短路相轴线)一致时,即 $\beta=0°$ 或 $\beta=180°$ 时,短接回路无环流。因为在这两个位置时,在整步绕组 D_2'、D_3' 相中的感应电势大小相等,沿短接回路反相串联。在接收机的短接回路中有无环流仅决定于接收机的转子位置,而与发送机转子位置无关。

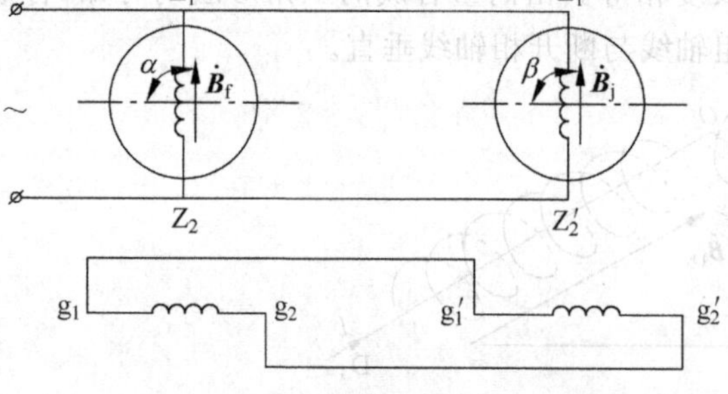

(a) $\beta=\alpha$

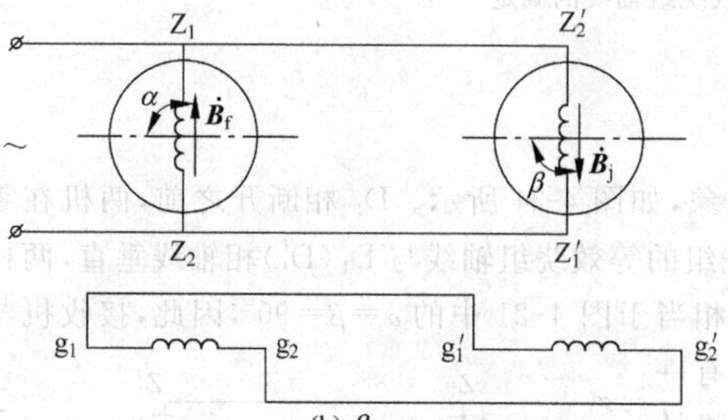

(b) $\beta=-\alpha$

图 4-25 断开 D_1 相时,接收机的两个稳定平衡位置

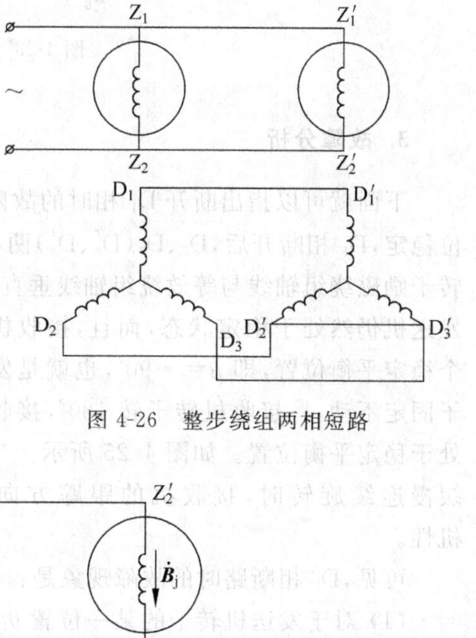

图 4-26 整步绕组两相短路

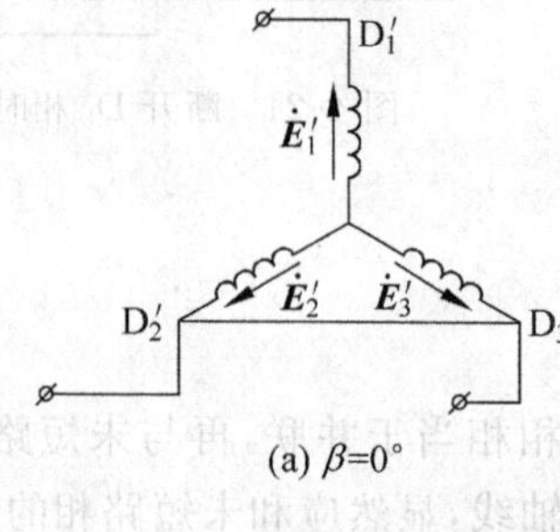

(a) $\beta=0°$

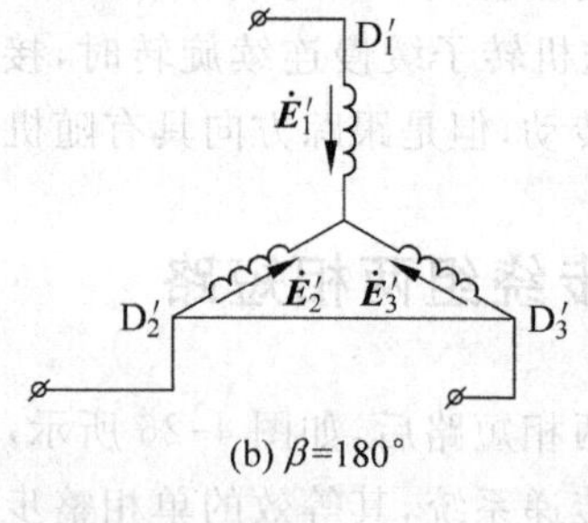

(b) $\beta=180°$

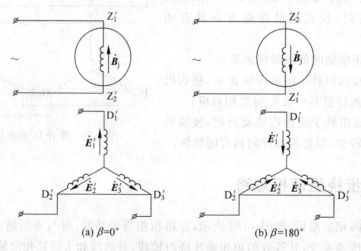

图 4-27 接收机中无环流的转子位置

因此,这种故障现象是:无论发送机的转子位置如何变化,接收机转子稳定在两个稳定平衡位置中的一个位置上,这两个稳定平衡位置相差 180°,且位于未短路相的轴线上。

4.4 控制式自整角机

力矩式自整角机系统作为角度的直接传递还存在着许多缺点,主要是角度传递的精度还不够高,即使在接收机空载的情况下,静态误差有时也可达 1°,并且随着负载转矩的增大或转速的升高还有变大的趋势。力矩式自整角机系统没有力矩的放大作用,克服负载所需要的转矩必须由发送机的原动机供给。当一台发送机带多台接收机并联工作时,每台接收机的比整步转矩随着接收机台数的增多而降低,因而,静态误差增大。在这种系统中,若有一台接收机因意外原因被卡住,则系统中所有其他并联工作的接收机都受到影响。力矩式自整角机属于功率元件,阻抗低,温升将随负载转矩的增大而很快上升。

为了克服力矩式自整角机的缺点,在随动系统中,广泛采用由伺服机构和控制式自整角机组成的系统。这种系统是闭环系统,具有较高的精度,通常可达几个角分。系统带负载的能力取决于伺服机构中的放大器和执行电机的功率。控制式自整角机只输出电压信号,属于信号元件,在工作时它的温升相当低。在一台发送机分别控制多个伺服机构的系统中,即使有一台接收机发生故障,通常也不至于影响其他接收机正常运行。

下面就来讨论控制式自整角机系统的原理及特性。

4.4.1 控制式自整角机的结构及分类

1. 控制式自整角发送机

控制式自整角发送机的结构和力矩式自整角发送机很相近,可以采用凸极式转子结构,也可以采用隐极式转子结构。通常,在转子上放置单相励磁绕组。为了提高自整角机的精度,有时也在其交轴方向装设短路绕组。控制式自整角发送机比力矩式自整角发送机有较高的空载输入阻抗、较多的励磁绕组匝数和较低的磁密。如果力矩式自整角发送机的电气误差和剩余电压符合控制系统的要求,或对于精度和剩余电压要求不太高的控制系统,可以用力矩式自整角发送机代替控制式自整角发送机使用。但应注意,控制式自整角发送机一般不能作为力矩式自整角发送机使用,因为设计时没有考虑比整步转矩及阻尼时间的要求,直接带负载的能力很低,如过载很大,容易烧毁。

2. 控制式自整角变压器

由于控制式自整角接收机不像力矩式自整角接收机那样直接驱动负载,而只是输出电压信号,它的工作状态类似变压器,因此,常称它为**自整角变压器**。

为了提高电气精度,降低零位电压,自整角变压器均采用隐极式转子结构,并在转子上设置单相高精度正弦绕组作为输出绕组。

自整角变压器的定子铁芯为隐极式,以便放置三相整步绕组,整步绕组具有较多的匝数和较低的磁密,空载输入阻抗较高。

3. **控制式差动发送机**

控制式差动发送机的结构与力矩式差动发送机相同，只是绕组数据不同。前者选用较低的磁密，要求零位电压较小。

4.4.2　控制式自整角机的工作原理

1. 一对控制式自整角机系统

控制式自整角机的工作原理可用图 4-28 说明。在图中，控制式自整角发送机的励磁绕组由单相交流电源励磁，其三相整步绕组与自整角变压器的整步绕组对应连接。而自整角变压器的输出绕组则接至放大器的输入端，放大器的输出与伺服电动机的控制绕组相连。伺服电动机通过减速器带动负载及自整角变压器的转子转动。当转到与发送机位置协调时，输出绕组的电压信号变为零，伺服电动机停止转动。

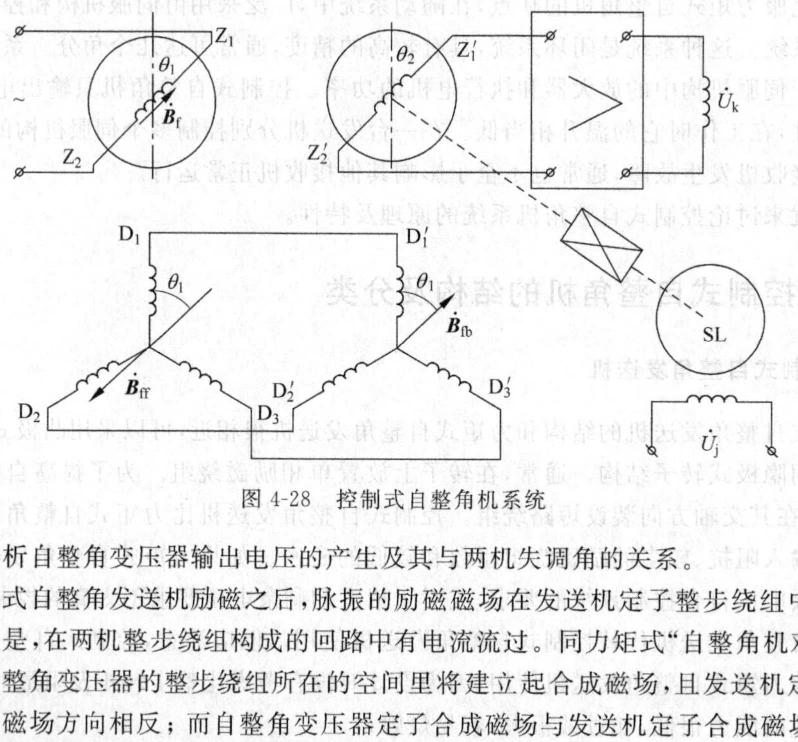

图 4-28　控制式自整角机系统

下面分析自整角变压器输出电压的产生及其与两机失调角的关系。

当控制式自整角发送机励磁之后，脉振的励磁磁场在发送机定子整步绕组中产生感应电动势。于是，在两机整步绕组构成的回路中有电流流过。同力矩式"自整角机对"一样，在发送机和自整角变压器的整步绕组所在的空间里将建立起合成磁场，且发送机定子合成磁场与其励磁磁场方向相反；而自整角变压器定子合成磁场与发送机定子合成磁场相对对接基准相的方向相反。

若发送机转子的位置角为 θ_1，自整角变压器转子的位置角为 θ_2，如图 4-28 所示，自整角变压器定子合成磁密 $\dot{\boldsymbol{B}}_{\mathrm{fb}}$ 与转子输出绕组轴线夹角为 $\Delta\theta(\Delta\theta=\theta_1-\theta_2)$，因而，$\dot{\boldsymbol{B}}_{\mathrm{fb}}$ 在输出绕组中产生的变压器电势的有效值为

$$E_{\mathrm{sc}} = E_{\mathrm{scm}}\cos\Delta\theta \tag{4-10}$$

式中，E_{scm}——失调角 $\Delta\theta=0°$ 时，输出绕组感应电动势的有效值。

由式(4-10)可知，输出绕组中的感应电动势为失调角 $\Delta\theta$ 的余弦函数。这种余弦函数关系有以下缺点：①随动系统总是希望在失调角为零时，输出电压也为零，使伺服电动机不

动。有失调角，才有输出电压，并使伺服电动机转动。而现在正好相反，当失调角为零时，输出的电压却最大。②当发送机转子由协调位置向不同方向偏转时，失调角应有正、负之分，但因 $\cos\theta=\cos(-\theta)$，输出电压都一样，所以，无法从自整角变压器的输出电压来判别发送机转子的实际偏转方向。为了克服以上的缺点，在实际使用中，总是先把自整角变压器的转子由协调位置转动 90°角，并把此位置定义为协调位置。因此，控制式自整角机的工作原理图一般都画成图 4-29 的形式，作为两机的初始协调位置。把两机偏离这个初始协调位置的角度作为两机转子的位置角，并仍用 θ_1 和 θ_2 表示，如图 4-30 所示。自整角变压器中的 $\dot{\boldsymbol{B}}_{\mathrm{fb}}$ 与输出绕组轴线夹角为 $90°+\theta_2-\theta_1=90°-(\theta_1-\theta_2)=90°-\Delta\theta$，故输出绕组中感应电动势 E_{sc} 为

$$E_{\mathrm{sc}}=E_{\mathrm{scm}}\cos(90°-\Delta\theta)=E_{\mathrm{scm}}\sin\Delta\theta \tag{4-11}$$

式(4-11)即为输出电势与失调角的关系。失调角 $\Delta\theta$ 很小时，$\sin\Delta\theta\approx\Delta\theta$，式(4-11)变为

$$E_{\mathrm{sc}}\approx E_{\mathrm{scm}}\Delta\theta$$

当自整角变压器输出绕组接上高输入阻抗的放大器时，输出绕组两端的输出电压与绕组中电势近似相等，即

$$U_{\mathrm{sc}}\approx E_{\mathrm{scm}}\Delta\theta \tag{4-12}$$

U_{sc} 与 $\Delta\theta$ 的关系曲线如图 4-31 所示。

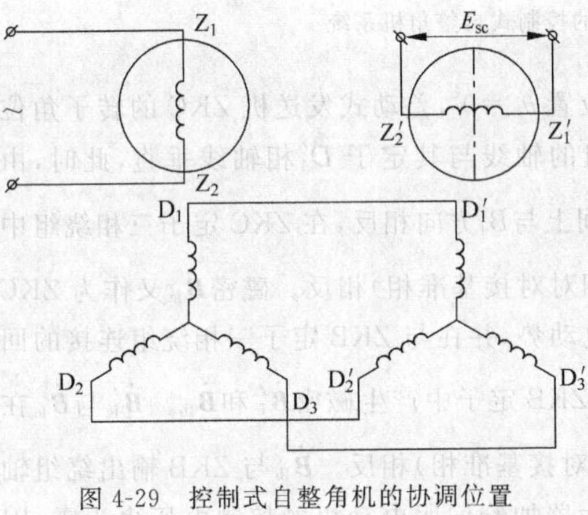

图 4-29　控制式自整角机的协调位置

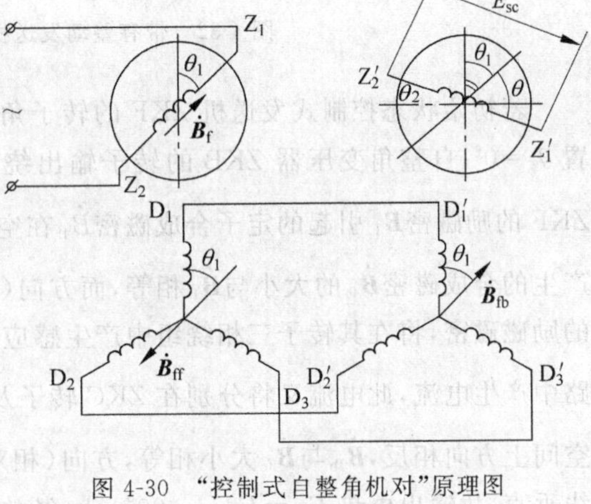

图 4-30　“控制式自整角机对”原理图

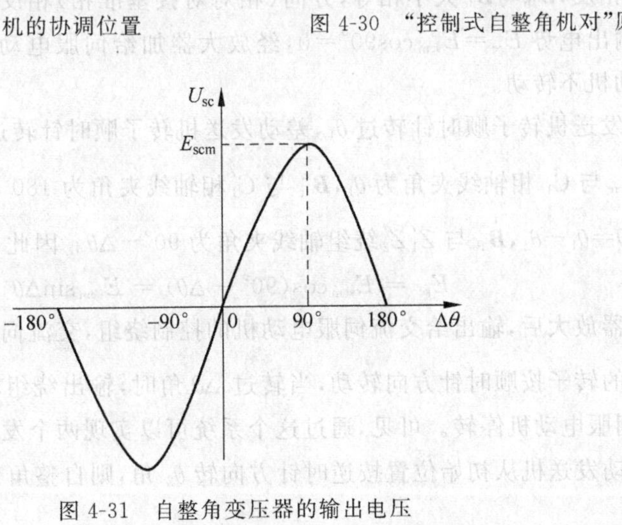

图 4-31　自整角变压器的输出电压

2. 差动式自整角机系统

当角度随动系统需要传递两个发送轴角度的和或差时,则需要采用差动发送机,带有控制式差动发送机的控制式自整角机系统工作原理如图 4-32 所示。控制式发送机的定子三相整步绕组与差动发送机定子三相绕组对应连接,差动发送机转子三相绕组与自整角变压器的定子三相绕组对应连接。

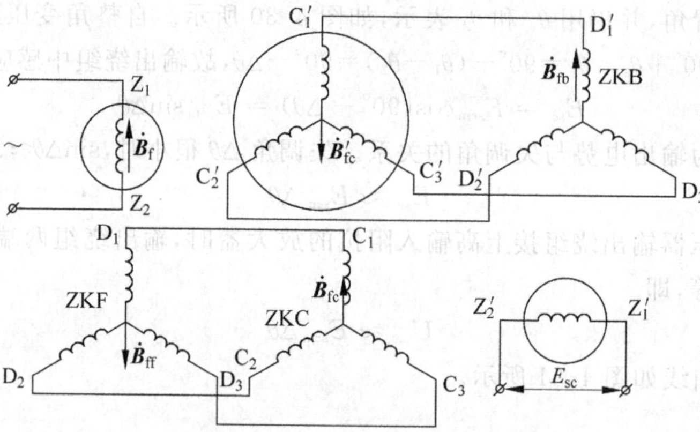

图 4-32 带有差动发送机的控制式自整角机系统

若初始状态控制式发送机 ZKF 的转子角位置 $\theta_1=0°$,差动式发送机 ZKC 的转子角位置 $\theta_2=0°$,自整角变压器 ZKB 的转子输出绕组的轴线与其定子 D_1' 相轴线垂直,此时,由 ZKF 的励磁密 $\dot{\boldsymbol{B}}_{\mathrm{f}}$ 引起的定子合成磁密 $\dot{B}_{\mathrm{ff}}$ 在空间上与 $\dot{B}_{\mathrm{f}}$ 方向相反,在 ZKC 定子三相绕组中产生的合成磁密 $\dot{\boldsymbol{B}}_{\mathrm{fc}}$ 的大小与 $\dot{\boldsymbol{B}}_{\mathrm{ff}}$ 相等,而方向(相对对接基准相)相反。磁密 $\dot{\boldsymbol{B}}_{\mathrm{fc}}$ 又作为 ZKC 的励磁磁密,将在其转子三相绕组中产生感应电动势,并在与 ZKB 定子三相绕组连接的回路中产生电流,此电流又将分别在 ZKC 转子及 ZKB 定子中产生磁密 $\dot{\boldsymbol{B}}_{\mathrm{fc}}'$ 和 $\dot{\boldsymbol{B}}_{\mathrm{fb}}$。$\dot{\boldsymbol{B}}_{\mathrm{fc}}'$ 与 $\dot{\boldsymbol{B}}_{\mathrm{fc}}$ 在空间上方向相反,$\dot{\boldsymbol{B}}_{\mathrm{fb}}$ 与 $\dot{\boldsymbol{B}}_{\mathrm{fc}}'$ 大小相等,方向(相对对接基准相)相反。$\dot{\boldsymbol{B}}_{\mathrm{fb}}$ 与 ZKB 输出绕组轴线垂直,故输出电势 $E_{\mathrm{sc}}=E_{\mathrm{scm}}\cos 90°=0$,经放大器加给伺服电动机的控制电压也为零,因此,伺服电动机不转动。

现在将发送机转子顺时针转过 θ_1,差动发送机转子顺时针转过 θ_2,如图 4-33 所示。

此时,$\dot{\boldsymbol{B}}_{\mathrm{fc}}$ 与 C_1 相轴线夹角为 θ_1,$\dot{\boldsymbol{B}}_{\mathrm{fc'}}$ 与 C_1' 相轴线夹角为 $180°+(\theta_1-\theta_2)$,$\dot{\boldsymbol{B}}_{\mathrm{fb}}$ 与 D_1' 相轴线夹角为 $\Delta\theta=\theta_1-\theta_2$,$\dot{\boldsymbol{B}}_{\mathrm{fb}}$ 与 $Z_1'Z_2'$ 绕组轴线夹角为 $90°-\Delta\theta$。因此,输出电动势

$$E_{\mathrm{sc}}=E_{\mathrm{scm}}\cos(90°-\Delta\theta)=E_{\mathrm{scm}}\sin\Delta\theta$$

经放大器放大后,输出给交流伺服电动机的控制绕组,交流伺服电动机将带着负载及自整角变压器的转子按顺时针方向转动,当转过 $\Delta\theta$ 角时,输出绕组轴线与 $\dot{\boldsymbol{B}}_{\mathrm{fb}}$ 垂直,输出电动势 $E_{\mathrm{sc}}=0$,伺服电动机停转。可见,通过这个系统可以实现两个发送轴角度差的传递。

如果差动发送机从初始位置按逆时针方向转 θ_2 角,则自整角变压器转子转过的角度为 $\Delta\theta=\theta_1+\theta_2$。

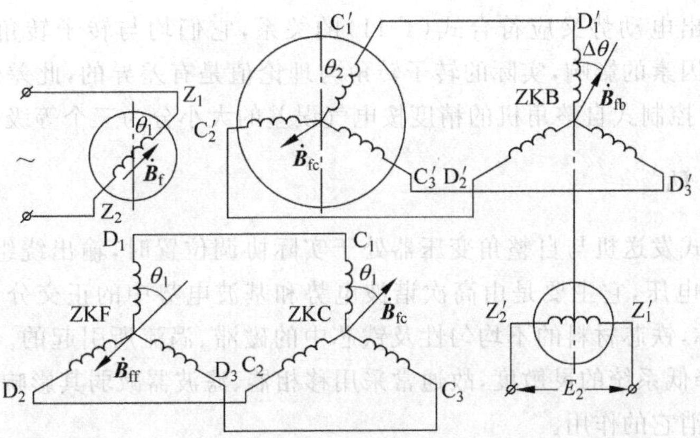

图 4-33　带差动发送机的控制式自整角机系统原理图

例　题

下面以舰艇上火炮自动瞄准系统为例说明上述系统的应用。图 4-34 是该系统的控制原理图。其中 θ_1（取为 45°）是火炮目标相对于正北方向的方位角，θ_1 作为自整角发送机 ZKF 的输入角；θ_2（取为 15°）是罗盘指针相对于舰头方向的角度（也就是舰的方位角），θ_2 作为 ZKC 的输入角，则 ZKB 的输出电动势为

$$E_2 = E_{2\max}\sin(\theta_1 - \theta_2) = E_{2\max}\sin 30^\circ$$

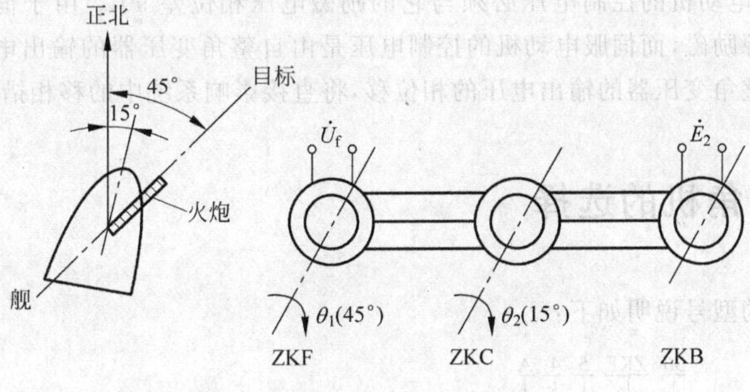

图 4-34　火炮相对于罗盘方位角的控制原理图

伺服电动机在 $\dot{E}_2$ 的作用下带动火炮转动。因为 ZKB 的转轴和火炮轴耦合，当火炮相对舰头转过 $\theta_1 - \theta_2 = 30°$ 时，ZKB 也将转过 $\theta_1 - \theta_2$ 角，则此时输出电动势 $\dot{E}_2$ 为零。伺服电动机停止转动，火炮所处的位置正好对准目标，此时即可命令火炮开炮。由此可见，尽管舰艇的航向不断变化，但火炮始终能自动对准某一目标。

4.4.3　控制式自整角机的主要技术指标

1. 电气误差 $\Delta\theta_e$

在理论上，控制式自整角发送机整步绕组的感应电动势也应符合式（4-1）的关系，而自

整角变压器的输出电动势又应符合式(4-11)的关系，它们均与转子转角有关。但由于设计、工艺、材料等因素的影响，实际的转子转角与理论值是有差异的，此差值即为电气误差，以角分(′)表示。控制式自整角机的精度按电气误差的大小分为三个等级，见表 4-2。

2. 零位电压 U_0

它是指控制式发送机与自整角变压器处于实际协调位置时，输出绕组的输出电压。零位电压又称剩余电压，它主要是由高次谐波电势和基波电势中的正交分量形成，是由于电路、磁路的不对称，铁芯材料的不均匀性及铁芯中的磁滞、涡流所引起的。零位电压会使伺服放大器饱和，降低系统的灵敏度，故通常采用移相器、滤波器减弱其影响，必要时还可用补偿电压来部分抵消它的作用。

3. 比电压 V_0

自整角变压器的比电压是指它与同型号的发送机处于协调位置附近，失调角为 1°时的输出电压，单位为 V/°。它实际上就是图 4-31 的输出电压曲线在 $\Delta\theta=0°$处的斜率。

4. 输出相位移 φ

它是指控制式自整角机系统中，自整角变压器输出电压的基波分量与励磁电压的基波分量之间的时间相位差，以角度(°)表示。

在控制式自整角机和伺服机构所组成的随动系统中，为了使交流伺服电动机有较大的起动转矩，伺服电动机的控制电压必须与它的励磁电压相位差 90°。由于伺服电动机和发送机由同一电源励磁，而伺服电动机的控制电压是由自整角变压器的输出电压经放大后供给的，因此，自整角变压器的输出电压的相位移，将直接影响系统中的移相措施。

4.5　自整角机的选择

自整角机的型号说明如下：

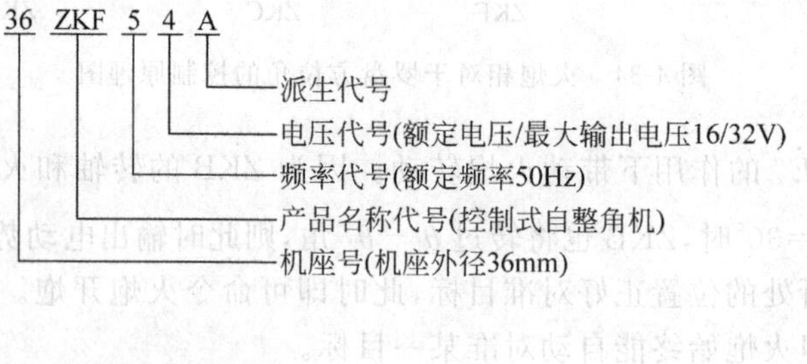

4.5.1　自整角机类型的选择

力矩式和控制式自整角机在使用上各有不同的特点，应根据使用的电源、负载的种类、所要求的精度、系统的造价以及其他要求等综合考虑。

使用者首先应考虑系统对力矩式和控制式自整角机的要求各有不同，一般系统对力矩式自整角机的要求有：

(1) 有较高的静态和动态角传递精度；

(2) 有较大的比整步转矩和最大同步转矩；

(3) 要求阻尼时间短，即当接收机与发送机失调时，接收机能迅速回到与发送机协调的位置上；

(4) 运行过程中转子无抖动、缓慢爬行及黏滞等现象；

(5) 能在一定的转速下运行而不失步；

(6) 要求从电源取用较小的功率或电流。

系统对控制式自整角机的要求有：

(1) 电气误差尽可能小；

(2) 零位电压的基波值及总值尽可能小；

(3) 自整角变压器应有较高的比电压和较低的输出阻抗，以满足放大装置对灵敏度的要求；

(4) 自整角变压器应有较高的输入阻抗，控制式差动发送机的阻抗应与发送机和自整角变压器的阻抗相匹配；

(5) 速度误差要求小。

对控制式和力矩式自整角机的参数比较见表4-1。

表4-1 控制式和力矩式自整角机的比较

	带负载	精度	系统结构	励磁功率	励磁电流	系统造价
力矩式	接收机的负载能力受到精度及比整步转矩的限制，只能带动指针、刻度盘等轻负载	较低，一般为0.3°～2°	较简单，不需用其他辅助元件	一般为3～10W，最大可达16W	一般大于100mA，最大可达2A	较低
控制式	自整角变压器输出电压信号，负载能力取决于系统中的伺服电动机及放大器的功率	较高，一般为3′～20″	较复杂，需要用伺服电机、放大器、减速装置等	一般小于2W	一般小于200mA	较高

4.5.2 选用自整角机时对电源的要求

选用自整角机时要注意电源频率和电压等级。不同频率和电压等级的产品不能互相混用。自整角机电源的频率主要有工频50Hz和中频400Hz两种。使用时一定不要将400Hz的产品用于50Hz，否则极易引起烧毁。力矩式自整角机的励磁电流和功率较大，选用时应考虑电源容量的要求。

4.5.3 选用自整角机时对精度的要求以及各类误差间的区别

自整角机用于角度的传递、接收和变换时，精度是很重要的指标。但是，由于自整角机的类型和使用要求各不相同,其精度的定义和误差考核的指标也不一样。控制式自整角机考核电气误差;力矩式自整角机中的发送机考核零位误差,而接收机则考核静态误差。自整角机的精度分为三个等级,见表 4-2。

表 4-2 自整角机的精度等级

精度等级	0级	1级	2级
电气误差/′	5	10	20
零位误差/′	5	10	20
静态误差/′	0.5	1.2	2

4.5.4 多台力矩式自整角接收机的并联使用

力矩式发送机除了与接收机成对使用之外,还可以与多台接收机并联使用。一台力矩式发送机所带接收机的个数,受到下列因素限制:

(1) 接收机轴上的比整步转矩将会降低;

(2) 由于比整步转矩的降低,以及各个接收机之间的相互影响,其精度将会降低;

(3) 发送机的输入功率和励磁电流都将增加,温升也会升高;

(4) 容易引起振荡,应注意阻尼时间是否符合要求。

一般产品目录上给出的是单个自整角机的比整步转矩数值,它是在发送机与接收机为同机座号、同一类型产品的条件下规定的,又叫固有比整步转矩,当接收机与不同型号的发送机连接时,所得到的比整步转矩数值将发生变化,它们之间有以下关系:

$$T_{Zb}=\frac{2T_{jb}T_{fb}}{T_{jb}+T_{fb}} \tag{4-13}$$

式中,T_{Zb}——组合后的比整步转矩;

T_{fb}——发送机本身固有的比整步转矩;

T_{jb}——接收机本身固有的比整步转矩。

由式(4-13)可知,比整步转矩较小的接收机与比整步转矩较大的发送机成对连接时,可在接收轴上得到较大的比整步转矩。在实际应用中,为了得到较大的比整步转矩,除了选用机座号较大的接收机之外,也可以通过选用机座号较大的发送机来达到。

当一台发送机与多台相同的接收机并联时,比整步转矩按下式计算:

$$T_{Zb}=\frac{2T_{jb}T_{fb}}{nT_{jb}+T_{fb}} \tag{4-14}$$

式中,n——并联接收机的个数。

当发送机与接收机为同一型号时,式(4-14)可表示为

$$T_{Zb}=\frac{2T_{fb}}{1+n}$$

应当说明的是,规定发送机允许并联接收机个数的标准,要考虑上述4个因素,其中应着重考虑的是第一个因素,即比整步转矩的要求。一般规定为:组合后接收机比整步转矩不应小于接收机本身固有比整步转矩的2/3,即

$$T_{Zb} \geqslant \frac{2}{3} T_{jb}$$

表 4-3 和表 4-4 给出一个发送机能并联接收机的数目，供使用者选用自整角机时参考。

表 4-3　400Hz 力矩式发送机允许并联接收机的台数

并联台数 发送机＼接收机	90 号	70 号	55 号	45 号	36 号	28 号
90＃	1	2	6	16	48	＃
70＃	＃	1	4	9	32	＃
55＃	＃	＃	1	4	13	＃
45＃	＃	＃	＃	1	5	21
36＃	＃	＃	＃	＃	1	6
28＃	＃	＃	＃	＃	＃	1

表 4-4　50Hz 力矩式发送机允许并联接收机的台数

并联台数 发送机＼接收机	90 号	70 号	55 号	45 号
90＃	1	4	11	40
70＃	＃	1	4	16
55＃	＃	＃	1	5
45＃	＃	＃	＃	1

4.5.5　多台控制式自整角变压器的并联使用

控制式发送机除了与自整角变压器成对连接使用之外，也可以与多台自整角变压器并联使用。在这种情况下，由于阻抗的影响，自整角变压器的比电压将要降低。并且，由于各个自整角变压器之间的相互作用，对精度和零位电压也略有影响。但这种影响是随机的，没有一定的规律。因此，确定所允许并联自整角变压器的数目，主要考虑比电压的降低。当然，多台自整角变压器并联后，发送机的输入功率和励磁电流都将相应增加。

多台自整角变压器并联后，其比电压按下式计算：

$$[V_0]_{F-nB} = \frac{(z_{sc})_F + (z_{sr})_B}{n(z_{sc})_F + (z_{sr})_B}[V_0]_{F-B} \tag{4-15}$$

式中，$(z_{sr})_B$——自整角变压器的输入阻抗；

$(z_{sc})_F$——发送机的输出阻抗；

$[V_0]_{F-B}$——发送机与单台自整角变压器连接时，后者的比电压；

$[V_0]_{F-nB}$——发送机与 n 台同机座号的自整角变压器连接时，后者的比电压；

n——并联自整角变压器的台数。

一般，考虑控制式发送机与同机座号的控制式自整角变压器并联工作时，以带 2～3 台为好。若并联自整角变压器的台数增多，使比电压降低严重。对不同的比电压允许降低值，所能并联的自整角变压器的台数也不同。为使用方便,在表 4-5 中给出了当并联自整角变压器为 2 台和 3 台,且其比电压降低值为 0.7～0.95 时,自整角变压器输入阻抗与发送机输出阻抗之比。

表 4-5 自整角变压器输入阻抗与发送机输出阻抗之比

$\frac{[V_0]_{F-nB}}{[V_0]_{F-B}}$		0.95	0.90	0.85	0.80	0.75	0.70
$\frac{(z_{sr})_B}{(z_{sc})_F}$	$n=2$	18	8	4.66	3	2	1.33
	$n=3$	37	17	10.35	7	5	3.67

由表 4-5 可看出,两者阻抗比值越高,所能带的自整角变压器的台数越多,或者比电压降低得越小。当并联自整角变压器的台数大于 3 时,比电压降低与阻抗比之间的关系可由式 4-15 求得。

4.5.6 自整角机的基准电气零位的正确选用

任何自整角机系统,在使用之前都要求调整到基准电气零位,以免造成使用混乱。自整角机的整步绕组为三相对称绕组,共有 6 个电气零位。规定其中之一为基准的电气零位,以便在多个自整角机组成的系统中,判断相互之间的接线正确性、调整电机所要求的转向、计算电机的转角位置等。制造厂在产品的轴上和端盖上都标有印记,表示在两者印记重合处附近即为正确的电气零位。因印记总有一定的范围,它不可能十分准确地落在电气零位上,所以,印记重合位置叫近似基准电气零位。使用时,可根据近似电气零位找出实际的电气零位。

4.6 控制式自整角机的应用实例——舰炮火控系统

对于舰艇防空雷达火控系统来说,选择位置检测元件取决于火炮发射的工作环境和应用特点。自整角机是一种低阻抗、高输出电平产品,无需信号调节电路;其输入输出均由变压器耦合,电气上是隔离的;输出阻抗是均匀的,不因轴位而变,精度不易受负载(如杂散电容)、共模电压、输入谐波及噪声的影响。舰艇工作环节恶劣,有冲击、振动、温度范围大、潮湿及有盐雾等,自整角机作为角位置传感器的主要元件已得到了普遍使用。

4.6.1 系统的组成及工作原理

典型舰炮系统由火控雷达、火控计算机、火炮伺服系统构成,如图 4-35 所示。

舰炮火控系统框图如图 4-36 所示,火控雷达自动捕获、自动跟踪空中目标,同时将目标的距离、方位角、高低角等数据实时地传送给火控计算机;火控计算机接收来自捷联式垂直基准和综合导航系统的己舰运动和姿态参数;算出目标飞行的速度、航向以及火炮瞄准目标进行射击所必需的提前量,然后控制火炮伺服系统进行相应的方位角和高低角转动,带动炮身向预定的方向射击。因此,伺服系统对于火炮实现自动瞄准、精确打击、大面积的瞬时密集火力压制具有重要的现实意义。

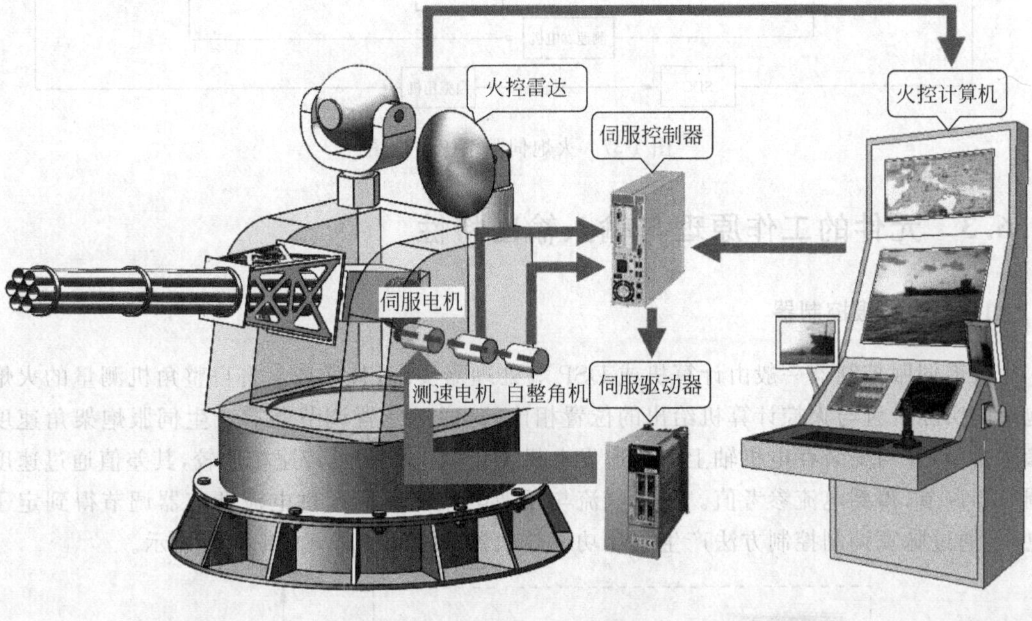

图 4-35　舰炮火控系统

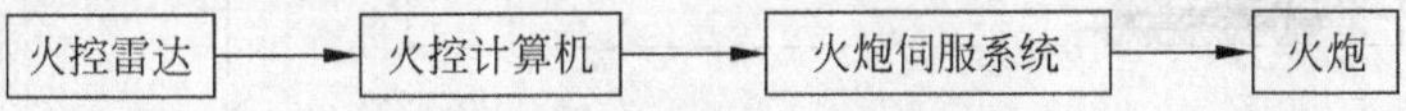

图 4-36　舰炮火控系统框图

4.6.2　火炮伺服系统

火炮伺服系统由火炮伺服控制器、伺服电机、功率放大器(伺服电机驱动)、测速发电机、自整角机及 SDC 模块(自整角机数字转换器)构成。

火炮伺服(随动)控制炮身的转动主要是通过火炮的炮架来实现的,架位分为方位和俯仰,即火炮在两个垂直方向上的角度转动。由于俯仰伺服系统与方位伺服系统原理相同,在此只对火炮方位伺服系统进行分析。

火炮方位伺服控制系统框图如图 4-37 所示,采用电流、速度、位置三闭环控制方式。自整角机/数字转换器(SDC)作为跟踪系统的角度测量装置,将它测量的火炮炮架的实际位置信号与火控计算机给出的位置指令信号相比较,通过位置环调节器后产生伺服炮架角速度参考指令信号。将系统转速环输入与安装在电机轴上的测速发电机测量的电机实际转速相比较,其差值通过速度环调节器调节,而使电机的实际转速与转速环输入保持一致,消除负载转矩扰动等因素对转速平稳性的影响,同时得到电流参考值。参考电流与反馈电流比较后通过电流调节器调节得到定子电压,通过脉宽调制控制方法产生驱动功率放大器的控制信号,最后功率放大器输出直流电流去控制电机转动,从而火炮炮架转角与火控计算机给出的位置指令信号一致。

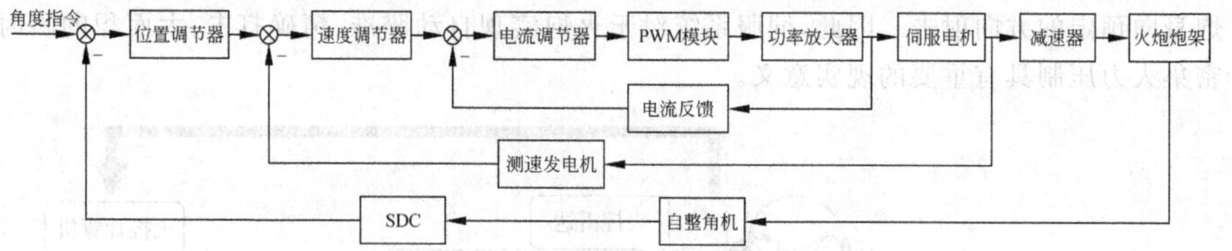

图 4-37　火炮伺服系统结构图

4.6.3　元件的工作原理与输入输出特性

1. 火炮伺服控制器

火炮伺服控制器一般由计算机或 DSP 等处理器实现，其任务是将自整角机测量的火炮炮架的实际位置与火控计算机给出的位置相比较，通过位置调节器后产生伺服炮架角速度参考指令，并与安装在电机轴上的测速发电机测量的电机实际转速相比较，其差值通过速度调节器调节，得到电流参考值。参考电流与反馈电流比较后通过电流调节器调节得到定子电压，通过脉宽调制控制方法产生驱动功率放大器的控制信号，如图 4-38 所示。

图 4-38　火炮伺服控制器输入输出信号

2. 伺服驱动器

系统有 4 个开关管，分成两组，V1、V4 为一组，V2、V3 为另一组。同一组的 IGBT 同步导通或关断，不同组的 IGBT 导通与关断则恰好相反。在每个 PWM 周期里，当控制信号 U_{i1} 高电平时，V1、V4 导通，此时 U_{i2} 为低电平，因此 V2、V3 截止，电枢绕组承受从 A 到 B 的正向电压；当控制信号 U_{i1} 低电平时，V1、V4 截至，此时 U_{i2} 为高电平，V2、V3 导通，电枢绕组承受从 B 到 A 的反向电压，这就是所谓的双极。功率放大器的工作原理如图 4-39 所示。

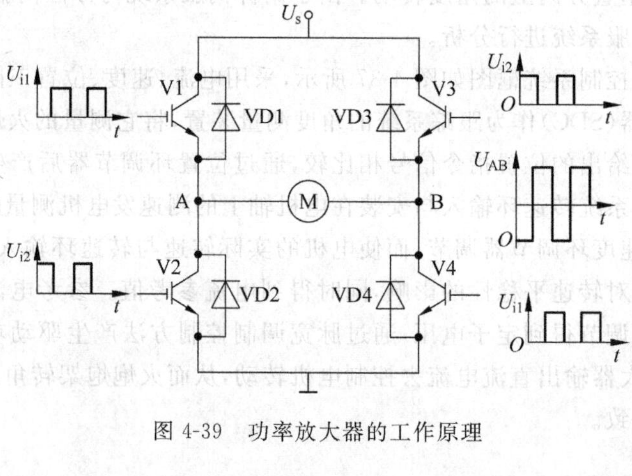

图 4-39　功率放大器的工作原理

由于在一个 PWM 周期里电枢电压经历了正反两次变化，因此其平均电压 U_a 计算公式同式(1-79)。

IGBT 主流厂家有德国 Infineon(英飞凌)，瑞士 ABB，美国飞兆(Fairchild)，日本三菱、FUJI 等。欧美品牌的产品主要用在电力电子和通信行业，而日本的品牌主要用于家电类。英飞凌 IGBT 目前发展到了第四代成熟应用。技术的进步降低了 IGBT 芯片的导通压降，减少了器件的导通损耗。利用英飞凌 IGBT 构建驱动电路如图 4-40 所示。

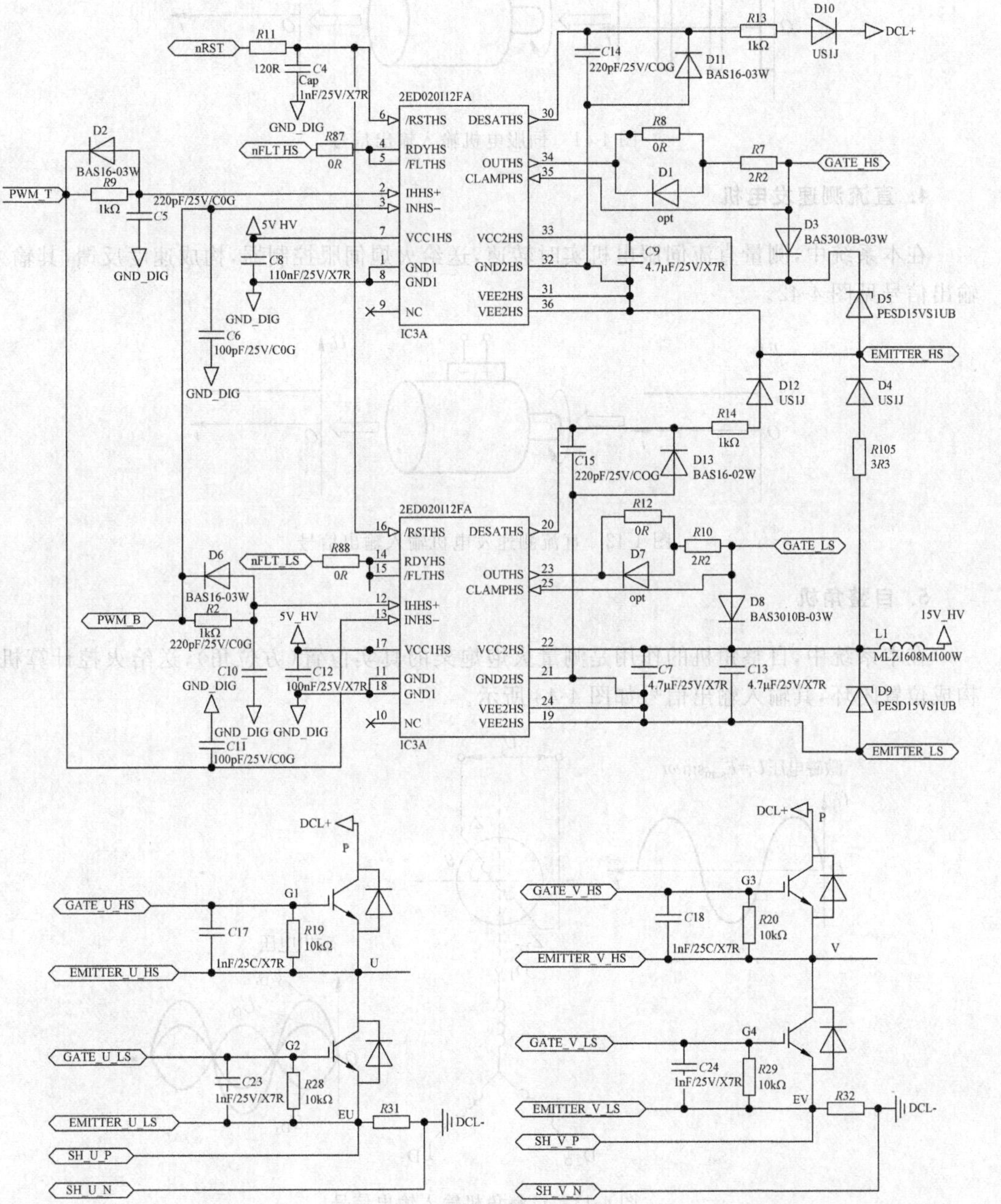

图 4-40　功率放大器电路

3. 伺服电机

伺服电机转动,驱动火炮炮架转动,指向火控计算机指令角度,其输入输出信号见图 4-41。

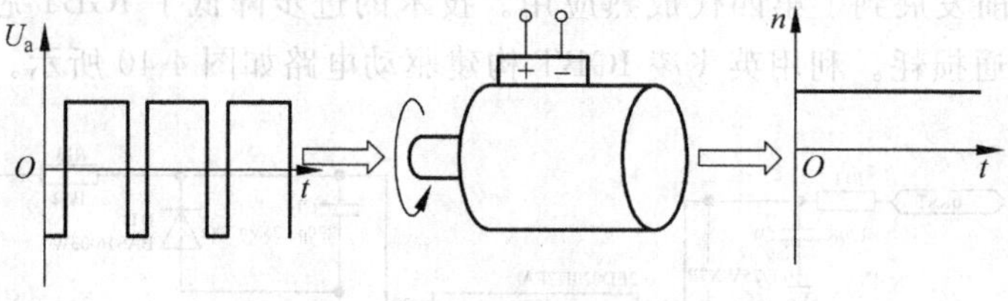

图 4-41 伺服电机输入输出信号

4. 直流测速发电机

在本系统中,测量直流伺服电机实时转速,送给火炮伺服控制器,构成速度反馈,其输入输出信号见图 4-42。

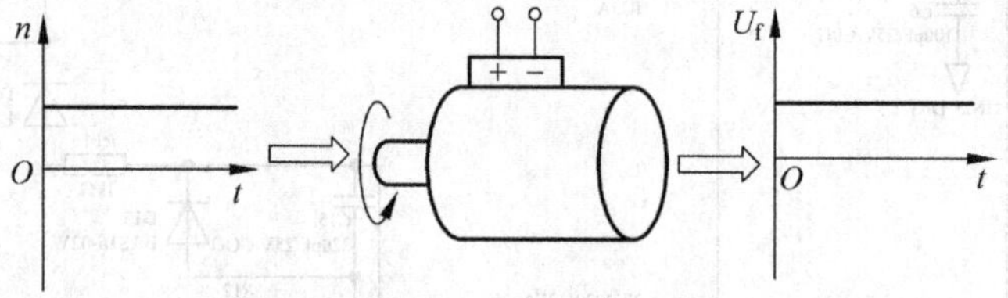

图 4-42 直流测速发电机输入输出信号

5. 自整角机

在本系统中,自整角机的作用是测量火炮炮架的真实位置(方位角),送给火控计算机,构成位置闭环,其输入输出信号如图 4-43 所示。

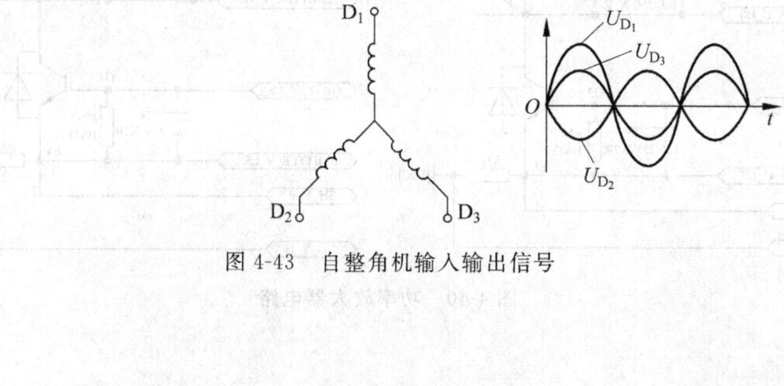

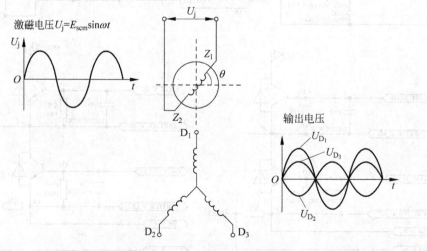

图 4-43 自整角机输入输出信号

假设在自整角机的转子侧加励磁电压 $U_j = U_m \sin\omega t$，则在定子侧将感应出同频率的电压信号：

$$U_{D_1} = U_m \sin\omega t \cdot \cos\theta$$

$$U_{D_2} = U_m \sin\omega t \cdot \cos(\theta - 120°)$$

$$U_{D_3} = U_m \sin\omega t \cdot \cos(\theta - 240°)$$

式中，θ 为转子相对于定子的转角(失调角)，即所要测的方位角信号。

6. SDC-自整角机数字转换器

由于自整角机是模拟元件，其用于数字伺服系统中，就需要一定的接口电路，即自整角机数字转换器(Synchro to Digital Conversion，SDC)，以实现模拟量信号到控制系统数字量的转换。目前，自整角机数字转换功能可由 SDC 模块、SDC 芯片以及利用微处理器等多种形式实现，下面介绍三种常见的轴角转形式。SDC 转换模块原理如图 4-44 所示。

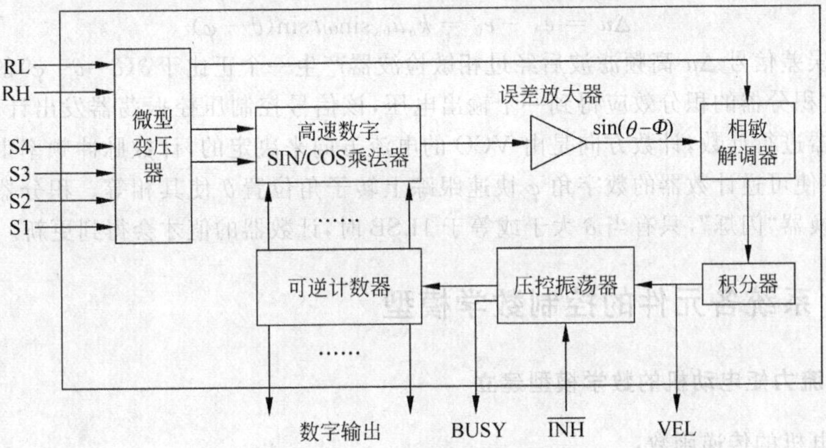

图 4-44　SDC 转换模块原理图

1) 轴角转换模块

自整角机的三线输出应连接到转换器的 S1、S2 和 S3 引脚端。自整角机三线信号经转换器内部微型 SCOTT 变压器转换成正、余弦形式，即

$$V_1 = K_E \sin\omega t \sin\theta$$

$$V_2 = K_E \sin\omega t \cos\theta$$

转换过程：假定可逆计数器当前状态字为 φ。那么，V_1 乘以 $\cos\varphi$、V_2 乘以 $\sin\varphi$ 得到

$$K_E \sin\omega t \sin\theta \cos\varphi$$

$$K_E \sin\omega t \cos\theta \sin\varphi$$

这些信号经误差放大器相减得到

$$K_E \sin\omega t(\sin\theta\cos\varphi - \cos\theta\sin\varphi)$$

即

$$K_E \sin\omega t \ \sin(\theta - \varphi)$$

经相敏解调器、积分器、压控振荡器和可逆计数器等形成一个闭环回路系统使 $\sin(\theta-\varphi)$ 趋近于零。当这一过程完成时，可逆计数器此时的状态字 φ 在转换器的额定精度范围内就

等于自整角机的轴角。

SDC/1702/ 1700/ 1704 系列是中船重工 709 研究所生产的自整角机数字转换器,内置微型变压器进行电气隔离,接口更安全,可输出与输入角速度成正比的直流电压,分辨率分别为 10 位、12 位或 14 位,接口简单,传送数据方便价格低廉、性能可靠。本模块是自整角机作为角度传感器与微处理机互联的理想接口器件,能将自整角机产生的模拟角度信号转换成二进制角码,可广泛应用于火控系统、天线跟踪、坐标转换、机床控制、工业控制等方面。

2) 轴角转换芯片

AD2S83 芯片是 AD 公司生产的跟踪式自整角机——数字转换器,其典型电路如图 3-60 所示。设计数器的当前数字角为 φ,经过数字正余弦乘法器后,可以得到角位置信号的调制输出:

$$e_A = k_u u_{fm} \sin\omega t \sin\theta \cos\varphi$$

$$e_B = k_u u_{fm} \sin\omega t \cos\theta \sin\varphi$$

调制信号经 R-2R 比较网络,可以得到电压误差信号:

$$\Delta u = e_A - e_B = k_u u_{fm} \sin\omega t \sin(\theta - \varphi)$$

调制误差信号 Δu 高频滤波后经过相敏检波器产生一个正比于 $\delta(\delta=\theta-\varphi)$ 的直流误差信号,通过积分器的积分效应得到一个输出电压,该信号控制压控振荡器发出计数脉冲,使可逆计数器进行计数,计数方向是由 VCO 的电流方向来决定的,计数脉冲频率由电流大小决定,最终使可逆计数器的数字角 φ 快速跟踪上转子角位置 θ 使其相等。积分器可以有效地防止转换器“闪烁”,只有当 δ 大于或等于 1LSB 时,计数器的值才会得到更新。

4.6.4 系统各元件的控制数学模型

1. 直流力矩电动机的数学模型建立

直流电机的传递函数:

$$G_M(s) = \frac{\omega(s)}{U_a(s)} = \frac{K_m}{\tau_m s + 1}$$

在阶跃响应曲线测定以后,为了设计、整定和分析改进控制系统,就要求得被测系统的动态特性参数,把阶跃响应曲线转化成微分方程或传递函数。在工程上常采用一些近似的方法来计算所测响应曲线的传递函数,方法同 1.7 节。

2. 电机驱动器的模型建立

由电机驱动器的工作原理可知,其输入信号为 PWM 波,在该信号的作用下 4 个 IGBT 管分成两组,一组导通,一组关断。IGBT 管的导通和关断时间均为纳秒级,远远小于电机的时间常数,可忽略不计。因此,电机驱动器只是将其输入信号的功率进行放大,即对 PWM 波进行比例放大。因此电机驱动器的机理模型为:K_P。给电机驱动器加入幅值适当的阶跃信号,测量其输出信号。其输出信号是幅值变化的阶跃信号,K_P 可由电机驱动器输出与输入幅值之比得到。

3. 电流反馈系数β

电流反馈系数是指反馈到电流调节器的电流与电机驱动器的输出电流之比。

4. APR、ASR、ACR

APR、ASR、ACR 分别为位置调节器、速度调节器、电流调节器，ASR 和 ACR 一般设计成比例积分(PI)的形式。在这个系统中，位置调节器的作用是使位置给定与位置反馈的偏差向最小变化。速度调节器的主要作用是阻尼位置调节过程的超调。电流调节器的作用是减小力矩波动，改善动态响应的快速性，并对最大电流进行限定等。

5. 整个系统的传递函数

由以上对系统的各个元件的工作原理和输入输出特性的分析，可得如图 4-45 所示系统的传递函数方框图：

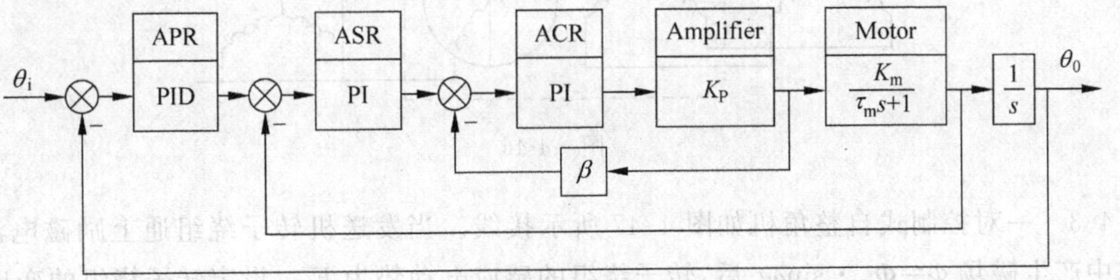

图 4-45　控制装置的传递函数方框图

根据以上方法和步骤即可得到系统固有部分的传递函数，进而可采用适当的控制算法，以实现既定的控制任务。

思考题

4-1　在一对力矩式自整角机中，接收机整步转矩是怎样产生的？发送机受不受整步转矩的作用？

4-2　一对控制式自整角机的协调位置是如何定义的？为什么与力矩式自整角机不同？

4-3　试比较旋转变压器和自整角机在测角系统中驱动器是否相同？

习题

4-1　试分析一对力矩式自整角机系统中整步绕组错接的故障现象(指出协调位置和失调角)。

(1) D_1-D_1'，D_2-D_3'，D_3-D_2'；

(2) D_1-D_3'，D_2-D_2'，D_3-D_1'；

(3) D_1-D_2'，D_2-D_3'，D_3-D_1'；

(4) D_1-D_3'，D_2-D_1'，D_3-D_2'。

4-2　三台自整角机如图 4-46 所示接线。中间一台为力矩式差动接收机，左右两台为力矩式发送机，试问：当左右两台发送机分别转过 θ_1、θ_2 角度时，中间的接收机将转过的角度 θ 与 θ_1 和 θ_2 之间是什么关系？

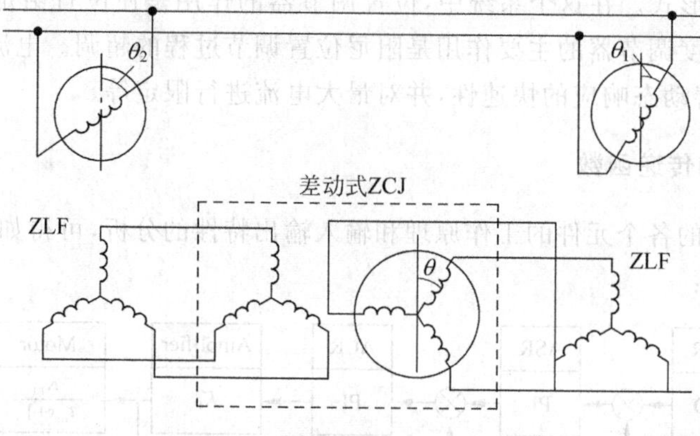

图　4-46

4-3　一对控制式自整角机如图 4-47 所示接线。当发送机转子绕组通上励磁电流，在气隙中产生磁场 $\Phi=\Phi_m \cdot \sin\omega t$ 后，转子绕组的感应电动势为 E_j。设定转子绕组的变比 $k=W_D/W_Z$，定子回路总阻抗为 $z\angle\theta_d$，

(1) 写出发送机定子绕组各相电流的瞬时值 i_1, i_2, i_3 的表达式；

(2) 写出如图位置时，输出电压瞬时值 u_2 的表达式。用 U_{2m} 表示最大电压值，不考虑铁耗。

4-4　某力矩式自整角机接线如图 4-48 所示。

(1) 画出接收机转子所受的转矩方向；

(2) 画出接收机的协调位置；

(3) 若把 D_1 和 D_2' 连接，D_2 和 D_1' 连接，D_3 和 D_3' 连接，再画出接收机转子的协调位置；

(4) 求失调角 $\Delta\theta$。

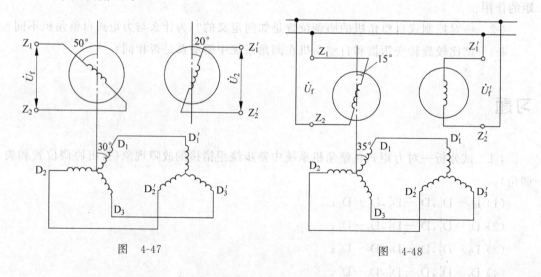

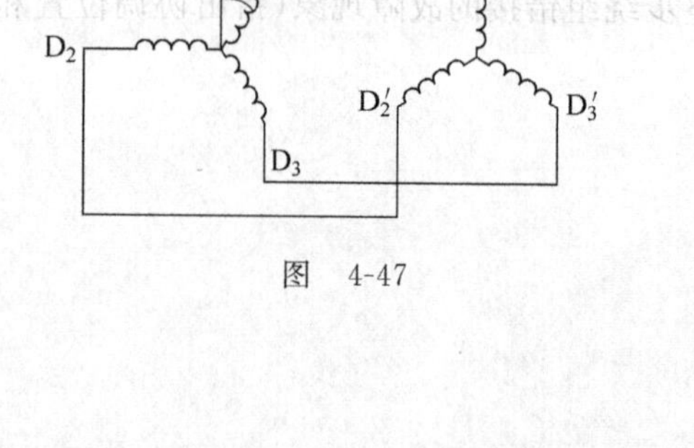

图　4-47

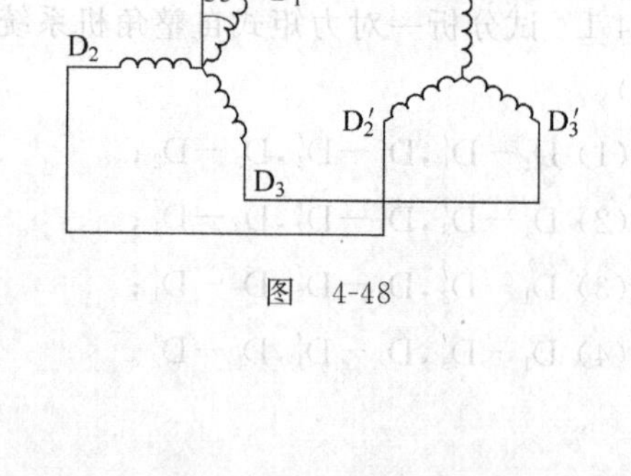

图　4-48

4-5　如图4-49所示雷达俯仰角自动显示系统，试分析其工作原理。

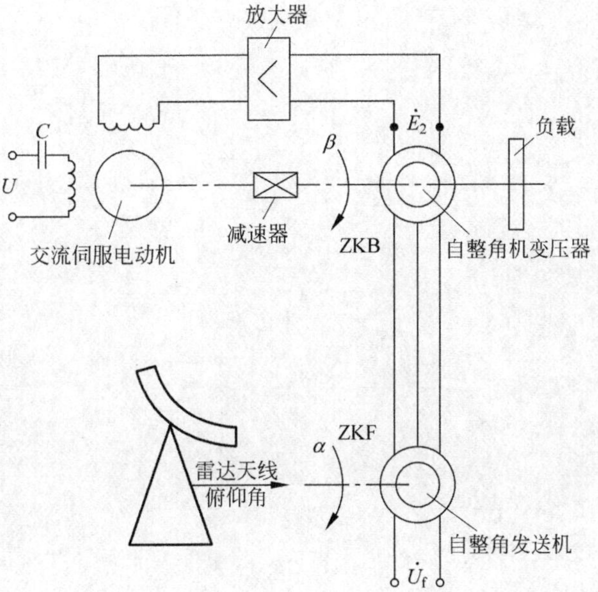

图4-49　题4-5图

参考文献

[1]　BT13138—2008. 自整角机通用技术条件，国家标准，2008.

[2]　樊君莉. 控制电机发展综述. 电气技术，2006（7）：50-53.

[3]　潘品英. 新编电动机绕组布线接线彩色图集. 北京：机械工业出版社，1994.

[4]　杨渝钦. 控制电机. 北京：机械工业出版社，2011.

[5]　陈隆昌，阎治安，刘新正. 控制电机. 西安：西安电子科技大学出版社，2013.

[6]　董志荣. 舰艇指控系统的理论基础. 北京：国防工业出版社，1995.

[7]　M. Baessler，P. Kanschat 等. 1200V IGBT4—适用于大电流模块、具有优化特性的新一代技术. 变频器世界，2008（07）：58-60.

[8]　韩军，周理兵，等. 基于旋转变压器及AD2S83的位置检测单元. 微特电机，2004（08）：33-35.

[9]　南京航空学院陀螺电气元件编写组. 陀螺电气元件. 北京：国防工业出版社，1981.

[10]　（苏联）Д B 斯维恰尔尼克，著. 自整角机及其应用. 魏念慈译. 上海：上海科学出版社，1965.

第三篇　基于旋转磁场的元件

第5章 步进电动机

(Stepping Motor)

5.1 概述

5.1.1 步进电动机的发展历程

步进电动机是一种将数字式电脉冲信号转换成机械位移(角位移或线位移)的机电元件,它的机械位移与输入的数字脉冲信号有着严格的对应关系,即一个脉冲信号可以使步进电动机前进一步,所以称为步进电动机。这种电机输入的常常是脉冲电流,所以又称为脉冲电动机。步进电动机的特点主要就在于其脉冲驱动的形式,正是这个特点,步进电动机可以和现代的数字控制技术相结合,成为比较理想的执行元件。

最早的步进电动机问世于19世纪30年代,其原理是基于电磁铁的作用。早期的步进电动机由于性能较差,没有得到很好的利用。1920年英国海军将反应式(磁阻式)步进电动机用作定位控制。20世纪50年代后期晶体管的发明也逐渐应用在步进电机上,使数字化的控制变得更为容易。步进电动机在工业上应用获得大发展始于1970年左右,步进电动机由反应式(磁阻式)步进电动机逐步发展到永磁式步进电动机、混合式步进电动机。

随着电子技术、精密机械加工,特别是数字计算机的高速发展和数字控制系统的需要,使步进电动机获得了飞速的发展。20世纪60年代美国GE公司发明了两相混合式步进电机,德国百格拉公司(Berger Lahr)于1973年发明了五相混合式步进电机,克服了两相步进电机振动噪音大、只能用于简单应用场合的缺点。由于五相步进电机技术较为复杂,百格拉公司把交流伺服原理应用到步进电机系统中,于1993年又推出了性能更加优越的三相混合式步进电机。目前,步进电动机在数控机床、计算机外围设备、钟表、包装机械、食品机械中得到广泛应用。从发展趋势来讲,步进电动机已经与直流电动机、异步电动机以及同步电动机并列,成为电动机的一种基本类型。

5.1.2 步进电动机的分类及特点

步进电动机的种类很多,从工作原理上主要分为三大类:反应式步进电动机,永磁式步进电动机和混合式(感应子式)步进电动机。步进电动机还可按控制绕组的相数分为两相、三相、四相、五相等;按输出转矩大小,步进电动机又可以分为伺服式步进电动机(输出转矩小)和功率式步进电动机(输出转矩大)。

步进电动机按控制原理可分为以下三类:

(1) 反应式步进电动机(Variable Reluctance)。

又称磁阻式步进电动机,是步进电动机中结构最为简单、最先发展的一种。其结构特点是定子有若干对(至少三对)磁极,其上装有控制绕组,极靴处带有均匀分布的小齿,转子则是周向上有均布小齿而无任何绕组,无论定子磁极,还是转子铁芯,均由软磁材料的冲片叠制而成。如图 5-1 所示是三相反应式步进电动机的结构。这种类型国外已经淘汰。

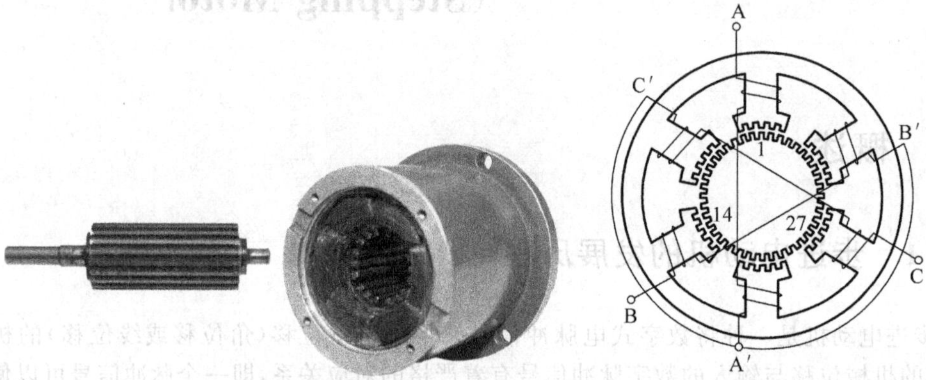

实物图　　　　示意图

图 5-1　三相反应式步进电动机

(2) 永磁式步进电动机(Permanent Magnet)。

永磁式步进电动机的特点是转子由一对或多对极的星型永久磁铁组成,定子上相应有二相或多相控制绕组。转子永久磁铁磁极数与定子每相控制绕组的极数对应相等,且通常两者的极宽也相同,典型的结构如图 5-2 所示。

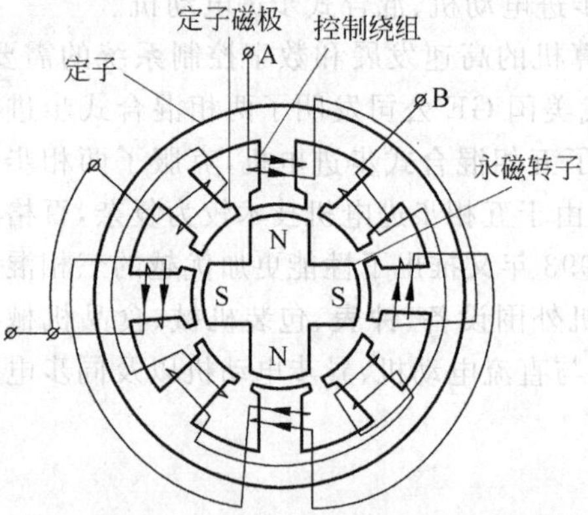

图 5-2　永磁式步进电动机

通常这类电动机的定子极冲制成爪形,因此又称为爪极式步进电动机。它是把绕满漆包线的注塑骨架套在定子爪极板上,再把极板和冲制而成的机壳点焊在一起,即形成一台电动机。这种结构充分体现微特电机加工中的少切削、无切削化,因而具有结构简单、工艺性好、生产效率高,成本低廉等优点。对市场而言,“够用为止”是个基本准则,在够用的前提下,追求最低廉的价格。而爪极式步进电动机正符合这个市场准则。因而一经面世就得到广泛的应用,甚至取代了一部分混合式步进电动机,被用于打印机、复印机、传真机以及空调器等各个领域中。

(3) 混合式步进电动机(Hybrid,HB)。

这种步进电动机无论是从结构,还是从运行原理来看,都具有反应式和永磁式的综合特点。它的结构形式是定子具有与反应式步进电动机类似的结构,即带小齿的磁极上装有集中的控制绕组;转子则由环形永久磁铁且两端罩上二段帽式铁芯构成。这两段铁芯像反应式步进电动机那样,也带有均布小齿,但两者装配位置的特点是从轴向看去彼此相互错开半个齿距。定子常制成四相八极,典型结构如图 5-3 所示。

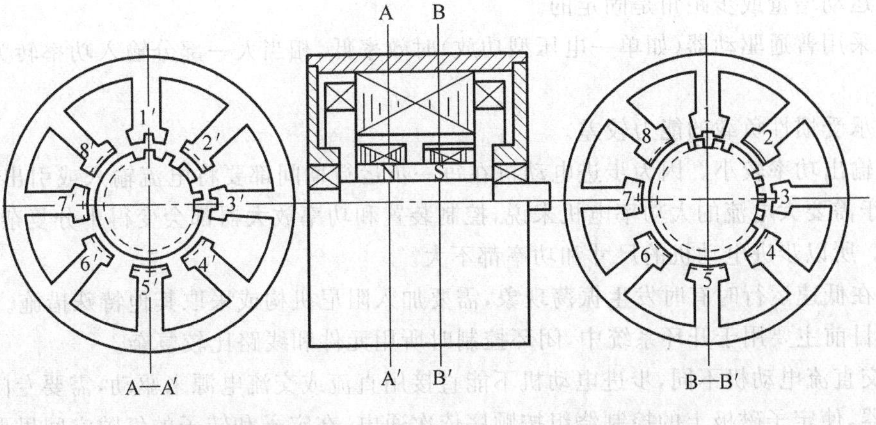

(a) 剖面图

(b) 实物图

图 5-3　永磁感应子式步进电动机

步进电动机主要用在开环位置控制系统中。采用步进电动机的开环系统，结构简单，调试方便，工作可靠，成本低。当然采取一定的相应措施后步进电动机也可以用到闭环控制系统。

步进电动机的主要优点包括：

① 直接实现数字控制，数字脉冲信号经脉冲分配器和功率放大后可直接控制步进电动机，无须任何中间转换。

② 控制性能好、控制原理简单。速度与脉冲频率成正比，通过改变脉冲频率可在较宽的范围内实现均匀的调速，并能快速而方便地启动、反转和制动；位移量与脉冲数成正比，可用开环方式控制位移。

③ 无接触式，没有电刷和换向器也是步进电动机的一个关键性优点。

④ 抗干扰性能力强，在步进电动机的负载能力范围内，步距角不受电压、负载以及周围温度变化等各种干扰的影响，保持运行的精度。

⑤ 误差不长期积累，步进电动机每运行一步所转过的角度与理论步距角之间总有一定的误差，在一转之内从某一步到任何一步将会产生一定的积累误差，但每转一圈的积累误差为零。

⑥ 具有自锁能力（反应式）和保持转矩（永磁式）。

步进电动机的缺点是：

① 运动增量或步距角是固定的。

② 采用普通驱动器(如单一电压型功放)时效率低,相当大一部分输入功率转为热能耗散掉。

③ 承受惯性负载的能力较差。

④ 输出功率较小。因为步进电动机在每一步运行期间都要将电流输入或引出电动机,所以对于需要大电流的大功率电机来说,控制装置和功率放大器都会变得十分复杂、笨重和不经济。所以步进电动机的尺寸和功率都不大。

⑤ 在低速运行时有时发生振荡现象,需要加入阻尼机构或采取其他特殊措施。

⑥ 目前主要用于开环系统中,闭环控制时所用元件和线路比较复杂。

与交直流电动机不同,步进电动机不能直接用直流或交流电源来驱动,需要专门的电源和驱动器,使定子磁极上的控制绕组按顺序依次通电,在定子和转子的气隙空间里形成步进式磁极轴旋转,转子则在电磁转矩作用下实现步进式旋转。

5.2 反应式步进电动机的工作原理

使电动机转动的电磁转矩可以由两种方式产生:一种是基于电磁作用产生,另一种是由磁阻原理产生。在直流电动机中,定子是电磁(或永磁)体,转子绕组则有电流通过产生磁场;交流同步电动机则是定子由电流通过定子绕组产生旋转磁场,转子由电磁(或永磁)体做成。这两种电动机的电磁转矩是定子、转子两个磁场相互作用产生的结果,它们属于第一种形式。在第二种形式中,电磁转矩则是由定子、转子间气隙磁阻的变化产生的,当定子绕组通电时,产生一个单相磁场作用于转子,由于磁场在转子与定子之间的分布要遵循磁阻最小原则(或磁导最大),即磁通要沿着磁阻最小(或磁导最大)的路径闭合。因此,当转子产生的磁场的磁极轴线与定子磁极轴线不重合时,便会有磁阻力作用在转子上并产生转矩使其趋于磁阻最小的位置,即两轴线重合的位置。

5.2.1 反应式步进电动机的结构特点

反应式步进电动机又称为磁阻式步进电动机,是步进电动机中结构最简单的一种。永磁式和混合式步进电动机的基本原理与反应式步进电动机相似,因此首先介绍反应式步进电动机,其结构特点是定子有若干对磁极,其上装有控制绕组,极靴处带有均匀分布的小齿,转子则是周向上有均步小齿而无任何绕组。无论定子磁极,还是转子铁芯,均由软磁材料的冲片叠制而成。

反应式步进电机利用转子上两个方向的磁阻不同而产生的磁阻转矩(反应转矩),使转子转动。按结构不同可分为单段式和多段式两种。

1. 单段式

单段式又称为径向分相式,由定子和转子两大部分组成。定子由铁芯、绕组、外壳、端盖等部分组成。定子铁芯内圆上分布着若干个大齿,每个大齿称为一个磁极。定子的每个磁极上都装有绕组，称为控制绕组。所有的控制绕组接成 m 相。每一相控制绕组包括两个磁极绕组，分别装在同一直径的相对两个磁极上。以如图 5-1 所示的三相反应式步进电动机为例，定子铁芯内圆上分布着三对磁极，AA′相为一相控制绕组，所有控制绕组共组成三相。因此，步进电动机的磁极对数 p 与相数 m 相等，即 $2p=2m$。在定子磁极的极靴上开有一些均匀分布的小齿，转子上没有绕组，转子的齿宽和齿距与定子上的小齿完全相同。

齿距是相邻两齿中心线（或称齿轴线）的夹角，又称为**齿距角**，按下式计算：

$$\theta_{\mathrm{ch}}=\frac{360^\circ}{Z_{\mathrm{r}}} \tag{5-1}$$

式中，θ_{ch}——齿距角；Z_{r}——转子齿数。

反应式步进电动机的转子齿数 Z_{r} 必须满足下述条件，在某一极下若定子、转子的齿对齐时，则要求在相邻极下的定子、转子齿之间错开转子齿距的 $1/m$ 倍，即它们之间在空间位置上错开 $360^\circ/(mZ_{\mathrm{r}})$ 角。因此，若定子的一个磁极下的定子、转子的齿对齐时，在定子同一相的另一个磁极下的定子、转子的小齿也是对齐的。为满足上述要求，转子齿数 Z_{r} 必须满足下式

$$\frac{Z_{\mathrm{r}}}{2p}=K\pm\frac{1}{m} \tag{5-2}$$

即

$$Z_{\mathrm{r}}=2p\left(K\pm\frac{1}{m}\right)=2pK\pm 2 \tag{5-3}$$

式中，K 为正整数；p 为极对数，m 为相数，$p=m$。

由式 5-2 可知，这种反应式步进电动机在每一个极距下（即相邻的定子磁极轴线之间）的转子齿数不是整数，与整数差 $1/m$。

2. 多段式

多段式又称为轴向分相式结构。定子和转子铁芯均沿轴向按相数分成三段或三段以上，每相各自为独立的一段，在磁路上彼此绝缘。如图 5-4 所示，转子铁芯分成三段，即三相步进电动机的典型定子、转子模型，每段的结构与单段式径向分相电动机结构类似。为使电动机能够旋转，定子各段依次错开 $1/m$ 齿距，转子各段铁芯的齿完全对齐。这种结构使电机的定子空间利用率较好，环形控制绕组绕制较方便。由于转子可做成细长型，转子的惯量较低。步距角也可以做得较小，启动和运行频率较高。但是在制造时，铁芯分段和错位工艺较复杂，精度不易保证。

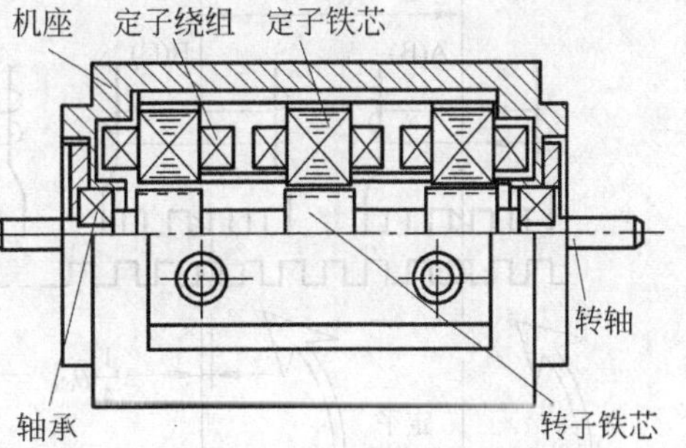

图 5-4　多段式轴向磁路步进电动机

5.2.2　反应式步进电动机工作原理

反应式步进电动机是由通电相控制绕组使该相磁极建立磁场，由于转子齿和槽的磁阻（磁导）的差异，当定子齿轴线与转子齿轴线不一致时，磁极对转子齿将产生吸力，进而形成

电磁转矩——反应转矩(磁阻转矩),并最终使转子齿轴线转到与定子磁极齿轴线一致的位置,使磁路的磁导最大而磁阻最小。如果按照一定的顺序给各相控制绕组轮流通电,将在定转子气隙空间形成步进式磁极轴旋转,转子在反应式电磁转矩的作用下,随之做步进式转动。

步进电机每改变一次通电状态,转子转过相应的一个角位移,这个角位移称为**步距角**,即转子每一步所转过的角度,记为 θ_b。

每个通电周期走 N 步,转过一个齿距角 θ_{ch},Z_r 是转子齿数,故有

$$\theta_b=\frac{\theta_{ch}}{N}=\frac{360^\circ}{Z_r N} \tag{5-4}$$

图 5-5 给出了四相反应式步进电动机局部展开图。为了直观,把步进电机的定子和转子展开成直线,它有 8 个控制磁极(图中仅画 5 个)。定子每个磁极上的小齿数是 5 个,利用式(5-3),取 $K=6$ 并取 + 号,可得转子齿数 Z_r 是 50,每相邻两磁极中心线夹角——极距 $\alpha_\tau=360^\circ/8=45^\circ$,转子齿距角

$$\theta_{ch}=\frac{360^\circ}{Z_r}=\frac{360^\circ}{50}=7.2^\circ$$

定子相邻极距间所含转子齿数为

$$Z_\tau=\frac{\alpha_\tau}{\theta_{ch}}=6\frac{1}{4}$$

其不是整数。如图 5-5 所示,A 相处于通电状态时,建立以 A—A′为轴线的磁场,转子齿轴线与定子齿轴线一一对齐,而 B 相定子齿轴线顺时针超前转子齿轴线 1/4 齿距(1.8°);C 相则超前 1/4×2 齿距(3.6°);D 相则超前 3/4 齿距,也即逆时针超前转子齿轴线 1/4 齿距。

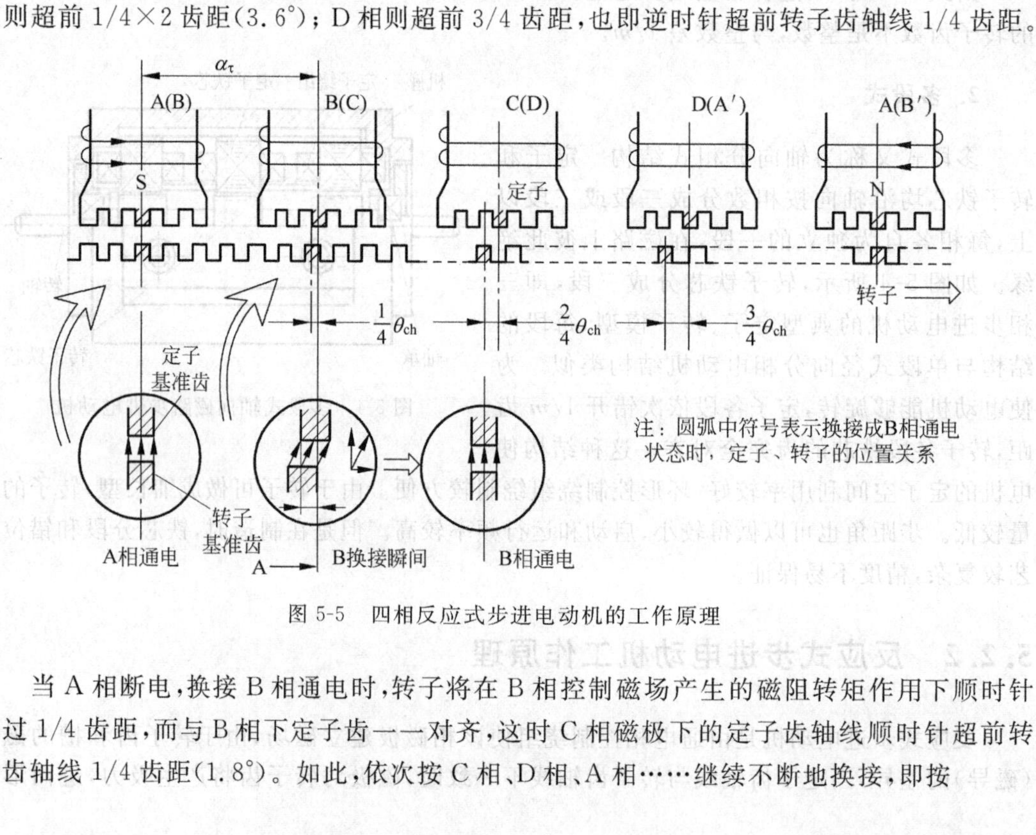

图 5-5 四相反应式步进电动机的工作原理

当 A 相断电,换接 B 相通电时,转子将在 B 相控制磁场产生的磁阻转矩作用下顺时针转过 1/4 齿距,而与 B 相下定子齿一一对齐,这时 C 相磁极下的定子齿轴线顺时针超前转子齿轴线 1/4 齿距(1.8°)。如此,依次按 C 相、D 相、A 相……继续不断地换接,即按

$$\boxed{\rightarrow A \rightarrow B \rightarrow C \rightarrow D}$$

的顺序轮流循环给各相通电时，转子将沿顺时针方向一步一步不停地转动起来。每一步转过的角度是 1/4 齿距(1.8°)。

显然经过 4 次换接通电状态，就完成了一个循环。每完成一个循环，转子将沿 ABCD 方向转过一个齿距角，如果当 A 相断电，不是换接 B 通电，而是换接 D 相通电，并依次换接 C 相、B 相……即按

$$\boxed{\rightarrow A \rightarrow D \rightarrow C \rightarrow B}$$

的规律循环通电，则步进电动机转子将反向旋转。显然，改变通电状态的相序可改变步进电动机的转向。

称每一次通电状态的换接为**拍**，把完成一个通电状态循环绕组换接的通电状态次数称做拍数，记为 N。在通断电的一个循环(周期)内，改变一次通电状态也称为 1 拍。上面这种每次改变通电状态时只有一相控制绕组通电的方式称为四相单四拍。其中"四相"表示电机的相数，"单"表示每种通电状态时只有一相控制绕组通电，"四拍"表示电机拍数是 4。从图 5-6 可以看出，步进电动机的定子磁场做步进式旋转。

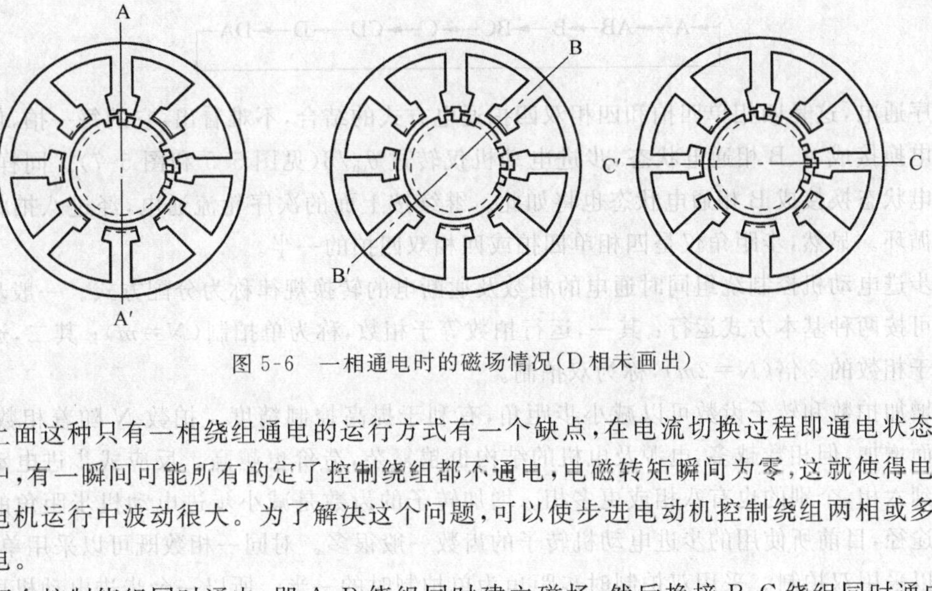

图 5-6 一相通电时的磁场情况(D 相未画出)

上面这种只有一相绕组通电的运行方式有一个缺点，在电流切换过程即通电状态改变过程中，有一瞬间可能所有的定了控制绕组都不通电，电磁转矩瞬间为零，这就使得电磁转矩在电机运行中波动很大。为了解决这个问题，可以使步进电动机控制绕组两相或多相同时通电。

两个控制绕组同时通电，即 A、B 绕组同时建立磁场，然后换接 B、C 绕组同时通电，以此类推，通电状态的变化规律为

$$\boxed{\rightarrow AB \rightarrow BC \rightarrow CD \rightarrow DA}$$

这种每次都有两相控制绕组同时通电的循环方式称为四相双四拍。"双"字表示每次都有两相绕组同时通电。从图 5-7 可见当 A、B 两相同时通电时，转子稳定平衡位置的特点是转子齿既不与 A 相磁极齿对齐，也不与 B 相的磁极齿对齐，而是与 A、B 两相的磁极齿分别错开 ±1/8 齿距角。当换接为 B、C 两相同时通电时，转子齿相对 B、C 相也错开 $\pm\theta_{ch}/8$，显

然步距角仍为 $\theta_{ch}/4$。控制绕组改变 4 次通电状态时,完成一个通电循环,转子转过一个齿距角,这些和单相通电状态时相同。

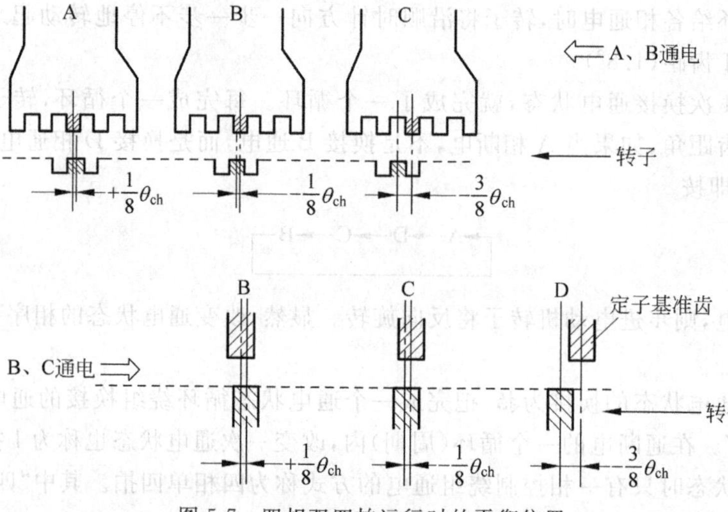

图 5-7 四相双四拍运行时的平衡位置

另外,四相步进电动机还可采用四相八拍的通电方式,即按

$$\rightarrow A \rightarrow AB \rightarrow B \rightarrow BC \rightarrow C \rightarrow CD \rightarrow D \rightarrow DA \urcorner$$

的顺序通电,这是四相单四拍和四相双四拍通电方式的结合,不难看出,它的每一拍,例如 A 相通电换接成 A、B 相通电状态,步进电动机仅转过 $\theta_{ch}/8$(见图 5-5 和图 5-7)。同样,A、B 相通电状态换接成 B 相通电状态也将如此。继续按上面的次序轮流通电,经过八拍将完成一个循环。显然,步距角仅是四相单四拍或四相双四拍的一半。

步进电动机控制绕组同时通电的相数及通断电的转换规律称为分配方式。一般步进电动机可按两种基本方式运行:其一,运行拍数等于相数,称为单拍制($N=m$);其二,运行拍数等于相数的 2 倍($N=2m$),称为双拍制。

增加拍数和转子齿数可以减小步距角,有利于提高控制精度。拍数 N 随着相数 m 的增加而增加,但相数越多,电源及电机的结构也越复杂,造价也越高。反应式步进电动机一般做到六相,个别的也有八相或更多相。增加转子的齿数是减小步进电动机步距角的一个有效途径,目前所使用的步进电动机转子的齿数一般很多。对同一相数既可以采用单拍制,也可以采用双拍制。采用双拍制时步距角为单拍制时的一半。所以一台步进电动机可有两个步距角,如 1.2°/0.6°、1.5°/0.75°、3°/1.5°等。减小步距角的另一种方法是采用目前广泛使用的细分电路,见 5.6 节。

步进电动机既可以做单步运行(或者说按控制指令转过一定角度),也可以连续不断地旋转,进行角速度控制。当外加一个控制脉冲时,即每一拍,转子将转过一个步距角,这相当于整个圆周角的 $\frac{1}{NZ_r}$,也就是 $\frac{1}{NZ_r}$ 转。如果控制脉冲的频率为 f,转子的转速将是

$$n=\frac{60f}{NZ_r}(\text{r/min}) \tag{5-5}$$

可见，步进电动机的转速将由控制脉冲频率(f)、运行拍数(N)和转子齿数(Z_r)决定。改变脉冲频率可对步进电动机实现调速、快速启动、反转和制动也可由控制脉冲的频率变化灵活地实现。

5.3　反应式步进电动机的静态特性

对运行中的步进电动机停止输入控制脉冲，并保持最后一拍的控制绕组继续通入恒定不变的电流——直流电时，通电相磁极的径向电磁吸力将保持转子固定在某一位置上不动，这就是反应式步进电动机所特有的自锁能力。称这种通电状态不变条件下，自锁能力所保持的步进电动机工作状态为静止工作状态。静态特性主要指转矩和偏转角的关系。下面就来讨论步进电动机的静态特性。

5.3.1　电角度

从步进电动机的工作原理可看出，无论以何种方式——单拍制或双拍制通电，完成一个通电循环，转子将转过一个齿距角。再经过一个循环，转子将重复刚才的运动，继续转过一个齿距。因此步进电动机的特性完全可由一个齿距范围(一个齿与一个槽)内的特性来代表。定义电角度 θ_e 等于机械角度与转子齿数乘积。

$$\theta_e = \theta Z_r \tag{5-6}$$

则用电角度表示的齿距角 θ_{che} 为

$$\theta_{che} = 360°(\text{电角度}) = 2\pi(\text{电弧度}) \tag{5-7}$$

于是电角度表示的步距角为

$$\theta_{be} = \frac{\theta_{che}}{N} = \frac{360°}{N}(\text{电角度}) = \frac{2\pi}{N}(\text{电弧度}) \tag{5-8}$$

这样无论转子齿有多少个，以电角度表示的齿距角和步距角与齿数无关。

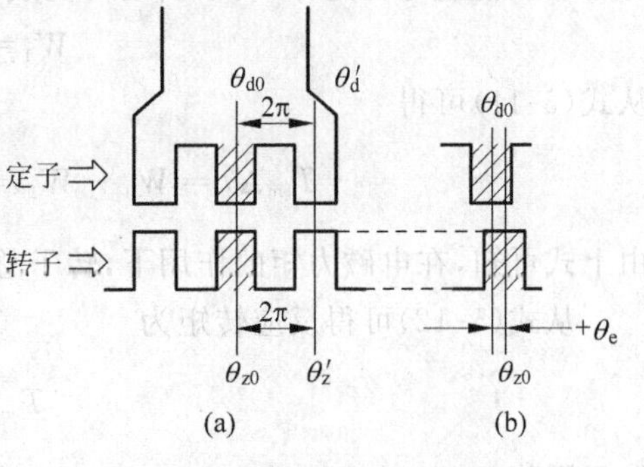

图 5-8　用电角度表示的齿距角

由于步进电动机转子与定子的相对位置可以用一个定子齿和一个转子齿的相对位置来描述，今后，将用定子、转子齿轴线(或称齿中心线)的相对位置来表示转子的相对位置，称转子齿轴线 θ_{z0} 和定子齿轴线 θ_{d0} 的夹角为转子的偏转角，用电角 θ_e 来表示，如图 5-8 所示。

5.3.2　能量关系

反应式步进电动机定子对转子的径向吸力和切向反应力矩都是由控制相绕组通电建立的磁场产生的。当对一相控制绕组开始通电时，有

$$U_a = i_a r_a + \frac{d\Psi}{dt} \tag{5-9}$$

式中,U_a——单相控制绕组所加控制电压;

i_a——控制电流;

r_a——控制绕组电阻;

Ψ——控制绕组产生的磁链。

在上式两边各乘以 $i_a dt$,并在时间 t 内积分,就可得到能量平衡方程。

$$\int_0^t U_a i_a dt = \int_0^t i_a^2 r_a dt + \int_0^t i_a d\Psi \tag{5-10}$$

因为在时间 t 内磁链是从 0 变到 Ψ,故上式可写成

$$\int_0^t U_a i_a dt = \int_0^t i_a^2 r_a dt + \int_0^{\Psi} i_a d\Psi$$

可见,控制绕组通电提供的电能一部分转换为电阻发热损耗 $\int_0^t i_a^2 r_a dt$,另一部分则为控制极磁场储备了电磁能 $\int_0^{\Psi} i_a d\Psi$。它是反应力矩的能源,步进电动机转子齿相对定子齿偏转所做的机械功正是依靠上述储备的电磁能。

由于通电状态不变,故设控制绕组电流为一稳态值不变 $I_a = \frac{U_a}{r_a}$,则转子运动之前控制磁极所储存的磁能为

$$W_1 = \int_0^{\Psi_1} i_a d\Psi = \int_0^{\Psi_1} \frac{I_a}{\Psi_1} \Psi d\Psi = \frac{1}{2} I_a \Psi_1 \tag{5-11}$$

设转子在平衡位置角处转动了一个微小角度 $\Delta\theta$,则定子控制磁极与转子之间的耦合气隙面积减小,气隙磁阻增加,气隙磁链及气隙磁能均减小。设气隙磁链减少为 Ψ_2,磁能减小为 W_2,按能量守恒定律,转子转动时变成机械功的磁能和实际所做的机械功相等,有

$$W_1 = T_{em}\Delta\theta + W_2$$

从式(5-11)可得

$$T_{em}\Delta\theta = W_1 - W_2 = \frac{1}{2} I_a (\Psi_1 - \Psi_2) = \frac{1}{2} I_a \Delta\Psi \tag{5-12}$$

由上式可知,在电磁力矩的作用下,转子总是趋向于使磁场能量增加,并达到最大。

从式(5-12)可得反应转矩为

$$T_{em} = \frac{1}{2} I_a \frac{\Delta\Psi}{\Delta\theta}$$

取极限值

$$T_{em} = \frac{1}{2} I_a \frac{d\Psi}{d\theta} \tag{5-13}$$

设每相控制绕组的匝数为 W_k,绕组电流 I_a 不变,则

$$T_{em} d\theta = \frac{1}{2} W_k I_a d\Phi_k = \frac{1}{2} F_k d\Phi_k \tag{5-14}$$

式中,Φ_k——气隙磁通;

F_k——气隙磁势。

又 $\Phi_k = F_k\Lambda_k$，Λ_k——气隙磁导。

则

$$T_{em} = \frac{1}{2}F_k^2\frac{d\Lambda_k}{d\theta} = \frac{1}{2}Z_r F_k^2 \frac{d\Lambda_k}{d\theta_e} \quad (N \cdot m) \tag{5-15}$$

式中，Z_r 是转子齿数；$d\Lambda_k/d\theta_e$——气隙磁导对转子偏转电角度的变化率。

上式表明，步进电动机的静态转矩与控制磁势的平方和磁导变化率有关。当转子齿相对定子齿处于不同位置时，气隙磁导值是不同的。这种步进电动机产生转矩的条件是 $d\Lambda_k/d\theta_e \neq 0$，如转子齿与定子齿对齐时(见图 5-8(a))，气隙磁导最大，静转矩为 0；转子齿与定子槽对齐时，磁导最小，静转矩最大，其他位置介于两者之间，显然，气隙磁导是转子位置角 θ_e 的函数，欲提高静态转矩，可以设法提高控制磁势 F_k 和磁导变化率 $d\Lambda_k/d\theta_e$。

5.3.3　矩角特性

步进电动机的静态运行性能可以由矩角特性来描述，矩角特性是不改变控制绕组的通电状态，也就是保持一相或几相控制绕组通直流电时，电磁转矩与偏转角的关系，即 $T_{em} = f(\theta_e)$。下面分别讨论单相和多相控制的矩角特性。

1. 单相控制的矩角特性

单相控制的矩角特性是在单相控制绕组通电状态不变的条件下，控制磁极对转子作用的电磁转矩与转子偏转角的关系。

现以步进电动机的 A 相控制绕组通电为例(见图 5-9)，实验分析矩角特性。当转子不受任何外转矩的作用时转子基准齿轴线 θ_{z0} 与定子基准齿轴线 θ_{d0} 重合，即偏转角 $\theta_e = 0$。根据力学原理，转子所受切向电磁转矩 $T_{emA} = 0$($T_{em} = f_q \cdot r$，r 为转子半径，而 f_q 则为图 5-9(c)中的静态电磁力)，这是理想空载情况下的平衡位置，称为零位或初始稳定平衡位置(见图 5-9(a)和图 5-9(c)之 2)。

如果顺时针方向对转子施加外转矩，转子将偏转，使转子至 θ_e 角时停止并保持平衡，同样，依据力学平衡原理，此刻步进电动机产生了与外转矩大小相等、方向相反的电磁转矩(见图 5-9(c)之 3)，当撤去外转矩后，转子将在电磁转矩 T_{emA} 作用下向恢复初始平衡位置方向旋转。实验表明，继续增大外转矩，可在 $\theta_e = \pi/2$ 时，获得电磁转矩的最大值，称之为最大静态转矩(T_{jmax})。再继续使转子偏转($\theta_e > \pi/2$)，逐渐减小外力矩也可使步进电动机处于新的平衡，这说明对应的电磁转矩也逐渐减小了。而且，当转子偏转至 $\theta_e = \pi$ 时，即使外转矩为零，步进电动机也可以处于平衡状态，这就是转子齿与定子槽对应的位置(见图 5-9(c) 之 6)。此时转子受到相邻两个定子齿相同的拉力，总的转矩为零。实践表明，这是一种很难得到的状态——不稳定平衡。继续增大 θ_e，则转子齿将受到另一个定子齿的作用，转矩将使转子齿与下一个定子齿对齐。因此 $\theta_e > \pi$ 时电机转矩改变了方向。如果逆时针向转子施加外转矩，重复上述的实验，也将得到类似的结果。

于是可以得到如图 5-9(b)所示的步进电动机电磁转矩 T_{em} 与偏转角 θ_e 的函数规律。显然，静态电磁转矩 T_{em} 与偏转角 θ_e 有近似正弦关系，可以解析地表示为

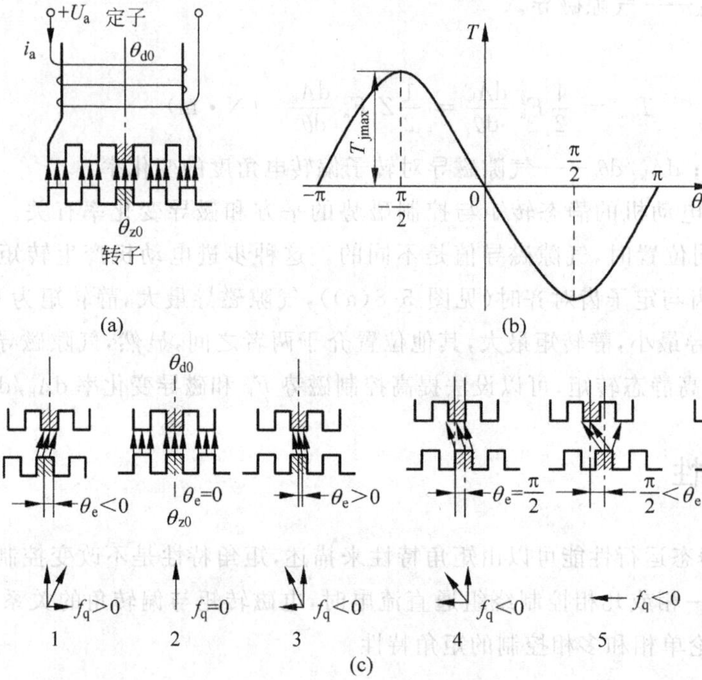

图 5-9 A 相通电时的矩角特性

$$T_{em}=-T_{jmax}\sin\theta_e \tag{5-16}$$

式中,负号表示步进电动机产生的电磁转矩是一种恢复性转矩,在一定范围内总是反抗转子偏离初始平衡位置,也可以说,具有正弹性力矩的性质。矩角特性是以 2π 为周期的函数,$\theta_e=0$ 的位置是稳定平衡位置,$\theta_e=\pi$ 是不稳定平衡位置。

最大静态转矩表示了步进电动机所能承受的负载能力,它直接影响着步进电动机的性能,是步进电动机最重要的性能指标之一。

实验和式(5-16)都告诉我们,当 $\theta_e=\pm\pi$ 时,静态电磁转矩 T_{em} 均等于零,属平衡状态。然后,当偏转角一旦出现 $\theta_e<-\pi$ 或 $\theta_e>\pi$ 的情况,转子基准齿将立刻转向定子基准齿的左右相邻齿,并进入新的稳定平衡位置。而且,再也不可能自动地恢复到定子、转子基准齿所对应的初始稳定平衡位置。

把在通电状态不变的情况下,当转子去掉外转矩后,能回到初始稳定平衡位置的转子偏转角范围,即 $-\pi<\theta_e<\pi$ 称做步进电动机的静稳定区。

2. 多相控制时的矩角特性

步进电动机的多相控制就是二相或三相以上控制绕组同时通电的控制状态。按照叠加原理,多相通电控制的矩角特性可近似地由单相通电控制时的矩角特性叠加得到。

下面以三相步进电动机为例展开讨论。当三相步进电动机单相控制,且 A 相控制绕组通电时,则 A 相控制的矩角特性可解析地表示为

$$T_{emA}=-T_{jmax}\sin\theta_e \tag{5-17}$$

当 $\theta_e=0$ 时,B 相定子齿轴线与转子齿轴线将错开一个步距角,即 $\theta_{be}=\theta_{che}/3=2\pi/3$。若相

邻控制相轴线间所含转子齿距数为正整数加 1/3 个齿距，则定子齿轴线将超前转子齿轴线 1/3 齿距，见图 5-10(a)。因此，B 相通电时的矩角特性是

$$T_{\mathrm{emB}} = -T_{\mathrm{jmax}}\sin\left(\theta_{\mathrm{e}} - \frac{2}{3}\pi\right) \tag{5-18}$$

如果 A 相控制的矩角特性是通过 0 点的一条正弦曲线，则 B 相控制的矩角特性是相对右移 $2\pi/3$ 的一条正弦曲线，如图 5-10(b)所示。

当 A 与 B 两相控制绕组同时通电时，根据叠加原理，静态电磁转矩可解析地表示为

$$T_{\mathrm{AB}} = T_{\mathrm{emA}} + T_{\mathrm{emB}} \tag{5-19}$$

将式(5-17)和式(5-18)代入上式，并解得

$$T_{\mathrm{AB}} = -T_{\mathrm{jmax}}\sin\left(\theta_{\mathrm{e}} - \frac{1}{3}\pi\right) \tag{5-20}$$

可见，两相同时控制的矩角特性曲线是相对 A 相矩角特性曲线右移 $\pi/3$，且幅值不变（即有相等的最大静态转矩）的正弦曲线，见图 5-10(c)。

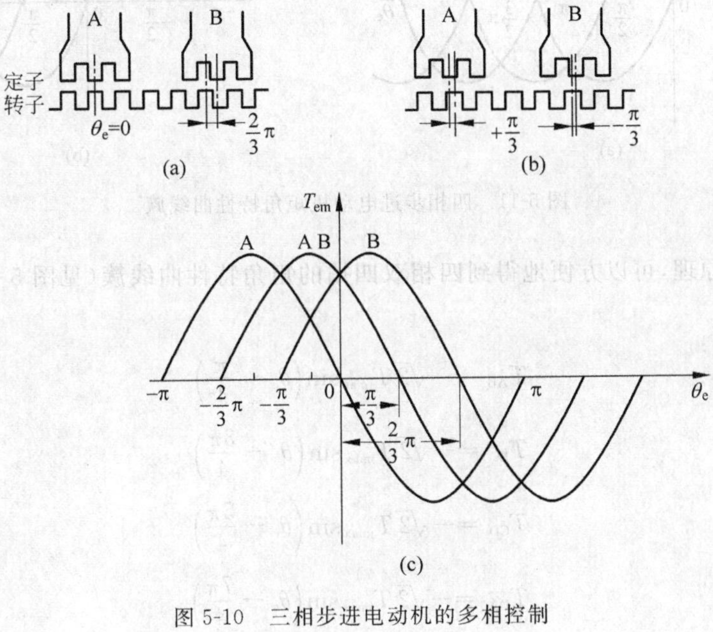

图 5-10　三相步进电动机的多相控制

从以上分析看出，三相步进电动机不论是采用单相控制，还是两相控制，其最大静态转矩都是一样的。因此，三相步进电动机不可能利用增加通电控制相数的方法提高静态电磁转矩，而仅仅可能改善其动态品质，这是它一个很大的缺点。因此，人们可以利用四相、五相、甚至六相反应式步进电动机的多相控制，以增大静态电磁转矩，改善运行性能。然而，随着相数的增多，带来了步进电动机本身结构的复杂化，以及增大设计制造驱动电源的难度。

现在，再以四相步进电动机为例，分析多相步进电动机静态转矩的变化规律。同三相步进电动机一样，当以 A 相控制为初始状态（基准），采用四相单四拍运行方式时，四相步进电动机的各相控制绕组单独通电的矩角特性可解析地表示为

$$
\begin{aligned}
T_{emA} &= -T_{jmax}\sin\theta_e \\
T_{emB} &= -T_{jmax}\sin\left(\theta_e - \frac{\pi}{2}\right) \\
T_{emC} &= -T_{jmax}\sin(\theta_e - \pi) \\
T_{emD} &= -T_{jmax}\sin\left(\theta_e - \frac{3\pi}{2}\right)
\end{aligned}
\tag{5-21}
$$

还可用 4 条依次错开一个步距角 θ_{be} 的正弦曲线来描述,见图 5-11(a)。称上述矩角特性曲线的组合为矩角特性曲线簇。这是研究步进电动机性能的重要工具。

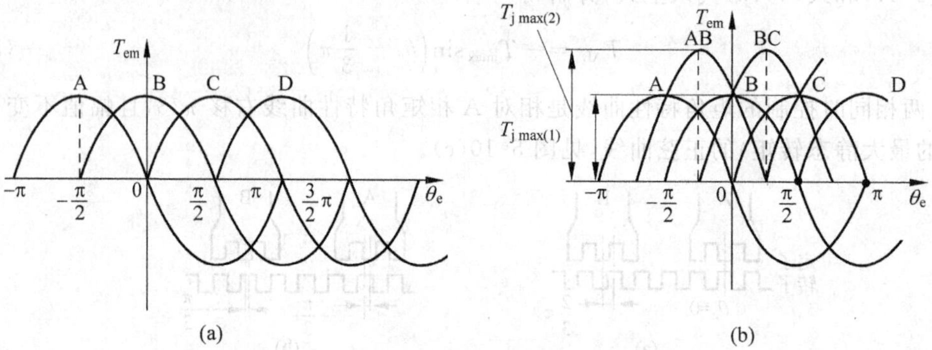

图 5-11 四相步进电动机矩角特性曲线族

应用叠加原理,可以方便地得到四相双四拍的矩角特性曲线簇(见图 5-11(b))和它的解析表达式:

$$
\begin{aligned}
T_{AB} &= -\sqrt{2}\,T_{jmax}\sin\left(\theta_e - \frac{\pi}{4}\right) \\
T_{BC} &= -\sqrt{2}\,T_{jmax}\sin\left(\theta_e - \frac{3\pi}{4}\right) \\
T_{CD} &= -\sqrt{2}\,T_{jmax}\sin\left(\theta_e - \frac{5\pi}{4}\right) \\
T_{DA} &= -\sqrt{2}\,T_{jmax}\sin\left(\theta_e - \frac{7\pi}{4}\right)
\end{aligned}
\tag{5-22}
$$

式中,$\sqrt{2}\,T_{jmax}$——两相通电控制时的最大静态转矩,$\sqrt{2}\,T_{jmax} = T_{jmax(2)}$;

$T_{jmax(1)}$——单相通电控制时的最大静态转矩,$T_{jmax(1)} = T_{jmax}$。

显然,两相同时通电的四相双四拍最大静态转矩是四相单四拍的$\sqrt{2}$倍。一般地说,三相以上的步进电动机采用多相同时通电的控制方式,都可以得到提高最大静态转矩的效果。

如果 m 相步进电动机的矩角特性解析地表示为

$$
\begin{aligned}
T_1 &= -T_{jmax}\sin\theta_e \\
T_1 &= -T_{jmax}\sin(\theta_e - \theta_{be}) \\
&\vdots \\
T_m &= -T_{jmax}\sin[\theta_e - (m-1)\theta_{be}]
\end{aligned}
\tag{5-23}
$$

按叠加原理,n 相($n < m$)同时通电控制的静态电磁转矩是

$$\begin{aligned} T_{1-n} &= T_1 + T_2 + \cdots + T_n \\ &= -T_{jmax}\{\sin\theta_e + \sin(\theta_e - \theta_{be}) + \cdots + \sin[\theta_e - (n-1)\theta_{be}]\} \\ &= -T_{jmax}\frac{\sin\dfrac{n\theta_{be}}{2}}{\sin\dfrac{\theta_{be}}{2}}\sin\left(\theta_e - \frac{n-1}{2}\theta_{be}\right) \end{aligned} \tag{5-24}$$

式中，T_{1-n}——n 相同时通电控制的静态转矩；

θ_{be}——单拍制运行时的步距角；

T_{jmax}——单相通电控制时的最大静态转矩。

因为单拍制运行时的步距角 $\theta_{be}=\frac{2\pi}{m}$，式(5-24)可变为

$$T_{1-n} = -T_{jmax}\frac{\sin\dfrac{n\pi}{m}}{\sin\dfrac{\pi}{m}}\sin\left(\theta_e - \frac{n-1}{m}\pi\right)$$

因此，m 相步进电动机单拍制运行，n 相同时通电控制的最大静态转矩和单相通电控制的最大静态转矩之比是

$$\frac{T_{jmax(1-n)}}{T_{jmax}} = \frac{\sin\dfrac{n\pi}{m}}{\sin\dfrac{\pi}{m}} \tag{5-25}$$

例如，四相步进电动机两相同时通电控制时，

$$T_{jmax(2)} = \frac{\sin\dfrac{2}{4}\pi}{\sin\dfrac{\pi}{4}}T_{jmax} = 1.41T_{jmax}$$

式中，$T_{jmax(2)}$——两相同时通电控制的最大静态转矩。

五相步进电动机两相同时通电时，

$$T_{jmax(2)} = \frac{\sin\dfrac{2}{5}\pi}{\sin\dfrac{\pi}{5}}T_{jmax} = 1.62T_{jmax}$$

可见，多相步进电动机采用多相同时通电控制都能提高最大静态转矩，因而增大了输出转矩。所以一般功率较大的步进电动机多采用高于三相的步进电动机，并选择多相通电的控制方式。

5.4 反应式步进电动机的动态特性

步进电动机运行的基本特点就是脉冲电压按照一定的分配方式加到各控制绕组上，产生电磁过程的跃变，形成磁极轴旋转，以反应式电磁转矩带动转子做步进式转动，电动机内磁极轴在空间的旋转运动是不均匀的。由于机械系统具有一定的转动惯量(J)，步进电动机转子的运动在大部分情况下都或多或少地具有振荡的性质。当加单脉冲时，转子运动是

衰减的自由振荡；在连续脉冲作用下,运动则为强迫振荡。所以步进电动机的运转总是在电气和机械的过渡过程中进行的。

5.4.1 单脉冲作用下的运行

1. 空载状态

单脉冲作用下的运行又称单步运行。这是指按一定的分配方式对控制绕组进行单脉冲换接,即在带电不动的初始状态下,切换一次脉冲电压。例如,A 相控制绕组通电换接成 B 相控制绕组通电,则转子将随之转过一个步距角,并有足够的时间稳定下来。此时通电的持续时间大于步进电动机的机电过渡过程时间。下面以三相步进电动机为例,运用矩角特性分析单脉冲作用下的运行特点。讨论中,认为绕组中的电流是瞬时建立和消除的。

图 5-12 中矩角特性曲线 A 表示 A 相通电时的矩角特性。如果步进电动机带电不动的初始状态是 A 相控制绕组通电,且 A 相定子齿轴线与转子齿轴线重合,即偏转角 $\theta_e=0$,就称其为初始平衡位置(a_0)。若此刻给一电脉冲信号,使 A 相控制绕组断电,B 相控制绕组通电,则步进电动机的工作状态可由图 5-12(a)中矩角特性曲线 B 来描述。显然,步进电动机转子将受电磁转矩 $T_{emb}=-T_{jmax}\sin(-120°)$(据式(5-18))的作用,转向新的平衡位置($b_0$),在旋转过程中,转子所受的电磁转矩将随 θ_e 角的改变按曲线 B 的规律变化,并最终趋于零,即 $T_{emb}=0$。这时,转子将停止在新的平衡位置 $\theta_e=2\pi/3$ 处,使转子转向新平衡位置的转矩称为同步(电磁)转矩,即

$$T_{emt}=-T_{jmax}\sin(\theta_e-\gamma) \tag{5-26}$$

式中,γ——通电相换接瞬间转子与定子磁场轴线相对初始平衡位置的跃变角。若 A 相通电时,对应 $\gamma=0$,换接 B 相通电瞬间,$\gamma=\theta_{be}$；换接 C 相通电瞬间,$\gamma=2\theta_{be}$,用电角度表示；

$\theta_e-\gamma$——失调角,它等于通电控制相定子齿轴线与转子齿轴线间的夹角,用电角度表示；

T_{emt}——对应于失调角的同步(电磁)转矩。

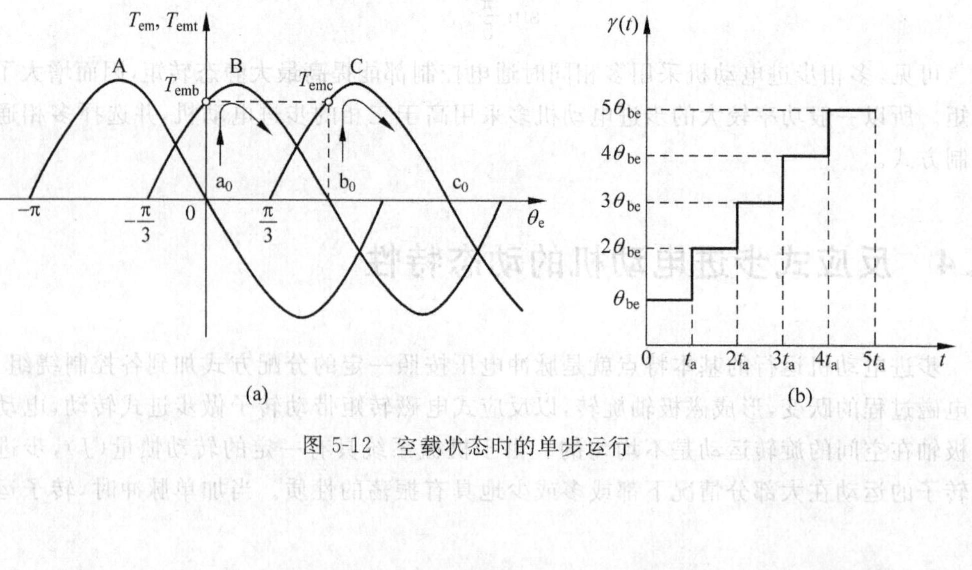

图 5-12 空载状态时的单步运行

可见，步进电动机在一个控制脉冲的作用下前进了一个步距角($\theta_{be}=2\pi/3$)。从图 5-12 可以看出，通过新稳定平衡位置 b_0 的矩角特性曲线 B 相当于通过初始平衡位置 a_0 的矩角特性曲线 A 右移了一个步距角。十分明显，矩角特性曲线的移动规律形象而确切地描述了步进电动机转子的运动规律，也代表了控制相磁极轴旋转的特点，还体现了同步(电磁)转矩变化的过程。如果控制脉冲一个一个不断地送入，控制绕组按 A→B→C→A 循环方式换接，步进电动机将一步一步转动，且每走一步转过一个步距角。这就是步进电动机在单脉冲作用下的单步运行状态，见图 5-12(b)。

2. 负载状态

若负载为 T'_L(见图 5-13)，在单脉冲作用下，步进电动机的运行特性如何呢？当 A 相通电时，步进电动机一定要产生一电磁转矩与负载转矩相平衡，即

$$T_{emA}=T'_L=-T_{jmax}\sin\theta_{ea} \tag{5-27}$$

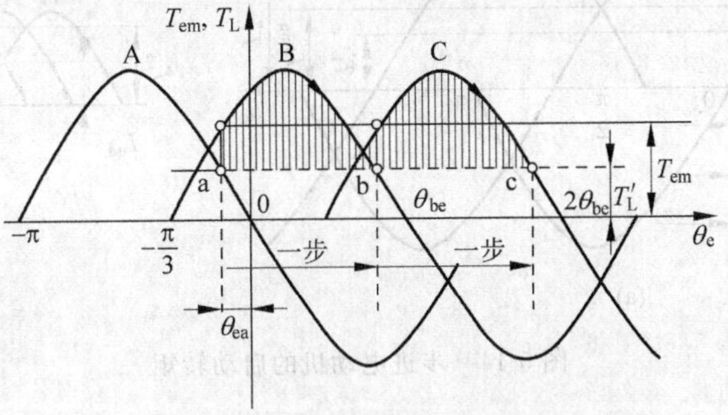

图 5-13　负载情况下的单脉冲运行

显然，步进电动机转子将有初偏转角 θ_{ea}。这就是负载时 A 相控制绕组通电状态的初始平衡位置 a。当换接为 B 相通电瞬间，同步转矩将是

$$T_{emt}=-T_{jmax}\sin(\theta_{ea}-\gamma) \tag{5-28}$$

式中，$\gamma=\theta_{be}=\frac{2}{3}\pi$。

此刻，由于同步转矩 $T_{emt}>T'_L$(图 5-13)，步进电动机将在合成转矩($T_{emt}-T'_L$)的作用下转向新的平衡位置 b。继续换接 C 相控制绕组通电，转子又受图 5-13 中阴影部分变化着的同步转矩的作用，转向新的平衡位置 c，每换接一次通电状态，步进电动机都转过一个步距角。

在此，引入步进电动机的步距精度的概念。根据公式 $\theta_b=360°/(Z_rN)$，计算出的步距角是理论步距值，而实际旋转的步距角与理论步距角之间是有偏差的。这个偏差以角分或理论步距角的百分数来衡量，称之为静态步距角误差($\Delta\theta_b$)。它的值越小，说明精度越高，是步进电动机的一项重要性能指标。现按静态步距角误差，把步进电动机的精度分成两级(见表 5-1)。

3. 步进电动机的负载能力

步进电动机所能带动的最大负载(T_{Lmax})可由矩角特性曲线中相邻两矩角特性曲线的

交点确定,从图 5-14 可见,相邻之 A、B 矩角特性曲线交于 q 点,对应的坐标是偏转角 θ_{eq},静态转矩为 T_{emq}。

表 5-1 步进电动机的精度等级

步距角	1 级精度	2 级精度
$\theta_b \leqslant 1.5°$	±25%	±25%
$1.5° \leqslant \theta_b \leqslant 7.5°$	±15%	±25%
$7.5° \leqslant \theta_b \leqslant 15°$	±5%	±10%

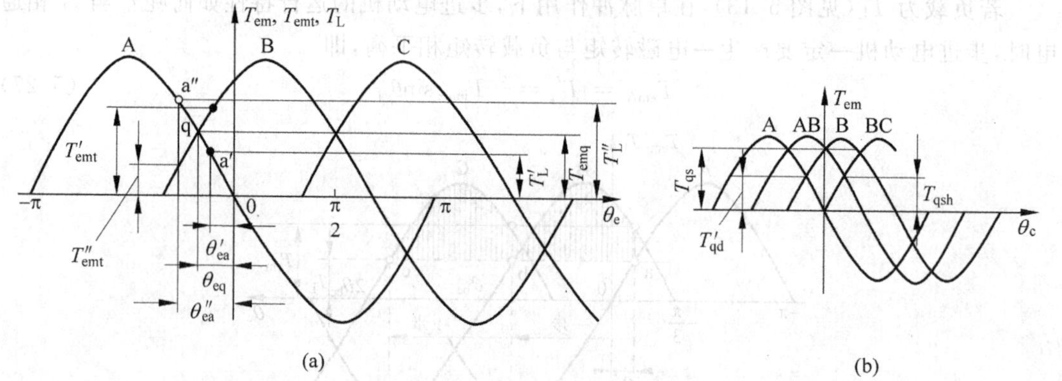

图 5-14 步进电动机的启动转矩

若负载阻转矩为 T'_L,且 $T'_L < T_{emq}$,对应的偏转角为 θ'_{ea}(图 5-14 中工作点 a′)。当换接 B 相通电瞬间,将有同步电磁转矩 $T'_{emt} > T'_L$,步进电动机转子将启动,并转向新的平衡位置。然而,当负载阻转矩为 T''_L,且 $T''_L > T_{emq}$,对应的偏转角为 θ''_{ea}(图 5-14 中工作点 a″)。在换接 B 相通电时,则有同步(电磁)转矩

$$T''_{emt} < T''_L$$

步进电动机转子将不能启动。因此,各相矩角特性曲线的交点——曲线族包络线的最低点——代表的同步(电磁)转矩值 T_{emq} 乃是步进电动机单步运行所能带动的最大负载转矩,称为启动转矩,实际电机所带的负载 T_L 必须小于这个转矩才能正常运转,即

$$T_L < T_{emq} \tag{5-29}$$

对于不同的运行方式,由于步距角和最大静态转矩的不同,矩角特性曲线的交点位置也将不同。因此,对应的步进电动机的启动转矩 T_{emq} 也必将不同,利用三相步进电动机相应运行方式的矩角特性,可分别求得启动转矩,即

三相单三拍

$$T_{emq} = \frac{1}{2} T_{jmax}$$

三相双三拍

$$T_{emq} = \frac{1}{2} T_{jmax}$$

三相六拍

$$T_{emq}=\frac{\sqrt{3}}{2}T_{jmax}$$

可见，由于三相单拍制两种运行方式步距角和最大静转矩均相等，所以也有相同的启动转矩，即 $T'_{qd}=T_{qsh}$。而双拍制时尽管最大静转矩未变，但步距角缩小了，矩角特性曲线簇包络线的最低点升高了，因此，启动转矩变大了，即 $T_{qs}>T'_{qd}$，见图 5-14(b)。

在采用单拍制运行方式时，无论是几相步进电动机，各相都具有相等的最大静态转矩。这样，可利用两相邻相矩角特性公式联立求解启动转矩，即

$$T_A=-T_{jmax}\sin\theta_e$$

$$T_B=-T_{jmax}\sin(\theta_e-\theta_{be})$$

解得矩角特性交点（$T_A=T_B=T_{emq}$）的横坐标

$$\theta_{eq}=\frac{1}{2}(\theta_{be}-\pi)$$

所以

$$T_{emq}=T_{jmax}\cos\frac{\theta_{be}}{2} \tag{5-30}$$

因为用电弧度表示的步距角 $\theta_{be}=2\pi/N$，式(5-30)可改写为

$$T_q=T_{jmax}\cos\frac{\pi}{N} \tag{5-31}$$

可见，拍数 N 越多，启动转矩 T_q 越接近最大静态转矩值 T_{jmax}。

注意式(5-30)和式(5-31)均是在单拍制或最大静态转矩相等的条件下建立的。因此，式(5-31)对双拍制运行中具有不等的最大静态转矩值的情况是不适用的。

4. 单脉冲作用下电动机的震荡现象

实际上，步进电动机的转动，或多或少地具有振荡的性质。为了研究步进电动机的动态特性，首先分析单步运行时的动态微分方程式。

若电动机的负载转矩为零，在一相控制绕组通电的条件下，转子处在静态稳定平衡位置。设 θ 为偏转角（机械角度），考虑黏性摩擦产生的阻转矩 $B\frac{d\theta}{dt}$，在单脉冲作用下，转子的运动方程为

$$J\frac{d^2\theta}{dt^2}+B\frac{d\theta}{dt}=T_{emt} \tag{5-32}$$

式中，B——黏性摩擦系数；

J——转子的转动惯量。

当从 A 相通电换接为 B 相通电时，矩角特性曲线跃变了一个步距角 $\gamma=\theta_{be}$。

因为 $T_{emt}=-T_{jmax}\sin(\theta_e-\gamma)=-T_{jmax}\sin(Z_r\theta-\gamma)$，

所以式(5-32)变为

$$J\frac{d^2\theta}{dt^2}+B\frac{d\theta}{dt}+T_{jmax}\sin(Z_r\theta-\gamma)=0$$

或

$$\frac{J}{Z_r}\frac{d^2\theta_e}{dt^2}+\frac{B}{Z_r}\frac{d\theta_e}{dt}+T_{jmax}\sin(\theta_e-\gamma)=0 \tag{5-33}$$

转子将在图 5-15 中 a 点的同步转矩 $T_{emt}=-T_{jmax}\sin(-\gamma)$作用下开始运动。这是一个非线性方程,在平衡点附件可进行线性化处理,当 θ 变化很小时,有 $\sin\theta\approx\theta$,则上式变为

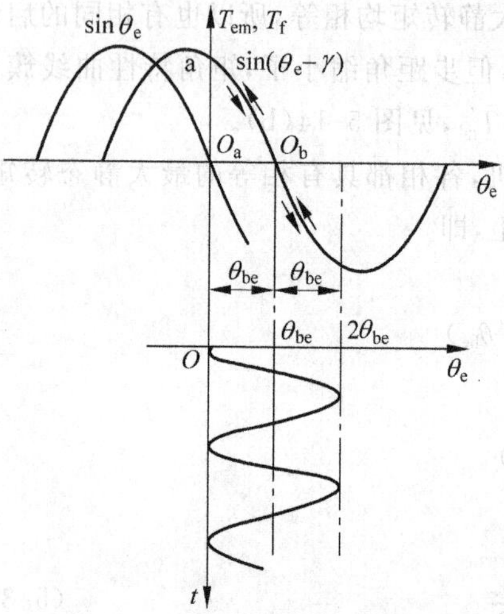

图 5-15 步进电动机的自由振荡

$$\frac{d^2\theta_e}{dt^2}+\frac{B}{J}\frac{d\theta_e}{dt}+\frac{T_{jmax}Z_r}{J}\theta_e=\frac{T_{jmax}Z_r}{J}\gamma \tag{5-34}$$

这是二阶常系数微分方程,它的齐次方程所对应的特征方程为

$$r^2+\frac{B}{J}r+\frac{T_{jmax}Z_r}{J}=0 \tag{5-35}$$

其根为

$$r_{1,2}=\frac{-\frac{B}{J}\pm\sqrt{\left(\frac{B}{J}\right)^2-\frac{4T_{jmax}Z_r}{J}}}{2} \tag{5-36}$$

根据高等数学的知识可知:

(1) 当 $B=0$,步进电动机处于无阻尼状态时,式(5-36)是一对共轭纯虚根,应用初始条件

$$\theta_e\big|_{t=0}=0$$

$$\dot{\theta}_e\big|_{t=0}=0$$

解出式(5-34)可得运动规律

$$\theta_e=\theta_{be}(1-\cos\omega_n t) \tag{5-37}$$

转子围绕新的平衡位置 O_b 做不衰减的自由振荡,振幅等于步距角 θ_{be},振荡角频率为 ω_n,如图 5-15 所示。

$$\omega_n=\sqrt{\frac{T_{jmax}Z_r}{J}} \tag{5-38}$$

ω_n 称为无阻尼自然振荡角频率(或固有振荡角频率)。

(2) 当式(5-36)的根中

$$\left(\frac{B}{J}\right)^2<\frac{4T_{jmax}Z_r}{J} \quad 即 \quad B<2\sqrt{JT_{jmax}Z_r}$$

时,阻尼较小,特征方程的根是一对共轭复根,可解出 $\theta_e(t)$是幅值不断衰减的振荡曲线,随着时间 t 的增长,步进电动机趋于新的平衡位置 $\theta_e=\theta_{be}$,如图 5-16 所示。振荡角频率 ω_d

$$\omega_d=\omega_n\sqrt{1-\frac{B^2}{4JT_{jmax}Z_r}} \tag{5-39}$$

ω_d 称为有阻尼振荡角频率。

(3) 当 $B=2\sqrt{JT_{jmax}Z_r}$ 时,特征方程(5-35)的根是两个相等的实根,步进电动机处于临界阻

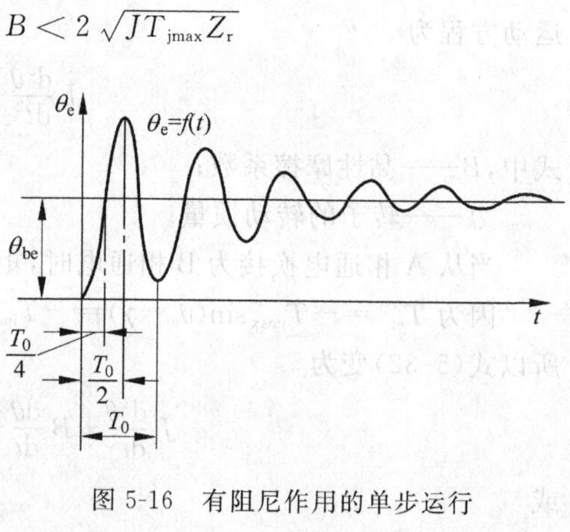

图 5-16 有阻尼作用的单步运行

尼状态；当 $B>2\sqrt{JT_{\text{jmax}}Z_{\text{r}}}$ 时，特征方程(5-35)的根是两个不相等的实根，阻尼较大。这两种情况下 $\theta_{\text{e}}(t)$ 都是单调上升的曲线，步进电动机转子的运动不出现振荡现象。随着时间 t 的增大而趋于平衡位置。

需要指出的是，步进电动机的振荡现象引起了系统精度的降低，带来了震动和噪声。严重时甚至使转子失步。为了使这种运行中的振荡现象加速衰减，步进电动机有专门设计的阻尼器。

例　题

对于某四相步进电动机，单相通电时的最大静态转矩为 0.44N·m，而负载为 0.3N·m，分析该电机在单拍制和双拍制下是否能够带负载运行。

解：四相单四拍：$T_{\text{q}}=T_{\text{jmax}}\cos\dfrac{\pi}{N}=0.44\cos\dfrac{\pi}{4}=0.311(\text{N}\cdot\text{m})>0.3\text{N}\cdot\text{m}$ 能起动；

四相双四拍：$T_{\text{q}}=\sqrt{2}\,T_{\text{jmax}}\cos\dfrac{\pi}{N}=\sqrt{2}\times0.44\cos\dfrac{\pi}{4}=0.44(\text{N}\cdot\text{m})>0.3\text{N}\cdot\text{m}$，能起动；

四相八拍：$\begin{cases}T_{\text{A}}=-T_{\text{jmax}}\sin\theta_{\text{e}}\\ T_{\text{AB}}=-\sqrt{2}\,T_{\text{jmax}}\sin\left(\theta_{\text{e}}-\dfrac{\pi}{4}\right)\end{cases}\Rightarrow T_{\text{q}}=T_{\text{jmax}}=0.44(\text{N}\cdot\text{m})>0.3\text{N}\cdot\text{m}$

可以带规定负载运行。

5.4.2　连续运行时步进电动机的动态特性

从现在开始，将在单步运行状态的基础上，讨论在各种频率的控制脉冲作用下，考虑阻尼等因素存在的步进电动机的动态特性。

1. 动稳定区和稳定裕度

前面已经引入了控制绕组通电状态不变条件下的静稳定区概念。在图 5-17 中，空载时矩角特性 n 所对应的静稳定区就是 $-\pi<\theta_{\text{e}}<+\pi$，下面将建立在通电状态换接瞬间条件下的动稳定区概念。

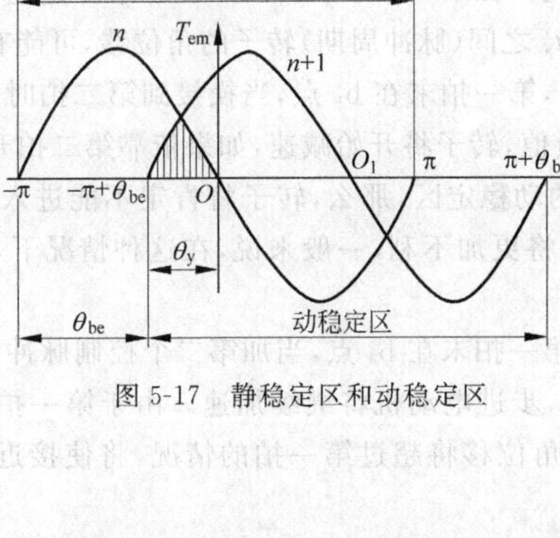

图 5-17　静稳定区和动稳定区

若步进电动机处于矩角特性曲线 n 所对应的稳定状态时，给一个控制脉冲，使其控制绕组改变通电状态，矩角特性将移动一个步距角 θ_{be}，如图 5-17 的 $n+1$ 曲线所示，新的稳定平衡点为 O_1，对应于它的静稳定区是 $(-\pi+\theta_{be})<\theta_e<(\pi+\theta_{be})$。如果在第 n 相控制绕组通电状态换接为第 $n+1$ 相控制绕组通电状态瞬间，转子位置只要在这个区间内，它就能转向新的稳定平衡点 O_1，且不越过不稳定平衡点，把这个区域 $(-\pi+\theta_{be})<\theta_e<(\pi+\theta_{be})$ 称做动稳定区。显然，运行拍数越多，步距角 θ_{be} 越小，动稳定区就越接近静稳定区。需要指出的是，实际的动稳定区与转子的角速度有关，可以稍大于上述区域。

另外，还将矩角特性曲线 n 的稳定平衡点 O 离开 $(n+1)$ 相矩角特性曲线的不稳定平衡点 $(-\pi+\theta_{be})$ 的距离，即 $(-\pi+\theta_{be})<\theta_e<0$ 的范围叫做"稳定裕度"，如图 5-17 的 θ_y 所示。显然，步距角 θ_{be} 越小，稳定裕度将越大。稳定裕度越大意味着新、旧稳定平衡点越靠近。

2. 步进电动机的启动过程和启动频率

首先，粗略地描述一下步进电动机的启动过程。如果步进电动机负载转矩为零，在一相控制绕组恒定通电的情况下，转子位于稳定平衡点 O_a 处，图 5-18 中矩角特性曲线 A 表示了这一初始状态。

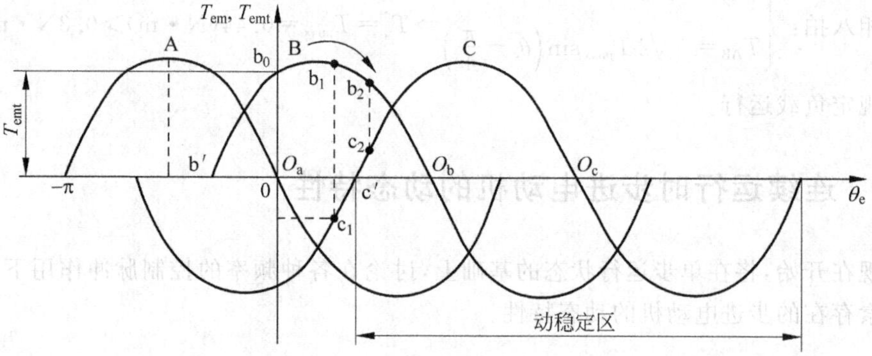

图 5-18　步进电动机的启动过程分析

当把第一个控制脉冲加给步进电动机，换接通电状态，在忽略控制电路时间常数的条件下，矩角特性曲线 A 跃变为 B。在 $t=0$ 瞬间，同步转矩 (T_{emt}) 作用在转子上，并使之开始加速。角加速度的大小由同步转矩与转动部分的转动惯量之比 (T_{emt}/J) 决定。同步(电磁)转矩将沿着 $b_0b_1b_2$ 的方向变化。在第一拍末加第二个脉冲给步进电动机时，转子的位置取决于第一拍过程中，即 $t=0\sim t_a$ 之间(脉冲周期)转子的角位移，可能有两种情况：

(1) 转子的角位移不大，第一拍末在 b_1 点，当换接到第二拍时，同步转矩由矩角特性曲线 C 上的 c_1 点决定，且为负值，转子将开始减速，如果依靠第二拍开始时转子的初速度不能使其超过 c' 点而进入 C 相的动稳定区，那么，转子将肯定不能进入新稳定平衡点 O_c。继续改变为第三拍控制时，条件将更加不利，一般来说，在这种情况下，步进电动机将不易启动起来。

(2) 转子角位移较大，第一拍末在 b_2 点，当加第二个控制脉冲时，转矩由矩角特性曲线 C 上之 c_2 点决定，并为正值，步进电动机将继续加速。由于第一拍末转子已具有一定的角速度，第二拍过程中转子的角位移将超过第一拍的情况，将使接近甚至超过新平衡点。因此，这后一种情况的步进电动机就可能启动起来。

上述启动过程的分析告诉我们，步进电动机的启动除了与普通直流伺服电动机、异步电动机有相似之处，即必须满足最大负载要小于启动转矩 T_{emq} 之外，还有其特殊之处，那就是无论是空载，还是负载，都将有一个启动控制脉冲频率。定义步进电动机正常启动（不失步）所能加的最高控制脉冲频率为**启动频率**或突跳频率。它是衡量步进电动机快速性能的重要技术数据。启动频率不仅与负载转矩的大小有关，而且负载的转动惯量对它也影响显著，同时还与步进电动机本身的参数以及驱动电源的条件有关。因此，步进电动机的启动性能不能简单地用启动转矩值标定，而是需要一系列启动特性来体现，这主要包括：

启动矩频特性——在给定驱动电源的条件下，负载转动惯量一定时，启动频率与负载转矩的关系称做启动矩频特性；

启动惯频特性——在给定驱动电源的条件下，负载转矩不变时，启动频率与负载转动惯量的关系，称做启动惯频特性。

当步进电动机带着一定的负载启动时，同步转矩与负载阻转矩之差作为加速转矩使转子启动并加速。负载阻转矩越大，加速转矩就越小，步进电动机就不易转起来。只有当每步有较长的加速周期——较低的控制脉冲频率时，步进电动机才能启动。因此，随着负载的增加，其相对加速周期要长，即启动频率是下降的（见图 5-19(a)）。

同样，随着步进电动机转动惯量的增大，在一定脉冲周期内转子加速过程将变慢，趋向新平衡位置需要的时间也就变长。所以要使步进电动机启动，就需要较长的脉冲周期使它加速，即要求控制脉冲的频率低（见图 5-19(b)）。

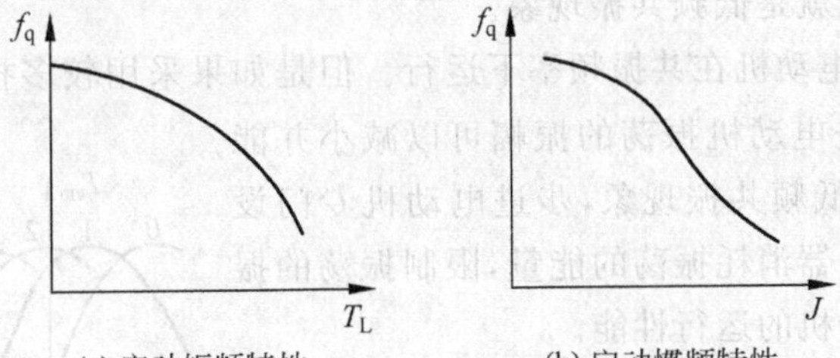

(a) 启动矩频特性　　(b) 启动惯频特性

图 5-19　启动时的矩频和惯频特性

3. 不同控制脉冲频率下的连续运行

步进电动机启动后，继续不断地送入控制脉冲，电机将连续运行，由于控制脉冲频率不同，电动机的连续运行可能出现许多复杂的情况，下面就来分析这些情况。

(1) 极低频下运行。

所谓极低频是指控制脉冲具有这样的周期（t_a），它使一拍的时间足够长，以至转子的振荡过程来得及完全衰减，使其进入新的稳定平衡位置，且角速度也变为零，像图 5-20 中所描述的那样，步进电动机将一步一步地转向新的平衡位置，具有步进式的特征，在欠阻尼的情况下，这是一个衰减的振荡过程，最大振幅不超过

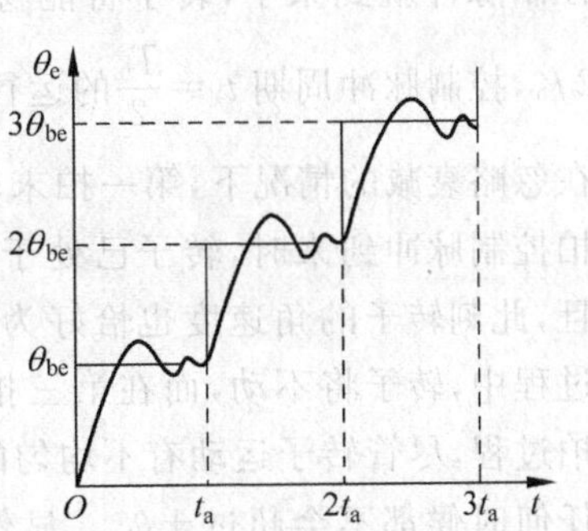

图 5-20　极低频作用下的步进式运行

步距角 θ_{be}，因此，不会出现丢步、越步现象。显然，在极低频控制脉冲作用下，步进电动机可以稳定地连续运行。

(2) 低频丢步和低频共振。

低频是指控制脉冲的频率 f 低于步进电动机振荡频率 f_0 的 2 倍即 $\left(T>\frac{T_0}{2}\right)$，但高于极低频的频带，由图 5-16 可知，此时，转子振荡还未衰减完时，下一个脉冲就来到，电机容易出现低频丢步和低频共振现象。下面以三相步进电动机为例说明。

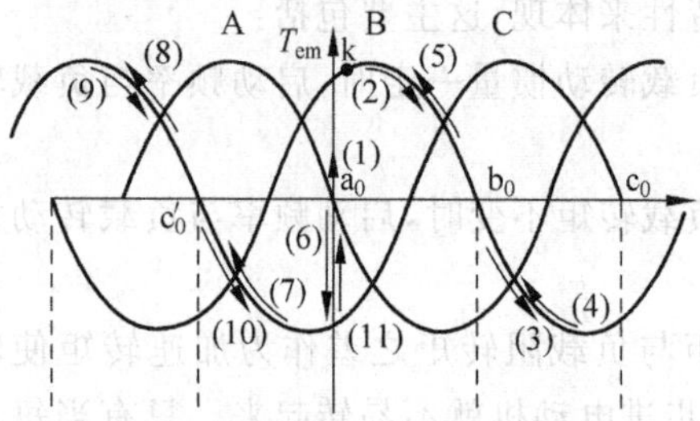

图 5-21　低频丢步现象

低频丢步的物理过程如图 5-21 所示，设开始时转子处于 A 相稳定平衡位置 a_0 点，第一拍通电相换为 B 相，矩角特性移动一个步距角 θ_{be}，则转子向 B 相平衡位置 b_0 点运动。如果阻尼较小，则转子将在 b_0 点附近做衰减的振荡。当第一步转过的角度达到 $2\theta_e$ 之后，θ_e 开始减小，当转子振荡回摆，位于 b_0 点的动稳定区之外（如 k 点）时，第二拍控制脉冲到来，换接为 C 相控制绕组通电，转子受到的电磁转矩为负值，即转矩方向不是使转子向 c_0 点位置运动，而是向 c_0' 点运动，第三拍时转子由 c_0' 点附近向 a_0 点位置运动。转子回到了原来位置 a_0 点，也就是丢了三步，此为低频丢步。

当控制脉冲频率等于电机振荡频率时，如果阻尼作用不强，即使电机不发生低频丢步，也会发生强烈振动，这就是低频共振现象。

一般不容许步进电动机在共振频率下运行。但是如果采用较多拍数，再加上一定的阻尼和干摩擦负载，步进电动机振荡的振幅可以减小并能稳定运行。为了减小低频共振现象，步进电动机专门设置了阻尼器，依靠阻尼器消耗振荡的能量，限制振荡的振幅，从而改善步进电动机的运行性能。

(3) 连续控制脉冲作用下的稳定运行。

继续提高控制脉冲的频率，当脉冲频率 f 接近或高于振荡频率的 2 倍的脉冲作用下运行，这时，步进电动机转子前一步振荡尚未到达第一次振摆的最大值，下一个控制脉冲就到来了，转子将能稳定地连续运行。当 $f=2f_0$，控制脉冲周期 $t_a=\frac{T_0}{2}$ 的运行规律描绘在图 5-22 中，在忽略衰减的情况下，第一拍末转子刚好转过 $2\theta_{be}$，第二拍控制脉冲到来时，转子已处于它的稳定平衡点了。而且，此刻转子的角速度也恰好为零。在第二拍整个控制过程中，转子将不动，而在第三拍控制时，又将重复第一拍过程，尽管转子运动有不均匀的情况，但其动态误差在任何时候都不会超过 $\pm\theta_{be}$。显然，步进电动机将能稳定地运行。更高的运行频率，甚至转子的前一步振荡刚好

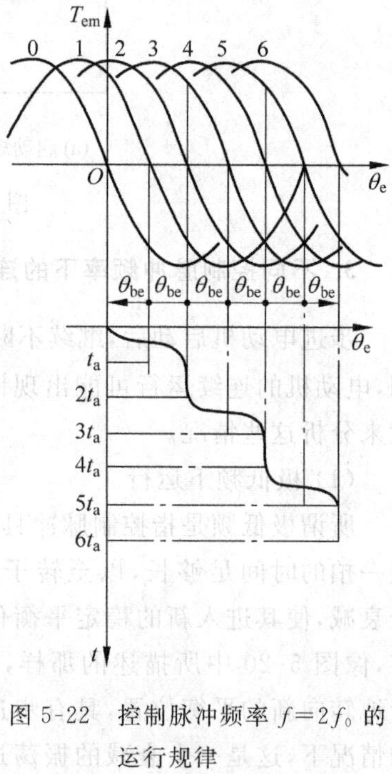

图 5-22　控制脉冲频率 $f=2f_0$ 的运行规律

转过一个步距角，到达新的平衡位置，换接的第二个控制脉冲就接踵而来，此刻，位置角的初始状态与第一拍相似，但转子已具有一定的初速了，因此，第二拍转过的角度将超过一个步距，产生超前的动态误差，动态误差增大到一定程度后就将减小，最大不可能超过 θ_{be}，显然，在这种情况下，步进电动机转子的运行也具有衰减振荡的特点。然而，运行的转速是平滑而稳定的。图 5-23 示出了一种理想的步进电动机平稳运行情况，但这几乎是不可能的，或多或少地具有衰减振荡的形式是步进电动机运行的特点。

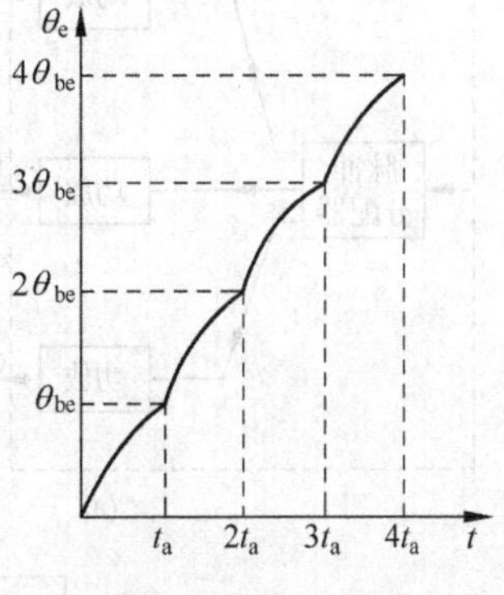

图 5-23 步进电动机连续稳定运行

(4) 动态转矩、矩频特性和最高连续运行频率。

控制脉冲频率的升高是有限度的。随着输入控制脉冲频率的增加，步进电动机转速也将逐步升高。然而其带动负载的能力却逐步下降。这是因为运行中的同步(电磁)转矩——动态转矩随着控制脉冲频率的升高有下降的趋势，以致频率高到某一定值时，步进电动机已带不动任何负载。而且只要受到一个很小的扰动，就会振荡、失步，直致停转。步进电动机正常连续运行时(不丢步、不失步)所能加至的最高控制脉冲频率称为**最高连续运行频率**或最高跟踪频率，它是步进电动机的重要技术数据。最大连续运行频率可以在 10 000 步/秒以上。

那么，为什么控制脉冲频率的升高会使动态转矩下降，因而使步进电动机负载能力降低呢？主要的原因就是步进电动机每相控制绕组电感的影响。每当控制脉冲的作用使一相控制绕组换接通电时(见图 5-24(b))，尽管由于晶体管 T_1 导通，控制电压可瞬间加到控制绕组上，但其中的控制电流，却因为绕组电感 L_k 的存在，不可能立刻上升至额定值，而是按指数规律上升(见图 5-24(c))。同样，当控制脉冲使其换接而使 T_1 管截止时，控制电压可立刻去掉，而绕组中的电流却只能按指数规律下降。控制电流 i_k 上升或下降的快慢是通过相应的时间常数 τ_{sh} 和 τ_j 衡量的，即

$$\tau_{sh}=\frac{L_k}{R_{sh}} \tag{5-40}$$

和

$$\tau_j=\frac{L_k}{R_j} \tag{5-41}$$

式中，

τ_{sh}——电流 i_k 上升的时间常数。

τ_j——电流 i_k 下降的时间常数。

L_k——控制绕组的电感。

R_{sh}——通电回路的总电阻。包括绕组本身的电阻、串联电阻 R_{t1} 及三极管内阻等。

R_j——放电回路的总电阻。包括绕组本身的电阻、串联电阻 R_{t2} 及二极管 D_1 内阻等。

当输入的控制脉冲频率比较低时，每相绕组通电的时间 T_{tf} 较长，即 $T_{tf}>T_{sh}$，电流 i_k 有足够的时间可以升到额定值，波形接近矩形(见图 5-24(c))。当频率升高后，通电时间变短(如 $T'_{tf}<T_{tf}$)，电流的波形就变成如图 5-24(d)所示的情形。频率再提高，将导致通电时间进一步缩短，即 $T''_{tf}\ll T_{tf}$，如图 5-24(e)所示，电流的波形变成锯齿状，幅值也很低。控制脉

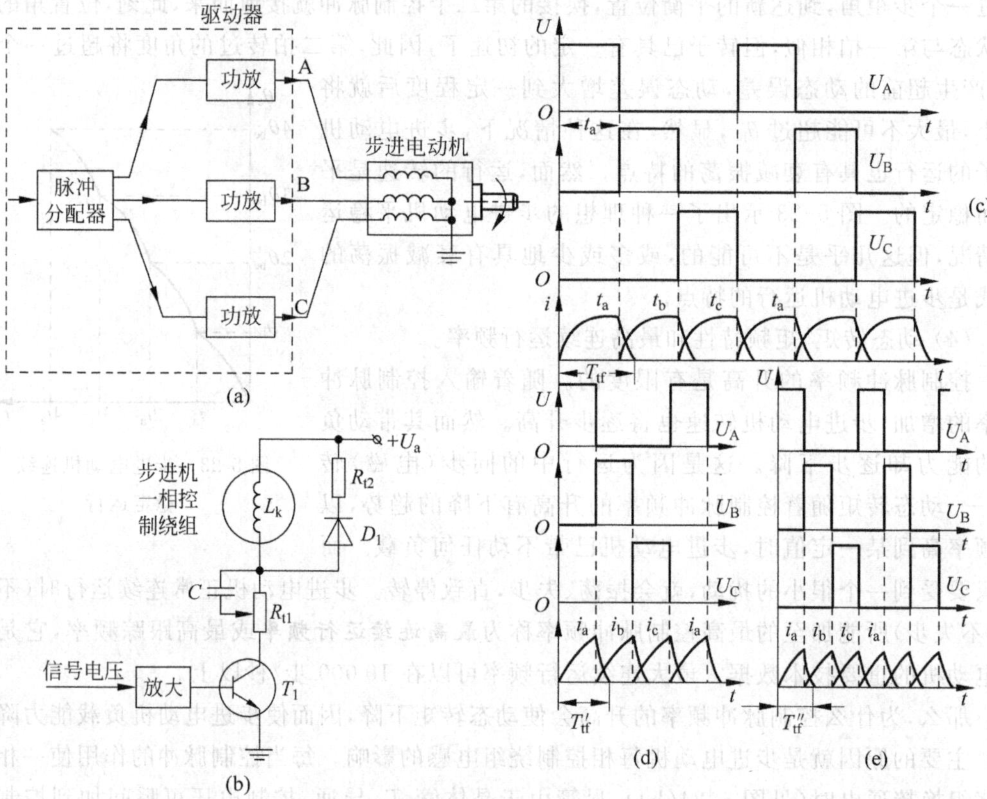

图 5-24 步进电动机控制回路及其在不同脉冲频率下的回路电流

冲频率越高，电流波形与矩形相差也越大，而其幅值则越来越小。这样，在控制绕组通电的时间内，电流将升不起来，因而产生的电磁转矩也变小；而在控制绕组断电后，电流又不能立刻降下来，必将产生阻碍旋转的反相转矩。最终使步进电动机的同步电磁转矩——动态转矩下降，负载能力降低。动态转矩随控制脉冲频率升高而下降的规律称做运行矩频特性，如图 5-25 所示。

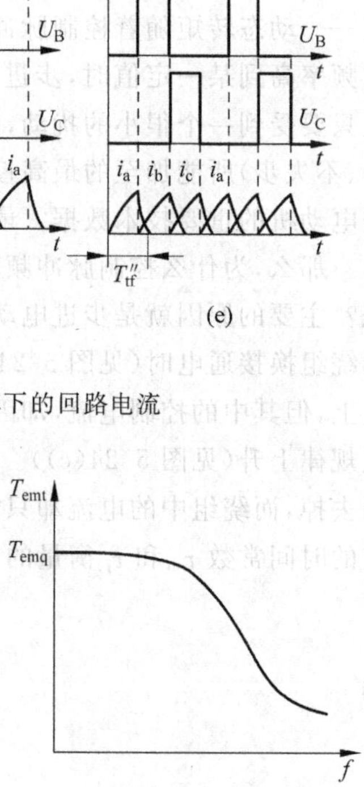

图 5-25 运行矩频特性

另外，由于控制频率升高，步进电动机铁芯中的涡流损耗也随之迅速增大，这也是使输出功率和动态转矩下降的因素之一。总之，控制脉冲频率的升高是获得步进电动机连续运行稳定和高效率所必需的，然而必须注意运行矩频特性的规律。

5.5 永磁式和混合式步进电动机

由于反应式步进电动机的转子上没有绕组，只是靠定子励磁，因此电动机的功率及效率比较低。以后出现了永磁式和混合式步进电机。

5.5.1 永磁式步进电动机

1. 结构

永磁式步进电动机的特点是转子由一对或多对极的星型永久磁铁组成，定子上相应有二相或多相控制绕组。转子永久磁铁磁极数与定子每相控制绕组的极数对应相等，且通常两者的极宽也相同，永磁式步进电动机的典型结构如图 5-26 所示。定子上有两相或多相绕组，转子由永磁体组成 $2p$ 个磁极，多数是隐极形式。转子磁极数 Z_r 为

$$Z_r = 2p \tag{5-42}$$

转子相邻磁极轴线夹角（极距角）θ_r 为

$$\theta_r = \frac{360°}{Z_r} \tag{5-43}$$

定子铁芯由软磁钢片叠压而成。定子上有 m 相绕组。每相绕组有 $2p$ 个线圈，放在 $2p$ 个定子磁极上，定子为显极形式，定子磁极数 Z_s 为

$$Z_s = 2mp \tag{5-44}$$

定子磁极轴线夹角（极距角）θ_s 为

$$\theta_s = \frac{360°}{2mp} = \frac{1}{m}\theta_r \tag{5-45}$$

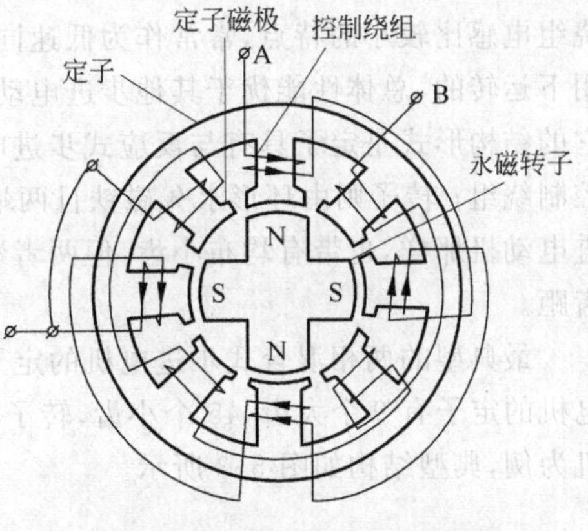

图 5-26 永磁式步进电动机

某个定子磁极和转子磁极对齐时，相邻定子磁极轴线和转子磁极轴线的夹角就是 θ_s。对于如图 5-26 所示的电机，$Z_r = 2p = 4$，$m = 2$，由此可得 $p = 2$，$\theta_r = 90°$，$Z_s = 8$，$\theta_s = 45°$。

2. 工作原理

每相绕组都有正、反两种通电状态，电机共有 $2m$ 个通电状态。拍数 N 为

$$N = 2m \tag{5-46}$$

例如图 5-26 的两相电机有 4 种通电状态。以 A 和(—A)表示 A 相绕组正、反向通电，该电机通电顺序为

$$\text{A} \rightarrow \text{B} \rightarrow (-\text{A}) \rightarrow (-\text{B}) \rightarrow \text{A}\ (\text{循环})$$

当 A 相通电，A 相极下定、转子磁极对齐时，相邻的 B 相极下定子、转子磁极轴线夹角为 θ_s。当 A 断 B 通，B 相极下定子、转子磁极对齐时，转子转过定子的一个极距角 θ_s。故转子每步转角（步距角）θ_b 为

$$\theta_b = \theta_s = \frac{360°}{2mp} \tag{5-47}$$

完成一个通电循环应走 $2m$ 步，转动角度为 $2m\theta_b = 360°/p$，转过转子的一对磁极的距离。

对于如图 5-26 所示的电机，$\theta_b = \theta_s = 45°$ 一个通电循环有 4 步，转过 180°，正是转子一对磁极的距离。

永磁式步进电动机的特点是：①大步距角，例如15°、22.5°、30°、45°、90°等；②启动频率较低，通常为几十到几百赫兹(但转速不一定低)；③控制功率小；④在断电情况下有定位转矩；⑤由于用永磁转子，阻尼特性较好。

5.5.2 混合式步进电动机

混合式步进电动机也称为感应子式步进电动机，这种步进电动机无论是从结构，还是从运行原理来看，它既有反应式步进电动机小步矩角的特点，又有永磁式步进电动机高效率、绕组电感比较小的特点，常常作为低速同步电动机运行。它是在永磁和变磁阻原理共同作用下运转的，总体性能优于其他步进电动机，是目前工业应用最为广泛的步进电动机品种。它的结构形式是定子具有与反应式步进电动机类似的结构，即带小齿的磁极上装有集中的控制绕组；转子则由环形永久磁铁且两端罩上二段帽式铁芯构成。这两段铁芯像反应式步进电动机那样，也带有均布小齿，但两者装配位置的特点是从轴向看上去彼此相互错开半个齿距。

最典型的两相混合式步进电机的定子有8个大齿，40个小齿，转子有50个小齿；三相电机的定子有9个大齿，45个小齿，转子有50个小齿。这里以两相八极的混合式步进电动机为例，典型结构如图5-3所示。

1. 两相混合式步进电动机的结构

如图5-27所示为两相混合式步进电动机的轴向剖视图。定子的结构与反应式步进电动机基本相同，沿着圆周有若干个凸出的磁极，极面上有小齿，极身上有控制绕组。控制绕组的接线如图5-28所示。转子由环形磁钢和两段铁芯组成，环形磁钢在转子中部，轴向充磁，两段铁芯分别装在磁钢的两端。转子铁芯上也有小齿，两段铁芯上的小齿相互错开半个齿距。定子、转子的齿距和齿宽相同，齿数的配合与单段反应式步进电动机相同。

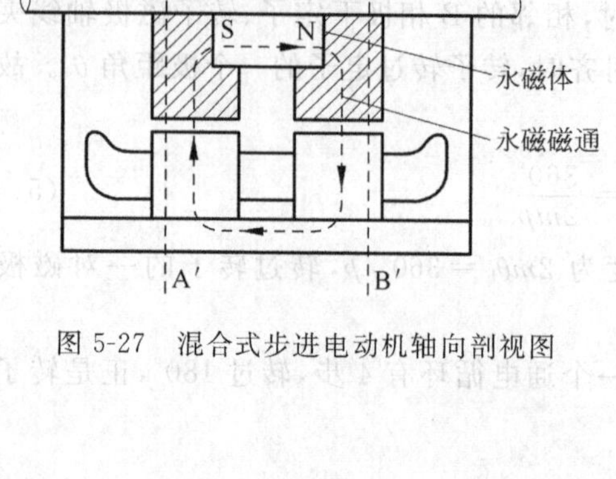

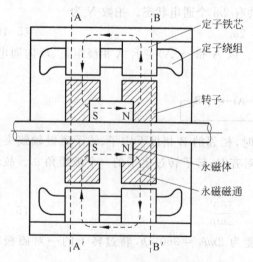

图5-27 混合式步进电动机轴向剖视图

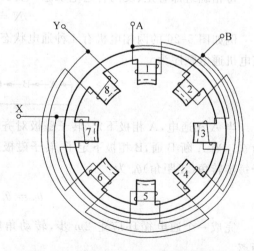

图5-28 混合式步进电动机绕组接线图

图 5-29 所示为铁芯段横截面图。定子上均匀分布有 8 个磁极，每个磁极下有 5 个小齿。转子上均匀分布着 50 个齿。如图 5-29(a)所示为 S 极铁芯段的横截面(即图 5-27 中的 A—A′截面)。当磁极 1 下是齿对齿时，磁极 5 下也是齿对齿，气隙磁阻最小；磁极 3 和磁极 7 下是齿对槽，磁阻最大。此时，N 极铁芯段的磁极 1′和磁极 5′下正好是齿对槽，磁极 3′和磁极 7′是齿对齿，如图 5-29(b)所示。

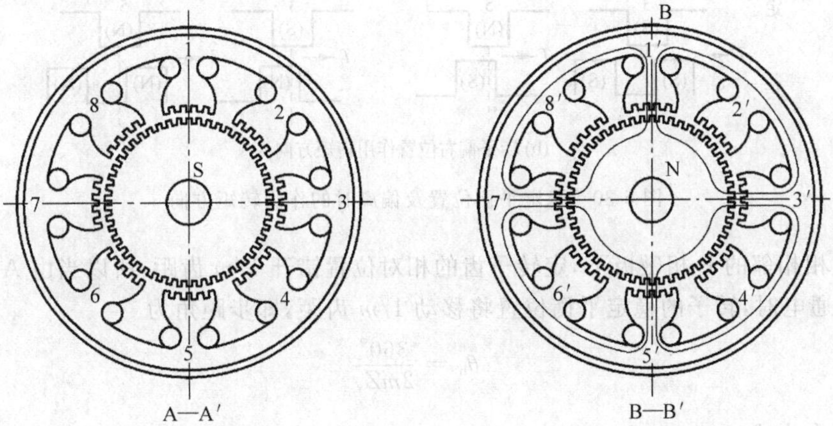

(a) S极铁芯段横截面图　　(b) N极铁芯段截面图

图 5-29　铁芯段的横截面图

2. 两相混合式步进电动机的工作原理

混合式步进电动机作用在气隙上的磁动势有两个：一个是由永久磁钢产生的磁动势，另一个是由控制绕组电流产生的磁动势。这两个磁动势有时是相加的，有时是相减的，视控制绕组中电流方向而定。这种步进电动机的特点是混入了永久磁钢的磁动势，故称为混合式步进电动机。

1）零电流时的工作状态

各相控制绕组中没有电流通过，这时气隙中的磁动势仅由永久磁钢的磁动势决定。如果电机的结构完全对称，各个定子磁极下的气隙磁动势将完全相等，电动机无电磁转矩。因为永磁磁路是轴向的，从转子 B 端到定子的 B 端，轴向到定子的 A 端、转子的 A 端、经磁钢闭合，如图 5-27 所示。在这个磁路上，总的磁导与转子位置无关。这一方面由于转子不论处于什么位置，在每一端的不同极下，磁导有的大有的小，但总和不变；另一方面由于两段转子的齿错开了半个齿距，所以即使在一个极的范围内看，当 B 端磁导增大时，A 端磁导必然减小，也使总磁导在不同转子位置时保持不变。

2）绕组通电时工作状态

当控制绕组有电流通过时，便产生磁动势。它与永久磁钢产生的磁动势相互作用，产生电磁转矩，使转子产生步进运动。当 A 相绕组通电时，转子的稳定平衡位置如图 5-30(a)所示。若使转子偏离这一位置，如转子向右偏离了一个角度，则定转子齿的相对位置及作用转矩的方向如图 5-30(b)所示。可以看出，在不同端、不同极的作用转矩都是同方向的，都是使转子回到稳定平衡位置的方向。可见，两相混合式步进电动机的稳定平衡位置是：定转子异极性的极面下磁导最大，而同极性的极面下磁导最小。

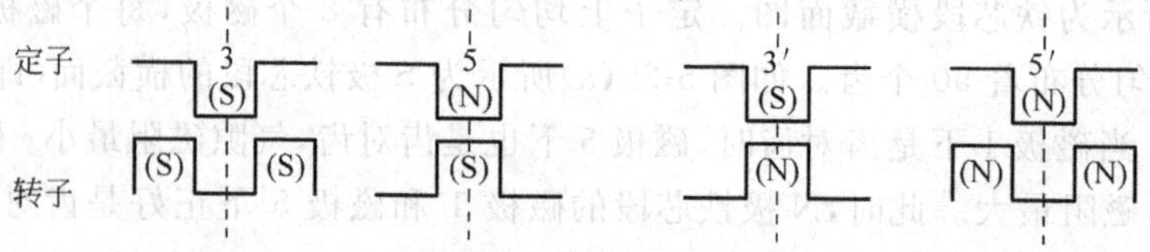

(a) A相通电时的转子稳定平衡位置

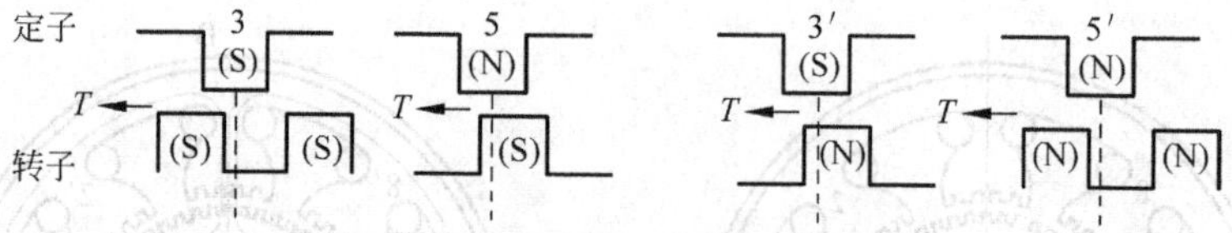

(b) 转子偏右位置作用转矩方向

图 5-30 稳定平衡位置及偏离时的作用转矩方向

与 A 相相邻的 B 相磁极下，定转子齿的相对位置错开 $1/m$ 齿距，所以当由 A 相通电改变为 B 相通电时，转子的稳定平衡位置将移动 $1/m$ 齿距，即步距角为

$$\theta_b = \frac{360^\circ}{2mZ_r} \tag{5-48}$$

3. 通电方式

1) 单四拍通电方式

每次只有一相绕组通电，四拍构成一个循环，两相控制绕组按 A—B—(－A)—(－B)—A 的次序轮流通电。每拍转子转动 1/4 转子齿距，每转的步数 $4Z_r$。若转子的齿数为 50，每转为 200 步。

2) 双四拍通电方式

每次有两相绕组同时通电，两相控制绕组按 AB—B(－A)—(－A)(－B)—(－B)A—AB 的次序轮流通电。若转子齿数也为 50，则每转也是 200 步，和单四拍相同，但二者的空间定位不重合。

3) 单、双八拍通电方式

前面两种通电方式的循环拍数都等于四，称为满步通电方式。若通电循环拍数为八，称为半步通电方式，即按 A—AB—B—B(－A)—(－A)—(－A)(－B)—(－B)—(－B)A—A 的次序轮流通电，每拍转子转动 1/8 转子齿距。若 $Z_r=50$，则每转为 400 步。

4) 细分通电方式

若调整两相绕组中电流分配的比例和方向，使相应的合成转矩在空间处于任意位置上，则循环拍数可为任意值，称为细分通电方式。实质上就是把步距角减小，如前面八拍通电方式已经将单四拍或双四拍细分了一半。采用细分通电方式可使步进电动机的运行更平稳，定位分辨率更高，负载能力也有所增加，并且步进电动机可作低速同步运行。

5.6 步进电动机的驱动电路

步进电动机系统由步进电动机及其驱动电路构成。步进电动机的运动由一系列电脉冲控制，脉冲发生器所产生的电脉冲信号，通过脉冲分配器按一定的顺序加到电动机的各相绕组上。为了使电动机能够输出足够的功率，经过脉冲分配器产生的脉冲信号还需要进行功率放大。脉冲分配器、功率放大器以及其他辅助电路统称为步进电机的驱动器。步进电动机系统的性能和运行品质在很大程度上取决于其驱动电路的结构与性能，同一台电动机配以不同类型的驱动电路，其性能会有较大差异。抛开驱动电路来谈步进电动机的性能是不完全的。

目前市场上已有多种类型的步进电动机用集成模块或驱动器出售。它们可向步进电动机输出单极性脉冲，有的还可输出双极性脉冲。

控制器和驱动器的结构示意图见图 5-31，控制器主要指脉冲发生器。脉冲发生器过去多由电子电路做成，其中包括脉冲发生电路、门电路、整形反相电路、脉冲放大器、计数器等。近年来，控制脉冲已逐渐改由单片机或 DSP 等微控制器产生，或在微机上用运动控制卡产生。

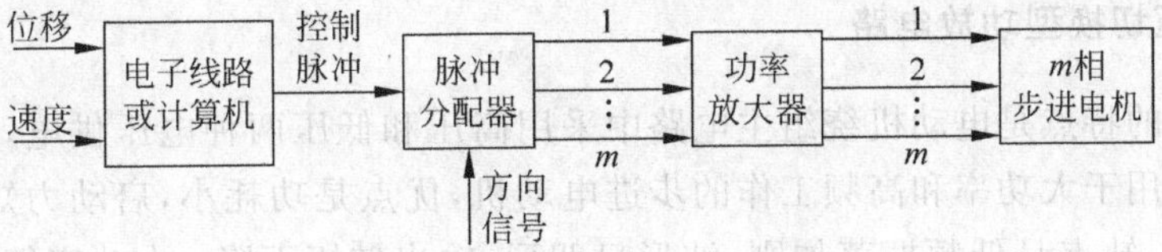

图 5-31　步进电机控制器与驱动器

步进电动机的驱动器一般包括脉冲分配器和功率放大器。

脉冲分配器旧称为环形分配器，它接收控制脉冲信号和方向信号，并按步进电动机的分配方式(状态转换表)要求的状态顺序产生各相控制绕组导通或截止信号。脉冲分配器输出的信号数目与电机相数相同。每来一个控制脉冲，脉冲分配器的输出信号中至少有一个发生变化，它的输出状态就转换一次。输入的方向信号决定了输出的状态转换是按正序还是反序，从而决定了电动机的转向。

功率放大器包括信号放大与处理电路、保护电路、推动放大级电路和功放输出级电路。功率放大器输出级电路直接与步进电动机各相绕组连接。步进电动机的每一相绕组都要使用一个单独的功放输出电路供电。功率放大器按输出脉冲的极性可分为单极性脉冲功放和双极性功放，后者能提供正、负脉冲，使控制绕组通正向电流或反向电流。

1. 单一电压型驱动电路

图 5-24(b)给出了单一电压型驱动电源的一相驱动电路，m 相步进电动机将有 m 个类似的功放电路。经过几级放大的脉冲信号加到晶体管 T_1 的基极上，控制其导通和截止。T_1 是功放电路的末级功放管，它与步进电动机的控制绕组串联。它们之中通过的电流波形如图 5-24(c)、图 5-24(d)、图 5-24(e)所示，从上节的分析已经知道，这样随频率改变而变化的电流使步进电动机动态转矩变小，以至动态特性变坏。为了提高动态转矩，应尽量缩短控制绕组中电流上升的时间常数 τ_{sh}，使电流波形的前沿变陡，且最好接近矩形。从式(5-40)可知，欲减小 τ_{sh} 就要求在设计步进电动机时尽量减小控制绕组电感 L_k，也可以增大串联电阻 R_{t1}。但增大电阻 R_{t1} 之后，为了达到原来的稳态控制电流值(稳态电流 $I_{kw}=U_k/R_{t1}$)，电源电压 U_k 一定要相应提高。

图 5-24(b)中与电阻 R_{t1} 并联一个电容 C，可强迫控制电流加快上升，改善其波形前沿，使之更陡些。这是因为电容两端电压不能突变，当控制绕组通电瞬间将 R_{t1} 短路，使电源电

压全部加在控制绕组上的缘故。

在晶体管 T_1 截止时电流的变化将使绕组中产生很大的自感电势,使其发生击穿,为此在绕组两端并联一个二极管 D_1 和电阻 R_{t2} 组成的续流回路,为 T_1 截止时的绕组电流提供一个释放回路。电阻 R_{t2} 的作用是减少续流回路的时间常数。为保证晶体管不被击穿,R_{t2} 应满足

$$R_{t2} < R_a\left(\frac{V_{cer}}{U_a} - 1\right) \tag{5-49}$$

式中,U_a 为电源电压;R_a 为电机绕组电阻;V_{cer} 为晶体管击穿电压。这种电路的特点是线路简单,成本低,低频时响应较好;缺点是效率低,尤其在高频工作的电动机效率更低,在实际中较少使用。

2. 高低压切换型功放电路

这种电路的特点是电动机绕组主电路中采用高压和低压两种电压供电,一般高压为低压的数倍。适用于大功率和高频工作的步进电动机,优点是功耗小,启动力矩大,突跳频率和工作频率高,缺点是低频振荡加剧,波形呈凹形,输出转矩下降;大功率管的数量多用一倍,增加了驱动电源。

高低压切换型驱动电源的原理线路如图 5-32 所示。每相控制绕组将串联两个功放元件,即 T_1 和 T_2。分别由高压(U_{gu})和低压(U_t)两个电源供电。当来自分配器的输出控制信号 U_k 指令控制绕组通电时,功放管 T_1 和 T_2 的基极均有信号电压输入,使 T_1 和 T_2 饱和导通。于是,在高压电源电压 U_{gu} 的作用下(这时二极管 D_1 两端承受的是反向电压,处于截止状态,可使低压电源得到隔离),控制电流将迅速上升(见图 5-33),电源波形的前沿很陡。经过确定的短时间(高压脉冲宽度)或电流上升到一定值,即利用定时电路或电流检测等方法,使 T_1 基极上的信号消失,功放管 T_1 截止。但此时 T_2 管仍然是导通的,于是,低压电源将立即经二极管 D_1 向控制绕组供电。而当控制信号 U_k 消失时,功放管 T_2 也将截止。控制绕组中的电流将经过二极管 D_2 和 R_{t2},并与低压电源构成通路,向高压电源放电,电流将迅速下降。总之,由于利用了高低压切换型电源,高压电源用来加速控制电流的增长;低压

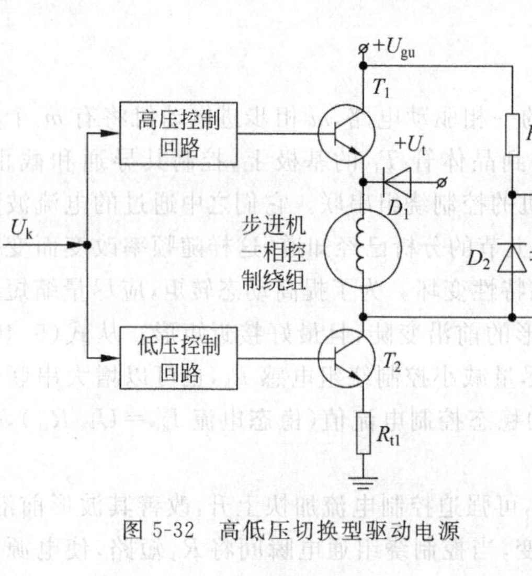

图 5-32 高低压切换型驱动电源

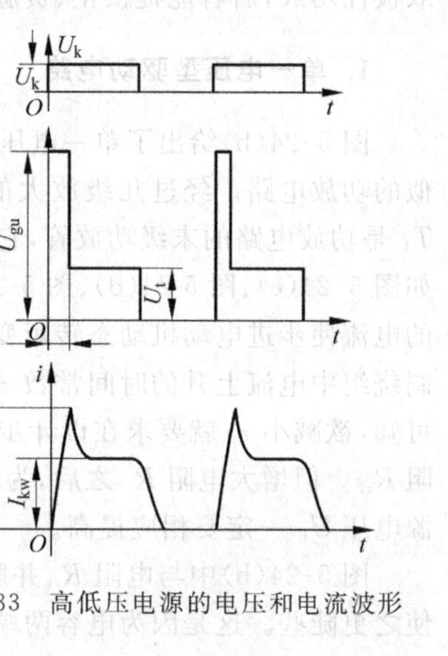

图 5-33 高低压电源的电压和电流波形

电源用来维持额定稳态电流 I_{kw}，控制电流的波形得到改善，矩频特性也很好。并且，启动和运行频率也相应地提高了。控制回路中为平衡各相电流，控制绕组所串联的电阻 R_{t1} 也可以很小，约为 0.1～0.5Ω。因而降低了电源功耗，提高了控制效率。

3. 斩波恒流功放电路

斩波恒流功放电路的优点是，无论步进电动机处于锁定、低频或高频工作状态，都可以使绕组电流保持在额定值附近。这种电路属单一电压型，通过电流反馈到斩波回路，使控制绕组电流维持在额定值附近（见图 5-34）。线路串联电阻 R_{t1} 很小，运行性能好，效率高。

4. 调频调压驱动电路

这种电源的特点是随着脉冲频率的变化，控制回路的输入电压按一定的函数关系变化。在步进电机处于低频运行时，为了减小低频振动，应使低速时绕组电流上升的前沿较平缓，这样才能使转子在到达新的稳定平衡位置时不产生过冲，避免产生明显的振荡，这时驱动电源用较低的电压供电；而在步进电机高速运行时希望电流波形的前沿较陡，以产生足够的绕组电流，才能提高步进电动机的带载能力。这时驱动电源用较高的电压供电（见图 5-35）。

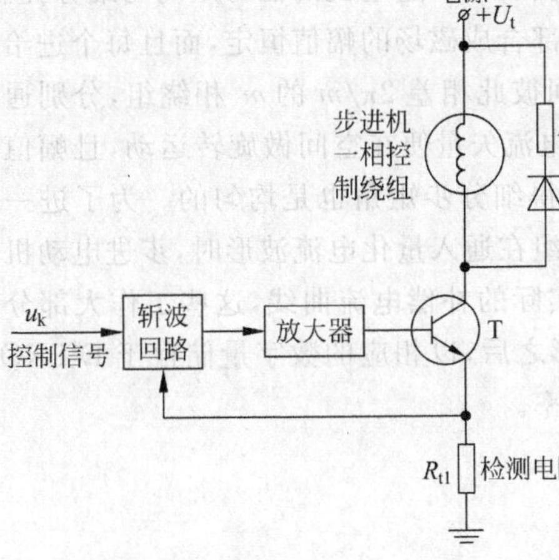

图 5-34 斩波恒流型驱动电源

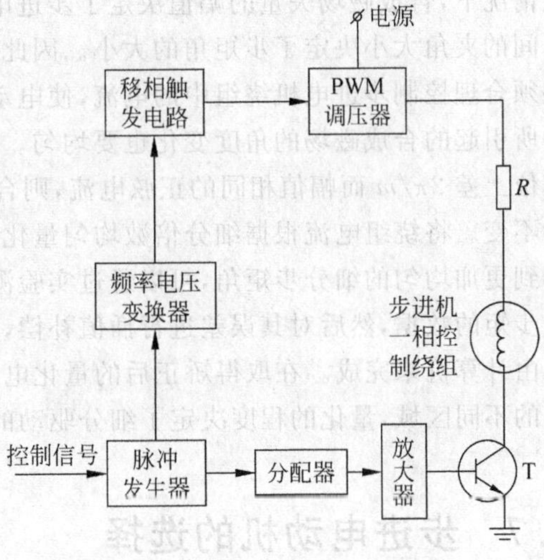

图 5-35 调频调压型驱动电源原理

5. 细分驱动电路

一般步进电动机受制造工艺的限制，它的步距角是有限的。而实际中的某些系统往往要求步进电动机的步距角必须很小，才能完成加工工艺要求。在转子齿数一定的条件下，增加相数能提高电动机的分辨率。在不改变电动机结构的前提下，如何获得更小的步距角呢？这可以通过改进驱动电路中对绕组电流的控制方式来实现，也就是微步驱动技术。所采用的电路称为细分功放电路。其基本思想是控制每相绕组电流的波形，使其阶梯上升或下降，即在 0 和最大值之间给出多个稳定的中间状态，定子磁场的旋转过程中也就有了多个稳定的中间状态,对应于电动机转子旋转的步数增多、步距角减小。

细分功放电路的特点是:在每次输入脉冲对绕组进行切换时,并不是将绕组额定电流全部加入或完全切除,而每次改变的电流数值只是额定电流数值的一部分。这样绕组中的电流是台阶式地逐渐增加至额定值,切除电流时也是从额定值开始台阶式地逐渐切除。电流波形不是方波,而是阶梯波,如图5-36所示。电流分成多少个台阶,转子转一个原步距角就需要多少个脉冲。因此一个脉冲所对应的电机的步距角要小得多。

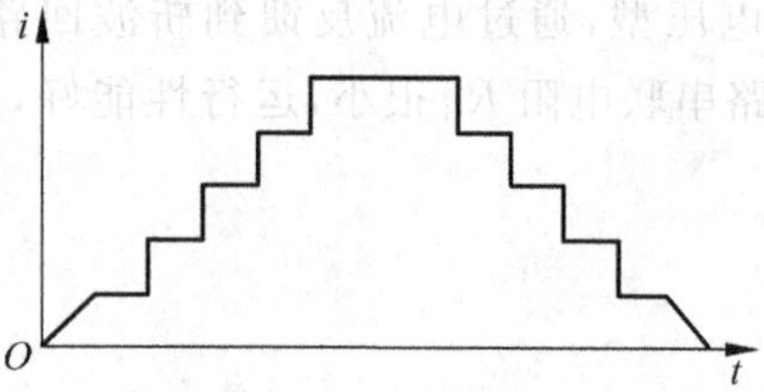

图5-36　阶梯电流波形

采用电流波形控制技术后,可以方便地实现微步驱动,即使相数少的电动机,也可以提高分辨率。采用细分功放电路不仅可以使步进电动机获得更小的步距角(角分级),更高的分辨率,更小的脉冲当量(一个脉冲对应的位移),也可以明显减小电机的振动、噪声,改善步进电机的低频性能。采用细分电路是步进电机稳定运行的必需选择。

目前步进电动机细分驱动控制,多采用量化的梯形波、正弦波作为细分驱动的电流波形,但实际上这些电流波形一般在步进电动机上均不能得到满意的细分精度。

步进电动机的细分控制,从本质上讲是通过对步进电机的励磁绕组中的电流控制,使步进电动机内部的合成磁场为均匀的圆形旋转磁场,从而实现步进电动机步矩角的细分。一般情况下,合成磁场矢量的幅值决定了步进电动机旋转力矩的大小,相邻两个合成磁场矢量之间的夹角大小决定了步矩角的大小。因此,想要实现对步进电机的恒力矩均匀细分控制,必须合理控制步进电机绕组中的电流,使电动机内部合成磁场的幅值恒定,而且每个进给脉冲所引起的合成磁场的角度变化也要均匀。在空间彼此相差$2\pi/m$的m相绕组,分别通以相位上差$2\pi/m$而幅值相同的正弦电流,则合成的电流矢量便在空间做旋转运动,且幅值保持不变。将绕组电流根据细分倍数均匀量化后,所得细分步矩角也是均匀的。为了进一步得到更加均匀的细分步矩角,可以通过实验测取一组在通入量化电流波形时,步进电动机细分步矩的数据,然后对其误差进行插值补偿,求得实际的补偿电流曲线,这些工作大部分可以由计算机来完成。在取得矫正后的量化电流波形之后,以相应的数字量储存于E^2PROM中的不同区域,量化的程度决定了细分驱动的分辨率。

5.7　步进电动机的选择

首先根据系统的特点选择步进电动机的类型。反应式步进电动机已被淘汰,永磁式步进电动机步距角大,为7.5°～15°,消耗功率小,相绕组不通电时具有一定的定位转矩,启动、运行频率较低。混合式步进电动机具有上述两种类型步进电动机的优点,即步距角小,有较高的启动和运行频率,相绕组不通电时具有一定的定位转矩,消耗功率小,但要求使用双极性功放电路。目前混合式步进电机的应用最广泛。

步进电动机系统往往要采用减速器,其主要原因是:

(1) 根据系统所要求的脉冲当量θ_{min}(一个脉冲对应的位移量)选择合适的步距角。

(2) 折算到电机轴上的负载转矩和负载惯量应满足启动矩频特性、运行矩频特性和启动惯频特性对转矩和惯量的要求。

初步确定减速比 i(电机转速/负载转速)之后,可按下述步骤选择和校核步进电动机的规格:

(1) 根据系统所要求的脉冲当量 $\theta_{\min}$ 和可能选择的传动比 i,选择步进电动机的步距角 θ_b。

$$\theta_b \leqslant i\theta_{\min} \tag{5-50}$$

(2) 根据系统允许的最小角(或位移)误差($\Delta\theta_L$)确定步进电动机的精度等级。所选步进电动机的累计误差 $\Delta\theta_m$

$$\Delta\theta_m \leqslant i(\Delta\theta_L) \tag{5-51}$$

式中,$\Delta\theta_L$——负载轴上所允许的最小的误差。

(3) 根据系统负载的阻力矩,考虑到初步选定的传动比和传动效率,求出负载折算到步进电动机轴上的等效负载转矩 T_{Li}。于是可按下式计算步进电动机的最大静转矩 $T_{j\max}$,即

$$T_{j\max} \geqslant \frac{T_{Li}}{0.3 \sim 0.5}$$

或

$$T_{j\max} \geqslant \frac{T_{Li}}{(0.3 \sim 0.5)i\eta} \tag{5-52}$$

式中,T_{Li}——折算到电机轴上的总负载转矩,包括负载的阻转矩和加速转矩。

η——传动效率。

(4) 校核电机轴上的惯量是否满足启动矩频特性的要求。

(5) 所选步进电动机的运行频率应大于要求的控制频率 f(步/秒)。

$$f = \frac{6°n}{\theta_b} = \frac{6°in_L}{\theta_b}(\text{步 / 秒}) \tag{5-53}$$

式中,n 为所要求的电机轴的转速 r/min; n_L 为负载轴的转速。

步进电动机的型号表示方法举例如下(不同生产厂家其表示方法也有所不同),各技术指标见表 5-2～表 5-4。

① 反应式步进电动机

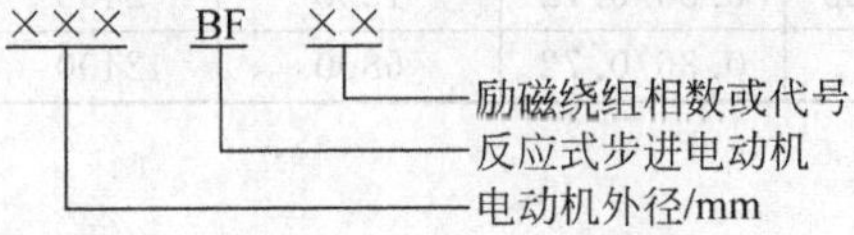

② 永磁式步进电动机

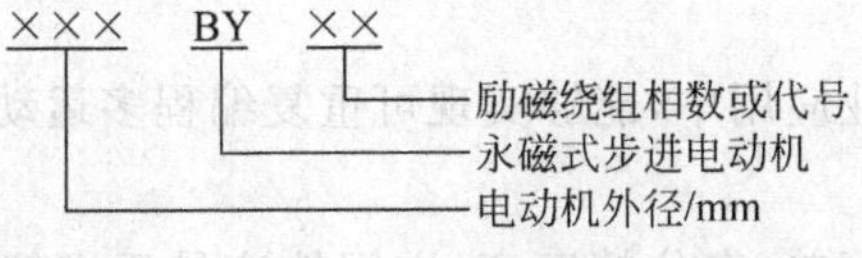

③ 混合式步进电动机

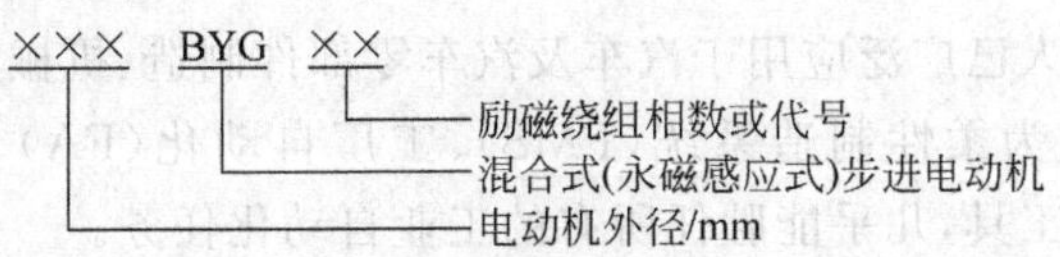

表 5-2 BF 系列磁阻式步进电动机技术数据

型号	相数	额定电压/V	静态电流/A	步距角/°	保持转矩/(mN·m)	空载启动频率/(pulse/s)	外形尺寸/mm			质量/kg
							总长	外径	轴径	
28BF001	3	27	0.2	3/6	17.6	1400	30	28	3	0.075
36BF003	3	27	1.5	1.5/3	70.8	3100	50	42	4.7	0.24
45BF006	3	27	2.5	1.875/3.7	196	2500	56	45	4	0.4
55BF009	4	27	3	0.9/1.8	784	2500	70	55	6	0.83
70BF001	5	60	3.5	1.5/3	784	4000	88	70	6	1.6

表 5-3 BY 系列永磁式步进电动机技术数据

型号	相数	额定电压/V	静态电流/A	步距角/°	保持转矩/(mN·m)	空载启动频率/(pulse/s)	外形尺寸/mm			质量/kg
							总长	外径	轴径	
25BY001	4	12	0.17	18	3.9	400	13	25	3.5	0.03
32BYJ001	4	15	0.12	90	7	150	36	32	3	0.05
42BY002	4	24	0.5	7.5	63	500	22	42	3	0.06
42BY003	4	24	0.6	7.5	34	500	22	42	3	0.06
55BY001	4	24	0.17	7.5	117	250	24	55	6	0.07

表 5-4 BYG 系列混合式步进电动机技术数据

型号	相数	额定电压/V	静态电流/A	步距角/°	保持转矩/(mN·m)	空载启动频率/(pulse/s)	外形尺寸/mm			质量/kg
							总长	外径	轴径	
42BYG008	4	32	0.38	1.8	76	1400	70	56	4.7	0.24
42BYG012	2	12	0.52	1.8	172	600	50	42	4.7	0.24
57BYG007	4	12	0.38	1.8	30	650	41	57	6	0.45
86BYG017	5	70	1.25	0.36/0.72	1200	2400	105	86	9.5	1.5
110BYG007	5	130	5	0.36/0.72	6800	2400	194	110	16	7.5

5.8 步进电动机的应用实例——直角坐标机器人控制系统

直角坐标机器人是工业应用中,能够实现可重复编程多运动自由度构成空间直角关系、多用途的工业自动化设备。

直角坐标机器人结构简单,定位精度高,空间轨迹易于求解;但其动作范围相对较小,设备的空间因数较低,实现相同的动作空间要求时,机体本身的体积较大。随着机器人技术的发展,直角坐标机器人已广泛应用于汽车及汽车零部件制造、机械加工、电子电气制造、食品加工等许多领域,成为柔性制造系统(FMS)、工厂自动化(FA)、计算机集成制造系统(CIMS)的先进自动化工具,几乎能胜任所有的工业自动化任务。

5.8.1　系统的组成及工作原理

直角坐标机器人主要由机器人本体，驱动系统，控制系统和末端执行装置组成。系统的实物图如图 5-37 所示，图 b 中 1、2、3 为步进电机。系统的结构框图如图 5-38 所示。

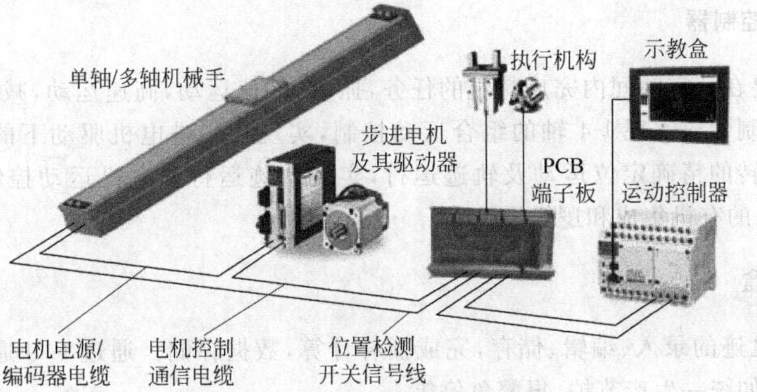

(a) 单轴机械手控制系统结构示意图

(b) 直角坐标机器人本体

图 5-37　直角坐标机器人实物图

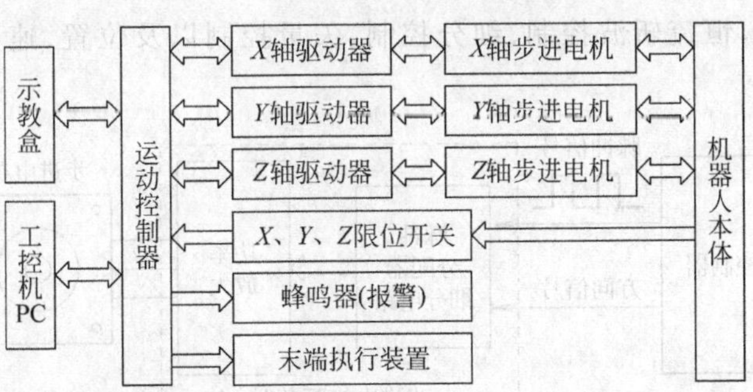

图 5-38　直角坐标机器人结构框图

1. 机器人本体

直线运动单元是直角坐标机器人本体最基本的组成部分，主要由支撑载体的铝型材或钢型材和被安装在型材内部的直线导轨、运动滑块以及作为带动滑块做高速运动的齿型带组成。

2. 运动轴的驱动系统

直角坐标机器人的传动主要是通过步进电机的转动带动同步带运动,同步带带动直线导轨上的滑块运动。根据直线定位单元驱动轴的最高转速来选择驱动电机。当驱动轴的最高转速低于600转/分时通常选用步进电机,否则要选用交流伺服电机。

3. 运动控制器

机器人要在一定时间内完成特定的任务,抓取,加速运动,高速运动,减速运动,释放工件等,运动控制器应实现1-4轴的组合运动控制,实现在步进电机驱动下的直线、平面、三维、三维加旋转的精确定位运动及轨迹运行,实现轨迹运行和电机运动控制(电机变速运行)、I/O控制的有机集成和逻辑设计。

4. 示教盒

即运动轨迹的录入、编辑、储存,完成插补计算,数据存储。通过I/O通信的方式实现多机位联动,如统一生产节拍、报警急停等。

5. 末端操作器

根据其具体应用情况,其末端操作器可能是吸盘、手爪、焊枪、胶枪、专用工具和检测仪器等。因末端操作工具的不同,直角坐标机器人可以非常方便地用作各种自动化设备,完成如焊接、搬运、检测、装配、贴标、喷涂等工作。

5.8.2 步进电机系统组成及工作原理

步进电动机系统是由步进电动机及其驱动控制电路构成的,如图5-39所示。步进电动机系统的性能和运行品质在很大程度上取决于其驱动电路的结构与性能,同一台电动机配以不同类型的驱动电路,其性能会有较大差异。步进电动机的控制方式经过多年的发展,形成了调频调压控制、恒流斩波控制、细分控制、矢量控制以及位置、速度反馈控制等控制方式。

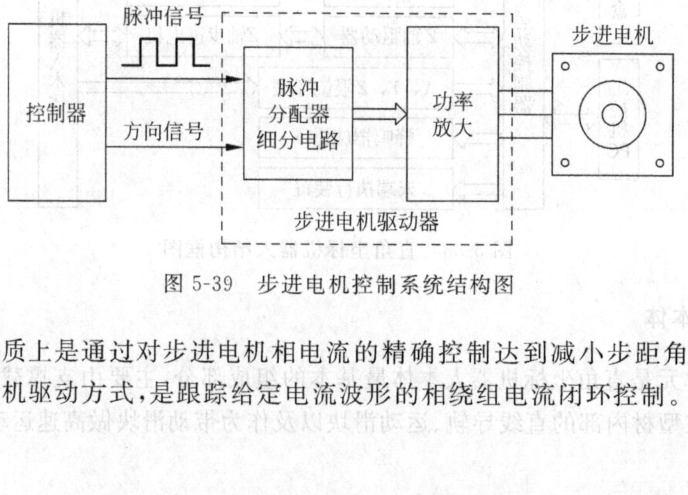

图5-39 步进电机控制系统结构图

细分控制实质上是通过对步进电机相电流的精确控制达到减小步距角,使电机转动连续平稳的一种电机驱动方式,是跟踪给定电流波形的相绕组电流闭环控制。

对于三相步进电机，采用三拍通电方式时，步距角为 120°电角度，如果采用六拍通电方式通电，则步距角为 60°电角度。步进电机的转子在定子合成磁势作用下步进旋转，两种通电方式转子分别转过 120°和 60°电角度。若将绕组中的电流波形分成 N 个台阶的阶梯波（N 为正整数），则电流每升或降一个台阶，转子转过一小步。当转子按照这样的规律转过 N 小步时，相当于它转过一个步距角。通过细分驱动技术将绕组电流波形变化为如图 5-40 所示的波形，并通过绕组电流的闭环控制使其如图 5-40 所示的波形阶梯上升或下降，定子磁场的合成磁势大致如图 5-41 所示。

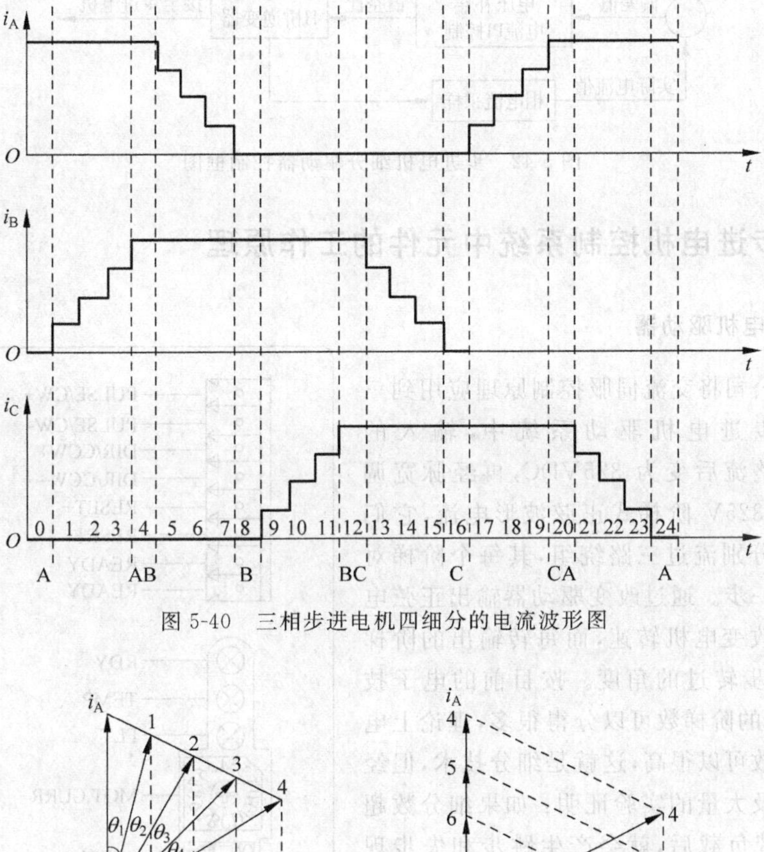

图 5-40 三相步进电机四细分的电流波形图

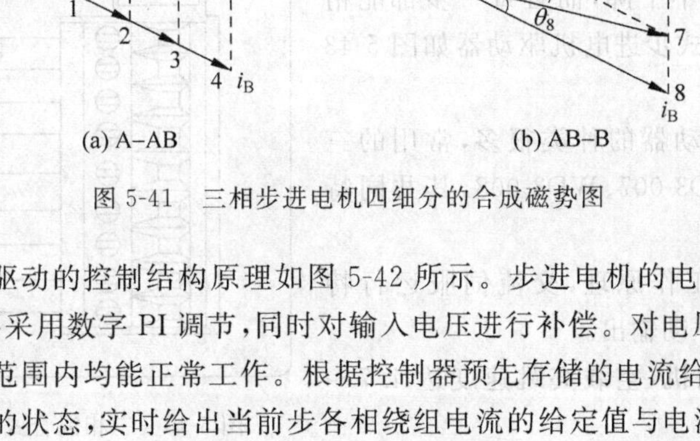

(a) A–AB (b) AB–B

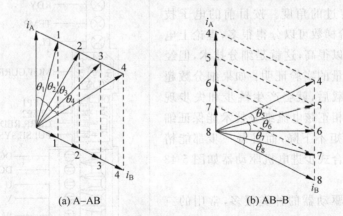

图 5-41 三相步进电机四细分的合成磁势图

步进电机细分驱动的控制结构原理如图 5-42 所示。步进电机的电流细分控制由控制器软件来完成，主要采用数字 PI 调节，同时对输入电压进行补偿。对电压的补偿，可使得细分驱动器在宽电压范围内均能正常工作。根据控制器预先存储的电流给定波形（正弦波）和输入控制脉冲序列的状态，实时给出当前步各相绕组电流的给定值与电流反馈值比较，改变主电路 MOSFET 驱动脉冲宽度,控制相绕组电流为给定值。

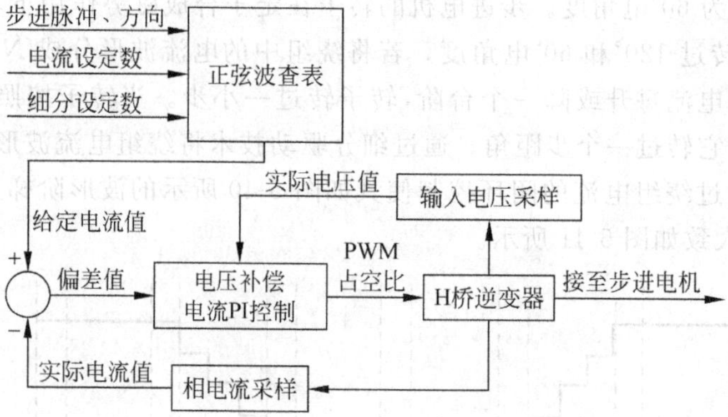

图 5-42 步进电机细分驱动器控制框图

5.8.3 步进电机控制系统中元件的工作原理

1. 步进电机驱动器

百格拉公司将交流伺服控制原理应用到三相混合式步进电机驱动系统中,输入的 220VAC 经整流后变为 325VDC,再经脉宽调制变为三路 325V 阶梯式正弦波形电流,它们按固定时序分别流过三路绕组,其每个阶梯对应电机转动一步。通过改变驱动器输出正弦电流的频率来改变电机转速,而每转输出的阶梯数确定了每步转过的角度。按目前的电子技术,正弦电流的阶梯数可以分得很多,理论上电机每转的步数可以很高,这就是细分技术,但经过理论分析及大量的实验证明:如果细分数超过 10,电机带负载后,就会产生跳步和失步现象。目前仅仅三相正弦电流细分技术能保证细分后电机输出扭矩不下降,而且每一步都能精确定位。三相混合式步进电机驱动器如图 5-43 所示。

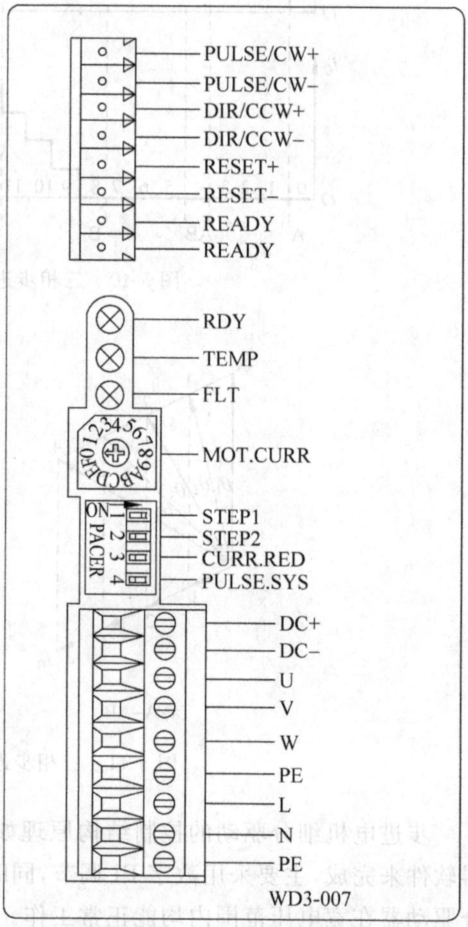

图 5-43 三相混合式步进电机驱动器

(1) 百格拉驱动器的种类很多,常用的三种型号:D921、WD3-007、WD3-008,其共同特点如下。

① 交流伺服工作原理,交流伺服运行特性,三相正弦电流驱动输出。

② 高速启动电机(空载突跳速度达 4.7~6.3 转/秒)。

③ 高电压、小电流驱动，电流随转速增高而变大、增大高速扭矩、减小电机发热。

④ 电路板采取三防处理，有过压、欠压、过流、相间短路、过热保护功能。

⑤ 十细分和半流功能。

⑥ 输出相电流可设置（满足不同电机要求）。

⑦ WD3-007 具有相位记忆功能，电机上下电时，输出轴位置不变，给工作带来很大方便。

⑧ 可设定为两相和五相电机步/转，替代两相和五相电机。

⑨ 定位精度更高，在 10 000 步/转时每步都能精确运动和定位，而且输出扭矩不下降。

⑩ 电机和驱动器间仅用三根线，同交流异步电机一样，减少连线出错的可能性。

⑪ 驱动器与上位机间连线简单，都是三根线，可高电平或低电平有效。

⑫ 低速无爬行、噪音小、几乎无共振、低速性能可与高档伺服的性能相媲美。

⑬ 高速扭矩提高近 40%，最高转速为 3600 转/分，几乎无共振区。

⑭ 比同样尺寸的反应式步进电机所产生的功率大 20%左右。

⑮ 电机的扭矩与它的转速有关，而与电机每转的步数无关。

(2) 驱动器的接口。

信号接口：PULSE+——电机输入控制脉冲信号。

DIR+——电机转动方向控制信号。

RESET+——复位信号，用于封锁输入信号。

READY+——报警信号；

PULSE-、DIR-、RESET-和 READY-短接为公共地。

状态指示：RDY 灯亮表示驱动器正常工作。

TEMP 灯亮表示驱动器超温。

FLT 灯亮表示驱动器故障。

功能选择：MOT. CURR——设置电机相电流。

STEP1、STEP2——设置电机每转的步数。

PULSE. SYS——可设置成"脉冲和方向"控制方式；也可设置成"正转和反转"控制方式。

CURR. RED——用于设置半流功能。

功率接口：DC+和 DC-接制动电容（用户使用时请与代理商联系）。

U、V、W 接电机动力线，PE 是地。

L、N 接供电电源。

(3) 百格拉步进电机驱动器原理。

百格拉步进电机驱动器原理如图 5-44 所示。

2. 步进电机驱动电路

恒相流控制的基本思想是通过控制主电路中 MOSFET 的导通时间，即调节 MOSFET 触发信号的脉冲宽度，来达到控制输出驱动电压进而控制电机绕组电流的目的。具体来说，对每一相定子绕组电流进行采样，得到当前绕组电流值，该值经过适当处理后与电流给定值比较；若当前电流值偏大，则减小该相绕组驱动电压的作用时间；反之，则增加该相绕组驱

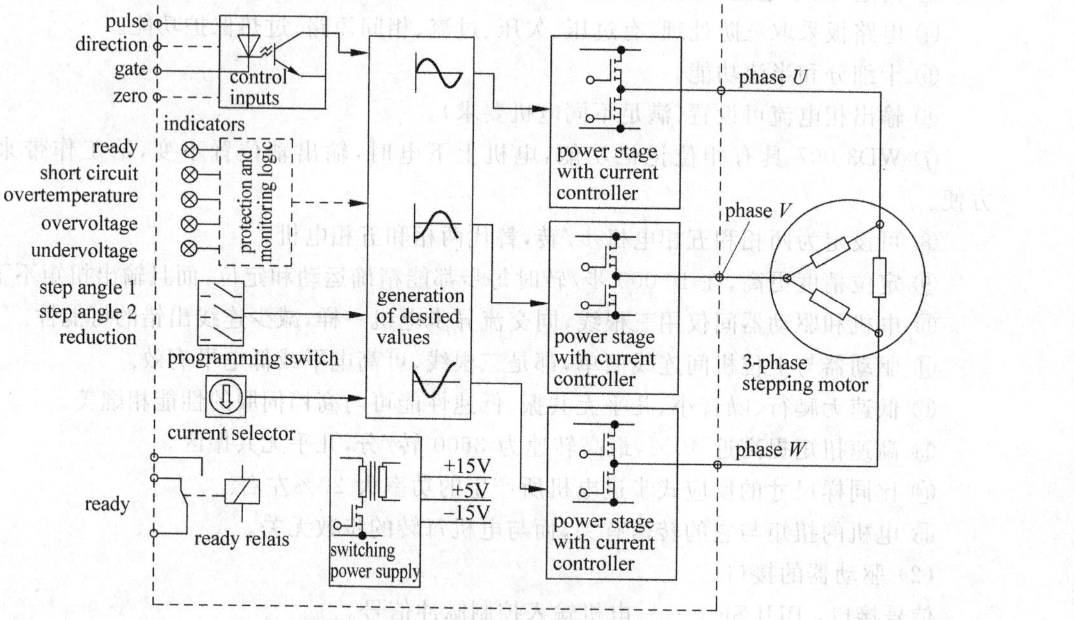

图 5-44　百格拉步进电机驱动器原理图

动电压的作用时间。

图 5-45 给出了一相 H 桥恒频斩波恒相流驱动电路原理框图。主电路为 H 桥结构，电流检测电阻 R_0 对地串接在每相主电路中，R_0 上的压降与绕组电流值成正比。该压降经电位器 VR1 分压后作为电流反馈值与由 R_2、R_3 分压得到的电流给定值比较。若电流反馈值大于给定值，比较器 U1A 输出高电平，D 触发器 U3A 被强制复位，其输出端 Q 为低电平，通过与门 U2A 的作用关断 MOSFET 栅极驱动信号，MOSFET 关断，相电流通过与 MOSFET 反并联的续流二极管续流，幅值逐渐减小。恒频脉冲发生器发出恒定频率的脉冲序列作为 D 触发器 U3A 的 CLK 时钟输入。当下一个 CLK 脉冲上升沿到来时，如果绕组电流值已经小于给定值，D 触发器 RESET 控制端信号为低电平，则 D 触发器受 CLK 脉冲上升沿触发翻转，输出端 Q 由低电平跃变为高电平，环形分配器给出的相绕组通电状态信

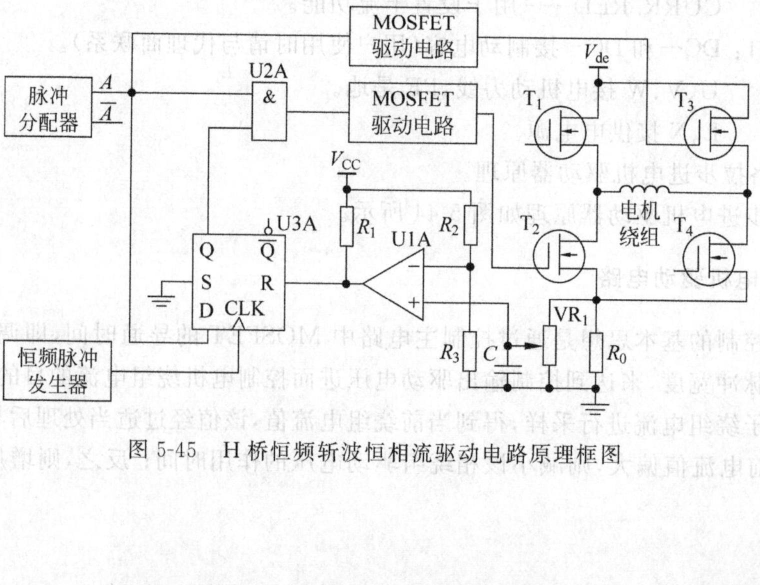

图 5-45　H 桥恒频斩波恒相流驱动电路原理框图

号通过或门 U2A,控制相应的 MOSFET 正常导通,相电流幅值逐渐增大。当相电流幅值增大到大于给定值时,如前所述,比较器 U1A 输出高电平,D 触发器 U3A 被强制复位,其输出端 Q 变为低电平,通过与门 U2A 的作用关断 MOSFET 栅极驱动信号,相电流开始续流,幅值逐渐减小。

3. 步进电机

百格拉三相步进电机采用了比五相和两相步进电机更多的磁极对数,并在齿形及其排列方式,增大转子直径,减小气隙,采用优良的材质和先进的制造工艺,电机定转子间气隙仅为 50μm。转子定子直径比提高到 59%,大大提高了电机的工作扭矩。几乎无共振区、无爬行、无噪音。电机的扭矩与电机步数无关,空载启动速度 4.7～8.0 转/秒,高转速 3600 转/分。所用磁钢能耐 180℃高温,而国产磁钢能耐 150℃高温。满负荷、10 000 步/转时能平稳运行和精确定位,性能指标如表 5-5 所示。

表 5-5　步进电机参数表

电机型号		步数/(步/转)	相电压/V	相电流/A	额定扭矩/(N·m)	保持扭矩/(N·m)	最高启动速度/(r/s)	转动惯量/(kg·cm²)	重量/kg	接线方式/(线数)	配套驱动器
57型	VRDM364/LHA			5.2	0.45	0.51		0.1	0.45		
	VRDM366/LHA			5.8	0.9	1.02		0.22	0.72		
	VRDM368/LHA		40VDC		1.5	1.74	6.3	0.38	1.1	6	D921
90型	VRDM397/LHA	200/			1.7	1.92		1.1	1.65		
	VRDM3910/LHA	400/			3.7	4.18		2.2	2.7		
	VRDM397/LHA	500/		1.75	2	2.26		1.1	1.65		
	VRDM397/LWB	1000/							2.05	3	
	VRDM3910/LWA	2000/		2	4	4.52		2.2	2.7	6	WD3-007
	VRDM3910/LWB	4000/					5.3		3.1	3	
	VRDM3913/LWA	5000/	325VAC	2.25	6	6.78		3.3	3.8	6	
	VRDM3913/LWB	10 000							4.2		
110型	VRDM31117/LSB			2.5	12	13.92		10.5	8	3	WD3-008
	VRDM31117/LWB			4.1			4.7				WDM3-008
	VRDM31122/LWB			4.75	16.5	19.14		16	11		

思考题

5-1　为什么说步进电机是基于旋转磁场运动的?

5-2　提高步进电动机驱动器电源电压是否会提升转矩?

5-3　为什么改圆形电动机为方形电动机?

5-4　为什么要向三相步进电机发展?

5-5　在混合式步进电机中,为什么两相的定子为 8 个主极而不是 4 个?

5-6 在混合式步进电机中,假如转子上没有磁钢,只是在定子的控制绕组通电,电机是否会和反应式步进电机一样产生转矩?

习题

5-1 步进电动机的主要优点、缺点是什么?

5-2 反应式步进电动机的结构特点和基本工作原理是什么?

5-3 什么叫做步矩角?它有几种表示方法?其关系如何?

5-4 什么叫做拍、单拍制和双拍制?步进电动机技术数据中标的步矩角有时有两个数,如果步矩角为 1.5°/3°,这是什么意思?

5-5 什么叫做矩角特性?

5-6 何谓静稳定区、动稳定区及裕量角?它与矩角特性有什么关系?

5-7 何谓最大静转矩、启动转矩?它们与相数、运行方式有什么联系?

5-8 何谓运行矩频特性,启动矩频特性和启动惯频特性?什么是运行频率?

5-9 某五相步进电动机转子有 48 个齿,计算其单拍制和双拍制的步矩角,并画出它们的矩角特性曲线簇。

5-10 题 5-9 中,已知单拍运行时的最大静转矩为 0.2N·m,负载为 0.18N·m 时,上述运行方式中哪一种能使该步进电动机正常运行?

5-11 步进电动机的驱动电路包括哪些主要部分?它们的主要功能是什么?

5-12 步进电动机驱动电路的驱动级有哪几种常用线路?这些线路各有什么特点?

参考文献

[1] (日)坂本正文著.步进电机应用技术.王自强译.北京:科学出版社,2011.
[2] 蔡耀成.步进电动机国内外近期发展展望.微特电机,2000(5):28-30.
[3] 刘宝廷,程树康.步进电动机及其驱动控制系统.哈尔滨:哈尔滨工业大学出版社,1997.
[4] 李刚,周文宝.直角坐标机器人简述及其应用介绍.伺服控制,2008 (09):72-75.
[5] 史敬灼,王宗培.步进电动机驱动控制技术的发展.微特电机,2007 (07):50-54.
[6] 陈建进,管兴勇.两相混合式步进电机细分驱动器研制.微型机与应用,2014 (4):71-73.
[7] 朱武,涂祥存等.基于 L6506/L298 芯片细分步进电机驱动系统设计.电气自动化,2011 (1):10-12.
[8] 王宗培.步进电动机.北京:科学出版社,1979.
[9] http://bbs.gongkong.com/.

第 6 章　交流伺服电动机
(Alternating Current Servo Motor)

6.1　概述

6.1.1　交流伺服电动机的发展历程

交流电动机是随着交流电的普及而逐渐发展起来的。交流伺服电动机是交流电动机的一个分支,在控制系统中的作用与直流伺服电动机一样,都是作为执行元件。1885 年,意大利物理学家加利莱奥・费拉里斯(G. Ferraris)提出了旋转磁场原理,并研制出了两相异步电动机模型。1886 年,美国的特斯拉(N. Tesla)也独立研制出了两相异步电动机。1887 年,特斯拉的两相同步发电机、电动机及带短路相绕组的两相感应电动机申请了美国专利。1888 年,在得知费拉里斯关于旋转磁场和两相感应电动机的理论后,俄国科学家多利沃・多布罗夫斯基进行了三相鼠笼式电动机的研究工作,并研究三相系统的星形连接法和三角形连接法。他于1889 年研制成功并申请了专利。

进入 19 世纪 90 年代,西屋公司(Westinghouse)用特斯拉的专利技术成功开发了三相 60Hz 交流输配电系统,并引发了关于电力的交流输送的争论。最终以交流发电、输电、配电的电力系统的研制取得成功。由于这一原因,交流电动机,特别是感应电动机成为产业用电动机的主流。但在 20 世纪 70 年代以前,在要求调速的场合,由于交流电动机特性非线性,难以控制,因此多用直流电机。直流伺服电动机具有优良的控制性能,但由于有电刷和换向器,这就给它带来了以下缺点:

(1) 结构和制造工艺复杂,电刷和换向器容易发生故障,需要经常维修;

(2) 换向器和电刷之间有火花,对附近的放大器和计算机产生无线电干扰,火花还能引起可燃气体的燃烧或爆炸;

(3) 电刷和换向器之间的摩擦转矩使电机产生较大的死区。

上述缺点使直流伺服电动机的应用受到一定限制,而交流伺服电动机不需要电刷和换向器,结构简单,避免了直流伺服电动机的上述缺点。但特性上若要达到相当于直流电机的性能须用复杂控制技术。随着电力电子技术和控制技术的发展,交流电动机的变频调速技术和矢量控制技术开始得到实用,而且由于交流电动机在结构上坚固耐用,造价较低,容易做成高转速、高电压、大电流、大容量的电机,因此在工业中得到广泛的应用。20 世纪 90 年代以后,世界各国已经商品化了的交流伺服系统采用全数字控制的正弦波电动机伺服驱动。交流伺服驱动装置在传动领域的发展日新月异。

根据交流伺服电动机在自动控制系统中的作用,自动控制系统对它的要求主要有:

(1) 转速和转向能很方便地接受控制信号的控制,调整范围要宽;

(2) 在整个运行范围内,特性应接近线性关系,并保证运行的稳定性;

(3) 当控制信号消失时,伺服电动机应停转,即无"自转"现象;

(4) 控制功率要小,起动转矩要大;

(5) 死区要小,机电时间常数要小,快速性要好。

6.1.2 交流伺服电动机的分类

交流伺服电动机分为交流异步(感应)伺服电动机和交流同步伺服电动机两类,其中交流异步伺服电动机按相数来分,分为单相、两相和三相异步伺服电动机三种。同步型伺服电动机在转子上装有永磁材料,产生恒定磁场,在伺服电动机轴的非负载侧安装速度检测器和位置检测器。位置检测器的用途是检测永磁体的磁极位置,这种同步电动机称为永磁同步伺服电动机。本章主要讨论两相异步伺服电动机和永磁同步伺服电动机。由于两相异步伺服电动机功率较小,一般在百瓦以下,多用于小功率系统和仪表记录装置中。永磁同步交流伺服电动机是新型一体化产品。其结构可靠,伺服性能优良,用于中高档数控机床的速度进给伺服系统及工业机器人关节驱动伺服系统。

6.2 两相异步伺服电动机的结构和工作原理

6.2.1 两相异步伺服电动机的结构(Two-phase induction motor)

两相异步伺服电动机(Two-phase induction motor)有定子和转子两大部分,在定子、转子之间有很小的工作气隙,如图 6-1 所示。定子的结构与旋转变压器的定子基本相同,在均匀分布的铁芯槽中,安放着空间互成 90°电角度的两相分布绕组。图 6-2 为用集中绕组表示的两极电机定子示意图,其中 j_1j_2 为励磁绕组,k_1k_2 为控制绕组。两相绕组的匝数可以相等,也可以不等。前者称为对称绕组,后者称为两相不对称绕组。

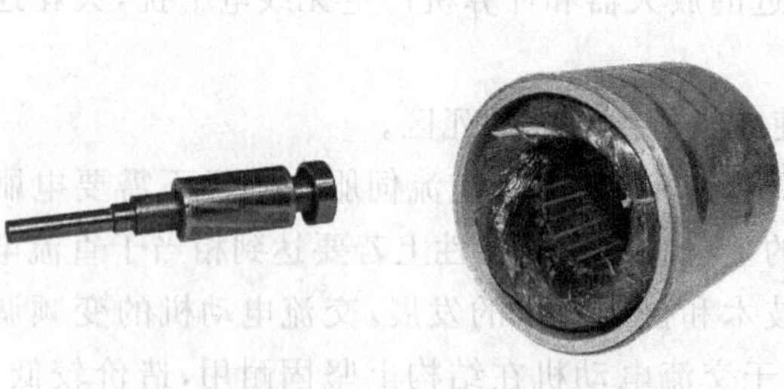

图 6-1 两相异步伺服电动机的结构

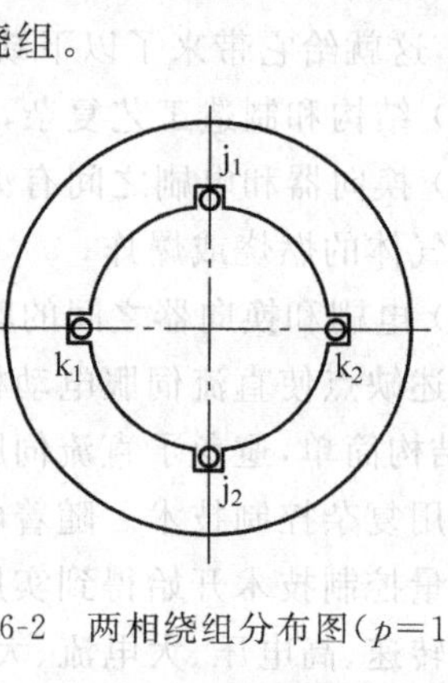

图 6-2 两相绕组分布图($p=1$)

转子的结构有鼠笼式转子和杯形转子两种。因此,交流伺服电动机就以转子形式的不同分成两大类:一类称做鼠笼转子伺服电动机;另一类称做空心杯转子伺服电动机,鼠笼转子的结构如图 6-3 所示。笼型绕组由插入每个转子槽中的导条和两端的环形端环组成。导条两端由两个端环固联在一起,成为一个整体,进而形成闭合导电回路。如果去掉转子铁芯，整个绕组外形像一个关松鼠的笼子，故得名“鼠笼转子”。

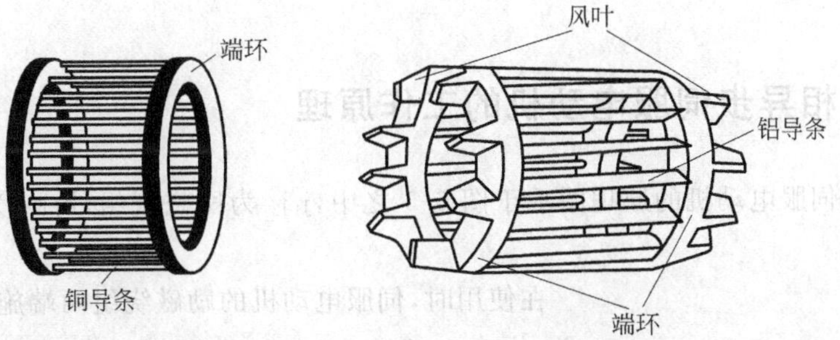

(a) 铜条鼠笼转子　　(b) 铸铝鼠笼转子

图 6-3　鼠笼转子

根据制成杯子的材料是磁性材料还是非磁性材料，空心杯转子交流伺服电动机可分为磁性杯和非磁性杯两种。磁性杯转子相对非磁性杯转子而言，杯壁厚、重量大，机电时间常数大，一般较少采用。非磁性杯转子交流伺服电动机的结构如图 6-4 所示，它由外定子、空心杯转子及内定子等部分组成。

杯由铝或铜制成，杯壁很薄，一般在 0.5mm 以下，杯子底部固定在转轴上，转轴通过轴承与端盖固定在机座上。这样，杯形转子便可在内、外定子之间自由旋转。

两相绕组通常都安放在外定子铁芯上，但对机座号较小的非磁性杯转子交流伺服电动机，为了绕组下线的方便，可将两相绕组安放在内定子铁芯上，或内、外定子铁芯各放一相绕组。安放内定子的目的是为了缩短空气隙，以减小磁阻，降低励磁电流。

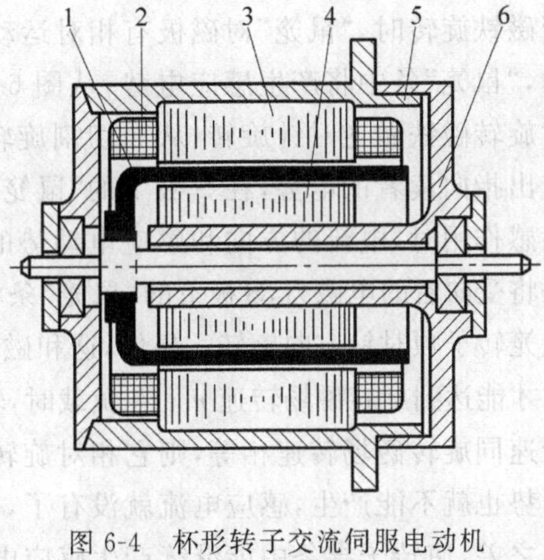

图 6-4　杯形转子交流伺服电动机

1—杯形转子；2— 定子绕组；3—外定子；4—内定子；5—机壳；6—端盖

虽然安放了内定子，非磁性杯转子交流伺服电动机的气隙仍然较鼠笼转子交流伺服电动机的气隙大得多。这是由于非磁性杯不导磁，气隙实际上由三部分组成，即杯本身与内、外定子之间的两个气隙。因此，非磁性空心杯转子交流伺服电动机的磁阻很大，因而，气隙磁密相对来说较小。功率相同时，非磁性空心杯转子交流伺服电动机的尺寸要比鼠笼转子电机大，效率也低。空心杯转子电机的转动惯量远比鼠笼转子电机的转动惯量小。但因前者的气隙磁密小，起动转矩并不大，所以，其机电时间常数不一定比后者的机电时间常数小。另外，空心杯转子伺服电动机的结构和制造工艺比较复杂。因此，目前我国主要生产和广泛应用的是鼠笼转子交流伺服电动机。然而，非磁性空心杯转子交流伺服电动机的转动惯量小，轴承摩擦阻转矩小，又由于它的转子没有齿和槽，所以定子、转子之间没有齿槽效应；通常，转矩不随转轴的位置而发生变化，因此，运转平稳，多用于对运转的稳定性要求严格的场合。

杯形转子与鼠笼转子从外表形状看虽然不同，但实际上，杯形转子可以看成鼠笼条数非常多，条与条之间彼此紧靠在一起的鼠笼转子。可见，杯形转子只鼠笼转子的一种特殊形式。因此,在今后的分析中,将仅以鼠笼转子为例,分析的结果对杯形转子电动机也完全适用。

6.2.2 两相异步伺服电动机的工作原理

两相交流伺服电动机的原理图示于图 6-5 之中,j_1j_2 为励磁绕组,k_1k_2 为控制绕组,圆圈代表转子。

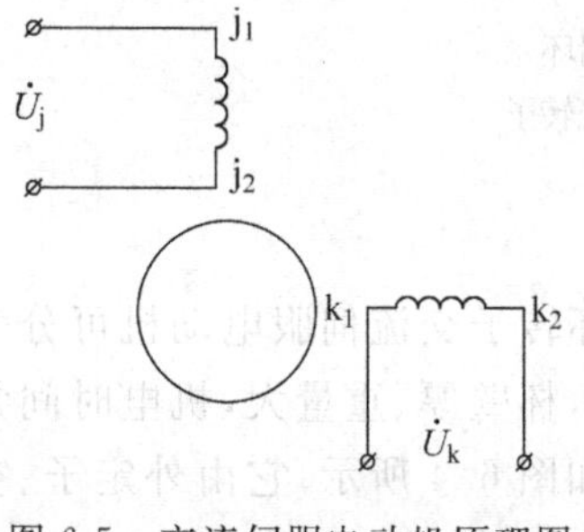

图 6-5 交流伺服电动机原理图

在使用时,伺服电动机的励磁绕组两端施加幅值恒定的交流励磁电压$\dot{U}_j$,而控制绕组两端则施加经常改变的交流控制电压$\dot{U}_k$。当定子两相绕组都加有交流电压时,伺服电动机将很快地转动起来,把电信号转换成机械转角或转速。

两相交流伺服电动机是怎样转起来的呢?做一简单的实验,图 6-6(a)中有一个可旋转的马蹄形磁铁,在其磁极中间有一个可自由旋转的鼠笼转子。顺时针方向摇动手柄,使马蹄形磁铁旋转,由它建立的磁场也随之旋转,转速为 n_t。当磁铁旋转时,"鼠笼"对磁极有相对运动,"鼠笼"条就切割旋转着的磁通,根据电磁感应定律,"鼠笼"条中将产生感应电势,从图 6-6(b)中可以看出,当磁场顺时针旋转时,"鼠笼"相对旋转磁铁做逆时针旋转,从而切割旋转磁通。按右手定则,在 N 极下的"鼠笼"条中将感应出指向读者的电势,在 S 极下的"鼠笼"条里将感应出指向纸面的电势。当忽略"鼠笼"的电感作用时,电流的方向和感应电动势的方向相同(同相位)。按左手定则,N 极下的"鼠笼"条将受向右的电磁力,S 极下的"鼠笼"条将受向左的电磁力,它们对转子轴形成电磁转矩,使鼠笼转子顺时针方向旋转。显然,这和磁铁旋转方向是一致的。转子的转速只有在理想空载时才能达到旋转磁场转速 n_t;在负载时,转子的转速总比转速 n_t 低。这是因为,如果"鼠笼"转速同旋转磁场转速相等,则它相对旋转磁场静止,"鼠笼"条就不再切割旋转的磁通,感应电势也就不能产生,感应电流就没有了,电磁转矩也就随之消失。正是旋转磁场与转子的转速之差,使转子导条中能继续产生感应电流,且后者与旋转磁场相互作用,产生一定的电磁转矩,以维持与负载转矩的平衡。这就是"异步"二字的来历。

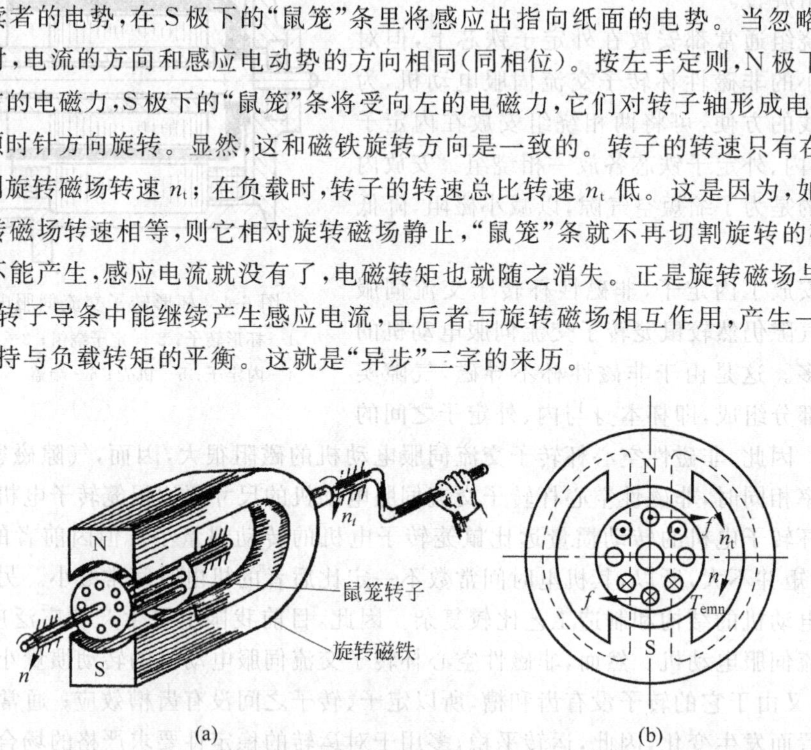

(a) (b)

图 6-6 异步电动机原理演示和分析

交流伺服电动机的旋转磁场不是由旋转磁体产生的，而是由定子两相绕组通以交流电流后产生的。下面就来讨论这个问题。

6.3 两相绕组的圆形旋转磁场

旋转磁场是交流电动机运行的基础，我们首先研究圆形旋转磁场的特点。

6.3.1 圆形旋转磁场的产生

首先，讨论极对数 $p=1$ 时两相两极电机的情况，假定励磁绕组 W_j 和控制绕组 W_k 是两相对称绕组，即它们的结构参数相同，其轴线在空间上互成 90°；同时，又假定励磁电流 $\dot{I}_j$ 和控制电流 $\dot{I}_k$ 为两相对称电流，即它们的幅值相等，相位相差 90°，数学表示为

$$i_k = I_{km}\sin\omega t$$

$$i_j = I_{jm}\sin(\omega t - 90°)$$

$$I_{km} = I_{jm} = I_m$$

各相电流随时间变化的曲线如图 6-7 所示。由于两相电流随时间变化是连续、快速的，为了考查两相对称电流产生的合成磁场，可以通过几个特定的瞬间，以窥见全貌。

为此，选择 $\omega t_1=90°(t_1=T/4)$，$\omega t_2=180°(t_2=T/2)$，$\omega t_3=270°(t_3=3T/4)$，$\omega t_4=360°(t_4=T)$4 个特定瞬间。并规定，电流为正时，从每相绕组的始端（k_1 或 j_1）流入，经末端（k_2 或 j_2）流出；电流为负时则相反。且用⊗表示电流向纸面流入，用⊙表示电流从纸面流出。按照以上规定，把 t_1、t_2、t_3 和 t_4 这 4 个瞬间各相电流的方向表示在如图 6-8 所示的定子图中。

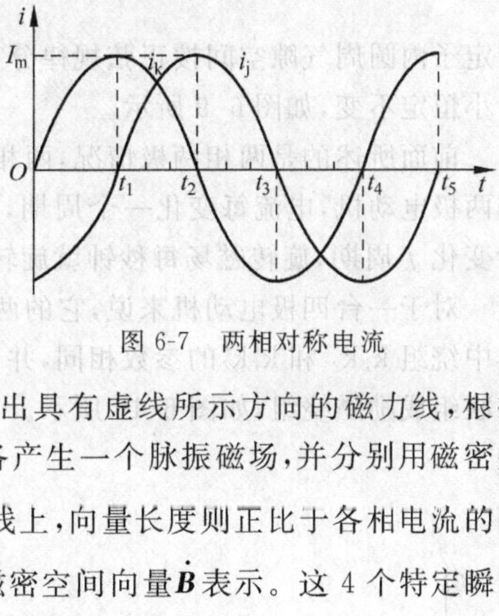

图 6-7 两相对称电流

根据绕组电流的方向，按照右手螺旋法则，可画出具有虚线所示方向的磁力线，根据第 3 章的分析，励磁绕组和控制绕组通入交流电后，各产生一个脉振磁场，并分别用磁密空间向量 $\dot{\boldsymbol{B}}_k$ 和 $\dot{\boldsymbol{B}}_j$ 表示。它们分别位于各自绕组的轴线上，向量长度则正比于各相电流的瞬时值，方向与磁通方向一致，两相绕组的合成磁场用磁密空间向量$\dot{\boldsymbol{B}}$表示。这 4 个特定瞬间的电流和磁密分别为（见图 6-8）

t_1：$i_j=0, i_k=+I_m$；$B_j=0, B_k=B_m, B=B_k=B_m$，方向朝下；

t_2：$i_j=+I_m, i_k=0$；$B_j=B_m, B_k=0, B=B_j=B_m$，方向朝左；

t_3：$i_j=0, i_k=-I_m$；$B_j=0, B_k=B_m, B=B_k=B_m$，方向朝上；

t_4：$i_j=-I_m, i_k=0$；$B_j=B_m, B_k=0, B=B_j=B_m$，方向朝右。

t_5 与 t_1 时的情况完全相同。电流随时间变化了一个周期，合成磁场的磁密空间向量在空间也旋转一周，磁密空间向量的轨迹是一个圆。

从上面的分析可以明显地看出，当两相对称电流通入两相对称绕组时，在电动机定子内圆周气隙空间建立起一个圆形旋转磁场。如果忽略谐波的作用，在某一瞬间，该磁场的磁密

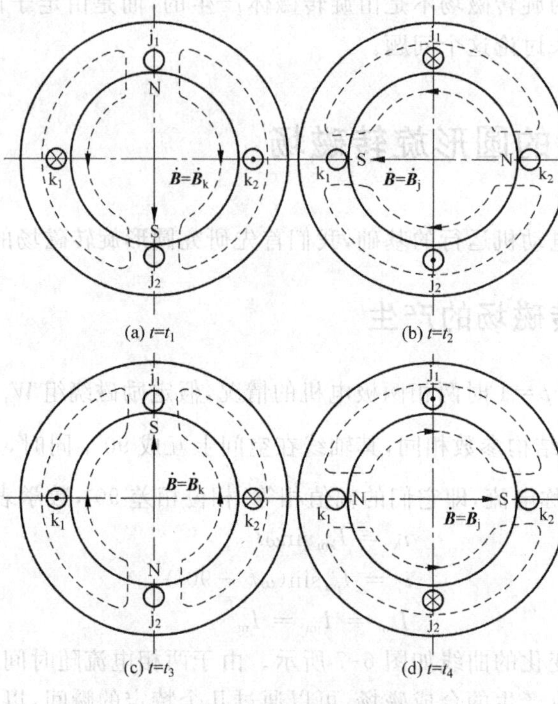

图 6-8　两相绕组产生的圆形旋转磁场($p=1$)

在定子内圆周气隙空间按正弦规律分布，其幅值位置则随时间以转速 n_t 旋转，而幅值 B_m 的大小恒定不变，如图 6-9 所示。

前面所述的是两相两极情况，两相绕组通以电流后形成的磁场如同两极磁场。对于两相两极电动机，电流每变化一个周期，磁场就旋转一圈。因而，当电源频率为 f 时，电流每秒变化 f 周期，旋转磁场每秒钟就旋转 f 圈，故旋转磁场的每分钟转数为 $60f$。

对于一台四极电动机来说，它的两相绕组要由定子内圆周上均匀分布的四套绕组构成，其中绕组 k_1k_2 和 $k_1'k_2'$ 的参数相同，并且串联成控制绕组；绕组 j_1j_2 及 $j_1'j_2'$ 的参数相同，并且串联组成励磁绕组，如图 6-10 所示。

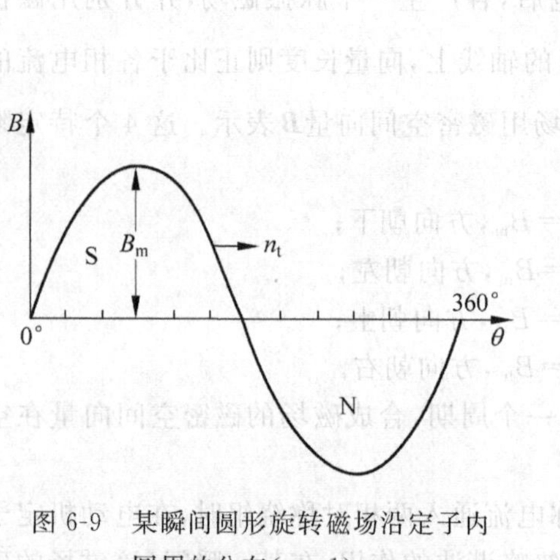

图 6-9　某瞬间圆形旋转磁场沿定子内圆周的分布($p=1$)

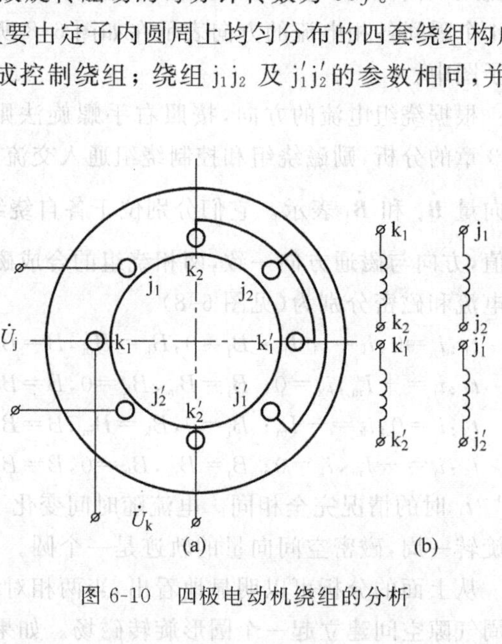

图 6-10　四极电动机绕组的分析

若四极电动机的两相绕组仍然是对称绕组，通入如图 6-7 所示的两相对称电流，并分别画出 t_1、t_2、t_3 和 t_4 这 4 个特定瞬间的绕组电流及其对应的电动机磁场分布图（见图 6-10）。比较图 6-7 和图 6-11 将会发现，电流同样变化一个周期，四极电动机的旋转磁场在空间只转过了半圈。可见，四极电动机旋转磁场的转速仅是两级电动机的一半，即

$$n_t = \frac{60f}{2}(\mathrm{r/min})$$

四极电动机的基波气隙磁密沿圆周有两个正弦分布的磁密波（见图 6-12）。如果是 p 对极的磁场，沿圆周就有 p 个正弦分布的磁密波。

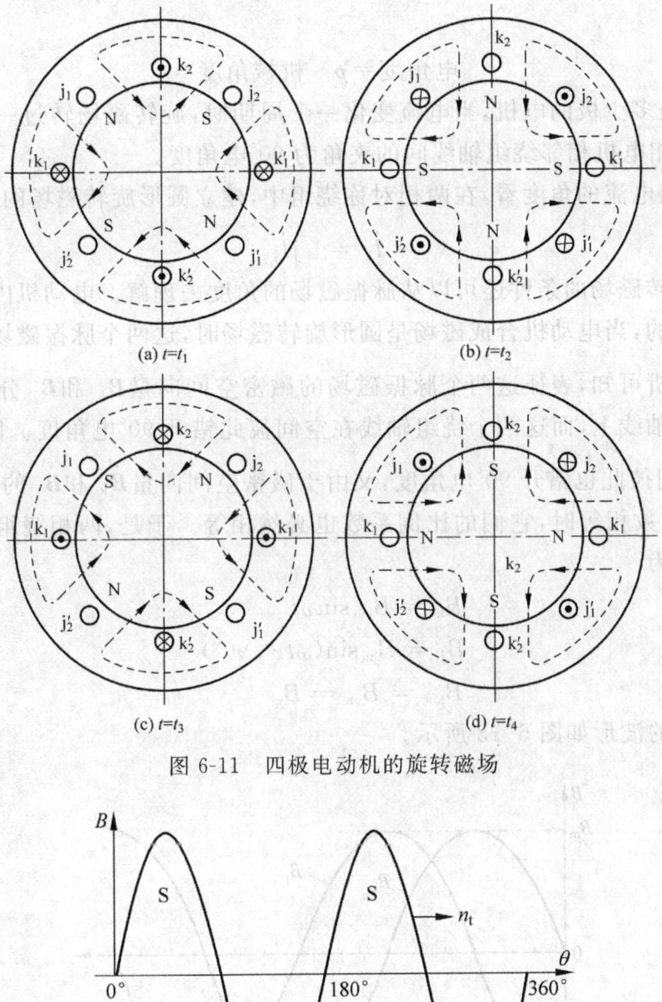

图 6-11　四极电动机的旋转磁场

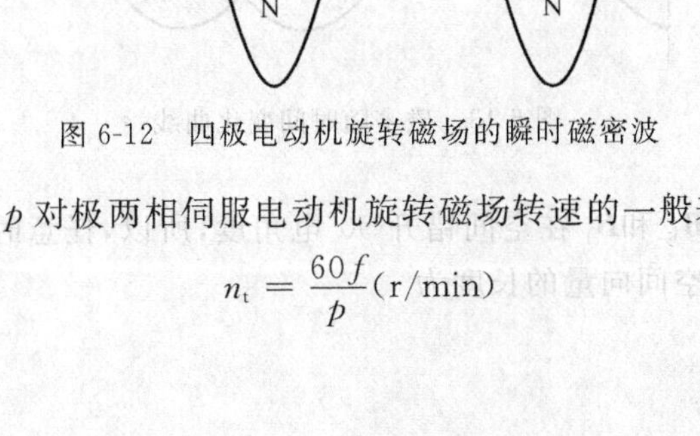

图 6-12　四极电动机旋转磁场的瞬时磁密波

进一步推理，可得 p 对极两相伺服电动机旋转磁场转速的一般表达式为

$$n_t = \frac{60f}{p}(\mathrm{r/min}) \tag{6-1}$$

一般称 n_t 为同步转速。

电机圆周实际的空间角度为 360°，这个角度称为机械角度，具有 p 对极的电机，当它的两相绕组通过电流时，在定子内圆上形成 p 对极即 $2p$ 个磁极，每个磁极占有的空间角度为 $360°/2p$，每两个相邻的异性磁极轴线间间隔的角度为 $360°/2p$，两个相邻的同性磁极占有的角度为 $360°/p$。从电磁观点看，若磁场在空间按正弦波分布，则经过 N、S 一对磁极恰好相当于正弦曲线的一个周期。如有导体去切割这种磁场，经过 N、S 一对磁极，导体中感生的电动势的变化亦为一个周期，变化一个周期即经过 360°电角度。因而，一对磁极占有的空间是 360°电角度，若电机有 p 对磁极，电机圆周电角度计算为 $p\times360°$，而机械角度总是 360°。因此，

$$电角度=p\times 机械角度$$

这样，无论是多少极的电机，当电流变化一个周期时，旋转磁场转过一对磁极的空间是 360°电角度。两相电机相邻绕组轴线间的夹角为 90°电角度。

由此可知，从电流的角度看，在两相对称绕组中，建立圆形旋转磁场的条件是

$$\dot{I}_k = \pm j\dot{I}_j \tag{6-2}$$

建立圆形旋转磁场的条件还可以从脉振磁场的角度去理解。电动机内的总磁场是由两个脉振磁场合成的，当电动机合成磁场是圆形旋转磁场时，这两个脉振磁场应满足怎样的关系呢？从上面分析可知，表征这两个脉振磁场的磁密空间向量 $\dot{\boldsymbol{B}}_k$ 和 $\dot{\boldsymbol{B}}_j$ 分别位于控制绕组轴线和励磁绕组轴线上，而这两个绕组轴线在空间彼此错开 90°电角度。因此，磁密空间向量 $\dot{\boldsymbol{B}}_k$ 和 $\dot{\boldsymbol{B}}_j$ 在空间彼此也错开 90°电角度，又由于磁密空间向量 $\dot{\boldsymbol{B}}_k$ 和 $\dot{\boldsymbol{B}}_j$ 的长度分别与 i_k 和 i_j 成正比，且当匝数相等时，它们的比例系数也必然相等。于是，两相绕组磁密空间向量长度的瞬时表达式为

$$B_k = B_{km}\sin\omega t$$
$$B_j = B_{jm}\sin(\omega t - 90°)$$
$$B_{km} = B_{jm} = B_m$$

磁密随时间变化的波形如图 6-13 所示。

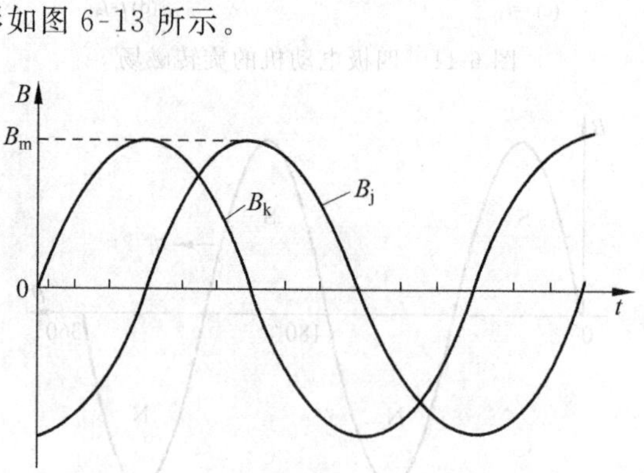

图 6-13　磁密随时间变化曲线

由于磁密空间向量 $\dot{\boldsymbol{B}}_k$ 和 $\dot{\boldsymbol{B}}_j$ 在空间错开 90°电角度，所以，任意时刻 t，电机定子内圆周气隙空间合成磁场磁密空间向量的长度为

$$B=\sqrt{B_k^2+B_j^2}=\sqrt{[B_{km}\sin\omega t]^2+[B_{jm}\sin(\omega t-90°)]^2}=B_m=\text{const}$$

合成磁场磁密空间向量与励磁轴线的夹角 θ(电角度)为

$$\tan\theta=\frac{B_k}{B_j}=\frac{B_m\sin\omega t}{B_m\sin(\omega t-90°)}=\tan\omega t$$

即

$$\theta=\omega t$$

由此可知,合成磁场是一个幅值不变、转速恒定的磁场——圆形旋转磁场。

综上所述,在两相伺服电动机中建立圆形旋转磁场的条件还可以认为:如果有两个幅值相等的脉振磁场,它们的轴线在空间上相差 90°电角度,在时间上相差 90°相位差,则它们必然合成一个圆形旋转磁场。

若两相绕组匝数不相等,且有效匝数比为

$$\frac{W_j}{W_k}=k_z \tag{6-3}$$

时,要建立圆形旋转磁场,相位相差 90°的二相交流电流的幅值应满足什么条件呢?

由上面的分析可以知道,只要两个脉振磁场的磁势幅值相等,即 $F_{km}=F_{jm}$,则产生的磁密空间向量幅值也相等。因而,这两个脉振磁场的合成磁场就必然是圆形旋转磁场。由于磁势的幅值为

$$F_{km}=I_{km}W_k$$
$$F_{jm}=I_{jm}W_j$$

式中 I_{km}、I_{jm} 分别为控制电流和励磁电流的幅值。所以,当 $F_{km}=F_{jm}$时,必有

$$I_{km}W_k=I_{jm}W_j \tag{6-4}$$

或

$$\frac{I_{km}}{I_{jm}}=\frac{W_j}{W_k}=k_z \tag{6-5}$$

用复数式表示为

$$\dot{I}_k=\pm jk_z\dot{I}_j \tag{6-6}$$

式(6-5)表明,当两相绕组匝数不等时,建立圆形旋转磁场的两相电流的幅值与两相绕组的匝数成反比。

6.3.2 圆形旋转磁场的特点

1. 转向

如果绕组轴线的正方向规定为该绕组流过正向电流时磁通的方向,则从图 6-8 可以看出,旋转磁场的转向是从控制绕组轴线转向励磁绕组轴线,也就是从流过相位超前电流的绕组轴线转向流过相位落后电流绕组轴线。

2. 转速

p 对极伺服电动机旋转磁场转速的一般表达式见式(6-1)。

3. 幅值

圆形旋转磁场的幅值是恒定不变的,其值与每相脉振磁场的幅值相等,即

$$B = B_{km} = B_{jm} = B_m$$

实际上，普通三相异步电动机在三相对称电流通入定子三相对称绕组中也会产生圆形旋转磁场，只是由于转速调节比较困难，因而不作为控制装置中的伺服电动机使用。

6.4 圆形旋转磁场作用下的电动机特性

本节将研究在圆形旋转磁场作用下的电动机特性，如电磁转矩、电压平衡方程、机械特性及控制特性等，为以后研究椭圆形旋转磁场作用下的电动机特性打下基础。

6.4.1 转速和转差率

异步伺服电动机转子的转速总是低于同步转速 n_t，转速与同步转速之差 $\Delta n = n_t - n$ 称为转差。分析异步电动机特性时，通常不直接用转速或转差，经常使用相对转差，即转差率 s，它是转差与同步转速的比值，即

$$s = \frac{\Delta n}{n_t} = \frac{n_t - n}{n_t} \tag{6-7}$$

转差率 s 是决定伺服电动机运行性能的一个十分重要的参量。

由式(6-7)，转子转速可以表示为

$$n = n_t(1 - s) \tag{6-8}$$

从上式可见，当 $s=0$ 时，$n=n_t$，即转子转速与同步转速相同。此时，转子导条与旋转磁场没有相对运动，因此，导条将不产生感应电势和电流，也就不能产生电磁转矩，这相当于理想空载的情况。必须指出，理想空载的条件实际上是不存在的，即使外加负载转矩为零，交流伺服电动机本身仍存在着阻转矩(如轴承摩擦、空气阻力等)，因此，电动机转速必然小于同步转速，即必须有一定的转差(或转差率)，以产生与阻转矩相平衡的电磁转矩，一般，交流伺服电动机的实际空载转速只有同步转速的 5/6 左右。

当 $s=1$ 时，$n=0$，即转子不动，这种工作状态称为堵转状态。此时，旋转磁场以同步转速 n_t 切割转子，在转子导条中的感应电势和电流很大，此时的电磁转矩称为堵转转矩或起动转矩。

6.4.2 定转子导体中感应电动势的频率

我们知道，圆形旋转磁场在旋转过程中要切割定子、转子导体，并在导体中产生感应电动势和感应电流。由于旋转磁场的磁密在电动机气隙中是按正弦分布的，由切割电动势 $e=Blv$ 可知，导体中的电动势和电流也是随时间正弦交变的。那么，交变的频率是多少呢？与电源频率 f 的关系是怎样的呢？

(1) 转子不动时，定子、转子导体中电势的频率

当转子不动时，旋转磁场切割定子、转子导体的速度都等于同步转速 n_t，因而在定子、转子导体中感应电势的频率是相等的，即

$$f_{z0} = f_d \tag{6-9}$$

式中，f_{z0}——转子不动时，转子导体中感应电势的频率；

f_d——定子导体感应电势的频率。

如前所述，若交流伺服电动机的极对数 $p=1$，旋转磁场在空间旋转一周，定子、转子导体中感应电动势交变一次；若极对数 $p=2$，旋转磁场在空间旋转一周，定子、转子导体中感应电动势交变二次。以此类推，若极对数为 p 时，旋转磁场在空间旋转一周，定子、转子导体中感应电动势交变 p 次。所以，当转子不动时，定子、转子导体中感应电动势的频率为

$$f_{z0}=f_d=\frac{pn_t}{60}(\text{Hz})$$

根据式(6-1)，可知

$$f_{z0} = f_d = f \tag{6-10}$$

即转子不动时，定子、转子导体中感应电势的频率等于电源频率。

(2) 转子转动时，定子、转子导体中感应电势的频率

当转子以转速 n 旋转时，由于旋转磁场相对于定子导体的速度仍然是同步转速 n_t，故定子导体中感应电势的频率仍为电源频率 f。但由于旋转磁场相对于转子的速度为 $\Delta n=n_t-n$，即旋转磁场切割转子导体的速度 Δn。因此，转子导体感应电势的频率 f_{zn} 为

$$f_{zn}=\frac{p\Delta n}{60}$$

将 $\Delta n=n_t-n$ 及式(6-1)代入上式，得

$$f_{zn} = sf \tag{6-11}$$

即转子转动时，转子导体中感应电动势的频率等于电源频率与转差率的乘积。

综上所述，定子导体感应电动势的频率与转子是否转动无关，始终等于电源频率。因此，在以后的分析中，为了方便起见，电源频率与定子导体中电动势的频率不加以区别，二者都用 f 表示。而对转子的各电量，当加下标 0 时，表示转子不动($n=0$)时的电量，当加下标 n 时，表示转子(以转速 n)转动时的电量。

6.4.3 电压平衡方程式

电压平衡方程式是电机中的一个很重要的规律，利用它可以分析电机运行中的许多物理现象。这里以鼠笼型交流伺服动机为例。

两相交流伺服电动机的定子边和转子边的电磁关系与变压器类似，定子边相当于变压器的一次侧，而转子边相当于变压器的二次侧，由于转子导条两端由端环连在一起，所以相当于变压器二次侧短路。

首先列写如图 6-14 所示的二次侧短路的变压器的电压平衡方程式，根据图 6-14 规定的正方向，并考虑到绕组本身的电阻压降，应用基尔霍夫电压定律，可列出一次、二次侧电压平衡方程式。

$$\begin{cases}\dot{U}_1 = -\dot{E}_1-\dot{E}_{1\sigma}+\dot{I}_1r_1 \\ \dot{E}_2 = \dot{I}_2r_2-\dot{E}_{2\sigma}\end{cases} \tag{6-12}$$

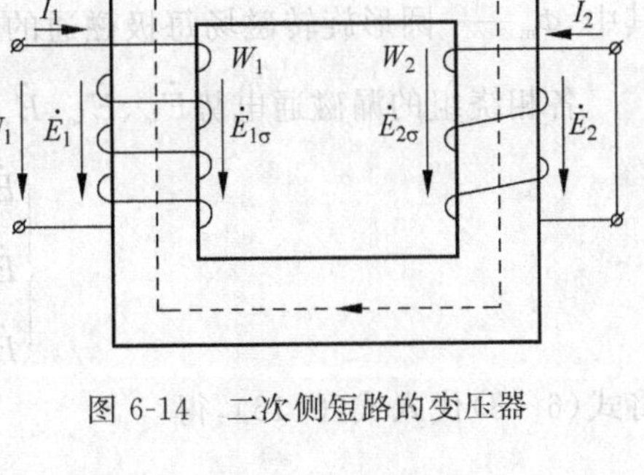

图 6-14 二次侧短路的变压器

一次、二次测漏磁通电势$\dot{E}_{1\sigma}$、$\dot{E}_{2\sigma}$分别用漏电抗压降表示：

$$\begin{cases}\dot{E}_{1\sigma}=-\mathrm{j}\dot{I}_1x_{1\sigma}\\ \dot{E}_{2\sigma}=-\mathrm{j}\dot{I}_2x_{2\sigma}\end{cases}\tag{6-13}$$

将式(6-13)代入式(6-12)，得

$$\begin{cases}\dot{U}_1=-\dot{E}_1+\dot{I}_1(r_1+\mathrm{j}x_{1\sigma})\\ \dot{E}_2=\dot{I}_2(r_2+\mathrm{j}x_{2\sigma})\end{cases}\tag{6-14}$$

其中，$\dot{E}_1$、$\dot{E}_2$ 的有效值为

$$\begin{cases}E_1=4.44fW_1\Phi_m\\ E_2=4.44fW_2\Phi_m\end{cases}\tag{6-15}$$

其中，Φ_m——变压器铁芯中主磁通的幅值；

r_1、$x_{1\sigma}$——一次绕组的电阻和漏电抗；

r_2、$x_{2\sigma}$——二次绕组的电阻和漏电抗。

与如图 6-14 所示的二次侧短路的变压器类似，可以列出两相异步伺服电动机的电压平衡方程式。

1. 转子不动时的电压平衡方程式

转子不动时，定子、转子边电量的频率都与电源频率相同，定子、转子边的电压平衡方程式可以联立求解。

$$\begin{cases}\dot{U}_j=-\dot{E}_j-\dot{E}_{j\sigma}+\dot{I}_jr_j\\ \dot{U}_k=-\dot{E}_k-\dot{E}_{k\sigma}+\dot{I}_kr_k\\ \dot{E}_{z0}=\dot{I}_{z0}r_z-\dot{E}_{z\sigma0}\end{cases}\tag{6-16}$$

式中，$\dot{E}_j$、$\dot{E}_k$——分别为励磁绕组和控制绕组的感应电动势。

$\dot{E}_{z0}$——当转子不动时，转子绕组的感应电动势。

它们的有效值为

$$\begin{cases}E_j=4.44fW_j\Phi_m\\ E_k=4.44fW_k\Phi_m\\ E_{z0}=4.44fW_z\Phi_m\end{cases}\tag{6-17}$$

其中，Φ_m——圆形旋转磁场每极磁通的幅值。

各相绕组的漏磁通电势$\dot{E}_{j\sigma}$、$\dot{E}_{k\sigma}$、$\dot{E}_{z\sigma0}$分别用漏抗压降表示，即

$$\begin{cases}\dot{E}_{j\sigma}=-\mathrm{j}\,\dot{I}_jx_{j\sigma}\\ \dot{E}_{k\sigma}=-\mathrm{j}\,\dot{I}_kx_{k\sigma}\\ \dot{E}_{z\sigma0}=-\mathrm{j}\,\dot{I}_{z0}x_{z0}\end{cases}\tag{6-18}$$

将式(6-18)代入式(6-16)，得

$$\begin{cases}\dot{U}_j = -\dot{E}_j + \dot{I}_j(r_j + jx_{j\sigma}) \\ \dot{U}_k = -\dot{E}_k + \dot{I}_k(r_k + jx_{k\sigma}) \\ \dot{E}_{z0} = \dot{I}_{z0}(r_z + jx_{z0})\end{cases} \tag{6-19}$$

此式即为两相交流伺服电动机在转子不动时的电压平衡方程式。

式中，r_j、$x_{j\sigma}$——励磁绕组电阻和漏电抗；

r_k、$x_{k\sigma}$——控制绕组电阻和漏电抗；

r_z、x_{z0}——转子不动时，转子绕组的电阻和漏电抗。

而

$$\begin{cases}x_{j\sigma} = 2\pi f L_{j\sigma} \\ x_{k\sigma} = 2\pi f L_{k\sigma} \\ x_{z0} = 2\pi f L_{z\sigma}\end{cases} \tag{6-20}$$

式中，$L_{j\sigma}$、$L_{k\sigma}$、$L_{z\sigma}$分别为励磁绕组、控制绕组及转子绕组的漏电感，都是常数。

2. 转子转动时的电压平衡方程式

转子转动时，定子边电压平衡方程式与转子不动时没有区别，即

$$\begin{cases}\dot{U}_j = -\dot{E}_j + \dot{I}_j(r_j + jx_{j\sigma}) \\ \dot{U}_k = -\dot{E}_k + \dot{I}_k(r_k + jx_{k\sigma})\end{cases} \tag{6-21}$$

而转子边电压平衡方程式则变为

$$\dot{E}_{zn} = \dot{I}_{zn}(r_z + jx_{zn}) \tag{6-22}$$

式中，E_{zn}和 x_{zn}分别为转子转动时，转子绕组的感应电动势和漏电抗。

根据式(6-11)和式(6-17)有

$$\begin{cases}E_{zn} = 4.44 f_{zn} W_z \Phi_m = sE_{z0} \\ x_{zn} = 2\pi f_{zn} L_{\sigma z} = sx_{z0}\end{cases} \tag{6-23}$$

由于定子、转子边电量的频率不同，因而式(6-21)和式(6-22)不能联立求解。因为不同频率的电量联立求解是没有意义的。在交流电机的分析中，经常会采用与变压器类似的等效电路图来求解。

6.4.4　异步电动机的等效电路

为了与定子边方程式联立求解，必须将式(6-22)中的电量变换成频率为 f 的电量，即进行“频率归算”，也就是把转动着的转子等效成不动的转子，列出等效转子的电压平衡方程式，然后才能与定子边电压平衡方程式联立求解。

1. 频率归算

所谓“频率归算”就是在保持整个电磁系统的电磁性能不变的情况下，把一种频率的参数及有关的物理量换算成另一种频率的参数及有关物理量。这里，实质上就是用一个与定子边频率相同而又等效于转子的电路去代换实际转子电路。所谓“等效”是指：

① 转子电路对定子电路的电磁效应不变;

② 转子电路的功率损耗不变。

因为转子电路对定子电路的电磁效应集中表现于转子磁势$\dot{F}_z$上,所以,只有保持$\dot{F}_z$的幅值、转速及空间位移角不变,才能使转子电路对定子电路的电磁效应保持不变。又由于鼠笼转子实质上也是一个多相对称绕组(相数为每极下的鼠笼条数,而极数与定子磁场极数相等),绕组中的电流也是多相对称电流,因此,转子电流也将产生一个圆形旋转磁势$\dot{F}_z$。由于转子转动时转子电流的频率为sf,故$\dot{F}_z$相对转子的转速为

$$n_z=\frac{60f}{p}\cdot s=sn_t$$

又由于转子相对于定子的转速为n,所以,转子旋转磁场相对于定子的转速为

$$n+n_z=n+sn_t=n_t$$

如果将转子处理成静止,转子电流的频率为f,则转子旋转磁场相对于定子、转子的转速为$\frac{60f}{p}=n_t$。因此,用静止的转子电路代替实际转子电路后,不会影响转子磁势$\dot{F}_z$的转速。

由于转子磁势$\dot{F}_z$的幅值和空间的位移角由转子电流$\dot{I}_z$的有效值及时间相位角所决定,所以,要保持$\dot{F}_z$的幅值和空间的位移角不变,只要保持$\dot{I}_{zn}$的有效值和相位角不变就可以了。由式(6-22)可知

$$\dot{I}_{zn}=\frac{\dot{E}_{zn}}{r_z+jx_{zn}}$$

所以$\dot{I}_{zn}$的有效值为

$$I_{zn}=\frac{E_{zn}}{\sqrt{r_z^2+x_{zn}^2}}=\frac{sE_{z0}}{\sqrt{r_z^2+(sx_{z0})^2}} \tag{6-24}$$

如果将上式的分子分母都除以s,并重新表示为

$$I_{z0}=\frac{E_{z0}}{\sqrt{\left(\frac{r_z}{s}\right)^2+x_{z0}^2}} \tag{6-25}$$

虽然对式(6-24)仅仅进行了一步代数运算,得出了式(6-25)中的电流I_{z0}已经是频率为f的电动势E_{z0}在电阻为r_z/s、感抗为x_{z0}的转子电路中所产生的电流了。

式(6-24)和式(6-25)中电流相位角为

$$\varphi_{zn}=\arctan\frac{sx_{z0}}{r_z}=\arctan\frac{x_{z0}}{\frac{r_z}{s}}=\varphi_{z0}$$

可见式(6-24)和式(6-25)中的电流有效值和相位角都相等。

所以,要用静止转子电路去代替转动的转子电路,除改变与频率有关的参数及电势以外,只要用r_z/s去代替r_z,就可以保持$\dot{F}_z$不变了。

现在再就r_z变为r_z/s,看看电动机功率的情况,由于

$$\frac{r_z}{s}=r_z+\frac{1-s}{s}r_z$$

所以,转子电阻由r_z变为r_z/s时,相当于在转子电路里串入了一个附加电阻$\frac{1-s}{s}r_z$。在

这个附加电阻上损耗的功率为 $I_{z0}^2\frac{1-s}{s}r_z$，而转动的转子电路中并不存在这部分损耗，只输出机械功率 $T\Omega$。因此，静止转子电路中这部分虚拟的损耗，实质上就代表了电动机的输出功率。这就是说，用静止的转子去代替转动的转子，在功率方面也是等效的。

将式(6-25)用符号法表示，则有

$$\dot{E}_{z0}=\dot{I}_{z0}\left(\frac{r_z}{s}+jx_{z0}\right)$$

或

$$s\dot{E}_{z0}=\dot{I}_{z0}(r_z+jsx_{z0})$$

这样经"频率归算"处理后，式(6-22)可变为

$$s\dot{E}_{z0}=\dot{I}_{z0}(r_z+jsx_{z0}) \tag{6-26}$$

这样，转子转动时，交流伺服电动机的电压平衡方程式为

$$\begin{cases}\dot{U}_j=-\dot{E}_j+\dot{I}_j(r_j+jx_{j\sigma})\\ \dot{U}_k=-\dot{E}_k+\dot{I}_k(r_k+jx_{k\sigma})\\ s\dot{E}_{z0}=\dot{I}_{z0}(r_z+jsx_{z0})\end{cases} \tag{6-27}$$

2. 旋转时异步电动机的电路

异步电动机定子侧相当于变压器一次侧，转子相当于变压器短路的二次侧，未进行归算的异步电动机一相定子、转子电路如图 6-15 所示。

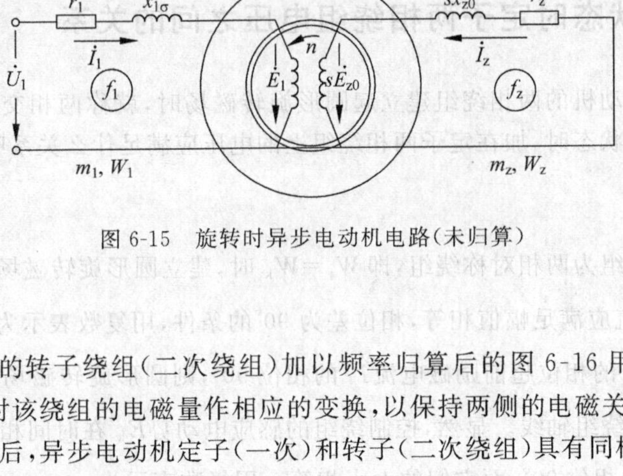

图 6-15 旋转时异步电动机电路(未归算)

3. 绕组归算

将异步电动机的转子绕组(二次绕组)加以频率归算后的图 6-16 用定子绕组(一次绕组)来等效，同时，对该绕组的电磁量作相应的变换，以保持两侧的电磁关系不变。

二次绕组归算后，异步电动机定子(一次)和转子(二次绕组)具有同样的匝数，即

$W_2'=W_1$，则$\frac{E_z'}{E_z}=\frac{W_z'}{W_z}=\frac{W_1}{W_z}=k$

经过归算后，定子、转子的电动势方程式

$$\begin{aligned}\dot{U}_1&=-\dot{E}_1+\dot{I}_1(r_1+jx_{1\sigma})=-\dot{E}_1+\dot{I}_1z_1\\ \dot{E}_z'&=\dot{I}_z'r_z'\left(\frac{1-s}{s}\right)+\dot{I}_z'(r_z'+jx_{z0}')=\dot{I}_z'r_z'\left(\frac{1-s}{s}\right)+\dot{I}_z'z_z'\\ \dot{E}_z'&=E_1\end{aligned} \tag{6-28}$$

磁动势平衡方程：$\dot{I}_1+\dot{I}'_z=\dot{I}_m$。

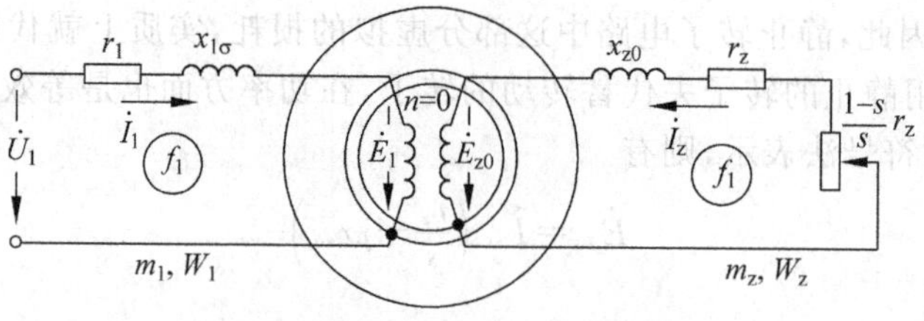

图 6-16　频率归算后异步电动机电路图

4. 异步电动机的 T 形等效电路

经过频率归算和绕组归算后得到异步电动机的 T 形等效电路，如图 6-17 所示。这是异步电动机分析和计算常用到的。

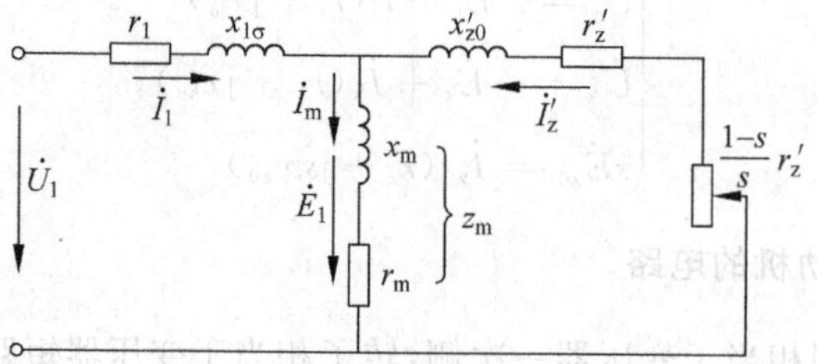

图 6-17　异步电动机的 T 形等效电路

6.4.5　对称状态时定子两相绕组电压之间的关系

当异步伺服电动机的两相绕组建立起圆形旋转磁场时，就称两相交流伺服电动机处于对称状态。在对称状态时，加在定子两相绕组上的电压应满足什么关系呢？

1. 对称绕组

当定子两相绕组为两相对称绕组，即 $W_j=W_k$ 时，建立圆形旋转磁场的两相电流应为两相对称电流，即电流应满足幅值相等，相位差为 90°的条件，用复数表示为 $\dot{I}_k=\pm j\,\dot{I}_j$。

若控制电流 $\dot{I}_k$ 的相位超前励磁电流 $\dot{I}_j$ 的相位 90°，则圆形旋转磁场的转向应该从控制绕组轴线转向励磁绕组轴线。显然，控制绕组的感应电动势 $\dot{E}_k$ 在时间相位上应超前励磁绕组感应电动势 $\dot{E}_j$ 的相位 90°，而它们的大小相等。用复数表示为

$$\dot{E}_k = j\,\dot{E}_j \tag{6-29}$$

由于两相绕组为对称绕组，所以有

$$r_k = r_j \tag{6-30}$$

$$x_{k\sigma} = x_{j\sigma} \tag{6-31}$$

将式(6-29)～式(6-31)代入式(6-18)中的控制绕组电压平衡方程式

$$\dot{U}_k=-j\,\dot{E}_j+j\,\dot{I}_j(r_j+jx_{j\sigma})=j[-\dot{E}_j+\dot{I}_j(r_j+jx_{j\sigma})]=j\,\dot{U}_j \tag{6-32}$$

这表明两相绕组对称时，建立圆形旋转磁场的条件是两相电压大小相等，相位差为 90°，称这样的电压为两相对称电压（见图 6-18(a)）。

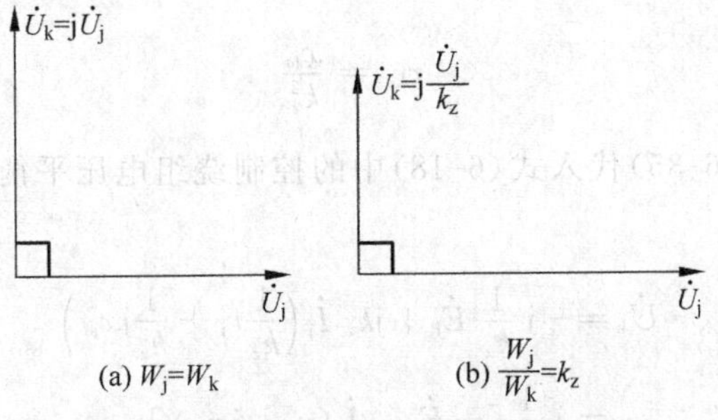

图 6-18 形成圆形旋转磁场时的两相电压

2. 不对称绕组

当两相绕组匝数不相等，即$\dfrac{W_j}{W_k}=k_z\neq 1$时，要建立圆形旋转磁场，两相电流相位差 90°，幅值与匝数成反比，用复数表示为$\dot{I}_k=\pm jk_z\dot{I}_j$。仍然假设控制电流$\dot{I}_k$相位超前励磁电流$\dot{I}_j$相位 90°，因此，$\dot{E}_k$相位也超前$\dot{E}_j$相位 90°，再由式(6-19)，绕组中的感应电势与绕组有效匝数比成正比。于是，$\dot{E}_k$和$\dot{E}_j$可表示

$$\dot{E}_k = j\frac{\dot{E}_j}{k_z} \tag{6-33}$$

另外，当两相绕组在定子铁芯中对称分布时，每相绕组占有相同的槽数，因为电阻

$$r=\rho\frac{l}{s}$$

由于总长度 l 正比于绕组匝数 W，导线截面积 S 反比于绕组匝数 W，所以绕组电阻 r 正比于绕组匝数的平方（$r\propto W^2$），由此可得

$$\frac{r_j}{r_k}=\left(\frac{W_j}{W_k}\right)^2=k_z^2$$

或

$$r_k=\frac{r_j}{k_z^2} \tag{6-34}$$

同时，定子绕组漏电抗

$$x_\sigma=2\pi fL_\sigma=2\pi f\frac{W\Phi_\delta}{I}$$

因为

$$\Phi_\delta=\frac{WI}{R_\delta}$$

所以

$$x_\sigma=2\pi fW^2\frac{1}{R_\delta}$$

式中 R_δ——气隙磁阻，为常数。

显然，漏电抗 $x_\sigma\propto W^2$，由此可得

$$\frac{x_{j\sigma}}{x_{k\sigma}}=\left(\frac{W_j}{W_k}\right)^2=k_z^2$$

或

$$x_{k\sigma}=\frac{x_{j\sigma}}{k_z^2} \tag{6-35}$$

将式(6-33)～式(6-35)代入式(6-18)中的控制绕组电压平衡方程式,并注意到$\dot{I}_k=\mathrm{j}k_z\dot{I}_j$,则

$$\begin{aligned}\dot{U}_k&=-\mathrm{j}\frac{1}{k_z}\dot{E}_j+\mathrm{j}k_z\dot{I}_j\left(\frac{1}{k_z^2}r_j+\frac{1}{k_z^2}\mathrm{j}x_{j\sigma}\right)\\&=\mathrm{j}\frac{1}{k_z}[-\dot{E}_j+\dot{I}_j(r_j+\mathrm{j}x_{j\sigma})]\\&=\mathrm{j}\frac{1}{k_z}\dot{U}_j\end{aligned} \tag{6-36}$$

这表明当定子两相绕组匝数不等时,要得到圆形旋转磁场,两相电压的相位差应是90°,其大小应与匝数成正比,如图6-18(b)所示。

一般规定,励磁绕组上加上额定励磁电压$\dot{U}_{jN}$,控制绕组加上额定控制电压$\dot{U}_{kN}$时,交流伺服电动机处于对称状态。由上述分析可知

当$W_k=W_j$时

$$U_{kN}=U_{jN} \tag{6-37}$$

而$\frac{W_j}{W_k}=k_z$时

$$U_{kN}=\frac{1}{k_z}U_{jN}$$

或

$$\frac{U_{kN}}{U_{jN}}=\frac{W_k}{W_j} \tag{6-38}$$

在选用交流伺服电动机时,式(6-38)是很有用的。当控制系统采用晶体管伺服放大器时,为减轻放大器的负担,希望控制功率要小。因此,要求控制电压比励磁电压低,根据式(6-38),这时应选用控制绕组匝数低于励磁绕组匝数的交流伺服电动机。

6.4.6 电磁转矩

交流伺服电动机两相绕组建立的圆形旋转磁场的磁密在气隙空间以正弦分布。这个正弦波的幅值不变,并以同步转速n_t旋转,它切割转子导体,产生感应电势E_z,同时,在转子导体中流过电流I_z。旋转磁场与电流I_z相互作用,产生电磁转矩。直流伺服电动机的电磁转矩为$T_{em}=C_m\Phi I_a$,即$T_{em}\propto BI_a$。同样,两相异步伺服电动机的电磁转矩T_{em}也正比于磁密B与电流I_z的乘积,即$T_{em}\propto BI_z$(或$T_{em}\propto\Phi_m I_z$)。但必须注意,由于异步伺服电动机的转子导条有感抗,电流$\dot{I}_z$总比电势$\dot{E}_z$落后一个相位角φ_z(见图6-19)。当旋转磁场以n_t自左向右运动时,则在鼠笼转子的每根导条上感应的电势$\dot{E}_z$在空间也将按正弦分布(见图6-19(b))。转子导条中的电流$\dot{I}_z$在空间的分布较$\dot{E}_z$落后于φ_z角,如图(6-19(c))所示,其电磁转矩分

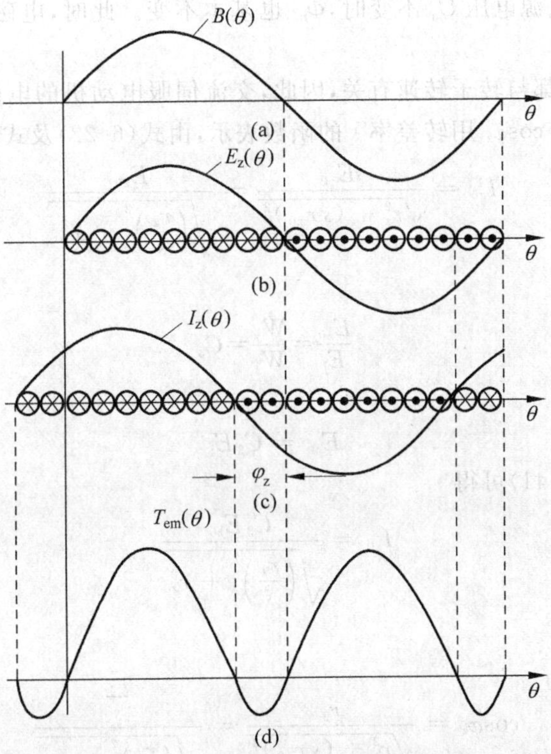

图 6-19　转子转动时，各种电磁参量沿空气隙的分布波形

布如图(6-19(d))所示。

由图可见，由于 $\varphi_z \neq 0$，出现了部分负转矩。显然，整个转子所受的总电磁转矩为各导条所受电磁转矩之和，即电磁转矩不仅与 B、I_z 的分布与大小有关，而且还与 φ_z 角有关。取其平均值计算，则转矩公式可写成

$$T_{em} = C_1 \Phi_m I_z \cos\varphi_z \tag{6-39}$$

式中，C_1——与电机结构参数有关的常数。

式(6-39)称为物理表达式，用以在物理上分析交流伺服电动机在各种运转状态下转矩与磁通 Φ_m 及转子电流的有功分量 $I_z\cos\varphi_z$ 之间的关系。但物理表达式不能直接反映交流伺服电动机与电机一些参数(如定子相电压 U_j，s，r_z，x_z 等)间的关系。为此进一步推导转矩的参数表达式。

由励磁绕组电压平衡方程式可知，当忽略励磁绕组阻抗压将时，电源电压 $\dot{U}_j$ 与励磁绕组感应电势 $\dot{E}_j$ 相平衡，即

$$\dot{U}_j \approx -\dot{E}_j$$

或

$$U_j \approx E_j = 4.44 f W_j \Phi_m$$

当电源频率 f 不变时，

$$\Phi_m \approx C_2 U_j \tag{6-40}$$

式中，C_2——与电机结构参数及电源频率有关的常数。

由上式可知,当电源电压 U_j 不变时,Φ_m 也基本不变。此时,电磁转矩仅仅决定于转子的有功电流。

由于 I_z 及 $\cos\varphi_z$ 都与转子转速有关,因此,交流伺服电动机的电磁转矩也与转速有关。将式(6-39)中的 I_z 及 $\cos\varphi_z$ 用转差率 s 的函数表示,由式(6-22)及式(6-23),可知

$$I_{z0} = \frac{sE_{z0}}{\sqrt{r_z^2 + (sx_{z0})^2}} = \frac{E_{z0}}{\sqrt{\left(\frac{r_z}{s}\right)^2 + x_{z0}^2}} \tag{6-41}$$

又由式(6-19)可知

$$\frac{E_{z0}}{E_j} = \frac{W_z}{W_j} = C_3$$

或

$$E_{z0} = C_3 E_j \tag{6-42}$$

将式(6-42)代入式(6-41)可得

$$I_{z0} = \frac{C_3 E_{z0}}{\sqrt{\left(\frac{r_z}{s}\right)^2 + x_{z0}^2}} \tag{6-43}$$

又

$$\cos\varphi_z = \frac{r_z}{\sqrt{r_z^2 + (sx_{z0})^2}} = \frac{\frac{r_z}{s}}{\sqrt{\left(\frac{r_z}{s}\right)^2 + x_{z0}^2}} \tag{6-44}$$

将式(6-40)、式(6-43)和式(6-44)代入式(6-39)可得

$$T_{em} = C_1 C_2 C_3 \frac{U_j^2}{\sqrt{\left(\frac{r_z}{s}\right)^2 + x_{z0}^2}} \cdot \frac{\frac{r_z}{s}}{\sqrt{\left(\frac{r_z}{s}\right)^2 + x_{z0}^2}} = C_m \frac{r_z U_j^2}{s\left[\left(\frac{r_z}{s}\right)^2 + x_{z0}^2\right]} \tag{6-45}$$

式中,$C_m = C_1 C_2 C_3$——与电机结构及电源频率有关的常数。

此式称为电磁转矩的参数表达式,它表示了异步伺服电动机电磁转矩与电源电压、电机参数及转差率的关系。对已制成的电动机来说,电机参数是一定的,电源频率也是不变的,因此,当电动机转速一定,即 s 一定时,电磁转矩正比于电源电压的平方,即

$$T_{em} \propto U_j^2 \tag{6-46}$$

又由式(6-40)可知

$$T_{em} \propto \Phi_j^2 \propto B_m^2 \tag{6-47}$$

6.4.7 机械特性

当励磁电压和控制电压都不变时,交流伺服电动机的电磁转矩 T_{em} 与转差率 s(或转速 n)的关系曲线,即 $T_{em} = f(s)$ 曲线(或 $T_{em} = f(n)$ 曲线),称为交流伺服电动机的机械特性。根据式(6-45),当电压一定时,可做出对应各种转子电阻 r_z 的机械特性曲线,如图 6-20 所示。由图中可以得出:

(1) 理想空载时,即 $s=0(n=n_t)$ 时,电磁转矩 $T_{em}=0$;

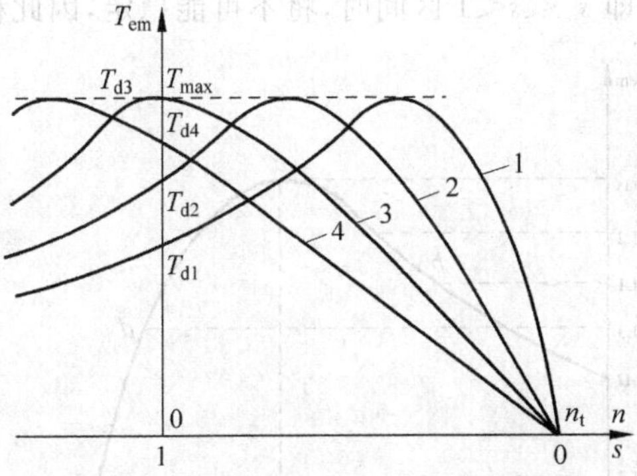

图 6-20　不同转子电阻的机械特性

1—r_{z1}；2—r_{z2}；3—r_{z3}；4—r_{z4}（$r_{z4}>r_{z3}>r_{z2}>r_{z1}$）

(2) 随着转子电阻 r_z 的增大，机械特性曲线的最大转矩 T_{max} 值不变，但取得最大转矩的转差率 s_m 在增大。T_{max} 和 s_m 可利用求最大值的方法得出，由式(6-45)对 s 求一次导数

$$\frac{dT_{em}}{ds}=\frac{C_m r_z U_j^2\left[\left(\frac{r_z}{s}\right)^2-x_{z0}^2\right]}{s^2\left[\left(\frac{r_z}{s}\right)^2+x_{z0}^2\right]^2}$$

令 $\frac{dT_{em}}{ds}=0$，得

$$s_m=\frac{r_z}{x_{z0}} \tag{6-48}$$

将 $s=s_m$ 代入式(6-44)得

$$T_{max}=\frac{C_m}{2x_{z0}}U_j^2 \tag{6-49}$$

因此，$s_m\propto r_z$，而 T_{max} 与 r_z 无关。

(3) $s=1(n=0)$ 时的电磁转矩叫做堵转转矩（T_d）。把 $s=1$ 代入式(6-44)得

$$T_d=\frac{C_m r_z U_j^2}{r_z^2+x_{z0}^2} \tag{6-50}$$

当 $s=s_m=1$ 时，$r_z=x_{z0}$，堵转转矩与最大转矩相等。

(4) 稳定区和不稳定区。

当 $0<s_m<1$ 时，机械特性的峰值点分布在第一象限，如图 6-20 中的曲线 1 和 2 所示，机械特性在 $0<s<1$ 的运行范围内，有稳定区和不稳定区之分。如图 6-21 所示，曲线的上升段 $ac(s_m<s<1)$ 为不稳定区。如果电机运行在这个转速范围内，其运行状态将是不稳定的。例如，电动机轴上的负载转矩为 T_{L1}，这时电动机在 b 点运行，此时，电磁转矩正好与负载转矩相平衡。但这种平衡是不稳定的。一旦受到干扰，例如使负载转矩增大到 $T_{L2}>T_{L1}$，电磁转矩小于负载转矩，电动机转速将下降，由图 6-21 可知，转速下降的结果使电磁转矩进一步下降。显然，电动机转速将一直下降，直至停止。如果扰动是使负载转矩下降到 $T_{L3}<T_{L1}$，则电磁转矩大于负载转矩，电动机转速将上升，由图 6-21 可知，转速上升的结果是导致电磁转矩继续增大，转速也将继续上升，而当 $s<s_m$ 以后，随着转速的升高，电磁转矩将减小，一直降到与负载转矩 T_{L3} 相平衡为止，电动机将稳定运行在 d 点。可见，电动机运

行在特性曲线上升段 ac,即 $s_m<s<1$ 区间时,将不可能稳定,因此称 ac 段为不稳定区。

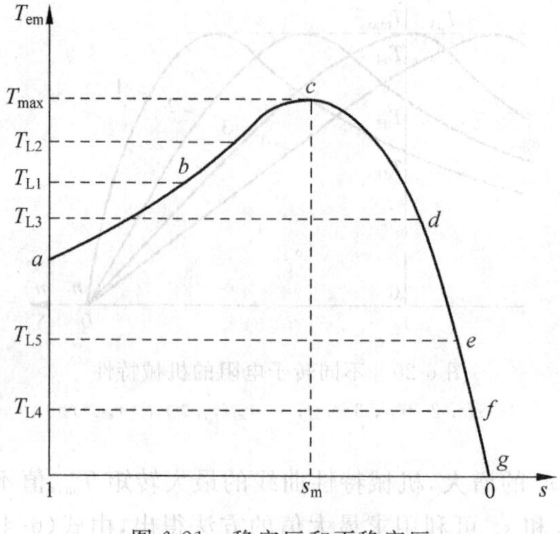

图 6-21　稳定区和不稳定区

曲线的下降段 cg,即 $0<s<s_m$ 段为稳定区。例如,电动机的负载转矩为 T_{L4},在 f 点运行,电磁转矩与负载转矩相平衡。如果扰动使负载转矩增大到 $T_{L5}>T_{L4}$,于是,电磁转矩小于负载转矩,电动机转速将下降。由图 6-21 可见,转速的下降导致电磁转矩的增大,当电磁转矩与负载转矩 T_{L5} 相平衡时,电动机就稳定在 e 点运行。

如果扰动消失,负载又降到 T_{L4},电磁转矩大于负载转矩,电动机转速回升,电磁转矩减小,直至与负载转矩 T_{L4} 相等,电动机在 f 点能稳定运行。因此,特性曲线的下降段 cg,即 $0<s<s_m$ 区间,称为稳定区。

普通三相异步电动机机械特性如图 6-21 所示。作为自动控制系统执行元件的两相交流伺服电动机,要求在 $0<s<1$ 整个运行范围内,都能稳定地工作。因此,它的机械特性在 $0<s<1$ 范围内都必须是下倾的。这样,就要求它的转子电阻足够大,使 $s_m>1$,这一特点是两相交流伺服电动机与其他驱动用异步电动机的主要区别。

6.5 椭圆旋转磁场及其分析方法

前面已经分析了在圆形旋转磁场作用下的两相交流伺服电动机的运行情况,这种状态称为对称状态。此时,在励磁绕组和控制绕组上所施加的电压都是额定值。这仅是伺服电动机的一种特殊工作状态。在自动控制系统中,需要对转速进行控制,因此,加在控制绕组上的电压是经常改变的,即电动机经常处于不对称状态。那么,在不对称状态下,旋转磁场是什么样的呢?它又有哪些特点呢?

6.5.1 椭圆旋转磁场的形成

由于两相交流伺服电动机在运行过程中,控制电压 $\dot{U}_k$ 经常在改变,因此,两相绕组所产生的磁动势幅值一般是不相等的，即 $I_{km}W_k \neq I_{jm}W_j$。这样，代表这两个脉振磁场的磁密空间向量的幅值也将不等，即 $B_{km} \neq B_{jm}$。两相绕组中的电流 $\dot{I}_k$ 和 $\dot{I}_j$ 在时间上的相位差也不一定是 90°，即两相脉振磁场 $\dot{\boldsymbol{B}}_k$ 和 $\dot{\boldsymbol{B}}_j$ 的相位差也不一定是 90°。为了分析这种最一般的情况，将从比较特殊的情况开始。

1. 控制电流和励磁电流相位差 90°

$\dot{I}_k$ 和 $\dot{I}_j$ 相位差 90°，即 $\dot{\boldsymbol{B}}_k$ 和 $\dot{\boldsymbol{B}}_j$ 相位差 $\beta=90°$，磁密幅值不等，用数学公式表示为

$$\left.\begin{aligned} B_k &= B_{km}\sin\omega t \\ B_j &= B_{jm}\sin(\omega t - 90°) \\ B_{km} &= \alpha B_{jm} \end{aligned}\right\} \tag{6-51}$$

式中，α——小于 1 的常数。

磁密波形图如图 6-22 所示。

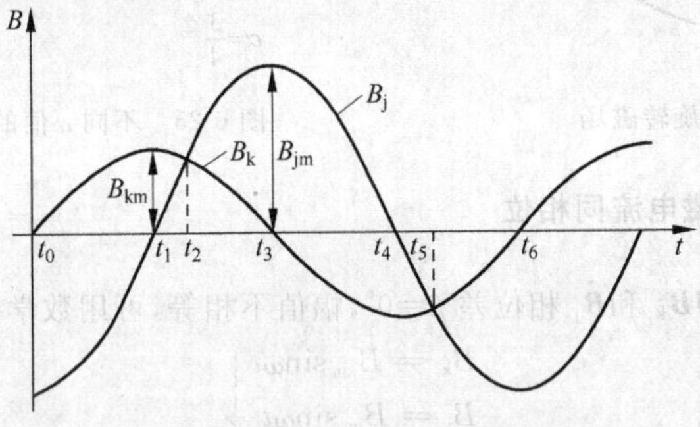

图 6-22　幅值不等的两相脉振磁场（$\beta=90°$）

仿照图 6-8 的分析方法，可以画出对应于 $t_0 \sim t_6$ 各瞬间的合成磁场磁密空间向量 $\dot{\boldsymbol{B}}$，如图 6-23 所示。如果把对应于各瞬间的磁密空间向量 $\dot{\boldsymbol{B}}$ 画在一个图形中，磁密空间向量 $\dot{\boldsymbol{B}}$ 的轨迹就是一个椭圆（见图 6-24）。这样的旋转磁场称为椭圆旋转磁场。可以看出，椭圆的短轴与长轴之比为

$$\alpha = \frac{B_{km}}{B_{jm}} \tag{6-52}$$

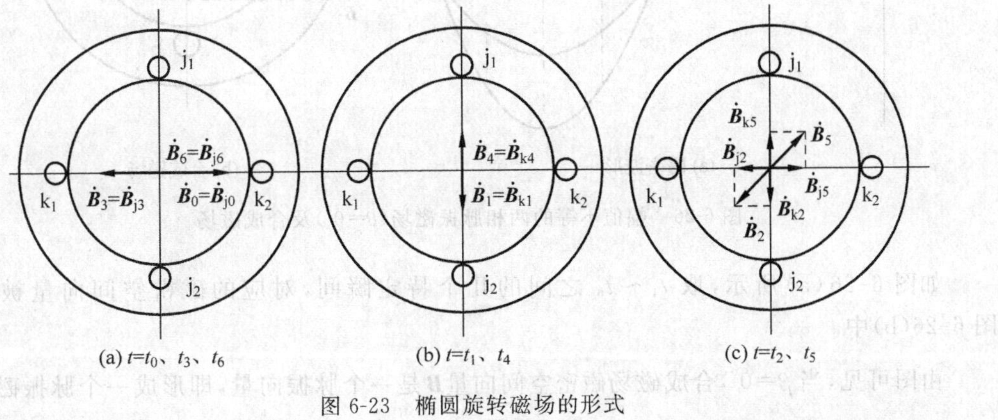

图 6-23　椭圆旋转磁场的形式

α 的大小决定了磁场椭圆的程度。当 $\alpha=1$ 时，两相绕组脉振磁密空间向量的幅值相等，将建立圆形旋转磁场，它是椭圆旋转磁场的特殊情况；当 $\alpha=0$ 时，只剩下励磁绕组的脉振磁场，是椭圆磁场的又一特殊情况。图 6-25 画出了几种不同 α 值的椭圆旋转磁场。

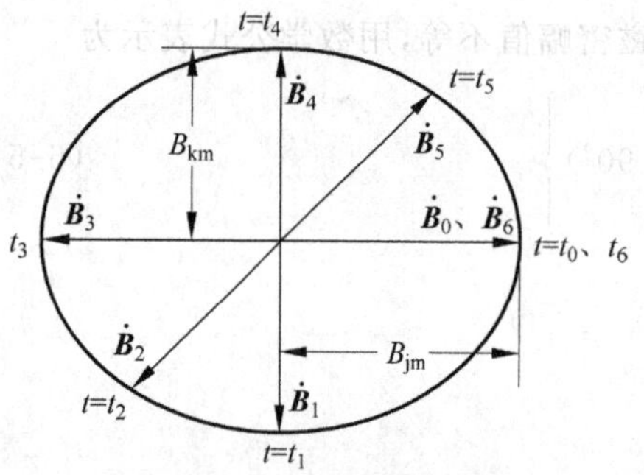

图 6-24 椭圆旋转磁场

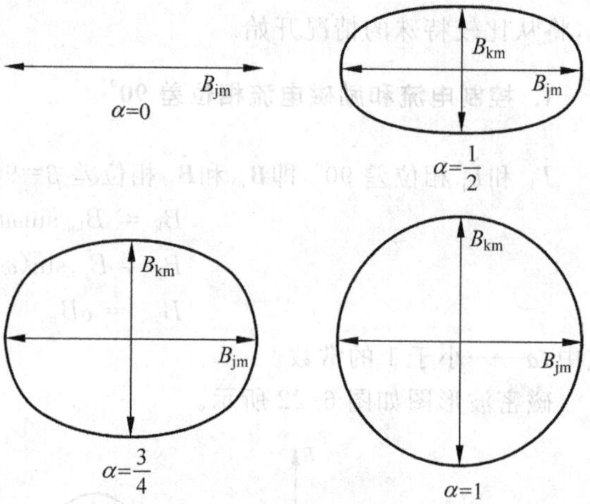

图 6-25 不同 α 值的椭圆旋转磁场

2. 控制电流和励磁电流同相位

$\dot{I}_k$ 和 $\dot{I}_j$ 同相位，即 $\dot{\boldsymbol{B}}_k$ 和 $\dot{\boldsymbol{B}}_j$ 相位差 $\beta=0°$，幅值不相等，可用数学公式表示为

$$\left.\begin{aligned} B_k &= B_{km}\sin\omega t \\ B_j &= B_{jm}\sin\omega t \\ B_{km} &= \alpha B_{jm} \end{aligned}\right\} \tag{6-53}$$

磁密波形如图 6-26(a)所示(图中取 $\alpha=0.5$)。

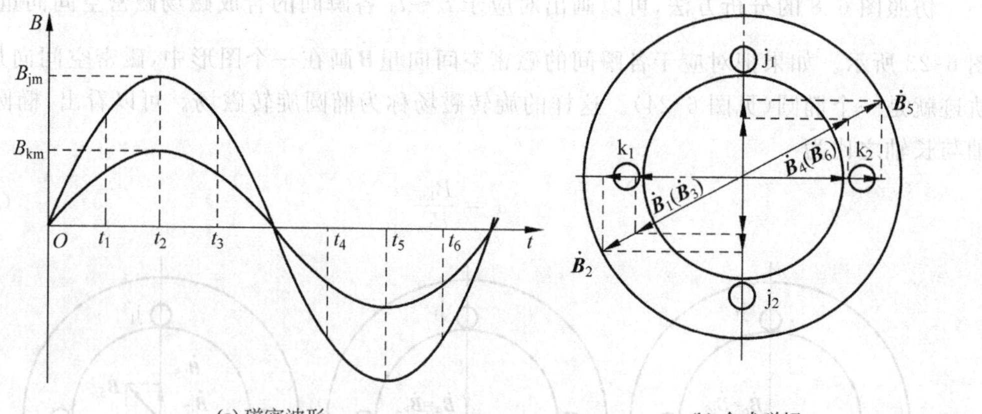

(a) 磁密波形　　(b) 合成磁场

图 6-26 幅值不等的两相脉振磁场($\beta=0°$)及合成磁场

如图 6-26(a)所示，取 $t_1 \sim t_6$ 之间的几个特定瞬间，对应的磁密空间向量被画在图 6-26(b)中。

由图可见，当 $\beta=0°$，合成磁场磁密空间向量 $\dot{\boldsymbol{B}}$ 是一个脉振向量，即形成一个脉振磁场，α

的大小只影响脉振磁场$\dot{\boldsymbol{B}}$的轴线位置。

3. 控制电流和励磁电流相位差在 0°～90°之间变化

$\dot{I}_k$ 和$\dot{I}_j$ 的相位差在 0°～90°之间，即$\dot{\boldsymbol{B}}_k$ 和 $\dot{\boldsymbol{B}}_j$ 相位差变化范围是 $0°<\beta<90°$，且它们的幅值不相等，可用数学公式表示为

$$\left.\begin{aligned} B_k &= B_{km}\sin\omega t \\ B_j &= B_{jm}\sin(\omega t-\beta) \\ B_{km} &= \alpha B_{jm} \end{aligned}\right\} \tag{6-54}$$

磁密波形如图 6-27(a)所示(图中取 $\beta=45°$，$\alpha=0.5$)。从前面的分析可以推断，当相位差在 $0°<\beta<90°$变化时，建立的旋转磁场将既不是脉振的，也不是圆形的，因此，一定是椭圆形旋转磁场。将磁密向量$\dot{\boldsymbol{B}}_k$ 分解成两个分量：其中一个分量$\dot{\boldsymbol{B}}_{k1}$与向量$\dot{\boldsymbol{B}}_j$ 同相，$B_{k1}=B_k\cos\beta$；另一个分量$\dot{\boldsymbol{B}}_{k2}$与$\dot{\boldsymbol{B}}_j$ 成 90°相位差，$B_{k2}=B_k\sin\beta$(见图 6-27(b))。显然，位于控制绕组轴线上的磁密空间向量$\dot{\boldsymbol{B}}_{k2}$将与位于励磁绕组轴线上的磁密空间向量$\dot{\boldsymbol{B}}_j$ 合成一个椭圆旋转磁场，而位于控制绕组轴线上的磁密空间向量$\dot{\boldsymbol{B}}_{k1}$则代表脉振磁场，可以证明，椭圆旋转磁场与脉振磁场的合成仍然是椭圆旋转磁场。

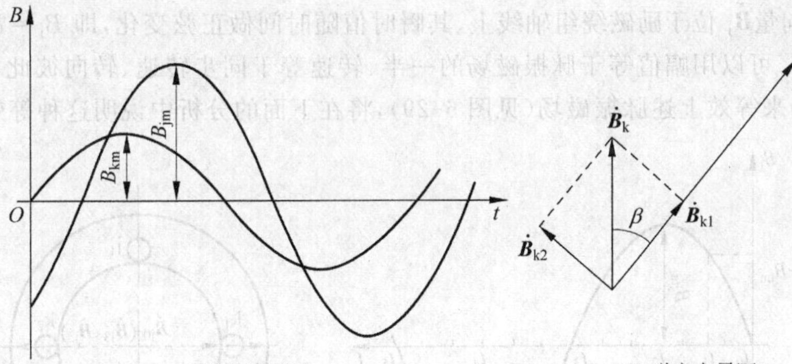

(a) 磁密波形图　(b) 磁密向量图

图 6-27　幅值不等、相位差为 β 的两相脉振磁场

综上所述，当两相脉振磁场的相位差不是 90°，或者它们的幅值不等时，其合成磁场是一个椭圆旋转磁场。

6.5.2　椭圆旋转磁场的特点

1. 转向

分析图 6-24 可知，椭圆旋转磁场的转向与圆形旋转磁场的转向一样，也是从通有相位超前电流的相绕组轴线转向通有相位落后电流的相绕组轴线。

2. 幅值

由图 6-24 可知，椭圆旋转磁场的幅值是变化的，其变化范围是从 αB_{jm} 至 B_{jm}。

3. 转速

由图 6-24 可知，当电流交变一个周期时，一对极的椭圆旋转磁场也在空间旋转了一周。可见，椭圆旋转磁场的同步转速也为 $n_t=60f/p$。但仔细分析图 6-24 可知，椭圆旋转磁场的转速在一周内是不均匀的。从 t_0 到 t_1，时间过了四分之一周期，合成磁密向量 $\dot{\boldsymbol{B}}$ 在空间转过 90°。可是，从 t_1 到 t_2，所过时间小于 1/8 周期，而合成磁密向量 $\dot{\boldsymbol{B}}$ 在空间已转过 45°，显然，后者的平均速度要高于前者。

这种幅值和转速都在变化着的椭圆旋转磁场，对分析伺服电动机的特性是很不方便的。因此，需要采用分解法，把它分成正向和反向两个圆形旋转磁场，再利用圆形旋转磁场的规律和叠加原理，对运行在椭圆旋转磁场条件下的交流伺服电动机特性进行分析。

6.5.3 椭圆旋转磁场的分析方法——分解法

1. 脉振磁场的分解

当控制电压 $\dot{U}_k=0$，仅励磁绕组加有电压 $\dot{U}_j$ 时，在定子内圆周气隙空间将产生一个脉振磁场，磁密空间向量 $\dot{\boldsymbol{B}}_j$ 位于励磁绕组轴线上，其瞬时值随时间做正弦变化，即 $B_j=B_{jm}\sin\omega t$，如图 6-28 所示。可以用幅值等于脉振磁场的一半、转速等于同步转速、转向彼此相反的两个圆形旋转磁场来等效上述脉振磁场(见图 6-29)，将在下面的分析中说明这种等效。

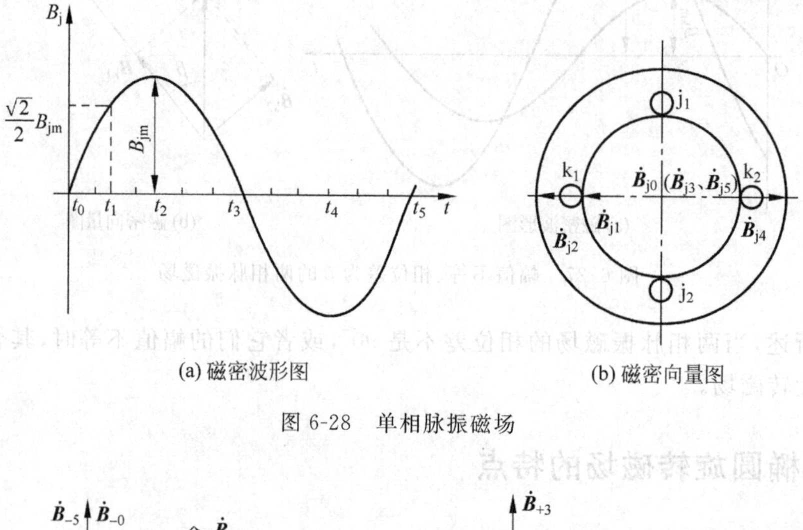

(a) 磁密波形图　　(b) 磁密向量图

图 6-28　单相脉振磁场

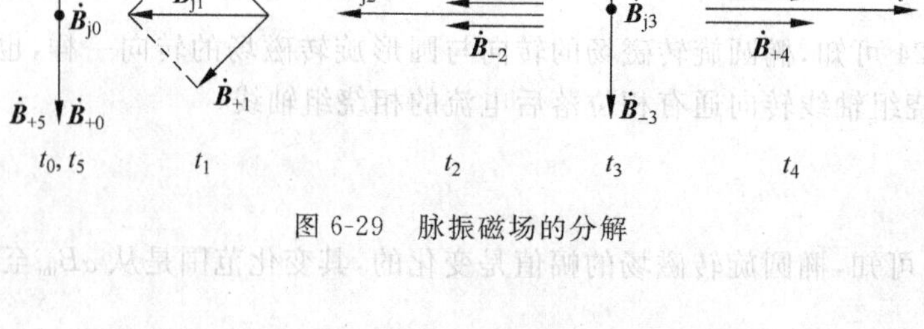

图 6-29　脉振磁场的分解

在 $t_0(\omega t_0=0)$时刻，磁密空间向量$\dot{\boldsymbol{B}}_j$ 为零，即$\dot{\boldsymbol{B}}_{j0}=0$。两相圆形旋转磁场的磁密空间向量$\dot{\boldsymbol{B}}_+$ 和$\dot{\boldsymbol{B}}_-$ 正好处于垂直于励磁绕组轴线的直线上，且方向相反，相互抵消，即

$$\dot{\boldsymbol{B}}_{j0}=\dot{\boldsymbol{B}}_{+0}+\dot{\boldsymbol{B}}_{-0}=0$$

在 $t_1\left(\omega t_1=\dfrac{\pi}{4}\right)$时刻，$\dot{\boldsymbol{B}}_{j1}$的幅值为 $B_{j1}=B_{jm}\sin\dfrac{\pi}{4}=\dfrac{\sqrt{2}}{2}B_{jm}$，$\dot{\boldsymbol{B}}_+$ 从 t_0 时的位置正转 45°，$\dot{\boldsymbol{B}}_-$ 则反转 45°，此时，$\dot{\boldsymbol{B}}_{+1}$与$\dot{\boldsymbol{B}}_{-1}$的合成向量的幅值为

$$\sqrt{B_{+1}^2+B_{-1}^2}=\sqrt{\left(\frac{1}{2}B_{jm}\right)^2+\left(\frac{1}{2}B_{jm}\right)^2}=\frac{\sqrt{2}}{2}B_{jm}$$

即

$$\dot{\boldsymbol{B}}_{+1}+\dot{\boldsymbol{B}}_{-1}=\dot{\boldsymbol{B}}_{j1}$$

在 $t_2\left(\omega t_2=\dfrac{\pi}{2}\right)$时刻，$\dot{\boldsymbol{B}}_{j2}$为最大，即 $B_{j2}=B_{jm}$，$\dot{\boldsymbol{B}}_+$ 从 t_1 时的位置又正转了 45°，$\dot{\boldsymbol{B}}_-$ 则又反转了 45°，此刻，$\dot{\boldsymbol{B}}_{+2}$与$\dot{\boldsymbol{B}}_{-2}$已处于励磁绕组轴线上，方向相同，于是，$B_{+2}+B_{-2}=\dfrac{1}{2}B_{jm}+\dfrac{1}{2}B_{jm}=B_{jm}$，即

$$\dot{\boldsymbol{B}}_{+2}+\dot{\boldsymbol{B}}_{-2}=\dot{\boldsymbol{B}}_{j2}$$

其余的几个时刻，即 t_3，t_4 等，读者可参照图 6-27 进行分析。

显然，无论在什么时刻，两个旋转的磁密空间向量之和都等于脉振磁密空间向量。这样，一个脉振磁场就等效地由两个等幅反向的圆形旋转磁场代替了。

2. 椭圆旋转磁场的分解

前面已经述及，式(6-51)描述了一个椭圆形旋转磁场。其中，脉振磁场 B_j 可写成

$$B_j=\alpha B_{jm}\sin(\omega t-90°)+(1-\alpha)B_{jm}\sin(\omega t-90°)=B_{j1}+B_{j2} \tag{6-55}$$

式中

$$\left.\begin{aligned}B_{j1}&=\alpha B_{jm}\sin(\omega t-90°)\\B_{j2}&=(1-\alpha)B_{jm}\sin(\omega t-90°)\end{aligned}\right\} \tag{6-56}$$

由式(6-51)和式(6-56)可以得到组合

$$\left.\begin{aligned}B_k&=B_{km}\sin\omega t\\B_{j1}&=\alpha B_{jm}\sin(\omega t-90°)\end{aligned}\right\} \tag{6-57}$$

显然，该式描述了一个圆形旋转磁场，其幅值为 αB_{jm}，转速和转向均与椭圆旋转磁场相同。在以后的分析中，把与椭圆旋转磁场转向相同的圆形旋转磁场称为正向旋转磁场。$\dot{\boldsymbol{B}}_{j2}$则是一个沿着励磁绕组轴线的脉振磁场，其幅值为$(1-\alpha)B_{jm}$。可见，一个椭圆旋转磁场可以分解为一个圆形旋转磁场和一个脉振磁场，如图 6-30(a)所示。

再根据前面的分析，脉振磁场$\dot{\boldsymbol{B}}_{j2}$又可用转速等于同步转速、转向彼此相反、且幅值等于$\dfrac{1}{2}(1-\alpha)B_{jm}$的两个圆形旋转磁场等效。因此，椭圆旋转磁场就可以用两个正向圆形旋转磁场和一个反向圆形旋转磁场进行等效(见图 6-30(b))，其中，两个正向圆形旋转磁场转速相

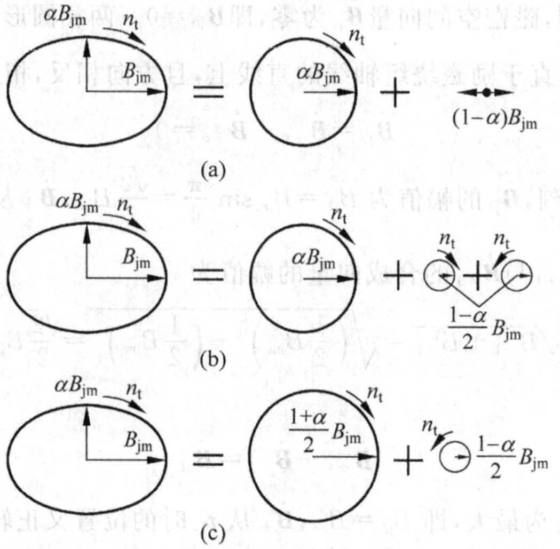

图 6-30 椭圆旋转磁场的分解

同,磁场轴线一致,可以合成一个圆形旋转磁场,其转速和转向不变。若其幅值用 B_+ 表示,则

$$B_+=\alpha B_{jm}+\frac{1-\alpha}{2}B_{jm}=\frac{1+\alpha}{2}B_{jm}$$

这样,一个椭圆旋转磁场最终可用一个正向圆形旋转磁场和一个反向圆形旋转磁场进行等效(见图 6-30(c)),它们的幅值分别是

$$\left.\begin{aligned}B_+&=\frac{1+\alpha}{2}B_{jm}\\B_-&=\frac{1-\alpha}{2}B_{jm}\end{aligned}\right\}\tag{6-58}$$

综上所述,可以得出以下结论:交流伺服电动机在一般的运行情况下,两相绕组在定子内圆周气隙空间里建立一个椭圆旋转磁场。这个椭圆旋转磁场可用幅值由式(6-58)决定、转向相反、转速相同的两个圆形旋转磁场进行等效。从式(6-58)还可以看出,α 越接近 1,正向圆形旋转磁场的幅值越大,反向圆形旋转磁场的幅值越小,磁场的椭圆度越小,当 $\alpha=1$ 时,$B_-=0$,即反向圆形旋转磁场的幅值为零,此时的磁场就是幅值为 B_{jm} 的圆形旋转磁场。当 $\alpha=0$ 时,正向、反向旋转磁场的幅值相等,$B_+=B_-=\frac{1}{2}B_{jm}$,它就是一个单相脉振磁场。

6.5.4 椭圆旋转磁场作用下电动机的机械特性

现在可以用圆形旋转磁场作用下电动机的机械特性及叠加原理对椭圆旋转磁场作用下两相交流伺服电动机的机械特性进行分析。

1. 脉振磁场作用下交流伺服电动机的机械特性和单相自转

当 $\dot{U}_k=0$,仅加励磁电压 $\dot{U}_j$ 时,将形成单相脉振磁场,其磁密幅值为 B_{jm}。显然,可将其

分解成幅值为 $B_+=B_-=\frac{1}{2}B_{jm}$、转速相等、转向彼此相反的两个圆形旋转磁场。若转子转速为 n，则转子相对正向圆形旋转磁场的转差率为

$$s_+=\frac{n_t-n}{n_t}$$

相对反向圆形旋转磁场的转差率为

$$s_-=\frac{n_t+n}{n_t}=\frac{2n_t-(n_t-n)}{n_t}=2-s_+ \tag{6-59}$$

当 $0<s_+<1$ 时，则 $1<s_-<2$。

前面的分析告诉我们，异步伺服电动机的电磁转矩总是力图使转子顺着旋转磁场的转向转动。因此，在脉振磁场作用下，电动机所受到的总电磁转矩是

$$T_{em}=T_+-T_-$$

式中，T_+——正向圆形旋转磁场对转子作用的驱动转矩；

T_-——反向圆形旋转磁场对转子作用的驱动转矩。

参照图 6-20 的圆形旋转磁场作用下电动机的机械特性曲线，可在同一直角坐标中用虚线分别做出 $T_+=f(s_+)$ 和 $T_-=f(s_-)$ 曲线（见图 6-31）。它们的形状应该是一样的，都是中心对称的。图中实线是合成的转矩 $T=f(s)$ 曲线，它就是单相脉振磁场作用下电动机的机械特性曲线。

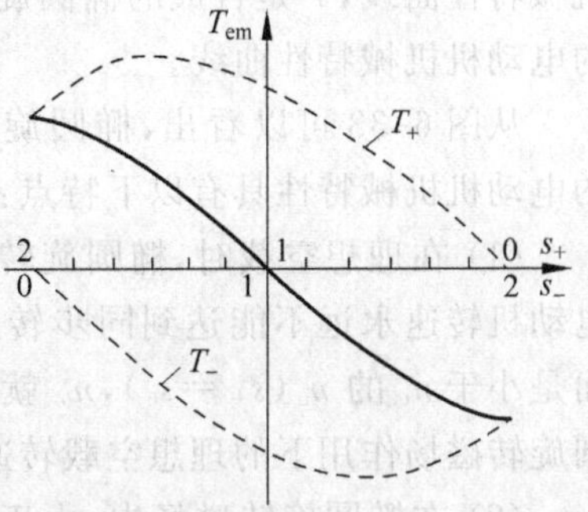

图 6-31　脉振磁场作用下电动机的机械特性

圆形旋转磁场作用下电动机机械特性曲线的形状与转子电阻的大小有很大关系。因此，单相脉振磁场作用下的电动机机械特性曲线也必然与转子电阻有关。图 6-32 表示了三个不同转子电阻的单相脉振磁场作用下的电动机机械特性，其中 $r_{z3}>r_{z2}>r_{z1}$。在图 6-32(a)中，r_{z1} 比较小，对应的 $s_{+m}=0.4$。从图中可以看出，在电机工作的转速范围内，即 $0<s_+<1$ 时，总电磁转矩 T_{em} 的绝大部分都是正的。如果转子电阻为 r_{z1} 的电动机带着某一负载 T_L 以 $s_+<0.4$ 的转速转动，即运行于图 6-32(a)中机械特性曲线 L 上的 A 点。若突然切除控制电压，即 $U_k=0$，因为图中的 T_L 小于 T_m，所以，电动机就不会停转，而是以转差率 s_1 稳定运行在 B 点，这种现象叫做自转。因此，当转子电阻 r_z 比较小时，会产生自转。

在图 6-32(b)中，$r_{z2}>r_{z1}$，转子电阻有所增大，$s_{+m}=0.8$。总电磁转矩已减小很多，但与图 6-32(a)一样，仍有可能产生自转。

在图 6-32(c)中，转子电阻继续增大，使 $s_{+m}>1$，由图可以看出，在 $0<s_+<1$ 的整个范围内，总电磁转矩 T_{em} 均为负值，表示电磁转矩与转速方向相反，是制动转矩，将阻止电动机转动；而当电动机反转，即在 $1<s_+<2$ 范围内运行时，总电磁转矩 T_{em} 变成正值，因此，电磁转矩仍然与转速方向相反，还是制动转矩。这样，在切除控制电压时，就不会发生自转。

无自转是控制系统对两相异步伺服电动机的基本要求之一。所以，为了消除自转，异步伺服电动机的转子电阻要求设计得足够大。

除了由于转子电阻不够大引起自转以外，定子绕组有短路匝、铁芯有短路片或各向磁导不等等工艺上的原因都有可能引起自转。在这种情况下，当控制电压切除时，产生的已不是

单相脉振磁场,而是微弱的椭圆旋转磁场。在这微弱的椭圆旋转磁场作用下,对于负载及转子惯性极小的交流伺服电动机也会产生自转。因此,应以精心加工来避免这种工艺性自转。

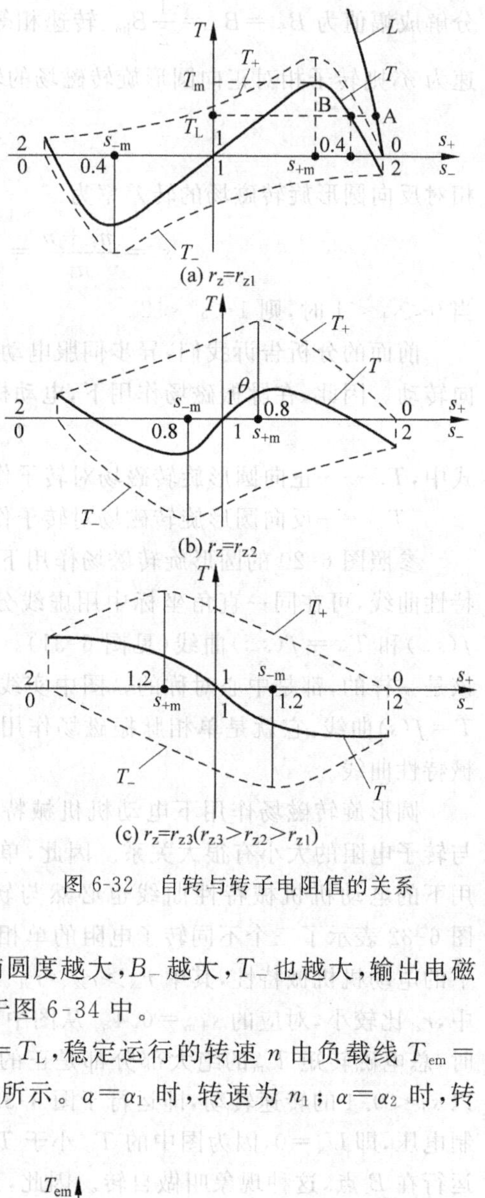

图 6-32 自转与转子电阻值的关系

2. 椭圆旋转磁场作用下的电动机机械特性

前面已经述及,椭圆旋转磁场可由两个幅值不等、转速相同、转向相反的圆形旋转磁场等效。因此,椭圆旋转磁场作用下的电动机机械特性曲线就可由这两个圆形旋转磁场作用下的电动机机械特性曲线叠加而得(见图 6-33)。其中,T_+ 是正向圆形旋转磁场作用下的电动机机械特性曲线;T_- 是反向圆形旋转磁场作用下的电动机机械特性曲线,T 是合成的椭圆旋转磁场作用下的电动机机械特性曲线。

从图 6-33 可以看出,椭圆旋转磁场作用下的电动机机械特性具有以下特点:

(1) 在理想空载时,椭圆旋转磁场作用下的电动机转速永远不能达到同步转速 $n_t(s_+=0)$,而是小于 n_t 的 $n_0(s_+=s_0)$,n_0 就是电动机在椭圆旋转磁场作用下的理想空载转速。

(2) 在椭圆旋转磁场中,由于反向旋转磁密 B_- 存在,产生了制动转矩 T_-,因而,使电机的输出转矩减小,起动转矩(堵转转矩)下降。α 越小,椭圆度越大,B_- 越大,T_- 也越大,输出电磁转矩就越小。不同 α 值的电动机机械特性曲线示于图 6-34 中。

若电动机负载为 T_L,电动机稳定运行时,$T_{em}=T_L$,稳定运行的转速 n 由负载线 $T_{em}=T_L$ 与机械特性曲线交点的横坐标决定,如图 6-34 所示。$\alpha=\alpha_1$ 时,转速为 n_1;$\alpha=\alpha_2$ 时,转速为 n_2,……而且,$n_1<n_2<n_3<n_4<n_5$。

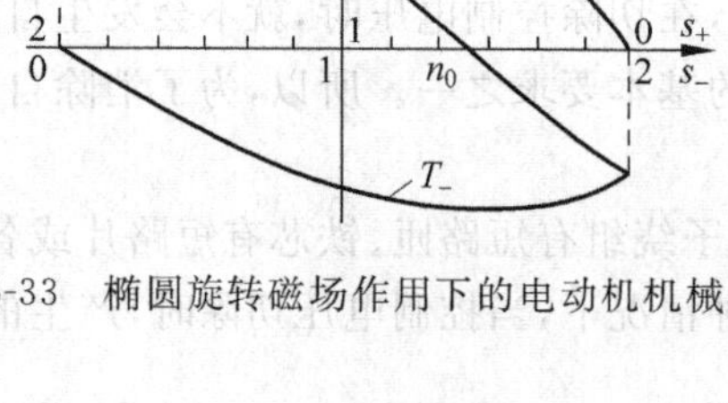

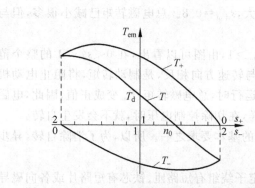

图 6-33 椭圆旋转磁场作用下的电动机机械特性

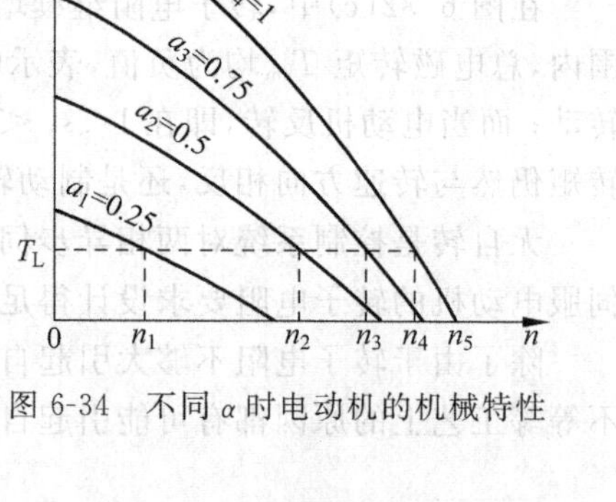

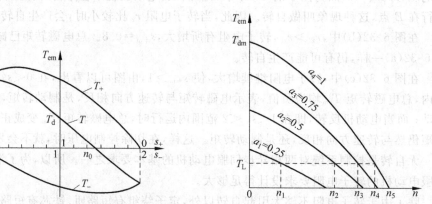

图 6-34 不同 α 时电动机的机械特性

可见，改变 α 时，即改变了椭圆旋转磁场的椭圆度，可以使机械特性曲线上升或下降，从而改变电动机的转速。这就是两相交流伺服电动机转速的控制原理。

6.6　两相异步伺服电动机的控制方法及静态特性

6.6.1　两相异步伺服电动机的控制方法

作为控制系统执行元件的两相异步伺服电动机，在运行中，转速通常不是恒定不变的，而是随控制电压的改变在不断变化着。从 6.5 节的分析知道，控制异步伺服电动机转速的过程，就是改变椭圆旋转磁场椭圆度的过程。从两相脉振磁场合成椭圆旋转磁场的分析，可以得出改变椭圆旋转磁场椭圆度的方法有三种：①改变脉振磁场（通常是控制相）的幅值；②改变两相脉振磁场的时间相位差；③脉振磁场的幅值及相位差同时改变。

1. 幅值控制

幅值控制就是将励磁绕组加上恒定的额定励磁电压 $\dot{U}_{jN}$，并保持励磁电压和控制电压相位差 90°不变，改变控制电压的大小，以实现对伺服电动机转速的控制，图 6-35 为幅值控制的原理线路及电压相量图。

幅值控制需要有相位差 90°的两相电源，但在实际工作中，很少有现成的 90°相移的两相电源，经常利用三相电源相电压和线电压之间的关系来制造两相电源。例如，对于有中点的三相电源，可取一相相电压和另外两相的线电压来构成相位差 90°的两相电源，如图 6-36 中的 $\dot{U}_A$ 和 $\dot{U}_{BC}$ 所示。如果三相电源无中点，可把一个带中心抽头 D 的铁芯电抗线圈（或变压器绕组）两端接到三相电源的 BC 两相上，如图 6-37 所示，这时，$\dot{U}_{AD}$ 和 $\dot{U}_{BC}$ 相位差 90°。此外，还可以采用电子移相网络移相，请参考有关书籍。

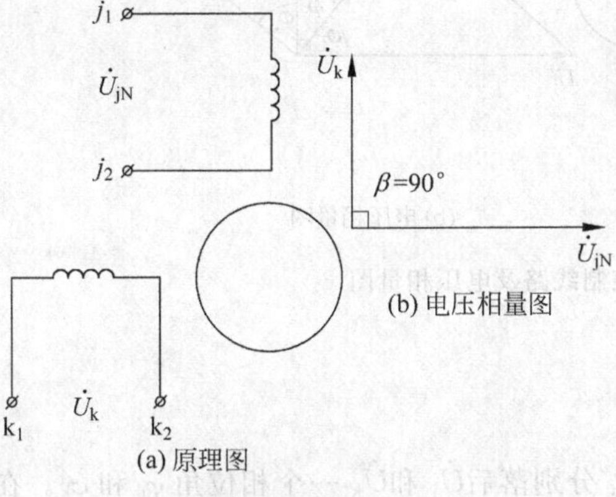

图 6-35　幅值控制原理图和电压相量图

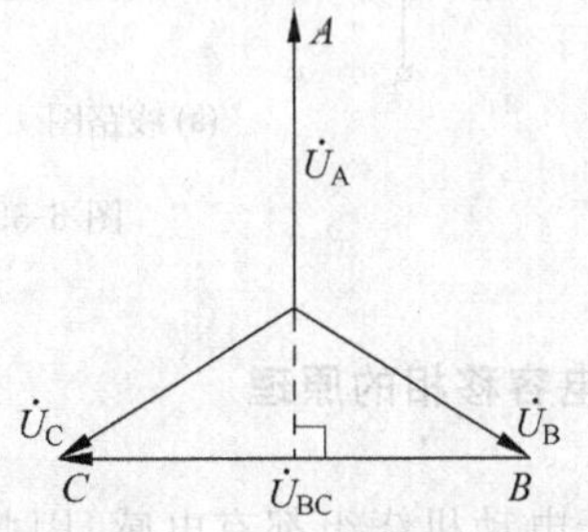

图 6-36　$\dot{U}_A$ 与 $\dot{U}_{BC}$ 构成的两相电源

2. 相位控制

相位控制是保持控制电压和励磁电压的幅值为额定值不变，改变它们之间的相位差。

相位控制的电压相量图示于图 6-38。

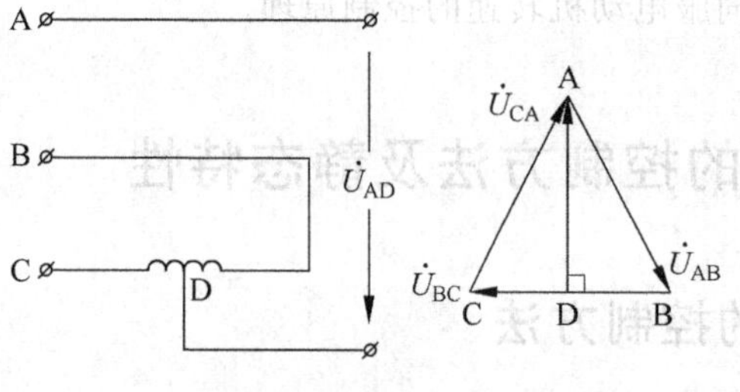

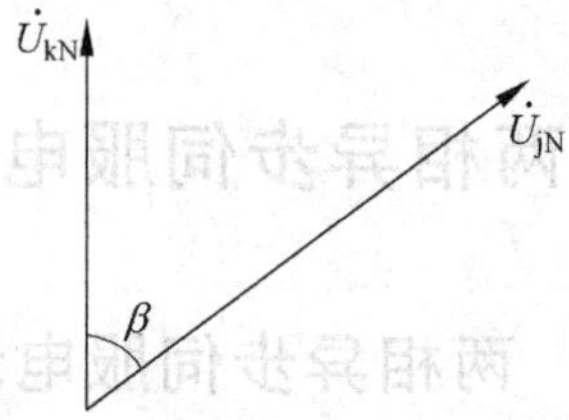

图 6-37　$\dot{U}_{AD}$与$\dot{U}_{BC}$构成的两相电源　　　　图 6-38　相位控制的电压相量图

相位控制中两相电压相位差角的改变需要一套移相器，而且，这种控制的控制功率较大，效率较低，一般很少采用。

3. 幅相控制

幅相控制是励磁绕组和控制绕组接在同一个单相电源上，并在其中一个单相(常在励磁相)电路中串联或并联上一定的电容(该电容叫移相电容)，以便使$\dot{U}_j$ 和$\dot{U}_k$ 相位差 90°，当改变$\dot{U}_k$ 的大小进行控制时，$\dot{U}_j$ 和$\dot{U}_k$ 相位差也随转速的改变而变化，因此，这种控制方法叫做幅相控制，又叫电容控制。这种方法简单方便，因此获得较为普遍的应用，图 6-39 为幅相控制的原理线路及其电压相量图。

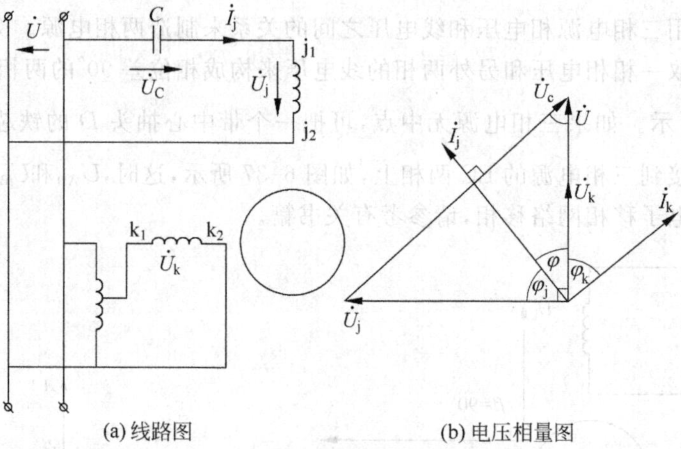

图 6-39　幅相控制线路及电压相量图

4. 电容移相的原理

由于电动机绕组都有电感，因此$\dot{I}_j$ 和$\dot{I}_k$ 分别落后$\dot{U}_j$ 和$\dot{U}_k$ 一个相位角 φ_j 和 φ_k。在励磁回路串联适当的电容 C，使励磁回路总阻抗呈容性。因容性电路中的电流相位超前电压相位，于是$\dot{I}_j$ 超前$\dot{U}$一个角度 φ，而$\dot{U}_C$ 落后于$\dot{I}_j$ 相位 90°，且$\dot{U}=\dot{U}_j+\dot{U}_C$，只要电容 C 的数值适当，就可以使$\dot{U}_j$ 和$\dot{U}$相位差为 90°。

下面推导$\dot{U}_j$ 和$\dot{U}_k$ 相位为 90°时，移相电容的计算公式。

由图 6-39 的电压相量图可知，当$\dot{U}$和$\dot{U}_j$ 相位差为 90°时，有

$$\frac{U_j}{U_C}=\sin\varphi_j$$

把 $U_j=I_j z_j$，$U_C=I_j x_C$ 代入上式得

$$\frac{U_j}{U_C}=\frac{z_j}{x_C}=\frac{z_j}{\dfrac{1}{\omega C}}=2\pi fCz_j=\sin\varphi_j$$

所以

$$C=\frac{\sin\varphi_j}{2\pi fz_j}(\mathrm{F})=\frac{\sin\varphi_j}{2\pi fz_j}\times 10^6(\mu\mathrm{F}) \tag{6-60}$$

值得注意的是，串联电容移相后，励磁绕组上的电压 U_j，特别是电容器上的电压 U_C，往往高于电源电压 U，这是因为

$$U_C=U\sec\varphi_j \tag{6-61}$$

$$U_j=U\tan\varphi_j \tag{6-62}$$

$\sec\varphi_j>1$，则 $U_C>U$。通常 $\tan\varphi_j$ 也大于 1，因此，U_j 也常常大于 U。

此外，还必须指出，由于转子电流是随转速而变化的，因而，使励磁电流也随转子转速而变化。因此，励磁阻抗 z_j 及其幅角 φ_j 也都随转速而改变，这样，在某一转速下所确定的移相电容值，只能在该转速下保证$\dot{U}_j$ 和$\dot{U}_k$ 移相 90°，当转速改变之后，$\dot{U}_j$ 和$\dot{U}_k$ 的相位差就不是 90°了。那么，所串联的移相电容究竟在什么转速下确定呢？通常要求电动机起动时建立圆形旋转磁场，以便产生最大的起动转矩。因此，移相电容通常在转速为零时确定，并用 C_0 表示。由式(6-60)有

$$C_0=\frac{\sin\varphi_{j0}}{2\pi fz_{j0}}\times 10^6(\mu\mathrm{F}) \tag{6-63}$$

式中，z_{j0}——转速为零时励磁阻抗的模；

φ_{j0}——转速为零时励磁阻抗的幅角。

由式(6-63)可知，只要知道了 φ_{j0} 及 z_{j0}，就可以计算出$\dot{U}_j$ 与$\dot{U}_k$ 相位差 90°所需要的电容值 C_0。

下面研究用实验的方法确定 φ_{j0} 及 z_{j0}，试验线路示于图 6-40(a)。控制绕组上不加电压，因而转子不动，励磁绕组并联一个带开关的可变电容器，保持电源电压$\dot{U}$不变，先打开开关 K，用电压表和电流表测 U_{j0} 和 I_{j0}，于是 z_{j0} 为

$$z_{j0}=\frac{U_{j0}}{I_{j0}} \tag{6-64}$$

合上开关 K，调节可变电容器 C，使电流表指示最小，记下此时电流值 I_{ja}，I_{ja}是励磁电流的有功分量。因为$\dot{I}_j$ 落后于$\dot{U}_j$ 一个 φ_j 角，把$\dot{I}_j$ 分解成有功分量$\dot{I}_{ja}$和无功分量$\dot{I}_{jr}$。$\dot{I}_{ja}$与$\dot{U}_j$ 同相，$\dot{I}_{jr}$落后$\dot{U}_j$90°。而并联电容 C 之后，电容器中有电流$\dot{I}_C$ 流过，$\dot{I}_C$ 超前$\dot{U}_j$90°，改变电容量的大小，可以使$\dot{I}_C$ 和$\dot{I}_{jr}$相等，即$\dot{I}_C$ 补偿了$\dot{I}_{jr}$，此时电流即为最小，就是$\dot{I}_{ja}$。此时的电流相量图示于图 6-40(b)。由图可知

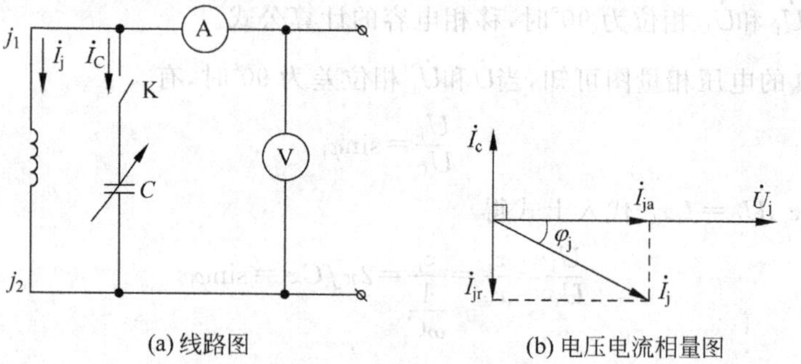

(a) 线路图　(b) 电压电流相量图

图 6-40　φ_{j0} 及 z_{j0} 的确定

$$\cos\varphi_{j0}=\frac{I_{ja}}{I_j}$$

所以

$$\sin\varphi_{j0} = \sqrt{1-\cos^2\varphi_{j0}} = \sqrt{1-\left(\frac{I_{ja}}{I_j}\right)^2} \tag{6-65}$$

将式(6-64)及式(6-65)代入式(6-62)得

$$C_0 = \frac{\sqrt{1-\left(\frac{I_{ja}}{I_j}\right)^2}}{2\pi f\frac{U_j}{I_j}}\times 10^6(\mu\text{F}) \tag{6-66}$$

除了用上述方法确定 C_0 之外,还可以用示波器观察李萨如图形来确定,试验线路示于图 6-41。控制绕组不加电压,电机不转,将$\dot{U}$和$\dot{U}_j$ 分别送入示波器的 X 轴和 Y 轴,改变电容值,使示波器上出现直立的椭圆。此时表明$\dot{U}$和$\dot{U}_j$ 有 90°相位差,电容值即为 C_0。

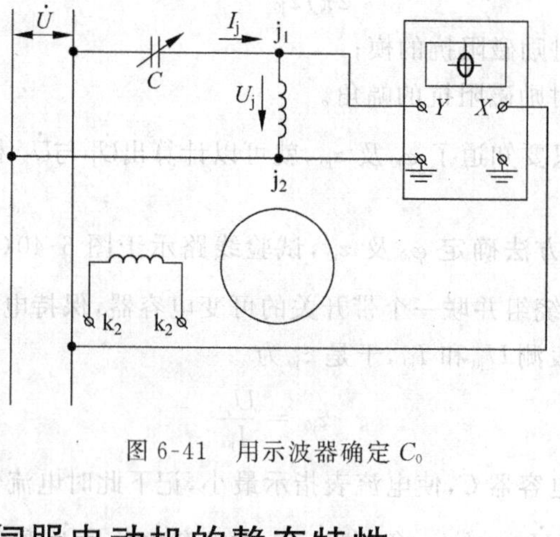

图 6-41　用示波器确定 C_0

6.6.2　两相异步伺服电动机的静态特性

两相交流伺服电动机的静态特性主要有机械特性和控制特性,控制方法不同,电动机的静态特性也有所不同。

1. 幅值控制时的机械特性和控制特性

1）有效信号系数 α_e

幅值控制是指$\dot{U}_j=\dot{U}_{jN}$，$\dot{U}_j$ 与$\dot{U}_k$ 的相位差 $\beta=90°$不变，用改变$\dot{U}_k$ 的幅值来控制电动机转速。为了方便，$\dot{U}_k$ 的大小常用其相对值 α_e 来表示。

$$\alpha_e=\frac{U_k}{U_{kN}} \tag{6-67}$$

式中，U_k——实际控制电压；

U_{kN}——额定控制电压。

由于 U_k 表征对伺服电动机所施加的控制电压信号，所以 α_e 又称有效信号系数。U_k 在 $0\sim U_{kN}$变化，则 α_e 在 0～1 变化。当 $U_k=0$ 时，$\alpha_e=0$，电动机磁场是一个脉振磁场；当 $U_k=U_{kN}$时，$\alpha_e=1$，电动机处于对称状态，是圆形旋转磁场；又当 $0<U_k<U_{kN}$，即 $0<\alpha_e<1$ 时，电动机处于不对称的椭圆旋转磁场状态。由此可见，α_e 的大小不但表示控制电压的大小，而且也描述了旋转磁场的椭圆度，即表示了电动机不对称运行的程度，因此，可以说 α_e 与表示磁场椭圆度的 $\alpha\left(\alpha=\frac{B_{km}}{B_{jm}}\right)$是一样的，下面证明 $\alpha_e\approx\alpha$。

幅值控制时，$U_j=U_{jN}$不变，此时，B_{jm}也不变，可记为 B_{jmN}，于是 $\alpha=\frac{B_{km}}{B_{jmN}}$。由于定子绕组阻抗压降相对绕组感应电势来说很小，可以忽略。所以，由电压平衡方程式可得

$$U_k\approx E_k$$

当 $U_k=U_{kN}$，$U_{kN}\approx E_{kN}$。

又由于绕组感应电势与绕组脉振磁通幅值成正比，即

$$E_k=4.44fW_k\Phi_{km}$$
$$E_{kN}=4.44fW_k\Phi_{kmN}$$

所以

$$\alpha_e=\frac{U_k}{U_{kN}}\approx\frac{E_k}{E_{kN}}=\frac{\Phi_{km}}{\Phi_{kmN}}=\frac{B_{km}}{B_{kmN}}$$

当 $U_k=U_{kN}$时，磁场是圆形旋转磁场，即 $B_{jmN}=B_{kmN}$，所以

$$\alpha_e\approx\frac{B_{km}}{B_{jmN}}=\alpha$$

2）幅值控制时的机械特性

幅值控制时，当 U_k 不变，即 α_e 一定时，电磁转矩与转差率 s（或转速 n）的关系曲线 $T_{em}=f(s)$（或 $T_{em}=f(n)$）是一条椭圆旋转磁场作用下的电动机机械特性，6.5.4 节已经分析过椭圆旋转磁场作用下的电动机特性，并做出了不同 α 时的机械特性曲线簇（见图 6-34）。由于 $\alpha_e\approx\alpha$，因此，不同有效信号系数 α_e 时电动机的机械特性曲线簇也和图 6-42 的曲线簇相似（见图 6-42）。

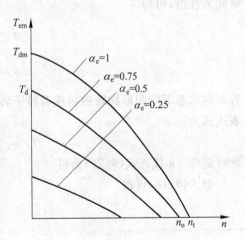

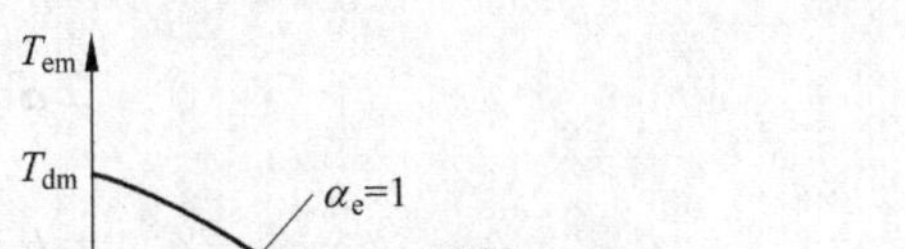

图 6-42　不同 α_e 时电动机的机械特性

$\alpha_e=1$ 为圆形旋转磁场,此时,反向旋转磁场磁密 $B_-=0$,理想空载转速为 n_t,堵转转矩为 T_{dm}。随着 α_e 的减小,磁场椭圆度增大,B_- 也随着增大,机械特性曲线下降,理想空载转速 n_0 和堵转转矩 T_d 也随着下降,可以证明①

$$T_d=\alpha_e T_{dm} \tag{6-68}$$

$$n_0=\frac{2\alpha_e}{1+\alpha_e^2}n_t \tag{6-69}$$

3) 机械特性实用表达式

通常,制造厂提供给用户的是对称状态下($\alpha_e=1$)的机械特性曲线。但是,在系统设计时,常常需要不对称状态下的电动机机械特性曲线,那么,能否由对称状态下的机械特性曲线求出不对称状态下的机械特性曲线呢?下面就分析这个问题。

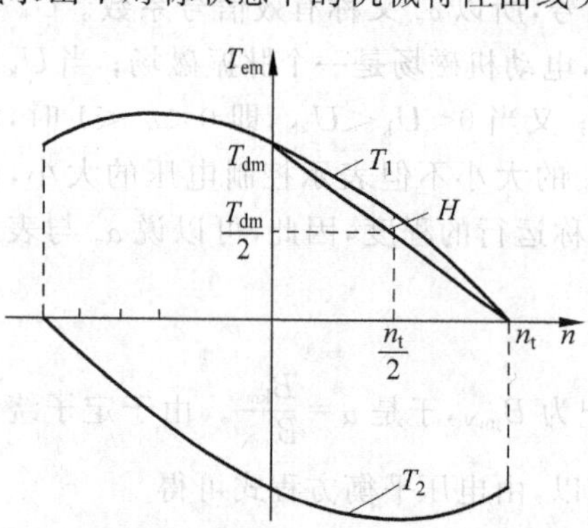

图 6-43 推导机械特性使用表达式

若对称状态下电动机的机械特性是图 6-43 中的曲线 T_1,用数学方法处理,T_1 可以用转速 n 的高次多项式来近似表达,对于一般的交流伺服电动机,由于机械特性接近直线,故取高次多项式的前三项已有足够的精度,即

$$T_1=T_{dm}+bn+an^2 \tag{6-70}$$

式中,系数 a、b 可由下面两个条件确定:

当 $n=\frac{n_t}{2}$ 时,

$$T_1=\frac{T_{dm}}{2}+H$$

$n=n_t$ 时,

$$T_1=0$$

将上面两个条件代入式(6-70),得到下面的方程组:

$$\begin{cases}\frac{T_{dm}}{2}+H=T_{dm}+b\frac{n_t}{2}+\frac{an_t^2}{4}\\ 0=T_{dm}+bn_t+an_t^2\end{cases}$$

解此方程组,可得

$$a=\frac{-4H}{n_t^2} \tag{6-71}$$

$$b=\frac{4H-T_{dm}}{n_t} \tag{6-72}$$

若对称状态下的圆形旋转磁场逆着转子转向旋转,其机械特性为图 6-43 中的 T_2,则 T_2 的表达式为

$$T_2=T_{dm}-bn+an^2 \tag{6-73}$$

此时是将 $-n$ 代入式(6-70)而得。

据式(6-48)可得

$$T_1\propto B_m^2$$

① 证明在机械特性实用表达式之后。

或
$$T_1=k_1B_{\mathrm{m}}^2=k_1B_{\mathrm{jm}}^2$$
同理
$$T_2\propto B_{\mathrm{m}}^2$$
或
$$T_2=k_2B_{\mathrm{jm}}^2$$
式中，k_1、k_2——比例常数。

当电动机处于不对称运行时，椭圆旋转磁场可分解为 B_+ 和 B_-，它们所对应的电磁转矩为 T_+ 和 T_- 应该正比于 B_+ 和 B_- 幅值的平方，即
$$T_+\propto B_+^2$$
或
$$T_+=k_1\left(\frac{1+\alpha}{2}B_{\mathrm{jm}}\right)^2$$
$$T_-\propto B_-^2$$
或
$$T_-=k_2\left(\frac{1-\alpha}{2}B_{\mathrm{jm}}\right)^2$$
$$\frac{T_+}{T_1}=\left(\frac{1+\alpha}{2}\right)^2$$
或
$$T_+=\left(\frac{1+\alpha}{2}\right)^2T_1=\left(\frac{1+\alpha}{2}\right)^2(T_{\mathrm{dm}}+bn+an^2)$$
同理
$$\frac{T_-}{T_2}=\left(\frac{1-\alpha}{2}\right)^2$$
或
$$T_-=\left(\frac{1-\alpha}{2}\right)^2T_2=\left(\frac{1-\alpha}{2}\right)^2(T_{\mathrm{dm}}-bn+an^2)$$
椭圆旋转磁场作用下的合成转矩为
$$\begin{aligned}T&=T_+-T_-\\&=\left(\frac{1+\alpha}{2}\right)^2(T_{\mathrm{dm}}+bn+an^2)-\left(\frac{1-\alpha}{2}\right)^2(T_{\mathrm{dm}}-bn+an^2)\\&=\alpha T_{\mathrm{dm}}+\frac{b}{2}(1+\alpha)^2n+\alpha an^2\end{aligned}$$
因为 $\alpha_{\mathrm{e}}\approx\alpha$，所以
$$T=\alpha_{\mathrm{e}}T_{\mathrm{dm}}+\frac{b}{2}(1+\alpha_{\mathrm{e}})^2n+\alpha_{\mathrm{e}}an^2 \tag{6-74}$$
这就是要推导的机械特性实用表达式。只要知道对称状态下的电动机机械特性曲线 T_1，就有了 T_{dm} 和 n_{t} 这两个参数，然后通过作图确定出 H，利用 T_{dm}、n_{t} 和 H，根据式(6-71)及式(6-72)就可确定 a、b 两个常数，于是，就可列出任意有效信号系数 α_{e} 作用下的电动机机械特性曲线的近似表达式，对应的机械特性曲线也就画出来了。

下面证明式(6-68)和式(6-69)。

为了方便，在求 $\alpha_{\mathrm{e}}<1$ 的理想空载转速 n_0 和堵转转矩 T_{d} 时，用直线代替实际的机械特性曲线，如图 6-44 所示，此时直线的方程式应去掉式(6-74)中的转速平方项，即 $a=0$，可得
$$T=\alpha_{\mathrm{e}}T_{\mathrm{dm}}+\frac{b}{2}(1+\alpha_{\mathrm{e}})^2n \tag{6-75}$$

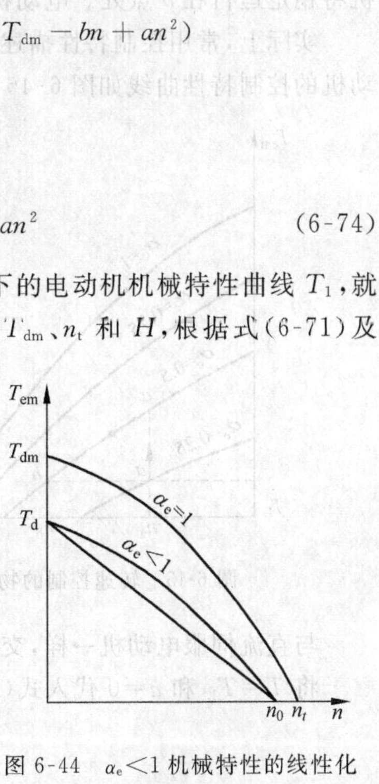

图 6-44　$\alpha_{\mathrm{e}}<1$ 机械特性的线性化

式中,常数 b 可由式(6-72)求得(因为 $a=0$,所以 $H=0$)

$$b=\frac{-T_{dm}}{n_t}$$

代入式(6-74)得

$$T=\alpha_e T_{dm}-\frac{T_{dm}}{n_t}\frac{1+\alpha_e^2}{2}n \tag{6-76}$$

当 $n=0$ 时,$T=T_d$,由式(6-76)可得

$$T_d=\alpha_e T_{dm}$$

当 $T=0$ 时,$n=n_0$,由式(6-76)可得

$$n_0=\frac{2\alpha_e}{1+\alpha_e^2}n_t$$

4) 幅值控制时的控制特性

当交流伺服电动机的负载转矩 T_L 恒定时,转速随控制电压(或 α_e)的变化曲线,即 $n=f(U_k)$(或 $n=f(\alpha_e)$)称为控制特性。

转速随控制电压(或 α_e)变化的物理过程可由机械特性曲线簇进行分析,见图 6-45。

若电动机的负载转矩 T_L,有效信号系数 $\alpha_e=0.25$ 时,电动机在机械特性曲线的 a 点运行,转速为 n_a。这时,电动机给出的电磁转矩与负载转矩相平衡。如果控制电压突然升高,例如,有效信号系数 α_e 从 0.25 突变到 0.5,若忽略电磁惯性,电磁转矩的增大可以认为瞬时完成,而此刻转速尚未来得及改变,因此,电动机运行的工作点就从 a 点突跳到 c 点。这样,电动机给出的电磁转矩将大于负载转矩,于是电动机加速,使工作点从 c 点沿着 $\alpha_e=0.5$ 的机械特性曲线下移,电磁转矩随之减小,直至电磁转矩重新与负载转矩相平衡。最终,电动机将稳定运行在 b 点处。电动机转速已经上升为 n_b,实现了转速的控制。

实际上,常用控制特性描述转速随控制信号连续变化的关系。幅值控制时,交流伺服电动机的控制特性曲线如图 6-46 所示。

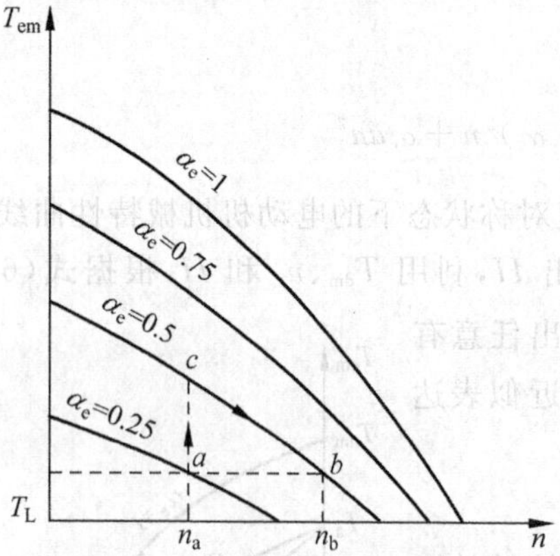

图 6-45 转速控制的物理过程

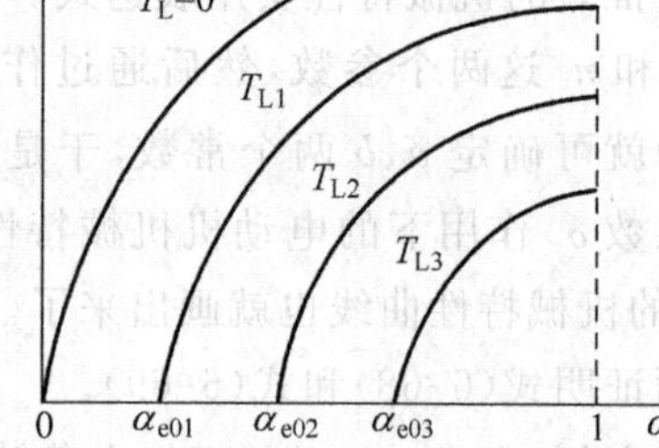

图 6-46 幅值控制控制特性

与直流伺服电动机一样,交流伺服电动机的控制特性也可以由机械特性曲线求得。将 $T=T_L$ 和 $n=0$ 代入式(6-74),可得到交流伺服电动机的死区有效信号系数 α_{e0}。

$$\alpha_{e0}=\frac{T_L}{T_{dm}} \tag{6-77}$$

2. 幅相控制时的机械特性和控制特性

(1) 励磁相电压、电流随转速的变化情况。

幅相控制时，移相电容通常只保证起动时建立圆形旋转磁场。当电动机转起来后，旋转磁场就由圆形变为椭圆了。在控制过程中，虽然只改变控制电压的幅值，但理论和实验都表明，转速变化时，励磁相的电压、电流都要随着变化，图 6-47 为它们随转速变化的曲线。

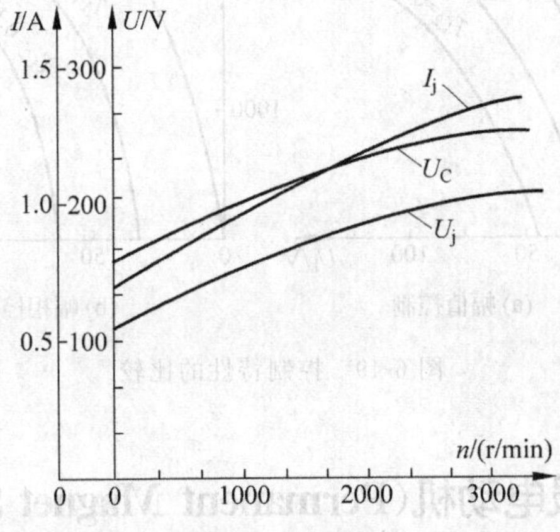

图 6-47 幅相控制时励磁相电压和电流的变化

(2) 机械特性和控制特性。

虽然伺服电动机的励磁绕组是通过移相电容接在恒定的交流电源上的，但由于励磁绕组两端的电压$\dot{U}_j$ 随转速升高而增高，相应地磁场椭圆度也发生很大的变化，这就使幅相控制的电动机特性与幅值控制有些差异，图 6-48(a)和图 6-48(b)分别为同一台电动机采用幅值控制和幅相控制时的机械特性。比较两者可以看出，幅相控制时电动机的特性比幅值控制时的非线性更为严重，这是由于励磁绕组两端的电压随转速升高而升高，磁场的椭圆度也随着增大，其中反向磁场的阻转矩作用在高速段更为严重，从而使机械特性在低速段随着转速的升高转矩下降得很慢，而在高速段，转矩下降得快，于是，机械特性在低速段出现了鼓包现象，即在低速段机械特性负的斜率值降低，时间常数增大，影响电动机运行的稳定性及反

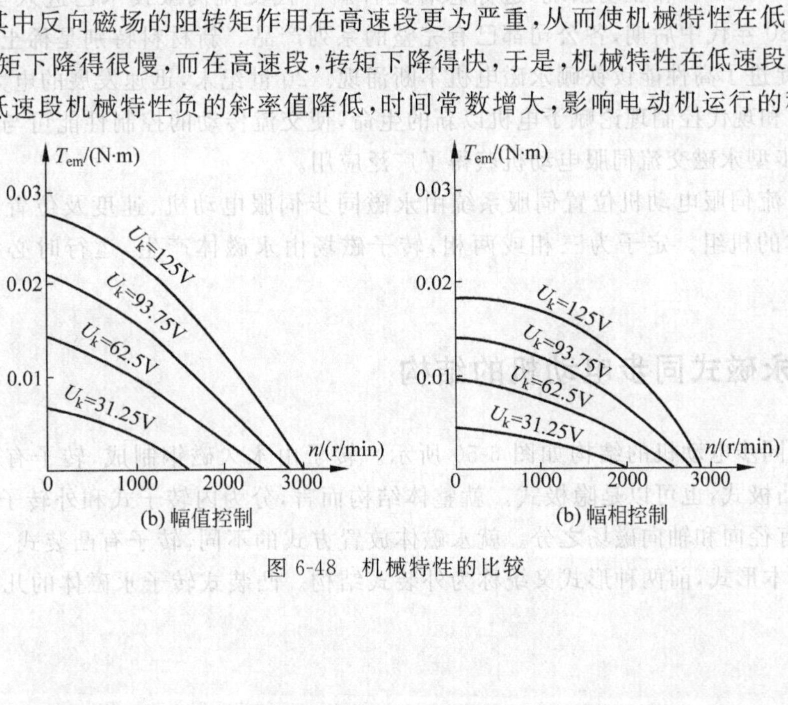

图 6-48 机械特性的比较

应的快速性。图 6-49(a)和图 6-49(b)分别为同一台电动机幅值控制和幅相控制时的控制特性。

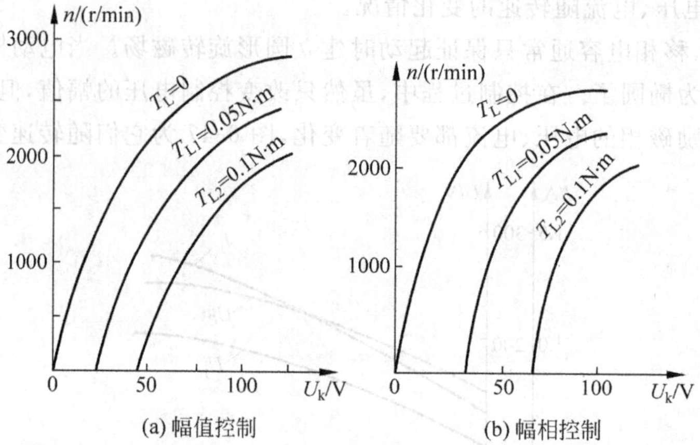

图 6-49 控制特性的比较

6.7 永磁同步伺服电动机(Permanent Magnet Synchronous Motor)

6.7.1 概述

20 世纪 20 年代 Park 提出电机坐标变换理论,1969 年 Hasse 提出矢量控制概念,1971 年 Blaschke 完善交流电机矢量控制理论,引起交流电机调速控制的划时代变革,为高性能的交流传动控制奠定了理论基础。自从德国 MANNESMANN 的 Rexroth 公司的 Indramat 分部在 1978 年汉诺威贸易博览会上正式推出 MAC 永磁交流伺服电动机(Permanent Magnet Synchronous Motor)和驱动系统,这标志着此种新一代交流伺服技术已进入实用化阶段。到 20 世纪 80 年代中后期,各公司都已有完整的系列产品。新材料特别是稀土永磁材料的迅速发展,促进了高性能钕铁硼永磁电机不断涌现。20 世纪末,迅速发展的电力电子技术、微电子技术和现代控制理论赋予电机以新的生命,使交流传动的控制性能可与直流传动相媲美,使同步型永磁交流伺服电动机获得了广泛应用。

永磁交流伺服电动机位置伺服系统由永磁同步伺服电动机、速度及位置检测元件同轴装成一体的机组。定子为三相或两相,转子磁场由永磁体产生,运行时必须配伺服驱动器。

6.7.2 永磁式同步电动机的结构

永磁式同步电动机的结构如图 6-50 所示。转子由永久磁钢制成,转子有多种结构形式,可以是凸极式,也可以是隐极式。就整体结构而言,分为内转子式和外转子式;就磁场方向来说,有径向和轴向磁场之分。就永磁体放置方式的不同,转子有凸装式、嵌入式和内埋式三种基本形式,前两种形式又统称为外装式结构。凸装式转子永磁体的几种几何形状如图 6-51 所示。

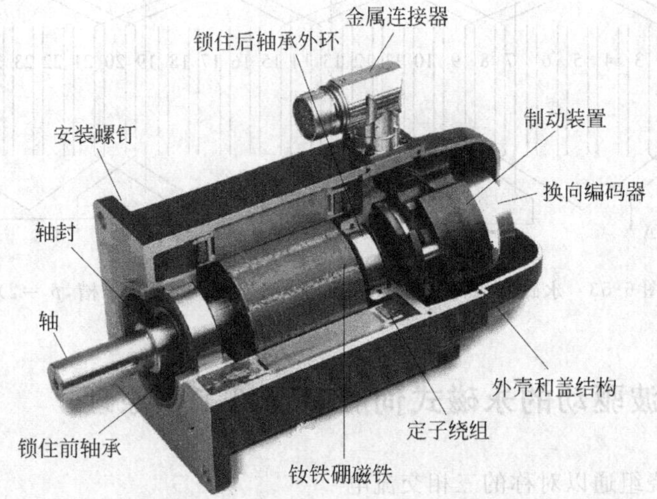

图 6-50　永磁交流伺服电动机结构图

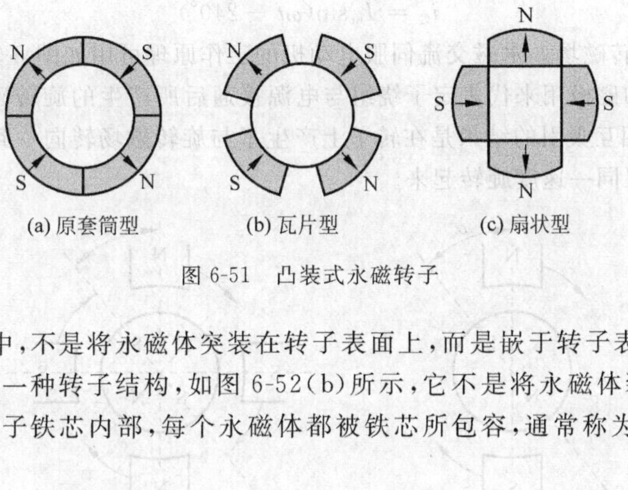

图 6-51　凸装式永磁转子

在图 6-52(a)中，不是将永磁体突装在转子表面上，而是嵌于转子表面下。将这种结构称为嵌入式。另一种转子结构，如图 6-52(b)所示，它不是将永磁体装在转子表面上，而是将其埋装在转子铁芯内部，每个永磁体都被铁芯所包容，通常称为内埋式永磁同步电动机。

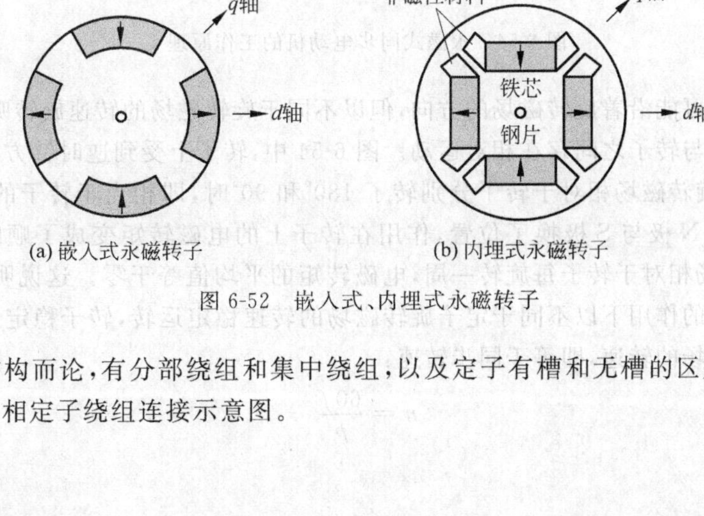

图 6-52　嵌入式、内埋式永磁转子

就定子结构而论，有分部绕组和集中绕组，以及定子有槽和无槽的区别。图 6-53 为 4 极永磁电机三相定子绕组连接示意图。

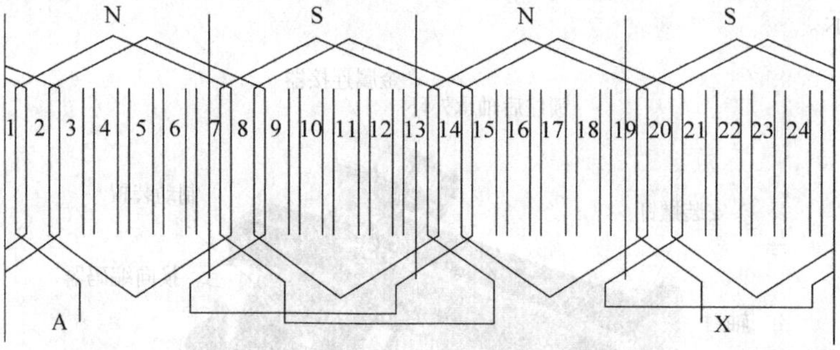

图 6-53 永磁交流伺服电动机定子绕组连接示意图(24 槽,$p=2$)

6.7.3 正弦波驱动的永磁式伺服电动机工作原理

当三相定子绕组通以对称的三相交流电

$$i_A = I_m \sin\omega t$$
$$i_B = I_m \sin(\omega t - 120^\circ)$$
$$i_C = I_m \sin(\omega t - 240^\circ)$$

时,将产生圆形旋转磁场。永磁交流伺服电动机的工作原理可用如图 6-54 所示的原理图来说明。图中旋转的磁极用来代表定子绕组与电源接通后所产生的旋转磁场,转子是隐极式的。N 极与 S 极相互吸引的结果是在转子上产生了与旋转磁场转向一致的电磁转矩,使转子随着旋转磁场以同一速度旋转起来。

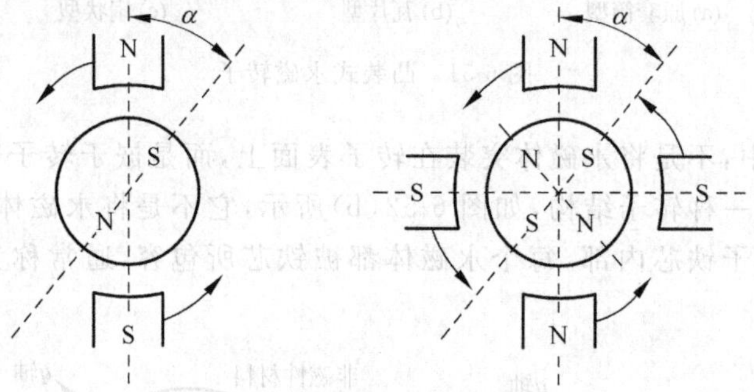

图 6-54 永磁式同步电动机的工作原理

转子是否有可能沿着旋转磁场的方向,但以不同于旋转磁场的转速旋转呢?如果这样,则定子旋转磁场与转子之间存在相对运动。图 6-54 中,转子上受到逆时针方向电磁转矩的作用,而当定子旋转磁场相对于转子分别转了 180°和 90°时,即相当于转子的位置不变,而定子旋转磁场的 N 极与 S 极换了位置,作用在转子上的电磁转矩变成了顺时针方向。因而,定子旋转磁场相对于转子每旋转一周,电磁转矩的平均值等于零。这说明,转子不可能在这种电磁转矩的作用下以不同于定子旋转磁场的转速稳定运转,转子稳定运转时的转速只能等于旋转磁场的转速,即等于同步转速:

$$n = \frac{60f}{p}$$

式中，f 是定子电流的频率，p 是电动机的极对数。

可见，只要 f 和 p 一定，转子的转速 n 就是恒定的。增加磁极对数 p，就可以做成低转速的同步电动机。

在两相交流伺服中，已经介绍了电角度这一概念，就可以把同步电动机的电磁转矩与定子、转子磁场轴线之间的关系统一起来：无论磁极对数 p 等于多少，当定子、转子磁场轴线之间的电角度 $\theta=0°$ 时，电磁转矩 $T=0$；当 θ 由 0°向 90°增加时，T 随之增加；当 $\theta=90°$ 时，T 最大。因此，当电动机的负载转矩增加时，稳定后的转速 n 虽然不变，θ 却相应增大。如果负载转矩超过最大同步转矩，电动机就会带不动负载，转速便会下降既而出现所谓的失步现象，直到转速下降为零。

6.7.4　永磁式伺服电动机的能量关系

永磁式同步电动机的功率流程图如图 6-55 所示。定子侧绕组输入电功率 P_1，能量一部分为定子绕组电阻所引起的铜耗功率 p_{Cu}，其他能量为由气隙传递到转子的电磁功率 P_{em}。其中，电磁功率 P_{em} 包括转子侧的机械输出功率 P_2、铁耗 p_{Fe}、风扇和轴承摩擦 p_{mec} 和包含高频损耗在内的附加损耗 $p_{\triangle}$。

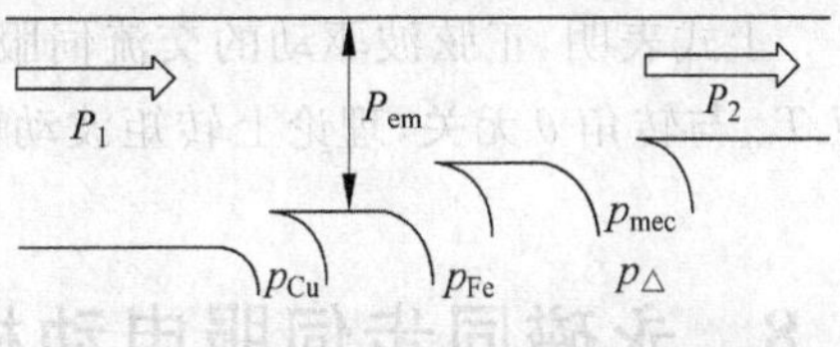

图 6-55　永磁式同步电动机的功率图

由能量守恒定律可得永磁同步电动机功率关系：

$$P_1 = p_{Cu} + P_{em}$$

$$P_{em} = P_2 + (p_{Fe} + p_{mec} + p_{\triangle}) = P_2 + p_0 \tag{6-78}$$

式中，p_0 为铁耗，机械耗及附加损耗之和，定义为空载损耗。式(6-78)两边同除以转子机械角速度 ω_m，即可得转矩平衡方程：

$$\frac{P_{em}}{\omega_m} = \frac{P_2}{\omega_m} + \frac{p_0}{\omega_m}$$

即

$$T_{em} = T_2 + T_0$$

为了提高电动机的伺服性能，同步交流伺服电动机都采用三相逆变器驱动，流入电动机电枢的电流波形是正弦波。与一般的同步电动机不同，它的每相绕组反电势也为正弦波，但每相正弦波反电势和相电流的频率是由转子转速决定的，通过转子位置传感器检测出转子相对于定子的绝对位置，由伺服驱动器强制产生出正弦波相电流，并使此电流与该相反电势严格保持同相。

三相绕组 A、B、C 各相的反电势和相电流可以表示如下：

$$\begin{cases} e_A = E\sin\theta \\ e_B = E\sin\left(\theta - \dfrac{2}{3}\pi\right) \\ e_C = E\sin\left(\theta - \dfrac{4}{3}\pi\right) \end{cases} \tag{6-79}$$

$$\begin{cases} i_A = I\sin\theta \\ i_B = I\sin\left(\theta - \frac{2}{3}\pi\right) \\ i_C = I\sin\left(\theta - \frac{4}{3}\pi\right) \end{cases} \tag{6-80}$$

式中,E 为相的反电势的幅值;I 为相电流幅值;θ 为转子转过的角度(电气角)。

已知输出电磁功率 P 和电磁转矩 T_{em} 为

$$T_{em} = \frac{P}{\omega} = \frac{\sum ei}{\omega} = \frac{1}{\omega}(e_A i_A + e_B i_B + e_C i_C)$$

将式(6-80)及式(6-81)代入上式,得到

$$T_{em} = \frac{3}{2}\frac{EI}{\omega} = \frac{3}{2}K'_e I \tag{6-81}$$

式中,$K'_e = \frac{E}{\omega}$——每相反电势系数(V/rad・s^2)

上式表明,正弦波驱动的交流伺服电动机具有线性的转矩/电流特性,而且瞬态电磁转矩 T_{em} 与转角 θ 无关,理论上转矩波动为零。

6.8 永磁同步伺服电动机的动态特性

6.8.1 坐标系

1. ABC 静止坐标系

通常的定子三相绕组轴线在空间位置上互差 120°的电角度,设在三相绕组中通以三相电流,在相位上互差 120°电角度,将产生一个旋转的强度不变的磁场,而像这样在空间上互差 120°的三相磁场所在的坐标系就是 ABC 坐标系。

2. α-β 静止坐标系

考虑两相对称绕组,其在空间位置上互相垂直,这个磁场所在的坐标系被称为 α-β 坐标系;如果在 α-β 组成的两相绕组内通入两相对称正弦电流时也会产生一个旋转磁场,参见两相异步伺服电动机。效果和三相绕组产生的一样。

3. d-q 旋转坐标系

如果在转子上放置两个互相垂直的直流绕组,将转子轴向定义为 d 轴(直轴),逆时针超前 90°方向为 q 轴(交轴),并通以两路直流电。当转子在空间旋转时,d、q 坐标系也在空间旋转,则仍然可以合成旋转磁场,而这一磁场所在的坐标系相当于 α-β 坐标系的极坐标变换,被称为 d-q 坐标系。

三种坐标系结构示意图如图 6-56 所示,其中 ABC 坐标系中的 A 相绕组轴线与坐标系中的 α 轴重合。转子的旋转速度即为转轴速度。

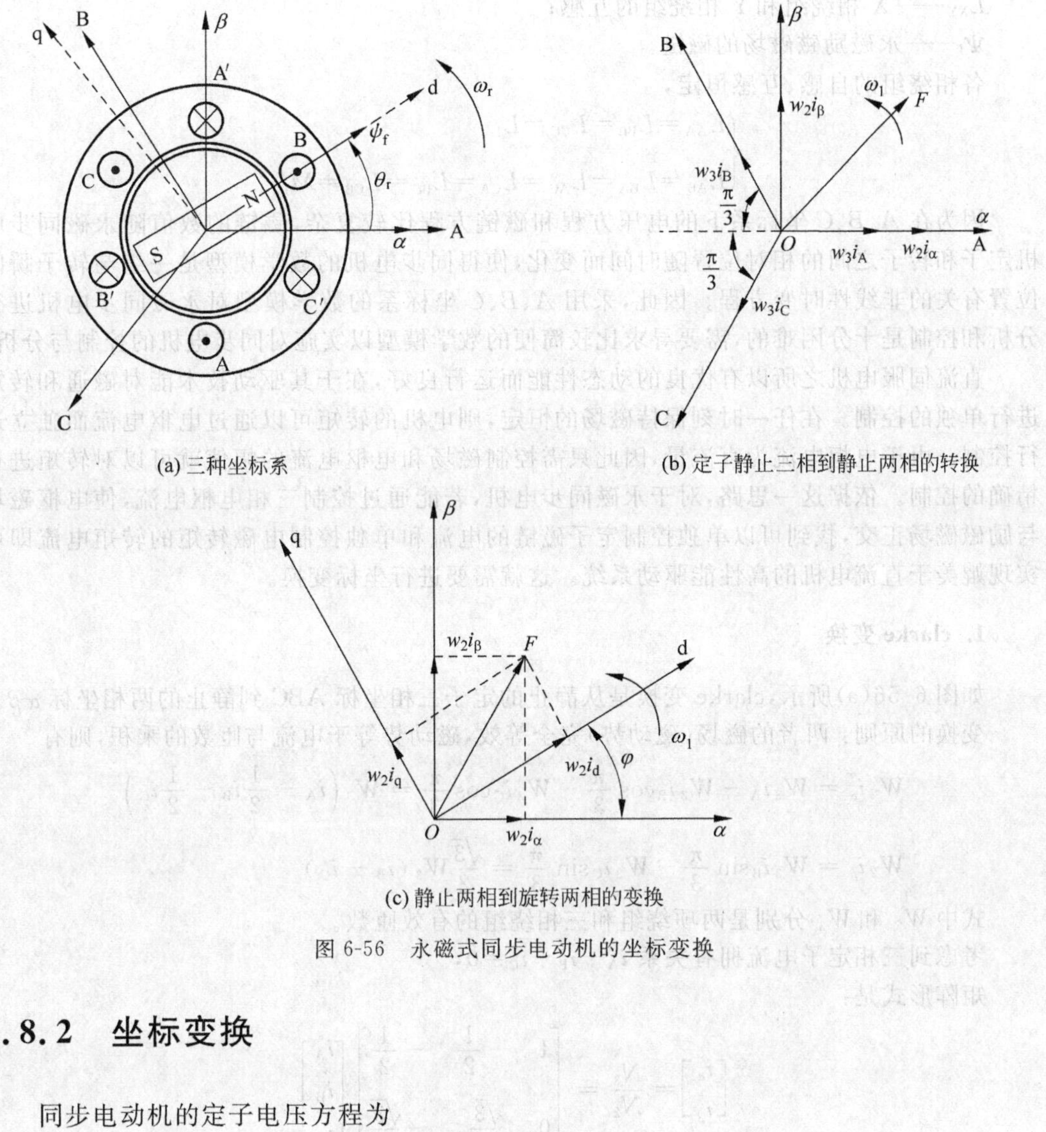

(a) 三种坐标系　　(b) 定子静止三相到静止两相的转换

(c) 静止两相到旋转两相的变换

图 6-56　永磁式同步电动机的坐标变换

6.8.2　坐标变换

同步电动机的定子电压方程为

$$
\begin{aligned}
u_A &= R_s i_A + \frac{d\Psi_A}{dt} \\
u_B &= R_s i_B + \frac{d\Psi_B}{dt} \\
u_C &= R_s i_C + \frac{d\Psi_C}{dt}
\end{aligned} \tag{6-82}
$$

磁链方程为

$$
\begin{aligned}
\Psi_A &= L_{AA} i_A + L_{AB} i_B + L_{AC} i_C + \Psi_f \cos\varphi \\
\Psi_B &= L_{BA} i_A + L_{BB} i_B + L_{BC} i_C + \Psi_f \cos(\varphi - 120°) \\
\Psi_C &= L_{CA} i_A + L_{CB} i_B + L_{CC} i_C + \Psi_f \cos(\varphi + 120°)
\end{aligned} \tag{6-83}
$$

式中，

L_{AA}、L_{BB}、L_{CC}——ABC 相绕组的自感；

L_{XY}——X 相绕组和 Y 相绕组的互感；

Ψ_f——永磁励磁磁场的磁链。

各相绕组的自感、互感恒定，

$$\begin{cases} L_{AA}=L_{BB}=L_{CC}=L_1 \\ L_{AB}=L_{BA}=L_{AC}=L_{CA}=L_{BC}=L_{CB}=M_1 \end{cases}$$

因为在 A、B、C 坐标系下的电压方程和磁链方程比较复杂，磁链的数值随永磁同步电机定子和转子之间的相对位置随时间而变化，使得同步电机的数学模型是一组与转子瞬间位置有关的非线性时变方程。因此，采用 A、B、C 坐标系的数学模型对永磁同步电机进行分析和控制是十分困难的，需要寻求比较简便的数学模型以实施对同步电机的控制与分析。

直流伺服电机之所以有优良的动态性能而运行良好，在于其驱动技术能对磁通和转矩进行单独的控制。在任一时刻保持磁场的恒定，则电机的转矩可以通过电枢电流而独立进行控制。由于电枢电流为直流量，因此只需控制磁场和电枢电流的幅值就可以对转矩进行精确的控制。依据这一思路，对于永磁同步电机，若能通过控制三相电枢电流，使电枢磁场与励磁磁场正交，找到可以单独控制定子磁链的电流和单独控制电磁转矩的转矩电流即可实现媲美于直流电机的高性能驱动系统。这就需要进行坐标变换。

1. clarke 变换

如图 6-56(a)所示，clarke 变换是从静止的定子三相坐标 ABC 到静止的两相坐标 α-β。变换的原则：两者的磁场(磁动势)完全等效，磁动势等于电流与匝数的乘积，则有

$$W_2 i_\alpha = W_3 i_A - W_3 i_B \cos\frac{\pi}{3} - W_3 i_C \cos\frac{\pi}{3} = W_3\left(i_A - \frac{1}{2}i_B - \frac{1}{2}i_C\right)$$

$$W_2 i_\beta = W_3 i_B \sin\frac{\pi}{3} - W_3 i_C \sin\frac{\pi}{3} = \frac{\sqrt{3}}{2}W_3(i_B - i_C)$$

式中 W_2 和 W_3 分别是两项绕组和三相绕组的有效匝数。

考虑到三相定子电流拥有关系 $i_A+i_B+i_C=0$，

矩阵形式是：

$$\begin{bmatrix} i_\alpha \\ i_\beta \end{bmatrix} = \frac{N_3}{N_2} = \begin{bmatrix} 1 & -\frac{1}{2} & -\frac{1}{2} \\ 0 & \frac{\sqrt{3}}{2} & -\frac{\sqrt{3}}{2} \end{bmatrix} \begin{bmatrix} i_A \\ i_B \\ i_C \end{bmatrix}$$

因为转换矩阵不是方阵，不能求逆。添加零轴电流坐标 i_0，转换矩阵添加与一线性无关的行。变换变为

$$\begin{bmatrix} i_\alpha \\ i_\beta \\ i_0 \end{bmatrix} = \frac{N_3}{N_2} \begin{bmatrix} 1 & -\frac{1}{2} & -\frac{1}{2} \\ 0 & \frac{\sqrt{3}}{2} & -\frac{\sqrt{3}}{2} \\ K & K & K \end{bmatrix} \begin{bmatrix} i_A \\ i_B \\ i_C \end{bmatrix} = C \begin{bmatrix} i_A \\ i_B \\ i_C \end{bmatrix}$$

利用 $C^{-1}=C^T$，即 $CC^T=E$ 得 $\left(\frac{N_3}{N_2}\right)^2 \begin{bmatrix} \frac{3}{2} & 0 & 0 \\ 0 & \frac{3}{2} & 0 \\ 0 & 0 & 3K^2 \end{bmatrix} = E$

得到$\frac{N_3}{N_2}=\sqrt{\frac{2}{3}}$，$K=\frac{1}{\sqrt{2}}$，再去掉第三行，得到

$$\begin{bmatrix} i_\alpha \\ i_\beta \end{bmatrix}=\sqrt{\frac{2}{3}}\begin{bmatrix} 1 & -\frac{1}{2} & -\frac{1}{2} \\ 0 & \frac{\sqrt{3}}{2} & -\frac{\sqrt{3}}{2} \end{bmatrix}\begin{bmatrix} i_A \\ i_B \\ i_C \end{bmatrix} \tag{6-84}$$

这就是 Clarke 正变换，它唯一确定了从三相到两相之间为使磁场相同，电流值的变换。

$$\text{Clarke 逆变换}\ \begin{bmatrix} i_A \\ i_B \\ i_C \end{bmatrix}=\sqrt{\frac{2}{3}}\begin{bmatrix} 1 & 0 \\ -\frac{1}{2} & \frac{\sqrt{3}}{2} \\ -\frac{1}{2} & -\frac{\sqrt{3}}{2} \end{bmatrix}\begin{bmatrix} i_\alpha \\ i_\beta \end{bmatrix} \tag{6-85}$$

α、β 坐标系的磁链方程为

$$\Psi_\alpha = i_\alpha(L_d\cos^2\varphi + L_q\sin^2\varphi) + i_\beta(L_d - L_q)\sin\varphi\cos\varphi + \Psi_f\cos\varphi$$

$$\Psi_\beta = i_\beta(L_d\cos^2\varphi + L_q\sin^2\varphi) + i_\alpha(L_d - L_q)\sin\varphi\cos\varphi + \Psi_f\sin\varphi$$

其中 L_d、L_q 分别是同步电机直轴和交轴的电感。

在 α、β 坐标系中，经过线性变换使 ABC 三相坐标系中的电机数学模型得到一定简化，但由于 L_d、L_q 并不能保证相等，而且方程中仍不能消除对转子位置的依赖，因此分析同步电机时也不采用这个模型。

2. Park 变换

Park 变换是从静止的两相坐标系到固定在转子上的运动两相坐标系之间的转换。由图 6-56(c)可得到

$$\begin{bmatrix} i_d \\ i_q \end{bmatrix}=\begin{bmatrix} \cos\varphi & \sin\varphi \\ -\sin\varphi & \cos\varphi \end{bmatrix}\begin{bmatrix} i_\alpha \\ i_\beta \end{bmatrix} \tag{6-86}$$

3. Park 逆变换

$$\begin{bmatrix} i_\alpha \\ i_\beta \end{bmatrix}=\begin{bmatrix} \cos\varphi & -\sin\varphi \\ \sin\varphi & \cos\varphi \end{bmatrix}\begin{bmatrix} i_d \\ i_q \end{bmatrix} \tag{6-87}$$

永磁同步电机在 d、q 同步旋转坐标系的磁链和电压方程为

$$\begin{cases} u_d = R_s i_d + \dfrac{d\Psi_d}{dt} - \omega_r \Psi_q \\ u_q = R_s i_q + \dfrac{d\Psi_q}{dt} + \omega_r \Psi_d \\ \Psi_d = L_d i_d + \Psi_f \\ \Psi_q = L_q i_q \end{cases}$$

电机的电磁转矩方程为

$$T_{em} = p(\Psi_d i_q - \Psi_q i_d) = p(\Psi_f i_q + (L_d - L_q) i_d i_q) \tag{6-88}$$

从式(6-88)可以看出，永磁同步电机的电磁转矩基本上决定于电流 i_d、i_q 分量和转子磁链，最终转换为对定子电流矢量幅值和相位的控制。

6.8.3 矢量控制

1971年,德国西门子公司工程师F. Blaschke提出的矢量控制理论使交流电机得到与直流电机相媲美的控制性能,使交流电机控制理论获得第一次质的飞跃。在这之后的实践中,经过众多学者和工程技术人员的不断改进和完善,逐渐形成现今普遍应用的矢量控制闭环调速系统。矢量控制又称磁场定向控制,按同步旋转参考坐标定向方式又可分为转子磁场定向、气隙磁场定向和定子磁场定向控制。其中转子磁场定向可以得到自然的解耦控制,因而在实际中得到广泛应用。它的基本原理为:以转子磁链这一旋转空间矢量为参考坐标,将定子电流分解为相互正交的两个分量。一个与转子磁链同方向,代表定子电流励磁分量 i_d;另一个与转子磁链方向正交,代表定子电流转矩分量 i_q,然后分别对其进行独立控制,即实现解耦,以使交流电机获得像直流电机一样良好的动态特性。如果控制定子电流矢量落在 q 轴上,即令 $i_d=0$,$i_q=i_s$,则

$$T_{em} = p\Psi_f i_q$$

由于 Ψ_f 恒定,电磁转矩与定子电流的幅值成正比,控制定子电流幅值就能很好地控制电磁转矩,和直流电动机完全一样。需要准确地检测出转子 d 轴的空间位置,控制逆变器使三相定子的合成电流矢量位于 q 轴上。

6.9 交流伺服电动机的选择

6.9.1 两相交流伺服电动机的选择

1. 电源对电动机性能的影响

交流伺服电动机电源频率及电压数值和波形都对电动机运行性能有一定的影响。

1) 电压数值的影响

一台两相伺服电动机,既可采用电源移相,也可采用电容移相。电源移相时,电动机性能要比电容移相好。当电动机由电容移相改为电源移相时,要注意绕组电压的折算,因为制造厂提供的数据是电容移相时的数据。例如ADP-362电动机的数据为:励磁电压110V,励磁相移相电容0.5μF,最大控制电压(即额定控制电压)为125V。在上述条件下,电动机的效率最高。在额定工作点附近为圆形旋转磁场。若将这台电动机改用电源移相,则激磁电压不应为110V,而是116V。这是根据产生圆形旋转磁场的电压条件及已知ADP-362的匝数比 $W_j/W_k=1.33$ 而计算出来的。

电源电压的额定值一般允许变化±5%左右,电压太高,电机会发热,效率变低;电压太低,电机的性能会变坏,如堵转转矩和输出功率会明显下降,加速时间会增长。对电容移相的电动机,应注意励磁绕组两端电压会高于电源电压,而且随转速的上升而升高,如果超过额定值太多,会使电机过热。

2）电压波形的影响

在使用中，来自放大器信号中可能夹杂着一些干扰信号，这些干扰信号主要以正交分量及高次谐波分量的形式出现，它们对电动机性能有一定的影响。

正交分量$\dot{U}_z$是指与控制电压基波成 90°相移的电压分量，例如以自整角变压器、旋转变压器等作为敏感元件时，其零位电压中就存在这种正交分量。

如果伺服电动机的$\dot{U}_j$与$\dot{U}_k$之间的相位差为 90°，则$\dot{U}_z$与$\dot{U}_j$的相位移为 180°或 0°，如图 6-57(a)所示，这样，当$\dot{U}_k$消失时，电机中的磁场仍然是单相脉振磁场，电动机不会转动。$\dot{U}_z$对电动机的影响主要是在铁芯和绕组中产生附加的铁耗和铜耗，使电动机过热。但是，如果$\dot{U}_j$与$\dot{U}_k$相位差不是 90°，如图 6-57(b)所示，这时正交分量可以分解为$\dot{U}_z'$和$\dot{U}_z''$两个分量，其中，$\dot{U}_z''$与$\dot{U}_j$正交。这样，当$\dot{U}_k=0$时，$\dot{U}_j$与$\dot{U}_z''$形成旋转磁场，使电动机误动作，即产生自转现象。因此，如果放大器没有相敏特性（将正交分量滤掉），最好保证励磁电压和控制电压之间相位差 90°，至少应当保证转速 $n=0$ 时成 90°相位差。

如果在励磁电压中没有高次谐波，仅在控制电压中有高次谐波分量，则高次谐波只能产生高频脉振磁场，其影响也只是增加损耗，使电动机过热。但如果在励磁电压中也有高次谐波分量，则两相绕组的谐波分量可能要产生谐波旋转磁场，如励磁电压中三次谐波分量与控制电压中三次谐波分量相位不同，产生谐波旋转磁场，使电动机误动作，影响系统的准确度。为了削弱高次谐波分量的影响，可在控制绕组两端并联电容。此电容既可提高功率因数，又可起滤波作用。

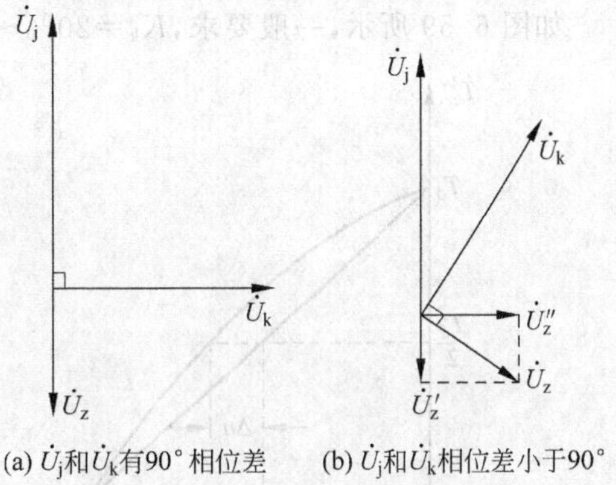

图 6-57　正交分量的影响

3）频率的影响

目前控制用电机常用的频率有工频和中频两类：工频为 50Hz（或 60Hz）；中频为 400Hz（或 500Hz）。使用时，工频电机不应该使用中频电源，中频电机也不应该使用工频电源，否则电机性能会变差。在不得已时，工频电源之间，或者中频电源之间也可以互相代替使用，但要随频率成正比地改变电压数值，而保持电流仍为额定值。这样，电机发热情况可以基本不变。500Hz/110V 激磁的电机如果用在 400Hz 的电源上，励磁电压 U_j 改为

$$U_j=\frac{400}{500}\times 110=88(\text{V})$$

一般来说，改用代用频率后，电机特性总要略差一些。

2. 两相伺服电动机的主要性能指标及技术数据

1）主要性能指标

① 空载始动电压 U_{ks}。

在额定激磁和空载状态下，使转子在任意位置开始连续转动所需要的最小控制电压

U_{ks}(以额定控制电压的百分比表示)。一般要求为 3%～4%U_{kN}。U_{ks}越小,表示伺服电动机的灵敏度越高。

② 机械特性非线性度 K_j。

在额定励磁电压下,任意控制电压时的实际机械特性与线性机械特性在 $T_d/2$ 时的转速偏差 Δn 与理想空载转速 n_0 之比的百分数,即

$$K_j=\frac{\Delta n}{n_0}\times 100\%$$

如图 6-58 所示。一般要求,$K_j=10\%\sim20\%$。K_j 越小,特性越接近直线,系统动态误差就越小。

③ 控制特性非线性度 K_k。

在额定励磁和空载状态下,当 $\alpha_e=0.7$ 时,实际控制电压与线性控制电压的转速偏差 Δn 与 $\alpha_e=1$ 时的空载转速 n_0'之比的百分数,即

$$K_k=\frac{\Delta n}{n_0'}\times 100\%$$

如图 6-59 所示,一般要求,$K_k=20\%\sim25\%$。K_k 对系统的影响与 K_j 相同。

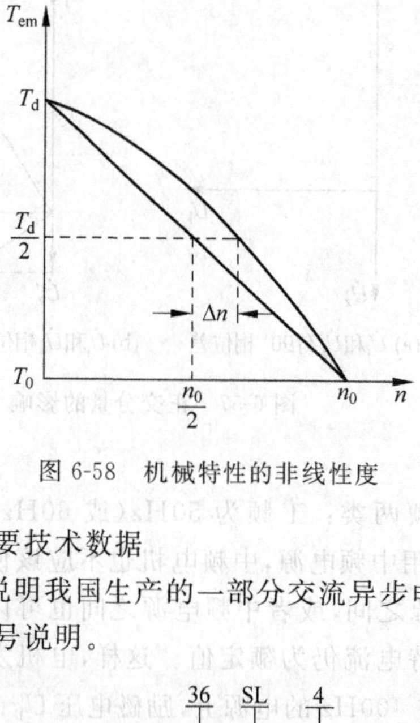

图 6-58　机械特性的非线性度

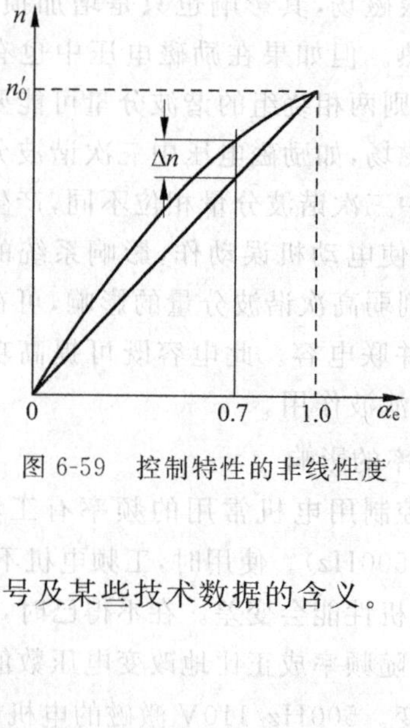

图 6-59　控制特性的非线性度

2) 主要技术数据

下面说明我国生产的一部分交流异步电动机型号及某些技术数据的含义。

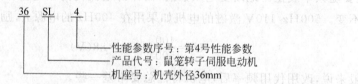

① 型号说明。

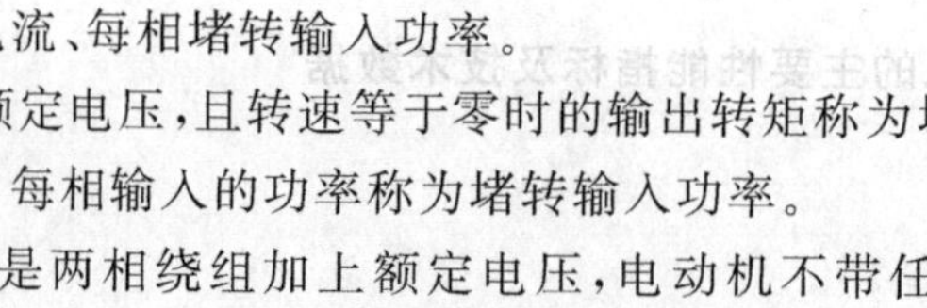

② 堵转转矩、堵转电流、每相堵转输入功率。

当定子两相绕组加额定电压,且转速等于零时的输出转矩称为堵转转矩;这时,两相绕组中的电流称堵转电流;每相输入的功率称为堵转输入功率。

③ 空载转速 n_0'指的是两相绕组加上额定电压,电动机不带任何负载时的转速,约为 $5/6n_t$。

④ 额定输出功率 P_2。当电动机处于对称状态时，输出功率 P_2 随转速 n 变化的情况如图 6-60 所示。当转速接近空载转速的一半时，输出功率最大，通常就把这点规定为交流伺服电动机的额定状态。电动机可以在这个状态下长期运行而不过热。这个最大输出功率就是电动机的额定输出功率 P_{2N}，对应于这个额定状态下的电磁转矩和转速称为额定转矩 T_N 和额定转速 n_N。

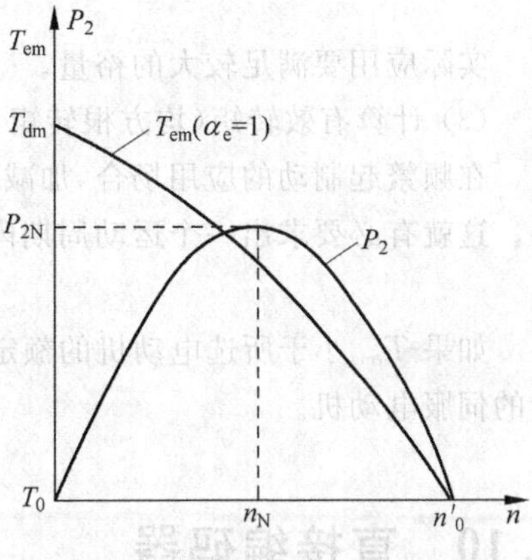

图 6-60 伺服电动机的额定状态

另外，选择交流伺服电动机要根据控制对象所要求的输出最大力矩，最大角速度和最大角速度等来考虑，这与选择直流伺服电动机的原则相同，此处不再重复。

6.9.2 永磁同步伺服电动机的选择

在一般情况下，设计者在选用电动机时，只要从电动机的输出功率、转速、保护方式三方面考虑选择电动机就可以了。

(1) 计算机械系统的等效惯量。

从交流伺服电动机的运动模式和转矩模式来看，在大多数情况下是处于过渡过程状态中，除了要考虑增大电流和功率之外，还必须充分考虑过渡过程的快速性问题。为此，应该考虑计算负载的转动惯量及电动机转子的转动惯量大小问题。从转子惯量大小来看，通常情况下，交流伺服电动机一般可分为超低惯量、低惯量、中惯量等几个档次。在负载机械起、制动频繁的场合，可选惯量小一些的伺服电动机，在要求低速运行平稳而又不频繁起动、制动时，则宜选择惯量值较大的伺服电动机。另外，由于折算到电动机轴上的负载等效惯量通常要限制在 2.5 倍的电动机惯量内，如何匹配两者之间的数值，使之既保证过渡过程的快速性，又不产生显著的振荡，保持平稳，这也是选择电动机时要考虑的一个因素。说明书中有选择惯量的推荐值。

(2) 在实际选择伺服电动机之前，还要预选电动机的功率。

在样本或铭牌上给出的输出功率是指电动机在额定转速下连续运行时，温升不超过规定时的输出功率。这一功率是按可以稳定运行的最大转速和额定转矩计算出来的。

先计算稳定工作时，负载所需要的功率 P_o 和折算到电机轴的负载转矩 T_L。额定功率 P_N(W)、额定转速 n_N(r/min)或额定转矩 T_N(N·m)代表电机的额定参数。这里

$$P_N=\frac{T_N n_N}{9.55}=T_N\omega_N$$

其中额定角速度 $\omega_N=\frac{n_N}{9.55}$(rad/s)。

一般高速电机的 n_N 比被控对象需要的最大转速高很多，故初选电机都从电机额定功率入手。办法是用负载最大角速度 ω_{max}(设计技术要求之一)和负载轴上的总力矩 T_Σ 为依据，初选执行电机的额定功率 P_N，应满足下式

$$P_N\geqslant P_o=T_\Sigma\omega_{max}$$

同时也要满足

$$T_N \geqslant T_L$$

实际应用要满足较大的裕量。

(3) 计算有效转矩(均方根转矩)。

在频繁起制动的应用场合,加减速时的电流要超过额定电流的很多倍,故其影响不可忽略。这就有必要求出一个运动周期内的有效转矩 T_{rms}。

$$T_{rms} \leqslant T_N$$

如果 T_{rms} 小于所选电动机的额定转矩,则选出的电动机可用。否则,就需要选择较大容量的伺服电动机。

6.10 直接编码器

直接编码器又称为码盘,它用来测量转动量(主要是转角)并把它们转换成数字信号而输出,直接编码器有两种基本形式,即增量式编码器(增量码盘)和绝对式编码器(绝对式码盘)。根据工作原理及结构,编码器又分为接触式、光电式和电磁式等类型。其中接触式是最老的一种,目前很少使用;光电式码盘是目前应用较多的一种,它没有触点磨损,允许转速高、精度高,缺点是结构复杂、价格贵;电磁式码盘也是无接触式码盘,具有寿命长、转速高、精度高等优点,是一种有发展前途的直接编码式测量元件。在此,只介绍光电式码盘。

6.10.1 增量式码盘

光电式增量码盘的结构原理见图 6-61。结构中最大的部分是一个圆盘,圆盘上刻有节距相等的辐射状窄缝,节距为 L。与圆盘对应的还有两组检测窄缝,它们的节距和圆盘上的节距是相等的。检测窄缝与圆盘的配置如图 6-61(b)所示。a、b 两组检测窄缝的位置错开 1/4 节距,其目的是使 A、B 两个光电转换器的输出信号在相位上相差 90°。两组检测缝是固定不动的,圆盘与被测轴相连。

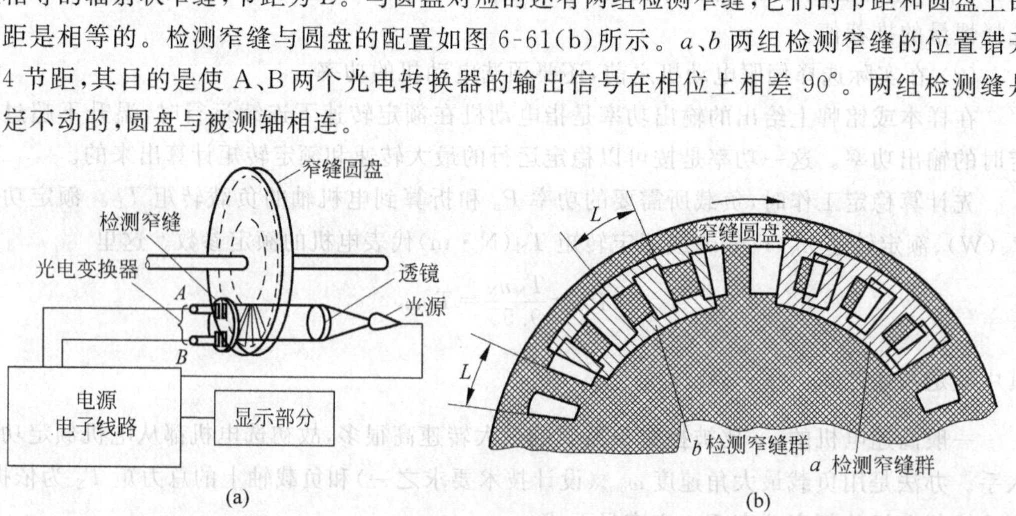

图 6-61 光电式增量码盘的结构原理图

当圆盘随着被测轴转动时，检测窄缝不动，光线透过圆盘窄缝和检测窄缝照到光电转换器 A 和 B 上，A 和 B 就输出两个相位相差 90°的近似正弦波的电信号，电信号经逻辑电路处理、计数后就可以辨别转动方向，得到转角和转速。

光电码盘信号处理线路方框图和信号波如图 6-62 所示。

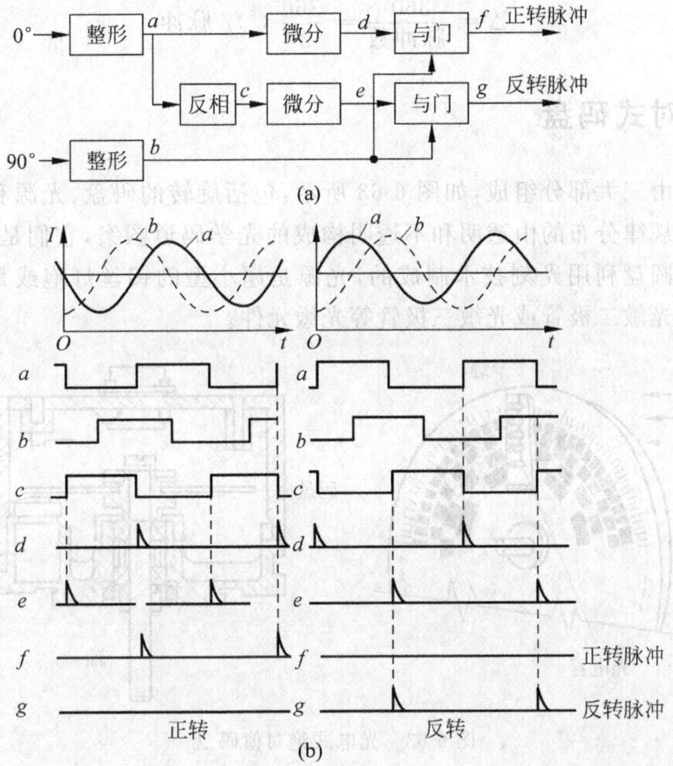

图 6-62　光电码盘信号处理线路方框图和信号波形图

从图 6-62 可以看出，在图示位置，正转时通过窄缝 a 的光从中间值开始越来越少，而反转时通过 a 的光越来越多。从图示位置开始，无论正反转，通过窄缝 b 的光都是由最少到最多。若圆盘正转（顺时针），则光电转换器输出信号相位关系和波形如图 6-62(b)左边一列所示，信号 b 比 a 超前 90°，经过逻辑电路只输出正转脉冲信号 f。反转时 a 超前 b90°，波形如图 6-62(b)右边一列所示，这时只输出反转脉冲信号。这些脉冲送给可逆计数器累计，就可测出旋转角度。若记下单位时间的脉冲数，就可以测量速度。

需要说明的是，增量式码盘输出的数字表示相对于某个基准点的相对转角，即对于这个基准位置码盘所增加（或减少）的角度数量，所以称为增量式码盘。它不能直接检测出轴的绝对角度。

码盘的分辨能力主要取决于码盘转一周时产生的脉冲数。圆盘上分割的窄缝越多，产生的脉冲数就越多，分辨率就越高。增量式码盘一般每转可产生 500～5000 个脉冲，最高可达几万个脉冲。高分辨力的码盘，直径也大，可以分割到更多的缝隙。此外，对光电转换信号进行逻辑处理，可以得到两倍频和四倍频的脉冲信号，从而提高码盘的分辨力。这种倍频电路又称为电子细分线路。

习惯上,码盘的精度用位数表示,如18位码盘,转一周时输出的最高脉冲数为18位二进制数所能表示的最大数。18位中有一位是符号位,表示正反转,所以一周能产生的最多的脉冲数为2^{17}。

分辨率为

$$\Delta=\frac{360^\circ}{\text{脉冲数}}=\frac{360^\circ}{2^{17}}(^\circ)/\text{脉冲} \tag{6-89}$$

6.10.2 绝对式码盘

绝对式码盘由三大部分组成,如图6-63所示,包括旋转的码盘、光源和光电敏感元件。码盘上有按一定规律分布的由透明和不透明构成的光学码道图案,它们是由涂有感光乳剂的玻璃质(水晶)圆盘利用光刻技术制成的,光源是超小型的钨丝灯泡或是一个固定光源。检测光的元件是光敏二极管或光敏三极管等光敏元件。

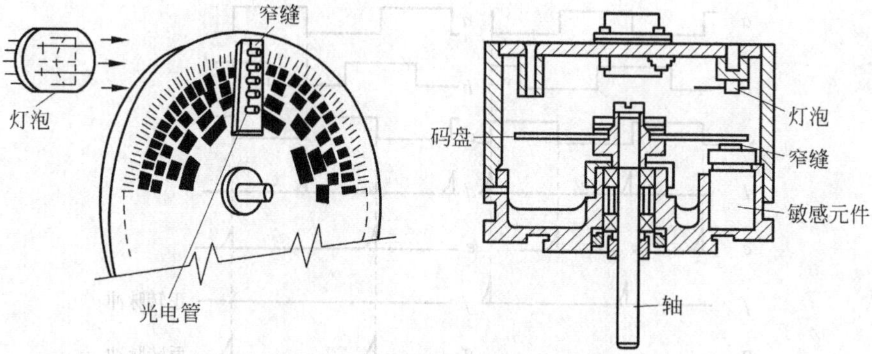

图6-63 光电式绝对值码盘

光源的光通过光学系统,穿过码盘的透光区,最后与窄缝后面的一排径向排列的光敏元件耦合,使输出为逻辑1;若被不透明区遮挡,则光敏元件输出低电平,代表逻辑0。对于码盘的不同位置每个码道都有自己的逻辑输出,各个码道的输出组合就表示码盘这个转角位置。

需要说明的是,绝对式码盘是用不同的数码来分别指示每个不同的小增量位置,即输出的二进制数与轴角位置具有一一对应关系。

对于各码道的输出信号,有几种不同的编码方式。图6-64为二进制编码盘;图6-65为二进制循环码编码盘。

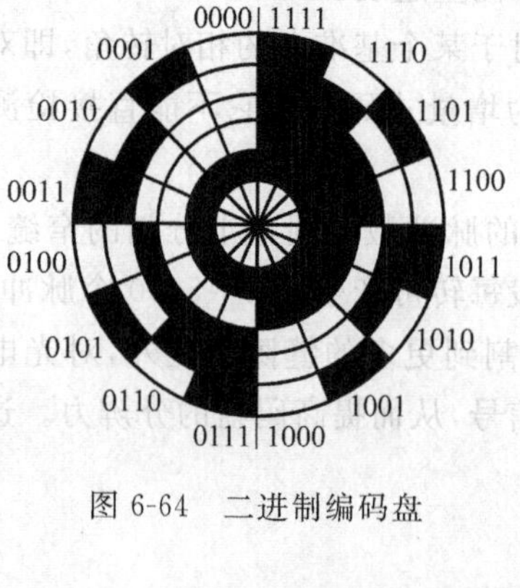

图6-64 二进制编码盘

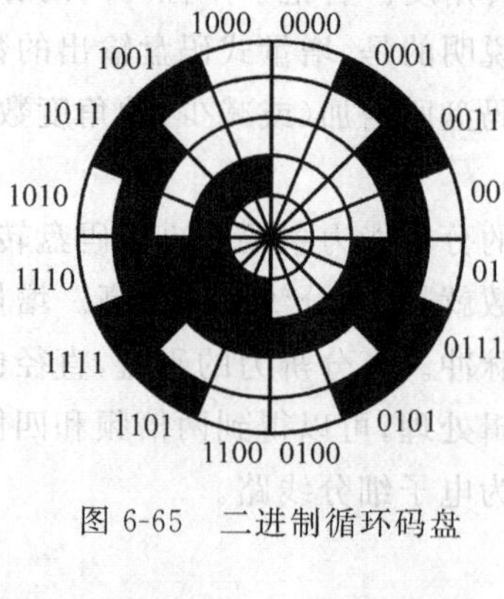

图6-65 二进制循环码盘

对于二进制编码盘，每个码道代表二进制的一位，最外层的码道为二进制的最低位，越向里层的码道其代表的位数(即权)越高。最高位在最里层。这样分配是因为最低位的码道要求分割的明暗段数最多，而最外层周长最大，容易分割。显然码盘的分辨率与码道多少有关。如果用 N 表示码盘的码道数目，即二进制位数，则角分辨率为

$$\Delta\theta = 360°/2^N \tag{6-90}$$

目前绝对值码盘一般为 19 位，高精度可达 21 位。

采用二进制编码有一个严重的缺点，在两个位置交换处可能产生很大的误差。例如在 0000 和 1111 相互换接的位置，可能出现从 0000～1111 的各种可能不同的数值，引起很大的误差。在其他位置也有类似的现象，这种误差叫非单值性误差或模糊。对这种现象可以采用特殊代码来消除。常用的一种编码方法叫做循环码，如图 6-65 所示。循环码是无权码，其特点是相邻的两个代码间只差不超过最小单位的"1"个单位。但是，将循环码转换成自然二进制码需要一个附加的逻辑处理转换装置。

6.11　交流伺服电动机的应用实例——工业机器人(机械臂)控制系统

机器人是一种可编程的多功能操作器，用来搬运材料、零件、工具等，或是一个通过编程完成各种任务的专用设备。机器人技术是综合了计算机、控制论、机构学、信息和传感技术、人工智能、仿生学等多种学科而形成的高新技术。工业机器人已广泛应用于汽车及汽车零部件制造、机械加工、电子电气制造、食品加工等许多领域，成为柔性制造系统(FMS)、工厂自动化(FA)、计算机集成制造系统(CIMS)的先进自动化工具。工业机器人的应用情况是一个国家工业自动化水平的重要标志。

6.11.1　系统的组成及工作原理

工业机器人是由机械本体、控制系统、伺服驱动系统和感知系统四大部分构成的，其实物图如图 6-66 所示；工作原理图如图 6-67 所示。

1. 机械本体

工业机器人的机械本体由机身、手臂、手腕、末端操作器(手)等部分构成，另外，工业机器人必须有一个便于安装的基础件——机座，机座一般与机身构成一体。机身是支承手臂的部件，手臂又支承手腕和末端操作器。每一部分有若干个自由度，构成一个多自由度的机械系统。除了末端操作器的开合自由度，机器人所具有的独立坐标轴运动数目称为机器人的自由度，每个自由度都对应一个关节。工业机器人的机械本体的作用相当于人的身体。如图 6-66 所示的工业机器人共有 6 个自由度：

S 轴(腰关节)——使腰部旋转的轴；

L 轴(肩关节)——使大臂前后移动的轴；

U 轴(肘关节)——使小臂上下移动的轴；

R 轴(腕关节)——使手腕翻转的轴；

B 轴(腕关节)——使手腕俯仰的轴；

T 轴(腕关节)——使手腕偏转的轴。

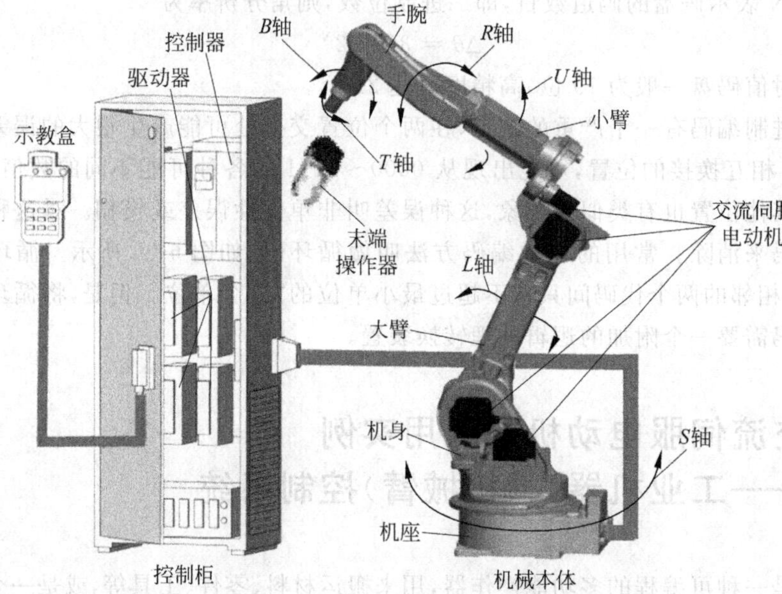

图 6-66　工业机器人基本构成

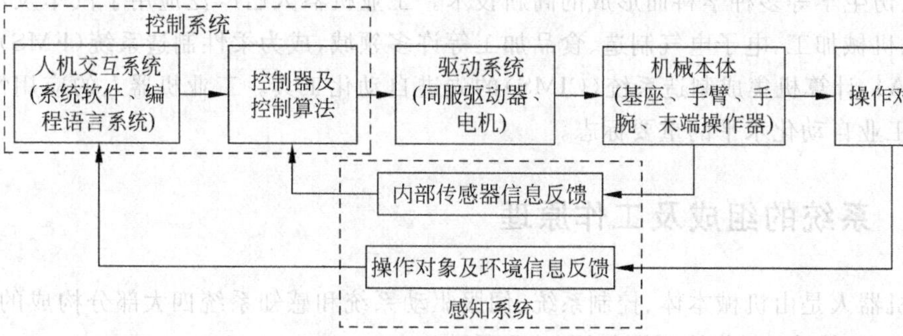

图 6-67　工业机器人工作原理框图

2. 驱动系统

驱动系统是指驱动机械本体运动的装置，要想使工业机器人正常运行，需要给每个关节(运动自由度)安装驱动装置。驱动系统可以是液压传动、气动传动、电动传动，或者将三者结合起来应用。该部分的作用相当于人的肌肉。

电气驱动系统在工业机器人中应用最为普遍，可分为步进电机、直流伺服电动机、交流伺服电动机等驱动形式。早期多采用步进电机或直流伺服电动机，现在以交流伺服电动机应用最为广泛。末端操作器的开合大都采用气动形式。

3. 控制系统

控制系统的任务是根据机器人的指令及传感器反馈的信息，控制驱动系统以驱动机器人的机械本体运动，完成规定的操作。该部分主要由计算机硬件和控制软件组成。硬件由计算机终端、控制器(微处理、PLC 等)、示教盒等构成；软件主要由人与机器人进行信息交互的人机交互系统和控制算法等组成。该部分的作用相当于人的大脑。

4. 感知系统

感知系统由内部传感器和外部传感器构成，其作用是获取机器人内部和外部的环境信息，并把这些信息反馈给控制系统。内部传感器用于检测各关节的位置、速度等变量，为闭环伺服控制系统提供所需的反馈信息。外部传感器用于检测机器人与周围环境之间的一些物理量，如距离、接近程度、接触情况、图像等，便于机器人识别物体并做出相应处理。该部分的作用相当于人的五官。MOTOMAN MA1400 型工业机器人的技术参数如表 6-1 所示。

表 6-1　MOTOMAN MA1400 型工业机器人的技术参数

机械结构		垂直多关节型
自由度		6
载荷质量		3kg
垂直距离		2511mm
水平距离		1434mm
重复定位精度		±0.03mm
本体质量		130kg
电源容量		1.5kVA
动作范围	*S* 轴(回转)	−170°～+170°
	L 轴(大臂倾动)	−90°～+155°
	U 轴(小臂倾动)	+175°～+190°
	R 轴(手腕偏转)	−150°～+150°
	B 轴(手腕俯仰)	−45°～+180°
	T 轴(手腕偏转)	−200°～+200°
最大速度	*S* 轴(回转)	220°/s
	L 轴(大臂倾动)	200°/s
	U 轴(小臂倾动)	220°/s
	R 轴(手腕偏转)	410°/s
	B 轴(手腕俯仰)	410°/s
	T 轴(手腕偏转)	610°/s
容许力矩	*R* 轴(手腕偏转)	$0.27kg \cdot m^2$
	B 轴(手腕俯仰)	$0.27kg \cdot m^2$
	T 轴(手腕偏转)	$0.03kg \cdot m^2$

6.11.2　伺服驱动系统组成及工作原理

工业机器人控制系统的主要任务是控制机器人在工作空间的运动位置、姿态和轨迹、操作顺序及动作的时间等项目，有些项目的控制是非常复杂的，其基本构成如图 6-68 所示。

工业机器人控制系统的主要功能有示教再现功能和运动控制功能。运动控制功能是指工业机器人的末端操作器从一点移动到另一点的过程中,对其位置、速度和加速度的控制。由于工业机器人末端操作器的位置和姿态是由各关节的运动引起的,因此,通过关节运动控制即可实现末端操作器的运动控制。工业机器人关节运动控制可分为两步:第一步是关节运动伺服指令的生成,即将末端操作器的位置和姿态的运动转化为由关节变量表示的时间序列或函数;第二步是关节运动的伺服控制,即跟踪执行第一步所生成的关节变量伺服指令。第二步是通过驱动系统完成的。

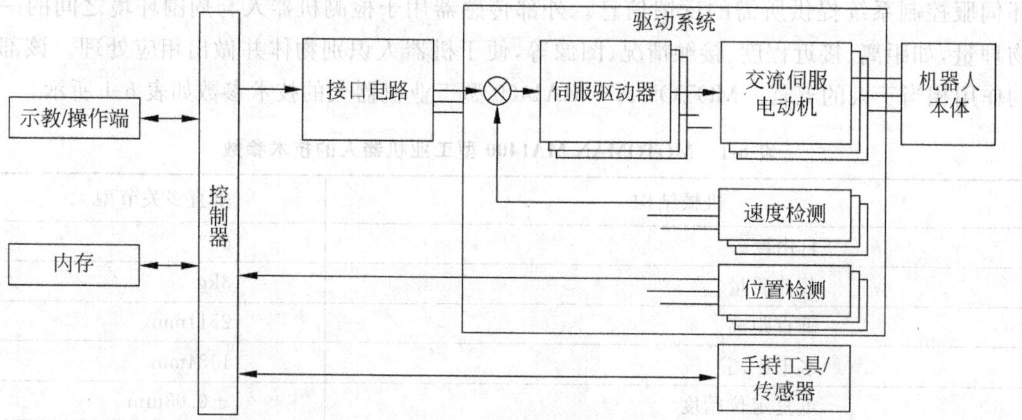

图 6-68 工业机器人的一般控制系统

工业机器人的伺服驱动目前大多采用电气驱动方式。随着伺服控制技术的迅速发展和矢量控制技术的应用,交流伺服电动机以取代直流伺服电动机,广泛应用于工业机器人的驱动系统。交流伺服取代直流伺服、数字控制取代模拟控制、软件控制取代硬件控制成为现代电气伺服系统的一个发展趋势。

交流伺服电动机(永磁同步电机 PMSM)的控制一般采用电流、速度、位置三闭环控制方式,如图 6-69 所示。通过位置传感器测量转子的实际位置信号 θ,并与控制器给出的位

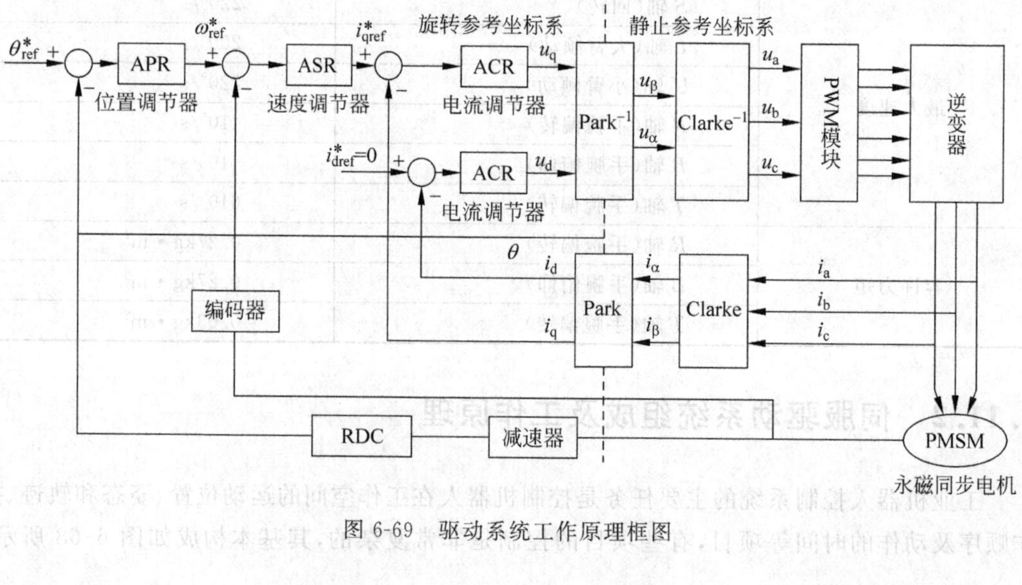

图 6-69 驱动系统工作原理框图

置指令信号 θ_{ref}^* 相比较，通过位置环调节器后产生伺服角速度参考指令信号 ω_{ref}^*。ω_{ref}^* 为系统转速环输入，与安装在电机轴上的编码器测量的电机实际转速相比较，其差值通过速度环调节器调节，而使电机的实际转速与 ω_{ref}^* 保持一致，消除负载转矩扰动等因素对转速平稳性的影响，同时得到 q 轴的电流参考值 i_{qref}^*。电流环采用矢量控制，令 d 轴的参考电流 $i_{dref}^*=0$。参考电流 i_{dref}^* 和 i_{qref}^* 与时间反馈电流 i_d 和 i_q 比较后通过电流调节器调节得到定子电压在 d-q 轴上的电压分量 u_d 和 u_q 再经过 Park 逆坐标变换得到定子电压在静止参考坐标系上的电压 u_α 和 u_β，然后再经过 Clarke 逆坐标变换得到在静止参考坐标系上的三相电压 u_a、u_b 和 u_c，通过电压矢量脉宽调制控制方法产生驱动逆变器的控制信号，最后逆变器输出三相电流去控制永磁同步电机。

6.11.3　伺服驱动器及电机

1. 伺服驱动器

安川电机有限公司生产的 Σ-V 系列伺服电机驱动器拥有同行业最高的放大器响应性，速度频率响应达 1.6kHz 速度频率，主要用于需要“高速、高频度、高定位精度”的场合，该伺服单元可以在最短的时间内最大限度地发挥机器性能，有助于提高生产效率，技术指标见表 6-2。Σ-V 系列伺服单元主要有以下特点：

(1) 发热低，提高电机参数，抑制损失，减少温度上升。

(2) 效率高，瞬时最大转矩从 300%提高到 350%，有助于实现装置的高效化。

(3) 使用简便，转动惯量比提高 1 倍，抑制了转动惯量比，缩短了整定时间。

(4) 增加和改进振动抑制功能，提高跟随性能，缩短整定时间。

(5) 减少驱动时的振动(音)以及停止时机械前端的振动。

表 6-2　SGDV 系列伺服电机驱动器技术参数

伺服单元型号 SGDV-□□□□		R70A	R90A	1R6A	2R8A	3R8A	5R5A	7R6A
最大使用电机容量	kW	0.05	0.1	0.2	0.4	0.5	0.75	1.0
连续输出电流	A	0.66	0.91	1.6	2.8	3.8	5.5	7.6
最大输出电流	A	2.1	2.9	5.8	9.3	11	16.9	17
主回路	三相：AC200V	AC200～230V +10 ～−15% 50/60Hz						
控制回路	单项：AC200V	AC200～230V +10 ～−15% 50/60Hz						

SGDV 系列伺服电机驱动器如图 6-70 所示，驱动器面板分布着动力端子、信号端子以及外部设备的连接端口，端子和端口的作用如下。

(1) CHANGE 指示灯：主回路电源开启时亮灯；

(2) 主回路电源端子：主回路电源输入用的端子；

(3) 控制电源端子：控制电源输入用的端子；

(4) 再生电阻器连接端子：连接外置再生电阻器用的端子；

(5) 电抗器连接端子：连接电源高次谐波抑制用 DC 电抗器的端子；

(6) 伺服电机连接段子：连接伺服电机主回路电缆的端子；

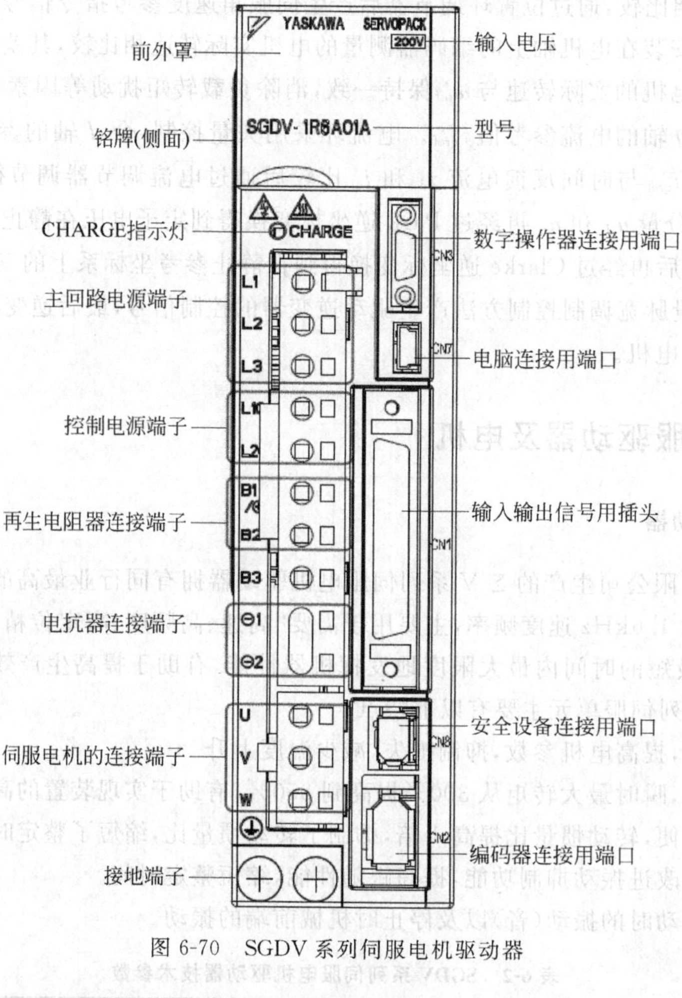

图 6-70　SGDV 系列伺服电机驱动器

(7) 接地端子：防止触电的接地端子，务必连接；

(8) 数字操作器连接用端口：数字操作器或计算机的连接用端口；

(9) 电脑连接用端口：与计算机连接用的 USB 端口；

(10) 输入输出信号用插头：指令输入信号及顺控输入输出信号用端口；

(11) 安全设备连接用端口：用来连接安全设备的端口；

(12) 编码器连接用端口：用于连接安装在伺服电机上的编码器的插头。

SGDV 系列伺服电机驱动器内部框图如图 6-71 所示，是如图 6-69 所示的伺服驱动器工作原理的具体实现，包括 CPU(用于位置、速度计算等)、整流、逆变、ASIC(用于 PWM 控制等)、过流保护等模块。

2. 交流伺服电动机

SGMJV 系列伺服电机特点是中惯量、瞬时大转矩、配有高分辨率串行编码器，最高转速可达 6000r/min，其技术参数见表 6-3。根据工业机器人各个关节的转动速度、转矩、转动惯量、功率等要求选择伺服电机。

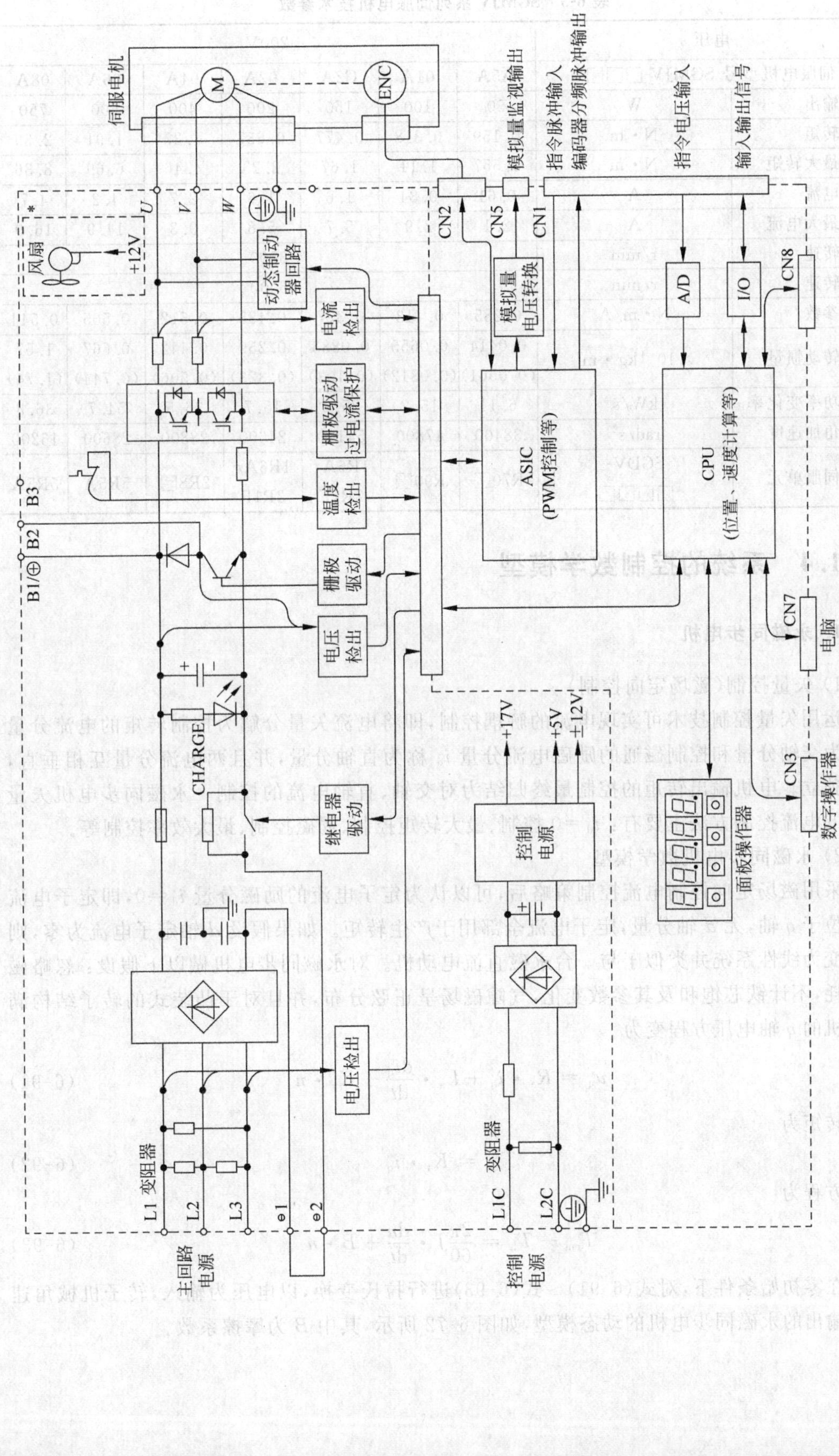

图 6-71　SGDV 系列伺服电机驱动器内部框图

表 6-3 SGMJV 系列伺服电机技术参数

电压		200V						
伺服电机型号 SGMJV-□□□		A5A	01A	C2A	02A	04A	06A	08A
额定输出	W	50	100	150	200	400	600	750
额定转矩	N·m	0.159	0.318	0.477	0.637	1.27	1.91	2.39
瞬时最大转矩	N·m	0.557	1.11	1.67	2.23	4.46	6.69	8.36
额定电流	A	0.61	0.84	1.6	1.6	2.7	4.2	4.7
瞬时最大电流	A	2.1	2.9	5.7	5.8	9.3	14.9	16.9
额定转速	r/min	3000						
最高转速	r/min	6000						
转矩参数	N·m/A	0.285	0.413	0.327	0.435	0.512	0.505	0.544
转子转动惯量	$\times10^{-4}$kg·m^2	0.0414 (0.0561)	0.0655 (0.0812)	0.0883 (0.103)	0.259 (0.323)	0.442 (0.506)	0.667 (0.744)	1.57 (1.74)
额定功率变化率	kW/s	6.11	15.2	25.8	15.7	36.5	54.7	36.3
额定角加速度	rad/s^2	38400	47800	54100	24600	28800	28600	15200
配套伺服单元	SGDV-□□□□	R70□	R90□	1R6A/2R1F	1R6A/2R1F	2R8□	5R5A	5R5A

6.11.4 系统的控制数学模型

1. 永磁同步电机

1) 矢量控制(磁场定向控制)

运用矢量控制技术可实现电流的解耦控制,即将电流矢量分解为控制转矩的电流分量 i_q 称为交轴分量和控制磁通的励磁电流分量 i_d 称为直轴分量,并且两电流分量互相垂直,彼此独立。电机输出转矩的控制最终归结为对交轴、直轴电流的控制。永磁同步电机矢量控制的电流控制方法主要有:$i_d=0$ 控制、最大转矩控制、弱磁控制、最大效率控制等。

2) 永磁同步电机数学模型

采用磁场定向控制电流控制策略后,可以认为定子电流的励磁分量 $i_d=0$,即定子电流矢量位于 q 轴,无 d 轴分量,定子电流全部用于产生转矩。如果假设 d 轴定子电流为零,则系统变为线性系统并类似于与一台永磁直流电动机。对永磁同步电机做以下假设:忽略磁芯损耗,不计铁芯饱和及其参数变化,气隙磁场呈正弦分布,并且对于凸装式的转子结构满足电机的 q 轴电压方程变为

$$u_q = R_a \cdot i_q + L_a \cdot \frac{di_q}{dt} + K_e \cdot n \tag{6-91}$$

电磁转矩为

$$T_{em} = K_t \cdot i_q \tag{6-92}$$

转矩方程为

$$T_{em} - T_L = \frac{2\pi}{60} J \cdot \frac{dn}{dt} + B \cdot n \tag{6-93}$$

在零初始条件下,对式(6-91)~式(6-93)进行拉氏变换,以电压为输入,转子机械角速度为输出的永磁同步电机的动态模型,如图 6-72 所示,其中 B 为摩擦系数。

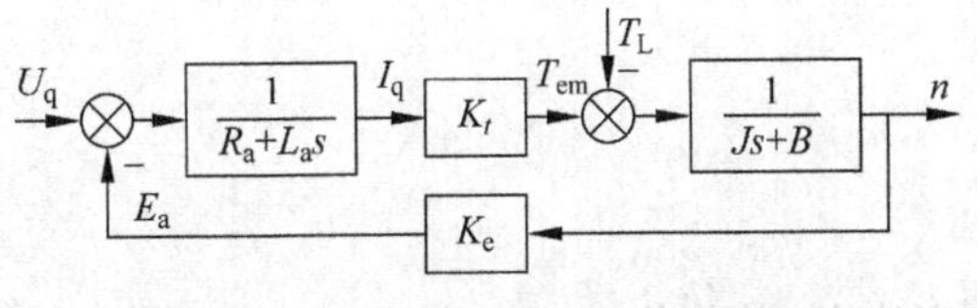

图 6-72　永磁同步电机动态结构图

根据图 6-72 的结合位置、转速和电流反馈环可得系统的动态结构图，如图 6-73 所示。

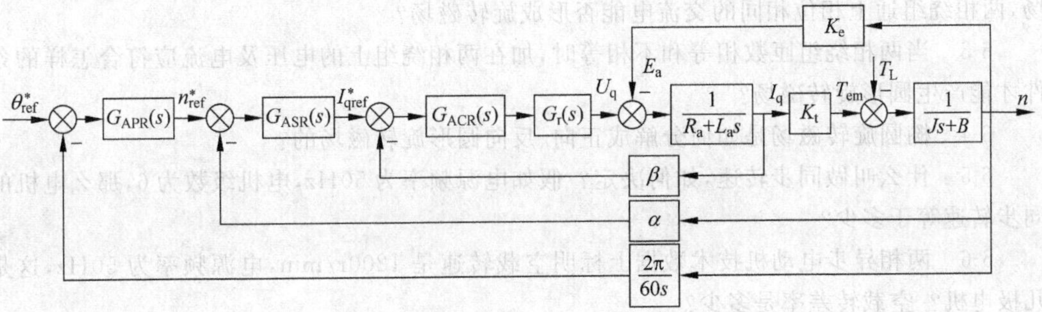

图 6-73　永磁同步电机三闭环动态结构图

2. 逆变器的传递函数

逆变器表示为一个一阶惯性环节，即

$$G_r(s)=\frac{K_r}{1+T_rs}$$

3. 位置、转速和电流控制器的传递函数

$$G_{APR}=K_p\left(1+\frac{1}{T_ps}\right)$$

$$G_{ASR}=K_s\left(1+\frac{1}{T_ss}\right)$$

$$G_{ACR}=K_c\left(1+\frac{1}{T_cs}\right)$$

式中，下标 p、s 和 c 分别对应位置、转速和电流控制器；K 和 T 对应控制器的增益和时间常数。

思考题

6-1　改变交流伺服电动机的转动方向的方法有哪些？为什么能改变？

6-2　当电机的轴被卡住不动，定子绕组仍加额定电压，为什么转子电流会很大？

6-3　两相伺服电动机的转子电阻为什么都选得相当大？如果转子电阻选得过大会产生什么不利影响？

6-4　试述增量式编码器和绝对式编码器的适用场合。

习题

6-1　单相绕组通入直流电，单相绕组通入交流电及两相绕组通入两相交流电各形成什么磁场，它们的气隙磁通密度在空间怎么分布，在时间上如何变化？

6-2　何为对称状态，何为非对称状态？两相交流伺服电动机在通常运行时是怎样的磁场，两相绕组通上相位相同的交流电能否形成旋转磁场？

6-3　当两相绕组匝数相等和不相等时，加在两相绕组上的电压及电流应符合怎样的条件才能产生圆形旋转磁场？

6-4　椭圆旋转磁场是如何分解成正向、反向圆形旋转磁场的？

6-5　什么叫做同步转速，如何决定？假如电源频率为50Hz，电机级数为6，那么电机的同步转速等于多少？

6-6　两相异步电动机技术数据上标明空载转速是1200r/min，电源频率为50Hz，这是几极电机？空载转差率是多少？

6-7　当转子转动与不转动时，定子、转子绕组电势频率有何变化？电压平衡方程式有何变化？

6-8　当有效信号系数 α_e 在 0～1 变化时，电机磁场的椭圆度怎样变化？被分解的正向、反向旋转磁场大小怎样变化？

6-9　什么是自转现象？为了消除自转，交流伺服电动机单相供电时应具有怎样的机械特性？

6-10　已知某伺服电动机在对称状态下的机械特性如图 6-74 所示，求作 $\alpha_e=0.5$ 时的机械特性曲线。

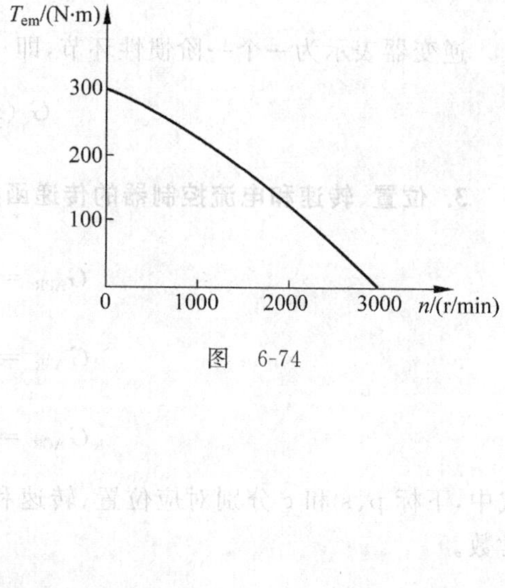

图　6-74

参考文献

[1]　戴庆忠. 电机史话(四). 东方电机，1999 (1)：61-85.

[2]　阮毅，陈伯时. 运动控制系统(第四版). 北京：机械工业出版社，2011.

[3]　孙英飞，罗爱华. 我国工业机器人发展研究. 科学技术与工程，2012 (12)：2912-2918.

[4]　郭庆鼎，孙宜标. 王丽梅. 现代永磁电动机交流伺服系统. 北京：中国电力出版社，2006.

[5]　肖南峰. 工业机器人. 北京：机械工业出版社，2011.

[6]　吴振彪，王正家. 工业机器人(第二版). 武汉：华中科技大学出版社，2005.

[7]　郭洪红，贺继林，田宏宇等. 工业机器人技术(第二版). 西安：西安电子科技大学出版社，2012.

[8]　韩建海，吴斌芳，杨萍. 工业机器人. 武汉：华中科技大学出版社，2009.

[9]　谢玉春，苏健勇等. 基于 XE164 的无传感器 PMSM 驱动控制系统设计. 微特电机，2011 (10)：61-64.

[10]　M. Baessler，P. Kanschat 等. 1200V IGBT4—适用于大电流模块、具有优化特性的新一代技术. 变

频器世界，2008 (07)：58-60.

[11] Lorenz，R D. Key Technologies for Future Motor Drives. International Conference on Electrical Machines and Systems，2005 (1)：1-6.

[12] J Holtz[J]. Sensorless Control of Induction Machines—With or Without Signal Injection. IEEE Trans. on Industrial Electronics，2006 (1)：7-30.

[13] 寇宝泉，程树康. 交流伺服电机及其控制. 北京：机械工业出版社，2008.

[14] (美)金蒙恩，李幼涵. 机器设计中伺服电机及驱动器的选型. 北京：机械工业出版社，2012.

[15] R. Krishnan，著. 永磁无刷电机及其驱动技术. 柴凤，等译. 北京：机械工业出版社，2013.

第7章 无刷直流电动机
(Brushless DC motor)

7.1 概述

7.1.1 无刷直流电动机发展历程

直流电动机的主要优点是调速范围宽、起动转矩大,机械特性和控制特性(调节特性)的线性度好,控制方法简单,因而被广泛应用于各种驱动装置和伺服系统中。但是,直流电动机都有电刷和换向器,其间形成的滑动机械接触严重影响了电机的精度、性能和可靠性,所产生的火花会引起无线电干扰,缩短电机的寿命;换向器电刷装置又使直流电动机的结构复杂、噪音大、维护困难,因此长期以来人们都在寻求可以不用电刷和换向器的直流电动机。永磁无刷直流电机(BLDCM)就是随着永磁材料技术、半导体技术和控制技术的发展而出现的一种新型电机。1955年,美国的 Harrison 和 Rye 首次申请成功用晶体管换相线路代替电机机械电刷换相装置的专利,这就是现代无刷直流电机的雏形。无刷直流电机在20世纪60年代开始用于宇航事业和军事装备,20世纪80年代以后,出现了价格较低的钕铁硼永磁材料逐步推广到工业、民用设备和消费电子产业。本质上,无刷直流电机是根据转子位置反馈信息采用电子换相运行的交流永磁同步电机,与有刷直流电机相比具有一系列优势,近年得到了迅速发展,在许多领域的竞争中不断取代直流电机和异步电动机。进入20世纪90年代之后,永磁电机向大功率、高性能和微型化发展,出现了单机容量超过1000kW,最小体积只有0.8mm×1.2mm的品种。

本节要介绍的无刷直流电动机由于采用电子换相开关线路和位置传感器来替代电刷和换向器,使这种电机既具有直流电动机的优良特性,又具有交流电动机运行可靠、维护方便等优点,它的转速不再受机械换向的限制,若采用高速轴承,还可以在高达每分钟几十万转的转速中运行。其缺点是结构比较复杂,内置电子换向器使其体积较大,转矩波动大,低速时运行的均匀性差。控制用无刷直流电动机包括无刷直流伺服电动机和无刷直流力矩电动机。目前,无刷直流电动机的用途很广泛,尤其适用于高级电子设备、机器人、航空航天技术、数控装置、医疗和化工等高新技术领域。无刷直流电动机将电子线路与电机融为一体,把先进的电子技术应用于电机领域,这将促使电机技术更新、更快地发展。

7.1.2 无刷直流电动机的基本结构

无刷直流电动机是由电动机、转子位置传感器和电子开关线路(逆变器)三部分组成的,它的原理框图如图7-1所示。图中直流电源通过开关线路向电动机定子绕组供电,电动机转子位置由位置传感器检测并提供信号去触发开关线路中的功率开关元件使之导通或截止，从而控制电动机的转动。

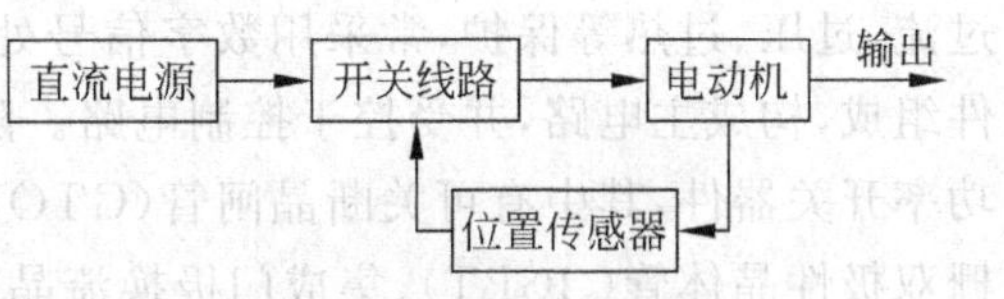

图 7-1　无刷直流电动机原理图

1. 定子结构

无刷直流电动机的基本结构如图 7-2 所示。图中的电动机结构与永磁式同步电动机相似。定子是电动机的电枢，定子铁芯中安放着对称的多相绕组，可接成星形或角形，各相绕组分别与电子开关线路中的相应功率管连接。图 7-3 是三相定子绕组的一种连接方式。采用集中绕组绕制方式，目的是使反电势波形更接近阶梯波。

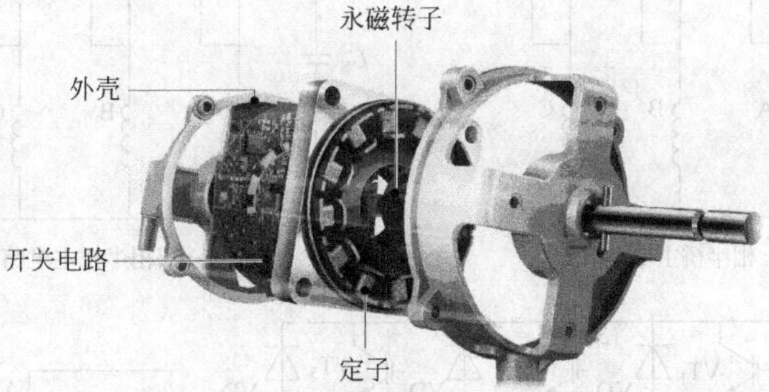

图 7-2　无刷直流电动机的基本结构

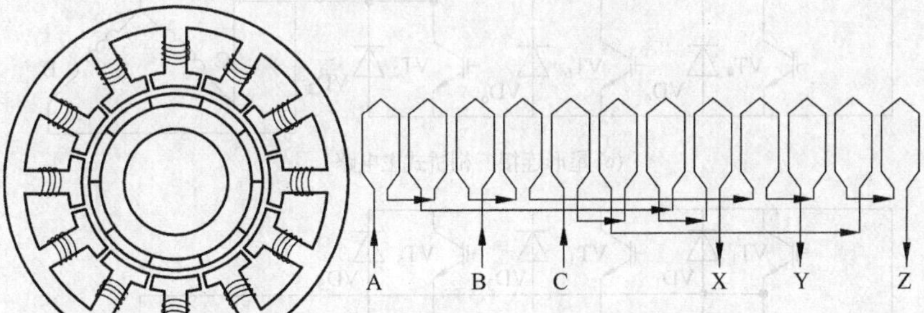

图 7-3　12 槽 10 极集中绕组电机

2. 转子结构

转子是由永磁材料制成一定极对数的永磁体，但不带鼠笼绕组或其他启动装置，主要有两种结构形式，如图 7-4(a)和图 7-4(b)所示。第一种结构是转子铁芯外表面粘贴瓦片形磁钢，称为凸极式；第二种结构是磁钢插入转子铁芯的沟槽中，称为内嵌式或隐极式。初期永磁材料多采用铁氧体或铝镍钴，现在已逐步采用高性能钐钴或钕铁硼。

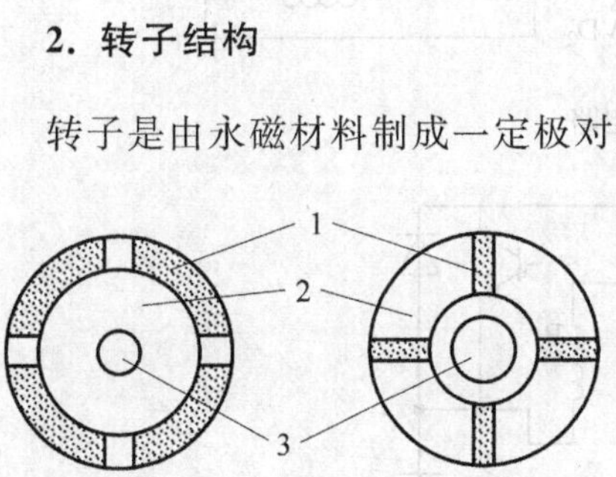

(a) 表贴式　　(b) 内嵌式

图 7-4　永磁式转子结构

1—磁钢；2—铁芯；3—转轴

3. 开关线路(逆变器)

无刷直流电动机电子开关电路一般由控制部分

和驱动部分组成,除完成绕组换相外,还需控制电机的转速、转向、转矩以及保护电机,包括过流、过压、过热等保护,常采用数字信号处理器(DSP)来实现。驱动电路由大功率开关器件组成,构成主电路,并受控于控制电路。随着电力电子技术的飞速发展,出现了全控型的功率开关器件,其中有可关断晶闸管(GTO)、电力场效应晶体管(POWER MOSFET)、绝缘栅双极性晶体管(IGBT)、集成门极换流晶闸管(IGCT)及近年新开发的电子注入增强栅晶体管(IEGT)等。随着这些功率器件性能的不断提高,相应的无刷电动机的驱动电路也获得了飞速发展。驱动电路有桥式和非桥式两种。图 7-5 表示常用的几种电枢绕组连接方式。

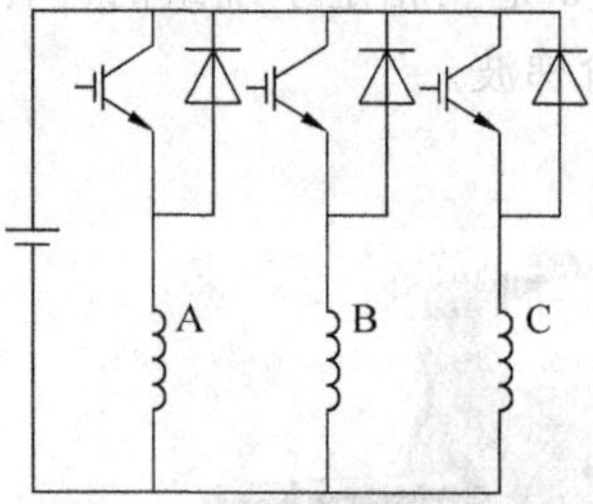

(a) 三相半桥主电路

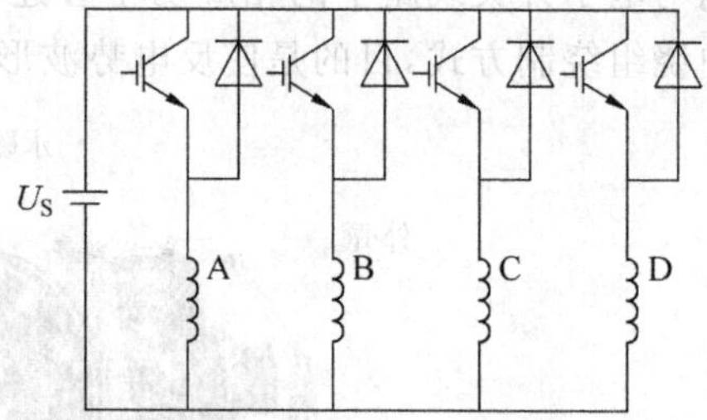

(b) 四相半桥主电路

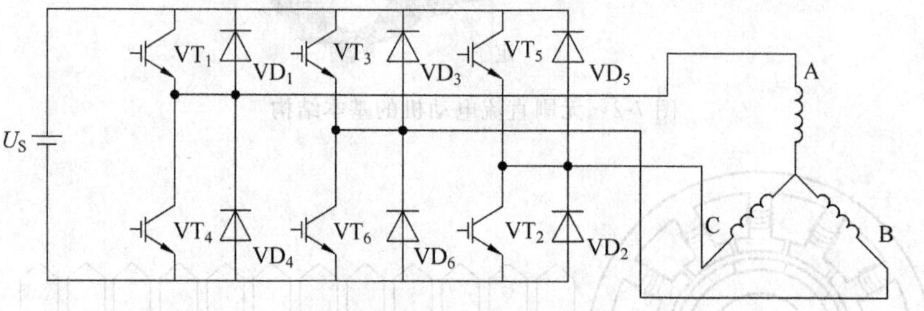

(c) 星形连接三相桥式主电路

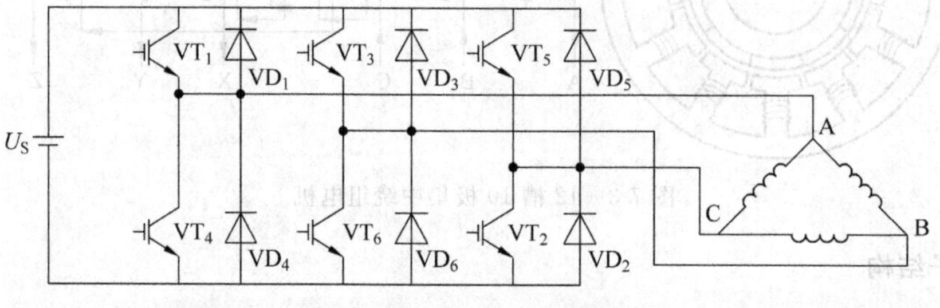

(d) 三角形连接三相桥式主电路

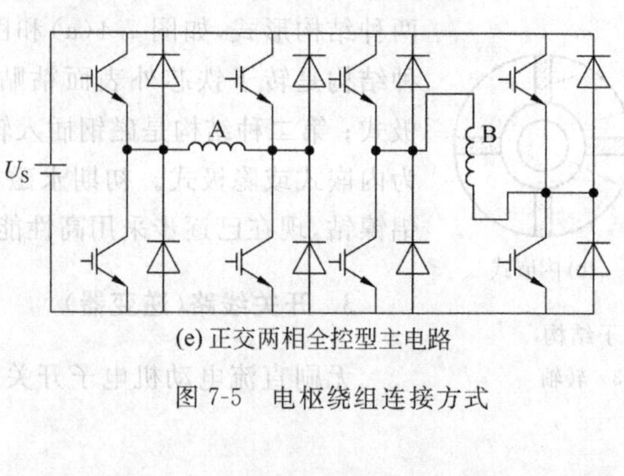

(e) 正交两相全控型主电路

图 7-5 电枢绕组连接方式

位置传感器将在 7.2 节着重介绍。

7.2　无刷直流电动机的工作原理

7.2.1　位置传感器

位置传感器是无刷直流电动机的关键部分，其作用是检测转子磁场相对于定子绕组的位置。它有多种结构形式，常见的有电磁式、光电式和霍尔元件。

1. 电磁式位置传感器

这种传感器的结构如图 7-6 所示。它由定子和转子两部分组成，导磁扇形片数等于电机极对数，放置在不导磁的铝合金圆盘上制成了转子。传感器定子由磁芯和线圈组成，磁芯的结构特点是中间为圆柱体，圆周上沿轴向有凸出的极。圆定子铁芯及转子上的扇形部分均由高频导磁材料(如软磁铁氧体)制成，定子铁芯上也分成和电动机定子绕组相对应的相数，每相都套有输入线圈和输出线圈，并在输入线圈中外施高频电源励磁。转子与电机同轴连接。当转子的扇形部分转到使定子某相的输入和输出线圈相耦合的位置时该输出线圈就有电压信号输出，而其余未耦合的线圈则无电压信号输出。利用输出电压信号就可以去导通与电动机定子绕组相对应的晶体管，进行电流切换。随着转子扇形部分的位置变化，便可依次使定子绕组进行换流。

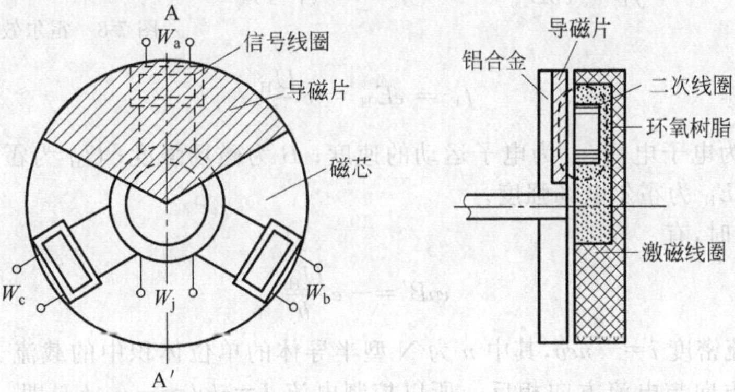

(a) 结构原理图　　(b) 剖面图

图 7-6　电磁式位置传感器

电磁式位置传感器输出电压比较大，一般不需要经过功率放大便可直接用来控制晶体管导通，但因输出电压是交流，必须先作整流。

2. 光电式位置传感器

光电式位置传感器是由固定在定子上的几个光电耦合开关和固定在转子轴上的遮光盘所组成的，如图 7-7 所示。遮光盘上按要求开出光槽(孔)，几个光电耦合开关沿着圆周分布，每只光电耦合开关由相互对着的红外发光二极管(或激光器)和光电管(光电二极管、三极管或光电池)所组成。红外发光二极管(或激光器)通上电后,发出红外光(或激光);当遮光盘随着转轴转动时,光线依次通过光槽(孔),使对着的光电管导通,相应地产生反应转子相对定子位置的电信号,经放大后去控制功率晶体管,使相应的定子绕组切换电流。

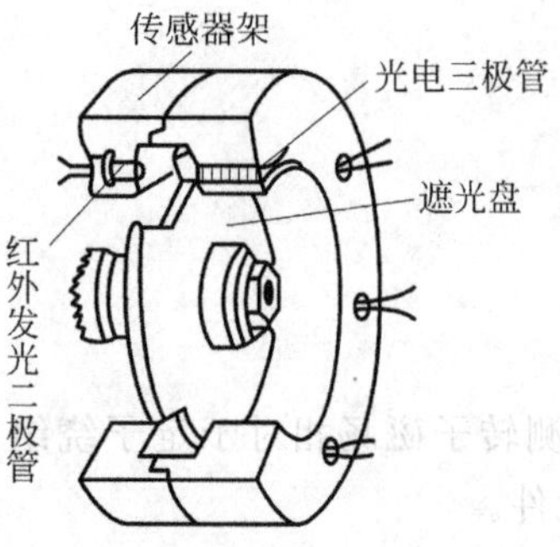

图 7-7　光电式位置传感器

光电式位置传感器产生的电信号一般都比较弱,需要经过放大才能去控制功率晶体管。但它输出的是直流电信号,不必再进行整流,这是它的一个优点。

3. 霍尔位置传感器

1) 霍尔效应

图 7-8 为一片状半导体材料,置于磁场 B 之中,当有电流 I 通过时,电子运动速度 υ 与 I 的方向相反,电子运动受到磁场力作用而使运动轨迹发生偏移。结果,半导体片的一侧电子密集,另一侧电子稀疏,从而在两侧形成电场,该电场称为霍尔电场,这种现象叫霍尔效应。

假设选用的半导体为 N 型半导体,在其两侧通以电流 I(控制电流),那么半导体的载流子(电子)在运动过程中受到磁场力 f_L 和电场力 f_E 的共同作用,这两个力方向相反。当二力相等,即 $f_L=f_E$ 时,最终达到动态平衡。

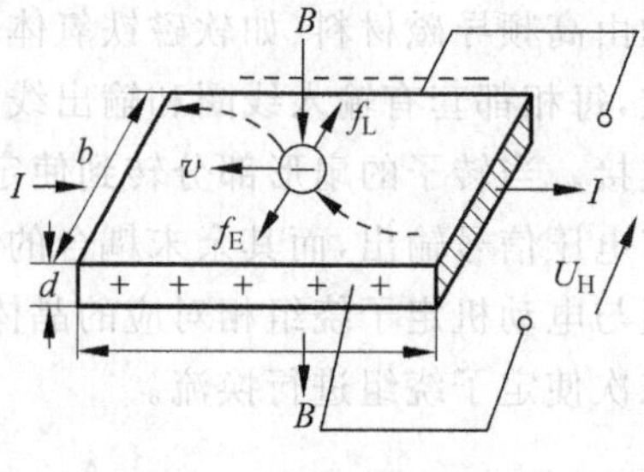

图 7-8　霍尔效应原理图

洛仑兹力为

$$f_L = e\upsilon B \tag{7-1}$$

电场力为

$$f_E = eE_H = e\frac{U_H}{b} \tag{7-2}$$

上面两式中,e 为电子电荷;υ 为电子运动的速度;B 为磁场强度;U_H 为霍尔电势;b 为半导体片的宽度,E_H 为霍尔电场强度。

当 $f_L=f_E$ 时,有

$$e\upsilon B = -e\frac{U_H}{b}$$

又因为电流密度 $i=-ne\upsilon$,其中 n 为 N 型半导体的单位体积中的载流子数;负号表示电子运动速度方向与电流方向相反。所以控制电流 $I=ibd=-ne\upsilon bd$,即 $\upsilon=-I/(nebd)$。将 υ 代入上面的式中,则有

$$U_H = IB/(ned) = \frac{K_H}{d}IB = S_H IB \tag{7-3}$$

式中,$K_H=1/(ne)$——霍尔系数,由载流材料的物理性质决定,单位为 m^3/C;

$S_H=\frac{K_H}{d}$——元件灵敏度系数,与材料的物理性质和几何尺寸有关,单位为 mV/(mA·T)。

若磁场强度 B 不垂直于霍尔元件,而是与其法线成某一角度 θ 时,则此时的霍尔电势为

$$U_H = K_H IB\cos\theta \tag{7-4}$$

2) 霍尔传感器

霍尔元件是一种半导体器件，它是利用霍尔效应制成的。采用霍尔元件作为位置传感器的无刷直流电动机通常称为"霍尔无刷直流电动机"。因无刷直流电动机的转子是永磁的，故可以很方便地利用霍尔元件的"霍尔效应"检测转子的位置。图7-9表示四相霍尔无刷直流电动机原理图。图中两个霍尔元件 H_1 和 H_2 以间隔90°电角度粘于电机主定子绕组A和B的轴线上，并通上控制电流，作为位置传感器的定子。主转子磁钢同时也是霍尔元件的励磁磁场，即位置传感器转子。霍尔传感器的输出接在与主定子绕组相连的功率开关晶体管的基极上。当电机转子旋转式磁钢N极和S极轮流通过霍尔元件 H_1 和 H_2，产生对应转子位置的两个正的和两个负的霍尔电势，经放大后去控制功率晶体管导通，使4个定子绕组轮流切换电流。

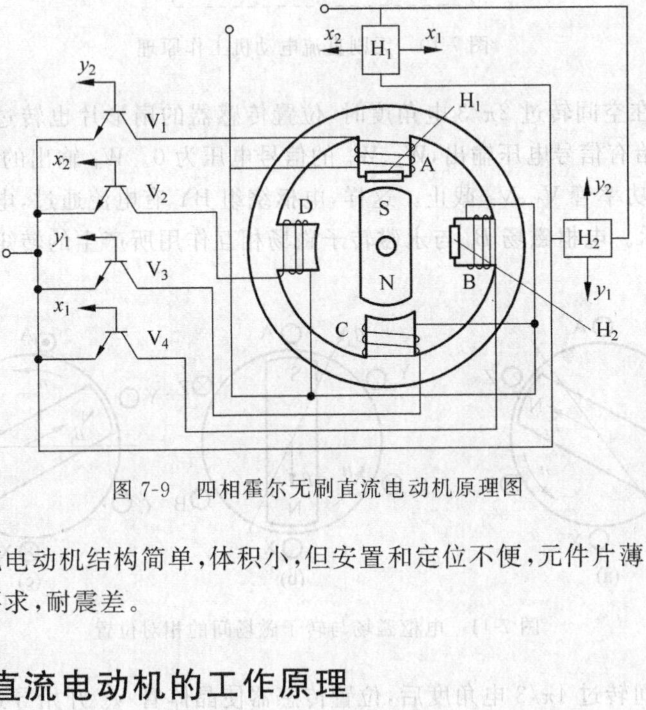

图7-9 四相霍尔无刷直流电动机原理图

霍尔无刷直流电动机结构简单，体积小，但安置和定位不便，元件片薄易碎，对环境及工作温度有一定的要求，耐震差。

7.2.2 无刷直流电动机的工作原理

下面列举常用的三种电枢绕组连接方式，阐明无刷直流电动机的工作原理。

1. 三相非桥式星形接法

图7-10表示一台采用非桥式晶体管开关电路驱动两极星形三相绕组，并带有电磁式位置传感器的无刷直流电动机。转子位置传感器的励磁线圈由高频振荡器供电，通过导磁片的作用使信号线圈获得较大的感应电压，并经整流、放大加到开关电路功率管的基极上使该管导通，因而与该管串联的定子绕组也就与外电源接通。因为导磁片与电动机转子同轴旋转，所以信号线圈 W_a、W_b、W_c 依次输出信号，使三个功率管依次导通，使定子三相绕组轮流通电。

当电动机转子处于图7-10瞬时，位置传感器扇形导磁片位于图示位置处，它的信号线圈 W_a 开始与励磁线圈相耦合，便有信号电压输出，其余两个信号线圈 W_b、W_c 的信号电压为0。线圈 W_a 输出的信号电压使晶体管 V_1 开始导通，而晶体管 V_2、V_3 截止。这样，电枢绕组 AX 有电流通过,电枢磁场 B_a 的方向如图 7-10 所示。电枢磁场与永磁转子磁场相互作用就产生转矩,使转子按顺时针方向旋转。

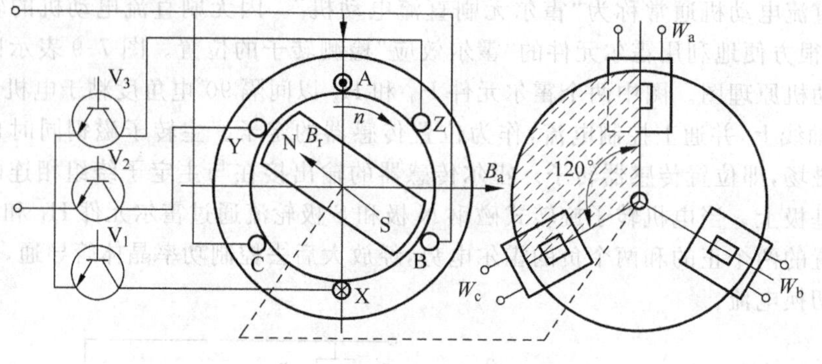

图 7-10 无刷直流电动机工作原理

当电机转子在空间转过 2π/3 电角度时,位置传感器的扇形片也转过同样角度,从而使信号线圈 W_b 开始有信号电压输出,W_a、W_c 的信号电压为 0。W_b 输出的信号电压便使功率管 V_2 开始导通,功率管 V_1、V_3 截止。这样,电枢绕组 BY 有电流通过,电枢磁场 B_a 的方向如图 7-11(a)所示。电枢磁场 B_a 与永磁转子磁场相互作用所产生的转矩,使转子继续沿顺时针方向旋转。

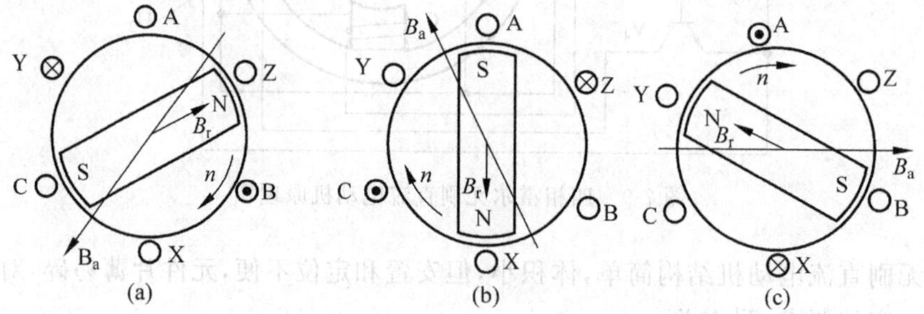

图 7-11 电枢磁场与转子磁场间的相对位置

当转子在空间转过 4π/3 电角度后,位置传感器使晶体管 V_3 开始导通,V_1、V_2 截止,相应的电枢绕组 CZ 有电流通过。电枢磁场 B_a 的方向如图 7-11(b)所示,它与转子磁场相互作用仍使转子按顺时针方向旋转。

若转子继续转过 2π/3 电角度,回到原来的起始位置,通过位置传感器将重复上述的换流情况,如此循环下去,无刷直流电动机在电枢磁场与永磁转子磁场的相互作用下,能产生转矩并使电机转子按一定的转向旋转。

可以看出,在三相星形非桥式的无刷直流电动机中,当转子转过 2π 电角度时,定子电枢绕组共有三个通电状态;每一状态仅有一相导通,定子电流所产生的电枢磁场在空间跳跃着转动,相应地在空间也有三个不同的位置,称为三个磁状态;每一状态持续 2π/3 电角度,这种通电方式称为一相导通星形三相三状态。每一晶体管导通时转子所转过的空间电角度称为导通角 α_c。显然,转子位置传感器的导磁扇形片张角至少应该等于导通角。通常为了保证前后两个导通状态之间不出现间断,就需要有个短暂的重叠时间,必须使扇形片张角 α_p 略大于导通角 α_c。电枢磁场在空间保持某一状态时转子所转过的空间电角度,即定子上前后出现的两个不同磁场轴线间所夹的电角度称为磁状态角，或称状态角，用 α_m 来表示。

三相星形非桥式无刷直流电动机各相绕组与各晶体管导通顺序的关系如表 7-1 所示。可以看出，因为一个磁状态对应一相导通，所以角 α_c 和 α_m 都等于 $2\pi/3$。当电机是 p 对极时，位置传感器转子沿圆周应有 P 个均匀的导磁扇形片，每个扇形片张角 $\alpha_p \geqslant 2\pi/(3p)$。

表 7-1　星形三相三状态导通顺序表

电角度	0	$\frac{2\pi}{3}$	$\frac{4\pi}{3}$	2π
定子绕组的导通相	A	B	C	
导通的晶体管元件	V_1	V_2	V_3	

2. 三相星形桥式接法

若定子绕组仍为三相，而功率晶体管接成桥式开关电路如图 7-12 所示。三相电枢绕组与各晶体管导通顺序的关系如表 7-2 所示。可以看出，电机应有 6 个通电状态，每一状态都是两相同时导通。每个晶体管导通角仍 $\alpha_c = 2\pi/3$。电枢合成磁场是由通电的两相磁场所合成的。若每相磁密在空间是正弦分布，用向量合成法可得合成磁密 B_a 的幅值等于每相磁密幅值的$\sqrt{3}$倍。它在空间也相应有 6 个不同位置，磁状态角 $\alpha_m = \pi/3$。三相星形桥式电路的通电方式也称为两相导通星形三相六状态。

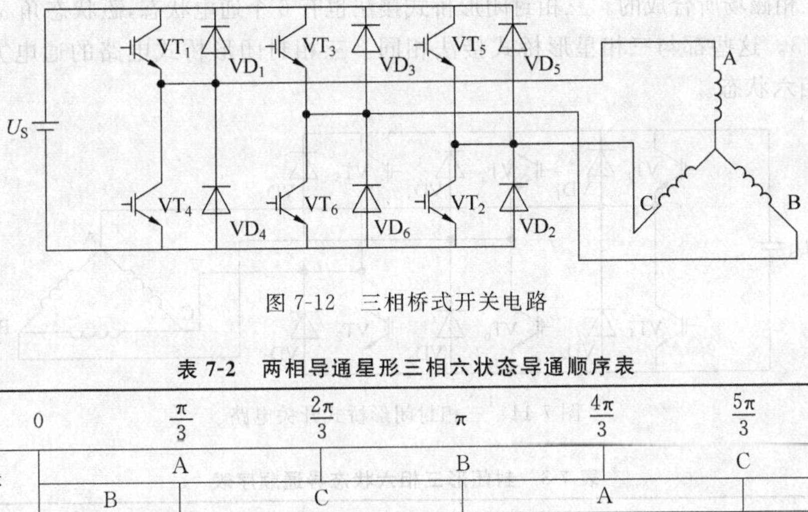

图 7-12　三相桥式开关电路

表 7-2　两相导通星形三相六状态导通顺序表

电角度	0	$\frac{\pi}{3}$	$\frac{2\pi}{3}$	π	$\frac{4\pi}{3}$	$\frac{5\pi}{3}$	2π
导电顺序	A		B		C		
	B	C		A		B	
VT_1	←导通→						
VT_2		←导通→					
VT_3			←导通→				
VT_4				←导通→			
VT_5					←导通→		
VT_6	←导通→					←导通→	

图 7-13 为按表 7-2 导通顺序时三相所产生的反电动势波形图。

3. 三相封闭形桥式接法

封闭式定子绕组只能与桥式晶体管开关电路相结合。图 7-14 表示三相封闭形（三角

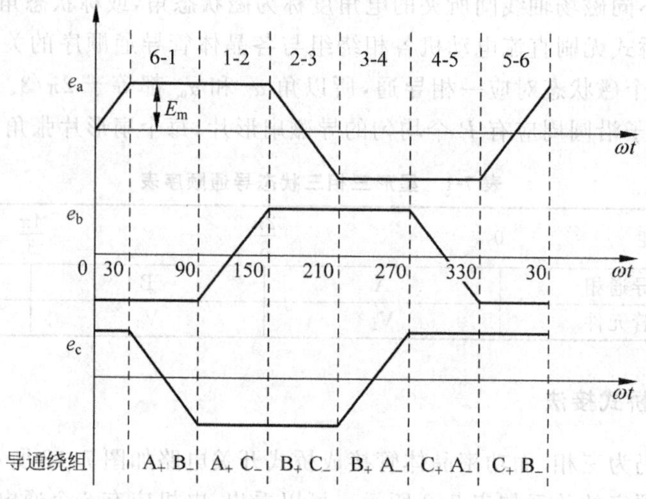

图 7-13　三相反电动势波形及导通相位示意图

形)桥式接法的原理线路图。三相电枢绕组与各晶体管的导通顺序关系如表 7-3 所示,可以看出,它与星形接法的区别在于任何磁状态中电枢绕组全部通电,总是某两相绕组串联后再与另一相绕组并联。在各状态中仅是各相通电顺序与电流流过的方向不同。电枢合成磁场是由通电的三相磁场所合成的。三相封闭形桥式接法也有 6 个通电状态,磁状态角 $\alpha_m=\pi/3$,导通角为 $2\pi/3$。这些都与三相星形桥式接法相同。三相封闭形桥式电路的通电方式也称为封闭形三相六状态。

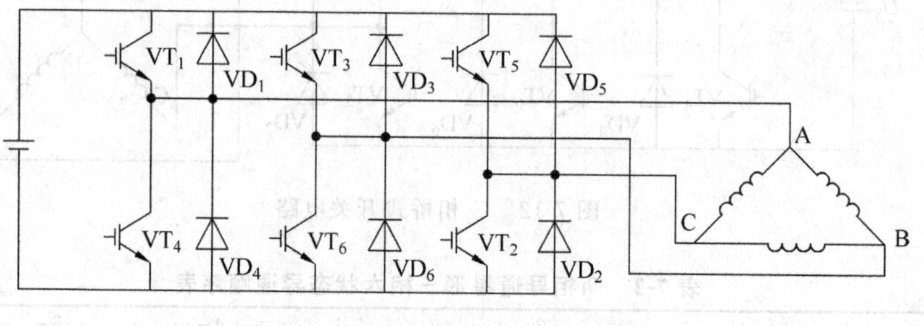

图 7-14　三相封闭形桥式开关电路

表 7-3　封闭形三相六状态导通顺序表

电角度	0	$\frac{\pi}{3}$	$\frac{2\pi}{3}$	π	$\frac{4\pi}{3}$	$\frac{5\pi}{3}$　2π
导电顺序	A	C	B	A	C	B
	C→B	A→B	A→C	B→C	B→A	C→A
VT_1	←导通→					←导通→
VT_2	←导通→					
VT_3		←导通→				
VT_4			←导通→			
VT_5				←导通→		
VT_6					←导通→	

7.3 无刷直流电动机的运行特性

7.3.1 无刷直流电动机的数学模型

方波型无刷直流电动机的反电动势为梯形波，因此在三相坐标系下为了便于分析，特作以下基本假设：

(1) 电机磁路不饱和；

(2) 忽略磁滞和涡流损耗。

无刷直流电动机电压平衡方程式为

$$u=Ri+\frac{\mathrm{d}}{\mathrm{d}t}(L\cdot i)+E=Ri+\frac{\mathrm{d}}{\mathrm{d}t}L\cdot i+L\cdot\frac{\mathrm{d}}{\mathrm{d}t}i+E$$

方波型 BLDCM 较多采用磁钢表面安装式转子结构，由于永磁体的磁导率与空气相近，可以认为电机的等效气隙长度为常数，因此可以认为定子三相绕组的自感为常数，三相绕组间的互感也为常数，两者都与转子位置无关，即有

$$\frac{\mathrm{d}}{\mathrm{d}t}L\cdot i=0$$

写成矩阵形式为

$$\begin{bmatrix}u_A\\u_B\\u_C\end{bmatrix}=\begin{bmatrix}R_A&0&0\\0&R_B&0\\0&0&R_C\end{bmatrix}\cdot\begin{bmatrix}i_A\\i_B\\i_C\end{bmatrix}+\frac{\mathrm{d}}{\mathrm{d}t}\begin{bmatrix}L_A&M_{AB}&M_{AC}\\M_{BA}&L_B&M_{BC}\\M_{CA}&M_{CB}&L_C\end{bmatrix}\cdot\begin{bmatrix}i_A\\i_B\\i_C\end{bmatrix}+\begin{bmatrix}e_A\\e_B\\e_C\end{bmatrix}\tag{7-5}$$

式中，u_A、u_B、u_C 为电机三相绕组相电压；i_A、i_B、i_C 为三相绕组的相电流，e_A、e_B、e_C 为电枢绕组相反电势；R_A、R_B、R_C 为三相绕组电阻，若三相绕组对称，则 $R_A=R_B=R_C=R_s$；L_A、L_B、L_C 为三相绕组自感；M_{AB} 为 A 相绕组和 B 相绕组之间的互感，其他亦然，且有 $M_{AB}=M_{BA}$，$M_{AC}=M_{CA}$，$M_{BC}=M_{CB}$，且

$$L_A=L_B=L_C=L_s$$
$$M_{AB}=M_{BA}=M_{AC}=M_{CA}=M_{BC}=M_{CB}=M$$

若定子三相绕组为 Y 形接法，且没有中点，则有

$$i_A+i_B+i_C=0\tag{7-6}$$

由此可得 $Mi_B+Mi_C=-Mi_A$，$Mi_A+Mi_C=-Mi_B$，$Mi_A+Mi_B=-Mi_C$，代入式(7-5)可得

$$\begin{bmatrix}u_A\\u_B\\u_C\end{bmatrix}=\begin{bmatrix}R_s&0&0\\0&R_s&0\\0&0&R_s\end{bmatrix}\begin{bmatrix}i_A\\i_B\\i_C\end{bmatrix}+\begin{bmatrix}L_s-M&0&0\\0&L_s-M&0\\0&0&L_s-M\end{bmatrix}\frac{\mathrm{d}}{\mathrm{d}t}\begin{bmatrix}i_A\\i_B\\i_C\end{bmatrix}+\begin{bmatrix}e_A\\e_B\\e_C\end{bmatrix}\tag{7-7}$$

7.3.2 反电动势

设电枢导体长度为 l，导体线速度为 v，则单根导体在气隙磁场中感应的电势为

$$e=B_{\delta}lv$$

式中，B_{δ}——气隙磁密。

$$v=\frac{\pi D}{60}n=2p\tau\frac{n}{60}$$

$$\Phi_{\delta}=B_{\delta}\alpha_{1}\tau l \tag{7-8}$$

式中 D,p,τ 分别为电枢直径、极对数、极距；α_1 为计算极弧系数，Φ_{δ} 为每极气隙磁通。若 W_{A} 为电枢绕组每相有效匝数，则每相绕组的反电势为

$$E_{\mathrm{A}}=2W_{\mathrm{A}}e=\frac{pW_{\mathrm{A}}}{15\alpha_{1}}\Phi_{\delta}n \tag{7-9}$$

对于三相星形六状态，每次有两相绕组导通，则线电势

$$E=2E_{\mathrm{A}}=\frac{2pW_{\mathrm{A}}}{15\alpha_{1}}\Phi_{\delta}n=C_{\mathrm{e}}\Phi_{\delta}n \tag{7-10}$$

式中，$C_{\mathrm{e}}=\frac{2pW_{\mathrm{A}}}{15\alpha_{1}}$——电势常数。

7.3.3 电磁转矩

电机的电磁转矩方程为

$$T_{\mathrm{em}}(t)=\frac{e_{\mathrm{A}}i_{\mathrm{A}}+e_{\mathrm{B}}i_{\mathrm{B}}+e_{\mathrm{C}}i_{\mathrm{C}}}{\Omega} \tag{7-11}$$

式中，Ω 为电机机械角速度。

可见，电磁转矩取决于反电动势的大小。在一定转速下，如果电流一定，反电动势越大，电磁转矩越大。如果忽略换向过程的影响，当阶梯波反电动势的平顶宽度大于等于 120°电角度，绕组为星形六状态时，

$$T_{\mathrm{em}}(t)=\frac{e_{\mathrm{A}}i_{\mathrm{A}}+e_{\mathrm{B}}i_{\mathrm{B}}+e_{\mathrm{C}}i_{\mathrm{C}}}{\Omega}=\frac{2I_{\mathrm{A}}E}{\Omega}=\frac{4pW_{\mathrm{A}}}{\pi\alpha_{1}}\Phi_{\delta}I_{\mathrm{A}}=C_{\mathrm{m}}\Phi_{\delta}I_{\mathrm{A}} \tag{7-12}$$

式中，$C_{\mathrm{m}}=\frac{4pW_{\mathrm{A}}}{\pi\alpha_{1}}$——转矩常数。

7.3.4 机械特性及控制特性

反映无刷直流电动机稳态特性的 4 个基本公式如下，

电压平衡方程式	$U_{\mathrm{a}}=E_{\mathrm{a}}+I_{\mathrm{a}}R_{\mathrm{a}}+\Delta U_{\mathrm{T}}$	
感应电势公式	$E_{\mathrm{a}}=K_{\mathrm{e}}n$	
转矩平衡方程式	$T_{\mathrm{em}}=T_{0}+T_{\mathrm{L}}$	(7-13)
电磁转矩公式	$T_{\mathrm{em}}=K_{\mathrm{t}}I_{\mathrm{a}}$	

由式(7-13)可以看出，无刷直流电动机的基本公式与一般直流电动机的基本公式在形式上完全一样，差别只是式中各物理量和系数的计算式不同，另外，电源电压 U_{a} 变成了 $U_{\mathrm{a}}-\Delta U_{\mathrm{T}}$，因

此无刷直流电动机的机械特性和控制特性形状应与一般直流电动机相同，如图 7-15 和图 7-16 所示。

如图 7-15 所示的机械特性曲线产生弯曲现象是由于当转矩较大，转速较低时流过功率管和电枢绕组的电流很大，这时，功率管管压降 ΔU_T 随着电流的增大而增加较快，使加在电枢绕组上的电压不恒定而有所减小，因而特性曲线偏离直线变化，向下弯曲。

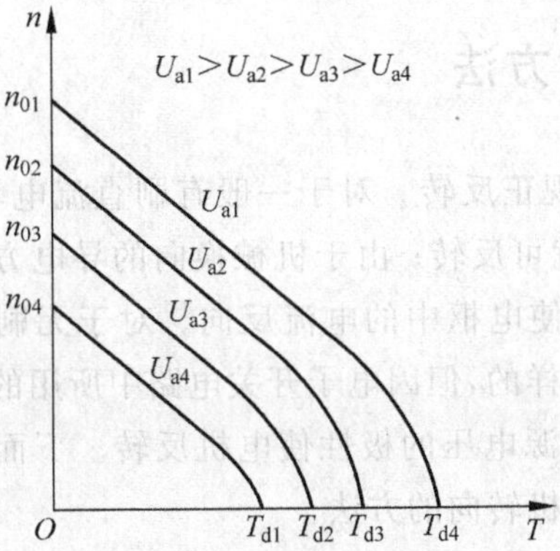

图 7-15　机械特性曲线

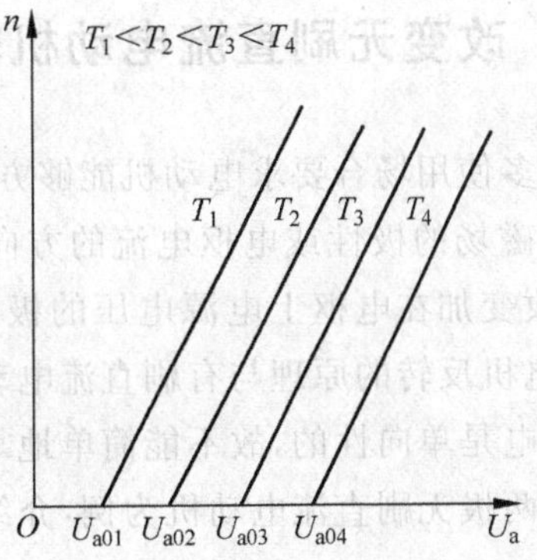

图 7-16　控制特性曲线

控制特性中的始动电压可依照一般直流电动机，表示为

$$U_{a0} = \frac{R_a T_{em}}{K_t} + \Delta U_T \tag{7-14}$$

无刷直流电动机与一般直流电动机一样具有良好的伺服控制性能，可以通过改变电源电压实现无级调速。

7.3.5 无刷直流电动机的电枢反应

电机负载时电枢磁场对主磁场的影响称为电枢反应。无刷直流电动机的电枢反应与电枢绕组连接和通电方式有关。下面仍以三相非桥式晶体管开关电路供电的两极三相无刷电动机为例来分析其电枢反应的特点。图 7-17 为定子 A 相绕组的通电状态，电枢磁动势 F_a 的空间位置为 A 相绕组的轴线方向，并保持不变。磁状态角 $\alpha_m = 2\pi/3$。图中 1 和 2 为磁状态角所对应的边界。电枢磁势 F_a 可分成直轴分量 F_{ad} 和交轴分量 F_{aq}，当转子磁极轴线处于位置 1 时，直轴分量磁势 F_{ad} 对转子有最强的去磁作用；而当转子磁极轴线处于位置 2 时，磁势 F_{ad} 对转子又有最强的增磁作用。因此，电枢磁势的直轴分量开始是去磁的，然后是增磁的，数值上等于电枢磁势 F_a 在转子磁极轴线上的投影，其最大值为

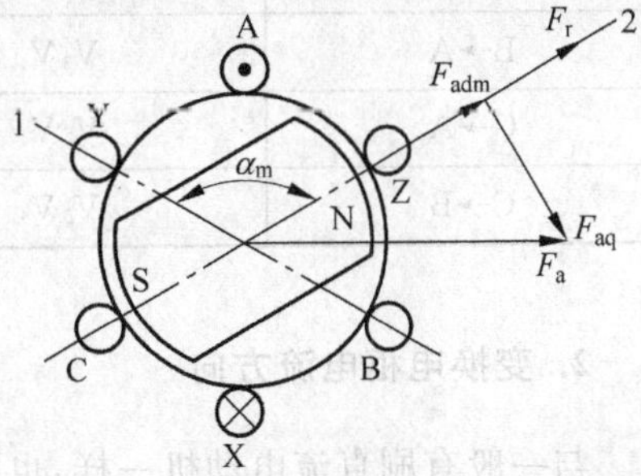

图 7-17　无刷直流电动机的电枢反应

$$F_{adm} = F_a \sin\frac{\alpha_m}{2} \tag{7-15}$$

实际计算时，应根据电动机可能遇到的情况（如启动、反转等）所产生的最大值考虑。

在无刷直流电动机中，由于磁状态角 α_m 比较大，电枢磁动势的直轴分量就可能达到相当大的数值，为了避免使永磁转子失磁，在设计中必须予以注意。

当转子磁极轴线位于 $\alpha_m/2$ 位置处，电枢磁场与转子磁场正交，电枢磁势 F_a 为交轴磁势。在无刷直流电动机中，由于转子磁钢的磁阻很大，因此由电枢磁动势交轴分量 F_{aq} 所引起的气隙磁场波形的畸变就显得较小，一般可以不计。

7.3.6 改变无刷直流电动机转向的方法

在许多使用场合要求电动机能够方便地实现正反转。对于一般有刷直流电动机，只要改变励磁磁场的极性或电枢电流的方向，电机就可反转；由于机械换向的导电方向是可逆的，只要改变加在电枢上电源电压的极性，就能使电枢中的电流反向。对于无刷直流电动机，实现电机反转的原理与有刷直流电动机是一样的，但因电子开关电路中所用的电力电子器件的导电是单向性的，故不能简单地靠改变电源电压的极性使电机反转。下面以星形三相六状态两极无刷直流电动机为例，介绍改变电机转向的方法。

1. 改变开关线路的逻辑驱动信号

以三相星形六状态为例，按照表 7-4 中各器件的导通顺序，转子将顺时针旋转；若想让电机逆时针旋转，则需改变定子绕组导通顺序，这可通过改变开关线路的逻辑驱动信号完成。

表 7-4 星形三相六状态导通顺序表

顺时针转		逆时针转	
绕组导通电流方向	导通功率管	绕组导通电流方向	导通功率管
A→B	V_1V_6	B→A	V_3V_4
A→C	V_1V_2	C→A	V_5V_4
B→C	V_3V_2	C→B	V_5V_6
B→A	V_3V_4	A→B	V_1V_6
C→A	V_5V_4	A→C	V_1V_2
C→B	V_5V_6	B→C	V_3V_2

2. 变换电枢电流方向

与一般有刷直流电动机一样，也可以通过改变一相导通时的电流方向来改变电机转向。为了能使电枢绕组电流方向改变，除了改变直流电源极性外，尚需在开关电路的每相接入由两个功率管元件组成的倒向线路，如图 7-18(a)所示。它们分别使定子绕组中通过正向(实线箭头)和反向(虚线箭头)电流，使电机产生不同转向的转矩，达到正、反向旋转的目的。图 7-18(b)采用的是另一种特殊电路，每相只需一个功率管，同样可使定子绕组电流改变方向。

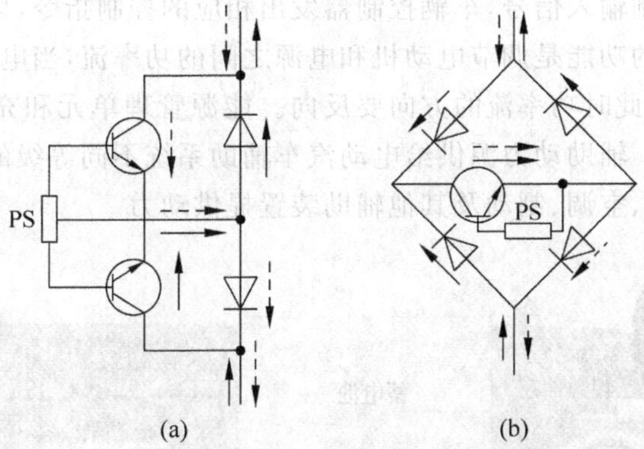

图7-18　用于正反转的倒向电路

无刷直流电动机具有一般直流电动机的控制特性。它用电子开关电路及位置传感器代替了传统直流电动机中的电刷和换向器装置，是一种电子、电机一体化的现代高新技术产品。位置传感器是无刷直流电动机的重要部件。读者应明了它的结构特点及其作用，以及它对电机特性产生何种影响。无刷直流电动机具有一般直流电动机类似的特性，但它的各种特性及电势、转矩系数计算式都与电枢绕组连接方式有关，使用时应根据实际要求合理地选择电枢绕组连接方式。无刷直流电动机可以通过改变电源电压实现无级调速，但制动和反转的方法有其自身的特点。

7.4　无刷直流电动机的应用实例——电动汽车的电机驱动控制系统

当今关于环保和能源问题备受关注，使用电能的电动汽车呈现加速发展的趋势。电动汽车是综合了汽车、电力拖动、电力电子、自动控制、化学电源、计算机、新能源、新材料等多种科学技术成果的产物。

纯电动汽车以电动机代替内燃机，由电机驱动而无须传统内燃机汽车庞大而复杂的变速机构，电动机可以在相当宽广的速度范围内高效产生转矩，在纯电动车行驶过程中不需要换挡变速装置，操纵方便容易，噪音低。

7.4.1　系统的组成及工作原理

电动汽车采用电动机作为牵引装置，并应用化学蓄电池组、燃料电池组、超级电容器组和/或飞轮组为其相应的能源，其结构示意图如图7-19所示。

电动汽车的基本结构如图7-20所示，其可分为三个子系统：电力驱动子系统，能源子系统和辅助控制子系统。电力驱动子系统由车辆控制器、功率变换器、电动机、机械传动装置和驱动车轮组成；能源子系统由蓄电池、能量管理单元和充电器构成；辅助控制子系统由动力转向单元、车内气候控制单元和辅助动力源等构成。在电力驱动子系统中，基于加速踏板和制动踏板的控制输入信号，车辆控制器发出相应的控制指令，以控制功率变换器装置的通断。功率变换器的功能是调节电动机和电源之间的功率流，当电动汽车制动时，再生制动的电能被电源吸收，此时功率流的方向要反向。能源管理单元和充电器一同控制充电并监测电源的使用情况。辅助动力源供给电动汽车辅助系统不同等级的电压并提供必要的动力，其主要给动力转向、空调、制动及其他辅助装置提供动力。

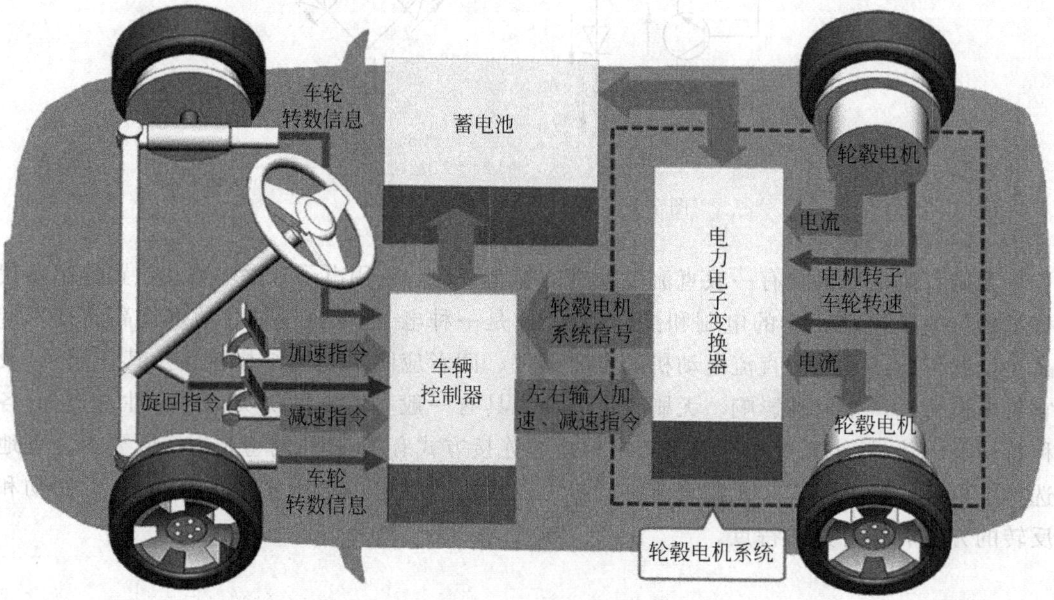

图 7-19 电动汽车结构示意图

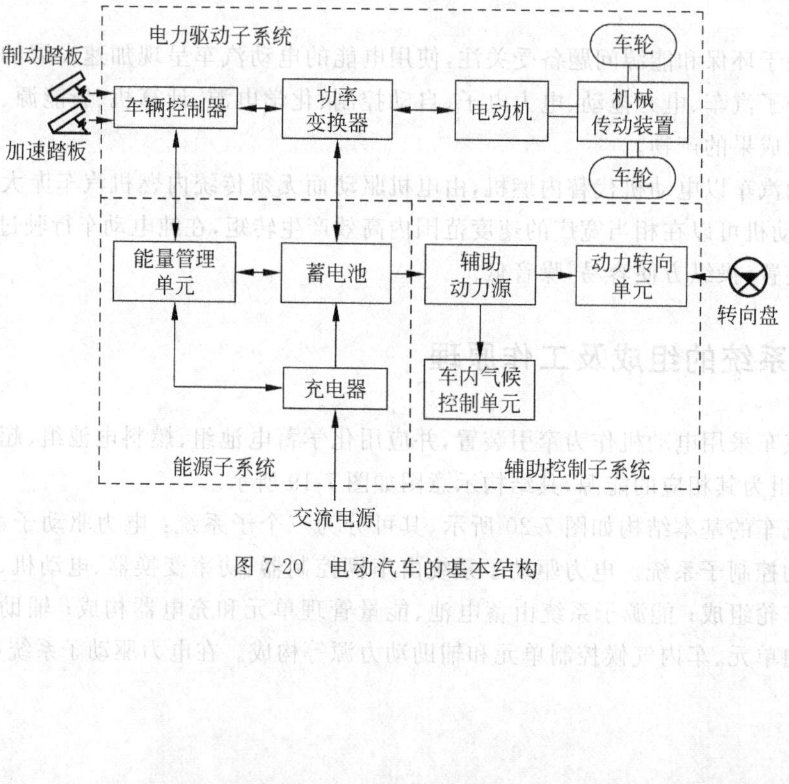

图 7-20 电动汽车的基本结构

根据电力驱动系统的电动机和机械传动装置配合变化，可构成不同结构形式的电动汽车，图 7-19 中完全舍弃了电动机和驱动轮之间的机械传动装置，轮毂电机直接连接至驱动轮，电机的转速直接决定了电动汽车的车速。

7.4.2　电力驱动子系统构成及工作原理

电力驱动控制系统是电动汽车执行机构，电动机及其功率变换器（电机驱动器）是电动汽车的核心部件之一，其特性决定了汽车行驶的主要性能指标。电动机将电能转换成机械能推动车辆运动，或将机械能转化为电能进行再生制动和对蓄电池充电。功率变换器接受控制器的控制信号，并给电动机提供正确的电压和电流。

电动汽车的驱动电动机与工业用的电动机不同，要求频繁地启动和制动、加速和减速，低速或爬坡时要求高转矩，高速行驶时要求低转矩，变速范围大。

无刷直流电机既有直流电动机的优越性能，又以电子换向电路代替机械式电刷和换向器，因此，无刷直流电机具有高效、高功率密度以及良好的调速性能，正逐渐成为电动汽车传动中所使用的首选电机。

无刷直流电动机驱动系统由电动机本体、转子位置传感器、逆变器和控制器等组成，其原理框图如图 7-21 所示。将速度给定值 u_n^* 与速度反馈值 u_n 进行比较，得到的速度差值，经过速度调节器调节，输出作为电流环的给定值 u_i^*，与电流反馈值 u_i 进行比较，电流差值再经电流调节器进行调节，电流调节器的输出信号经 PWM 模块变换为相应的方波信号，综合信号处理部分根据转子的实际位置产生各相所需的 PWM 控制信号，该信号经门极驱动电路，驱动三相桥式逆变电路，使相应的功率器件（IGBT、MOSFET 等）工作，通过合适的 PWM 占空比去驱动电动机绕组。此外，系统利用转子位置信息将电流传感器信号进行采样，形成代表电动机转矩的合成电流信号 u_i，通过转子位置传感器测量转子的实际位置，并通过转速信号形成部分进行处理，得到速度反馈信号 u_n。双闭环调速系统使电动机在电压、负载变化或外界扰动情况下，系统能够自动调节，使转速能够跟踪重现至速度指令的要求。

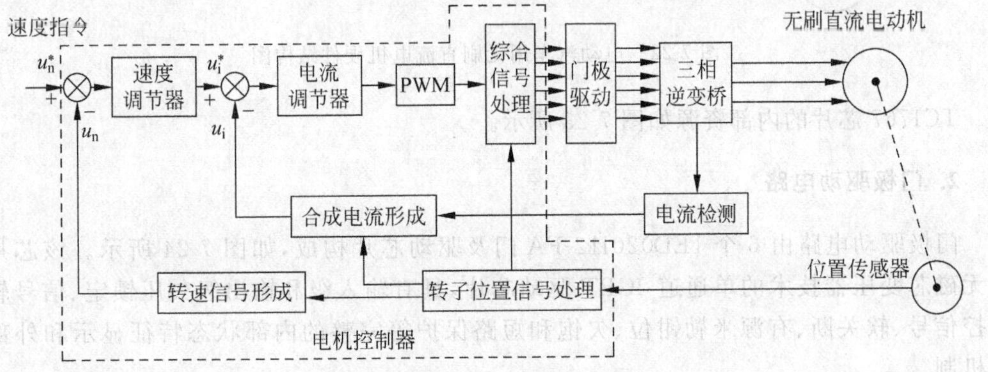

图 7-21　无刷直流电机调速系统框图

永磁无刷直流电动机的理想电流波形为方波,其转矩与电流值的幅值成正比,这与直流电机的控制系统特性相同。无刷直流电机功率密度大,比相同尺寸的永磁同步电机高约15%,单位峰值电流产生的转矩要高。因换相时刻电流不能突变,电磁转矩不能保持恒定值,在每个换相时刻都会有一个脉动,这是不可避免的。

7.4.3 系统硬件设计及功能

电动汽车用无刷直流电机硬件结构(如图7-22所示)。由电机控制器、门极驱动电路、三相桥式逆变电路、位置传感器、无刷直流电机本体构成。

1. 电机控制器

无刷直流电机控制器应具有PWM信号产生、转子位置与速度检测、相电流检测、电流与速度调节器等功能,并可根据控制需要切换转速、转矩两种闭环控制模式,以及内置过压、过流等故障检测与处理功能,实现无刷直流电机的四象限驱动运行。英飞凌的TriCore TC1767采用TriCore内核,该微处理器主要用于电动汽车的永磁同步电机和无刷直流电机的控制。电动汽车用无刷直流电机硬件结构图如图7-22所示。

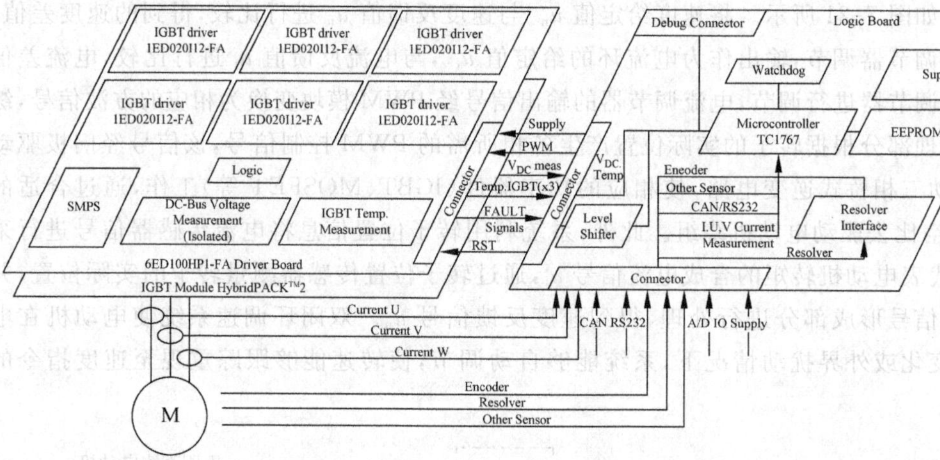

图7-22 电动汽车用无刷直流电机硬件结构图

TC1767芯片的内部资源如图7-23所示。

2. 门极驱动电路

门极驱动电路由6个1ED020I12-FA门及驱动芯片构成,如图7-24所示。该芯片基于无磁芯变压器技术的单通道IGBT驱动芯片,具有输入级和输出级欠压锁定、信号转换监控信号、软关断、有源米勒钳位、欠饱和短路保护等完整的内部状态特征显示和外部保护机制。

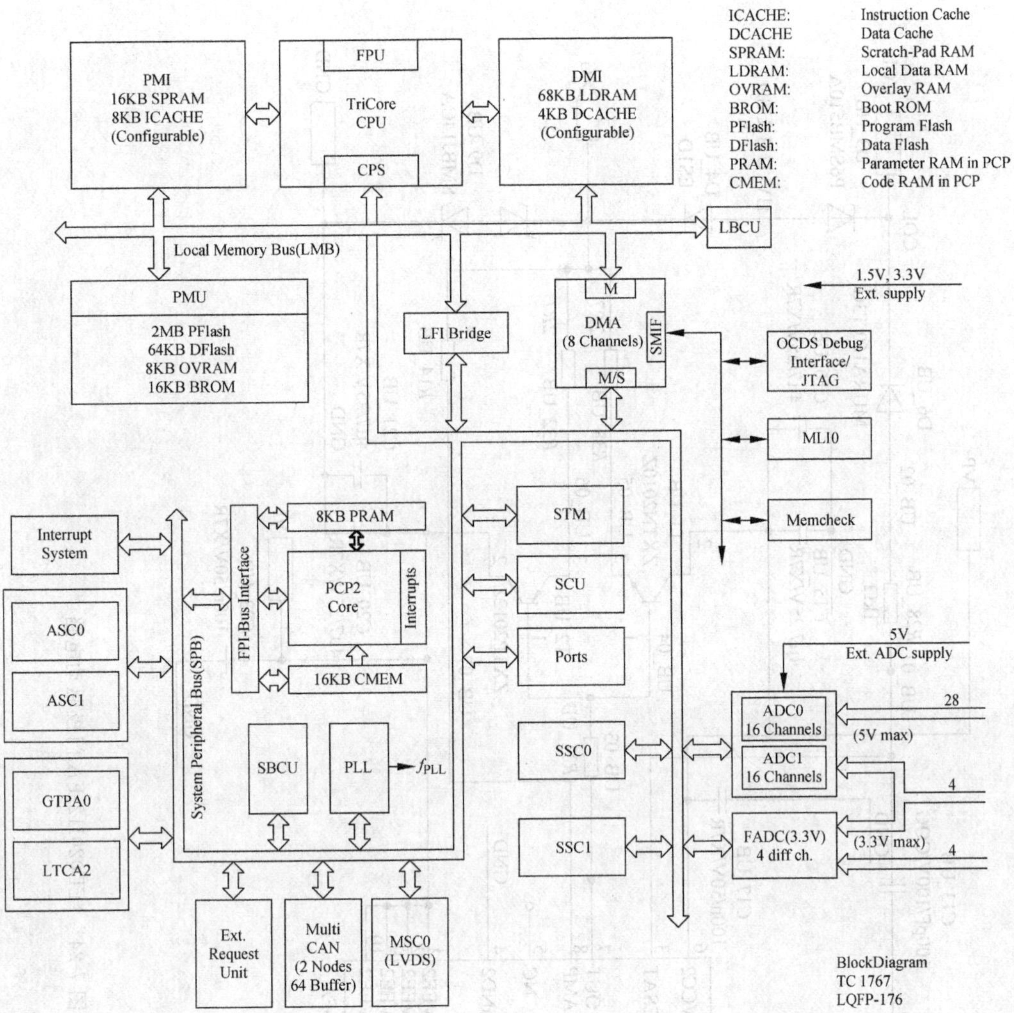

图 7-23　TC1767 内部框图

3. 三相桥式逆变电路

三相桥式逆变电路的主要作用是根据转子位置信号实时给定子绕组通电，接受控制指令，实现对无刷直流电机转矩、转子位置和速度的控制。英飞凌生产的 HybridPACK™ 2 系列 IGBT 模块是专门针对全电力和混合动力汽车应用设计的功率模块，其内部结构图如图 7-25 所示。该系列模块功率范围达 80 kW，恒定结温为 150 °C，采用六单元(Six-Pack)芯片配置，额定值高达 800A/650V。

4. 位置传感器

位置传感器的作用是检测无刷直流电动机的转子位置和速度。常用的位置传感器有霍尔元件式位置传感器、光电式位置传感器和电磁式位置传感器。具体详见前面章节。

5. 无刷直流电机

YTD020W01 无刷直流电机电机，应用于多个品牌国产电动汽车，其性能指标如表 7-5 所示。

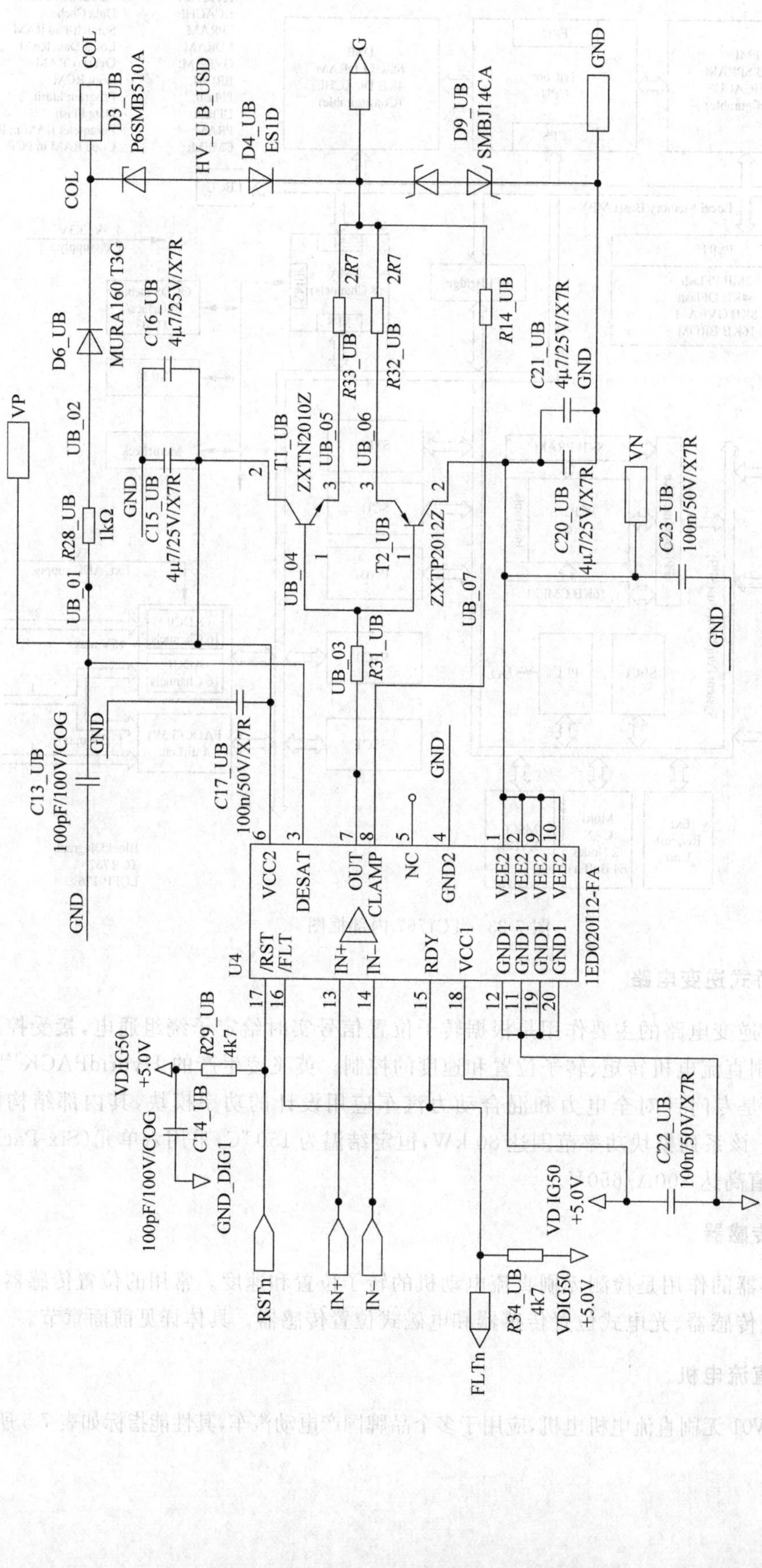

图 7-24　1ED020I12-FA 门极驱动电路

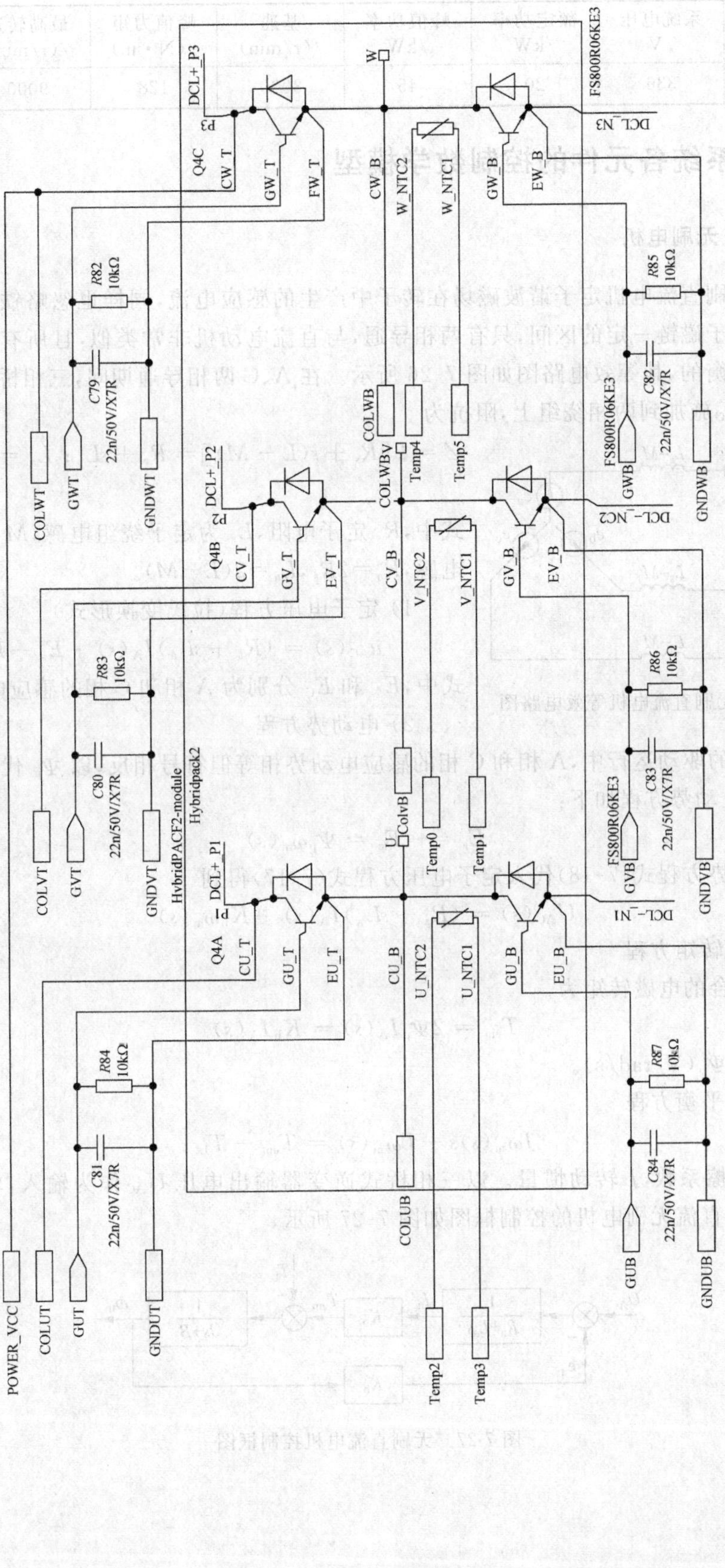

图 7-25　IGBT 模块 HybridPack™2 内部框图

表 7-5 YTD020W01 无刷直流电机性能指标

型号	系统电压 /V	额定功率 /kW	峰值功率 /kW	基速 /(r/min)	峰值力矩 /(N·m)	最高转速 /(r/min)	系统最高效率
YTD020W01	336	20	45	3000	128	9000	94%

7.4.4 系统各元件的控制数学模型

1. 直流无刷电机

忽略无刷直流电机定子谐波磁场在转子中产生的感应电流,同样也忽略铁损和杂散损耗。当在转子磁链一定的区间,只有两相导通,与直流电动机非常类似,且所有的相都是电气对称和平衡的,其等效电路图如图 7-26 所示。在 A、C 两相导通期间,三相桥式逆变器的输出电压 u_{AC}施加到两相绕组上,阻抗为

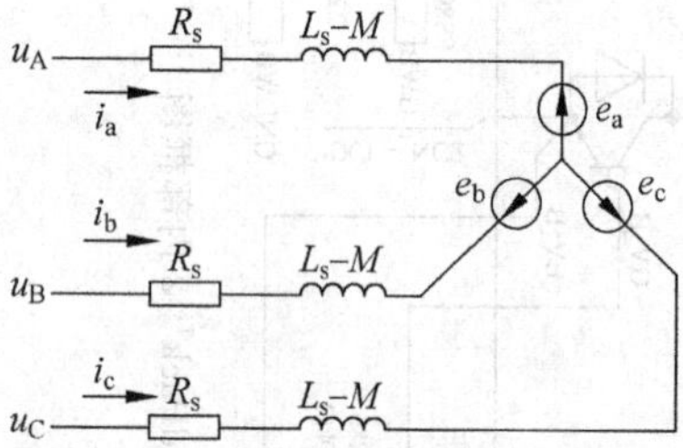

图 7-26 无刷直流电机等效电路图

$$Z = 2[R_s + s(L - M)] = R_a + sL_a;\ L_a = 2(L_s - M) \tag{7-16}$$

式中,R_s 定子电阻,L_s 为定子绕组电感,M 定子绕组的电感,$R_a = 2R_s$,$L_a = 2(L - M)$。

1) 定子电压方程(拉氏变换形式)

$$u_{AC}(s) = (R_a + sL_a)I_A(s) + E_a - E_C \tag{7-17}$$

式中,E_A 和 E_C 分别为 A 相和 C 相的感应电动势。

2) 电动势方程

在正常的驱动运行中,A 相和 C 相的感应电动势相等但符号相反,以 Ψ_p 代表合成共磁链幅值,则电动势方程如下:

$$E_a = -E_c = \Psi_p\omega_m(s) \tag{7-18}$$

将电动势方程式(7-18)代入定子电压方程式(7-17)得到

$$U_{AC}(s) = (R_a + sL_a)I_A(s) + K_b\omega_m(s) \tag{7-19}$$

3) 电磁转矩方程

两相联合的电磁转矩为

$$T_{em} = 2\Psi_p I_A(s) = K_b I_A(s) \tag{7-20}$$

其中,$K_b = 2\Psi_p$(V/rad/s)。

4) 转矩平衡方程

$$J\omega_m(s)s + B\omega_m(s) = T_{em} - T_L \tag{7-21}$$

式中 B 为摩擦系数,J 转动惯量。以三相桥式逆变器输出电压 U_{AC} 作为输入,转子角速度 ω_m 为输出的直流无刷电机的控制框图如图 7-27 所示。

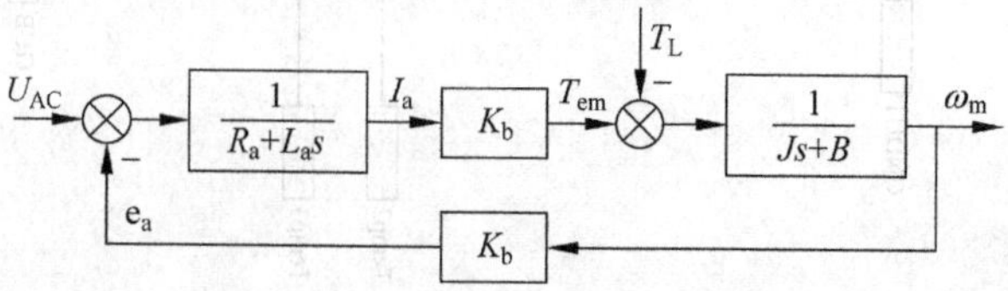

图 7-27 无刷直流电机控制框图

并设负载转矩与转速成正比 $T_L = B\omega_m$，通过方框图化简重新绘制框图(见图 7-28)，避免多回路的交互作用。

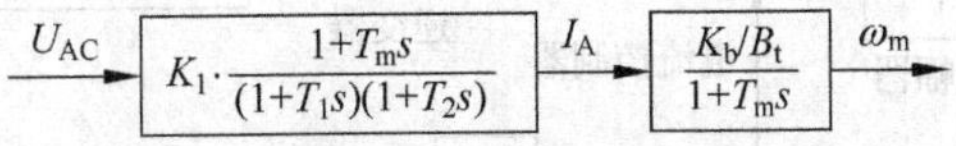

图 7-28　无刷直流电机简化控制框图

无刷直流电机的速度电压传递函数分成两级，如式(7-22)所示：

$$\frac{\omega_m(s)}{U_{AC}(s)} = \frac{\omega_m(s)}{I_a(s)} \cdot \frac{I_a(s)}{U_{AC}(s)} \tag{7-22}$$

式中，

$$\frac{\omega_m(s)}{I_a(s)} = \frac{K_b}{B_t(1+sT_m)} \tag{7-23}$$

$$\frac{I_a(s)}{U_{AC}(s)} = K_1 \frac{1+sT_m}{(1+sT_1)(1+sT_2)} \tag{7-24}$$

$$B_t = 2B \tag{7-25}$$

$$T_m = J/B_t \tag{7-26}$$

$$K_1 = \frac{B_t}{K_b^2 + R_a B_t} \tag{7-27}$$

$$-\frac{1}{T_1}, -\frac{1}{T_2} = \frac{(L_a B_t + JR_a) \pm \sqrt{(L_a B_t + JR_a)^2 - 4JL_a(R_a B_t + K_b^2)}}{2JL_a} \tag{7-28}$$

2. 逆变器的传递函数

逆变器表示为一个一阶惯性环节。

$$G_r(s) = \frac{U_{AC}(s)}{U_c(s)} = \frac{K_r}{1+sT_r} \tag{7-29}$$

3. 电流和转速控制器的传递函数

无刷直流电机控制系统的电流和转速控制器设计是简单和明确的，

$$G_c = K_c\left(1 + \frac{1}{sT_c}\right) \tag{7-30}$$

$$G_s = K_s\left(1 + \frac{1}{sT_s}\right) \tag{7-31}$$

式中，下标 c 和 s 分别对应电流和转速控制器；K 和 T 对应控制器的增益和时间常数。

4. 无刷直流电机的转速控制方框图

无刷直流电机的转速控制方框图如图 7-29 所示。

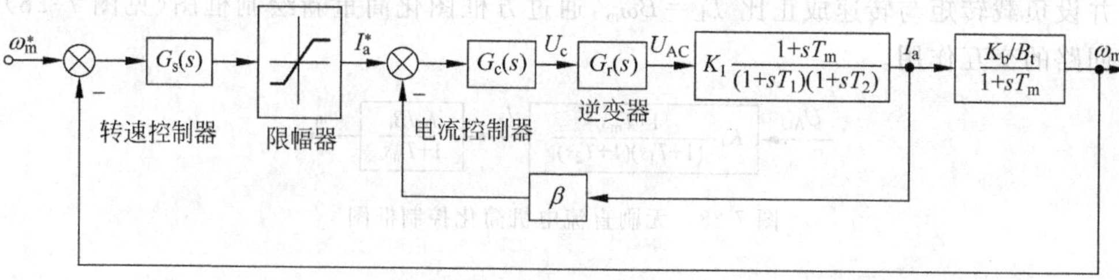

图 7-29 无刷直流电机的转速控制方框图

思考题

7-1 将无刷直流电动机与永磁同步电动机及直流电动机作比较,分析它们之间有哪些相同点和不同点。

7-2 位置传感器的作用如何? 改变每相开始导通的位置角及导通角 α_c,对电机性能会产生怎样的影响?

7-3 无刷直流电动机能否用交流电源供电?

7-4 无刷直流电动机能否采用一相电枢绕组? 为什么?

7-5 如何使无刷直流电动机制动、反转和调速?

7-6 如果气隙磁密分布为正弦波,星形及封闭形三相六状态时转矩 T 与气隙磁密分布为矩形波时的转矩有何不同?

7-7 查阅资料了解空调是采用直流伺服电机、交流伺服电机还是直流无刷电机,国内外技术有何不同。

参考文献

[1] R Krishman. Permanent Magnet synchronous and brushless DC motor Drives. Abingclon: Taylor & Francis,2010.

[2] Mechrdad Ehsani,Yimin Gao,Ali Emadi 著. 现代电动汽车、混合动力电动汽车和燃料电池车. 倪光正,倪培宏,熊素铭译. 北京:机械工业出版社,2010.

[3] 谭建成. 永磁无刷直流电机技术. 北京:机械工业出版社,2011.

[4] 李兴虎. 电动汽车概论. 北京:北京理工大学出版社,2005.

[5] 陈清泉,孙逢春等. 现代电动汽车技术. 北京:北京理工大学出版社,2002.

[6] 寇宝泉,程树康. 交流伺服电机及其控制. 北京:机械工业出版社,2008.

[7] 郭庆鼎,赵希梅. 直流无刷电动机原理与技术应用. 北京:中国电力出版社,2008.

[8] 张舟云,贡俊. 新能源汽车电机技术与应用. 上海:上海科学技术出版社,2013.

第四篇　新型元件

第 8 章 直线电动机
(Linear Motor)

8.1 概述

直线电动机(Linear motor)诞生于 1941 年,是一种将电能直接转换成直线运动机械能,而不需要任何中间转换机构的特种电机。近年来,直线电动机的应用飞速发展,主要原因是除了直接驱动外还具有高速、高分辨率、高精度、高可靠性等特点。目前直线电动机的应用非常广泛,例如,在交通运输方面的磁悬浮列车,磁浮船,公路高速车等;在物流输送方面的各种流水线;在工业上的冲压机、车床进刀机构等;在民用和军事方面也有许多应用,如民用自动门、军用导弹、电磁炮和鱼雷等。

直线电动机的类型很多,按其工作原理可分为直线感应电动机、直线直流电动机、直线同步电动机、直线步进电动机等;按其结构类型可分为扁平型、圆筒型、圆盘型和圆弧型。与旋转电动机相比,直线电动机具有以下优点:

(1) 由于不需要中间传动机构,整个系统得到简化,精度提高,振动和噪声减小。

(2) 由于不存在中间传动机构的惯量和阻力矩的影响,电机加速和减速的时间短,可实现快速起动和正反向运行。

(3) 普通旋转电机由于受到离心力的作用,其圆周速度有所限制,而直线电机运行时,其零部件和传动装置不受离心力的作用,因此它的直线速度可以不受限制。

(4) 由于散热面积大,容易冷却,直线电机可以取得较高的电磁负荷,容量定额较高。

(5) 由于直线电机结构简单,且它的初级铁芯在嵌线后可以用环氧树脂密封成一个整体,可以在一些特殊场合中应用,例如可在潮湿环境甚至水中使用。

(6) 直线电机通过电能直接产生电磁推力,其运动可以无机械接触,使传动零部件无磨损,从而大大减少机械损耗。

当然,直线电动机也存在一些缺点,如直线感应电动机大气隙导致功率因数和效率低,起动推力受电源电压的影响较大等。

8.2 直线感应电动机

1. 直线感应电动机的主要类型和基本结构

直线感应电动机主要有扁平型、圆筒型两种形式,其中扁平型应用最广泛。

(1) 扁平型

直线电动机可以看成由旋转电动机演变而来,设想把旋转型感应电动机沿着半径方向剖开,并将圆周展成直线,即可得到扁平型直线感应电动机,如图 8-1 所示。由定子演变而来的一侧称做初级,由转子演变而来的一侧称做次级,直线电动机的运动方式可以是固定初级,让次级运动,称为动次级;也可以固定次级而让初级运动,称为动初级。

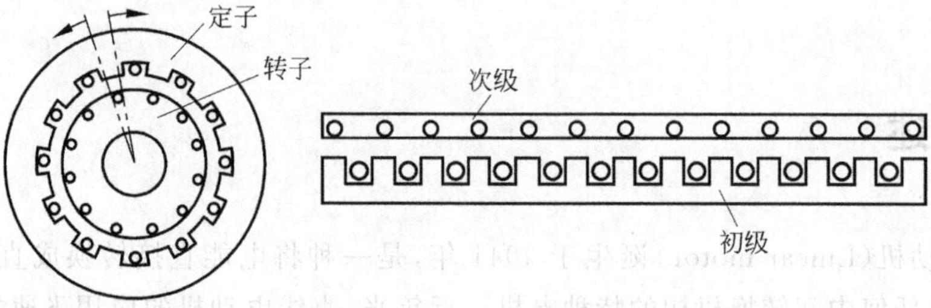

(a) 旋转式感应电动机　　(b) 直线感应电动机

图 8-1　直线感应电动机的演变过程

图 8-1 中直线电动机的初级和次级长度相等,这在实用中是行不通的,由于初级、次级要做相对运动,假设在运动开始时,初次级正好对齐,那么在运动过程中,初次级之间的电磁耦合部分将逐渐减少,影响正常运行。因此,在实际应用中必须把初级、次级做得长短不等,根据初级、次级间相对长度,可把扁平型直线感应电动机分成短初级和短次级两类,如图 8-2 所示。由于短初级机构比较简单,故一般常用短初级。

与旋转电机一样,扁平型感应电动机的初级铁芯也由硅钢片叠成,表面开有齿槽,槽中安放着三相、两相或单相绕组;最常用的次级有两种:一种是栅型结构,类似旋转电机的笼型结构,次级铁芯上开槽,槽中放置导条,并在两端用短部导体连接所有槽中导条。另一种是实心结构,即采用整块均匀的金属材料,它又分成非磁性次级和钢次级。

(2) 圆筒型(管型)

如果将如图 8-3(a)所示的扁平型直线电动机的初级和次级依箭头方向卷曲,就成为圆筒型直线感应电动机,如图 8-3(b)所示。

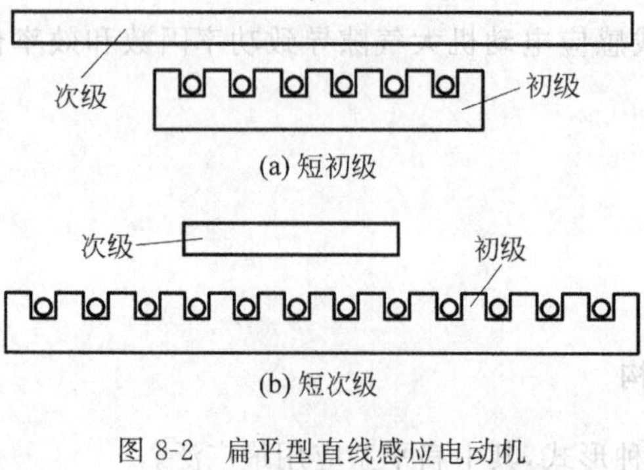

(a) 短初级

(b) 短次级

图 8-2　扁平型直线感应电动机

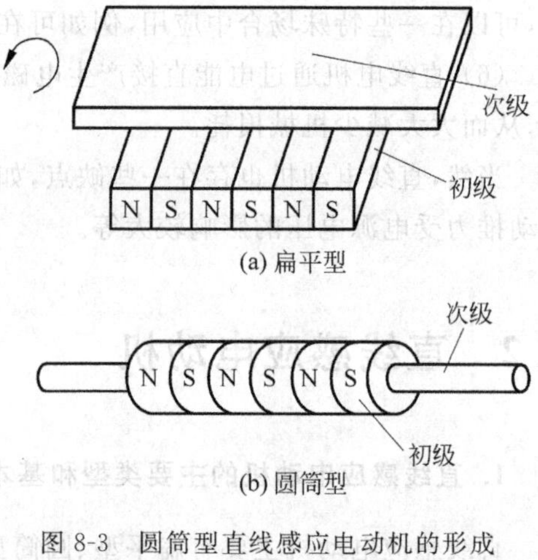

(a) 扁平型

(b) 圆筒型

图 8-3　圆筒型直线感应电动机的形成

2. 工作原理

直线感应电机是由旋转电机演变而来的，因而当初级的多相绕组通入多相电流后，也会产生一个气隙基波磁场，但是这个磁场的磁通密度不是旋转而是沿着横向直线平移，因此称做行波磁场，如图 8-4 所示。显然，行波磁场的移动速度与旋转磁场在定子内圆表面上的线速度是一样的。行波磁场移动的速度称为同步速度，即

$$v_s = \frac{D}{2}\frac{2\pi n_0}{60} = \frac{D}{2}\frac{2\pi}{60}\frac{60f}{p} = 2f\tau(\text{m/s}) \tag{8-1}$$

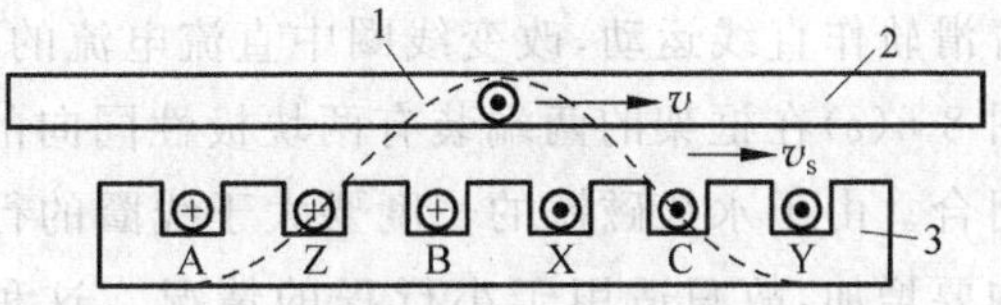

图 8-4　直线感应电动机的工作原理

1—行波磁场；2—次级；3—初级

式中，D——旋转电动机定子内圆周直径；

$\tau = \pi D/2p$ 为极距；

f——电源频率。

行波磁场切割次级导条，将在导条中产生感应电势和电流，所有导条的电流和气隙磁场相互作用，产生切向电磁力。如果初级是固定不动的，次级就顺着行波磁场方向做直线运动。若次级移动的速度用 v 表示，则转差率为

$$s = \frac{v_s - v}{v_s} \tag{8-2}$$

次级移动速度为

$$v = (1-s)v_s = 2f\tau(1-s) \tag{8-3}$$

3. 工作特性

直线感应电动机由于驱动方向的长度有限，端部处的磁通分布不均匀并产生紊乱，以电磁感应为原理的直线感应电动机在高速时受其影响，推力特性恶化，把这种现象称为端部效应。一般用代表速度的推力-转差率特性表示直线感应电动机的特性。直线感应电动机与三相旋转感应电动机原理相同，因此当忽略端部效应后，可以认为两者的特性存在近似关系，如图 8-5 所示为直线感应电动机的推力-转差率特性和旋转感应电动机的转矩-转差率特性的比较。旋转感应电动机的最大转矩一般出现在较低的转差处，直线感应电动机的最大推力则发生在高转差处。因此，直线感应电动机的起动推力大，在高速区域推力小。

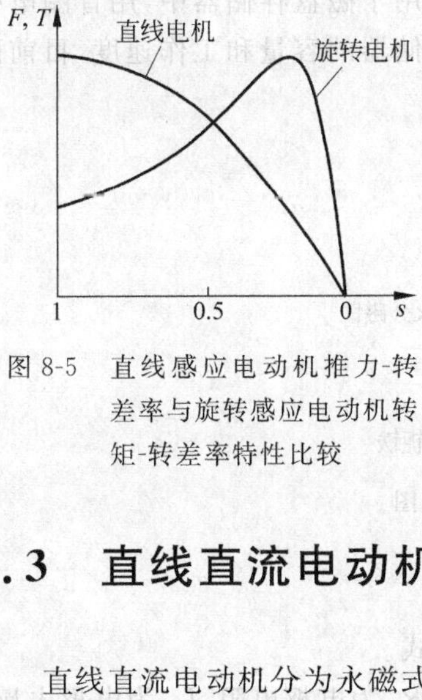

图 8-5　直线感应电动机推力-转差率与旋转感应电动机转矩-转差率特性比较

直线感应电动机主要应用于各种直线运动的动力驱动系统中，如传送带、自动搬运装置、带锯、直线打桩机、电磁锤、钢板或钢管的运输、矿山用直线电机推车机以及高速列车等，此外液态金属泵还可用于铝金管及铁管的自动铸造等生产过程。

8.3　直线直流电动机

直线直流电动机分为永磁式和电磁式两类。当功率较大时，直线直流电动机中的永久磁钢所产生的磁通可改由绕组通入直流电励磁所产生，这就成为电磁式直线直流电动机。

因此,这里只简单阐述永磁式直线直流电动机。

1. 工作原理

永磁式直线直流电动机的磁极由永久磁钢做成,利用载流线圈与永久磁铁间产生的电磁力工作,通常有两种主要结构形式:框架式和音圈式,框架式如图 8-6 所示,当移动线圈中通入直流电流时,便产生电磁力,只要电磁力大于滑轨上的静摩擦阻力,线圈就沿着滑轨作直线运动,改变线圈中直流电流的大小和方向,就可改变电磁力的大小和方向。图 8-6(a)在框架的两端装有两块极性同向的永久磁铁,磁铁产生的磁通被框架内轭铁所闭合。由于永久磁铁的长度要大于线圈的行程,如果行程很大,则磁铁很长,造价和质量均要增加,故只适用于小行程的情况。这种结构具有体积小、成本低和效率高等优点。图 8-6(b)结构的电机只在框架的两端装有两块磁铁,既减小了磁铁的质量又扩大了行程。

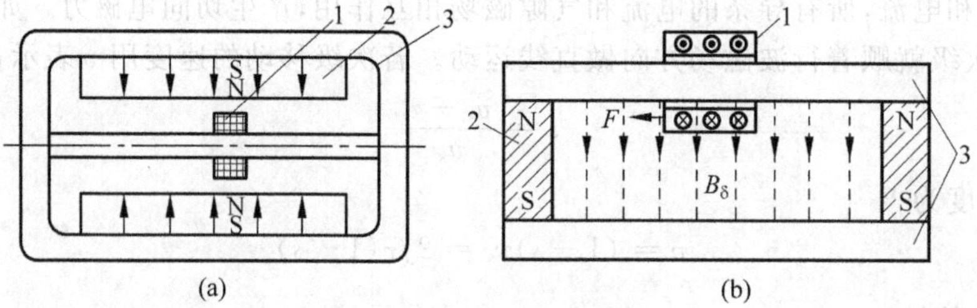

图 8-6 框架式直线直流电动机原理图

1—移动线圈;2—永久磁铁;3—轭铁

音圈式直线直流电动机简称音圈电机,其磁路有几种形式,如图 8-7 所示为其中一种,此种设计的音圈电机尺寸较长,磁阻较大,但线圈电感较小。由于它的磁场均匀,且仅线圈移动,故重量轻、惯性小,所以这种电机的响应频率很高,常用于磁盘存储器中,用音圈电机控制磁头,使速度和位置精度大为提高,从而提高了磁盘存储器的容量和工作速度,目前磁盘存储器的磁头定位精度已达到了$\pm 0.08\mu m$级的程度。

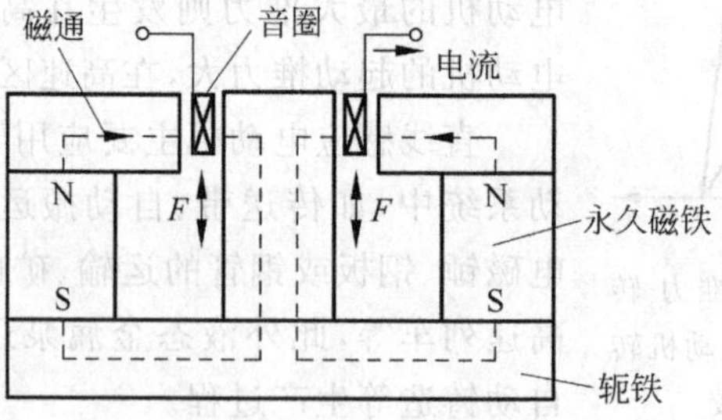

图 8-7 音圈直线直流电动机原理图

2. 直线直流电动机的特性与传递函数

直线直流电动机与旋转电动机有完全相似的基本关系式。

设 U_a 为电枢电压,I_a 为电枢电流,B 为平均气隙磁密,R_a 为电枢电阻,L_a 为电枢电感,

l 为气隙磁场中电枢导体长度，v 为电机的直线运动速度，F_c 为总的阻力，m 为电机(包括负载)的总质量，则有

电磁力 F 为

$$F = BlI_a = K_t I_a \tag{8-4}$$

电枢反电动势 E_a 为

$$E_a = Blv = K_e v \tag{8-5}$$

力平衡方程式为

$$F = m\frac{dv}{dt} + F_c \tag{8-6(a)}$$

静态时有

$$F = F_c \tag{8-6(b)}$$

电压平衡方程式为

$$U_a = R_a i_a + L_a\frac{di_a}{dt} + E_a \tag{8-7(a)}$$

静态时有

$$U_a = R_a I_a + E_a \tag{8-7(b)}$$

参数关系式

$$K_t = K_e = Bl \tag{8-8}$$

式(8-4)、式(8-5)、式(8-6(a))、式(8-7(a))表示动态特性，式(8-4)、式(8-5)、式(8-6(b))、式(8-7(b))表示静态特性。由静态特性公式可得机械特性与调节特性表达式为

$$v = \frac{U_a}{K_e} - \frac{R_a}{K_e K_t}F_c = \frac{U_a}{K_e} - \frac{R_a}{K_e K_t}F \tag{8-9}$$

可见机械特性与控制特性都是线性的，它们的图形见图 8-8，当控制电压不同或负载不同时，机械特性与调节特性都是一组平行线。

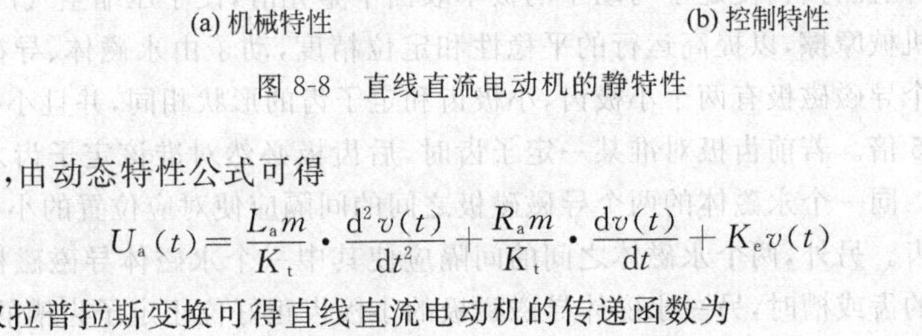

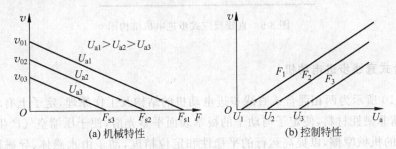

图 8-8　直线直流电动机的静特性

设 $F_c = 0$，由动态特性公式可得

$$U_a(t) = \frac{L_a m}{K_t}\cdot\frac{d^2 v(t)}{dt^2} + \frac{R_a m}{K_t}\cdot\frac{dv(t)}{dt} + K_e v(t) \tag{8-10}$$

对上式取拉普拉斯变换可得直线直流电动机的传递函数为

$$\frac{V(s)}{U_a(s)} = \frac{1/K_e}{\tau_m \tau_e s^2 + \tau_m s + 1} \tag{8-11}$$

式中，$\tau_m = \dfrac{R_a m}{K_e K_t}$ 为电机的机电时间常数；$\tau_e = \dfrac{L_a}{R_a}$ 为电机的电磁时间常数。一般情况下有

$\tau_e \ll \tau_m$，当 $1/\tau_e$ 远大于系统的频带时，有

$$\frac{V(s)}{U(s)} = \frac{1/K_e}{\tau_m s + 1} \tag{8-12}$$

8.4 直线步进电动机

1. 反应式直线步进电动机

直线步进电动机是一种将输入的电脉冲信号转换成为微步直线运动的装置。当输入一个电脉冲时，就会直线地运动一步，并准确地锁定在所希望的位置上，具有工作速度快，位置控制精度高的特点。

图 8-9 为一台四相反应式直线步进电动机，其定子和动子都由硅钢片叠成。图中动子上有 4 个 U 形铁芯，每个 U 形铁芯的两级上套有相反连接的两个线圈，形成一相控制绕组，当一相通电时，所产生的磁通只在本相的 U 形铁芯中流通，当某相动子齿与定子齿对齐时，相邻相的动子齿轴线与定子齿轴线前后错开 1/4 齿距。当控制绕组按 A→D→C→B→A 顺序通电时，动子则向右移动。与旋转式步进电机相似，通电方式可以是单拍制，也可以是双拍制，双拍制时步距减少一半。当四相控制绕组以 A-AB-B-BC-C-CD-D-DA 四相八拍方式通电时，动子每步移动 1/8 齿距。

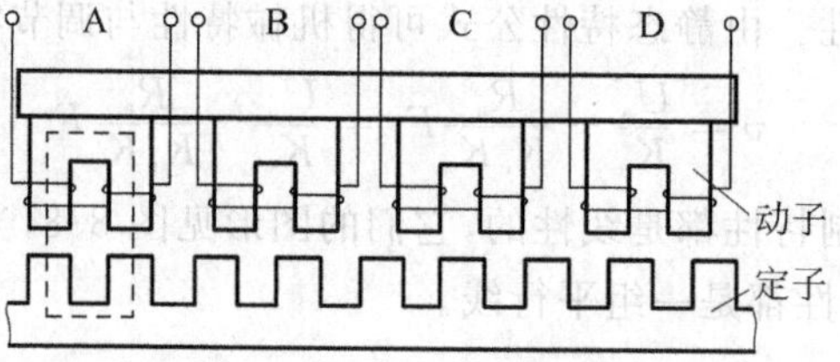

图 8-9 直线反应式步进电机结构图

2. 混合式直线步进电动机

如图 8-10 所示为两相混合式直线步进电动机的结构及工作原理，定子上有均匀的齿和槽，槽中填满非磁性材料，使定子与动子的极掌表面平整光滑，便于压缩空气产生气垫，减小电机工作时的机械摩擦，以提高运行的平稳性和定位精度，动子由永磁体、导磁磁极和控制绕组组成。每个导磁磁极有两个小极齿，小极齿和定子齿的形状相同，并且小极齿之间的齿距为定子的 1.5 倍。若前齿极对准某一定子齿时，后齿极必然对准该定子齿之后的第二个定子槽的位置。同一个永磁体的两个导磁磁极之间的间隔应使对应位置的小极齿都能同时对准定子上的齿。另外，两个永磁体之间的间隔应使其中一个永磁体导磁磁极的小极齿在完全对准定子的齿或槽时，另一永磁体导磁磁极的小极齿正好位于定子齿槽的中间位置，其对应关系如图 8-10 所示。

图 8-10 示出直线步进电动机在脉冲控制信号的作用下，当 A、B 绕组轮流通电时，电机工作的电磁过程。

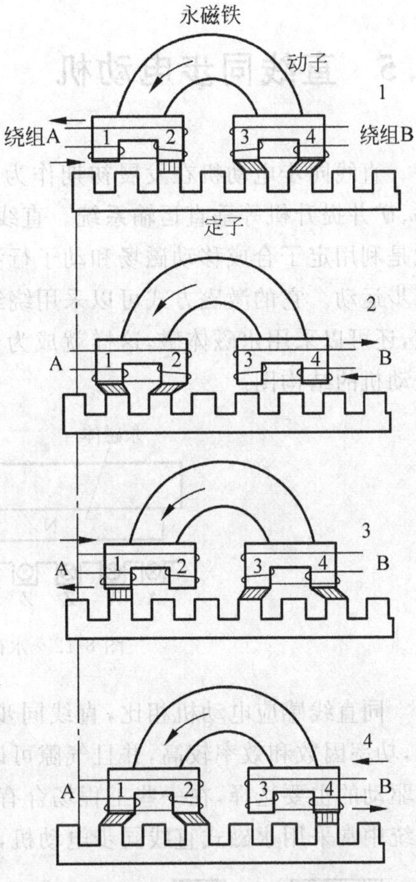

图 8-10 两相直线混合式步进电动机工作原理

(1) 绕组 A 通以正向脉冲电流，在极 1 中产生与原磁通方向相反的磁通，则极 1 磁通为零，而极 2 中的磁通为原磁通的 2 倍；在不通电的绕组 B 上，这时极 3 和极 4 的磁通相等，处于平衡状态，于是极 2 对准定子的某一齿。

(2) 绕组 B 通以正向脉冲电流，则极 3 的磁通变为 2 倍，定子向右移动 1/4 齿距。

(3) 绕组 A 通以反向脉冲电流，则极 1 的磁通变为 2 倍，动子再向右移动 1/4 齿距。

(4) 绕组 B 通以反向脉冲电流，则极 4 的磁通变为 2 倍，动子再继续向右移动 1/4 齿距。

若重复上述通电过程，动子将持续向右移动。若改变脉冲电流的极性，则电机将向反方向移动。显然，在每一个通电周期内，动子向右移动一个动子齿距。而若改变通电周期(或通电脉冲频率)，则可以改变动子的移动速度。采用细分电路驱动使电机实现微步移动，可减少步距，削弱振动和噪音。

3. 平面电动机

平面电动机实际上就是把两个直线步进电动机垂直地组装在一起，它的定子做成平板形，上面有方格形的齿和槽，如图 8-11 所示。

如果 X 方向电机或 Y 方向电机单独供电控制，则平面电机可做 X 方向或 Y 方向运动，如果两个控制信号按不同的逻辑组合去控制驱动电源和电机，则平面电机可在平台上做任意轨迹的运动，自动绘图机就是把计算机与平面电机组合在一起的新型设备，它可以根据计算机的程序自动地把图绘制出来。此外，在激光切割设备和精密半导体设备中，平面电机也得到了很好的应用。

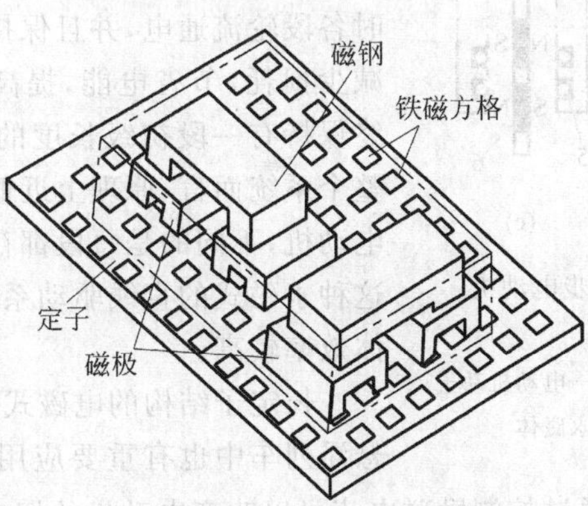

图 8-11 平面步进电机结构原理图

8.5 直线同步电动机

直线同步电动机在发展初期作为高速地面运输的推进装置,之后作为提升装置,如电梯、矿井提升机等垂直运输系统。直线同步电动机的工作原理与旋转同步电动机是一样的,就是利用定子合成移动磁场和动子行波磁场相互作用产生同步推力,从而带动负载做直线同步运动。它的激磁方式可以采用绕组通入直流电流激磁,也可以由超导体激磁绕组来激磁,还可以采用永磁体磁,这样就成为永磁式直线同步电动机。图 8-12 为永磁式直线同步电动机的结构图。

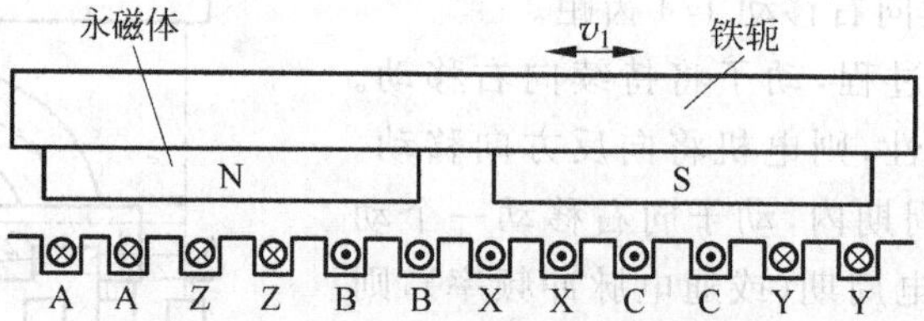

图 8-12 永磁式直线同步电动机的结构图

同直线感应电动机相比,直线同步电动机具有更大的驱动力,控制性能和位置精度更好,功率因数和效率较高,并且气隙可以取得较长,因此各种类型的直线同步电动机成为直线驱动的主要选择,在一些工程场合有取代直线感应电动机的趋势,尤其在新型的垂直运输系统中常采用永磁式直线同步电动机,直接驱动负载上下运动。

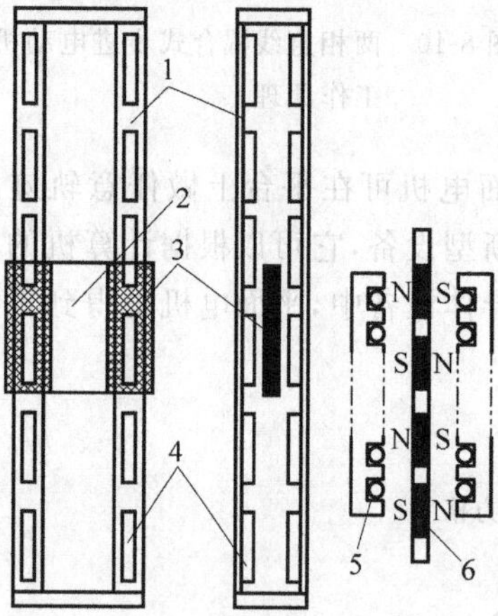

图 8-13 永磁式直线同步电动机矿井提升系统

1—固定框架;2—提升容器;3—电动机动子;4—电动机定子;5—绕组;6—永磁体

如图 8-13 所示是一个永磁式直线同步电动机的矿井提升系统,图 8-13(a)和图 8-13(b)分别为从两个正交的侧面看过去的整体结构图,图 8-13(c)为电机的一段初级和次级的结构示意图。电动机初级(定子)间隔均匀地布置在固定框架(提升罐道)上,电动机次级(动子)由永磁体构成,在双边型初级的中间上下运动。电机的定子采用分段式结构,运行时各段轮流通电,并且保持相邻的两段同时通电,可减少损耗,节省电能,提高效率。在运动过程中,始终保持有一段初级长度的动子与初级平等,这对于整个系统而言,原理上近似于长初级、短次级的直线电动机,不同的是每段都存在一个进入端和退出端。这种永磁式的直线驱动系统控制方便、精确,并且整体效率较高。

长定子结构的电磁式直线同步电动机在高速磁悬浮列车中也有重要应用,其励磁磁场的大小由直流励磁电流的大小决定,通过控制励磁电流可以改变电动机的切向牵引力和侧身吸引力,这样列车的切向力和侧身力可以分别使得列车在高速行进过程中始终保持平衡的姿态。

思考题及习题

8-1　直线电动机有哪些优点？

8-2　直线感应电动机有哪些结构类型？如何确定其运行速度和运动方向？其运行特性与旋转电动机有哪些区别？

8-3　直线感应电动机的边缘效应是怎样产生的？有哪些类型？对电动机有哪些不利影响？

8-4　直线感应电动机的次级有哪些结构类型？各有什么特点？

8-5　直线直流电动机有哪些结构类型？它们各有哪些特点？

8-6　直线同步电动机与直线感应电动机相比有哪些优点？

8-7　如何实现平面步进电动机的反向运行、加速和制动？

8-8　直线电动机还有哪些用途？请举例说明。

参考文献

[1]　叶云岳.直线电机原理与应用.北京：机械工业出版社，2000.

[2]　梅晓榕，柏桂珍，张卯瑞.自动控制元件及线路.北京：科学出版社，2013.

[3]　王爱元.控制电机及其应用.上海：上海交通大学出版社，2013.

[4]　[日]海老原大树著.电动机技术实用手册.王益全，等译.北京：科学出版社，2006.

第 9 章　超声波电动机
(UltraSonic Motor)

9.1　概述

9.1.1　超声波电动机的发展历程

传统的电机都是基于电磁原理工作的，将电磁能量转换成转动能量。超声波电机(USM)利用压电材料输入电压会产生变形的特性，使其能产生超声波频率的机械振动，再透过摩擦驱动的机构设计，让超声波电机如同电磁电机一般，可做旋转运动或直线式移动。一般而言，人耳所能听到的声音频率范围为 20Hz～20kHz，而超过 20kHz 以上，人耳无法辨识的频率便称为超声波。超声波电动机的概念出现于 1948 年，英国的 Williams 和 Brown 申请了“压电电动机(Piezoelectric Motor)”的专利，提出了将振动能作为驱动力的设想，然而由于当时理论与技术的局限，有效的驱动装置未能得以实现。1961 年，Bulova Watch Ltd. 公司首次利用弹性体振动来驱动钟表齿轮，工作频率为 360Hz，这种钟表走时准确，每月的误差只有一分钟，打破了那个时代的纪录，引起了轰动。

苏联学者 V. V. Lavirenko 于 1964 年设计了第一台压电旋转电机，此后苏联在超声波电机研究领域一度处于世界领先水平。不过，由于语言等方面的原因，苏联的一些重要研究成果并未被西方科学界所充分了解。1970～1972 年，由 Simenes 和 Matsushia 公司研制出具有实用前景的超声波电机，美国 IBM 公司的 H. V. Barth 也在 1973 年提出了一种超声波电动机的模型，从而使这种新型电机可以实现真正意义上的工作。

日本的 T. Sashida 于 1980 年提出并成功地制造了一种驻波型(Standing Wave)超声波电动机。该电机使用 Langevin 激振器，驱动频率为 27.8kHz，电输入功率为 90W，机械输出功率为 50W，输出扭矩为 0.25N·m，首次达到了能够满足实际应用的要求，但由于振动片与转子的接触是固定在一个位置上的，仍存在着接触表面上摩擦和磨损等问题。1982 年 T. Sashida(指田年生)又提出了行波型(Traveling Wave)超声波电机，实现了由定点定期推动转子变换成多点连续不断地推动转子，大大地降低了定子与转子接触界面上的摩擦和磨损，这为超声波电机走向实用化开辟了道路。

1987 年，行波超声波电动机终于达到了商业应用水平。此后许多超声波电动机新产品不断地研制出来并推向市场。特别是日本工业界更是积极投入这个领域的研究开发，例如 SHINSEI、CANON、SONY、SEIKO、NEC 等公司，都有许多关于超声波马达的专利与应用。除日本外，Electro Mechanical Systems 公司也推出了英国第一个商用超声波电动机系列产品——USR30。根据超声波马达的特点，在某些场合，例如低转速时要有高转矩输出、间歇性的运动、空间形状受限制、安静以及其他特殊需求的场所，使用超声波电机会比电磁电机更为合适。目前已经应用在照相机、手表、汽车、医疗设备、航天工业、精密定位设备、机器人、微型机械等领域里。在未来，超声波电机甚至有可能取代部分的微小型电磁电机。

9.1.2　超声波电动机的优点

1. 低速大转矩

在超声波电机中，超声振动的振幅一般不超过几微米，振动速度只有几厘米/秒到几米/秒。无滑动时转子的速度由振动速度决定，因此电机的转速一般很低，每分钟只有十几转到几百转。由于定子和转子间靠摩擦力传动，若两者之间的压力足够大，转矩就很大。

2. 体积小、重量轻

超声波电机不用线圈，也没有磁铁，结构相对简单，与普通电机相比，在输出转矩相同的情况下，可以做得更小、更轻、更薄。

3. 反应速度快，控制特性好

超声波电动机靠摩擦力驱动，移动体的质量较轻，惯性小，响应速度快，起动和停止时间为毫秒量级。因此它可以实现高精度的速度控制和位置控制。

9.2　超声波电动机的常见结构与分类

超声波电动机由定子(振动体)和转子(移动体)两部分组成，电机中既没有线圈也没有永磁体，其定子由弹性体(Elastic Body)和压电陶瓷(Piezoelectric Ceramic)构成。转子为一个金属板。定子和转子在压力作用下紧密接触，为了减少定子、转子之间相对运动产生的磨损，通常在两者之间(在转子上)加一层摩擦材料。图 9-1 为环形 USM 结构。

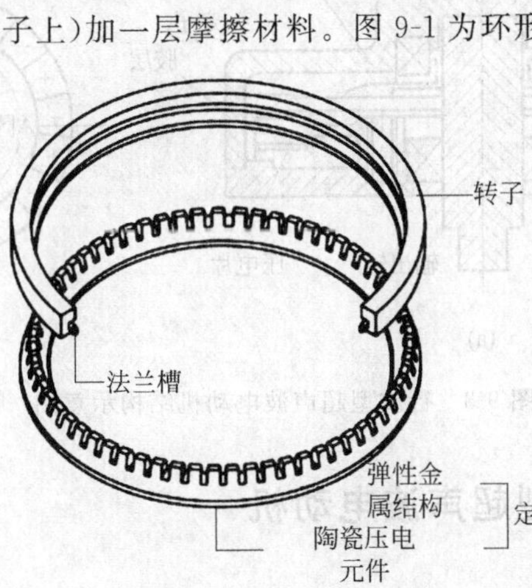

图 9-1　环形 USM 结构

从超声波电机的基本工作机理来看，其本质是激发与转子或滑块相接触的媒质表面质点的椭圆振动轨迹，通过摩擦直接或间接驱动转子或滑块做旋转或直线运动。因此，可以根据激励媒质质点产生椭圆振动轨迹的驱动方式不同对超声波电机进行分类。表面质点振动从宏观上表现分为波的形式,激发超声波电机传动媒质质点椭圆振动轨迹的仅有两类基本的波——行波和驻波,因此根据驱动模式可将所有的超声波电机分为两大类:行波型和驻波型,如图 9-2 所示。

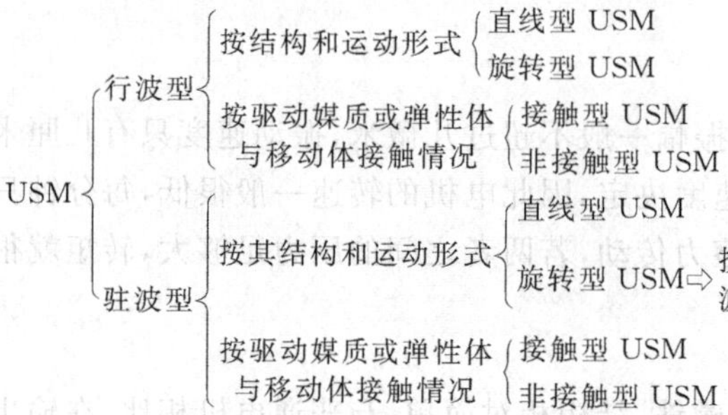

图 9-2 USM 的分类

9.2.1 环状或盘式行波型超声波电动机

行波型超声波电动机(如图 9-3 所示)的特点是在弹性体内产生单向的行波,利用行波表面质点的椭圆振动轨迹传递能量。由于波传播具有反射性和双向性,采用单个压电激励源不可能在细长弹性体环和棒内产生单方向的行波,只能产生一驻波。要在有限长弹性体内产生单方向行波,必须采用防止波反射的措施或采用两个压电激励源,通过激励的两驻波合成行波,若采用两个激励源,则两激励源时间、空间相差 $\pi/2$ 的奇数倍。驱动媒质与移动体(转子或滑块)的接触面按空间分布,两者仅在行波波峰处与移动体接触或驱动力较大。

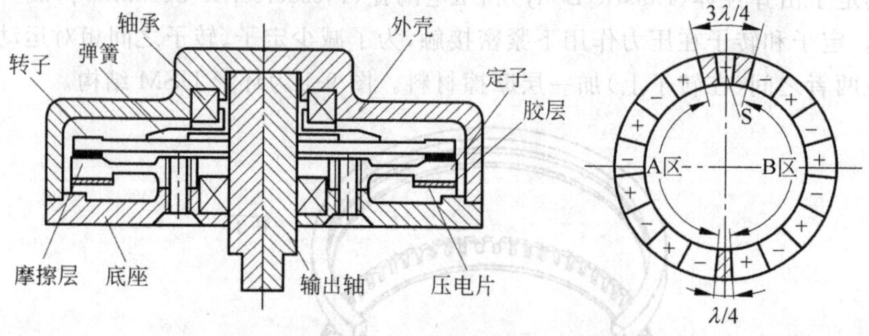

(a) (b)

图 9-3 行波型超声波电动机结构示意图

9.2.2 直线式行波型超声波电动机

直线式行波型超声波电动机如图 9-4 所示,双 Langevin 振子型:利用两个 Langevin 压电换能器,分别作为激振器和吸振器,当吸振器能很好地吸收激振器端传来的振动波时,有限长直梁似乎变成了一根半无限长梁,这时,在直梁中形成单向行波,驱动滑块做直线运动。当互换激振器与吸振器的位置时,形成反向行波,实现反向运动。

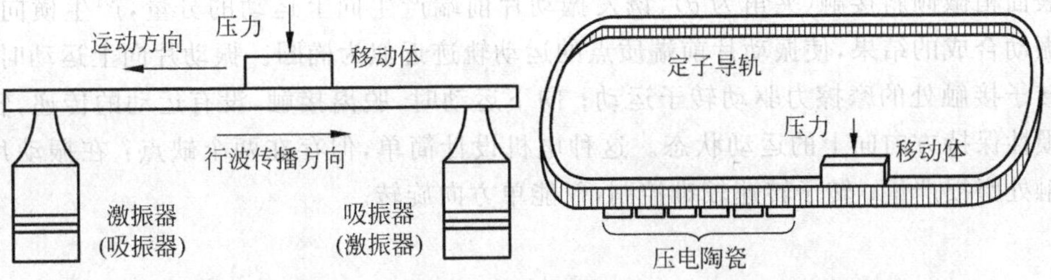

(a) 双Langevin振子型　(b) 单轨型直线超声波电动机

图 9-4　直线式行波型超声波电动机

单轨型直线超声波电动机，把金属两端焊接起来形成田径跑道状的定子轨道，并在上面设置具有压紧装置的移动体(滑块)。压电陶瓷片粘在导轨的背面，通过两相时间、空间互差90°电角度的压电陶瓷横向伸缩，在封闭的弹性导轨中激发出由两个同频驻波叠加而成的行波，以此驱动压紧在导轨上的滑块做直线运动。

9.2.3　驻波型超声波电动机

驻波型超声波电动机利用在弹性体内激发的驻波驱动移动体移动。单一的驻波表面质点做同相振动，不能够传递能量。驻波型超声波电机通过激发并合成相互垂直的两个驻波，使得弹性体表面质点做椭圆振动，直接或间接驱动移动体运动而输出能量。由于驻波型超声波电机弹性体表面质点做等幅同相振动，驱动媒质与移动体的接触或驱动力按时间分布，这是驻波型超声波电机的一个显著特点。

驻波型超声波电机根据激励两个驻波振动的方式不同，又可分为纵扭振动复合型超声波电机和模态转换型超声波电机。纵扭复合型超声波电机是采用两个独立的压电振子分别激发互相垂直的两个驻波振动，合成弹性体表面质点的椭圆振动轨迹；模态转换型超声波电机仅有一个压电振子激发某一方向的振动，再通过一机械转换振子同时诱发一个与其垂直的振动，两者合成弹性体表面质点的椭圆振动轨迹，驱动移动体运动。机械转换振子可以做成不同的形状，典型的有单梁耦合振子和楔形振子。

Sashida 研制的楔形驻波型超声波电动机如图 9-5 所示，由 Langevin 振子、振子前端的楔形振动片和转子三部分组成。振子的端面沿长度方向振动，楔形结构振动片的前端面与

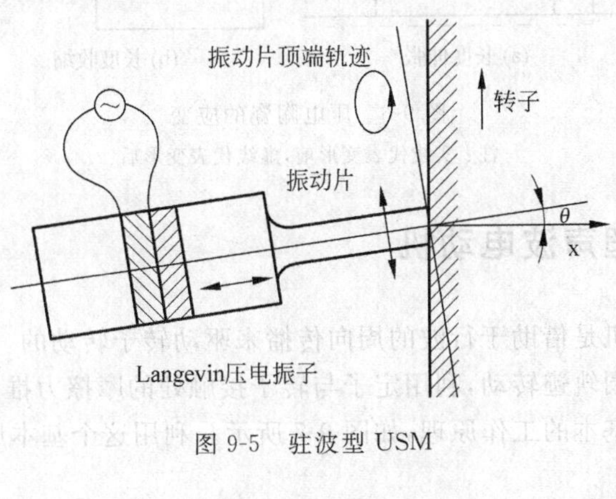

图 9-5　驻波型 USM

转子表面稍微倾斜接触(夹角为 θ),诱发振动片前端产生向上运动的分量,产生横向共振,纵横振动合成的结果,使振动片前端质点的运动轨迹近似为椭圆。振动片向上运动时,振动片与转子接触处的摩擦力驱动转子运动;向下运动时,脱离接触,没有运动的传递,转子依靠其惯性保持方向向上的运动状态。这种电机设计简单,但存在两个缺点:在振动片与转子接触处磨损严重;转子转速较难控制,仅能单方向旋转。

9.3 超声波电动机的工作原理

9.3.1 逆压电效应

压电效应是在1880年由法国的居里兄弟首先发现的。一般在电场作用下,可以引起电介质中带电粒子的相对运动而发生极化,但是某些电介质晶体也可以在纯机械应力作用下发生极化,并导致介质两端表面内出现极性相反的束缚电荷,其电荷密度与外力成正比。这种由于机械应力的作用而使晶体发生极化的现象,称为正压电效应;反之,将一块晶体置于外电场中,在电场的作用下,晶体内部正负电荷的重心会发生位移。这一极化位移又会导致晶体发生形变。这种由于外电场的作用而使晶体发生形变的现象,称为逆压电效应,也称为电致伸缩效应。正压电效应和逆压电效应统称为压电效应。超声波电动机就是利用逆压电效应进行工作的,如图9-6所示为逆压电效应示意图,进一步说明了逆压电效应的作用。压电体的极化方向如图9-6中的箭头所示。当在压电体的上、下表面施加正向电压,即在压电体表面形成上正、下负的电场时,压电体在长度方向便会伸张;反之,若在压电体上、下表面施加反向电场,则压电体在长度方向就会收缩。当对压电体施加交变电场时,在压电体中就会激发出某种模态的弹性振动。当外电场的交变频率与压电体的机械谐振频率一致时,压电体就进入机械谐振状态,成为压电振子。

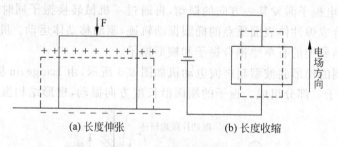

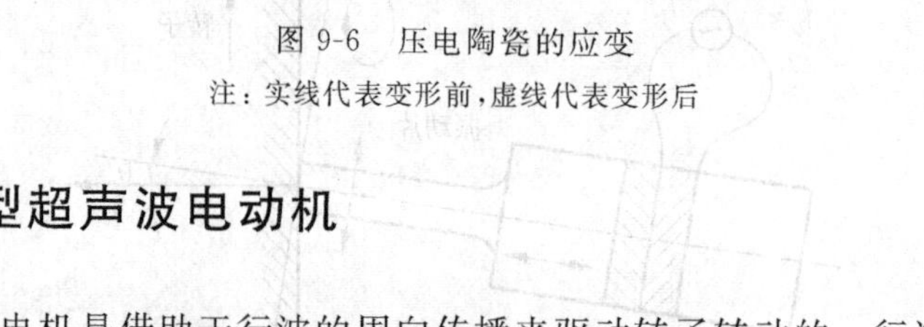

(a) 长度伸张　　(b) 长度收缩

图9-6　压电陶瓷的应变

注:实线代表变形前,虚线代表变形后

9.3.2 行波型超声波电动机

行波型超声波电机是借助于行波的周向传播来驱动转子转动的。行波使定子与转子相接触的表面质点沿椭圆轨迹转动,利用定子与转子接触处的摩擦力推动转子转动,这是行波型超声波电机传动最基本的工作原理,如图9-7所示。利用这个基本原理,人们制造出了各式各样的行波型超声波电机，如 Panasonic 公司的盘形行波型超声波电机；Canon 公司的环形行波型超声波电机。行波超声波电机主要由定子、转子及驱动与控制装置组成。

1. 椭圆运动的分析

超声振动是超声波电机工作最基本的条件，但只有振动位移的轨迹是一椭圆时，才具有 连续的定向驱动作用。如果把电磁波也看作一种简谐振动，从两相异步伺服电动机的工作原理中知道，频率相同，振幅不等，在空间上垂直、在时间相位上存在相位差的两个简谐振动就可以合成椭圆运动，李萨如图形也说明了这一点。

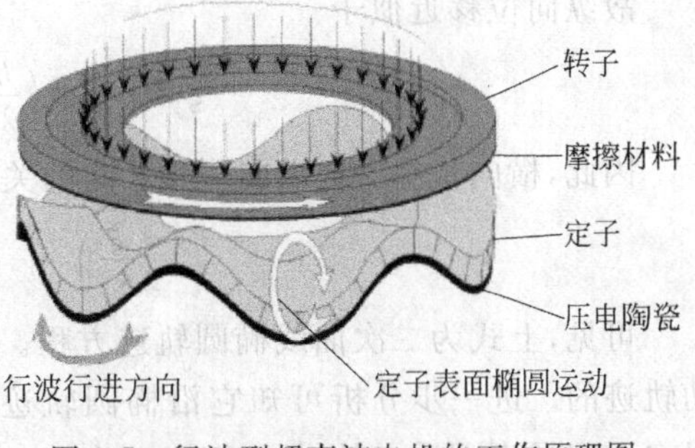

图 9-7　行波型超声波电机的工作原理图

行波型超声波电机定子上的压电陶瓷在两相交变电压作用下，在弹性体内形成两个时空相差为 90°的弯曲振动驻波，进而在弹性体定子内合成一个沿圆环周向旋转的弯曲振动行波，行波使弹性体与运动体相接触的表面质点作椭圆运动。将圆环展开成直梁，定子内的弯曲行波如图 9-8 所示。设弹性体的厚度为 h，行波波长为 $\lambda(L/n)$，L 为定子周长，n 为定子环上驻波的波数，弯曲振动的横向位移振幅为 ξ_0，角频率为 ω，那么在弹性体内中性层的行波方程为

$$w = \xi_0 \sin\left(\frac{2\pi}{\lambda}x - \omega t\right) \tag{9-1}$$

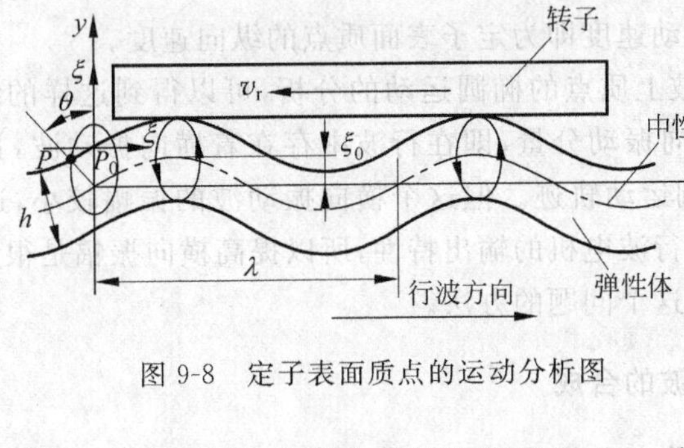

图 9-8　定子表面质点的运动分析图

若把弹性体表面上任一点设为 P，未弯曲时的位置设为 P_0。当弯曲角为 θ 时，从 P_0 到 P 的厚度方向的横向位移 ξ 为

$$\xi = \xi_0 \sin\left(\frac{2\pi}{\lambda}x - \omega t\right) - \frac{h}{2}(1 - \cos\theta) \tag{9-2}$$

因为弯曲振动的振幅 ξ_0 远比弯曲振动的波长 λ 小，弯曲角 θ 也很小，所以横向位移可近似表示为

$$\xi \approx \xi_0 \sin\left(\frac{2\pi}{\lambda}x - \omega t\right) \tag{9-3}$$

同样，当弯曲角为 θ 时，从 P_0 到 P 的纵向位移 ζ 为

$$\zeta = -\frac{h}{2}\sin\theta \approx -\frac{h}{2}\theta \tag{9-4}$$

因为弯曲角 θ 可用下式表述：

$$\theta \approx \frac{\mathrm{d}w}{\mathrm{d}x} = \xi_0 \frac{2\pi}{\lambda}\cos\left(\frac{2\pi}{\lambda}x - \omega t\right) \tag{9-5}$$

故纵向位移近似于

$$\zeta \approx -\pi\xi_0\left(\frac{h}{\lambda}\right)\cos\left(\frac{2\pi}{\lambda}x - \omega t\right) \tag{9-6}$$

因此，横向位移 ξ 与纵向位移 ζ 间的关系式为

$$\left(\frac{\xi}{\xi_0}\right)^2 + \left(\frac{\zeta}{\pi\xi_0 h/\lambda}\right)^2 = 1 \tag{9-7}$$

可见，上式为二次曲线椭圆轨迹方程。这就证明了弯曲行波是可以形成质点的椭圆运动轨迹的。进一步分析可知它沿椭圆轨迹的逆时针方向运动，椭圆的短轴和长轴之比为 $\pi h/\lambda$。定子表面质点的纵向速度 v_s 为

$$v_s = \frac{\mathrm{d}\zeta}{\mathrm{d}t} = -\pi\omega\xi_0\left(\frac{h}{\lambda}\right)\sin\left(\frac{2\pi}{\lambda}x - \omega t\right) \tag{9-8}$$

式中负号表示定子表面质点的运动方向与行波传播方向相反。

当转子与定子在行波波峰处相接触，即 $\sin(2\pi x/\lambda - \omega t) = 1$，若转子与定子间无滑动，转子就获得定子表面质点波峰处的纵向速度，其转子速度为

$$v_{\text{rotor}} = -\pi\omega\xi_0\left(\frac{h}{\lambda}\right) = \frac{-\left(\dfrac{h}{2}\right)\xi_0\omega}{\left(\dfrac{\lambda}{2\pi}\right)} \tag{9-9}$$

由此可见，旋转行波型超声波电机是利用定子行波波峰处质点做椭圆运动的纵向速度使得转子转动，转子的转动速度即为定子表面质点的纵向速度。

通过对上述弯曲行波上质点的椭圆运动的分析，可以得到这样的结论：弯曲行波使弹性体上的质点有一个横向振动分量，即在行波中存在着横向振动波，且与行波的相角差为90°，才形成了质点的椭圆运动轨迹。但这个横向振动波的振幅较小，这对于椭圆运动的合成不利，会直接影响这种行波电机的输出特性，所以提高横向振幅是很关键的问题。在以后的分析中，将会提出解决这个问题的方法。

2. 驻波的产生及行波的合成

如图 9-9 所示，将极化方向相反的压电陶瓷依次粘贴于弹性体上，当在压电陶瓷片上加直流电压时，压电陶瓷片会产生交替伸缩变形，如图 9-9(a)所示；如果将直流电压反相，压电陶瓷会产生相反的交替伸缩变形，如图 9-9(b)所示；如果在其上加交变电压，压电陶瓷会产生交变伸缩变形，结果可在弹性体内产生驻波，如图 9-9(c)所示。旋转行波型超声波电机就是利用两组这样的压电陶瓷片在弹性体内产生两个驻波，这两驻波叠加形成一弯曲行波。

如果在 A 区域压电陶瓷上加余弦交变电压 $v_A = V_{AM}\cos(\omega t + \theta_L)$，交变电场可使压电陶瓷按不同的极化方向产生交替的伸缩变形，结果在弹性体内形成驻波，其驻波方程为

$$w_A = \xi_A \sin\left(\frac{2\pi nx}{L}\right)\cos(\omega t + \theta_L + \theta_A) \tag{9-10}$$

式中，$\omega = 2\pi f$，ξ_A 是驻波的振幅，L 是定子环等效梁的长度，n 为定子环上一周的驻波数，ω 是交变电压的角频率，θ_L 是交变电压的初相角，θ_A 为 A 相激励电压与弹性体响应间的相位

差，与定子阻尼有关，而 f 则是交变电压的频率。

类似地，在 B 区域上加正弦电压 $v_B = V_{BM}\sin(\omega t + \theta_L)$，得到另一驻波方程。若该驻波与余弦交变电压 v_A 在弹性体内所产生的驻波在空间上相差 1/4 波长，则其驻波方程

$$w_B = \xi_B \sin\left[\frac{2\pi n}{L}\left(x - \frac{L}{4n}\right)\right]\sin(\omega t + \theta_L + \theta_B)$$

$$= -\xi_B \cos\left(\frac{2\pi nx}{L}\right)\sin(\omega t + \theta_L + \theta_B) \quad (9\text{-}11)$$

式中，θ_B 表示 B 相激励电压与弹性体响应间的相位差，其余符号意义与式(2-25)相同。

利用线性波的叠加原理，将两驻波合成为一个沿定子圆环周向运动的行波，其方程为

$$w = w_A + w_B = \xi_A \sin\left(\frac{2\pi nx}{L}\right)\cos(\omega t + \theta_L + \theta_A)$$

$$- \xi_B \cos\left(\frac{2\pi nx}{L}\right)\sin(\omega t + \theta_L + \theta_B) \quad (9\text{-}12)$$

如果 $\xi_A = \xi_B = \xi_0$，$\theta_A = \theta_B = \theta_0$，那么

$$w = \xi_0 \sin\left(\frac{2\pi nx}{L} - \omega t - \theta_L - \theta_0\right) \quad (9\text{-}13)$$

如上所述，在两交变电压作用下，形成了两个在时间上相差 90°的相角，空间上相差 1/4 波长的弯曲振动的驻波，进而合成了一个沿定子圆环周向旋转的弯曲振动行波，行波使定子与转子相接触的表面质点沿椭圆轨迹运动，而定子与转子接触处的摩擦力就推动转子转动。

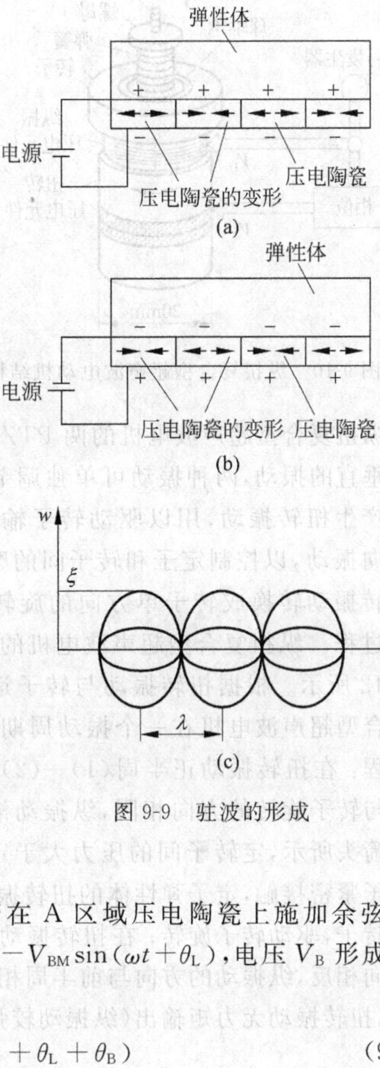

图 9-9　驻波的形成

同理，如欲使电机转子朝相反方向旋转，则应当在 A 区域压电陶瓷上施加余弦电压 $V_A = V_{AM}\cos(\omega t + \theta_L)$，在 B 区域上加正弦电压 $V_B = -V_{BM}\sin(\omega t + \theta_L)$，电压 V_B 形成的驻波方程为

$$w_B = \xi_B \cos\left(\frac{2\pi nx}{L}\right)\sin(\omega t + \theta_L + \theta_B) \quad (9\text{-}14)$$

这样，两驻波合成的行波方程为

$$w = w_A + w_B = \xi_0 \sin\left(\pi - \frac{2\pi nx}{L} - \omega t - \theta_L - \theta_0\right) \quad (9\text{-}15)$$

表达式(9-15)所表示方程为沿 X 轴负方向运动的行波，这也就意味着此时电机将朝反方向旋转。

9.3.3 驻波型超声波电动机

纵扭复合型超声波电机的总体结构由电机本体和驱动电源两部分组成，电机本体如图 9-10 所示，主要由夹心式定子和转子组成，纵扭振动压电元件(如图 9-11 所示)夹在弹性体之间构成定子，转子通过一弹簧以一定的压力与定子接触，转子涂敷有一层摩擦材料，以

增大摩擦系数及减小定转子间的磨损。纵扭振子分别通以同频、有一定相位差的交流信号。

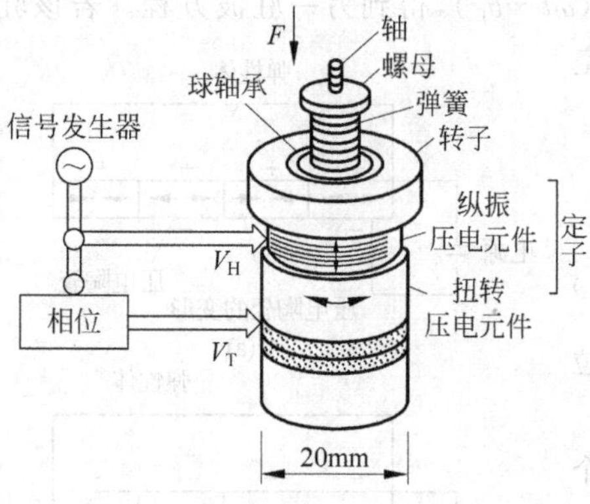

图 9-10 纵扭复合型超声波电动机结构

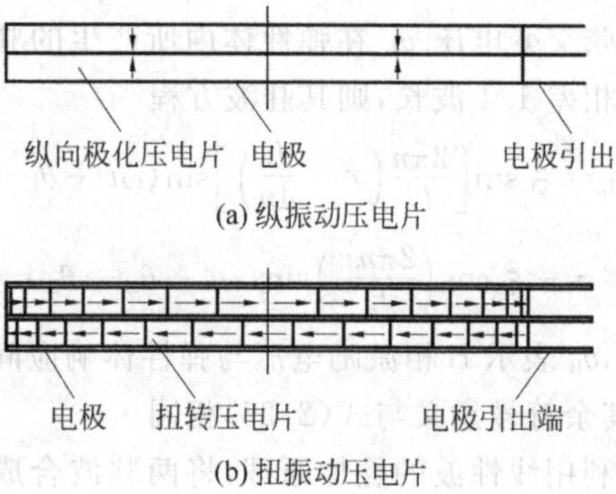

图 9-11 纵扭转振动压电片结构和极化方向

纵扭复合型超声波电机的两 PTZ 振子分别激发两个相互垂直的振动,两种振动可单独调节,互不耦合。扭转振子产生扭转振动,用以驱动转子输出力矩;纵振子产生轴向振动,以控制定子和转子间的摩擦力,实现将交变的扭转振动转换成转子单方向的旋转运动,其过程类似整流过程。纵扭复合型超声波电机的运行原理示意图如图 9-12 所示。根据扭转振动与转子运动方向的异同,纵扭复合型超声波电机在一个振动周期内的运动可分为两个过程:在扭转振动正半周(1)—(2)—(3),扭转振动的方向与转子旋转的方向相同,纵振动沿轴向伸长,轴向位移如箭头所示,定转子间的压力大于定转子间的预压力,定转子紧密接触,定子弹性体的扭转振动通过摩擦耦合传递到转子,驱动转子旋转;在扭转振动负半周(3)—(4)—(1),扭转振动的方向与转子旋转的方向相反,纵振动的方向与前半周相反,沿轴向缩短,定转子间的压力小于定转子间的预压力,扭转振动无力矩输出(纵振动较强)或输出制动转矩(纵振动较弱)。

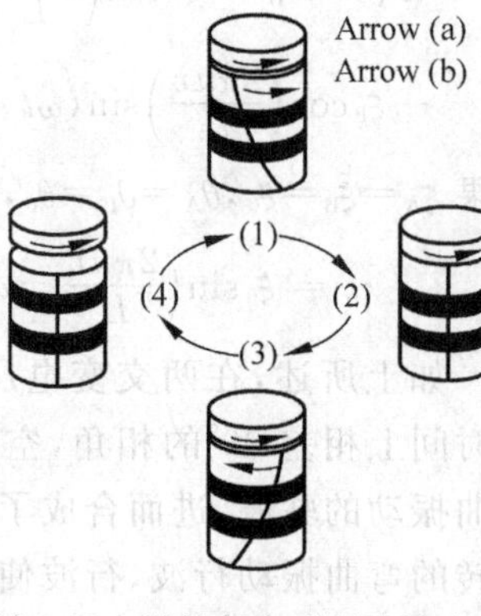

图 9-12 纵扭复合型超声波电机的运行原理示意图

9.4 超声波电动机的应用

佳能高级单反镜头使用的超声波马达全部都是行波型,如图 9-13 所示。由于环形 USM 的操控力相对较大,换句话说也就是当马达停止后,镜头构造会在盘式制动效应下很快自动锁定位置,因此其操控准确快捷。同时,这也让它的对焦过程安静、运作性能高效而低耗,并且仅依靠相机本身的电源就足以支持其工作。

环形 USM 是从搭配圆筒镜头的思路发展而来的,相反,微型 USM 是一种新的对焦马达系统,研发之初的目的就是为了制造"多功能小型化的对焦控制电机"。由于相机和镜头都在面向小型化方向发展,因此为了迎合在更加狭小的空间内配置自动对焦驱动装置,新的微型超声波马达在 EF 28~105mm f/4~5.6 USM 镜头上首次出现,而如今已经有更多镜头，特别是高密集型变焦镜头都已经使用了这种马达。

佳能三种超声波马达一览

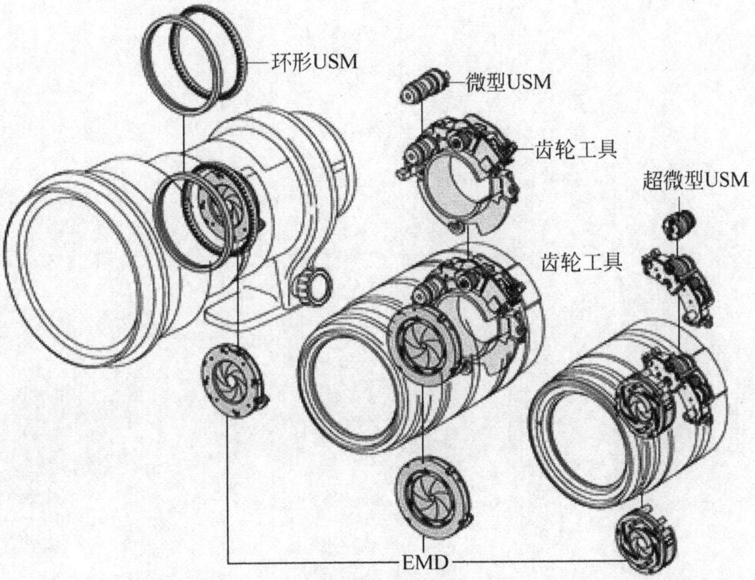

图 9-13　Canon EF 镜头所使用的三种 USM

思考题

9-1　超声波电机是否有损耗？

9-2　超声波电机是否有噪声？

9-3　超声波马达受磁场干扰的影响吗？

9-4　与传统的电磁式电机相比，超声波电机的使用寿命如何？

参考文献

[1]　孙健忠，白凤仙. 特种电机及其控制. 北京：中国水利水电出版社，2005.

[2]　龚书娟. 纵扭复合型超声波电机的若干问题研究. 杭州：浙江大学博士论文，2005.

[3]　王光庆. 行波型超声波电机的若干关键问题研究. 杭州：浙江大学博士论文，2006.

[4]　http://tech.sina.com.cn/digi/dc/2012-02-27/00592042805_3.shtml. 佳能顶级单反镜头探秘.